普通高等教育"十一五"国家级规划教材

水力学

（第2版）

徐海珏　白玉川　等编著

天津大学出版社
TIANJIN UNIVERSITY PRESS

图书在版编目(CIP)数据

水力学 / 徐海珏, 白玉川编著. -- 2版. -- 天津：
天津大学出版社, 2021.6
普通高等教育"十一五"国家级规划教材
ISBN 978-7-5618-6979-6

Ⅰ. ①水… Ⅱ. ①徐… ②白… Ⅲ. ①水力学—高等
学校—教材 Ⅳ. ①TV13

中国版本图书馆CIP数据核字(2021)第123649号

出版发行		天津大学出版社
地	址	天津市卫津路92号天津大学内(邮编:300072)
电	话	发行部:022-27403647
网	址	www.tjupress.com.cn
印	刷	北京虎彩文化传播有限公司
经	销	全国各地新华书店
开	本	185mm×260mm
印	张	35.75
字	数	905千
版	次	2021年6月第1版
印	次	2021年6月第1次
定	价	90.00元

第2版前言

本教材将依托天津大学"双一流"大学建设工程,旨在强化水利工程一流学科建设工作,服务于重点示范本科"港口航道与海岸工程"的专业基础课教学。在第1版教材的基础上,结合时代发展要求,围绕"建立海洋强国必须优先发展海洋科技与工程"的目标,充分总结和凝练作者十多年的教学体会与科研成果,秉承"启发式教学、研究型学习"的教学理念和教学实践方法,对教材内容进行了新的编排与增减。考虑到本科专业的大类教学和港口航道与海岸工程专业向海洋及交通领域的拓展,本次教材修订在保持原教材特色的基础上,增加了管道非恒流的章节,强化了渗流和波浪章节的教学内容;同时,结合新时期黄河、长江生态大保护的时代背景,加强了泥沙运动力学章节的教学内容,增加了生态水力学的教学内容;结合新工科理念和智能水利建设要求,加强了明渠非恒定流教学章节,增加了明渠非恒定流计算机程序设计及上机的教学环节。同时考虑计算机及智能算法的发展,删去了一些过时的教学内容,如水力指数法和一些查表的教学内容。教材内容反映了时代特色和科技发展水平。

教材结合教学实践和考虑多年的教学效果,将"水力学"课程内容分为三篇(基础水力学、工程水力学、水力相似与模型试验)15章,内容明确,重点突出,条理分明。学生拿到教材后,能很快地建立"水力学"课程的架构。通过几年的教学实践和毕业生反映,发现使用这种教学体系,既可培养学生扎实的水力学基础理论、工程概念,同时也可增强学生日后的科研能力。

教材内容:

第一篇　基础水力学	第二篇　工程水力学	第三篇　水力相似与模型试验
第0章　绪　论 第1章　水静力学 第2章　水动力学基础 第3章　水流阻力规律	第4章　有压管道的恒定流 第5章　非恒定流系统的微分方程 第6章　河渠定床水流运动力学 第7章　河渠动床泥沙运动力学 第8章　船闸输水系统的水力计算 第9章　船坞水力学——船坞灌排系统水力计算 第10章　渗流 第11章　生态水力研究进展	第12章　波浪理论 第13章　水力相似理论 第14章　模型试验专题

这次教材的修订和编写主要由白玉川教授(天津大学)、徐海珏副教授(天

津大学)完成.另外参加撰写和习题整理工作的人员还有:杨树青讲师(重庆交通大学)、徐梦珍副教授(清华大学)以及陈敬、粟雅馨、白洋、倪万洲、刘欣悦、赵雅慧、郭承天等硕士研究生。具体分工为:白玉川负责绪论、第1章、第2章、第3章、第4章(1,2,3节)、第6章、第9章、第10章;徐海珏负责第4章(5,6节)、第7章、第8章、第12章、第13章、第14章、第15章;杨树青负责第5章及各章习题;徐梦珍负责第11章;杨树青、陈敬、白洋、郭承天负责习题答案及计算程序调试;粟雅馨、倪万洲、刘欣悦、赵雅慧等负责清绘了书中的插图。本教材在修订和编著过程中得到了天津大学教务处、天津大学出版社、天津大学建筑工程学院、天津大学港口与海岸工程系及天津大学水利工程仿真与安全国家重点实验室的大力支持,书中继承了天津大学水力学教学过程中所凝练的优秀内容,同时也参考了一些兄弟院校和科研单位的最新研究成果,在此一并致以谢意。

徐海珏　白玉川

2021 年 2 月

第 1 版前言

本教材将依托天津大学港口、海岸与近海工程国家重点学科的建设、天津大学校内重点示范本科专业"港口航道与海岸工程专业"的建设，充分总结和凝练天津大学港口航道与海岸工程专业"水力学"课程多年的教学成果、良好的教学经验，并结合时代发展的要求，围绕"建立海洋强国必须优先发展海洋科技与工程"的目标，对教材内容进行编排，如考虑"我国迫切需要提升船舶吨位与大型船舶的建造、大型海洋平台的制造"等需要，在扩大港口建设的同时，必然建设大型船坞，故结合近年研究成果，特编写"船坞灌排系统水力计算"一章，教材内容充分反映了时代特色。

教材结合教学实践和多年的教学效果，将"水力学"课程内容分为三篇（基础水力学、工程水力学、水力相似原理与模型试验）12章，内容明确，重点突出，条理分明。学生拿到教材后，能很快地建立"水力学"课程的架构。通过几年的教学实践和毕业生反映，发现使用这种教学体系，既可培养学生扎实的水力学基础理论、工程概念，同时也可增强学生日后的科研能力。

参加教材编写的有白玉川教授、徐海珏讲师、白志刚副教授、李炎保教授、张彬、李珊、张海艳、赵菁等硕士，赵鹏、许栋、田琦等博士。具体分工为：白玉川负责绪论、第1章、第2章、第3章、第4章（1，2，3节）、第5章、第6章、第11章、第12章；李珊、赵菁、白玉川负责第7章；白玉川、赵鹏、张海艳负责第8章；徐海珏、张彬、白玉川负责第4章（5，6节）、第9章、第10章；许栋、田琦等清绘了书中的插图；白志刚副教授、李炎保教授参加了教材内容的选定和习题的筛选。本教材在编写过程中得到了天津大学教务处、天津大学出版社、天津大学建筑工程学院、天津大学港口与海岸工程系的大力支持，书中继承了天津大学水力学教研室1979所编《水力学》教材的一些优秀内容，同时也参考了一些兄弟院校和科研单位的最新研究成果，在此一并致以谢意。

白玉川

2007 年 7 月

目　　录

第0章 绪 论

0.1 水力学的研究对象和任务

0.1.1 水力学的研究范畴

水力学是传统力学的一个分支,其任务主要是研究液态水及其他流动液体的力学性质、运动规律及工程应用。同时,它是一门工程技术基础学科,着重研究以水为代表的液体的机械运动规律以及如何运用这些规律来解决实际工程问题。

水力学的研究对象虽然限于液体并且主要是水,但是它的研究方法和基本原理同样也完全适用于其他不可压缩流体,即也包括那些在一定条件下"压缩性"影响可以忽略不计的气体。

水力学不但在水利工程、港口工程、海洋工程、环境工程中有着广泛的应用,而且在很多其他工程技术部门,如机械制造、土木建筑、电力工业(火电站、核电站等)、石油开采、化学工业等,都存在大量的液体静力和动力问题需要应用水力学的知识去解决。

0.1.2 水力学在水利工程学科中的地位

目前,水力学本身形成了自己的独立学科体系,水力学及河流动力学为水利工程一级学科下的一个二级学科。

水利工程一级学科分如下二级学科:

$$
水利工程
\begin{cases}
水文及水资源科学 \\
水力学及河流动力学 \\
水工结构工程 \\
水利水电工程 \\
港口海岸及近海工程 \\
岩土工程
\end{cases}
$$

0.1.3 水力学的研究内容及课程组成

水力学主要研究在液体静止或液体运动状态时,作用在液体上各种力之间的关系以及各种力与运动要素之间的关系。水力学分为水静力学和水动力学两大学科内容。

水静力学:关于液体两种平衡状态的规律。两种平衡状态包括:静止状态和相对平衡状态。水静力学就是研究两种平衡状态时,作用在液体上各种力之间的相互关系。

水动力学:关于液体运动的规律,即研究液体在运动状态时,作用在液体上的力与运动要素之间的关系,包括:液体的运动特性与能量转换。

0.1.4　港口航道与海洋工程中的水力学问题

主要可归纳为以下三个方面。

1. 水力荷载问题

研究如何确定液体对建筑物的作用力。

1)船闸、船坞

图 0.1 所示船闸扶壁式闸墙。在设计船闸时,就需要计算当船闸内外水位不同时,闸室侧壁及底板上所受的水压力、渗透压力等(即水力荷载),以便进一步进行结构物的设计。

图 0.2 所示意船坞室的结构。在进行坞室结构设计中,很重要的一个问题,就是如何正确确定在某一一定的排水条件下,地下水对船坞底板的渗透压力。

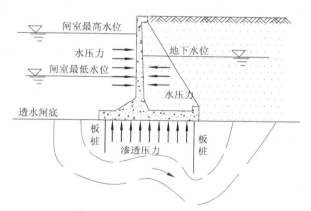

图 0.1　扶壁式闸墙受力示意图

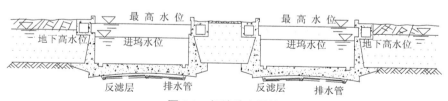

图 0.2　船坞坞室结构

2)海洋石油钻井平台

图 0.3 所示海洋平台。无论是固定式或活动式,当其在海洋中工作时,必须正确计算波浪和潮流对建筑物的作用力。

3)波浪对防波堤的作用

如图 0.4 所示直立式防波堤。在建造防波堤时,需要事先计算风浪和潮流等对堤建成后的作用力,才能恰当地选用筑堤材料的重量、形状以及抛砌的方式等,以保证外堤不致被风浪所摧毁。

从以上例子可以看出,为了保持港口工程及海洋工程建筑物的稳定性,正确确定水流(包括静水)对建筑物的作用力(载荷)是十分重要的。

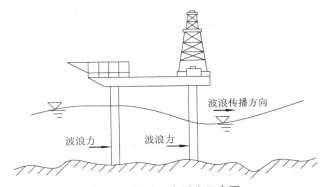

图 0.3　海洋平台受力示意图

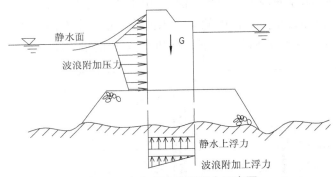

图 0.4　直立式防波堤受力示意图

2. 输水泄水能力

研究液体通过各种输运管道(例如输水管、输油管、船闸的输水廊道及船坞的灌水廊道等)、各种水工建筑物(如水闸、溢流坝等)及河床等在各种水流条件下的输水(泄水)能力(即通过流量大小)及其影响因素。

1)船闸输水系统

图 0.5 为船闸示意图。水力计算中,为了确定灌水泄水时间,就要研究当阀门开启后,从廊道进入闸室(或由闸室泄出)的流量随时间的变化过程,即研究流量大小与哪些因素有关,并找出它们之间的定量关系(即规律性)。

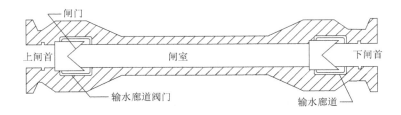

图 0.5　船闸示意图

2)海上油田储运系统

图 0.6 所示海上油田储运系统。由海上油田中央平台汇聚的各个油井的石油,经海底管线贮于水下油罐或飘浮油罐中。当装卸油时,由生产平台下装设的深井泵,将储油罐中的石油,经过流量计,再通过单点系泊的软管进入油轮。在整个石油的集输过程中,都要进行水力计算:计算在各种泵和管线的配合下,油田储运系统的输油能力。

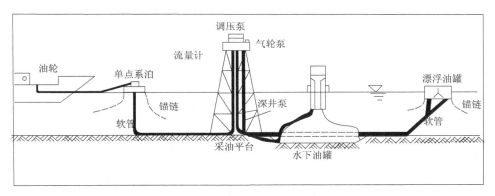

图 0.6　海上油田储运系统

3)水利工程输水建筑

在溢流坝及水闸工程中,则经常要通过水力计算来确定在各种水流条件下的泄流量,以便确定建筑物的某些尺寸大小。

总之,研究输水能力(流量)的问题是水力学这门学科所要深入探讨的主要问题。

3. 河渠水流形态及海床演变

研究水流通过各种水工(海上)建筑物、河床及海岸时的水流形态及其对工程的影响,并探讨如何进行改善的问题。

(1)在河道整治中,就要研究采用某种整治措施后,河道中水流的变化情况,主流的位置、回流的范围和程度及其对河岸的冲刷和泥沙淤积的影响,河势变化情况等。

(2)在港口建设、海岸整治与保护时,必须研究河口及海岸区域泥沙在水流或波浪作用下的运动回淤情况以及河口海岸的动力演变问题。

（3）在海洋石油工程海底铺设管线时，除了要分析管线所承受的各种静载荷外，还需要分析水流在管道背流而产生漩涡的运动状态，研究其所受到的动载荷。管后漩涡的产生，不仅使管线的基础有被冲蚀的危险（图0.7），而当漩涡的周期和管道的自振周期接近时，还会由于共振而导致管线的破坏。

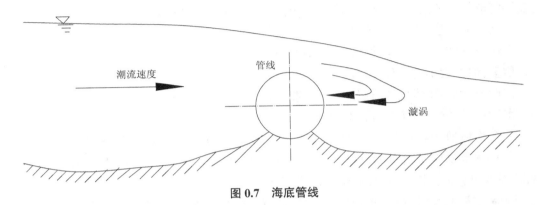

潮流速度 管线 漩涡

图 0.7 海底管线

以上提到的仅是在港口海岸及海洋工程中遇到的比较主要的水力学问题。当然，有些问题的解决还必须与其他有关学科来共同完成。

0.2 液体的主要特性

0.2.1 液体的特性

自然界的三种状态即液体、固体和气体。液体的特性：分子间距大，内聚力小，不能承受拉力，不能承受剪切力，无固定的形态。

液体是固体和气体之间的过渡状态。和固体不同，液体分子之间的距离较远，分子运动也较剧烈，分子间的吸引力较小，以致在实际上它对剪切力和拉力几乎毫无抵抗能力，而只能抵抗对它压缩的力量。这也就是说，在压力的作用下，液体可以达到平衡状态。而在拉力或剪切力等的作用下，则液体极易变形，这就使得液体显示出固体所没有而相似于气体的"易流动性"。因此，气体和液体统称为流体。从力学的观点来看，易流动性就是不论如何微小的切向作用力（或拉力）一经作用在像水这样的静止液体时，则液体的原有平衡状态立即被破坏，而表现为变形运动，即流动。因此，液体的易流动性也常被规定为液体在平衡时，不能抵抗剪切力（或拉力）的特性。

液体同气体比较，液体分子间的距离还是处在分子引力范围内的，同时分子运动的能量也较气体为小，所以液体的分子不能自由地从液体内部逸出。这样就使得液体不同于气体而相似于固体，既能够保持一个固定的体积，又有一个自由面。

0.2.2　液体的主要力学性质

液体所呈现的静止和运动的各种不同状态,是外部动静力因素作用于液体本身内在因素而表现出的结果,是液体的力学性质的外在表现。因此,除了前面所谈到的液体特性外,还需要将液体其他的一些力学性质从水力学角度加以扼要的介绍。

1. 液体的惯性、质量、密度

惯性:物体保持原有运动状态的一种特性。

质量:惯性大小的一种度量。

惯性力:由于物体惯性引起的对外界抵抗的反作用力,$F=-Ma$

密度:单位体积的液体所含有的质量,$\rho=M/V$

一个物体所含物质(对水、油、钢等而言)的多少,叫做这个物体的质量,用字母 M 表示。惯性就是物体所具有的反抗改变原有运动状况的性质,质量愈大(即物质愈多)的物体,其惯性也愈大。因此,质量是惯性的量度。

液体的密度:均质液体,单位体积内所含有的质量,叫做密度,用符号 ρ 表示。

$$\rho = \frac{M}{V} \tag{0-1}$$

对于非均质液体,根据连续性的假定,则,

$$\rho = \lim_{\Delta V \to 0} \frac{\Delta M}{\Delta V} \tag{0-2}$$

2. 万有引力,重力,容重

万有引力:物体与物体之间的引力。

重力:地球对物体的引力。

容重:单位体积液体的重量。

在地球上的一切物体都受到地球的吸引力,这个力叫做重力,或称为物体的重量,也即质量为 M 的物体自由落体时获有重力加速度 g 的作用力。因此,物体的重量(用字母 G 表示)可表示为 $G=Mg$。

重量和质量的区别:质量是物体的一种不变性,与物体的速度(近于光速的情况除外)、加速度、所在地面的位置、距地面的高低等均无关。而重量却随所在地面位置和高度而变化的(当然,一般变化很小)。

液体的容重:液体单位体积的重量称为容重,用符号 γ 表示。

对于均质液体,显然,

$$\gamma=G/V, \quad \gamma = \frac{Mg}{V} = \rho g \tag{0-3}$$

水的容重 9.78295 kN/m³,海水的容重 9.996 kN/m³

在物理学中,物理量虽然很多,但可分为两类:一类是有量纲的量,如速度、加速度等;另一类则是无量纲的量,如圆周率 π、摩擦系数 μ 等。一些物理量的量纲虽然也很多,但在工程力学的领域内,基本量纲只有四种:力 $[F]$ 或质量 $[M]$、长度 $[L]$、时间 $[T]$ 及温度 $[t^o]$,其他物理量的量纲,都可以由这四种基本量纲以不同方式组合而成,而称为导出量纲,例如速度的量纲为 $[L]/[T]$。

在水力学中常用的基本量纲则只有力 [或质量]、时间、长度三种。在国际单位制中,则以长度、时间、质量作为该单位制的基本量,力则为导出量,并且有:

米(m)—作为长度单位;

千克(kg)—作为质量单位;

秒(s)—作为时间单位;

根据牛顿第二定律 $F=Ma$, a 是加速度,则力的单位为 $F=Ma=\left(\dfrac{米·公斤}{秒^2}\right)$ 或用符号表示为 $\left(\dfrac{m·kg}{s^2}\right)$ 称牛顿(N)。应力(包括压应力和切应力)的单位为 $p(r)=\left(\dfrac{牛顿}{米^2}\right)$ 或用符号表示为 $\left(\dfrac{N}{m^2}\right)$ 称为帕斯卡,简称帕(Pa)。

液体质量的单位为

$$G=Mg= 千克·米 / 秒^2 = 牛顿(N)$$

液体密度的单位为

$$\rho = \frac{M}{V} = 千克 / 米^3 (kg/m^3)$$

液体容重的单位为

$$\gamma = \rho g = \frac{千克}{米^3}·\frac{米}{秒^2} = 牛顿 / 米^3 (N/m^3)$$

不同液体的密度和容重各不相同。同一种液体的密度和容重随压强和温度稍有变化。但在一般情况下,这种变化是微小的,在水力计算中,常可忽略不计。

对纯净水,在标准气压下,4℃时的密度 $\rho=1\,000 \text{ kg/m}^3=1 \text{ t/m}^3$,若采用 $g=9.8 \text{ m/s}^2$,则其容重 $\gamma_w=9\,800 \text{ N/m}^3$。海水,由于含盐量较高,在常温下(15 ℃ ~20 ℃),其容重为 $\gamma_w=10\,000\sim10\,100 \text{ N/m}^3$。各种液体在正常气体下的容重值见表 0.1。

表 0.1　几种液体的容重

液体名称	温度(℃)	容重 [N/m³]
		13 3200
水银	0	9 500
蓖麻油	15	7 740 ～ 8 040
煤油	15	
汽油	15	6 860 ～ 7 530
苯	0	8 620
酒精	15	7 740 ～ 8 620
无水甘油	0	12 350
石油	15	
		8 620 ～ 8 720

3.液体的黏滞性及流变特性

物体与物体之间相对运动,存在摩擦力。同理,当液体处于运动状态时,若液体质点之间存在相对运动,则液体质点间也要产生抵抗其相对运动的力,这种性质称之为液体的黏滞性,所产生的力称之为黏滞力。液体的黏滞力实质上是液体内部受到的内应力,液体内部的相对运动又导致了液体内部的变形,即液体产生类似固体的应变,应力与应变的关系称之为物体的本构关系。在液体中,这种本构关系表现为液体内应力与应变率(应变随时间的变化率)的关系,亦称液体的流变关系,即流变特性。

液体具有易流动性,对于像水这样的液体来说,不论如何微小的切向作用力一经作用于静止液体时,则液体立即改变其原来的静止平衡状态而开始变形,也即是开始流动。但是当液体一旦流动时,则液体分子间的作用力却立即显示为对流动的阻抗作用,即显示出所谓黏滞性阻力(内摩阻力),液体的这种阻抗变形运动的特性就称为黏滞性,也叫"内摩阻"。需要说明的是当液体运动一旦停止,这种阻力就立即消失。因此,黏滞性在液体静止平衡时是不显示作用的。液体运动时的黏滞阻力只能使液体的变形即流动缓慢下来,但不能阻止静止液体在任何微小的切向力作用下开始运动。

1)牛顿摩擦试验

为了说明液体黏滞性的作用,请看图0.8。图中液体沿着边壁作平行的直线流动,且相邻层液体之间互不掺混,即做成层的向前运动。由于液体和边壁的"附着力",紧邻边壁的液层将黏附在边壁上而静止不动。这样,边壁以上的液层,由于受到这个不动液层的阻滞(影响),而形成了如图0.8a所示的流速分布。流速分布表明,运动较快的液层将作用于运动较慢的液层上一个切向力,方向与运动方向相同,促使其运动加快;而运动较慢得液层也将有一与运动方向相反的切向力作用在运动较快的液层上,使其运动减慢。这样,液体的黏滞性就使运动液体内部出现成对的切应力,也即是内摩阻力。

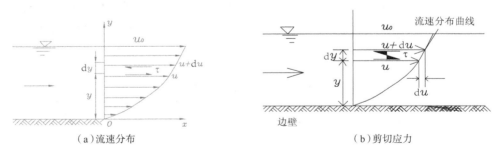

(a)流速分布　　　　　　　　　　(b)剪切应力

图0.8　流速分布与剪切应力

实验证明:在这种成层运动的液体中,发生在各层间的互相带动又相阻滞的内摩阻力 T 的大小和液体的性质有关,并与速度梯度 $\dfrac{\mathrm{d}u}{\mathrm{d}y}$ 和接触面成正比而与接触面上的压力无关。于是有 $T \propto \dfrac{U}{h}A$,即切力 $\dfrac{T}{A} \propto \dfrac{U}{h}$,所以

$$T = \mu A \frac{\mathrm{d}u}{\mathrm{d}y}$$

$$(0\text{-}4)$$

式中：μ 为比例系数，和液体的种类有关，称为动力黏滞系数，其国际制单位为牛顿·秒/米^2（N·s/m^2）。

若以 τ 表示单位面积上的内摩阻力（切应力），则内应力 $\tau \propto \dfrac{\mathrm{d}u}{\mathrm{d}y}$，有

$$\tau = \frac{F}{A} = \mu \frac{\mathrm{d}u}{\mathrm{d}y} \tag{0-5}$$

式（0-4）或（0-5）由牛顿在 1686 年首先提出的，故又称为牛顿内摩阻定律。

牛顿内摩阻定律：相邻液体层接触面的单位面积上所产生的内摩擦力 τ 的大小，与两层液体之间的速度差 d 成正比，与两层液体之间的距离 dy 反比，与液体的性质有关。

黏滞系数 μ 的大小表征着液体黏滞性的强弱。不同的液体具有不同的 μ 值，同一液体的黏滞性又随温度和压强的变化而变化。但在一般的情况下随压强的变化不大，可以忽略。温度是影响 μ 的主要因素，液体的 μ 值随温度升高而降低。而气体的 μ 值则随温度的升高而增大。

在一般计算中常采用 μ 和密度 ρ 的比值

$$v = \frac{\mu}{\rho} \tag{0-6}$$

v 也表示黏滞性的强弱，它的量纲式（L^2/T），常用的单位为厘米^2/s（cm^2/s），因只具有运动学的量纲，故称为运动黏滞系数。

对于水，v 随温度变化可按下列经验公式计算

$$v = \frac{0.017\,75}{1 + 0.033\,7t + 0.000\,221t^2} \tag{0-7}$$

t 为温度，以℃计。此外如果水中含有大量的泥沙，则水流的黏度也会发生变化，在没有 性颗粒的情况下，浑水黏度与清水黏度的关系见下式

$$\mu_{浑水} = \mu_{清水}(1 - 1.35C)^{-2.5} \tag{0-8}$$

C 为浑水中泥沙的体积含沙量。

各种液体的黏滞系数可以用黏度计实测而得。表 0.2 给出了几种常见液体在常温时的运动黏滞系数 v 值。

表 0.2　几种液体的运动黏滞系数

液体名称	温度（℃）	v[cm²/s]	液体名称	温度（℃）	v[cm²/s]
水	18	0.0065	煤油	18	0.2500
酒精	18	0.0133	柴油	18	1.4000
汽油	18	0.0250	甘油	20	8.7000

2）牛顿流体与非牛顿流体

所谓牛顿流体就是符合牛顿内摩阻力定律的流体，其内部切应力 τ 与速度梯度 $\dfrac{\mathrm{d}u}{\mathrm{d}y}$ 关系

为一直线的流体，如图 0.9 中的直线，这种液体是自然界大量存在的，如清水这样的液体。但是，在自然界中还存在内摩阻力与流速梯度之间的关系不符合该牛顿定律的某些异常的

流体,即称之为非牛顿流体。例如含大量细颗粒泥沙的浑水;用于石油钻探的泥浆;温度近于凝结温度的某些石油等,则属于非牛顿流体。

其中某些异常的液体只有当切应力达到某一数值 τ_0 后才开始流动,而在较小的切应力作用下,这些液体并不流动,而仅产生类似于固体的弹性塑性变形。其内摩阻力 τ 与 $\dfrac{\mathrm{d}u}{\mathrm{d}y}$ 的关系式如下

$$\tau = \tau_B + \eta \frac{\mathrm{d}u}{\mathrm{d}y} \tag{0-9}$$

或

$$\tau - \tau_B = \eta \frac{\mathrm{d}y}{\mathrm{d}y} \tag{0-10}$$

式中:τ_B 称为宾汉极限剪力;η 称为塑性黏度系数。遵从式(0-10)关系的液体,称之为宾汉体。

非牛顿液体除了宾汉体外还存在其他类型的液体,如伪塑性体、膨胀体等,其流动特性及关系式可综合如下。

一般形式

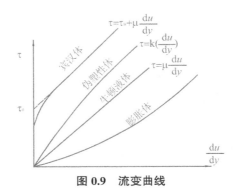

图 0.9　流变曲线

$$\tau = \tau_B + \mu \left(\frac{\mathrm{d}u}{\mathrm{d}y} \right)^{m-1} \cdot \frac{\mathrm{d}u}{\mathrm{d}y} \tag{0-11}$$

当 $m=1$ 时,$\tau = \tau_B + \mu \dfrac{\mathrm{d}u}{\mathrm{d}y}$,如泥浆、血液等;当 $\tau_B=0$,$m=1$ 时,$\tau = \mu \dfrac{\mathrm{d}u}{\mathrm{d}y}$,如水;

当 $\tau_B=0$,$m>1$ 时,膨胀体,如生面团、浓淀粉;

当 $\tau_B=0$,$m<1$ 时,伪塑性体,如尼龙、橡胶。

4. 液体的弹性与弹性系数

液体虽然具有易流动性,但是它可以在压力作用下维持静止状态,即具有抵抗压力的特性。

液体分子间的距离与气体相比是小的,当对液体施加压力时,体积的压缩也即是分子间距离的缩短,导致了分子间巨大排斥力的出现,并和外加压力维持平衡状态;如果外加压力一旦取消,分子立即恢复其原来的相互距离,即液体立即恢复原来的体积。正像固体一样,液体也呈现对于压力的弹性抵抗作用,这种性质称之为液体的弹性。

液体对其体积变化的抗拒力是相当大的,一般用"体积弹性系数"K来表示。设V为液体原来的体积,当加压 $\mathrm{d}p$ 后,相应的体积压缩了 $\mathrm{d}V$,于是根据胡克定律有

$$\mathrm{d}p = -K\frac{\mathrm{d}V}{V} \qquad (0\text{-}12)$$

负号表示压力的增加相应于体积的减少。K 和 $\mathrm{d}p$ 具有相同的应力单位,如牛顿 / 米 ^{2} [N/m^2] 或牛顿 / 厘米 ^{2}[N/cm^2] 等。

根据体积为 V 密度为的液体,其质量 $m=\rho V$ 是个常量的关系,$\mathrm{d}m=\rho\mathrm{d}V+V\mathrm{d}\rho$,在质量不变的情况下,从而 $\rho\mathrm{d}V+V\mathrm{d}\rho$,故 $\dfrac{\mathrm{d}\rho}{\rho} = -\dfrac{\mathrm{d}V}{V}$,把这个关系式代入式(0-12)则得

$$K = \frac{\rho\mathrm{d}p}{\mathrm{d}\rho} \qquad (0\text{-}13)$$

5. 压缩性与压缩系数

液体的压缩性与液体弹性实质上是一回事,液体受压后体积要缩小,压力撤除后也能恢复原状,这种性质称为液体的压缩性。液体压缩性的大小是以体积压缩系数 β 或体积弹性系数 K 来表示。体积弹性系数的倒数即体积压缩系数,用 β 来表示

$$\beta = \frac{1}{K} \text{ 厘米}^2 / \text{牛顿}（\mathrm{cm}^2 / \mathrm{N}） \qquad (0\text{-}14)$$

相应地,有

$$\mathrm{d}p = \frac{1}{\beta}\left(-\frac{\mathrm{d}V}{V}\right)$$

$$\beta = \frac{\mathrm{d}\rho}{\mathrm{d}p}\cdot\frac{1}{\rho}$$

K 约为 196 000 牛顿 / 厘米 ^{2} 左右,是个相当大的数值。因此,在一般情况下的压力变化所引起的体积及密度的变化是相当小的,大约要一千个大气压才可以使水的体积减少百分之五,其他液体也有类似的性质,因而可以认为液体是不可压缩的。但是反过来,由于体积或密度的微小变化,则会造成巨大的压力变化。

在水力学所研究的大多数液流现象中,把液体视为不可压缩的液体,这在实用上是完全可以允许的。只有在一些个别情况中(例如水击现象),如不考虑液体压缩性的影响则将会导致错误的结论。

6. 表面张力特性

表面张力,液体自由表面上的每个质点,因受邻近质点分子引力的作用,而被拉向液体的内部。因此,液体的自由表面好像是一层紧张的薄膜,呈现出收缩的趋势,薄膜(液体自由表面)单位长度的拉力称为表面张力(或毛细力),用符号 σ 表示,其单位为牛顿 / 米 [N/m]。

σ 的数值随液体的种类、温度(随温度的增加而减少)和表面接触情况而变化。对于和空气接触的自由表面,当温度为 20 ℃时,几种液体的表面张力 σ 的数值如表 0.3 所示。

表 0.3　几种液体的表面张力 σ

液体名称	水	水银	酒精	甘油	乙醚	乙醇
表面张力（N/M）	0.0725	0.0538	0.0216	0.0636	0.0165	0.0254

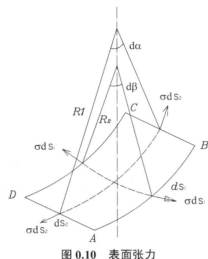

图 0.10　表面张力

　　从表上可以看出，σ 的数值是不大的，在工程实际上没有重要意义，一般可以忽略不计。但是，当液体表面呈曲面，并且曲率半径很小时，表面张力的合力所引起的液体附加压力有时就可达到不可忽略的数值，在这些情况下就必须加以考虑。例如在波长较小的微幅波中；在水工测量所用的测压管中，液体表面张力的作用就不能忽略不计。液体表面呈曲面时，由于表面张力作用所产生的附加压力（其方向垂直于液体表面）可按以下公式计算。

$$p = \sigma\left(\frac{1}{R_1} + \frac{1}{R_2}\right) \tag{0-15}$$

式中：R_1 及 R_2 为曲面 $ABCD$ 的曲率半径（图 0.10），如果 $R_1 = R_2 = R$ 时，则

$$p = \frac{2\sigma}{R} \tag{0.16}$$

　　液体表面呈凸形时，此附加压力指向液体内部。反之，如果表面呈凹形，那么此压力则指向外法线方向。这样的凸凹形表面特别是容易在毛细管内形成。

　　图（0.11）示出了水及水银在开口玻璃管中的毛细管作用。水"湿润"了玻璃管壁从而造成了下弯的自由液面（凹面），叫做弯月面，这种弯月面下边的压力小于面上的大气压力，于是便把水体吸上了一个毛细高度 h_1。与此相反，水银并不"湿润"玻璃管壁从而造成了上弯月面（凸面），面下液体压力大于面上的大气压力，这样管内液柱就被吸下了一个深度 h_2。我们在水工测量中时常采用这类简单地称为"测压管"的装置，而此毛细高度则是应予消除的误差。

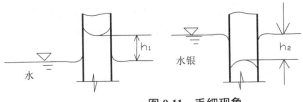

图 0.11　毛细现象

在一般实验室温度（ 20 ℃ ），可用下列近似公式来估算毛细高度

水的毛细高度　　　$h = \dfrac{30}{d}$　　　　　　　　　　　　　　　　　　　　（ 0-14 ）

水银的毛细降低　　$h = \dfrac{10.15}{d}$　　　　　　　　　　　　　　　　　　（ 0-15 ）

式中，h 及 d 均以毫米计，d 为玻璃管内径。

0.3　连续介质和理想液体

0.3.1　连续介质的概念

在《理论力学》中，主要研究物体的受力和运动，所以将物体看作质点和刚体；在《材料力学》主要研究杆件的拉、压、弯、扭等变形，所以将物体看作为弹性体。在《水力学》中，基本观点为：①液体是由分子组成；②分子间存在空隙；③分子有热运动。但是，分子间空隙 << 水体宏观尺度，分子运动 >> 液体宏观运动。故假设液体是一种连续充满所占空间的连续体，即连续介质的概念。该连续介质具有上节所提到的液体特性和力学性质。

从分子结构的观点来看，任何物质都是由分子所组成的，分子有一定的大小和质量。组成物体的分子是不连续的，彼此间有空隙。分子在不停地运动着，分子间有相互作用力。因而液体在微观结构上说，是有空隙的、不连续的物质（介质）。但是，详细研究分子的微观运动，不是水力学的任务，我们所关心的不是个别分子的微观运动，而是大量分子"集体"所显示的特性，也就是所谓的宏观特性或宏观量。例如，我们研究海浪对防波堤上某点的作用力时，并不需要知道每个分子对该点的作用力。因此，可以设想把所讨论的实际液体无限制地分割成无限小的基本单元，相当于微小的分子集团，叫做液体的"质点"。从而认为，液体就是由这样的一个紧挨着一个的连续的质点所组成的，其中再也没有任何空隙的一个连续体，即所谓"连续介质"。同时又认为液体的物理、力学特性，例如密度、速度、压力和能量等，也从而具有随同位置而连续变化的性质。这样，我们就不再从那些永远运动着的分子出发，而是在宏观上从静止或运动的质点出发来研究液体的静止和运动规律。

水利工程等水力计算所涉及的范围常远远大于分子的活动范围的，即便是直径 1 毫米的小水珠，就含有约 1.7×10^{19} 个水分子。这样多分子"集体"所表现的宏观量是完全确定的，并且目前在水工方面所使用的量测仪器，也正是量测这样的宏观量。所以，根据连续介质建立起来的水力学理论是完全能够满足水利工程的实际需要的。总体而言,作为一门宏观力学的水力学,它的出发点正是这种在宏观上极易流动的各向同性的均匀连续介质以及有关的宏观力学性质。

0.3.2 理想液体

实际液体除了具有惯性、万有引力特性之外还存在着黏滞性、可压缩性和表面张力,这些特性都不同程度地对液体运动发生影响。

液体黏滞性作为液体的主要特征,通过以后有关章节讨论就会看到,它的存在将会使得对水流运动的理论分析变得非常困难。因此,在水力学中为了使问题的分析简化,引入了"理想液体"的概念。所谓理想液体,就是把水看作绝对不可压缩、不能膨胀、没有黏滞性、没有表面张力的连续介质。

由前面讨论已知,实际液体的压缩性和膨胀性很小,表面张力也很小,与理想液体没有很大差别,因而有没有考虑黏滞性是理想液体和实际液体的最主要差别。所以,按照理想液体所得出的液体运动的结论,应用到实际液体时,必须对没有考虑黏滞性而引起的偏差进行修正。对于理想液体,其黏度为零,即 $\mu=0$。

0.4 作用于液体的力

作用在液体上的力分为:表面力,作用在对液体外部表面的力,如压力、摩阻力、切应力等;质量力(内部力),作用在液体内部各质点上的力,如重力、万有引力、惯性力等与质量有关的力。

在运动(或静止)的液体内,随机研究某一块液体,其体积为 V,质量为 M,表面积为 Ω,如图 0.12。作用于该液体的各种力又可以划分为两大类型,即表面力和质量力。

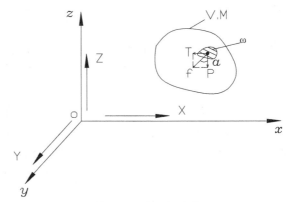

图 0.12　表面作用力

0.4.1　表面力

那些直接作用在所讨论液体与周围介质分开的表面上的力,和所讨论的液体体积本身的质量无关,而和作用面的面积成正比。它是一部分液体和与其相连接的液体(或与其相连接的边壁)相互作用的力,属于这种力的有压力(法向力)和摩阻力(切向力),但在静止液体中此内摩阻力是不存在的。

设作用于该液体某面积 ω 上的表面力为 f,一般情况下,力 f 的作用方向是与法线成一夹角 α(图 0.12),于是力 f 可分解为两个分力,即切向力(摩阻力)T 和法向力(压力)P。切向力是在运动液体中由于黏滞性所产生的,至于法向力(压力)P 无论在运动液体中或是静止液体中都是存在的,之所以产生这种压力,乃是各个外力作用于该液体表面的结果。

0.4.2　质量力

液体中除表面力外,尚有质量力的作用,它是所研究液体所处的重力场,磁力场等引力场中,作用于液体各个质点上的一种力,故其大小与液体质量成正比(在均质液体中,则与液体的体积成正比)。

在水力学中仅只考虑重力的作用,在一般情况下,重力作用的方向可视为固定不变的。然而,在研究潮汐运动,海洋环流的情况下,重力的方向则不是固定不变的。

由于质量力比例于液体的质量,故一般常采用单位质量力的表示方法,即表示为每单位质量液体所受的质量力。

因所讨论液体的质量为 M,所受的质量力合力为 F,其沿三个坐标轴上的分量为 F_x,F_y,F_z,则沿三轴向的单位质量力可以表示为

$$
\begin{aligned}
X &= \frac{F_x}{M} \\
Y &= \frac{F_y}{M} \\
Z &= \frac{F_z}{M}
\end{aligned}
\tag{0-16}
$$

根据 $F_x = MX$,$F_y = MY$,$F_z = MZ$,可以明显看出,X,Y,Z 具有加速度的量纲,因而也叫做质量力加速度。

除了以上所述的表面力和质量力外,在研究毛细波,地下水渗流及毛细升高等问题时,还要考虑表面张力的存在。此外,由于地球自转而引起的哥式力,有时也要考虑作为一种质量力。

最后应该指出,在我们以某一液体作为自由体(隔离体)进行研究时,表面力是指作用在所研究液体外表面上的各力。至于液体内部仍存在有压力和切向力,对该液体而言则是属于内力,但它们总是成对的出现而方向则相反,其总和与总力矩都为零。然而,在液体运

动时,内力所做的功却是不等于零的(例如,在管流中,由于内部黏滞力做功,导致了能量的损失)。因此,意识到这些内力的存在,都是非常重要的。

0.5　水力学的研究方法

研究水力学的最基本方法,即理论分析、数学模拟和科学试验。这三种方法常常是互相结合补充,相辅相成的。

0.5.1　理论分析

水力学是建立在经典力学理论基础上的。物体的机械运动和作用的外力紧密相关,对液体运动进行理论分析,首先要研究作用在液体上的力,然后引用经典力学的基本原理(如牛顿定律、动量定理、动能定理等),来建立水流运动的基本方程式(如连续性方程、能量方程、动量方程等)。

理论分析在建立液体运动的一般运动规律方面,已经达到较为成熟的程度。但由于实际水流运动的多样性,对于某些复杂的运动,完全用理论分析来解决还存在许多困难。

0.5.2　数学模拟

随着计算机技术、工程计算技术和图像显示技术的发展,以及 GIS、GPS 和 RS 技术在水利工程中的应用,水利工程传统的水力模拟研究方法正逐步为现代的计算机动态模拟仿真手段所替代,目前已显示出强大的生命力和广阔的应用前景。所谓水流数学模拟,就是利用已建立的水力学基本方程,采用计算数学手段,将微分变为差分,将方程离散,利用现代计算机进行数值模拟计算,模拟结果转换为计算机可显示的图象进行动态演示,然后结合地理信息系统进行具体应用,例如洪水预报。

0.5.3　科学试验

科学试验的基本目的,一方面是检验理论分析成果的正确性,另一方面当有些水力学问题在理论上暂时还不能完全得到解决时,通过试验可以找到一些经验性的规律,以满足实际应用的需要。就当前水力学研究的实际情况来看,科学试验还是一个极其重要的手段。现阶段水力学的科学试验主要有三种方式:

1. 原型观测

在野外或水工建筑物现场,对水流运动进行观测,收集第一手资料,为检验理论分析成果或总结某些规律提供依据。

2. 模型试验

由于现有理论分析成果的局限性,或者因为实际水流运动比较复杂,使有些实际工程的水力学问题不能得到可靠而满意的解答,这时可在实验室内,以水力相似理论为指导,把实际工程缩小为模型,在模型上预演相应的水流运动,得出模型水流的规律性,然后再把模型试验成果,按照相似关系换算为原型的成果,以满足工程设计的需要。这种模型试验的方法,目前在工程实践中受到广泛的应用。

3. 系统试验

由于野外观测受到某些条件的局限或因某种水流相似的规律在理论上还没有建立起来,则可在实验室内,小规模地造成某种水流运动,用以进行系统的实验观测,从中找出规律。

思考题及课后复习要点

1. 正确理解质点、连续介质模型的概念。
2. 掌握液体的主要物理性质和力学性质。
3. 正确理解牛顿内摩擦定律及其适用范围。

习　题

0.1　已知海水 20 ℃时的容重 γ_w,试求它的密度为若干?（设重力加速度 g=9.8 m/s²）。

0.2　在工程单位制中,则以长度,时间,力作为单位制的基本量（质量为其导出量）,并且以

米（m）——作为长度单位;

千克（kg）——作为力的单位;

秒（s）——作为时间单位。

试推求质量,重量,容重及密度的单位。

0.3　已知水在 10 ℃时的体积弹性系数（弹性模量）

$$K=20.29 \times 10^4 \text{N/cm}^2$$

问在该温度下压力从 1 个大气压升为 11 个大气压（一个大气压 =9 800 N/m²）时,水的密度改变多少?（相当于原来密度的百分之多少?）

0.4　在水力学试验中,常采用玻璃管来测量一点的压强,故又称其为测压管。若采用之测压管直径 d=3 mm 及 d=5 mm,试求毛细高度各为多少?（管中为清洁水）

0.5　已知水流的速度分布函数为 $u=0.72y^{1/10}$（u 的单位为 m/s,y 的单位为 m）,试求 y=0.2, 0.4, 0.6, 1.0 处的流速梯度为多少?

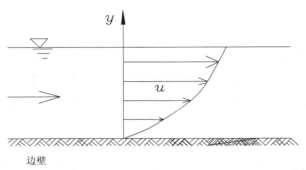

边壁

题 0.5 图

第1章 水静力学

水静力学研究静止状态下液体平衡的规律及其应用。静止包括两种状态,即绝对静止和相对静止,其共同特点是液体之间不存在摩擦力。

这里液体主要是水,被认为是不可压缩的均匀连续介质。

所谓绝对静止是指相对于地球来讲没有运动,例如盛于在地面上不动的贮油罐内的石油、静止不动的海洋、湖泊、水库中的水,称它们是处于绝对静止状态。另外还有一种情况,就是液体质点彼此之间及质点与边壁之间虽然没有相对运动,但是它们相对于地面却有相对运动(例如,作等加速运动中的油罐车中的石油。此时,石油整体对油罐没有相对运动),称此种情况下的液体是处于相对静止状态。本章着重讨论绝对静止状态液体的平衡规律。

静止液体既不能抵抗切向力,也不能承受拉力,只有在压力作用下才能保持静止状态,所以本章中心问题就是要探讨在平衡条件下的压强分布规律。

掌握了静止液体中各点的压强分布规律,就可以计算静止液体作用在各种水中建筑物表面上的作用力。因此,水静力学的知识,对于港口工程设计有很重要的意义。

1.1 静水压强及其特性

1.1.1 静水压强的定义

静止水柱作用在与之接触的单位表面上的水压力。

数学表述: $P = \lim\limits_{\Delta\omega \to 0} \dfrac{\Delta P}{\Delta \omega}$;单位:帕 N/m^2 如图 1.1(a)所示,从处于静止的液体中取出任

意形状的液体(图 1.1b),用一平面 AB 将它分割成 I 及 II 两部分,取去上面 I 部分时,为保持 II 部分仍处于静止平衡状态,则必须在 AB 平面上加上一等效力,该力在数值上和方向上等效于 I 部分对 II 部分的作用。

若作用在 AB 面中某一个面积单元 ω 上力的总量为 P,则称 P 为作用于面积 ω 上的静水总压力,其国际制单位为牛顿(N)。静止液体对建筑物侧面和地面也有静水总压力的作用。

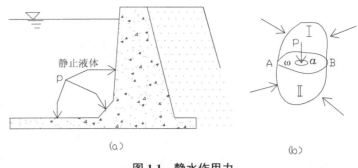

图 1.1　静水作用力

静止液体作用在受压面每单位面积上的静水压力称之为静水压强。在一个受压面上,每单位面积所受的静水压力一般并不相等,则

$$\bar{p} = \frac{P}{\omega} \qquad\qquad (1\text{-}1)$$

称为 ω 面上的平均静水压强,单位为牛顿/米²(N/m²)或牛顿/厘米²(N/cm²)。

如图 1.1(b),若作用于包括点 a 在内的一微小面积 $d\omega$ 上的静水总压力为 dP,则

$$p = \lim_{d\omega\to 0} \frac{P}{\omega} \qquad\qquad (1\text{-}2)$$

称为该点的静水压强,即点静水压强。

可以看出,点静水压强是具有包括这个点在内的一个无限小作用面上平均压强的含义,因而也具有平均压强同样的单位。

必须指出:压力和压强是大有区别的两个不同的概念,在许多情况下,决定事物性质的不是压力而是压强。另外,液体和固体一样,由于自重而产生压力,但和固体不同的是,因为液体具有易流动性,液体对任何方向的接触面都存在有压力。这说明液体对容器的壁面和液体内部之间都存在有压力。在水道港口工程中,许多建筑物(如船闸、码头等)均要与水接触,在与水接触的建筑物表面上均受到水压力的作用。

1.1.2　静水压强的特性

静水压强的特性与固体应力的特性有着本质的区别。对固体来说每点上的应力可能是拉应力和压应力,也可能有垂直的和水平的分应力,但对每点上的静水压强来说,它具有下列两个重要特性:①静水压强的方向是垂直压向被作用面,即正压性。②任一点上各方向的静水压强均相等,即无方向性。

(1)正压性:静水压强的方向与受压面垂直。

反证法:取一隔离体,设其上受到 dp 的静水压力,将其分解为垂直于 II 表面的作用力 dp_n 和平行于 II 表面的 dp_τ,则在 dp_τ 作用下,液体将流动,不能保持静止,要静止,则必须 $dp_\tau = 0$。

(2)无方向性:任一点静水压强大小和受压方向无关。

例如:图 1.2(b)中 $p_1 = p_2$

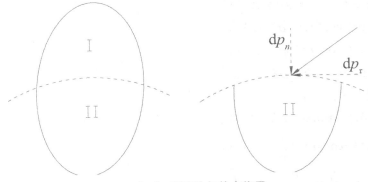

图 1.2(a)　隔离体与静水作用

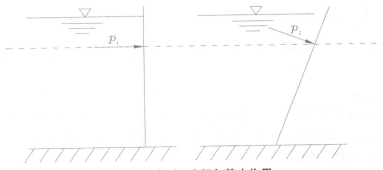

图 1.2(b)　水闸与静水作用

证明:取一四面体(列出 x,y,z 方向的力平衡方程),如图 1.3

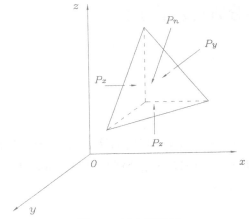

图 1.3　受力四面体

表面力: $\Delta P_x,\Delta P_y,\Delta P_z,\Delta P_n$

质量力: $F_x=\rho X\cdot\Delta V$

$\qquad F_y=\rho Y\cdot\Delta V$

$\qquad F_z=\rho Z\cdot\Delta V$

列出 x, y, z 方向的力平衡方程

$$\Delta P_x - \Delta P_n \cdot \cos(n\hat{\ }x) + \rho X \cdot \Delta V = 0$$

$$\Delta P_y - \Delta P_n \cdot \cos(n\hat{\ }y) + \rho X \cdot \Delta V = 0$$

$$\Delta P_z - \Delta P_n \cdot \cos(n\hat{\ }z) + \rho Z \cdot \Delta V = 0$$

x 方向方程变为:

$$\Delta P_x - \Delta P_n \cdot \cos(n\hat{\ }x) + \rho X \cdot \Delta V = 0$$

$$\Delta P_x - \Delta P_n \cdot \cos(n\hat{\ }x) + \frac{1}{6} \rho X \cdot \Delta x \Delta y \Delta z = 0$$

$$\frac{\Delta P_x}{\Delta A_x} - \frac{\Delta P_n}{\dfrac{\Delta A_x}{\cos(n\hat{\ }x)}} + \frac{1}{3} \rho X \cdot \Delta x = 0$$

$$\frac{\Delta P_x}{\Delta A_x} - \frac{\Delta P_n}{\Delta A_n} + \frac{1}{3} \rho X \cdot \Delta x = 0$$

当四面体收缩为一点, $\Delta V \to 0$, 则 Δx, ΔA_x, ΔA_n 均趋近于 0, 可得 $p_x - p_n = 0$; 同理 $p_y - p_n = 0$, $p_z - p_n = 0$; 由此可知

$$p_x = p_y = p_z = p_n \tag{1-3}$$

因为方向 n 是任意选定的, 于是就证明了: 一点上静水压强的大小在所有方向都是相等的, 也即和方向无关。根据这一特性, 并应用连续性的概念, 我们就会很自然的得出结论: 静水压强只是空间位置的标量连续函数, 即

$$p = p(x, y, z) \tag{1-4}$$

即无方向性。

1.2　液体平衡的微分方程及其积分

1.2.1　平衡方程

1. 取隔离体

设从一个静止液体中的任一点 A 处(其坐标是 x、y、z)划出以 A 为中心的微小平行六面体作为隔离体, 如图 1.4 所示。六面体各边分别与直角坐标轴平行, 其边长分别为 dx、dy、dz。

2. 受力分析

1)表面力

取图 1.4 六面体为隔离体, 邻近液体作用于它上面的压力, 即为表面力。

设六面体中心点 $A(x$、y、$z)$ 的静水压强为 p, 那么根据液体连续介质假定, 它应是坐标的连续函数, 即 $p = p(x, y, z)$, 于是根据静水压强 p 在 A 点附近的变化, 沿 x 方向作用在边接口中心 A_1 和 A_2 点上的压强 p_1、p_2, 可应用泰勒级数并略去高阶无穷小项来求得。

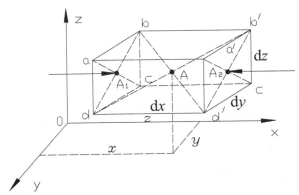

图 1.4　六面体受力图

x 方向:边接口中心 A_1 及 A_2 的坐标分别为 $\left(x-\dfrac{1}{2}dx,y,z\right)$ 及 $\left(x+\dfrac{1}{2}dx,y,z\right)$;正向压强

$p_1=p-\dfrac{1}{2}\dfrac{\partial p}{\partial x}dx$,负向压强,$p_2=p+\dfrac{1}{2}\dfrac{\partial p}{\partial x}dx$;$\dfrac{\partial p}{\partial x}$ 为压强沿 x 方向的变化率,称为压强梯度;

$\dfrac{1}{2}\dfrac{\partial p}{\partial x}dx$ 为由于 x 方向的位置变化而引起的压强差。由于六面体是无限小的,因而可视各面

上的压强是均匀分布的,并可以面中心的压强代表各该面上的平均压强。因此作用在边接

口 $abcd$ 和 $a'\,b'\,c'\,d'$ 上的静水总压力为

$$\left(p-\frac{1}{2}\frac{\partial p}{\partial x}dx\right)dydz \text{ 和 } \left(p+\frac{1}{2}\frac{\partial p}{\partial x}dx\right)dydz$$

同理,对于其他的和 y、z 轴相平行的面上的力,也可以写出相应的表达式。

2)体积力(质量力)

设作用于单位质量液体上的质量力在 x 方向的分量为 X,则作用于六面体上的质量力

在 x 方向的分力:$F_x=\rho X dxdydz$,其中 ρ 为液体的密度,$\rho dxdydz$ 为六面体的质量。同理,沿

y 方向也同样有质量力的相应分力:$F_y=Y\cdot\rho dxdydz$;沿 z 方向也同样有质量力的相应分

力:$F_z=Z\cdot\rho dxdydz$。

3. 列平衡方程

根据液体的平衡条件,这两种作用力必须相互平衡。则各力在 x 轴上的投影之和应为

零。即

$$\left(p-\frac{1}{2}\frac{\partial p}{\partial x}dx\right)dydz-\left(p+\frac{1}{2}\frac{\partial p}{\partial x}dx\right)dydz+F_x=0$$

将 x 方向的质量力代入,得

$$\left(p-\frac{\partial p}{\partial x}\frac{dx}{2}\right)dydz-\left(p+\frac{\partial p}{\partial x}\frac{dx}{2}\right)dydz+\rho X dzdydz=0 \qquad (1-5)$$

用 $\rho dxdydz$ 除上式,经化简后得

$$-\frac{\partial p}{\partial x}+\rho X=0$$

同理,在 y、z 方向可得类似的方程:$-\dfrac{\partial p}{\partial y}+\rho Y=0,-\dfrac{\partial p}{\partial z}+\rho Z=0$

综合如下

$$\begin{cases} \dfrac{\partial p}{\partial x} = \rho X \\[2mm] \dfrac{\partial p}{\partial y} = \rho Y \\[2mm] \dfrac{\partial p}{\partial z} = \rho Z \end{cases} \tag{1-6}$$

上式是由瑞士学者欧拉(Euler)于1775年首先推导出来的,故称 Euler 平衡微分方程式。其物理意义为:平衡液体中,静水压强沿某一方向的变化率与该方向单位体积上的质量力相等。

1.2.2 积分表达式

将(1-6)式各项分别乘以 dx, dy, dz 然后相加得到积分表达式

$$dp = \frac{\partial p}{\partial x}dx + \frac{\partial p}{\partial y}dy + \frac{\partial p}{\partial z}dz = \rho(Xdx + Ydy + Zdz) \tag{1-7}$$

如果存在一个函数,与 X, Y, Z 有如下关系

$$\begin{cases} X = \dfrac{\partial U}{\partial x} \\[2mm] Y = \dfrac{\partial U}{\partial y} \\[2mm] Z = \dfrac{\partial U}{\partial z} \end{cases}$$

则

$$dp = \rho\left(\frac{\partial U}{\partial x}dx + \frac{\partial U}{\partial y}dy + \frac{\partial U}{\partial y}dy\right) = \rho dU \tag{1-8}$$

这样两边积分可得

$$p = \rho U + c \tag{1-9}$$

现在问题是看 U 函数是否存在?

根据高等数学知识可知,如果 X, Y, Z 满足柯西定理

$$\begin{cases} \dfrac{\partial X}{\partial y} = \dfrac{\partial Y}{\partial x} \\[2mm] \dfrac{\partial Y}{\partial z} = \dfrac{\partial Z}{\partial y} \\[2mm] \dfrac{\partial Z}{\partial x} = \dfrac{\partial X}{\partial z} \end{cases} \tag{1-10}$$

则就存在一函数 U,称之为 XYZ 的势函数。

由(1-6)式可得 $\dfrac{\partial X}{\partial y} = \dfrac{1}{\rho}\dfrac{\partial^2 p}{\partial x \partial y} = \dfrac{1}{\rho}\dfrac{\partial^2 p}{\partial x \partial x} = \dfrac{\partial Y}{\partial x}$,即 $\dfrac{\partial X}{\partial y} = \dfrac{\partial Y}{\partial x}$;同理可得 $\dfrac{\partial Y}{\partial z} = \dfrac{\partial Z}{\partial y}$,

$\dfrac{\partial Z}{\partial x} = \dfrac{\partial X}{\partial z}$，满足柯西定理。

上式表明，作用于液体上的质量力应满足（1-10）式的关系，同样由理论力学可知，当质量力满足（1-10）式时，必然存在仅与坐标有关的力势函数 $U(x,y,z)$。其物理意义：

$$\mathrm{d}U = \frac{\partial U}{\partial x}\mathrm{d}x + \frac{\partial U}{\partial y}\mathrm{d}y + \frac{\partial U}{\partial z}\mathrm{d}z = X\mathrm{d}x + Y\mathrm{d}y + Z\mathrm{d}z \qquad (1\text{-}11)$$

上式右端代表单位质量力在 $\mathrm{d}s$ 位移上所做的功，$\mathrm{d}U$ 代表势能的增量，U 代表势能。

结合（1-8）和（1-11）可得

$$\mathrm{d}p = \rho\mathrm{d}U$$

积分可得 $p = \rho U + C$　C 为常数

如果已知平衡液体边界上某点压强为 p_0，力势函数为 U_0，则积分常数 $C = p_0 + \rho U_0$

所以　　　$p = p_0 + \rho(U - U_0)$

U 是一个位置函数，与压力无关，故

$$\Delta p = \Delta p_0$$

即当 p_0 增大和减小时，液体内任一点的压强也相应地增大和减小，并且数值相同。这就是物理学中著名的帕斯卡原理。

1.3　等压面

1. 等压面的定义

在同一连续静止液体中，静水压强相等的各点组成的面，称之为等压面。

2. 等压面的性质

1）等压面亦是等势面

例如静水液体的自由表面就是一个等压面。因为在自由液面上的压强都等于大气压强。在等压面上 $p=$ 常数，也就是 $\mathrm{d}p=0$，由式（1-8）得 $\mathrm{d}p=\rho\mathrm{d}U=0$。但 $\rho \neq 0$，因此 $\mathrm{d}U=0$，即 $U=$ 常数。所以在静止液体中，等压面同时也就是等势面。

2）等压面与质量力正交

在等压面上，$\mathrm{d}p=0$，即有 $\mathrm{d}p=\rho(X\mathrm{d}x+Y\mathrm{d}y+Z\mathrm{d}z)=0$，所以

$$X\mathrm{d}x + Y\mathrm{d}y + Z\mathrm{d}z = 0 \qquad (1\text{-}12)$$

这是等压面的方程式。式中 $\mathrm{d}x$、$\mathrm{d}y$、$\mathrm{d}z$ 可设想为液体质点在等压面上的任意微小位移 $\mathrm{d}s$ 在相应坐标轴上的投影。

等压面上位移　　　$\mathrm{d}\vec{s} = \mathrm{d}xi + \mathrm{d}yj + \mathrm{d}zk$

质量力　　　　　　$\vec{R} = (Xi + Yj + Zk)\mathrm{d}m$

则　　　　　　　　$W = \vec{R}\cdot\mathrm{d}\vec{s} = (X\mathrm{d}x + Y\mathrm{d}y + Z\mathrm{d}z)\mathrm{d}m = \mathrm{d}U\cdot\mathrm{d}m$。

因此式（1-12）表示，当液体质点沿等压面移动 $\mathrm{d}s$ 距离时，质量力作的微功为零。但是质量力和 $\mathrm{d}s$ 都不为零，所以，必然是等压面与质量力正交。可见，已知质量力的方向便可求等压面的方向，反之若等压面的方向为已知，便可确定质量力的方向。因在等压面上 $\mathrm{d}U=0$，所以

质量力沿等压面移动所做的功为零，即 $W=0$。

3.等压面的性质几个推论

（1）如果液体处于静止状态，且作用于液体上的力只有重力，则就局部而言，必定是水平面。

（2）就一个大范围而论，等压面应是处处和地心引力正交的曲面。

（3）自由面（与大气接触）一定是等压面。

1.4　重力作用下的静水压强分布规律

1.4.1　基本公式

设在图 1.5 所示的静止液体中，将直角坐标系的原点选在自由表面上（xOy 平面又称为基准面，它的选择可以是任意的），Z 轴垂直向上，液面上的压强为 P_0。此时，作用在单位质量液体的质量力只有重力。

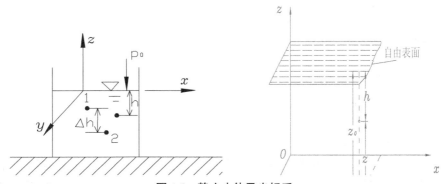

图 1.5　静止水体及坐标系

质量力写为：$X=0$，$Y=0$，$Z=-g$，液体平衡方程（1-7）可以写成
$$dp = \rho(Xdx + Ydy + Zdz) = -\rho g dz$$
积分上式，得 $p = -\rho g z + C$，即
$$p = -\gamma \cdot z + C \tag{1-13}$$
γ 为液体容重，C 为积分常数。（1-13）可变形为
$$\frac{p}{\gamma} + z = C \tag{1-14}$$
式中，$\dfrac{p}{\gamma}$ 为压能，z 为位能。

上式表明：在静止液体中，任何一点的 $\left(z + \dfrac{p}{\gamma}\right)$ 总是一个常数，代表了静止液体中机械能

（位能与压能）的转换与守恒关系。对液体内任意两点，上式可写成

$$z_1 + \frac{p_1}{\gamma} = z_2 + \frac{p_2}{\gamma}$$ （1-15）

在液体自由表面上 $z=0$，$p=p_0$，代入式（1-14）则得

$$z_0 + \frac{p_0}{\gamma} = C$$

（1-14）式变为

$$\frac{p}{\gamma} + z = z_0 + \frac{p_0}{\gamma}$$ （1-16）

同理

$$p = (z_0 - z)\gamma + p_0$$ （1-17）

对于液体中各点来说，一般用各点在液面以下的深度 h 代替 z_0-z 更为方便。因此代入（1-17）式，则得

$$p = h\gamma + p_0$$ （1-18）

上式即重力作用下的平衡方程，也就是水静力学基本方程。

1.4.2　物理含义

（1）在静止液体中，压强随深度按线性规律变化。

（2）静止液体中任一点的压强 p 等于表面压强 p_0 与从该点到液体自由表面的单位面积上的液柱重量（即 γh）之和。于是应用式（1-18），便可以求出静止液体中任一点的静水压强。

若自由液面的压强 $p_0=p_a$ 时，则（1-18）式可写为

$$p = p_a + \gamma h$$ （1-19）

又如在同一连通的静止液体中，已知某点的压强则应用（1-16）式可推广到求任一点的压强值，即

$$p_2 + p_1 + \gamma \Delta h$$ （1-20）

上式中 Δh 为两点间深度差，当点 1 高于点 2 时为正，反之为负。

此外从式（1-18）还可以看出，位于同一深度（$h=$ 常数）的各点具有相同的压强值。这样，我们就得出一个结论：在同一个连续的静止液体中，任一水平面都是等压面。但必须注意，这个结论只是对互相连通而又是同一种液体才适用。如果中间被气体或另一种液体隔断以及不相连通的液体，同一水平面并不是等压面。如图 1.6（a）玻璃管与容器中的水是连通的，因此任何一个水平面都是等压面。而图 1.6（b）中，1-1 虽是水平面，但由于此平面通过两种液体（容器中是煤油，玻璃管中是水），因而不是等压面，只有 2-2 平面以下的水平面，才是等压面。等压面的概念对我们今后分析计算静水压强问题可提供不少方便。

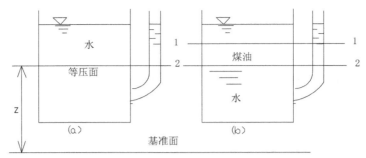

图 1.6 不同液体等压面

1.4.3 压强的表示方法

静水压强可以从不同的基准算起,因而有不同的表示方法。

1)绝对压强

绝对压强的数值是以完全真空为零点算起的,我们用符号 p' 表示绝对压强,故式(1-18)可写为

$$p' = p_0 + \gamma h \tag{1-21}$$

如自由表面压强 $p_0 =$ 大气压压强 p_a,则

$$p' = p_a + \gamma h \tag{1-20}$$

2)相对压强

在水利工程中,一般水流和建筑物表面均作用着大气压强,这种以当地大气压强为零算起的压强称为相对压强,也称表压强。这是因为在实际工作中,在与大气相通时,所有压力表的测量结果都是零的缘故,所以一个压强的绝对值比相对压强值大一个当地大气压。

在以后的讨论及水利工程问题的计算中,一般都采用相对压强,并用符号 p 表示。当 p 采用相对压强时,则压强表达式

$$p = p' - p_a = p_0 + \gamma h - p_a \tag{1-21}$$

上式表明相对压强和绝对压强的关系。

如果自由表面压强 $p_0 = p_a$,则上式可简化为

$$p = \gamma h \tag{1-22}$$

3)真空

当液体某点处的绝对压强小于大气压强时,则称该处出现真空(或出现负压)。通常以大气压强 p_a 和绝对压强 p' 的差值来量度真空的大小,此差值一般称为真空度,用符号 p_B 表示,则

$$p_B = p_a - p' \tag{1-23}$$

若真空度以液柱高度来表示,由上式得

$$h_B = \frac{p_B}{\gamma} = \frac{p_a - p'}{\gamma} \tag{1-24}$$

h_B 则称为真空高度。

4）绝对压强、相对压强和真空三者的关系

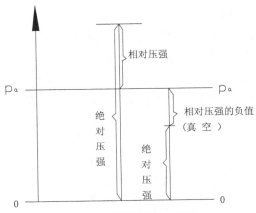

图 1.7　不同压强相对关系

从图 1.7 可以清楚看出，绝对压强的基准和相对压强的基准相差一个当地大气压 p_a，绝对压强 p' 永远为正值，最小为零；而相对压强 p 的数值则是可正可负的。当 $p' < p_a$ 时，相对压强 p_B 为负值，工程上常把负的相对压强叫做"真空"。

1.4.4 压强的计量单位

（1）用一般应力单位表示：帕（Pa），即牛顿／米²（N/m²）；千帕（KPa），千牛顿／米²（kN/m²）。

（2）用工程大气压表示：一个工程大气压等于 9.8 N/cm²=98 kN/m²，例如，某点静水压强 p=19.6 N/cm²，即可表示为 p=2 个工程大气压。如 p=-0.294 N/cm²，即可表示为 p=-0.3 个工程大气压。

（3）用液柱高度表示：式（1-22）可改写成

$$h = \frac{p}{\gamma}$$

即对于任一点上的静水压强 p 可以应用上式化为对任何一种容重为 γ 的液柱高度。

例如一个工程大气压 p_a=9.8 N/cm²，可用水柱高度表示为（水的容重 γ_w=9 800 N/m³）

$$h = \frac{p_a}{\gamma_w} = \frac{98\,000}{9\,800} = 10\text{米水柱}$$

也可用水银柱高度表示为（水银的容重 γ_H=133 000 N/m³）

$$h = \frac{p_a}{\gamma_H} = \frac{98\,000}{133\,000} = 0.735\text{米水银柱}$$

1.4.5 真空现象与汽化压强

在工程实际中经常出现真空的现象，例如在水泵的吸水管、虹吸管驼峰断面、高速水流流过某些建筑物时。这些是在流动的水中经常见到的真空现象。

下面谈谈静止液体中的真空现象。

设在容重为 γ 的静止液体中，放一个垂直且两端开口的玻璃小管，如图 1.8a 所示。显然，这时液体的自由表面在管内外都将位于同一高度。然后将小管的上端封闭使其与外界的空气隔绝，并把它提升到某一高度，并仍将小管的下端留在液体中，如图 1.8b 所示。可以看到，此时管内外的液面不在同一水位上。

这是由于在管子向上提升时，管内封闭的空气体积增大，而气体的压强减小，结果管外液面在大气压强 p_a 的作用下，管内液面将上升到某一高度 h_B。可见，若 C 点压强愈小于大气压强，则管内外液面高度差大 h_B 也愈大。因此高差 h_B 数值可以用来衡量管内 C 点压强小于大气压强的大小，亦即是真空的程度，高差 h_B 即为"真空高度"。

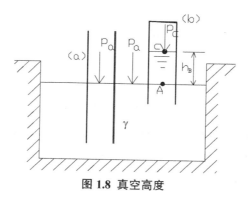

图 1.8 真空高度

设 C 点的绝对压强为 p'_c，应用等压面的概念 $p_A = p_a$，根据式（1-23），则 C 点的真空 p_B 为

$$p_B = p_a - p'_c$$

而其真空高度为

$$h_B = \frac{p_a - p'_c}{\gamma}$$

若采用相对压强制，并设 C 点的相对压强为 p_C，则

$$p_C = p'_C - p_a$$

$$\text{（1-25）}$$

故有 $$h_B = \frac{p_a - (p_a + p_c)}{\gamma} = -\frac{p_c}{\gamma}$$

由此可知，若某点出现真空，则该点的相对压强必为负值。

而所谓某点的真空高度其实质上就是，该点具有的负压强能把液体从自由液面向上吸升某一高度，也就是点相对压强的绝对值用液柱高度表示而已。

如果将小管内气体完全抽空，即使 $p'_c = 0$，则式（1-25）为 $h_B = \frac{p_a}{\gamma}$，即"完全真空"。此时的 h_B 为"最大真空高度"。

如果当地大气压正好等于一个工程气压，即 9.8 kN/m²，则相应的"最大真空高度"以水柱表示为 $h_B = \frac{p_a}{\gamma_w} = 10$ 米水柱。以水银柱表示为 73.556 厘米水银柱。事实上一般液体不能在完全真空保持液态，以及不能达到 $h_B = \frac{p_a}{\gamma_w}$ 的高度。例如以水而言，这是将有蒸汽产生，因而在水面上,相应于某一温度,即形成一定的所谓饱和蒸汽压强而不能获得完全真空。

汽化压强,相对于某一温度,使液体变为蒸汽的压强。

例题:在水泵吸水管 AB 中某点的绝对压强为 58 800 N/m²,试将其换算成相对压强和真空值,并以三种单位表示。

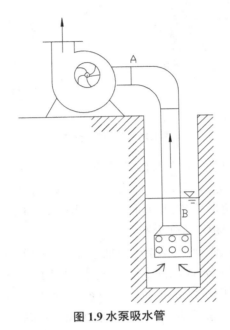

图 1.9 水泵吸水管

解:相对压强 $p=p'-p_a$=58 800−98 000=−39 200 N/m²

p=−0.4 大气压

$$\frac{p}{\gamma_w} = \frac{-39\ 200}{9\ 800} = -4 \text{ 米水柱}$$

真空度

$$p_B = p_a - p' = 39200 \text{ N/m}^2 = 0.4 \text{ 大气压}$$

1.4.6 静水压图示

绘制规则如下。

一是按一定比例,代表大小。

二是用箭头表示静水压强的方向,并与作用面垂直。

根据水静力学基本方程式 $p=\gamma h$,可知压强 p 与水深 h 为线性的正比关系。因而在任一平面的作用面上,其压强分布为一直线。算出作用面最上和最下两个点上的压强后即可定出整个压强的分布线。下面绘制在各种情况下的压强分布图。

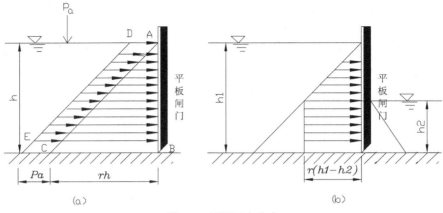

图 1.10　闸门压力分布

（1）图 1.10（a）为一垂直平板闸门，闸门最低点 B 的水深为 h，最上的 A 点为水面。在 B 点作 BC 线，长度为 $p=\gamma h$，垂直于 AB 用箭头表示，则 AC 连线即为作用于平板上的压强分布线。所以静水压强呈三角形分布，其方向垂直并指向平板闸门。图 1.10（a）所示三角形 ABC 即为作用在平面壁上的相对压强分布图。

如欲绘制绝对压强分布图，则将常量 p_a 附加于 AC 上即可，如图 1.10（a）上 DE 线所示。如闸门两边同时承受不同水深的静水压力作用，如图 1-10（b）所示。

这种情况由于受力方向不同，可先分别绘出受压面的压强分布图，然后将两图叠加，消去大小相同方向相反的部分，余下的梯形即为静水压强分布图。

（2）图 1.11 为一折面上的静水压强分布图，作法同前。

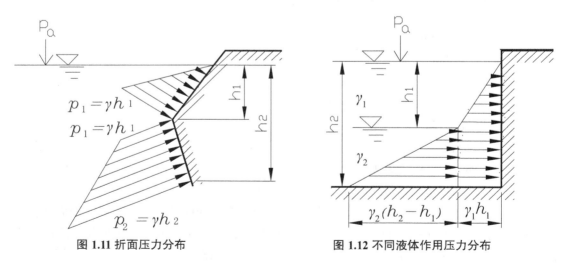

图 1.11 折面压力分布　　　　　**图 1.12 不同液体作用压力分布**

（3）图 1.12 中有上下两种 γ_1 及 γ_2 的液体作用于平面 AC，两种液体的分界面在 B 点。在 B 点作压强线 $DB=p_1=\gamma_1 h_1$，在 C 点作 $EC=\gamma_1 h_1+\gamma_2（h_2-h_1）$，联 AD 及 DE 即为所求的压强分布图。

（4）图 1.13 为作用在弧形闸门上的压强分布图。因为闸门为一圆弧面，所以面上各点压强只能逐点计算出。各点压强都沿半径方向通过圆弧的中心。

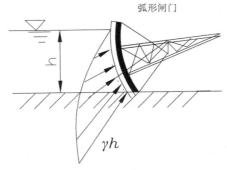

图 1.13　弧形闸门受力图

1.5　几种质量力作用下的液体平衡

　　上一节我们讨论的是在重力作用下液体的平衡,现在讨论在几种质量力作用下液体的相对平衡。液体的相对平衡是指液体相对于地球来讲虽是运动的,但液体质点之间及质点与边界之间却无相对运动,我们就称液体是处于相对静止或相对平衡状态。下面加以举例说明。

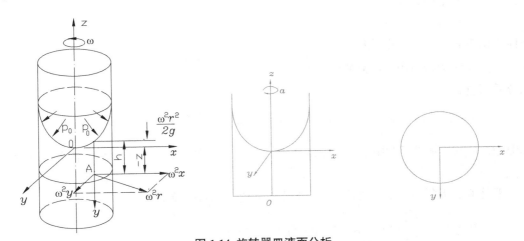

图 1.14　旋转器皿液面分析

　　例 1　旋转器皿液面确定

　　如图 1.14 所示为一旋转圆桶,其中盛有液体。如圆桶筒绕其中心轴以等角速 ω 旋转,由于液体黏滞性作用,开始时仅靠桶壁的液体随壁运动,其后逐渐传至全部液体,于是整个液体都以等角速 ω 随圆筒一起旋转,液体各质点之间及质点与圆桶之间则没有相对运动,这就达到了相对平衡状态。

　　在这种情况下,液体的质点在质量力和压力作用下维持平衡,质量力除了重力以外,还有离心惯性力。

设将坐标原点放在旋转轴与自由表面的交点,取 z 轴铅锤向上,如图 1.14 所示,则单位质量的重力

$$Z = \frac{-G}{m} = \frac{-mg}{m} = -g$$

即质量力之一,重力

$$X_1 = 0, Y_1 = 0, Z = -g$$

而作用于液体中任一点 A 处的离心力 F 为

$$F = m\omega^2 r$$

式中,m 为质点的质量,ω 为旋转角速度,r 为 A 点的半径,即

$$r = \sqrt{x^2 + y^2}。$$

对于单位质量的离心力 $\frac{F}{m} = \omega^2 r$,即质量力之二,它在 x,y 坐标轴上的投影为

$$X_2 = \omega^2 x$$
$$Y_2 = \omega^2 y$$
$$Z_2 = 0$$

因此,对于这种情况,总的质量力

$$X = X_1 + X_2 = \omega^2 x$$
$$Y = Y_1 + Y_2 = \omega^2 y$$
$$Z = Z_1 + Z_2 = -g$$

液体平衡方程式(1-7)可写为

$$dp = \rho\left(\omega^2 x dx + \omega^2 y dy - g dz\right)$$

积分后,则得

$$p = \rho\left(\frac{1}{2}\omega^2 x^2 + \frac{1}{2}\omega^2 y^2 - gz\right) + C = \rho\left(\frac{1}{2}\omega^2 r^2 - gz\right) + C \quad (1\text{-}26)$$

式中:C 为积分常数,可由已知边界条件求出。在原点处,$x=y=z=0$,$p=p_0$,代入上式,则得 $C=p_0$。

于是液面下任一点 A 处的压强可以把 C 值代入(1-26)而得到

$$p = p_0 + \rho\left(\frac{1}{2}\omega^2 r^2 - gz\right) = p_0 + \gamma\left(\frac{\omega^2 r^2}{2g} - z\right) \quad (1\text{-}27)$$

这就是在等角速旋转的直立容器中,液体相对平衡时压强分布规律的一般表达式。令 p 为任一常数,则得等压面方程

$$\frac{\omega^2 r^2}{2g} - z = 常数 \quad (1\text{-}28)$$

对于自由表面,$p=p_a=p_0$,从式(1 — 27)得到自由表面方程为

$$z = \frac{\omega^2 r^2}{2g} \quad (1\text{-}29)$$

可见自由表面为一旋转抛物面。

从式（1-29）可以看出，当 $r=0$，则 $z=0$。所以 $\dfrac{\omega^2 r^2}{2g}$ 也就等于半径为 r 处的水面高出旋转

轴处的水面高度。

如以 h' 代替 $-z$，于是液体中任一点 A 在自由液面以下的深度

$$h = \frac{\omega^2 r}{2g} + h' \qquad\qquad (1\text{-}30)$$

将 h 代入式（1-27），则得到和水静力学基本方程相似的公式

$$p = p_0 + \gamma h \qquad\qquad (1\text{-}31)$$

这就说明以等角速度旋转器皿中的液体相对平衡时，在铅垂线上的压强仍是按静水压强的规律分布的。

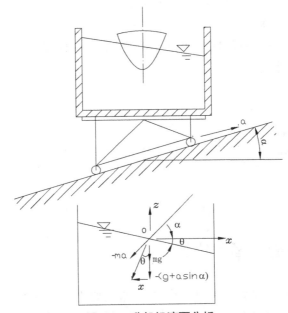

图 1.15　升船机液面分析

例 2　升船机等加速运动的情况

如图 1.15 所示为一升船机，这在港口工程中经常用到，整体沿着 $\alpha=30°$ 的斜坡以 $3.6\ \text{m/s}^2$ 的等加速向上运动。

试求：升船机中自由液面的方程以及自由面与水平面所成的交角 θ。

解：首先分析升船机中的液体受力情况。由于液体同升船机一起作等加速运动，因此质量力除了重力（mg）外，还有惯性力（ma），液体在重力和惯性力的共同作用下处于相对平衡。

根据欧拉平衡方程式

$$\mathrm{d}p = \rho(X\mathrm{d}x + Y\mathrm{d}y + Z\mathrm{d}z) \qquad\qquad (1\text{-}32)$$

单位质量力在 x 方向的分力为

$$X = -a\cos \alpha$$

单位质量力在 z 方向的分力为

$$Z = -(g + a\sin \alpha)$$

代入方程式,则

$$dp = -a\cos \alpha dx - (g + a\sin \alpha)dz \tag{1-33}$$

积分上式得

$$dp = -a\cos \alpha x - (g + a\sin \alpha)z + c \tag{1-34}$$

式中:C 为积分常数,可根据已知边界条件求出。

在原点 O 处,$x=z=0$,$p=p_a$ 代入上式则得 $C = p_a$。将 C 值代入原式,得

$$p = p_a - a\cos \alpha x - (g + a\sin a)z \tag{1-35}$$

对于自由表面 $p=p_a$ 代入上式,则得自由表面方程

$$a\cos ax + (g + a\sin a)z = 0 \tag{1-36}$$

可见自由液面系倾斜平面得等压面。同理可知其他各等压面也都是倾斜平面。

故

$$ctg\theta = \frac{g + a\sin a}{a\cos a}$$

$$= \frac{g}{a\cos a} + tga$$

$$= \frac{9.81}{3.6 \times \cos 30^0} + tg30^0$$

$$= 3.14 + 0.577$$

$$= 3.72$$

$$\theta = 15^02$$

1.6　液体压强测量原理和仪器

在水利工程实际工作和水利模型实验中,经常需要直接量测水流中某些点处的压强或两点的压强差。测量压强的仪器一般由液式测压计、金属测压计和电子压力传感器三大类型。

1.6.1　液式测压计

原理:利用液体平衡原理,液柱高度与被测液体压力相等,即静水压强规律制成的测压仪表。

这种仪表的优点是构造简单,使用方便,能测量微小压强,测量准确度比较高,同时价格低,又可以自制,因此在实验室较多使用。液式测压计根据结构形式和所测压强的范围又可分为若干种,下面对几种常用的液式测压计加以说明。

1. 测压管

直接由同一液体引出的液柱高度来测量压强,即测压管。简单的测压管即一根玻璃管,一端和所要测量压强之处相连接,另一端开口,和大气相通,如图 1.16 所示。由于 A 点压强的作用,使测压管中液面升至某一高度 h_A,于是液体在 A 点的相对压强 $p_A = \gamma h_A$。测压管通常用来测量较小的压强。当相对压强较大时,需要较高的液柱,这在使用上很不方便,为此往往可改用 U- 形水银测压管。

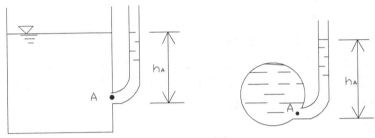

图 1.16　测压管

2.U- 形水银测压管

通常是用 U- 形的玻璃管制成,(图 1.17)管内弯曲部分装有水银。管的一端与测点连接,另一端开口与大气相通。由于点 A 压强的作用,使右管中的水银柱面高出 Δh_2,测点距左管液面的高度为 Δh_1。设容器中液体的容重为 γ,水银的容重为 γ_H。根据水静力学基本方程,并应用等压面的概念可以求出 A 点压强 p_A。

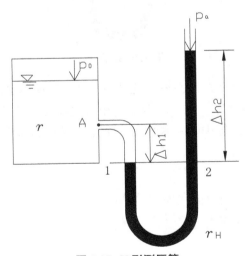

图 1.17　U 形测压管

在同一个静止连通的液体中,在同一"水平面"上所有各点的静水压强是相等的。U- 形管中 1、2 两点是在连通的同一液体(水银)的同一水平面上,因此 $p_1 = p_2$ 又根据式(1-18)

$$p_1 = p_A + \gamma \Delta h_1$$

和　　　　$$p_2 = \gamma_H \Delta h_2$$

因　　　　$p_1 = p_2$

故得　　　$p_A = \gamma_H \Delta h_2 - \gamma \Delta h_1$

可见,在量得 Δh_1 和 Δh_2 后即可根据上式求出点 A 的压强。

应该指出,测压管可用来量测正压或负压(真空度)。还应指出,在观测精度要求较高或所用测压管较细的情况下,需要考虑毛细管作用所产生的影响。因受毛细管作用后,液体上升高度将因液体的种类、温度及管径等因素而不同。

3. 差压计

在很多情况下,我们需要知道两点的压强,由此求流速或其他水力要素。差压计就是量测两点压强差的仪器,常用的差压计有空气差压计、水银差压计和斜管差压计等等,各种差压计多用 U- 形管支撑,在用各种差压计量测压差时,都是根据静水压强来计算压强差的。下面以水银差压计来说明其原理和计算方法。

1)水银差压计

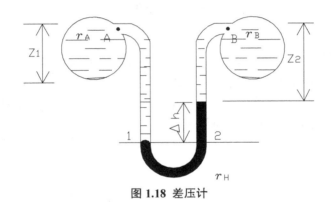

图 1.18　差压计

图 1.18 所示为水银差压计的示意图。此种差压计系当所测量点的压差较大时使用。

设 A、B 两点处液体容重为 γ_A 和 γ_B。两点的相对位置及 U- 形管中水银面之高差如图所示。根据同一连同的静止液体中同一水平面上个点压强相等的原理,断面 1 和断面 2 处压强相等,即

　　　　$p_1 = p_2$

根据式静水压强计算公式: $p_1 = p_A \times \gamma_A (z_1 + \Delta h)$

　　　　$p_2 = p_B + \gamma_B z_2 + \gamma_H \Delta h$

因　　　　$p_1 = p_2$

故得　　　$p_A - p_B = (\gamma_H - \gamma_A)\Delta h + \gamma_B z_2 - \gamma_A z_1$

如 A、B 两点处为同一种液体,即 $\gamma_A = \gamma_B = \gamma$

则　　　　$p_A - p_B = (\gamma_H - \gamma)\Delta h + \gamma(z_2 - z_1)$

如 A、B 两点处为同一种液体,且在同一高程,即 $z_2 - z_1 = 0$,则可得

$$p_A - p_B = (\gamma_H - \gamma)\Delta h = \gamma\left(\frac{\gamma_H}{\gamma} - 1\right)\Delta h$$

已知 γ_H 为水银，若 γ 为 γ_w

则　　$p_A - p_B = (13.6-1)\gamma_w\Delta h = 12.6\gamma_w\Delta h$

此时，只要水银柱的高度差，就可以计算出 A、B 两点的压强差。

2）斜式差压计

斜式差压计是差压计的一种，当量测很小的压差时，为了提高测量精度，有时采用这种差压计。一般所用的倾斜式差压计是将空气差压计中 U-形管的部分倾向放置，如图 1.19 所示，这样可将铅垂空气差压计中的液面高差 Δh 增大为 $\Delta h'$（$=\Delta h/\sin\theta$）

两点的压差为

$$p_A - p_B = \gamma\Delta h = \gamma\Delta h' \sin\theta$$

当 $\theta=90°$，$\sin\theta=1$，$\Delta h'=\Delta h$，即成为铅垂的空气比压计。θ 角一般为 $10°\sim30°$，这样使压差的读数增大，从而可提高度量精度。

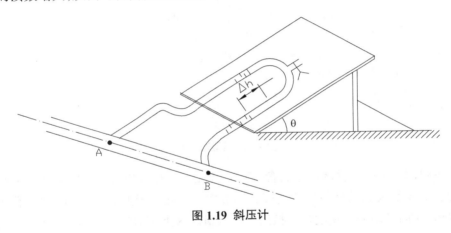

图 1.19　斜压计

1.6.2　金属测压计

金属测压计是利用各种形状的弹性元件（如图 1.20 所示）在被测压强的作用下，产生弹性变形的原理而制成的测压仪表。这种仪表具有构造简单、运用方便、测压范围广，并具有足够的精确度以及能制成发信和远距指示、自动记录仪表等优点。因此在生产中被广泛应用。

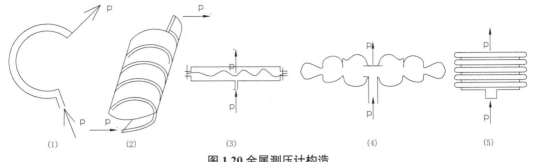

图 1.20 金属测压计构造

　　金属测压计按弹性元件形状不同而可以制成各种形式的测压计。现在最常用的测压计为弹簧管压力计（图 1.21）。

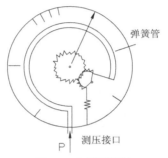

图 1.21 金属测压计

　　它的主要部分为一弹性环形金属管，断面为椭圆形，开口端与测点相连通。封闭端与测点相连通。封闭端有联动杆与齿轮连接。环形管因所测压强的大小不同，而作相应的伸张或收缩变形，从而带动表针在度盘上指出压强数值。这类压力计当测压接口与大气相通时，指针均指零压，因此所测出的是相对压强制。习惯上把那种用于量压强大于大气压强的亦即只测正压的叫做"压力表"。而那种只测小于大气压的即只测负压的则叫"真空表"。但也有一种兼测正压和负压的所谓"两用表"。在度盘上标注的单位，正压多采用千克 / 厘米²（工程制单位，相当于国际单位制的 9.8 N/cm² 或工程气压；负压则多采用毫米水银柱。

1.6.3　电子压力传感器

　　传感器是将任何一形式的能量从一个系统传送到另一个系统的器件。例如，金属压力表就是一种机械式传感器，其中有一个弹性元件将加压系统的能量转变成机械测试系统中的位移。电阻式压强传感器则将一个机械系统（通常是一个金属膜）的位移转变或电信号，而不管是其本身主动产生电输出量还是要求一个电输入量来被动地修改机械位移的函数。有一类压强传感器（图 1.22）中，电阻应变计是贴在一块膜上的。当压强变化时，膜的移动量也改变，而这又改变了电输出量。通过适当的校正，即可提供压强数据。如果将这种器件和一个走带式图线记录器连接起来，即可用它来给出连续的压强纪录。若不用走带式图线纪录器,也可以用计算机数据识别系统按固定的时间间隔,在一个磁带或磁盘上记录这种数据,还可以用数码形势将其现实在一个屏幕上。

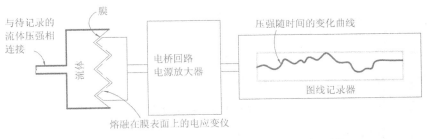

电阻应变片压力传感器示意图（附走带式图线记录器）

图 1.22　电子压力传感器

以上简单地介绍了液式测压计、金属测压计及电式压力传感器的构造、工作原理及其应用。目前随着仪表工业的迅速发展和自动化水平的逐步提高,电压式压力计将广泛地被采用,它是一种将压力值变为电量值的仪表。其原理仍以弹簧管作为测压弹性元件,当弹簧管承受压力后,弹簧管自由端的位移转变成某一电量,再由相应的装置将这电量直接指示出压力值来,从而达到远距传送和数据采集的目的。

1.7　作用在平面上的静水压力

前面讨论了静止液体中的压强和压强分布规律以及压强的测量方法。在工程实际中,往往还需要知道作用在建筑物表面上的静水总压力。例如,为了确定船坞的坞门、船闸闸门的启闭力,需要知道作用在坞门、闸门上的静水总压力;又如,为了确定船坞的坞墙、船闸闸墙等结构物的尺寸和强度,也需要研究液体作用在建筑物表面上的静水总压力等。因此,我们需要研究液体作用在壁面上的静水总压力的大小、方向和作用点。

作为壁面的典型,这一节首先探讨作用在平面上的静水总压力;下一节将叙述作用在曲面上的静水总压力。

确定平面上的静水总压力的方法有两种:解析法和图解法。这两种方法的原理都是根据静水压强的分布规律来求解的。在解决实际问题时,究竟采用哪一种方法较为方便,要看具体情况而定。

1.7.1　解析法

1. 矩形平板

如图 1.23 所示,矩形的宽度为 b,长度为 L,呈一倾斜放置,上沿距水面深度 h_1,下沿距水面深度 h_2,以平板所在平面的为 x-y 平面,L 缘为 x 轴,水面与平板延长面的交线为 y 轴,则压力分布

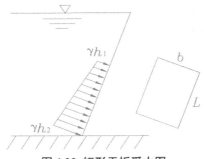

图 1.23 矩形平板受力图

$$p(x) = \frac{\gamma(h_2 - h_1)}{L}x + \gamma h_1$$

总压力

$$
\begin{aligned}
p &= \iint p(x)\mathrm{d}x\mathrm{d}y = \int_0^b \int_0^L \left[\frac{\gamma(h_2 - h_1)}{L}x + \gamma h_1 \right] \mathrm{d}x\mathrm{d}y \\
&= b \cdot \left[\frac{1}{2}\frac{\gamma(h_2 - h_1)}{L}L^2 + \gamma h_1 \cdot L \right] \\
&= b \cdot \left[\frac{1}{2}\gamma(h_2 - h_1)\cdot L + \gamma h_1 \cdot L \right] \\
&= \frac{\gamma b \cdot L}{2}(h_2 + h_1) = \frac{1}{2}(\gamma h_1 + \gamma h_2)\cdot L \cdot b \\
&= \Omega \cdot b
\end{aligned}
\tag{1-37}
$$

$$\Omega = \frac{1}{2}(\gamma h_1 + \gamma h_2)L \quad 压强分布为梯形$$

单宽压力 $\dfrac{p}{b} = \Omega$,

即单宽压力等于静水压强分布图的面积

2. 任意平面

设在静止液体中有一个任意形状的、面积为 ω 的不称平面,见图 1.24,图中左部示出这个平面的侧投影,坐标平面 $0bL$ 为所研究平面的所在平面,与自由液面的倾角为 α。

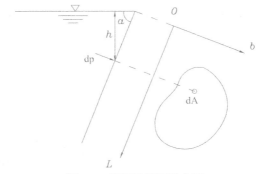

图 1.24 任意形状面受力图

1）总压力计算

在平面内任取一无限小面积 dA，它在水面下的深度为 h，与 Ob 轴的距离为 L。同样

$$h = L \sin \alpha$$

dA 面上的静水压强为 $p=\gamma h$，因而 dA 面上的静水总压力 dP 为

$$dP = p \cdot dA = \gamma h \cdot dA \qquad (1.38)$$

因而作用在整个平面 A 上的静水总压力为

$$P = \int_A dp = \int_A \gamma h dA = \int_A \gamma \sin \alpha \cdot L dA = \gamma \sin \alpha \int_A L dA = \gamma \sin \alpha \cdot L_C \cdot A \qquad (1\text{-}39)$$

式中 $\int_A L dA$ 为平面 A 绕 Ob 轴的静矩，由理论力学知道，它等于面积 A 与其形心坐标 L_C 的乘积。又因 $L_C \sin \alpha = h_c$，而 $\gamma h_C = p_c$ 为平面 A 形心点处的压强，所以得

$$P = \gamma h_c \cdot A = p_c \cdot A$$

物理意义：作用于任意形状的平面上的静水总压力，其数值等于该平面形心点上的压强与面积的乘积。由此可得这样的结论：形心点上的压强 $p_c = \gamma h_c$ 即是整个平面上的平均压强。

静水总压力 P 的作用方向，根据静水压强的特性，必然是垂直地指向这个作用面。

2）压力中心（作用点）

静水总压力 P 在平面 A 上的作用点叫做压力中心。由于作用点在平面上各点的压强与水深成正比，所有压力中心在 L 轴上的位置必然低于形心 C 的位置。只有当平面成水平时，压强均匀地分布在平面上，这时总压力 P 的作用点才与面积的形心 C 相重合。设压力中心为 D，它在水面下的深度为 h_D，与 Ob 轴的距离为 L_D，则利用各微分面积 dA 上静水总压力 dP 对于 Ob 轴的力矩这一原理，极易求得 L_D 数值。

力矩等效原理

$$P \cdot LD = \int_A L p dA = \int_A \gamma \sin \alpha \cdot L \cdot L dA$$
$$= \gamma \sin \alpha \int_A L^2 dA = \gamma \cdot \sin \alpha \cdot I_b \qquad (1\text{-}40)$$

式中：$I_b = \int_A L^2 dA$，为面积 A 对 Ob 轴的惯性矩。根据惯性矩的平行移轴公式，有

$$I_b = I_c + L_c^2 A$$

其中，I_c 代表平面 EF 对于通过其形心且与 Ob 平行的轴线的面积惯性矩，L_c 为形心。

$$L_D = \frac{\gamma \sin \alpha (I_c + L_c^2 \cdot A)}{P} = \frac{\gamma \sin \alpha (I_c + L_c^2 \cdot A)}{\gamma \sin \alpha \cdot L_c \cdot A} = \frac{I_c}{L_c A} + L_c \qquad (1\text{-}41)$$

同理，对于 OL 轴，压力中心为 D 与 OL 的距离为 b_D

$$P \cdot b_D = \int_A b p dA = \gamma \sin \alpha \int_A b dA$$

$I_{bL} = \int_A b L dA$，I_{bL} 称为 EF 平面对于 Ob 及 OL 轴的惯性积。将 I_{bL} 代入

$$bD = \frac{\gamma \sin \alpha \cdot I_{bL}}{\gamma L_c \sin \alpha \cdot A} = \frac{I_{bc}}{L_c A} \qquad (1\text{-}42)$$

表 1.1 列出了几种常见平面的 J_C 及形心点位置的具体计算式。

表 1.1　几种常见平面的 J_C 及形心点位置的计算式

平面形状		惯性矩 J_C	形心点距下底的距离
矩形		$J_C = \dfrac{bl^3}{12}$	$S = \dfrac{l}{2}$
圆形		$J_C = \dfrac{\pi d^4}{64}$	$S = \dfrac{d}{2}$
半圆形		$J_C = 0.1098 r^4$ $\left(式中 r = \dfrac{d}{2}\right)$	$S = 0.5756 r$
三角形		$J_C = \dfrac{bd^3}{36}$	$S = \dfrac{d}{3}$
梯形		$J_C = \dfrac{h^3}{36} \cdot \dfrac{(m^3 + 4mn + n^2)}{(m+n)}$	$S = \dfrac{h}{3} \cdot \dfrac{(2m+n)}{(m+n)}$

1.7.2　图解法

对于规则的平面,尤其是矩形平面上的静水总压力,则采用图解的方法较为方便。采用图解法时,需先绘出压强分布图,然后根据压强分布图形计算总压力。

例如,有一矩形直立平板闸门,其在水下的面积为 $ABCD$,深度为 h,宽度为 b,如图 1.25 所示。

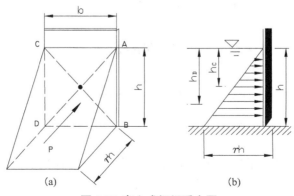

图 1.25　直立式闸门受力图

图 1.25（a）为作用在闸门上的压强分布图；图 1.29（b）为其剖面图。根据式（1-39）作用在此闸门上的静水总压力

$$P = \gamma h_c A$$
$$= \gamma \cdot \left(\frac{1}{2} h \right) \cdot (h \cdot b) = \frac{1}{2} \gamma h^2 \cdot b \qquad (1\text{-}43)$$

（三角形面积 ω）×（宽度 b）

所以，平面上静水总压力的大小等于作用在平面上等压强分布图形的体积。

静水总压强 P 的作用点按式（1-41）

$$h_D = h_C + \frac{J_C}{h_c \omega}$$

$$= \frac{1}{2} h + \frac{\frac{1}{12} b \cdot h^3}{\frac{1}{2} h \cdot bh} = \frac{2}{3} h$$

从上式可以看出，静水总压力 P 的作用线正通过压强分布图形体积的中心，压向被作用的平面。对矩形平板，静水总压力的作用点可由三角形压强分布图形面积的形心定出。

对于矩形平面来说，由于各单位宽度上静水压强分布图形是一样的，如图 1.26（a）和（c）其压强分布图形的体积就等于单位宽度上压强分布图形的面积乘以宽度，该体积值即为总压力的大小。对非矩形平面，如图 1.26（b）和（d）所示的圆形平面，它们的压强分布图形的体积，须按整个平面上的压强分布图形来确定其体积。

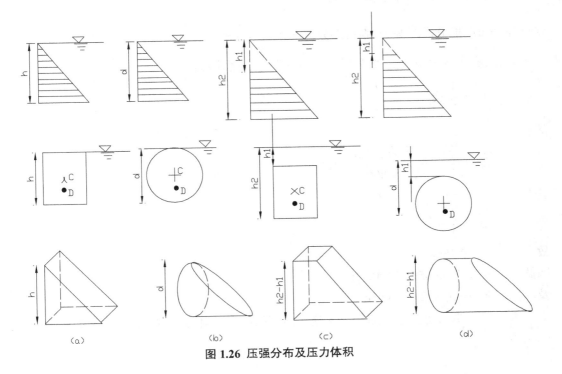

图 1.26 压强分布及压力体积

例 1 图 1.17 示意平板闸门,水压力经闸门的面板传到三个水平梁上,为了使各个横梁的负载相等,试问应把它们置在距自由表面的距离 y 各为若干的地方。已知闸门高 4 m,宽 6 m,水深 H=3 m。

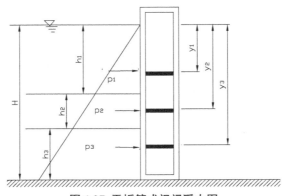

图 1.27 平板箱式闸门受力图

解:对于矩形闸门,其压强分布体积可以取垂直纸面的单位宽度来分析。对每米宽闸门作用在其上的净水总压力可以用压强分布图的面积来代表,即

$$P = \frac{1}{2}\gamma \cdot H^2 \cdot 1 = \frac{1}{2}\times 9\ 800 \times 3^2 \times 1 = 44\ 100\text{N}$$

要使三个梁上的负载相等,则每个梁上所承受的水压力为

$$P_1 = P_2 = P_3 = \frac{1}{3}P = 14\ 700\text{N}$$

将压强分布图形分成三等分,则每部分的面积代表 $\frac{1}{3}P$。

以 h_1、h_2 和 h_3 表示这三部分压强分布图形的高度,因为

$$P_1 = \frac{1}{2}\gamma h_1^2$$

故

$$h_1 = \sqrt{\frac{2P_1}{\gamma}} = \sqrt{\frac{2\times 14\ 700}{9\ 800}} = 1.73\text{m}$$

若令 $h_1 + h_2 = h$

则 $2P_1 = \frac{1}{2}\gamma h^2$

故 $h = 2.45\text{m}$

因此 $h_2 = h - h_1 = 2.45 - 1.73 = 0.72\text{m}$

及 $h_3 = H - h = 3 - 2.45 = 0.55\text{m}$

每根横梁要承受上述三部分压强分布面积的压力,其位置需按装在各相应图形的压心 y_1,y_2 及 y_3 上。

$$y_1 = \frac{2}{3}h_1 = \frac{2}{3} \times 1.73 = 1.16\text{m}$$

对于梯形面积,其形心 C 距下底的距离 s 可以按表 1.1 公式计算。

$$s = \frac{h}{3} \cdot \frac{2m+n}{m+n}$$

因此

$$y_2 = h - \frac{h_2}{3} \cdot \frac{2\gamma h_1 + \gamma h}{\gamma h_1 + \gamma h}$$

$$= 2.45 - \frac{0.72}{3} \cdot \frac{2 \times 1.73 + 2.45}{1.73 + 2.45} = 2.11\text{m}$$

$$y_3 = H - \frac{h_3}{3} \cdot \frac{2\gamma h + \gamma H}{\gamma h + \gamma H}$$

$$= 3 - \frac{0.55}{3} \times \frac{2 \times 2.45 + 3}{2.45 + 3}$$

$$= 2.72\text{m}$$

例 2　试求作用在关闭着的池壁上圆形放水闸门上(图 1.28)静水总压力和作用点的位置。已知闸门直径 $d=0.5$ m,距离 $a=1.0$ m,闸门与自由水面间倾斜角 $\alpha=60°$,水为淡水。

解:闸门形心点在水下的深度

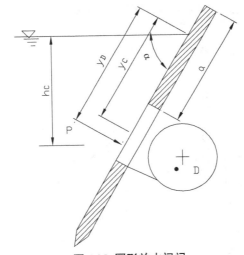

图 1.28　圆形放水闸门

$$h_c = y_c \sin \alpha = \left(a + \frac{d}{2}\right)\sin \alpha$$

故作用在闸门上的静水总压力

$$P = \gamma h_c \omega = \gamma\left(a + \frac{d}{2}\right)\sin \alpha \times \frac{\pi d^2}{4}$$

$$= 9\,800\left(1 + \frac{0.5}{2}\right)\sin 60° \times \frac{3.14 \times 0.5^2}{4} = 2\,065\text{N}$$

设总压力的作用点离水面的倾斜度为 y_D,则

$$y_D = y_C + \frac{J_C}{y_c \omega} = \left(a + \frac{d}{2}\right) + \frac{1}{\left(a + \frac{d}{2}\right)\frac{\pi d^2}{4}} \times \frac{\pi d^4}{64}$$

$$= \left(1 + \frac{0.5}{2}\right) + \frac{1}{\left(1 + \frac{0.5}{2}\right)\frac{3.14 \times 0.5^2}{4}} \times \frac{3.14 \times 0.5^4}{64}$$

$$= 1.25 + 0.013$$

$$= 1.26\text{m}$$

1.8   作用于曲面上的静水总压力

曲面上的静水压强总是沿着曲面地上各点的法线方向。因此,它们既不是平行力,也不一定汇交于一点。这样,在直接求它们的合力时,就显得特别繁琐。因此,求作用于曲面上各点的静水总压强,往往是将曲面受力投影为两个平面受力情况,然后根据静水压强的特性,求出各个投影面的合理,再进行总力合成。

有一垂直于纸面的柱形曲面 AB(图 1.29),柱面一侧承受静水压力 。以下说明用解析法求作用在曲面上的静水总压力的大小,方向和作用点。

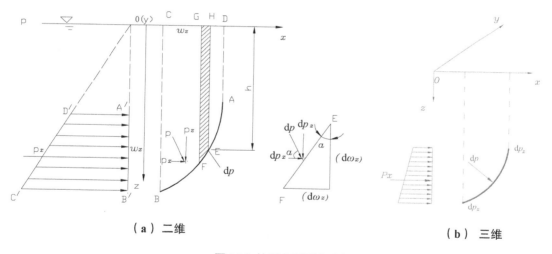

（ a ） 二维   （ b ） 三维

图 1.29 柱形曲面受力分析

1.8.1   静水总压力的水平分力和垂直分力

设在曲面 AB 上,任取一微小曲面 EF,并视为平面,其面积为 $d\omega$(图 1.29)。作用在此微小平面 $d\omega$ 上的静水压力为

$$dp = \gamma h d\omega$$

其中 h 为 $d\omega$ 面形心在液面以下的深度, dP 垂直于面积 $d\omega$,并与水平面之间夹角 α。

此微小总压力 dP 可分解为水平的和垂直的两个分力

$$
\left.\begin{aligned}
\text{水平分力：} \quad \mathrm{d}P_x &= \mathrm{d}P\cos\alpha = \gamma h\mathrm{d}\omega\cdot\cos\alpha \\
\text{垂直分力：} \quad \mathrm{d}P_z &= \mathrm{d}P\sin\alpha = \gamma h\mathrm{d}\omega\cdot\sin\alpha
\end{aligned}\right\} \tag{1-44}
$$

式中：$\mathrm{d}\omega\cos\alpha$ 是 $\mathrm{d}\omega$ 面在铅锤平面上的投影，具有沿 x 向的法线，以 $\mathrm{d}\omega_x$ 表示；$\mathrm{d}\omega\sin\alpha$ 是 $\mathrm{d}\omega$ 面在水平面上的投影，具有沿 z 向的法线，以 $\mathrm{d}\omega_z$ 表示，于是式（1-44）可写为

$$
\left.\begin{aligned}
\mathrm{d}P_x &= \gamma h\mathrm{d}\omega_x \\
\mathrm{d}p_z &= \gamma h\mathrm{d}\omega_z
\end{aligned}\right\} \tag{1-45}
$$

对式（1-45）进行积分，即可求得作用在 AB 面上静水总压力的水平和铅锤分力为

$$
\left.\begin{aligned}
P_x &= \gamma \int_{\omega_x} h\mathrm{d}\omega_x \\
P_z &= \gamma \int_{\omega_z} h\mathrm{d}\omega_z
\end{aligned}\right\}
\begin{aligned}
&\tag{1-46}\\
&\tag{1-47}
\end{aligned}
$$

式中投影面 ω_x 及 ω_z 如图所示，脚标 x 及 z 表示投影面的法线方向。

由理论力学得知，使（1-46）右边的积分式 $\int_{\omega_x} h\mathrm{d}\omega_x$ 是曲面 AB 在铅垂平面上的投影面 ω_x 对液面的水平轴（oy 轴）的静矩。它等于面积 ω_x 和它的面积形心在液面下的深度 h_c 的乘积，于是

$$
Px = \gamma \int_{\omega_x} \gamma h_c\omega_x = \gamma h_c\omega_x \tag{1-48}
$$

物理意义：作用于曲面上的静水总压力 P 的水平分力 P_x 等于作用于该曲面的垂直投影面积上的静水总压力。其压力分布图为图（1.29a）中的梯形 $A'\,B'\,C'\,D'$。

而分析式（1-47）右边的积分式，$h\cdot\mathrm{d}\omega_z$ 为作用在微小曲面 EF 上的水体体积，如图（1-29a）中的 $EFGH$。所以 $\int_{\omega_z} h\mathrm{d}\omega_z$ 为作用在曲面 $ABCD$ 上的水体体积，如图（1.29a）中 $ABCD$ 的。该体积乘以 γ 即为作用于曲面上的液体 $ABCD$ 的重量。柱体 $ABCD$ 称为压力体，它是由曲面本身及其在自由页面的投影面于从曲面的边缘引至自由页面的垂直平面所组成的，并用 V 表示。

压力体的定义：压力体是由下列周界面所围成的体积，即①受压面本身，②液面或液面的延长面，③通过曲面的四个边缘向液面或液面的延长面所作的垂直平面。

所以作用于曲面上的静水压力的垂直分力 P_z 等于其压力体的重量，即

$$
P_z = \gamma\cdot V \tag{1-49}
$$

垂直总压力 P_z 的作用线，显然应该通过液柱 $ABCD$ 的重心，其方向向下。如液体压强是从下面作用于曲面上的（图 1.30）。则压力体 $ABCD$ 为一虚的压力体，不位于实有液体之中，此时垂直总水压力的方向应向上作用于曲面 AB 上。所以不论时那一种情况，静水总压力的垂直分力都是等于各压力体的重量。所不同的只是垂直总压力的方向，这点需要加以区别。

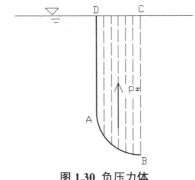

图1.30 负压力体

作用在曲面上静水压力的大小可按下式求得

$$P = \sqrt{P_x^2 + P_z^2}$$

（1-50）

1.8.2　静水总压力的方向

根据力三角形

$$tg\alpha = \frac{P_z}{P_x}$$

α 为静水总压力 P 的作用线与水平线的夹角，作用线通过圆心，即

$$\alpha = tg^{-1}\frac{P_z}{P_x}$$

（1-51）

1.8.3　静水总压力作用点

静水总压力 P 的作用线必通过 P_x 与 P_z 的交点，这个交点不一定位于曲面上。总压力的作用线与曲面的交点，即为静水总压力的作用点。

例1 图1.31中a和b是同样的圆柱形闸门，半径 $R=2$ m，水深 $H=R=2$ m，不同的是图1.36a中水在左侧，而图1.36b水在右侧。求作用在闸门 AB 上的静水总压力 P 的大小和方向（闸门长度（垂直于图面）按1m计算）。

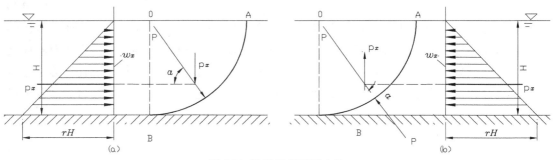

图1.31 柱形闸门及受力体

解:很显然,在上图中 a,b 两闸门内总压力 P 的大小是相同的,仅只作用方向相反而已。

由于 AB 是个圆弧面,所以面上给点的静水压强都沿半径方向通过圆心 O 点,因而总压力也必通过圆心 O。

先求出总压力 P 的水平分力 P_x,根据试(1-48)

$$P_x = \gamma h_c \cdot \omega_x = \gamma \frac{H}{2} \cdot (H \times 1) = \frac{\gamma H^2}{2} \times 1$$

$$= \frac{9\ 800 \times 2 \times 2}{2} = 19\ 600\text{N}$$

或者由 $\frac{\gamma H^2}{2} \times 1 =$ 三角形压强分布图形体积,因而 P_x 用图解法也很容易算出, P_x 的作用线位于 $\frac{2}{3}H$ 深度。在图 a 和图 b 中的 P_x 数值相同,但方向是相反的。

其次求总压力 P 的垂直分力 P_z 力,根据试(1-49)

$P_z = \gamma V$,在图(a)中 V 是实际水体 OAB 的体积,即实"压力体",但在图(b)中则 V 应该是虚拟的水体 OAB 的体积,即虚"压力体",他们的形状,体积及重量是一样的,即

$$P_z = \gamma V = \gamma \cdot \frac{\pi R^2}{4} \times 1 = 9\ 800 \times \frac{3.14 \times 2^2 \times 1}{4} = 30\ 800\text{N}$$

P_z 的作用线通过水体 OAB 的重心对于我们所研究的均匀液体,也即是通过压力体体积的 OAB 形心在(本题不需要求这个数据),在图(a)中 P_z 的方向向下,而在图(b)中 P_z 的方向向上。

根据试(1-50)和试(1-51)

总压力 $P = \sqrt{P_x^2 + P_z^2} = \sqrt{(19\ 600)^2 + (30\ 800)^2} = 36\ 450\text{N}$

$tg\alpha = \frac{P_z}{P_x} = \frac{30\ 800}{19\ 600} = 1.57$,则 $\alpha = 57.5°$

所以总压力 P 的作用线与水平线的夹角 $\alpha = 57.5°$

1.9　物体的浮沉和浮体的稳定性

工程背景:在港口工程和海洋工程中,常遇到漂浮于水面或潜入在静水中的物体,如沉箱、海上储油罐、活动式平台及各种船只等等,统统需要研究它们在水中的水压力、浮沉条件以及它们在倾侧后恢复原来状态的能力。这些都属于物体的浮沉和稳定性问题。

1.9.1　浮力和物体的浮沉

浮力:浸在液体里的物体受到一个向上的托力,这种力称为液体的浮力。

以下探讨浮力产生的原因。

在图 1-32(a)中设 $ABCDEF$ 为潜没在液体中的任意形状的物体,图 1-32(c)为圆球形潜体,现在分析作用于物体表面上的静水总压力。

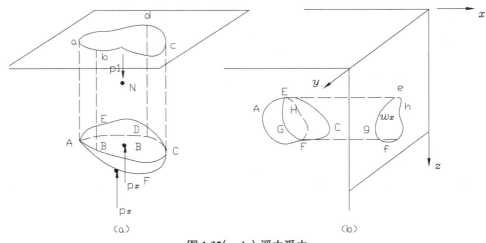

图 1.32（a,b）浮力受力

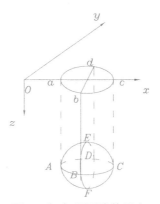

图 1.32（c）圆形浅体受力

如图 1.39（b）所示，设想沿水平的 x 方向物体在任一铅垂面上的投影是平面 $ehfg$。它即为物体表面上一条轮廓线 $EHFG$，这条轮廓线把物体表面分成左、右两部分，两部分曲面在铅垂面上的投影面积 ω_x（此两投影面是一样的，且位置时相同）。根据曲面总压力的确定方法，作用在左、右部分曲面上的水平总压力大小相等、方向相反，也就是说物体在 x 方向处于平衡状态。同样可证明在 y 方向的水平总压力也是大小相等、方向相反。因此，任何潜没在液体中的物体，静水总压力的水平分力，都是一些大小相等而方向相反的相互平衡着的力。这样，作用于物体的静水总压力只有垂直力。

作用在物体表面上的垂直总压力 P_z 等于作用在曲面 $ABCDE$ 和曲面 $ABCDF$ 上两个垂直总压力之和。

作用在曲面 $ABCDE$ 的总压力 P_1 等于体 $ABCDE\sim abcd$ 的液重，作用线通过压力体的形心。

作用在曲面 $ABCDF$ 的总压力 P_2 等于压力体 $ABCDF\sim abcd$ 的液重，是负压力体，也正好就是压力体 $ABCDE\sim abcd$ 的液重和物体本身所排开的液体 $ABCDEF$ 的重量之和，作用线经过该压力体的形心。

总压力：$P_z = P_2 - P_1 = \gamma \cdot V_0$

这就是传统意义上的浮力。γ 为液体的比重，V_0 为物体所排开的液体体积；P_z 的作用线通过物体所排开的液体体积的形心 B_z，称之为浮心。由此可见，浮力和静水总压力是同一个力的两个不同名称而已。

对于完全潜没在液体中的物体，V_0 等于物体的体积；对于浮体，V_0 等于浮体浸没在液体自由面以下的体积。

浮力 P_z 的作用点，亦即是物体所排开的液体体积的形心，称为浮心。其位置决定于所开的液体体积的形状。而与物体的内部结构以及物体的密度均匀与否无关，故常不与物体的重心相重合。

当潜没在液体里的物体不受到其他物体的支持时，它只受到两种力的作用：物体本身的重量 G，方向垂直向下，作用在重心 C 上；液体的浮力 P_z，方向垂直向上，作用在浮心 B 上。

举例如下。

球体，如图 1.33 所示。根据 G 和 P_z 的大小，就有下面三种可能性。

（1）若 $G > P_z$ 时，则物体向下沉没到底（图 1.33（a））。

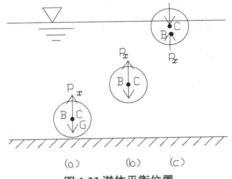

图 1.33 潜体平衡位置

（2）若 $G = P_z$ 时，则物体在液体任何深度上均处于平衡状态（图 1.33（b））。

（3）若 $G < P_z$ 时，则物体向上浮起，最后浮出液面后，减小其所排开液体体积，从而减小了浮力。当所受浮力 P_z 等于物体重量 G 时，形成浮体的平衡状态（图 1.33（c））。

所以潜体的平衡条件，显然是 G、P 两力大小相等方向相反，且作用在同一铅垂线上，至于平衡是否稳定，根据重心 C 和浮心 B 的相对位置而定。

对于均质的潜体，其重心 C 和浮心 B 是重合的；对于均质的浮体，其重心 C 永远在浮心 B 上面（图 1.34（c））。至于非均质的潜体和浮体，它们的重心 C 一般不与浮心 B 重合。浮心和重心的相对位置，对潜体和浮体在倾斜后是否具有使其恢复原来平衡状态的能力关系很大。这一问题，即潜体和浮体稳定性的研究，对于船型和各种建筑物的浮游稳定性的研究具有重大的意义。下面就来讨论潜体和浮体稳定性问题。

1.9.2 潜体和浮体的稳定性

1.潜体的稳定性和稳定条件

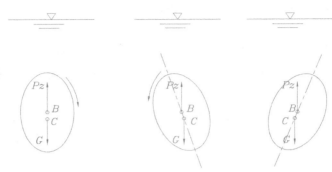

图 1.34 潜体稳定性示意

对于一规则潜体,见图 1.34,根据其重心与浮心的相对位置,重心与浮心一般不重合,平衡时 C、B 位于同一条直线上,如遇到外力作用使潜体倾倒,C、B 位置相对移动,形成一力偶。如取平衡时,C 在 B 下,其力偶为一恢复力矩;当 B 在下,C 在上,将成为倾力偶。

稳定条件:重心在浮心之下。

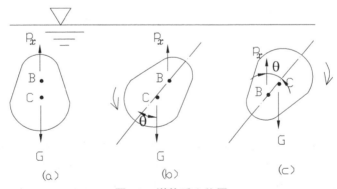

图 1.35 潜体重心位置

对于一任意形状的非均质潜体,其的重心 C 一般不与浮心 B 重合。在平衡时,C 和 B 位于同于一条铅垂线上,如图 1.35(a)所示。

如果临时遇到外力作用时潜体侧倾,则 C 与 B 位置发生相对移动,而不是位于同一铅垂线上时,则 P_z 与 G 形成力偶。若潜体的重心 C 在平衡时位于浮心下,则此力偶系即为潜体恢复原来平衡状态的所谓恢复力矩,此时,潜体被认为是稳定的(图 1.35(b))。反之,若潜体的重心 C 在平衡时位于浮心之上,则产生的力偶系使潜体继续倾覆的所谓倾覆力矩,此时,潜体被认为是不稳定的(图 1.35(c))。由此可见,对于潜体,如果重心落于浮心之下,则永远是不稳定的。

2. 浮体稳定性和稳定条件

（1）如果重心在浮心之下，自然稳定。

（2）一般情况，如船舶，其重心一般都在浮心之上，但不一定是不稳定。

对于非均质的浮体，如果重心落于浮心之下，自然也是稳定的平衡，不过这种情形在实际上较少。实际上，例如船舶、沉箱等，其重心一般都在浮力之上，但并不一定不稳定。浮体所以和潜体不同，原因是在潜体情况中，C、B 两点没有相对的位置变化，而在浮体中，由于排水体积 V_0 的变形，造成了浮心的位置变化（相对于 C 点），因而可以产生恢复力矩。

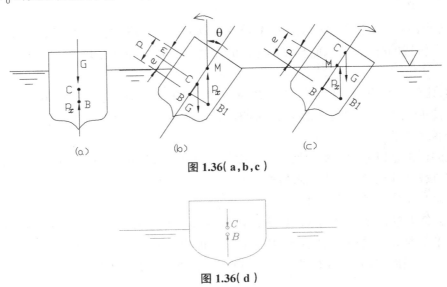

图 1.36（a,b,c）

图 1.36（d）

图 1.36（a）示船舶正常位置的横截面，重心 C 在浮心 B 之上。设浮体于水面相交的平面称为浮面，垂直于浮面并经过物体重心 C 的垂直线称为浮轴。G 和 P_z 系大小相等方向相反且在同一浮轴上，所以是平衡的。由于临时外力，例如风浪作用使其向右倾斜一角度 θ，如图 1.36（b）图所示。此时，船舶的排水体积 V_0 产生了变形，但是，由于船舶的重量 G 并不发生变化，因而排水体积的大小 V_0 并没有改变，只是浮轴右边排开的水要多一些，左边相应的要少一些，因而浮心 B 要向右移动到 B_1 的位置。若此时浮力 P_z 通过浮心 B_1 的作用线与浮轴的交点 M（称为定倾中心）落在重心 C 点的上面，则重力 G 和浮力 P_z 所组成的力偶要使船身恢复到原来平衡位置，因而平衡是稳定的。

如果定倾中心 M 点落在重心 C 点的下边，如图 1.36（c）所示，G 和 P_z 组成的力偶将使船身更向右倾，那么平衡是不稳定的。这种情况在重心过高和船的外形设计不适当时发生。

对于同一外形的船舶，当倾斜角度不同时，浮心 B 也移动到不同的位置，从而定倾中心 M 的位置也是在随倾斜角度不同而变化着的。但是在倾斜角度很小时，可以认为浮心 B 是沿着某一圆弧移动。这圆弧是以定倾中心 M 为圆心，以 MB 为半径画成的（图 1.36（b）、（c））。这个半径叫做定倾半径，用字母 ρ 来代表。

利用定倾半径这一概念，并用 e 表示船体在正常位置时重心 C 与浮心 B 之间的距离，就可以把上述船舶的平衡稳定条件，亦即是浮体的平衡稳定条件简述如下：

当 $\rho>e$ 时——稳定平衡；

当 $\rho<e$ 时——不稳定平衡；

当 $\rho=e$ 时——随遇平衡。

因此,欲保持浮体的稳定,必须使其定倾半径大于重心于浮心间的距离。

定倾半径 ρ 的数值,当浮体倾斜角度不大时(一般规定在15°以内时),可以按下面公式计算

$$\rho = \frac{J_0}{V_0}$$

式中: J_0 为浮面对其中心纵轴(即倾斜时,绕它转动的轴)的惯性矩(可参照图 1.37);浮面为浮体在整浮位置的吃水线(水面与浮体表面的交线)所包围的面积; V_0 为浮体所排开的液体体积。

显然,定倾半径愈大则稳定性与可靠,但过大时,船舶摆动过于急剧而不适合于客运要求。通常使 M 点在 C 点以上的距离即所谓定倾高度 $m(=\rho-e)$ 大约在 0.3 米至 1.2 米之间,较适合于客运要求。

以上的讨论是以船舶的横向摆动为依据,至于纵向摆动,由于较宽,因而相应的 M 点也较高,自然较横向摆动稳定,而无须另外考虑。

3. 定倾半径计算公式的证明

设浮体绕其浮面中心纵轴顺时针方向倾侧一微小角度 θ,如图 1.37 所示。排水体积 V_0 的形状由平衡时 ABC 的形状改变为 $A'B'C'$ 形,即相当于把三棱形水体 OAA' 从左方移到右方(OBB'),因而浮心 B (ABC 的形心)一道新位置 B_1 ($A'B'C$ 的形心)。

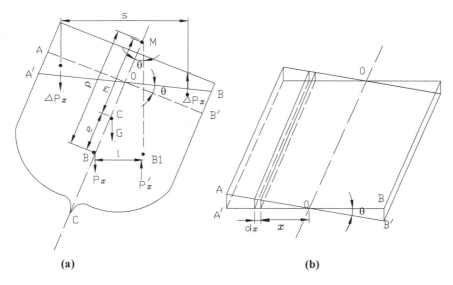

图 1.37 定倾半径

设浮体倾斜后的浮力为 P'_z 。由于浮体的重量没有发生变化,所以 P'_z 和正浮时的浮力 P_z 数值没有差别,只是浮体的浮轴两侧的浮力分布起了变化。在浮轴右侧,比之正浮时,增

加了三棱形 OBB' 的排水体积,从而增加了一部分浮力 ΔP_z,方向向上。而在浮轴左侧,比之正浮时,减少了三棱形 OAA' 的排水体积,从而减少了一部分浮力,其大小也等于 ΔP_z,但方向向下。这样,我们可以把倾斜后的浮力 P_z' 作为由原来的浮力 P_z 加上三棱体 OBB' 的浮力 ΔP_z,再减去三棱体 OAA' 的浮力而成,即

$$P_z' = P_z + \Delta P_z - \Delta P_z$$

作为浮力的计算,上试仍然是 $P_z' = P_z$,浮力没有改变。然而,作为考虑由于浮力分布的改变所产生的浮力的力矩却是和正浮时有区别的。设由 B 点到 B_1 的垂线的垂距为 l,则有浮力 P_z' 对 B 点的力矩为 $P_z' \cdot l$。根据理论力学,我们知道合力对一轴之力矩等于其分力对同轴的力矩的代数和。于是得

$$P_z' \cdot l = P_z \cdot 0 + \Delta P_z \cdot s$$
$$= \Delta P_z \cdot s$$

式中　　　$P_z' = P_z = \gamma V_0$

所以　　　$l = \dfrac{\Delta P_z \cdot s}{P_z}$　　　　　　　　　　　　　　　　　　（1-54）

三棱体的浮力 ΔP_z 可以按下述方法求得,在三棱体中取一微小体积 dV(图 1.37(b)),则

$$dV = x\theta \cdot L \cdot dx = x\theta dw$$

式中,L 是浮体长度,dw 为浮面上的微小面积。因此,这个微小体积所产生的浮力 dP_z 为

$$dP_z = \gamma x\theta dw$$

这个浮力对 $O\text{-}O$ 轴的力矩为

$$dP_z \cdot x = \gamma x^2 \theta dw$$

而　　　$\Delta Pz \cdot s = 2\displaystyle\int_{w/2} x \cdot dP_z = 2\gamma\theta \int_{w/2} x^2 dw = \gamma\theta J_0$

式中,$J_0 = 2\displaystyle\int_{w/2} x^2 dw$ 为全部浮面积的面积 w 对其中心纵轴 $O\text{-}O$ 的惯性矩。

因此(1-54)式可写为 $l = \dfrac{\Delta P_z \cdot s}{P_z} = \dfrac{\gamma\theta J_0}{\gamma V_0} = \dfrac{J_0\theta}{V_0}$　　　（1-55）

式中 V_0 为浮体浸入水中的全部体积。

从图 1.43(b)中可知,$l = \rho \cdot \sin\theta$,当浮体的倾斜角 θ 甚小时,可以认为 $\sin\theta \approx \theta$,于是

$$l = \rho\theta$$

因此得到定倾半径 ρ 的计算公式

$$\rho = \frac{l}{\theta} = \frac{J_0\theta}{V_0\theta} = \frac{J_0}{V_0}$$

上式说明:当浮体遭受一个微小的倾斜后,其定倾半径等于全浮面对其中心纵轴的惯性矩除以浸入水中的体积。

以上的分析是针对浮体的倾斜角度很小而言的。如倾斜角度较大,则应该采用有关船舶静力学所讨论的特殊方法来验核其稳定性。

1.9.3　浮体内自由面对稳定性的影响

　　工程背景:沉箱溜放和漂浮、拖运、沉放过程的稳定性。

　　目的:在航行过程中,保证不倾翻,要求浮游稳定性。

　　特点:在沉箱运行过程中,虽然重量不变化,但是由于受波浪影响,压舱水体积的形状改变,这样重心就有所改变;同样浮心也有所改变。

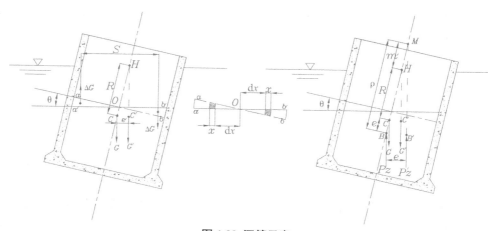

图 1.38　沉箱示意

　　沉箱向右倾斜,左边减少重量为 ΔG 的三棱形水体 oaa' ,而浮轴右边增加了重量亦为 ΔG 的水体 obb' ,因此,重心 C 转移到 C' ,这样可以把倾斜后的沉箱重量 C' 作为由原来的沉箱重量 G 加上三棱体 obb' 的重量 ΔG ,再减去三棱体 Oaa' 的重量 ΔG 而成,即

$$G' = G + \Delta G - \Delta G$$

　　三个分力对于某一轴的力矩之和应等于合力对该轴的力矩。对重心 C 取力矩,得

$$G' \cdot l' = G \cdot 0 + \Delta G \cdot s$$

式中, $G' = G = \gamma V_0$, V_0 为沉箱所排开水的体积, γ 为沉箱外水的容重。所以,

$$l' = \frac{\Delta G \cdot s}{G'} = \frac{\Delta G \cdot s}{G} \tag{1-56}$$

　　在三棱体中取一微小体积 dV ,则 $dV = x\theta \cdot L \cdot dx = x\theta \cdot d\omega$,式中: L 是沉箱的长度; dw 为箱内自由水面上的微小面积。因此,这个微小体积所产生的重量 dG 为

$$dG = \gamma' \cdot x\theta d\omega$$

其中, γ' 为箱内水的容重。这个微小重量 dG 对 O–O 轴的力矩为

$$x \cdot dG = \gamma' \; x^2 \theta dw$$

$$\Delta G \cdot s = 2 \int_{w/2} x \cdot dG = 2\gamma' \; \theta \int_{w/2} x^2 dw = \gamma' \; \theta J_0'$$

式中, $J_0' = 2 \int_{w/2} x^2 dw$ 为沉箱内压舱水的水面对该水面纵向中心轴的惯性矩。

因此式(1-56)可写为

$$l' = \frac{\Delta G \cdot s}{G} = \frac{\gamma' \; \theta J_0'}{\gamma V_0}$$

由图 1.45(a)中可知 $l' = R \sin \theta$，因 θ 很小，可以认为 $\sin \theta \approx \theta$，于是得

$$l' = R\theta$$

因此得到　$R = \frac{l'}{\theta} = \frac{\gamma' \; J_0'}{\gamma V_0}$

当考虑沉箱划分为若干小格时则

$$R = \frac{\gamma' \sum J_0'}{\gamma V_0} \qquad\qquad\qquad (1\text{-}57)$$

式中，$\sum J_0'$ 为各箱格内水面对其纵轴的惯性矩之和。对矩形沉箱 $J_0' = \dfrac{l_1 l_2^3}{12}$。应当注意，各箱格的水不应连通，所以浮运时应将隔墙的通水孔堵塞。从图 1.45(c)可知，有效定倾高度 m' 为

$$m' = \rho - e - R = \rho - e - \frac{\gamma' \sum J_0'}{\gamma V_0} \qquad\qquad (1\text{-}58)$$

定倾半径 ρ 仍可用式(1-53) $\rho = \dfrac{J_0}{V_0}$ 来确定。若 $m' > 0$ 时，沉箱是稳定的；若 $m' < 0$ 则不稳定。

由式(1-58)可以看出，当箱内有压舱水时，由于箱内水的倾斜，将使有效定倾高度减小了 $R = \dfrac{\gamma' \sum J_0'}{\gamma V_0}$，其浮游稳定性随之而减低。将沉箱分为若干小格对稳定性是有利的，因为此时 $\sum J'$ 为各小格面积对其纵轴之，比之不分格的数值为小，这样可使 m' 值增大，从而增加了稳定性。

为保证一定的安全度，沉箱在有掩护区(指托运沉箱过程中，水域中波浪高度不大于1.0 米，或近距离托运时，m' 不宜小于 20 厘米。沉箱在无掩护区并远距离托运时，应密封舱顶，m' 不宜小于 30 厘米。沉箱定倾高度的计算，要求精确到厘米，因此钢筋混凝土和水的容重应精确确定，并尽量采用实测数据。当无实测资料时，钢筋混凝土容重可采用 2 400 N/m³，淡水容重采用 9 800 N/m³，海水采用 10 050 N/m³。过去由于计算数值采用不准，并且在发生问题时又采用了更不利的措施，曾发生过沉箱倾翻的事故，应引以为戒。

例 1　图 1.39 表示一个长 6.0 m、宽 4.0 m、高 5.0 m，底厚 0.5 m 和侧壁厚 0.3 m 的空心的钢筋混凝土沉箱。试确定其漂浮于海面时的稳定性。设钢筋混凝土的容重 $\gamma = 23\ 500$ N/m³，海水的容重 $\gamma = 10\ 050$ N/m³。

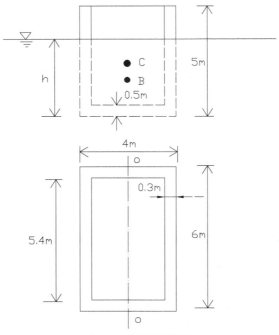

图 1.39 混凝土沉箱

解:沉箱的钢筋混凝土体积:$V = 6 \times 4 \times 5 - 5.4 \times 3.4 \times 4.5 = 37.38 \ m^3$

沉箱的重量:$G = \gamma_{\triangle} \cdot V = 23\ 500 \times 37.38 = 8.8 \times 10^6\ N$

设沉箱在海面上漂浮时的吃水深度为 h,则其所受浮力 $P_z = \gamma_{水} V_0 = 10\ 050(6 \times 4 \times h)N$

由于沉箱所受的浮力等于沉箱的重量,即

$$10050 \times (6 \times 4 \times h) = 8.8 \times 10^6\ N$$

解之得　$h = 3.64\ m$。

再计算重心与浮心的距离 e:

从而自底面至浮心 B 之高度 $= \dfrac{h}{2} = \dfrac{3.64}{2} = 1.82m$

沉箱底面至重心 C 的高度 h' 可以这样来计算:

①先将整个沉箱当为实心的钢筋混凝土,此时其重心亦即是形心在箱之中部,距离底面为 $\dfrac{5}{2}$ m,并取其对沉箱底的体积矩为 $(6 \times 4 \times 5) \times \dfrac{5}{2}$;

②沉箱内部空间对同轴的体积矩为 $(5.4 \times 3.4 \times 4.5) \times \left(\dfrac{5-0.5}{2} + 0.5\right)$;

③实有钢筋混凝土体积对沉箱底的体积矩 $37.38 \times h'$, h' 为实有沉箱钢筋混凝土的形心(亦即是重心)至沉箱底的距离。

根据力矩等效原理

$$(6 \times 4 \times 5) \times \dfrac{5}{2} - (5.4 \times 3.4 \times 4.5) \times \left(\dfrac{5-0.5}{2} + 0.5\right) = 37.38 \times h'$$

解之得　$h' = \dfrac{300 - 82.6 \times 2.75}{37.38} = 1.95\ m$

由此可知，C 点位于 B 点之上，两者之间距离

　　$e=BC=1.95-1.82=0.13$ m

现在确定沉箱对其纵轴 $O-O$ 倾斜后的稳定性。围绕 $O-O$ 轴沉箱浮面（6×4 m²）对其

纵轴的惯性矩：$J_0 = \dfrac{6 \times 4^3}{12} = 32$ m⁴

沉箱所排开的海水体积

　　$V_0 = 6 \times 4 \times 3.64 = 87.4$ m³

则定倾半径 $\rho = \dfrac{J_0}{V_0} = 0.37$，$0.37$ m $\succ$ e$=0.13$ m，故沉箱在海水中是稳定的。

　　例 2　在底部尺寸 $L \times B = 60 \times 10$ m，吃水 $h=1.5$ m 的驳船上，安装一架起重量 $T=49\,000$ N、起重臂最大纵行程 $A=15$ m 的起重机。试确定此漂浮式起重机（浮吊）在符合情况下的倾斜度。假设起重机重心高于浮心 3.5 m；此外忽略起重机重量对吃水的影响。

　　解：起重机在负荷情况下，由于荷重 T 使浮吊受有一倾斜力矩 $A \cdot T$。当驳船一经倾斜后，浮心 B 移动到新的位置 B_1，于是产生一个恢复力矩，当此两力矩数值相等时，浮吊即维持一固定的倾斜角 θ。现在先求平衡时的恢复力矩 $P_z \cdot \overline{CD}$。

　　先求定倾半径 ρ

$$J_0 = \frac{60 \times 10^3}{12} = 5\,000 \text{ m}^4$$

$$V_0 = L \times B \times h = 60 \times 10 \times 1.5 = 900 \text{ m}^3$$

故　　　$$\rho = \frac{J_0}{V_0} = \frac{5\,000}{900} = 5.55 \text{ m}$$

　　由已知条件：$e=3.5$ m，$m=\rho-e=5.55-3.5=2.05$；$m=5.55-3.5=2.05$ m

　　于是恢复力矩

$$P_z \overline{CD} = \gamma \cdot V_0 \cdot m \sin \theta = 10\,050 \times 900 \times 2.05 \sin \theta (N-m) = 18.5 \times 10^6 \sin \theta (N-m)$$

倾斜力矩：$T \cdot A = 49\,000 \times 15 = 7.35 \times 10^6$ N-m

　　平衡时：$T \cdot A = P_z \cdot \overline{CD}$；$18.5 \times 10^6 \sin \theta = 7.35 \times 10^6$，$\sin \theta = 0.039\,7$

所以 $\theta = 2° 16.5$，即起重机在荷重时，倾角为 2° 16.5。

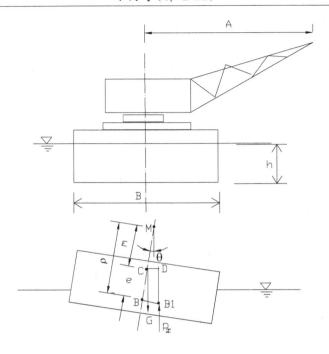

图 1.40 水上起重机

思考题及课后复习要点

1.掌握静水压强的定义和两个特性。

2.欧拉平衡微分方程式及其物理意义。

3.等压面的定义、等压面方程、等压面是水平面的条件。

4.静水压强基本方程及其物理意义。

5.掌握绝对压强、相对压强、真空、真空度等概念。

6.熟练绘制相对压强分布图和压力体。

7.点压强的计算。

8.熟练计算作用在平面壁上或曲面(二向柱面)上静水总压力的计算。

习　题

1.1　绘出下列各壁面 ABC 上的静水压强分布图,并计算出 A、B、C 点的静水压强。

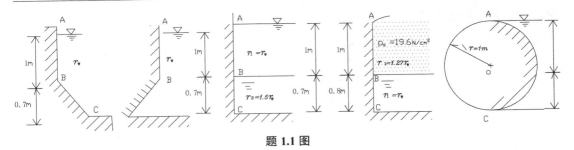

题 1.1 图

1.2　有一封闭容器，二侧各有一个测压管。左管顶端封闭，其液面压强 $p_0 = 8.0$ N/cm²，液面高出容器液面 3 m；右管顶端敞开和大气接触。计算：

（1）容器内液面压强 p_c；

（2）敞口管内液面离容器液面的高度 h；

（3）左管内液面压强 p_0 以真空度和真空高度表示的数值。

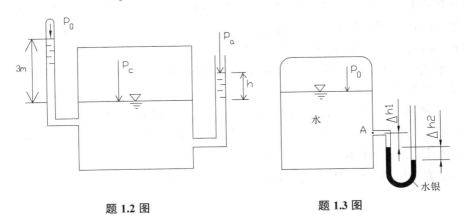

题 1.2 图　　　　　　　　　题 1.3 图

1.3　在锅炉上 A 点接一以水银为工作液体的 U 形比压计，已知 $\Delta h_1 = 20.0$ cm，$\Delta h_2 = 7.0$ cm。求 A 点的相对压强为多少？

1.4　根据压力水箱侧壁装置的水银多管测压计所示的读数，试求水箱液面上的压强 $p_0 = ?$ 已知 $\nabla_1 = 1.8$ m，$\nabla_2 = 0.7$ m，$\nabla_3 = 2.0$ m，$\nabla_4 = 0.9$ m，$\nabla_5 = 2.5$ m。

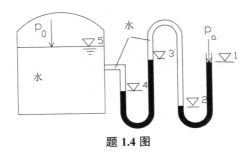

题 1.4 图

1.5　如图所示输水管系水平放置，已知水银压差计水银面高差 $\Delta h = 15$ cm。求：（1）A、B 两点的压强差；（2）若输水管倾斜放置，A 点比 B 点高 10 cm，试问 A、B 两点的压差有何变化?（压差计的 Δh 不变）。

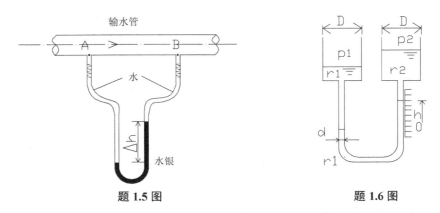

题 1.5 图　　　　　　　　　　　　题 1.6 图

　　1.6　双液杯式微压计由联结着两个杯子（直径 D=50 mm）的 U 形管（d=5 mm）组成。仪器内装有容重相近而不相掺混的液体即乙醇（γ_1=8 530 N/m³）和煤油（γ_2=8 040 N/m³）。

　　试建立微压计所测量的气体压强 $\Delta p=p_1-p_2$ 与液体分界面距开始位置（相当于 $\Delta p=0$）的位移 h 之间的关系,并确定当 h=28 mm 时的 Δp=?

　　当上述 Δp 时,假若 1. 在仪器中没有杯子; 2. 仪器中仅是一种 γ_1 的液体,试指出仪器的读数将减小若干倍。

　　1.7　在测量较小的压强时,为了提高精度,常采用有倾斜标尺的杯式酒精微压计（酒精比重为 0.8）。如果读数的精确度为 0.5 mm,被量测的压强为 100~200 mm 水柱,而测量的误差须不大于 0.2%,问标尺的倾斜角 a 将为若干?

　　若以垂直标尺的水银测压计测量同样大小的压强,其误差将可能多大?

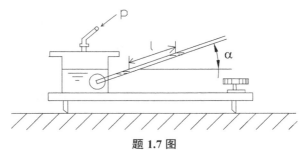

题 1.7 图

　　1.8　水闸二侧都受水的压力,左侧水深 3 m,右侧水深 2 m,试确定作用在闸门壁上（以每米宽度计）静水总压力的大小及作用点位置（试用图解法和解析法加以比较）。

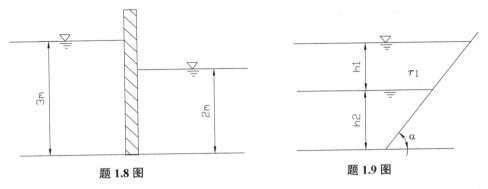

题 1.8 图　　　　　　　　　　　　　题 1.9 图

1.9　试求承受两层液体的斜壁上的静水总压力(以每米宽度计)。已知:h_1=0.6 m,h_2=1 m,y_1=800 N/m³,y_2=1 000 N/m³,a=60。

1.10　一坝内泄水管的平板闸门能沿坝的倾斜壁面(倾斜角 a=70°)移动。已知闸门高 h=1.8 m;宽 b=2.4 m;厚 c=0.4 m;闸门自重 G=19.6×10³ N,闸门的右侧为大气。试确定为了向上移动闸门必需的力 T=?(假设摩擦系数 f=0.35)。

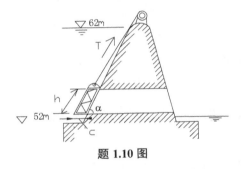

题 1.10 图

1.11　直径 d=0.3 m 和 D=0.6 m 的圆柱形薄壁容器固定在位于贮水池 A 中水面以上 b=1.5 m 处的支承上,在其中造成真空使容器中水上升到高度($a+b$)=1.9 m,若容器本身的重量 G=980 N,试确定支承所承受的压力的大小。

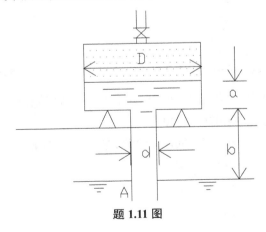

题 1.11 图

1.12　如图所示的水压机,a=25 cm,b=75 cm,d=8 cm,当 T=196 N,G=9 800 N 时处于平

衡状态。试求大活塞的直径 D(不计活塞高差及重量)。

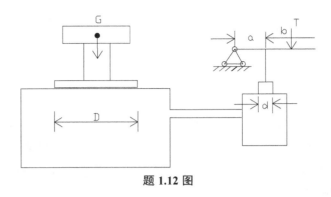

题 1.12 图

1.13 试绘出图中各曲面上的压力体。

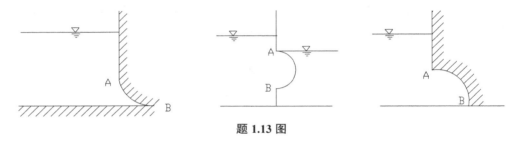

题 1.13 图

1.14 求板 AB 上所受的水平总压力 P_x 及垂直总压力 P_z(AB 为 1/4 圆弧,宽 1m)。

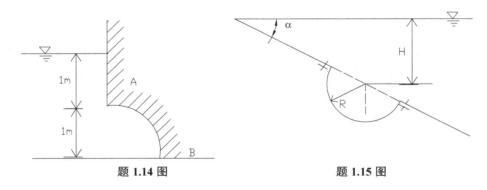

题 1.14 图   题 1.15 图

1.15 试确定由于水的作用,在半径 R=0.5m 的半径球形舱口上的拉力和切力为多少?已知舱口中心以上的水头 H=1.0 米,a=30°。

1.16 一弧形闸门,门前水深 H=3m,a=45°,半径 R=4.24m。试计算闸门所受的静水总压力并确定其方向(按门宽 1m 计算)。

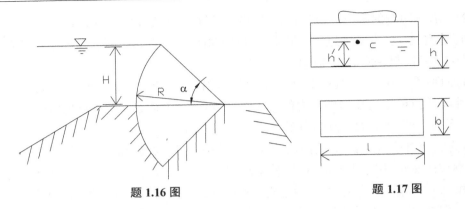

題 1.16 图　　　　　　　　　　　題 1.17 图

1.17　一矩形平底船,形如木箱,船长 $l=6\,\text{m}$,宽 $b=2\,\text{m}$,未载货时船的吃水深度 $h_o=0.15\,\text{m}$,载货后的吃水深度 $h=0.8\,\text{m}$,载货后全船重心位在船底以上的高度 $h'=0.7\,\text{m}$,求货物的重量及平底船的稳定性。

1.18　重量为 7 840 N 之矩形趸船,其尺寸如下:

长度 $L=4\,\text{m}$,宽度 $B=2\,\text{m}$,而高度 $H=0.7\,\text{m}$,试决定无荷载时趸船之吃水深(淹没深度),以及当船舷吃水线为 0.2m 时趸船之最大载重量。

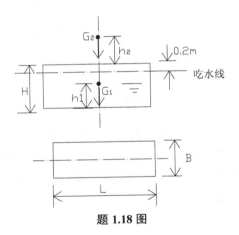

題 1.18 图

1.19　试核算上题(1.18)趸船在最大载重量时之稳定性。已知趸船之重心 G_1 位于距船底高度 $h_1=0.3\,\text{m}$ 之处,而荷载物之重心 G_2 则位于距趸船甲板高度 $h_2=0.5\,\text{m}$ 之处。

1.20　一船浮于水面上,具有垂直之侧壁及面积为 F_1 为水平船底(侧壁之厚度不计),水灌入船内至高度 h_0。此船之吃水深为 H_0。如果将一重量为 G_2 之直棱柱形浮体放入船内,问高度 h_0 于 H_0 的变化如何?

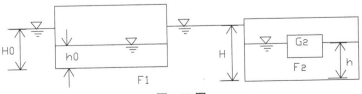

題 1.20 图

1.21　我国自制的某船坞,采用先进气启闭卧倒门,如图1.21(a)所示,这种坞门的操作是通过压缩空气在空气舱内进气于灌水,使坞门启闭,操作简单、方便,启闭稳妥可靠。

附1-1 坞门"起、卧"的工作原理

(1) 原理:坞门在起、卧过程中由于自重偏心对转动轴产生一个使坞门倾倒的力矩,同时坞门在水中受到静水总压力即浮力的作用,此力对转动轴构成一个反抗坞门倾倒的浮力矩时,坞门下卧;当浮力矩大于倾倒力矩时,坞门上浮关闭。

(2) 为实现对坞门的启闭,坞门设计成三层舱格,上层为潮汐舱,其主要作用是减少坞门浮力随潮位的变化,用于保持舱内、舱外水位齐平。中层为固定浮舱和空气操作舱,空气操作舱为坞门起卧操作专设的舱格,通过它进气排水或进水排气来控制坞门的起卧,固定浮舱以减轻坞门在水下的重量,减缓和加速启闭速度。底层为固定的压载舱,一般均保持满水,在坞门运转过程重,减小浮力,增加稳性。

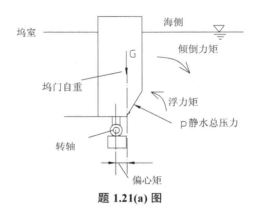

题 1.21(a) 图

(3) 起卧工艺操作过程。开门时,坞室内灌水,当水位与海平面齐平时,关闭通向空气操作舱的进气阀,打开放气阀,此时空气操作,舱内开始灌水排气,当坞门倾倒力矩大于浮力矩时,坞门下卧。关门时,相反,关闭放气阀门,打开进气阀门,此时压缩空气进舱排水,当浮力矩大于坞门重力偏心矩时,坞门上浮关闭。

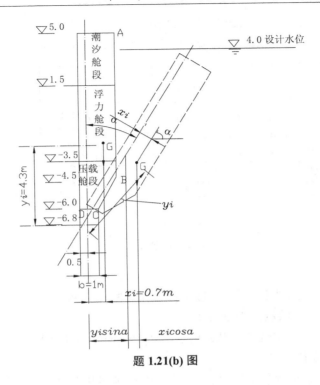

题 1.21(b) 图

附 1-2　计算资料

（1）坞门尺寸：

计算长度 L=28m；

宽度 B=2.5m；

底宽 b=1m；

（2）坞门各部高程：

坞门顶▽ +5.0；

坞门底▽ -6.0；

潮汐舱段▽ +5.0- ▽ +1.5；

浮力舱段▽ +1.5- ▽ -3.5；

压舱水舱段▽ -3.5- ▽ -6.0；

转动轴心高程▽ -8.8。

（3）设计水位高程▽ +4.0。

（4）固定浮舱尺寸 $5 \times 2.5 \times 12 \text{m}^3$。

（5）海水容重 y=10 100 N/m³。

（6）坞门钢材及设备总重 G_1=192 × 10^4 N；

压舱水舱总重 G_2=141 × 10^4 N；

坞门总重 $G=G_1+G_2$=333 × 10^4 N。

（7）坞门重心位置,坞门重心到转到轴距离 x_i=0.7 m,y_i=4.3 m。

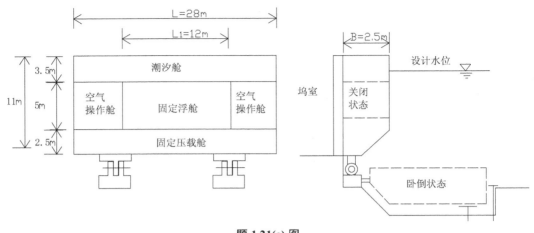

题 **1.21(c) 图**

附 1-3 要求

（1）计算坞门在设计水位（▽ 4.0）关闭状态（坞室内无水）时，坞门 *ABCD* 壁上各舱段静水总压力和作用点，并绘制压强分布图形。

（2）计算坞门在设计水位关闭状态时（*a*=0°）坞门下卧的倾倒力矩和浮力矩。（坞门下卧前空气操作舱进满水）

（3）计算坞门在设计水位下卧过程中，当 *a*=30° 倾斜状态时，坞门下卧的倾倒力矩和浮力矩。

（4）试核算坞门在设计水位，*a*=90° 时，空气操作舱全部进气排水后，坞门起浮情况。（潮汐舱充满水）。

第 2 章　水动力学基础

2.1　引言

2.1.1　研究内容

液体机械运动的规律及其应用。

在自然界和工程实际中,液体运动是普遍现象。在港口海岸及海洋工程等专业中,常常遇到输水管、船闸、河道、堰和闸孔的输水和泄流问题以及海浪与地下水渗流等问题。

液体在管道(输水管、输油管等)中的流动,水流在船闸、船坞输水系统中的运动,河道中的水流泥沙运动,堰流和闸孔泄流,潮汐、海浪以及地下水渗流等问题,它们都是水动力学的专门课题,以后要分别予以讨论。

总结如下:

1. 地表流动 $\begin{cases} 河流 \begin{cases} 水流运动 \\ 河流演变、摆动 \end{cases} \\ 海洋 \begin{cases} 潮汐（海水涨为潮、落为汐） \\ 海床演变、海岸演变 \end{cases} \end{cases}$ 由重力引起,有自由面,即重力流。

2. 底下流动（渗流）
3. 管路流动 $\Big\}$ 主要推动力为压力,即有压流动。

2.1.2　水动力学遵循的物理规律

实际中的液体运动形式是多种多样的,但仍然都要遵循物体作机械运动的普遍规律,主要有:质量守恒定律、动量定律、动能定律(能量转换)和最小耗能原理。

(1)质量守恒定律:在液体运动过程中,质量保持不变。

(2)牛顿第二定理:$\vec{F} = m\vec{a}$;$\vec{F}$ 为作用力,m 为物体质量,$\vec{a}$ 为加速度。

(3)动量定律:动量变化(水流运动要素变化)引起作用在水流边界上力的变化。

(4)能量转换:液体运动引起机械能的转化以及因实际液体黏性产生摩擦损而引起能量的消耗。

(5)最小耗能原理:河流之所以弯曲,因水流沿弯曲路线运动耗能最小。

本章首先定义一些液体运动的基本概念,然后根据以上基本定律和原理,建立相应的水动力学基本方程,将基本定律和原理数学化、方程化;然后将基本概念和方程应用于生产工程实际,解决各种具体问题,同时也提供分析其他复杂水力的共同理论基础和依据。

2.1.3　水动力学研究的液体模型

本章所要研究的是实际液体的运动,液体仍然被认为是不可压缩的均匀连续介质。

在实际液体运动的统一体中,液体的易流动性 ⇔ 液体的黏滞性是相互矛盾的两个方面。液体的易流动性是液体极易变形的性质,而液体的黏滞性也就是液体是抵抗变形的性质,二者作为对立双方而永远同时作用同时存在的。在实际处理水力学问题时,有时为了方便,要摆脱数学上和物理学上的某些困难,就将液体黏滞性忽略,将真实的液体运动看作所谓的理想液体的运动进行研究 。

应该指出,这种理想液体的模型正是为了研究实际液体运动规律所采取的一种手段,而不能把这种做法同我们的研究目的,即研究实际液体运动规律的这一目的对立起来。我们正是把这种理想液体模型的研究成果加以修正后,就可以极有成效的应用到实际液体运动中去。例如在薄壁堰自由溢流、波浪运动及地下水的渗流等问题中,就可以采用这种模型。

2.1.4　水动力学中的研究方法

1. 拉格朗日法

以质点为研究对象,探究其运动轨迹,从而了解整体水流的运动状况,该方法也称为质点追踪法。

这种方法是将整个液体运动作为各个质点运动的总和来考虑。在运动着的液体中间跟踪某一质点,随着时间的进程,该质点在空间走过一条轨迹线(如图2.1)叫做这个质点的“迹线”。如果我们在各个不同的时间上可以定出这个质点在迹线上的各个相应的空间位置及其速度向量、动水压强等水力要素,那么,我们对这个质点的运动状况就可以说有所认识了。把这种做法推广到所有其他质点上,则我们对整个液体运动的全部过程就有了全面、系统的认识。

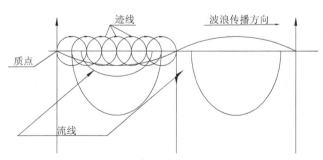

图 2.1　波浪轨迹线

下面从数学分析的观点来谈一下关于论述液体运动的拉格朗日法。

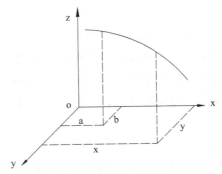

图 2.2 质点运动轨迹

设在运动的液体中考虑一质点 M（图 2.2）它的迹线是 AP。采用固定直角坐标（x、y、z），设在某一起始点 t_0 时，质点 M 的位置（A）点是有所谓"起始坐标（a、b、c）"来确定的。不同的质点在这个起始时间 t_0 时，具有不同的起始坐标（a、b、c）值。这种采用（a、b、c）作为自变数就可以把不同质点的相应迹线区别开。任意质点 M 在任一时刻 t 的位置的"P"坐标（x、y、z），就可以用它的迹线的起始坐标（a、b、c）和变数 t 而完全确定下来，亦即是质点位置"P"的坐标可用四个自变数（a、b、c、t）的函数来表示

$$\left.\begin{aligned}x &= x(a,\ b,\ c,\ t) \\ y &= y(a,\ b,\ c,\ t) \\ z &= z(a,\ b,\ c,\ t)\end{aligned}\right\} \tag{2-1}$$

a、b、c 叫做拉格朗日变数。求得了这个方程式组以后，就可以确定在不同的时间 t 质点 M 的坐标，这样就确定了质点的迹线 AP。

质点 M 在 P 点的速度向量 u 的分量为

$$\left.\begin{aligned}u_x &= \frac{\partial x}{\partial t} = \frac{\partial}{\partial t} x(a,\ b,\ c,\ t) \\ u_y &= \frac{\partial y}{\partial t} = \frac{\partial}{\partial t} y(a,\ b,\ c,\ t) \\ u_z &= \frac{\partial z}{\partial t} = \frac{\partial}{\partial t} z(a,\ b,\ c,\ t)\end{aligned}\right\} \tag{2-2}$$

这里采用了偏导数，是由于除 t 而外其他三个自变数 a，b 和 c 对于质点 M 而言都是常量的缘故。

加速度向量 a 的分量则可以表示为

$$\left.\begin{aligned}a_x &= \frac{\partial u_x}{\partial t} = \frac{\partial^2}{\partial t^2} x(a,\ b,\ c,\ t) \\ a_y &= \frac{\partial u_y}{\partial t} = \frac{\partial^2}{\partial t^2} y(a,\ b,\ c,\ t) \\ a_z &= \frac{\partial u_z}{\partial t} = \frac{\partial^2}{\partial t^2} z(a,\ b,\ c,\ t)\end{aligned}\right\} \tag{2-3}$$

这样我们就可以较全面地确定出液体的运动性质。

2. 欧拉法

研究在流场中相对于固定坐标系的任一不动的空间点(x、y、z)上的运动要素随时间的变化,并用这种资料的总和来描述整个液体运动的规律,这种方法也称照相法。

用欧拉方法来研究液体的运动时,只是研究在流场中相对于固定坐标系的任一不动的空间点(x、y、z)上的运动要素随时间的变化,并用这种资料的总和来描述整个液体运动的规律。

从运动学的观点来讲,欧拉法主要确定速度向量 u=u(x、y、z、t) 的具体表现形式,亦即 u 是怎样随同空间点(x、y、z)和时间 t 而变化的表达式,用 u 的分量形式表示为

$$\left.\begin{array}{l} u_x = u_x(x、y、z、t) \\ u_y = u_y(x、y、z、t) \\ u_z = u_z(x、y、z、t) \end{array}\right\} \tag{2-4}$$

在这里 x、y、z 和 t 是四个自变数,叫做欧拉变数。各个空间点上质点的运动要素就可以用这四个自变数,即空间点的坐标和时间表示出来。

注意,(2-4)与(2-2)是根本不同的。显然在这个方法里我们仅注意在那一瞬时占有这个空间点的质点在当时的运动要素如何,而不问这个质点的过去和将来。所以为了完全掌握液体运动的性质从而必须明了每个质点的过去和将来的有关质点迹线的问题,在这里是得不到解决的(对于以后提到的恒定流动则是例外)。但是应该指出,在大多数实际问题中,是不需要知道像拉格朗日方法所提供的那样多的有关质点的运动的资料。而为了得到实践所需的关于液体运动规律的数据,通常只要求知道空间点处的质点流动情况及其随时间的变化就已经足够了。因此水动力学中一般都采用欧拉方法。

2.1.5　水动力学中的基本概念

1. 流场与水力要素

液体所占据空间叫流场。在流场内表征液体运动的各有关宏观物理量,如流速、流量、动水压强、切应力等统称为水力要素。

最常遇到的水力要素有以下几种。

1)液体运动的速度(流速)

流速是表征液体质点运动的一个重要的水力要素,即是液体质点在单位时间所流过的距离,常用单位为米/秒(m/s)或厘米/秒(cm/s)流速是既有大小,又有方向的一种向量,因而也叫速度向量。

2)动水压强

相应于静水压强,在运动着的液体中任一点上的压应力称为动水压强,仍沿用符号 p 表示,并采用同样单位。

假定液体在运动中并连续介质的条件不破坏,又不能抵抗拉力,因而不会出现拉应力。对于无黏性的所谓理想液体的运动,由于不存在有抗拒变形的黏性阻力亦即切应力,而只能出现有唯一的动水压强,因而可以和论证静水压强特性一样的证明这个动水压强的大小也

是和也是和作用面的方向无关的。但是对于有黏性的实际液体的运动。由于有黏性阻力（切应力）与压应力（动水压强）同时存在,可见,这个动水压强的大小将不再与作用面的方无关。

3）流量

所谓流量就是指在单位时间流过某一过流断面的液体数量,可以用体积或重量来表示。对于同一流量,可以采用体积流量（ Q ）表示也可以用重量流量（ Q_G ）来表示。体积流量 Q 的国际单位是:m³/s）;重量流量 Q_G 常用的国际单位是:牛顿 / 秒（N/s）。

2. 迹线和流线

1）定义

在运动着的液体中间跟踪某一个质点,随着时间的推进,该质点在空间走过一条轨迹线,叫做这个质点的"迹线"。

在流场中这样的一条空间曲线,即在所讨论的瞬时,这条线上的所有各个质点的流速向量都与此线在各该点上相切,这一条空间曲线就是"流线"。

2）迹线方程与绘制方法

在流场中,我们来观察某一液体质点 M 的运动,在开始研究时,它占有空间位置 $A(x_0$、y_0、z_0),在以后的一段时间过程中它连续的通过了一系列的空间点 $B(x_1$、y_1、z_1), $C(x_2$、y_2、z_2)…。这些连续的空间点 A、B、C……构成了一条空间曲线,它表明质点 M 在时间历程中所走过的轨迹,也即是质点的迹线。显然,在流场中这样的迹线是无数多的,它们各有其自己固定的形状。

在任一空间点 $A(x$、y、$z)$ 上的质点的运动速度 u,如前所述,可以定义为质点 M 在 A 点沿着自己的迹线移动了一个无限小距离（弧长）ds 同它所经历的无限小时段 dt 的比值,即

$$u = \frac{ds}{dt} \tag{2-5}$$

由于它是一个向量,我们通常用它在各坐标轴上的分量表示,即

$$\left. \begin{aligned} u_x &= \frac{dx}{dt} \\ u_y &= \frac{dy}{dt} \\ u_z &= \frac{dz}{dt} \end{aligned} \right\} \tag{2-6}$$

式中,dx、dy、dz 是迹线弧长 ds 的三个投影长度,从上式可以得出迹线的微分方程是

$$\frac{dx}{u_x} = \frac{dy}{u_y} = \frac{dz}{u_z} = dt \tag{2-7}$$

这是一个具有三个常微分方程式的方程式组,式中 t 是变数,式中各速度分量是坐标的函数,而对于迹线来说,质点 M 在各不同时刻所处的空间位置时改变的,即坐标 x、y、z 又是变数 t 的未知函数。

3）流线方程与绘制方法

如果流场内各空间点上的各液体质点在任一瞬时的速度向量被完全确定,那么我们就

可以完全得出任何瞬时有关液体运动特性的、一个清晰的"流动图案"。

在科学实验中，为了获得某一流动的流动图案，我们常把一些能够显示流动方向的"指示剂"（如锯末、纸屑等）撒放在所观察的运动液体中，利用快速照相就可以拍摄某一位小时段内，那些指示剂所留下的一个个短的线段，如果指示剂撒得很密的话，这些短线就能在照片上连成流线的图形。

如图 2.3(a)，(b)所示，引入"流线"的概念。

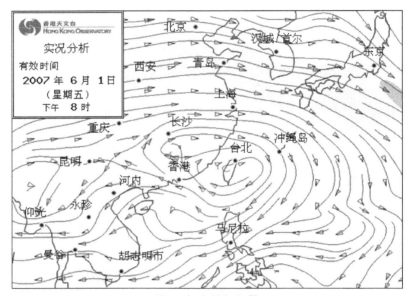

图 2.3(a) 风场矢量

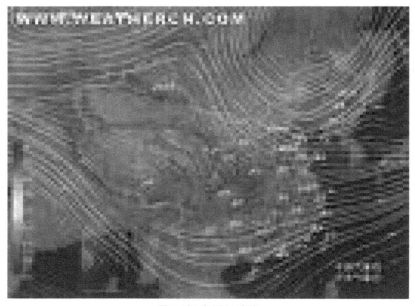

图 2.3(b) 风场流线

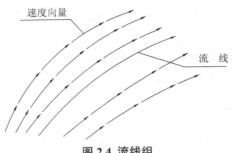

图 2.4　流线组

所谓"流线"（如图 2.4）就是在流场中这样的一条空间曲线，即在所讨论的瞬时，这条线上的所有各个质点的流速向量都与此线在各该点上相切。根据这个定义我们就可以建立流线的微分方程式。在所讨论时刻，沿该点速度向量方向取一微分流线段 ds（如图 2.5 所示）。

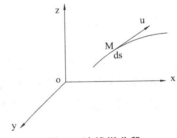

图 2.5　流线微分段

它的投影是 dx、dy、dz；速度向量为 u，它的分量是 u_x、u_y、u_z。由于 ds 和 u 的方向余弦相等，即得

$$\left.\begin{aligned}\frac{dx}{ds} &= \frac{u_x}{u} \\ \frac{dy}{ds} &= \frac{u_y}{u} \\ \frac{dz}{ds} &= \frac{u_z}{u}\end{aligned}\right\} \tag{2-8}$$

联立消去 $\dfrac{ds}{u}$ 后，即得流线微分方程式为

$$\frac{dx}{u_x} = \frac{dy}{u_y} = \frac{dz}{u_z} \tag{2-9}$$

在平面流动（或二元流动）中，即在 $u=u(x、y、t)$ 的平面流场中，则流线的微分方程式为

$$\frac{dx}{u_x} = \frac{dy}{u_y} \tag{2-10}$$

即　　　$$u_y dx - u_x dy = 0 \tag{2-11}$$

应注意式（2-7）与式（2-9）由原则上的区别，不仅所取的流段 ds 的含义不同，而且在式（2-9）中时间 t 只是一个参变数。即在先定出一系列的 t 以后，就可以针对每一特定时间 t 来确定相应的流线。一般来说，因为液体质点的速度向量不仅是坐标的函数，同时也是时间

t 的函数。因此,不同瞬时的液体流动图案可能是不同的,从而表征此流动图案的流线也将发生变化。故流线一般只能描述某一瞬时的"流动图案"。必须指出,因为流线上一个点只能有一个速度向量,因此流线时不能折转和相交的,这是流线的一个很重要的特性。

运动液体质点的加速度的三个分量为

$$a_x = \frac{\mathrm{d}u_x}{\mathrm{d}t}; \quad a_y = \frac{\mathrm{d}u_y}{\mathrm{d}t}; \quad a_z = \frac{\mathrm{d}u_z}{\mathrm{d}t} \tag{2-12}$$

因为 u_x、u_y、u_z 均为 x、y、z 和 t 的连续函数,应用多元函数的微分法则,并引用式(2-7)得

$$\left. \begin{array}{l} a_x = \dfrac{\mathrm{d}u_x}{\mathrm{d}t} = \dfrac{\partial u_x}{\partial t} + u_x \dfrac{\partial u_x}{\partial x} + u_y \dfrac{\partial u_x}{\partial y} + u_z \dfrac{\partial u_x}{\partial z} \\[3mm] a_y = \dfrac{\mathrm{d}u_y}{\mathrm{d}t} = \dfrac{\partial u_y}{\partial t} + u_x \dfrac{\partial u_y}{\partial x} + u_y \dfrac{\partial u_y}{\partial y} + u_z \dfrac{\partial u_y}{\partial z} \\[3mm] a_z = \underset{(1)}{\dfrac{\mathrm{d}u_z}{\mathrm{d}t} = \dfrac{\partial u_z}{\partial t}} + \underset{(2)}{u_x \dfrac{\partial u_z}{\partial x} + u_y \dfrac{\partial u_z}{\partial y} + u_z \dfrac{\partial u_z}{\partial z}} \end{array} \right\} \tag{2-13}$$

由式(2-13)所定义的加速度叫做质点的全加速度,它包括两部分:式中①部分叫做局部(当地)加速度,使指与位置无关的而单独由于时间变化所产生的加速度。第②部分叫做位变(或迁移)加速度,是指由于流场中流速分布的不均匀性,质点在此点将要转移到另一点时所具有的加速度。

3. 恒定流与非恒定流

如果在液体运动中,各空间点上质点的速度向量不随时间而变化,不存在有局部加速度,即

$$\frac{\partial u_x}{\partial t} = \frac{\partial u_y}{\partial t} = \frac{\partial u_z}{\partial t} = 0$$

时,则这样的流动就称为"恒定流"或"稳定流"。在这种情况下,其流动图形,包括流线的形状,均将固定而不随时间变化,因而流线和它的迹线相重合。

如果在液体运动中,任一空间点的速度向量随时间而发生变化,即

$$\frac{\partial u_x}{\partial t} \neq 0 、 \frac{\partial u_y}{\partial t} \neq 0 、 \frac{\partial u_z}{\partial t} \neq 0$$

中间至少有一个不等于零时,则这样的流动就称为"非(不)恒定流"或"不稳定流"。在此种情况下,各空间点上质点的速度向量、液体的流动图形亦即流线的形状等均将随时间的变化而变化。但质点的迹线则不能随时间的增长而改变,因而迹线不能与流线相重合。

在工程实际中,液体恒定流与非恒定流的实际例子是很多的。河渠中洪水涨落、潮汐影响下河道中的水流、船闸输水系统的出流、波浪运动等都是非恒定流。严格的恒定水流实际上是不多的。但是,例如在一定时期内的河渠水流,其运动要素随时间的变化可能很不明显,尤其是工作情况稳定时的管道水流以及水工建筑中的堰闸出流等都可以作为恒定流来处理。

4.均匀流与非均匀流

在液体流动中,如果所有流线都是互相平行而且是直线,它的过水断面的大小及形状沿程不变,各过水断面的流速分布情况完全相同,则这段液流就被定义为均匀流。即位变加速度的任一分量为零。

$$u_x \frac{\partial}{\partial x} + u_y \frac{\partial}{\partial y} + u_z \frac{\partial}{\partial z} = 0$$

反之,如果水流不顺直,过水断面沿程改变,在实际上就叫做"非均匀流"。即位变加速度的任一分量都不为零。

$$u_x \frac{\partial}{\partial x} + u_y \frac{\partial}{\partial y} + u_z \frac{\partial}{\partial z} \neq 0$$

在自然界中最常见的是非均匀流。非恒定流大都同时就是非均匀流。天然水道及建筑物泄水的恒定流情况基本上也都是非均匀流。

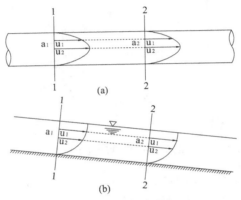

图 2.6 管道流速分布

图 2.7(a)系一直径不变的顺直管段内的总流,图中示出在 1 及 2 两过水断面内沿直径各点的流速分布曲线图。图 2.7(b)系一总流过水断面保持不变的一段顺直河渠的水流,图中也给出了两个断面上沿水深的流速分布曲线图。

像这两个图所示的水流顺直、过水断面沿流不变的总流,在实际上就叫做"均匀流"。反之,如果水流不顺直,过水断面沿程改变,在实际上就叫做"非均匀流"。

非均匀流又可分为"突变流(或急变流)"及"渐变流(或缓变流)"两类。

5.急变流与渐变流

渐变流的流线间的夹角 β 很小(图 2.7),而且流线的曲率半径很大。也就是说,如果流线几乎是直线而且几乎是互相平行的,就叫做渐变流。否则,就叫做突变流,例如图 2.7(a)。流线虽是直线,但流线间夹角很大,图 2.7(b)中各流线虽然平行,但曲率很大。所以这两个总流都是突变流的例子。

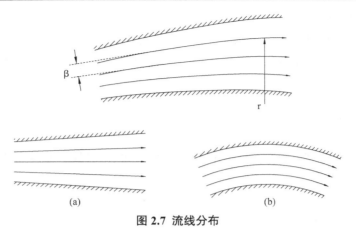

图 2.7 流线分布

渐变流过水断面上动水压强的分布规律:

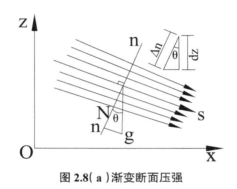

图 2.8(a)渐变断面压强

设在图 2.8(a)中,渐变流过水断面 *n-n* 垂直于水流轴线 s. 由于各流线均大致垂直于断面 *n-n*,故可认为沿 *n-n* 方向在质点之间没有相对运动,因而在该方向成为相对静止。沿此方向的欧拉方程式可以写为

$$\frac{\mathrm{d}p}{\mathrm{d}n} = -\rho N$$

上式中 N 为沿 n 向的单位质量力,p 为动水压强,因黏滞性而形成的摩阻力(切应力),其作用方向垂直于 *n-n*,与沿 n 向的力平衡无关。故在 n 向的表面力只有动水压强 p。对于单纯重力作用下的液体,在运动中所受的质量力一般可能有惯性力即达兰贝尔力和重力。但在渐变流断面 *n-n* 的方向,由于流线近于直线,因而惯性力影响可以忽略。由于各流线近于平行,因而均大致垂直于 *n-n*,于是 *n-n* 方向的速度分量可以忽略,而可认为沿 *n-n* 方向只有重力 g 的分量,即 $N=-g\cos\theta$,因得

$$\frac{\mathrm{d}p}{\mathrm{d}n} = -\rho g\cos\theta$$

注意到 $\Delta n\cos\theta = \Delta z$,$z$ 为相对于任一水平基面的垂直坐标,于是上式化为

$$\mathrm{d}p = -\gamma\mathrm{d}z$$

积分上式即得

$$\frac{p}{\gamma} + z = 常数 = H_s$$

上式即静水压强定律,是我们在静水力学中已经得到的关系式。这个式子说明,渐变流断面 n-n 上所有各点的测压管水头 H_s 是个常量。显然。这只是由于沿 n-n 方向的动水压强分布符合于静水压强定律的缘故。在其他方向例如沿水流 s 方向,动水压强的变化不服从静水压强定律,因而各断面上的 H_s 也不相同,如图 2.8(a)所示两渐变流断面 n_1-n_1 及 n_2-n_2 的情形,$H_{s1} \neq H_{s2}$。但在同一个渐变流断面上,各点的测压管水头面均在同一水平面上,则 H_s 为常量。这样就使得实际测量工作较为简易,我们只要测出所选渐变流断面上任何一个易于施测得某点,例如在管壁处,即足以表示断面上平均测压管水头。但在一般计算上,仍以断面形心点上的压强 p 及位头 z 作为推求测压管水头的依据。显然,由于是渐变流断面,符合静水压强定律,因而形心点上的压强 p 也正好是断面上的平均压强。

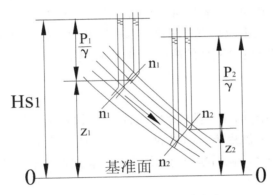

图 2.8(b) 渐变断面测压管水头

必须指出:以上我们证明了在渐变流断面上,可以近似的认为动水压强符合与静水压强的分布规律。但在突(急)变流断面上,动水压强的分布规律要受流动时所产生的惯性力的影响因而在突变流断面上动水压强则不符合与静水压强分布规律了。即 $z + \frac{p}{\gamma} \neq 常量$。

6.元流与总流

1)液体运动的元维化

将液体复杂三维(也称三元)流动化为一元流动的过程,其实质是一个平均化的过程,是宏观处理液体运动的一种方法。

严格说,任何实际的液体运动都是三元(空间)流动,绝对的一元流动是不存在的。但是在处理工程中的许多流动问题时,我们往往只需要掌握某些断面的液体平均性质如何沿程变化及其变化规律,而无需特别注意个别液流质点的运动性质。

有时即便是要涉及液流质点运动性质的研究,那也只是为了更正确地研究液流的平均性质,也是为了更好地为"一元化"来服务。这样,我们就可以把任何一个复杂的三元流动或二元流动(平面流动)简化为"一元流动"来处理,即将复杂的流动化为某些断面平均运动要素沿流程变化的一元函数,即只是一个坐标的函数(一般情况下是曲线坐标的函数,这个曲线就是液流沿程的主要流动的方向线)。

必须说明，尽管液体运动是一元化的，它仍然服从液体运动的基本规律，例如服从空间场的连续方程式和运动方程式。然而，一元化的液体运动，终究是一种特殊情况，从而连续方程式和运动方程式也具有相应的特殊形式。实际的一元化运动在形式上和性质上也有它自己的特征，只有具体的加以分析研究后才能具体解决各种一元化的液体运动问题。在以后各章所讲的很多都是这些具体的课题。

为了明确一元化的概念，可以从基本流束出发，因为一条基元流束可以认为是最单纯的也是最基本的一元化的流动。

2）元流

元流即所谓的基元流束，是一束无限多个相邻流线的集合，也称为"流束"。根据流线的特性，流束内液体质点和流束外边的质点是互不交换的。这样，流束的外表皮就像刚体的管壁一样，因而就叫做"流管"。一个无限细微流管内的液流则称为"基元流束"。基元流束由于是无限细微的因而在同一个横断面上所有各点上的水力要素，例如质点流速 u 等可以认为是均等的。在基元流束内垂直于流速 u 取一横断面，叫做过水（流）断面，它的面积为 $\mathrm{d}\omega$。则每单位时间内流过这个断面的液体体积（即流量）是

$$\mathrm{d}Q = u\mathrm{d}\omega$$

3）总流

在实际的液体流动中，例如一段输水管路，或者一段河渠水流，可以认为是由无限多个具有共同流动趋势的基元流束集合而成的一元流管，叫做总流。尽管总流的过水断面（我们仍用 ω 表示）常为相当大，从而断面上不同点的流速向量也不尽相同，但是总流的主要运动趋向则是非常明显的。

2.2 液体质点的基本运动形式

在水动力学中，所谓液体基体（微团）是由连续介质内液体质点所组成的体积为无限小的液体单元。与刚体不同，在液体运动中，液体基体其运动方式由下列四种形式所组成：①移动或单纯的位移（平移）②旋转③线变形④角变形。位移和旋转可以完全比拟于刚体运动，而线性变形和角变形有时统称为变形运动则是基于液体的易流动性而特有的运动形式，在刚体是没有的。

实际中最简单的液体基体的运动形式，可能只是这四种中的某一种；而比较复杂的运动形式，则是这几种形式的组合。所以这四种形式乃是液体基体运动的最基本的形式。

下面介绍在液体运动中，液体基体可能的运动形式。

设在运动的液体中，采用固定的直角坐标系，取微小的立方基体（图 2.9），基体各边平行于相应的坐标轴，接近于原点的基体角点 A 的坐标为 (x, y, z)，在该点上的质点速度向量投影为 u_x、u_y、u_z，基体三边长度为 $\mathrm{d}x$、$\mathrm{d}y$、$\mathrm{d}z$，基体其他各角点在同一瞬时的速度向量投影可根据其位置的变化由式（2-4）求得。

1. 位移

如果图 2.7 所示的基体各角点的质点速度向量完全相同时，则构成了液体基体的单纯

位移,其移动速度为 u_x、u_y、u_z。基体在运动中可能沿直线也可能沿曲线运动,但其方位与形状都和原来一样(立方基体各边的长度保持不变)如图 2.8 所示。

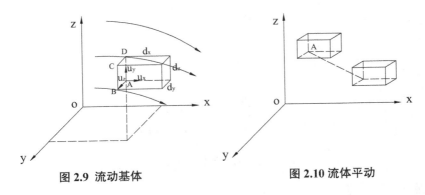

图 2.9　流动基体　　　　　　　　　　　　图 2.10　流体平动

2. 线变形

一般情况下基体各角点的速度是不相同的,现在取基体的 $ABCD$ 面为例,并写出这个面上 BCD 各点的速度向量的分量,如图 2.11 所示。

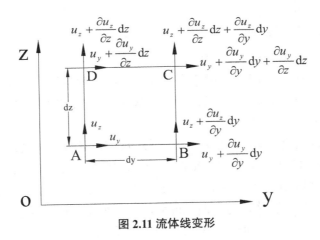

图 2.11　流体线变形

从图 2.11 中可以看出,由于沿 y 轴的速度分量,B 点和 C 点都比 A 点和 D 点大了 $\dfrac{\partial u_y}{\partial y}\,\mathrm{d}y$,如果 $\mathrm{d}y=1$,则 $\dfrac{\partial u_y}{\partial y}$ 就代表液体基体运动时,在单位时间内沿 y 轴方向的伸长率,亦即是在 y 轴向的线性变形率。同理,就可以得出液体基体沿各轴向的线形变形率是

$$\frac{\partial u_x}{\partial x}、\frac{\partial u_y}{\partial y}、\frac{\partial u_z}{\partial z}$$

也就是在单位时间内沿各轴向液体基体单位长度内伸长的数值。

3. 角变形

如图 2.11 可看出,因 AD 与 BC 两边在 $\mathrm{d}t$ 时间内要转动角度(图 2.12(a));而 AB 与 DC 两边在时间内则要转动角度(图 2.12(b))。

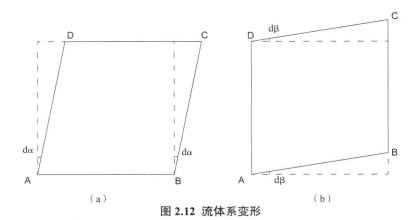

图 2.12　流体系变形

若 dα 及 dβ 较小,则

$$d\alpha = \frac{\dfrac{\partial u_y}{\partial z} dz \cdot dt}{dz} = \frac{\partial u_y}{\partial z} dt \qquad (2\text{-}14a)$$

$$d\beta = \frac{\dfrac{\partial u_z}{\partial y} dy \cdot dt}{dy} = \frac{\partial u_z}{\partial y} dt \qquad (2\text{-}14b)$$

则 $ABCD$ 面的直角也就发生了变化。

由于基面各角点速度的不同,使得它在运动过程中要发生如图 2.11 所示的变化。基面经过时间以后就运动到一个新的位置,同时产生线变形,角变形和旋转,其变化过程可以分解为下列几步去了解。

首先基体 $ABCD$ 角点 A 以 u_y 及 u_z 的速度移动到新的位置,其他各点也以相同的速度移动到的位置,如图 2.13 中右上角之 $ABCD$。这就是液体运动的第一种形式——移动。

又由于各角点速度不同而产生了沿直线方向的线性变形,这是液体运动的第二种形式——直线变形,即拉伸或压缩(为了便于说明以下两种运动形式,线变形未在图中表示)。此两种形式在前边谈过了。下面介绍第三,四种运动形式。

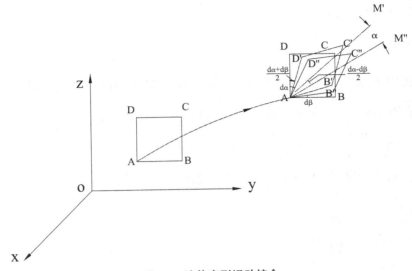

图 2.13　流体变形运动综合

基面 $ABCD$ 在经过 $\mathrm{d}t$ 时间后运动到一个新的位置,设中间位置形状为为图 2.13 中的 $A'\,B'\,C'\,D'$,$\mathrm{d}t$ 时间其形状变为 $AB''\,C''\,D''$,二者的角平分线为 AM' 和 AM'' ,其夹角为 α 。

这个变化我们可以理解为以下情况。

（1）AD 边作顺时针转动 $\mathrm{d}\alpha-\alpha$,而 AB 边作逆时针转动 $\mathrm{d}\beta+\alpha$,而到虚线位置 $AB'\,C'\,D'$,且令该两偏转角度想等,这样矩形平面 $ABCD$ 将变成平行四边形 $AB'\,C'\,D'$,此时平行四边形 $AB'\,C'\,D'$ 的等分角线 AM' 与矩形平面 $ABCD$ 的等分角线是重合的,此时矩形顶点 A 的角平分线不变,而角的大小发生了变化,即所谓角位变形也称之为剪切变形,其大小为 $\mathrm{d}\alpha-\alpha$ 或 $\mathrm{d}\beta+\alpha$;由于顶点 A 的角平分线不变,所以

$$\mathrm{d}\alpha - \alpha = \mathrm{d}\beta + \alpha \qquad\qquad (2\text{-}15)$$

即

$$\alpha = \frac{\mathrm{d}\alpha - \mathrm{d}\beta}{2} \qquad\qquad (2\text{-}16)$$

回代（2-16）到（2-15）得角位变形

$$\mathrm{d}\alpha - \alpha = \frac{\mathrm{d}\alpha + \mathrm{d}\beta}{2} \qquad\qquad (2\text{-}17)$$

（2）同时,在不发生角位变形的情况小基面 $AB'\,C'\,D'$ 又绕 x 轴旋转一角度 α ,角平分线 AM' 转到 AM'' 的位置,最终小基面 $AB'\,C'\,D'$ 到位置 $AB''\,C''\,D''$,此即基面的旋转运动,旋转角度为: $\alpha = \dfrac{\mathrm{d}\alpha - \mathrm{d}\beta}{2}$ 。

因此,单位时间内的角位变形称为角变形率,绕 x 轴者用 θ_x 表示之即

$$\theta_x = \frac{1}{\mathrm{d}t}\left(\frac{\mathrm{d}\alpha + \mathrm{d}\beta}{2}\right) = \frac{1}{2}\left(\frac{\partial u_z}{\partial y} + \frac{\partial u_y}{\partial z}\right) \qquad\qquad (2\text{-}18a)$$

同理: $\theta_y = \dfrac{1}{2}\left(\dfrac{\partial u_x}{\partial z} + \dfrac{\partial u_z}{\partial x}\right)$ \qquad\qquad (2\text{-}18b)

$$\theta_z = \frac{1}{2}\left(\frac{\partial u_y}{\partial x} + \frac{\partial u_z}{\partial y}\right) \tag{2-18c}$$

4. 旋　转

基面 $ABCD$ 在 $\mathrm{d}t$ 时间内的旋转角度为 $\dfrac{\mathrm{d}\alpha - \mathrm{d}\beta}{2}$，单位时间 $\mathrm{d}t$ 内的旋转角度为旋转角速度,绕 x 轴者为旋转加速度在 ω_x 轴的分量,用符号 ω_x 表示之,则

$$\omega_x = \frac{1}{\mathrm{d}t}\left(\frac{\mathrm{d}\alpha - \mathrm{d}\beta}{2}\right) = -\frac{1}{2}\left(\frac{\partial u_z}{\partial y} - \frac{\partial u_y}{\partial z}\right)$$

我们采用右手螺旋所定的方向来定出"涡旋向量",则正的。

$$\left.\begin{aligned}
\omega_x &= \frac{1}{2}\left(\frac{\partial u_z}{\partial y} - \frac{\partial u_y}{\partial z}\right) \\
\text{同理}\quad \omega_y &= \frac{1}{2}\left(\frac{\partial u_x}{\partial z} - \frac{\partial u_z}{\partial x}\right) \\
\omega_z &= \frac{1}{2}\left(\frac{\partial u_y}{\partial x} - \frac{\partial u_x}{\partial y}\right)
\end{aligned}\right\} \tag{2-19}$$

系"涡旋向量"在各坐标轴上的投影,即涡旋分量,则

$$\omega = \sqrt{\omega_x^2 + \omega_y^2 + \omega_z^2} \tag{2-20}$$

以上就是液体基体所可能有的四种运动形式。

此外,如果我们把式（2-19）代入加速度的展开式（2-13）中,我们就得到以下关系式

$$\left.\begin{aligned}
\alpha_x &= \frac{\mathrm{d}u_x}{\mathrm{d}t} = \frac{\partial u_x}{\partial t} + u_x\frac{\partial u_x}{\partial x} + u_z\theta_y + u_y\theta_z + u_z\omega_y - u_y\omega_z \\
\alpha_y &= \frac{\mathrm{d}u_y}{\mathrm{d}t} = \frac{\partial u_y}{\partial t} + u_y\frac{\partial u_y}{\partial y} + u_x\theta_z + u_z\theta_x + u_x\omega_z - u_z\omega_x \\
\alpha_z &= \frac{\mathrm{d}u_z}{\mathrm{d}t} = \frac{\partial u_z}{\partial t} + u_z\frac{\partial u_z}{\partial z} + u_y\theta_x + u_x\theta_y + u_y\omega_x - u_x\omega_y
\end{aligned}\right\} \tag{2-21}$$

这就是表示液体运动形式的普遍关系。由这些式子可以一目了然地看出一般液体运动包含有上述四种基本运动形式。

2.3　有涡流与无涡流（势流）

1. 有涡流

如在液体运动中,涡流分量 ω_x、ω_y 及 ω_z 中间的任一个或全部不等于零,则这样的液体运动就叫做有旋流或有涡流。自然界中的实际液体几乎都是这种有涡的流动。

2. 无涡流（势流）

如在液体运动中,各涡流分量均等于零,即 $\omega_x = \omega_y = \omega_z = 0$,则称这种运动为无涡流。

必须说明,这里所谈的有涡流是指液体基体绕其自身轴有旋转的运动,决不要把涡流与通常的旋转运动混淆起来。例如图 2.14 左图所示的运动,液体基体相对于圆心 O 点作圆周

运动,即绕 O 点做旋转运动,但液体基体在运动过程中围绕其自身轴线并没有旋转,只是它移动的轨迹是一圆周而已。因此,它仍然是无涡流。图 2.14 右图表示深水摆线波,液体质点的运动情况。此时,质点一方面做封闭的圆周运动,同时又绕自身轴而旋转。这样的运动,则是有涡流。

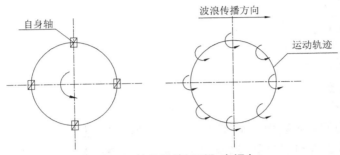

图 2.14　流体旋转(无涡,有涡)

在有涡运动中,通常我们利用涡线的概念把涡流图形显示出来。所谓涡线是流场中一些假想的线,在所讨论的瞬时,涡线上各个质点的涡旋向量都与此线在各该点处相切(图2.15)。因而涡线实质上就是线上各质点瞬时旋转所围绕的轴线。很明显,涡线并不是流线,但在所谓螺旋流中,涡线和流线合二为同一曲线。在这种运动的恒定流中的质点沿流线前进,同时以流线为瞬时轴线而做旋转运动。

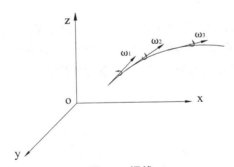

图 2.15　涡线

涡线方程式可仿照流线方程式的推论而写为

$$\frac{\mathrm{d}x}{\omega_x} = \frac{\mathrm{d}y}{\omega_y} = \frac{\mathrm{d}z}{\omega_z} \tag{2-22}$$

无涡流是液体质点没有绕其自身轴旋转的运动,也即应满足下列条件

$$\left. \begin{array}{l} \dfrac{\partial u_z}{\partial y} = \dfrac{\partial u_y}{\partial z} \\[2mm] \dfrac{\partial u_x}{\partial z} = \dfrac{\partial u_z}{\partial x} \\[2mm] \dfrac{\partial u_y}{\partial x} = \dfrac{\partial u_x}{\partial y} \end{array} \right\} \tag{2-23}$$

符合于以上条件的液体运动,便是"无涡流"。

同时根据高等数学知识可知,如果 u_x,u_y,u_z 满足柯西条件,即(2-23),则(1-10),则就存在一某函数,称之为 u_x,u_y,u_z 的势函数。设在液体的流动中存在有某一函数 $\varphi=\varphi(x,y,z,t)$,即

$$\begin{cases} u_x = \dfrac{\partial \varphi}{\partial x} \\[2mm] u_y = \dfrac{\partial \varphi}{\partial y} \\[2mm] u_z = \dfrac{\partial \varphi}{\partial z} \end{cases}$$

(2-24)

与力场中的力的势函数相类比,我们给函数 φ 起名"流速势"。

这就是无涡流的条件,说明无涡流动 $\omega_x=\omega_y=\omega_z=0$ 就是具有流速势 φ 函数的流动,因而也叫"势流"。

势流是一种理想流动,一般实际液体几乎都不是势流,但势流在研究问题上可使分析流动的过程简化,故在很多水力学问题的研究中(如以后谈到的波浪运动、地下水运动等)得到了很广泛的应用。

例1 已知某圆管(半径为 r_0)中液体流动的流速分布为

$$u_x = \frac{\gamma J}{4\mu}\left[r_0^2 - (y^2+z^2)\right]; \quad u_y = 0; \quad u_z = 0$$

(圆管轴线与 OX 轴重合)。也即是说,该流动的流速场只有沿 OX 轴的分量 u_x,并且 u_x 和坐标 X 无关。试判别该流动是有涡流还是无涡流?(γ、J、μ 及 r_0 均为已知常量)。

解:按式(2-16)来确定各涡流分量,经过数学运算后得

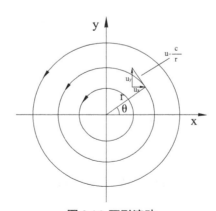

图 2.16 环形流动

$$\omega_x = \frac{1}{2}\left(\frac{\partial u_z}{\partial y} - \frac{\partial u_y}{\partial z}\right) = 0$$

$$\omega_y = \frac{1}{2}\left(\frac{\partial u_x}{\partial z} - \frac{\partial u_z}{\partial x}\right) = -\frac{\gamma J}{4\mu} \cdot z$$

$$\omega_z = \frac{1}{2}\left(\frac{\partial u_y}{\partial x} - \frac{\partial u_x}{\partial y}\right) = \frac{\gamma J}{4\mu} \cdot y$$

从而可得涡流向量 ω 为

$$\omega = \sqrt{\omega_x^2 + \omega_y^2 + \omega_z^2} = \frac{\gamma J}{4\mu}\sqrt{z^2 + y^2} \neq 0$$

故可判断该流动为有涡流。

例 2　图 2.16 示一逆时针环行流动的流场,其流线为一组不同半径的同心圆;流速分布为 $u = \dfrac{C}{r}$(C 为某一常数,$r = \sqrt{x^2 + y^2}$)。试判别在此流动中,除原点以外的流场是有涡流还是无涡流?

解:从图 2.16 中可得出

$$u_x = u\sin\theta = -\frac{C}{r}\cdot\frac{y}{r} = -\frac{Cy}{r^2} = -\frac{Cy}{x^2 + y^2}$$

$$u_y = u\cos\theta = \frac{C}{r}\cdot\frac{x}{r} = \frac{Cx}{r^2} = \frac{Cx}{x^2 + y^2}$$

从而可得

$$\frac{\partial u_x}{\partial y} = \frac{Cy^2 - Cx^2}{(x^2 + y^2)^2}$$

$$\frac{\partial u_y}{\partial x} = \frac{Cy^2 - Cx^2}{(x^2 + y^2)^2}$$

即　　$\omega_z = \dfrac{1}{2}\left(\dfrac{\partial u_y}{\partial x} - \dfrac{\partial u_x}{\partial y}\right) = 0$

故该流动是无涡流,液体基体虽作圆周运动,但并无绕其自身轴的转动。

2.4　液体的连续性方程

质量守恒定律:是指在液体运动过程中,液体质量保持不变。具体描述如下。

因液体是连续介质,若在流场中任意划定一个封闭曲面,形成一封闭空间。若在某一给定时段内经封闭曲面流入封闭空间的液体质量与经封闭曲面流出封闭空间的液体质量之差应该等于该封闭空间内因液体密度变化而引起的质量总变化。

如果液体是不可压缩的均质液体,则流进与流出的液体质量应相等。

以上结果用数学分析表达成微分方程式,就是液体运动的微分形式连续性方程;如表达成积分方程式,就是液体运动的积分形式连续性方程,也称为液体总流连续方程。液体质量守恒定律,不涉及液体的黏性,因此对于黏性液体和无黏性液体都是实用的。

在推导这个方程式时,按连续介质假定,认为运动着的液体系连续地充满它所占据的空间,流动时不形成空隙,并且表征液体运动的各物理量也都是时间和空间的连续函数。

1. 微分形式的液体连续性方程

在时间 t,于流场中取一具有边长为 dx、dy、dz 的微分六面体,如图 2.17。现在我们来确定,在随后的一无限小段 dt 内,流进和流出该微分六面体的质量。

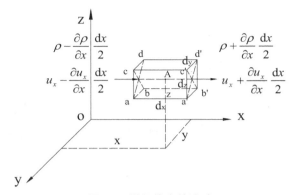

图 2.17 微元体中的流动

在时间 t,微分六面体形心 A 点的坐标为 (x,y,z),密度为 ρ,质点的速度分量为 u_x、u_y 及 u_z,则在 dt 时段内沿 x 轴从左侧面 $abcd$ 流入六面的液体质量为

$$\left[u_x - \frac{\partial u_x}{\partial x}\left(\frac{1}{2}dx\right)\right]\left[\rho - \frac{\partial \rho}{\partial x}\left(\frac{1}{2}dx\right)\right]dydzdt$$

在同一时段 dt 内沿 x 轴从右侧面 $a'\,b'\,c'\,d'$ 流出六面的液体质量为

$$\left[u_x + \frac{\partial u_x}{\partial x}\left(\frac{1}{2}dx\right)\right]\left[\rho + \frac{\partial \rho}{\partial x}\left(\frac{1}{2}dx\right)\right]dydzdt$$

这样在 dt 时段内沿 x 轴向微分六面体液体质量的变化为

$$dM_x = -\frac{\partial \rho u_x}{\partial x}dxdydzdt$$

同理,在同一 dt 时段内沿 y、z 轴向,六面体内液体质量的变化分别为

$$dM_y = -\frac{\partial \rho u_y}{\partial y}dxdydzdt$$

和

$$dM_z = -\frac{\partial \rho u_z}{\partial z}dxdydzdt$$

则在 dt 时段内流面体内液体质量的总变化为 $(dM_x + dM_y + dM_z)$;

此变化应等于在同时段 dt 内,由于液体密度 ρ 的变化而引起的液体质量的增量 dM_t（体积大小未变）,即 $dM_t = \left[\left(\rho + \frac{\partial \rho}{\partial t}dt\right)dxdydz - \rho dxdydz\right] = \frac{\partial \rho}{\partial t}dxdydzdt$

$$dM_x + dM_y + dM_z = dM_t$$

即

$$-\frac{\partial \rho u_x}{\partial x}dxdydzdt - \frac{\partial \rho u_y}{\partial y}dxdydzdt - \frac{\partial \rho u_z}{\partial z}dxdydzdt = \frac{\partial \rho}{\partial t}dxdydzdt$$

化简得

$$\frac{\partial \rho}{\partial t} + \frac{\partial \rho u_x}{\partial x} + \frac{\partial \rho u_y}{\partial y} + \frac{\partial \rho u_z}{\partial z} = 0 \tag{2-25}$$

可进一步变形为

$$\frac{\partial \rho}{\partial t} + u_x \frac{\partial \rho}{\partial x} + u_y \frac{\partial \rho}{\partial y} + u_z \frac{\partial \rho}{\partial z} + \rho\left(\frac{\partial u_x}{\partial x} + \frac{\partial u_y}{\partial y} + \frac{\partial u_z}{\partial z}\right) = 0$$

或　　$$\frac{d\rho}{dt} + \rho\left(\frac{\partial u_x}{\partial x} + \frac{\partial u_y}{\partial y} + \frac{\partial u_z}{\partial z}\right) = 0$$

对不可压缩液体 $\frac{d\rho}{dt} = 0$，密度 ρ 为常数，于是（2-22a）变为

$$\frac{\partial u_x}{\partial x} + \frac{\partial u_y}{\partial y} + \frac{\partial u_z}{\partial z} = 0 \tag{2-26}$$

式（2-22）是一般形式液体的连续性方程式，既适用于不可压缩液体也适用于可压缩液体。

而式（2-22）则是不可压缩液体的连续性方程式，既适应于恒定流也适应于非恒定流，它是质量守恒定律在水力学中的表现形式，它表征着不可压缩液体在运动时，若保持其连续性，则线性变形必系伸长现象与缩短现象同时发生。

以上讨论的是属于空间场的连续性基本方程式，而在水力学里更多的问题是属于沿同一流向的总流问题。这些将在以后以讨论。

2. 积分形式的液体连续性方程（总流连续方程）

方程（2-22）可以写为矢量形式

$$\frac{\partial \rho}{\partial t} + \vec{\nabla}((\rho\vec{u}) = 0 \tag{2-24}$$

$\vec{\nabla}$ 为微分算子，$\vec{\nabla} = i\frac{\partial}{\partial x} + j\frac{\partial}{\partial y} + k\frac{\partial}{\partial z}$，$\vec{u} = (ju_x + ju_y + ku_z)$ 流速矢量，积分（2-24），

$$\oiiint_V \left[\frac{\partial \rho}{\partial t} + \vec{\nabla}(\rho\vec{u})\right]d\tau = 0 \tag{2-25}$$

其中，$d\tau$ 为微元体积，V 为任意划定一个封闭曲面所形成一封闭空间。根据高等数学中高斯公式：

$$\oiiint_v \frac{\partial \rho}{\partial t}d\tau = -\oiint_A [\rho(\vec{u}\cdot\vec{n})]dA \tag{2-26}$$

A 为形成该封闭空间 V 的封闭曲面，dA 为微分曲面，$\vec{n}$ 为封闭曲面的外法线矢量。对于恒定流：

$$\oiint_A [\rho(\vec{u}\cdot\vec{n})]dA = 0 \tag{2-27}$$

对于不可压缩液体，积分（1-23），同理得

$$\oiint_A [(\vec{u}\cdot\vec{n})]dA = 0 \tag{2-28}$$

3. 液体恒定总流的连续性方程式

设在任一液体恒定总流中（图2.18），我们来研究为过流断面 1-1 及 2-2 所限的流段，断面 1-1 及 2-2 均为均匀流或渐变流断面，其断面积及断面平均流速分别为 ω_1、v_1 及 ω_2、v_2。

在单位时间内：

由断面 1-1 流进流断的液体体积为：$Q_1=\omega_1 v_1$；

由断面 2-2 流出该流段的液体体积为：$Q_2=\omega_2 v_2$；

考虑到：①液体是连续介质；②流段边界不变形；③液体是不可压缩液体，即液体密度不发生变化；④没有从流段边界流进或流出的流量。

应用方程（2-27）或（2-28），以方程（2-28）为例，图 2-18 中，封闭曲面由：断面 ω_1 其法矢量与流向相反，$n_1 \omega_1 v_1 = -\omega_1 v_1$；$\omega_2$ 其法矢量与流向一致，$n_2 \omega_2 v_2 = +\omega_2 v_2$。侧面 $S_{1-2-2-1}$ 其法矢量与流向垂直，$n_s S_{1-2-2-1} v_s = 0$。所以方程（2-28）可以写为

$$\iint\limits_A [\vec{u} \cdot \vec{n}] \mathrm{d}A = (-1) \cdot \omega_1 \cdot v_1 + (+1) \cdot \omega_2 \cdot v_2 + 0 \cdot S_{1-2-2-1} v_s = 0$$

即

$$\omega_1 \cdot v_1 = \omega_2 \cdot v_2 \; ; Q_1 = Q_2 \tag{2-29}$$

$$Q = \omega_1 v_1 = \omega_2 v_2 = 常数$$

上式即为液体恒定总流的连续性方程式，它体现了整个流动的"过水断面"及"断面平均流速 v"等水力要素之间的内在联系。

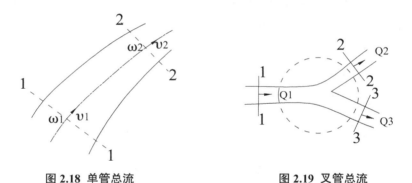

图 2.18　单管总流　　　　　　　　图 2.19　叉管总流

同理，把式（2-28）用于如图 2.19 所示的分支管路（或分支河流）中，此时

$$\omega_1 v_1 = \omega_2 v_2 + \omega_3 v_3 \; , Q_1 = Q_2 + Q_3 \tag{2-30}$$

最后应该着重指出，我们在以上的所有推导，都只不过是从液体运动的连续性这一基本概念出发和演绎而作出的，并没有涉及作用于液体的力的问题。液体在运动中是否受阻力的问题，并不影响以上的推导结果。这即是说，所有以上结论，无论对于理想液体或是实际液体，都是同样适用的。

掌握了连续性方程这一规律，若我们已知两个断面上的任三个量时，就可以求出另一个量。

例 1　如图 2.20 所示的一段管路，若大管直径 $d_1=200$ mm，断面平均流速为 v_1；小管直径 $d_2=100$ mm，断面平均流速为 v_2。已知管中流量 $Q=0.025$ m³/s，试求 v_1 及 v_2 是多少？

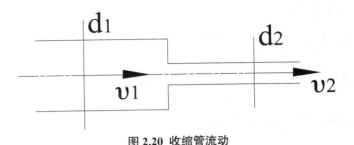

图 2.20　收缩管流动

解：根据式（2-29）

$Q=\omega_1 v_1=\omega_2 v_2$，则

①$v_1 = \dfrac{Q}{\omega_1} = \dfrac{Q}{\dfrac{\pi}{4}d_1^2}$

$= \dfrac{0.025}{\dfrac{\pi}{4}\times 0.2^2} = 0.795$ m/s

②$v_2 = \dfrac{Q}{\omega_2} = \dfrac{Q}{\dfrac{\pi}{4}d_2^2} = \dfrac{0.025}{\dfrac{\pi}{4}\times 0.1^2} = 3.18$ m/s

从上例中看出，连续性方程式（2-29）告诉我们一个普通的客观事实，在恒定流的情况下，过流断面减小流速就增大；反之，过流断面增大，流速就减小。进一步说，在圆管中，管径减少一半，则流速增大四倍。

2.5　理想液体的动力学方程

前面讨论了液体运动过程中的质量守恒，即液体的连续性方程。从这节开始，我们讨论①液体运动过程的受力与加速度的关系，即牛顿第二定理：$\vec{F} = m\vec{a}$；$\vec{F}$ 为作用力，m 为物体质量，$\vec{a}$ 为加速度；②液体运动的动量定律：动量变化（水流运动要素变化）引起作用在水流边界上力的变化；③液体运动过程中能量的转换：液体运动引起机械能的转化以及因实际液体黏性产生摩擦而引起能量的消耗。

牛顿第二定理表征液体运动过程中液体受力与加速度的关系，它是微分形式的液体动力学方程，在水力学中也称之为液体运动方程；液体运动过程中能量的转换关系即液体的能量方程，根据理论力学的知识，实际上就是液体动力学方程在空间上的一种积分形式。而液体运动的动量定律所表征的动量方程是牛顿第二定律的另一种表达形式：$\vec{F}\cdot\Delta t = \Delta(m\vec{v})$。

现在先讨论理想液体的情况：在理想液体运动中，不存在有摩阻力，即 $\mu=0$。

1. 理想液体的运动方程式

今在流场内取一各边长为 dx、dy 及 dz 的微分平行六面体，如图 2.21。现在考虑作用于微分六面体上的各力。

1）表面力：即动水压力

在 Ox 方面：$p\mathrm{d}y\mathrm{d}z$ 及 $-\left(p+\dfrac{\partial p}{\partial x}\mathrm{d}x\right)\mathrm{d}y\mathrm{d}z$

在 Oy 方面：$p\mathrm{d}z\mathrm{d}x$ 及 $-\left(p+\dfrac{\partial p}{\partial y}\mathrm{d}y\right)\mathrm{d}z\mathrm{d}x$

在 Oz 方面：$p\mathrm{d}x\mathrm{d}y$ 及 $-\left(p+\dfrac{\partial p}{\partial z}\mathrm{d}z\right)\mathrm{d}x\mathrm{d}y$

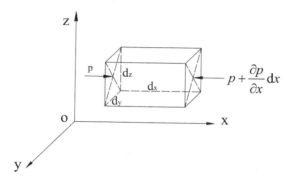

图 2.21 理想液体单元受力

2）体积力或单位质量力

作用于单位质量上各种体积力的总和的分量分别用 X、Y 及 Z 来表示，因而作用于六面体上的体积力分量可写为

在 Ox 方向：$\rho\mathrm{d}x\mathrm{d}y\mathrm{d}zX$；

在 Oy 方向：$\rho\mathrm{d}x\mathrm{d}y\mathrm{d}zY$；

在 Oz 方向：$\rho\mathrm{d}x\mathrm{d}y\mathrm{d}zZ$；

X、Y、Z 均采用顺沿坐标轴指向者为正量。

3）惯性力：$-m\vec{a}$

设六面体的运动速度分量为 u_x、u_y 及 u_z 则惯性力分量（按单位质量计）为 $-\dfrac{\mathrm{d}u_x}{\mathrm{d}t}$、$-\dfrac{\mathrm{d}u_y}{\mathrm{d}t}$、$-\dfrac{\mathrm{d}u_z}{\mathrm{d}t}$，作用于六面体的惯性力如下。

在 Ox 方向：$-\rho\mathrm{d}x\mathrm{d}y\mathrm{d}z\dfrac{\mathrm{d}u_x}{\mathrm{d}t}$

在 Oy 方向：$-\rho\mathrm{d}x\mathrm{d}y\mathrm{d}z\dfrac{\mathrm{d}u_y}{\mathrm{d}t}$

在 Oz 方向：$-\rho\mathrm{d}x\mathrm{d}y\mathrm{d}z\dfrac{\mathrm{d}u_z}{\mathrm{d}t}$

现在把所有各力投影在各坐标轴上，其合力为零，例如在 Ox 轴上有

$$\sum \vec{F}_x = m\vec{a}_x$$

（2-30）

各分量代入

$$\rho \mathrm{d}y\mathrm{d}z - (p + \frac{\partial p}{\partial x}\mathrm{d}x)\mathrm{d}y\mathrm{d}z + \rho \mathrm{d}x\mathrm{d}y\mathrm{d}z X - \rho \mathrm{d}x\mathrm{d}y\mathrm{d}z \frac{\mathrm{d}u_x}{\mathrm{d}t} = 0$$

化简则得，

$$X - \frac{1}{\rho}\frac{\partial p}{\partial x} = \frac{\mathrm{d}u_x}{\mathrm{d}t} \tag{2-31}$$

同理可得出在 Oy 及 Oz 轴上的动力学方程。总体写为

$$\left. \begin{array}{l} X - \dfrac{1}{\rho}\dfrac{\partial p}{\partial x} = \dfrac{\mathrm{d}u_x}{\mathrm{d}t} \\[2mm] Y - \dfrac{1}{\rho}\dfrac{\partial p}{\partial y} = \dfrac{\mathrm{d}u_y}{\mathrm{d}t} \\[2mm] Z - \dfrac{1}{\rho}\dfrac{\partial p}{\partial z} = \dfrac{\mathrm{d}u_z}{\mathrm{d}t} \end{array} \right\} \tag{2-32}$$

方程（2-32）是欧拉在 1755 年最先所列出的理想流体的运动方程式，因此也称欧拉方程式。

将式（2—13）代入，则上式化为

$$\left. \begin{array}{l} X - \dfrac{1}{\rho}\dfrac{\partial p}{\partial x} = \dfrac{\partial u_x}{\partial t} + u_x\dfrac{\partial u_x}{\partial x} + u_y\dfrac{\partial u_x}{\partial y} + u_z\dfrac{\partial u_x}{\partial z} \\[2mm] Y - \dfrac{1}{\rho}\dfrac{\partial p}{\partial y} = \dfrac{\partial u_y}{\partial t} + u_x\dfrac{\partial u_y}{\partial x} + u_y\dfrac{\partial u_y}{\partial y} + u_z\dfrac{\partial u_y}{\partial z} \\[2mm] Z - \dfrac{1}{\rho}\dfrac{\partial p}{\partial z} = \dfrac{\partial u_z}{\partial t} + u_x\dfrac{\partial u_z}{\partial x} + u_y\dfrac{\partial u_z}{\partial y} + u_z\dfrac{\partial u_z}{\partial z} \end{array} \right\} \tag{2-33}$$

再引用式（2-18），则又可化为

$$\left. \begin{array}{l} X - \dfrac{1}{\rho}\dfrac{\partial p}{\partial x} = \dfrac{\partial u_x}{\partial t} + u_x\dfrac{\partial u_x}{\partial x} + (u_y\theta_z + u_z\theta_y) - (u_y\omega_z - u_z\omega_y) \\[2mm] Y - \dfrac{1}{\rho}\dfrac{\partial p}{\partial y} = \dfrac{\partial u_y}{\partial t} + u_y\dfrac{\partial u_y}{\partial y} + (u_z\theta_x + u_x\theta_z) - (u_z\omega_x - u_x\omega_z) \\[2mm] Z - \dfrac{1}{\rho}\dfrac{\partial p}{\partial z} = \dfrac{\partial u_z}{\partial t} + u_z\dfrac{\partial u_z}{\partial z} + (u_x\theta_y + u_y\theta_x) - (u_x\omega_y - u_y\omega_x) \end{array} \right\} \tag{2-34}$$

上式为欧拉方程式用整体运动性质（位移、变形及旋转）所表现的形式，说明液体在各力作用下而运动时，表现有位移、变形及旋转作用的可能。

对于不可压缩的理想液体，欧拉方程及连续方程提供出解决运动问题的四个独立条件。一般而论，可用以解决其中四个未知数，例如 u_x、u_y、u_z 及 p。

2. 理想液体的欧拉—葛罗米柯方程

前面提到，液体运动过程中能量的转换关系即液体的能量方程，实际上就是液体动力学方程在空间上的一种积分形式，因此推导液体能量方程的过程，就是积分液体运动方程的过程，为了处理问题方便，引出液体运动方程的另一种形式，即欧拉—葛罗米柯方程式。

下面把欧拉方程变成具有涡旋分量的形式，欧拉—葛罗米柯方程式。由流速 $u^2 = u_x{}^2 + u_y{}^2 + u_z{}^2$，可求得

$$\frac{\partial}{\partial x}(\frac{u^2}{2}) = u_x \frac{\partial u_x}{\partial x} + u_y \frac{\partial u_y}{\partial x} + u_z \frac{\partial u_z}{\partial x}$$

式与欧拉方程式（2-34）中的第一式相减则得

$$X - \frac{1}{\rho} \frac{\partial p}{\partial x} - \frac{\partial}{\partial x}(\frac{u^2}{2})$$

$$= \frac{\partial u_x}{\partial t} + u_z(\frac{\partial u_x}{\partial z} - \frac{\partial u_z}{\partial x}) - u_y(\frac{\partial u_y}{\partial x} - \frac{\partial u_x}{\partial y})$$

$$= \frac{\partial u_x}{\partial t} + 2u_z\omega_y - 2u_y\omega_z$$

因而得

$$X - \frac{1}{\rho} \frac{\partial p}{\partial x} = \frac{\partial u_x}{\partial t} + \frac{\partial}{\partial x}(\frac{u^2}{2}) + 2(u_z\omega_y - u_y\omega_z) \qquad (2\text{-}35\text{a})$$

同理
$$\left.\begin{array}{l} Y - \dfrac{1}{\rho} \dfrac{\partial p}{\partial y} = \dfrac{\partial u_y}{\partial t} + \dfrac{\partial}{\partial y}(\dfrac{u^2}{2}) + 2(u_x\omega_z - u_z\omega_x) \\[3mm] Z - \dfrac{1}{\rho} \dfrac{\partial p}{\partial z} = \dfrac{\partial u_z}{\partial t} + \dfrac{\partial}{\partial z}(\dfrac{u^2}{2}) + 2(u_y\omega_x - u_x\omega_y) \end{array}\right\} \qquad (2\text{-}35\text{b,c})$$

式（2-35）即是用涡旋分量表示的理想液体的运动方程式，又称欧拉—葛罗米柯方程式。

3. 理想液体伯努利积分形式的能量方程

1）有势力作用下的欧拉—葛罗米柯方程式

设体积力（X、Y、Z）为有力势的力，亦即体积力分量可由其势能 $\pi = \pi(x、y、z)$，与力的势函数 U 相差一负号，即 $U = -\pi$，确定如下

$$X = -\frac{\partial \pi}{\partial x}, \ Y = -\frac{\partial \pi}{\partial y}, \ Z = -\frac{\partial \pi}{\partial z}$$

将之代入式（2-35），稍加整理则得

$$\left.\begin{array}{l} \dfrac{\partial u_x}{\partial t} + \dfrac{\partial}{\partial x}(\pi + \dfrac{p}{\rho} + \dfrac{u^2}{2}) = 2(u_y\omega_z - u_z\omega_y) \\[3mm] \dfrac{\partial u_y}{\partial t} + \dfrac{\partial}{\partial y}(\pi + \dfrac{p}{\rho} + \dfrac{u^2}{2}) = 2(u_z\omega_x - u_x\omega_z) \\[3mm] \dfrac{\partial u_z}{\partial t} + \dfrac{\partial}{\partial z}(\pi + \dfrac{p}{\rho} + \dfrac{u^2}{2}) = 2(u_x\omega_y - u_y\omega_x) \end{array}\right\} \qquad (2\text{-}36)$$

式（2-36）即是在有势力作用下的欧拉—葛罗米柯方程式。

2）欧拉—葛罗米柯方程的积分式

将（2-36）式中的三个方程式，分别乘以 dx, dy, dz，然后相加得

$$\frac{\partial}{\partial x}\left(\pi + \frac{p}{\rho} + \frac{u^2}{2}\right)dx + \frac{\partial}{\partial y}\left(\pi + \frac{p}{\rho} + \frac{u^2}{2}\right)dy + \frac{\partial}{\partial z}\left(\pi + \frac{p}{\rho} + \frac{u^2}{2}\right)dz$$

$$= -\left(\frac{\partial u_x}{\partial t}dx + \frac{\partial u_y}{\partial t}dy + \frac{\partial u_z}{\partial t}dz\right) + 2(u_y\omega_z - u_z\omega_y)dx + 2(u_z\omega_x - u_x\omega_z)dy$$

$$+2(u_x \omega_y - u_y \omega_x)\mathrm{d}z \tag{2-37}$$

整理得

$$d\left(\pi + \frac{p}{\rho} + \frac{u^2}{2}\right) = -\left(\frac{\partial u_x}{\partial t}\mathrm{d}x + \frac{\partial u_y}{\partial t}\mathrm{d}y + \frac{\partial u_z}{\partial t}\mathrm{d}z\right) - 2\begin{vmatrix} \mathrm{d}x & \mathrm{d}y & \mathrm{d}z \\ \omega_x & \omega_y & \omega_z \\ u_x & u_y & u_z \end{vmatrix} \tag{2-38}$$

方程(2-37)或(2-38)的积分代表了液体动力学方程在空间上的一种积分形式,即

$$\int_L d\left(\pi + \frac{p}{\rho} + \frac{u^2}{2}\right) = -\int_L \left(\frac{\partial u_x}{\partial t}\mathrm{d}x + \frac{\partial u_y}{\partial t}\mathrm{d}y + \frac{\partial u_z}{\partial t}\mathrm{d}z\right) - 2\int_L \begin{vmatrix} \mathrm{d}x & \mathrm{d}y & \mathrm{d}z \\ \omega_x & \omega_y & \omega_z \\ u_x & u_y & u_z \end{vmatrix} \tag{2-39}$$

式中 L 代表空间积分曲线。

$$\pi + \frac{p}{\rho} + \frac{u^2}{2} = -\int_L \left(\frac{\partial u_x}{\partial t}\mathrm{d}x + \frac{\partial u_y}{\partial t}\mathrm{d}y + \frac{\partial u_z}{\partial t}\mathrm{d}z\right) - 2\int_L \begin{vmatrix} \mathrm{d}x & \mathrm{d}y & \mathrm{d}z \\ \omega_x & \omega_y & \omega_z \\ u_x & u_y & u_z \end{vmatrix} \tag{2-40}$$

方程(2-40)等式左边 $\pi + \frac{p}{\rho} + \frac{u^2}{2}$ 表征液体的机械能,即势能、压能和动能。方程(2-40)就是理想液体运动的能量方程

通过观察分析,如果方程(2-39)等式右边的两项可以给出积分表达式,水动力学的方程积分表达式即能量方程就可以求出。

以下分两种情况下可以求出,第一种情况为势流的情况;第二种情况为非势流情况。

第一种情况:势流情况的能量方程

在势流情况下积分(2-40)式,对于非恒定无涡流(势流),称之为柯西积分;对于非恒定无涡流(势流),称之为伯努利积分。

液体流动为势流,则满足无旋条件,即

$$\omega_x = \omega_y = \omega_z = 0 \tag{2-41}$$

同时存在一流速势函数 $\varphi(x, y, z, t)$,且 $u_x = \frac{\partial \varphi}{\partial x}$; $u_y = \frac{\partial \varphi}{\partial y}$; $u_z = \frac{\partial \varphi}{\partial z}$,将上面各式对时间取偏导数,则有

$$\frac{\partial u_x}{\partial t} = \frac{\partial}{\partial t}\left(\frac{\partial \phi}{\partial x}\right) = \frac{\partial}{\partial x}\left(\frac{\partial \phi}{\partial t}\right) \tag{2-42a}$$

$$\frac{\partial u_y}{\partial t} = \frac{\partial}{\partial t}\left(\frac{\partial \phi}{\partial y}\right) = \frac{\partial}{\partial y}\left(\frac{\partial \phi}{\partial t}\right) \tag{2-42b}$$

$$\frac{\partial u_z}{\partial t} = \frac{\partial}{\partial t}\left(\frac{\partial \phi}{\partial z}\right) = \frac{\partial}{\partial z}\left(\frac{\partial \phi}{\partial t}\right) \tag{2-42c}$$

将(2-41)、(2-42)代入(2-40)得

$$\pi + \frac{p}{\rho} + \frac{u^2}{2} = -\int_L d\left(\frac{\partial \phi}{\partial t}\right) \tag{2-43}$$

结合式(2 — 36)可知,$\pi + \dfrac{p}{\rho} + \dfrac{u^2}{2} + \dfrac{\partial \varphi}{\partial t}$ 式中各项与坐标无关,即

$$\frac{\partial \varphi}{\partial t} + \pi + \frac{p}{\rho} + \frac{u^2}{2} = F(t) \tag{2-44}$$

方程(2-44)称为非恒定无涡流动的伯努利积分,也称为柯西积分,式中:$F(t)$ 是时间 t 的待求积分常函数,可按问题的边值条件确定。

式(2-44)中的流速势函数 φ 常为一空间坐标和时间的待求函数,因而也可以把函数 $F(t)$ 并入在 φ 函数内,即令

$$\frac{\partial \varphi_1}{\partial t} = \frac{\partial \varphi}{\partial t} - F(t)$$

为方便计仍将 φ_1 记为 φ,而将式(2-44)改写为

$$\frac{\partial \varphi}{\partial t} + \pi + \frac{p}{\rho} + \frac{u^2}{2} = 0 \tag{2-45}$$

若体积力为单纯重力,即 $\pi = gz$,则上式化为

$$\frac{\partial \varphi}{\partial t} + gz + \frac{p}{\rho} + \frac{u^2}{2} = 0 \tag{2-46}$$

第二种情况:非势流情况的能量方程

仅考虑恒定流的情况,亦称伯努利积分,对于恒定流:$\dfrac{\partial u_x}{\partial t} = \dfrac{\partial u_y}{\partial t} = \dfrac{\partial u_z}{\partial t} = 0$ 代入(2-40)

$$\pi + \frac{p}{\rho} + \frac{u^2}{2} = -2 \int_L \begin{vmatrix} \mathrm{d}x & \mathrm{d}y & \mathrm{d}z \\ \omega_x & \omega_y & \omega_z \\ u_x & u_y & u_z \end{vmatrix} \tag{2-47}$$

此式表示在恒定流情况下,全部的液体流动中 $\left(\pi + \dfrac{p}{\rho} + \dfrac{u^2}{2}\right)$ 的变化规律,式(2-47)的积分就称为伯努利积分。同理,在单纯重力作用的情况,则 $\pi = gz$,代入式(2-47)则得

$$gz + \frac{p}{\rho} + \frac{u^2}{2} = -2 \int_L \begin{vmatrix} \mathrm{d}x & \mathrm{d}y & \mathrm{d}z \\ \omega_x & \omega_y & \omega_z \\ u_x & u_y & u_z \end{vmatrix}$$

显然,当 $\begin{vmatrix} \mathrm{d}x & \mathrm{d}y & \mathrm{d}z \\ \omega_x & \omega_y & \omega_z \\ u_x & u_y & u_z \end{vmatrix} = 0$ 时,上式是可以积分的,积分后得

$$gz + \frac{p}{\rho} + \frac{u^2}{2} = 常数$$

或

$$z + \frac{p}{\gamma} + \frac{u^2}{2g} = 常数 \tag{2-48}$$

式(2-48)就称为单纯重力作用下理想液体恒定流的能量方程式。这个方程式早在

1738 年就由丹尼尔.伯努利应用动能定理推导得出,故习惯上又称为伯努利方程式。

式(2-48)的应用条件为

重力作用;

$$\begin{vmatrix} dx & dy & dz \\ \omega_x & \omega_y & \omega_z \\ u_x & u_y & u_z \end{vmatrix} = 0$$

根据行列式的原理,我们可以分析一下满足这个条件的各种具体条件和它们的物理意义

(1) $\omega_x = \omega_y = \omega_z = 0$,满足条件式的要求。即是对于无旋流或势流,伯努利方程式是适用的,并可用于流场空间内所有的空间点上(因为 $\omega_x = \omega_y = \omega_z = 0$ 和坐标无关)。

(2) $\dfrac{dx}{u_x} = \dfrac{dy}{u_y} = \dfrac{dz}{u_z}$,亦能满足于条件式的要求。由方程式(2-7)知,这是一个流线的微分方程式,所以在有旋流(或有涡流)中,例如普通实际液体的流动,伯努利方程式(2-48)只限用于同一个流线之上,不同流线之间是不能应用的,因为甲流线的 $\dfrac{dx}{u_x}$ 和乙流线的 $\dfrac{dy}{u_y}$ 是不一定保持相等关系的。

(3) $\dfrac{dx}{\omega_x} = \dfrac{dy}{\omega_y} = \dfrac{dz}{\omega_z}$,亦满足于条件式的要求。这是一条涡线的方程式,指出伯努利方程式只能适用于同一个涡线上各点。

(4) $\dfrac{u_x}{\omega_x} = \dfrac{u_y}{\omega_y} = \dfrac{u_z}{\omega_z}$,亦满足于条件式的要求。这是指恒定流中以流线与涡线相重合为特征的螺旋流,指出伯努利方程式只能适用于恒定螺旋流中。

根据以上论述,对于由上述①②③④各种情况所限定的两个点上(点 1 及点 2),则得

$$z_1 + \frac{p_1}{\gamma} + \frac{u_1^2}{2g} = z_2 + \frac{p_2}{\gamma} + \frac{u_2^2}{2g} \qquad\qquad (2\text{-}49)$$

式(2-48)或式(2-49)各项的意义及整个方程式的物理含意:

伯努利方程式(2-48)左边三项依次代表单位重量液体在运动中具有的位能、压能和动能。而整个式子说明液体在运动过程中,尽管其机械能可以相互转化,但其总的机械能是守恒的。即式(2-48)是普遍的能量守恒原理在理想液体中的表现形式。

2.6　实际液体的动力学方程

由于实际液体具有黏滞性,对液体运动表现出有摩阻力(亦即切应力)存在,它对液体的运动有着重大的影响。所以从力学性质来说,实际液体与前述理想液体是有着区别的。

1.黏性液体的运动方程式

今在流场内取一各边长为 dx、dy 及 dz 的微分平行六面体,如图 2-21。现在考虑作用于微分六面体上的各力。

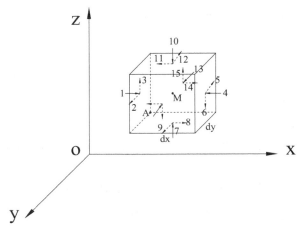

图 2.22　黏性液体单元应力状态

作用于该六面体上的力仍然是质量力和表面力两类,但与静止液体和理想液体不同,由于实际液体有黏滞性的存在,表面力不再垂直于作用面,而可分为垂直应力 p_n(正应力)和切应力 τ_s(内摩阻力)。

(1)质量力:设作用在此微分六面体上的单位质量的质量力在坐标轴上的投影为 X、Y、Z。

(2)表面力:作用于所划出的平行六面体各边界上的表面力,如图 2.22 所示,具体分量见表 2.1。如 τ_{xy},足标规定:前一个表示应力作用面的法线方向;第二个表示应力的方向。应注意,相对两平行面的同向切应力的指向应相反。

表 2.1　单元体表面应力

$1 - p_{xx} - \dfrac{\partial p_{xx}}{\partial x}\dfrac{\mathrm{d}x}{2}$	$4 - p_{xx} + \dfrac{\partial p_{xx}}{\partial x}\dfrac{\mathrm{d}x}{2}$
$2 - \tau_{xy} - \dfrac{\partial \tau_{xy}}{\partial x}\dfrac{\mathrm{d}x}{2}$	$5 - \tau_{xy} + \dfrac{\partial \tau_{xy}}{\partial x}\dfrac{\mathrm{d}x}{2}$
$3 - \tau_{xz} - \dfrac{\partial \tau_{xz}}{\partial x}\dfrac{\mathrm{d}z}{2}$	$6 - \tau_{xz} + \dfrac{\partial \tau_{xz}}{\partial x}\dfrac{\mathrm{d}z}{2}$
$7 - p_{zz} - \dfrac{\partial p_{zz}}{\partial z}\dfrac{\mathrm{d}z}{2}$	$10 - p_{zz} + \dfrac{\partial p_{zz}}{\partial z}\dfrac{\mathrm{d}z}{2}$
$8 - \tau_{zx} - \dfrac{\partial \tau_{zx}}{\partial z}\dfrac{\mathrm{d}z}{2}$	$11 - \tau_{zx} + \dfrac{\partial \tau_{zx}}{\partial z}\dfrac{\mathrm{d}z}{2}$
$9 - \tau_{zy} - \dfrac{\partial \tau_{zy}}{\partial z}\dfrac{\mathrm{d}z}{2}$	$12 - \tau_{zy} + \dfrac{\partial \tau_{zy}}{\partial z}\dfrac{\mathrm{d}z}{2}$
$13 - p_{yy} - \dfrac{\partial p_{yy}}{\partial y}\dfrac{\mathrm{d}y}{2}$	$16 - p_{yy} + \dfrac{\partial p_{yy}}{\partial y}\dfrac{\mathrm{d}y}{2}$
$14 - \tau_{yx} - \dfrac{\partial \tau_{yx}}{\partial y}\dfrac{\mathrm{d}y}{2}$	$17 - \tau_{yx} + \dfrac{\partial \tau_{yx}}{\partial y}\dfrac{\mathrm{d}y}{2}$
$15 - \tau_{yx} - \dfrac{\partial \tau_{yz}}{\partial y}\dfrac{\mathrm{d}y}{2}$	$18 - \tau_{yz} + \dfrac{\partial \tau_{yz}}{\partial y}\dfrac{\mathrm{d}y}{2}$

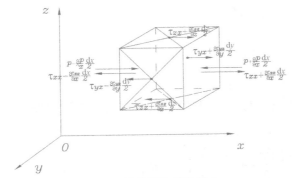

图 2.23　黏性液体单元受力

分析单元体在 x 方向上的受力，见图 2.23；与图 2.22 对应，说明正应力 $p_{xx}=\tau_{xx}-p$。

列 x 方向上的运动方程

$$\sum F_x = ma_x$$

$$\rho X \cdot \mathrm{d}x\mathrm{d}y\mathrm{d}z + \left[-\left(p+\frac{\partial p}{\partial x}\frac{\mathrm{d}x}{2}\right)+\left(p-\frac{\partial p}{\partial x}\frac{\mathrm{d}x}{2}\right)\right]\mathrm{d}y\mathrm{d}z + \left[\left(\tau_{xx}+\frac{\partial \tau_{xx}}{\partial x}\frac{\mathrm{d}x}{2}\right)-\left(\tau_{xx}-\frac{\partial \tau_{xx}}{\partial x}\frac{\mathrm{d}x}{2}\right)\right]\mathrm{d}y\mathrm{d}z$$

$$+\left[\left(\tau_{yx}+\frac{\partial \tau_{yx}}{\partial y}\frac{\mathrm{d}y}{2}\right)-\left(\tau_{yx}-\frac{\partial \tau_{yx}}{\partial y}\frac{\mathrm{d}y}{2}\right)\right]\mathrm{d}z\mathrm{d}x + \left[\left(\tau_{zx}+\frac{\partial \tau_{zx}}{\partial z}\frac{\mathrm{d}z}{2}\right)-\left(\tau_{zx}-\frac{\partial \tau_{zx}}{\partial z}\frac{\mathrm{d}z}{2}\right)\right]\mathrm{d}x\mathrm{d}y$$

$$=\rho X \cdot \mathrm{d}x\mathrm{d}y\mathrm{d}z \cdot \frac{\mathrm{d}u_x}{\mathrm{d}t}$$

整理得 x 方向上的运动方程

$$\rho X - \frac{\partial p}{\partial x}+\frac{\partial \tau_{xx}}{\partial x}+\frac{\partial \tau_{yx}}{\partial y}+\frac{\partial \tau_{zx}}{\partial z}=\rho \frac{\mathrm{d}u_x}{\mathrm{d}t} \tag{2-50a}$$

同理 y 方向上的运动方程

$$\rho Y - \frac{\partial p}{\partial y}+\frac{\partial \tau_{xy}}{\partial x}+\frac{\partial \tau_{yy}}{\partial y}+\frac{\partial \tau_{zy}}{\partial z}=\rho \frac{du_y}{dt} \tag{2-50b}$$

同理 z 方向上的运动方程

$$\rho Z - \frac{\partial p}{\partial z}+\frac{\partial \tau_{xz}}{\partial x}+\frac{\partial \tau_{yz}}{\partial y}+\frac{\partial \tau_{zz}}{\partial z}=\rho \frac{du_z}{dt} \tag{2-50c}$$

2. 广义牛顿摩擦定律

在绪论一章中我们曾经介绍了在成层流动中的牛顿内摩擦定律，即

$$\tau = \mu \frac{\mathrm{d}u}{\mathrm{d}z}$$

针对图 2.34 所示的情况，$u=u_x$，上式又可写为

$$\tau_x = \mu \frac{\partial u_x}{\partial z} \tag{2-51}$$

由图 2.34 可看出，$\mathrm{d}t$ 时间以后，基面 $ABCD$ 变为 $ABC'D'$。

$$tg\mathrm{d}\theta = \frac{\frac{\partial u_x}{\partial z}\mathrm{d}z\mathrm{d}t}{\mathrm{d}z}=\frac{\partial u_x}{\partial z}\mathrm{d}t$$

当 $\mathrm{d}\theta$ 很小时，$tg\mathrm{d}\theta \approx \mathrm{d}\theta$，故

$$\frac{\partial u_x}{\partial z} = \frac{\mathrm{d}\theta}{\mathrm{d}t}$$

$$\tau = \mu \frac{\mathrm{d}\theta}{\mathrm{d}t} \tag{2-52}$$

式（2-52）说明，切应力与角变形速度成正比。其实，针对图 2-24 所示的情况，$u = u_x$，$u_z = 0$，上式又可写为

$$\tau_x = 2\mu \left[\frac{1}{2}\left(\frac{\partial u_x}{\partial z} + \frac{\partial u_z}{\partial x} \right) \right] = 2\mu \dot{\theta}_y$$

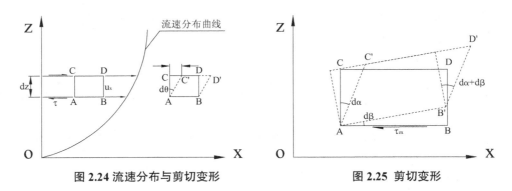

图 2.24 流速分布与剪切变形　　　　　**图 2.25 剪切变形**

一般的二维流动情况，如图 2.25 所示的情况中在 $\mathrm{d}t$ 时间后，基面绕 y 轴由 $ABCD$ 变为 $AB'C'D'$，其

$$\mathrm{d}\alpha = \frac{\partial u_x}{\partial z}\mathrm{d}z\mathrm{d}t / \mathrm{d}z = \frac{\partial u_x}{\partial z}\mathrm{d}t$$

$$\mathrm{d}\beta = \frac{\partial u_x}{\partial x}\mathrm{d}x\mathrm{d}t / \mathrm{d}x = \frac{\partial u_x}{\partial x}\mathrm{d}t$$

则绕 y 轴的角变形速度为 $(\dfrac{\mathrm{d}\alpha + \mathrm{d}\beta}{\mathrm{d}t})$ 于是，

$$\tau_{zx} = \tau_{xz} = 2\mu \left[\frac{1}{2}\left(\frac{\partial u_x}{\partial z} + \frac{\partial u_z}{\partial x} \right) \right] = 2\mu\left(\frac{\mathrm{d}\alpha + \mathrm{d}\beta}{2\mathrm{d}t} \right) = 2\mu \dot{\theta}_y \tag{2-53a}$$

同理

$$\tau_{xy} = \tau_{yx} = 2\mu \left[\frac{1}{2}\left(\frac{\partial u_x}{\partial y} + \frac{\partial u_y}{\partial x} \right) \right] = 2\mu \dot{\theta}_z \tag{2-53a}$$

$$\tau_{zy} = \tau_{yz} = 2\mu \left[\frac{1}{2}\left(\frac{\partial u_z}{\partial y} + \frac{\partial u_y}{\partial z} \right) \right] = 2\mu \dot{\theta}_x \tag{2-53a}$$

对于理想液体，在一定时刻某一点的正应力（理想动水压强）p 是与作用面的方向无关的，即 $p_{xx} = p_{yy} = p_{zz} = p$。

对于实际液体由于黏性所引起的"附加切应力"，把 $(p_{xx} - p)$、$(p_{yy} - p)$、$(p_{zz} - p)$ 称为实际液体沿三轴向的"附加正交应力"。这些应力与拉伸应变率（直线变形）有关，即 $\dfrac{\partial u_x}{\partial x}$、$\dfrac{\partial u_y}{\partial y}$

和 $\dfrac{\partial u_z}{\partial z}$，它们表示沿各轴间的这种变形率，它们同样也受内摩阻力即黏滞性的影响。因此可以认为由黏滞性所引起的附加正交应力 $(p_{xx}-p)$ 将与 $\dfrac{\partial u_x}{\partial x}$ 成比例，即

$$\tau_{xx}=p_{xx}-p=2\mu\frac{\partial u_x}{\partial x}=2\mu\dot{\varepsilon}_{xx} \tag{2-54a}$$

$$\tau_{yy}=p_{yy}-p=2\mu\frac{\partial u_y}{\partial y}=2\mu\dot{\varepsilon}_{yy} \tag{2-54a}$$

$$\tau_{zz}=p_{zz}-p=2\mu\frac{\partial u_x}{\partial x}=2\mu\dot{\varepsilon}_{zz} \tag{2-54a}$$

式（2-53）、（2-54）表示了黏性应力与应变率之间的关系，即广义牛顿定律，写成张量的形式

$$\begin{bmatrix} \tau_{xx} & \tau_{yx} & \tau_{zx} \\ \tau_{xy} & \tau_{yy} & \tau_{zy} \\ \tau_{xz} & \tau_{yz} & \tau_{zz} \end{bmatrix}=2\mu\begin{bmatrix} \dot{\varepsilon}_x & \dot{\theta}_z & \dot{\theta}_y \\ \dot{\theta}_z & \dot{\varepsilon}_y & \dot{\theta}_x \\ \dot{\theta}_y & \dot{\theta}_x & \dot{\varepsilon}_z \end{bmatrix} \tag{2-55}$$

拉伸应变率：$\varepsilon_x=\dfrac{\partial u_x}{\partial x}$，$\varepsilon_y=\dfrac{\partial u_y}{\partial y}$，$\varepsilon_z=\dfrac{\partial u_z}{\partial z}$

剪切变形率：$\theta_x=\dfrac{1}{2}\left(\dfrac{\partial u_z}{\partial y}+\dfrac{\partial u_y}{\partial z}\right)$，$\theta_y=\dfrac{1}{2}\left(\dfrac{\partial u_x}{\partial z}+\dfrac{\partial u_z}{\partial x}\right)$，$\theta_z=\dfrac{1}{2}\left(\dfrac{\partial u_y}{\partial x}+\dfrac{\partial u_x}{\partial y}\right)$

3. 那维埃 - 斯托克斯方程

将（2-55）代入（2-50a）

$$\rho X-\frac{\partial p}{\partial x}+\frac{\partial}{\partial x}\left(2\mu\frac{\partial u_x}{\partial x}\right)+\frac{\partial}{\partial y}\left[\mu\left(\frac{\partial u_x}{\partial y}+\frac{\partial u_y}{\partial x}\right)\right]+\frac{\partial}{\partial z}\left[\mu\left(\frac{\partial u_z}{\partial x}+\frac{\partial u_x}{\partial z}\right)\right]=\rho\frac{\mathrm{d}u_x}{\mathrm{d}t}$$

设水流各向同性，μ 为常数，展开得

$$\rho X-\frac{\partial p}{\partial x}+2\mu\frac{\partial^2 u_x}{\partial x^2}+\mu\frac{\partial^2 u_x}{\partial y^2}+\mu\frac{\partial^2 u_y}{\partial y\partial x}+\mu\frac{\partial^2 u_z}{\partial z\partial x}+\mu\frac{\partial^2 u_x}{\partial z^2}=\rho\frac{\mathrm{d}u_x}{\mathrm{d}t}$$

整理得

$$\rho X-\frac{\partial p}{\partial x}+\mu\left[\frac{\partial}{\partial x}\left(\frac{\partial u_x}{\partial x}+\frac{\partial u_y}{\partial y}+\frac{\partial u_z}{\partial z}\right)\right]+\mu\left(\frac{\partial^2 u_x}{\partial x^2}+\frac{\partial^2 u_x}{\partial y^2}+\frac{\partial^2 u_x}{\partial z^2}\right)=\rho\frac{\mathrm{d}u_x}{\mathrm{d}t}$$

引入 Laplace 算子 $\nabla^2=\dfrac{\partial^2}{\partial x^2}+\dfrac{\partial^2}{\partial y^2}+\dfrac{\partial^2}{\partial z^2}$，并考虑水流的不可压缩性，即连续性方程（2-23），上述方程变为

$$\rho X-\frac{\partial p}{\partial x}+\mu\nabla^2 u_x=\rho\frac{\mathrm{d}u_x}{\mathrm{d}t} \tag{2-56a}$$

同理

$$\rho Y-\frac{\partial p}{\partial y}+\mu\nabla^2 u_y=\rho\frac{\mathrm{d}u_y}{\mathrm{d}t} \tag{2-56b}$$

$$\rho Z-\frac{\partial p}{\partial z}+\mu\nabla^2 u_z=\rho\frac{\mathrm{d}u_z}{\mathrm{d}t} \tag{2-56c}$$

以上方程连同液体连续性方程

$$\frac{\partial u_x}{\partial x} + \frac{\partial u_y}{\partial y} + \frac{\partial u_z}{\partial z} = 0$$

（2-57）

合称不可压缩黏性流体力学方程。

把方程（2-56）惯性项表示为它的分量，即式（2-13），于是得到

$$\left.\begin{array}{l} \dfrac{\mathrm{d}u_x}{\mathrm{d}t} = \dfrac{\partial u_x}{\partial t} + u_x\dfrac{\partial u_x}{\partial x} + u_y\dfrac{\partial u_x}{\partial y} + u_z\dfrac{\partial u_x}{\partial z} = X - \dfrac{1}{\rho}\dfrac{\partial p}{\partial x} + \upsilon\nabla^2 u_x \\[3mm] \dfrac{\mathrm{d}u_y}{\mathrm{d}t} = \dfrac{\partial u_y}{\partial t} + u_x\dfrac{\partial u_y}{\partial x} + u_y\dfrac{\partial u_y}{\partial y} + u_z\dfrac{\partial u_y}{\partial z} = Y - \dfrac{1}{\rho}\dfrac{\partial p}{\partial y} + \upsilon\nabla^2 u_y \\[3mm] \dfrac{\mathrm{d}u_z}{\mathrm{d}t} = \dfrac{\partial u_z}{\partial t} + u_x\dfrac{\partial u_z}{\partial x} + u_y\dfrac{\partial u_z}{\partial y} + u_z\dfrac{\partial u_z}{\partial z} = Z - \dfrac{1}{\rho}\dfrac{\partial p}{\partial x} + \upsilon\nabla^2 u_z \end{array}\right\}$$

（2-58）

式中 $\upsilon = \dfrac{\mu}{\rho}$ 为运动粘子，该方程是 Navier 和 Stokes 最先导出，所以亦称那维埃—斯托克斯方程，简称 N-S 方程。

这样，N-S 方程（2-58）和连续性方程（2-57）一起提供出了四个独立方程式，从而可以确定其中的四个未知量，例如速度分量 u_x、u_y、u_z 和平均动水压强。从原则上讲，N—S 方程式给出了解决实际液体运动问题的可能性。但在实际上，直到现在，我们还没有能找到这个微分方程组的一般解，只是在比较简单的情况下，例如在研究球体的层流绕流阻力以及层流边层的问题中，可以得出它的特解，从而也说明了这个方程式的实际意义。还应指出，因为在建立这个方程的过程中，我们引用了牛顿内摩擦定律，而这个定律，也叫做牛顿假说，是建立在层流流态上的，所以这个方程主要是指所谓层流流态而言的。但在现今对问题的研究过程中，人们常假设，紊流中的瞬时流速分量亦满足那维埃—斯托克斯公式。于是，若将那—斯方程中的流速分量替入紊流的瞬时流速分量，同时根据时均化法则，将瞬时值变为时均值，则可得到一组用时均要素场表示的紊流的运动微分方程式，称为雷诺方程式。关于它，我们在下一章中再谈。

例 1 现以图 2.26 所示的一宽浅渠道中的恒定均匀层流运动为例来说明那维埃—斯托克斯方程式的求解过程。（所谓均匀流系指液流流速沿程不发生变化的流动；层流系指液流作成层的流动，层与层之间液体不发声掺混。关于均匀流和层流的问题，以后还要详细介绍）。

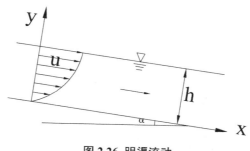

图 2.26 明渠流动

解：今取单位宽度来研究，则可视为平面问题，即 $u_y = u_z = 0$。又在恒定流中，$\dfrac{\partial u_x}{\partial t} = \dfrac{\partial u_y}{\partial t}$ $= \dfrac{\partial u_z}{\partial t} = 0$。于是那—斯方程式和连续方程式可变成如下的形式

由连续方程式

$$\frac{\partial u_x}{\partial x} = 0 \tag{2-59}$$

由那—斯方程式

$$\left.\begin{array}{c} X - \dfrac{1}{\rho}\dfrac{\partial p}{\partial x} + \nu\left(\dfrac{\partial^2 u_x}{\partial y^2}\right) = 0 \\[3mm] Y - \dfrac{1}{\rho}\dfrac{\partial p}{\partial y} = 0 \end{array}\right\} \tag{2-60}$$

这时的单位质量力为

$X = g\sin\alpha$

$Y = -g\cos\alpha$

由（2-60）第二个子式得

$$-\rho g\cos\alpha - \frac{\partial p}{\partial y} = 0 \tag{2-61}$$

当 $y = h$ 时，$p = p_a$，于是可得

$$p = p_a + \gamma(h - y)\cos\alpha \tag{2-62}$$

说明在恒定均匀层流中，断面上动水压强符合静水压强分布规律。因此，$\dfrac{\partial p}{\partial x} = 0$。

由（2-61）第一式得

$$\rho g\sin\alpha + \mu\frac{\partial^2 u_x}{\partial y^2} = 0$$

以下我们用 u 来代替 u_x，则

$$\frac{\partial^2 u}{\partial y^2} = -\frac{\rho g}{\mu}\sin\alpha$$

积分得

$$u = -\frac{g}{2\nu}\sin\alpha y^2 + C_1 y + C_2$$

结合边界条件：

当 $y = 0$，$u = 0$

$y = h$，$\dfrac{\partial u}{\partial y} = 0$（在自由表面处）

由以上边界条件得

$$
\left.\begin{array}{l}
C_1 = \dfrac{gh}{v}\sin\alpha \\[2mm]
C_2 = 0 \\[2mm]
u = \dfrac{g}{2v}\sin\alpha(2yh - y^2)
\end{array}\right\} \tag{2-63}
$$

即明渠中恒定均匀层流的断面流速按抛物线规律分布。在自由表面 $y=h$，速度有最大值 U_{max}，即

$$
u_{max} = \frac{gh^2}{2v}\sin\alpha \tag{2-64}
$$

4. 实际液体伯努利积分形式的能量方程

1）葛罗米柯—斯托克斯方程式

假设质量力是有势的力，即

$$
X = -\frac{\partial\pi}{\partial x},\ Y = -\frac{\partial\pi}{\partial y},\ Z = -\frac{\partial\pi}{\partial z}
$$

并注意到（2-18）的变换，

$$
\frac{\mathrm{d}u_x}{\mathrm{d}t} = \frac{\partial u_x}{\partial t} + \frac{\partial}{\partial x}\left(\frac{u^2}{2}\right) + 2(u_z\omega_y - u_y\omega_z)
$$

$$
\frac{\mathrm{d}u_y}{\mathrm{d}t} = \frac{\partial u_y}{\partial t} + \frac{\partial}{\partial y}\left(\frac{u^2}{2}\right) + 2(u_x\omega_z - u_z\omega_x)
$$

$$
\frac{\mathrm{d}u_z}{\mathrm{d}t} = \frac{\partial u_z}{\partial t} + \frac{\partial}{\partial z}\left(\frac{u^2}{2}\right) + 2(u_y\omega_x - u_x\omega_y)
$$

于是 N-S 方程式（2-58）即可表示为以下形式

$$
\left.\begin{array}{l}
-\dfrac{\partial u_x}{\partial t} - \dfrac{\partial}{\partial x}(\pi + \dfrac{p}{\rho} + \dfrac{u^2}{2}) + v\nabla^2 u_x = 2(u_z\omega_y - u_y\omega_z) \\[3mm]
-\dfrac{\partial u_y}{\partial t} - \dfrac{\partial}{\partial y}(\pi + \dfrac{p}{\rho} + \dfrac{u^2}{2}) + v\nabla^2 u_y = 2(u_x\omega_z - u_z\omega_x) \\[3mm]
-\dfrac{\partial u_z}{\partial t} - \dfrac{\partial}{\partial z}(\pi + \dfrac{p}{\rho} + \dfrac{u^2}{2}) + v\nabla^2 u_z = 2(u_y\omega_x - u_x\omega_y)
\end{array}\right\} \tag{2-65}
$$

式（2-65）称为葛罗米柯—斯托克斯方程式。

2）黏性液体的伯努利积分、液体机械能的损失

现将式（2-65）沿流线积分。为此，将方程式（2-65）的左边分别乘以 $\mathrm{d}x$、$\mathrm{d}y$、$\mathrm{d}z$，而在右边乘以和它们相等的值 $u_x\mathrm{d}t$、$u_y\mathrm{d}t$、$u_z\mathrm{d}t$（沿流线条件），并且把它们相加起来。很容易证明，这样的方程式右边的总和将等于零，因而得到

$$
-\left(\frac{\partial u_x}{\partial t}\mathrm{d}x + \frac{\partial u_y}{\partial t}\mathrm{d}y + \frac{\partial u_z}{\partial t}\mathrm{d}z\right) - \frac{\partial}{\partial s}\left(\pi + \frac{p}{\rho} + \frac{u^2}{2}\right)\mathrm{d}s + v(\nabla^2 u_x\mathrm{d}x + \nabla^2 u_y\mathrm{d}y + \nabla^2 u_z\mathrm{d}z) = 0
$$

$$\tag{2-66}$$

式（2-66）中，$v\nabla^2 u_x$、$v\nabla^2 u_y$、$v\nabla^2 u_z$ 诸项系对液体单位质量而言的切应力的相应投影，则 $v(v\nabla^2 u_x + v\nabla^2 u_y + v\nabla^2 u_x)$ 将表示这些切应力在当液体作微小移动中所做的功，下面解释。

现以一简单例子来说明 $(\upsilon\nabla^2 u_x + \upsilon\nabla^2 u_y + \upsilon\nabla^2 u_x)$ 的物理意义。

图 2.27 表示一平行流动，$u_x = u_z = 0$，$\tau_{zy} = \mu\dfrac{\partial u_y}{\partial z}$，其流速分布如图中所示。作用在微

分基体 dxdydz 的 dydz 上下面上的切应力合力为 $\dfrac{\partial \tau_{zy}}{\partial z}$ dzdydx。基体质量为 ρdxdydz，则作用

在集体单位质量上切应力的合力为

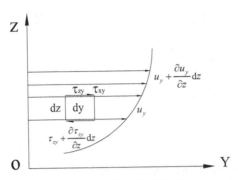

图 2.27 平行流动速度剖面

$\dfrac{\dfrac{\partial \tau_{zy}}{\partial z}\mathrm{dzdydx}}{\rho\mathrm{dxdydz}} = \dfrac{1}{\rho}\dfrac{\partial \tau_{zy}}{\partial z} = \upsilon\dfrac{\partial^2 u_y}{\partial z^2}$，因此，基体移动 dy 距离中此合力所做的功 $= \upsilon\dfrac{\partial^2 u_y}{\partial z^2}\mathrm{dy}$。

由此可推论 $(\upsilon\nabla^2 u_x + \upsilon\nabla^2 u_y + \upsilon\nabla^2 u_x)$ 系表示单位质量液体作微小移动时切应力所做
的功。

在黏性液体运动中，这些切应力的合力总是和液体流动的方向相反，并且总是表现为阻
止液体运动的摩阻力。因此

$$\upsilon(\nabla^2 u_x\mathrm{d}x + \nabla^2 u_y\mathrm{d}y + \nabla^2 u_z\mathrm{d}z) = -\frac{\partial R_\omega}{\partial s}\mathrm{d}s \tag{2-67}$$

式中：R_ω 即对单位质量液体切应力（摩阻力）所做的功。

液体在运动过程中，要克服阻力，就有一部分"机械能"转变为热能。在水力学中，人们
就把这部分"机械能"称为能量损失。这是因为机械能转变为热能的过程，在液流的过程中
是不可逆的。

此外，因为

$$u_x = u\cos(\widehat{u,x}),\, u_y = u\cos(\widehat{u,y}),\, u_z = u\cos(\widehat{u,z})$$
$$\mathrm{d}x = \mathrm{d}s\cos(\widehat{u,x}),\, \mathrm{d}y = \mathrm{d}s\cos(\widehat{u,y}),\, \mathrm{d}z = \mathrm{d}s\cos(\widehat{u,z})$$

所以

$$\frac{\partial u_x}{\partial t}\mathrm{d}x + \frac{\partial u_y}{\partial t}\mathrm{d}y + \frac{\partial u_z}{\partial t}\mathrm{d}z = \frac{\mathrm{d}s}{u}\left(u_x\frac{\partial u_x}{\partial t} + u_y\frac{\partial u_y}{\partial t} + u_z\frac{\partial u_z}{\partial t}\right) = \frac{\partial u}{\partial t}\mathrm{d}s$$

因此方程式（2-66）可以写为

$$\frac{\partial}{\partial s}\left(z + \frac{p}{\gamma} + \frac{u^2}{2} + R_\omega\right)\mathrm{d}s + \frac{\partial u}{\partial t}\mathrm{d}s = 0 \tag{2-68}$$

假定作用于液流上的质量力只有重力，即 $\pi = gz$，将它代入上式，并用 g 除以等号两端各项，于是得

$$\frac{\partial}{\partial s}\left(z + \frac{p}{\gamma} + \frac{u^2}{2g} + \frac{R_\omega}{g}\right)\mathrm{d}s + \frac{1}{g}\frac{\partial u}{\partial t}\mathrm{d}s = 0 \tag{2-69}$$

式中 $\dfrac{R_\omega}{g}$ 表示对单位重量液体切应力（摩阻力）所做的功，即单位重量液体在运动过程中为了克服阻力所消耗的能量，并用符号 h_ω' 表示，即 $h_\omega' = \dfrac{R_\omega}{g}$，则式（2-69）可写为

$$\frac{\partial}{\partial s}\left(z + \frac{p}{\gamma} + \frac{u^2}{2g} + h_\omega'\right)\mathrm{d}s + \frac{1}{g}\frac{\partial u}{\partial t}\mathrm{d}s = 0 \tag{2-70}$$

对于流线上任意两点，将式（2-70）沿着流线积分，得

$$z_1 + \frac{p_1}{\gamma} + \frac{u_1^2}{2g} = z_2 + \frac{p_2}{\gamma} + \frac{u_2^2}{2g} + h_{\omega 1-2}' + h_i \tag{2-71}$$

式中：$h_{\omega 1-2}'$ 系单位重量液体从流线的 1 点到 2 点的过程中所损失的能量，又称为水头损失。

$h_i = \dfrac{1}{g}\displaystyle\int_1^2 \frac{\partial u}{\partial t}\mathrm{d}s$，称惯性水头。

式（2-71）即实际（黏性）液体非恒定流的伯努利方程式。对于恒定流：$\dfrac{\partial u}{\partial t} = 0$。则式（2-71）变为

$$z_1 + \frac{p_1}{\gamma} + \frac{u_1^2}{2g} = z_2 + \frac{p_2}{\gamma} + \frac{u_2^2}{2g} + h_{\omega 1-2}' \tag{2-72}$$

即实际（黏性）液体恒定流的伯努利方程式。将它与理想液体的式（2-49）比较，不同的只是在实际液体中，由于克服阻力产生了一个能量损失 $h_{\omega 1-2}'$，其他各项的意义均相同。

2.7　液体恒定总流的能量方程式及其应用

我们来研究任一液体恒定总流，如图 2.28 所示，闸孔出流可视为由无数多个基元流束所组成的液体总流，利用在 2.6 中所导出的沿流线的液体恒定流的伯努利方程式（2-48），此方程式对同一流线上任意两点或同一基元流束上任意两个过水断面都是适用的。

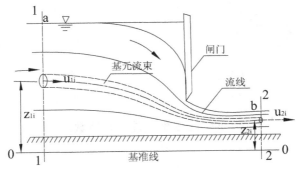

图 2.28 闸门流动

1. 液体恒定总流能量方程式的推导

针对 1-1 断面（过水断面积为 ω_1）和 2-2 断面（过水断面积为 ω_2）所限流段的任一基元流束的任意两断面，式（2-72）可写为

$$z_{1i} + \frac{p_{1i}}{\gamma} + \frac{u_{1i}^2}{2g} = z_{2i} + \frac{p_{2i}}{\gamma} + \frac{u_{2i}^2}{2g} + h'_{\omega_{1-2}} \qquad (2\text{-}73)$$

式中：$h'_{\omega_{1-2}}$ 为单位重量液体沿基元流束的 1-1 断面流到 2-2 断面的过程中的能量损失（水头损失）。

从能量的观点来看，式（2-73）体现了自然界中能量守恒的规律。其物理含义：液体在运动过程中，机械能是可以转化的，$h'_{\omega_{1-2}}$ 一项说明了机械能转化为热能；同时也可以看出位能 z、压能 $\dfrac{p}{\gamma}$ 及动能 $\dfrac{u^2}{2g}$ 之间也可以互相转化。

将式（2-73）等号两端各项分别乘以 $\gamma \mathrm{d}Q = \gamma u_{1i} \mathrm{d}\omega_{1i} = \gamma u_{2i}\omega_{2i}$，其中 $\mathrm{d}\omega_{1i}$ 和 $\mathrm{d}\omega_{2i}$ 分别为基元流束 1-1 及 2-2 断面的过水断面积，则得基元流束的总体能量变化，然后进行以下积分得闸孔总流能量方程

$$\int_{\omega_1}\left(z_{1i} + \frac{p_{1i}}{\gamma} + \frac{u_{1i}^2}{2g}\right)\gamma u_{1i}\mathrm{d}\omega_{1i} = \int_{\omega_2}\left(z_{2i} + \frac{p_{2i}}{\gamma} + \frac{u_{2i}^2}{2g}\right)\gamma u_{2i}\mathrm{d}\omega_{2i} + \int_{\omega_1}^{\omega_2}\gamma \mathrm{d}Q h'_{\omega_{1-2}} \qquad (2\text{-}74)$$

设所选断面 1-1 及 2-2 系均匀流（或渐变流）断面，则根据均匀流（或渐变流）断面特性

$$\int_{\omega_1}\left(z_{1i} + \frac{p_{1i}}{\gamma}\right)\gamma u_{1i}\mathrm{d}\omega_{1i} = \left(z_1 + \frac{p_1}{\gamma}\right)\gamma Q$$

$$\int_{\omega_2}\left(z_{2i} + \frac{p_{2i}}{\gamma}\right)\gamma u_{2i}\mathrm{d}\omega_{2i} = \left(z_2 + \frac{p_2}{\gamma}\right)\gamma Q$$

$$\int_{\omega_1}\frac{u_{1i}^2}{2g}\gamma u_{1i}\mathrm{d}\omega_{1i} = \frac{\gamma}{2g}\int_{\omega}\left(\frac{u_{1i}}{v_1}\right)^3\mathrm{d}\omega_{1i}v_1^3$$

$$= \gamma Q \frac{1}{\omega_1}\int_{\omega}\left(\frac{u_{1i}}{v_1}\right)^3\mathrm{d}\omega_{1i}\frac{v_1^2}{2g}$$

取 $\alpha_1 = \dfrac{1}{\omega_1}\displaystyle\int_{\omega_1}\left(\dfrac{u_{1i}}{v_1}\right)^3\mathrm{d}\omega_{1i}$，称之为断面 1-1 的动能校正系数。

$$\int_{\omega_1} \frac{u_{1i}^2}{2g} \gamma u_{1i} d\omega_{1i} = \gamma Q \frac{\alpha_1 v_1^2}{2g}$$

同理

$$\int_{\omega_2} \frac{u_{2i}^2}{2g} \gamma u_{2i} d\omega_{2i} = \gamma Q \frac{\alpha_2 v_2^2}{2g} ,$$

其中 $\alpha_2 = \dfrac{1}{\omega_2} \displaystyle\int_{\omega_2} \left(\dfrac{u_{2i}}{v_2}\right)^3 d\omega_{2i}$ 为断面 2-2 的动能校正系数。

于是得

$$\gamma Q \left(z_1 + \frac{p_1}{\gamma} + \frac{\alpha_1 v_1^2}{2g}\right) = \gamma Q \left(z_2 + \frac{p_2}{\gamma} + \frac{\alpha_2 v_2^2}{2g}\right) + \int_{\omega_1}^{\omega_2} \gamma dQ h'_{\omega_{1-2}} \qquad (2\text{-}75)$$

以 γQ 除上式等号两端,并令 $h_W = \dfrac{\displaystyle\int_{\omega_1}^{\omega_2} \gamma dQ h'_{\omega_{1-2}}}{\gamma Q}$,它表示单位重量液体在由断面 1-1 至 2-2 断面的过程中,平均的能量损失(水头损失),则得

$$z_1 + \frac{p_1}{\gamma} + \frac{\alpha_1 v_1^2}{2g} = z_2 + \frac{p_2}{\gamma} + \frac{\alpha_2 v_2^2}{2g} + h_W \qquad (2\text{-}76)$$

上式就是液体恒定总流的伯努利方程式。

2. 伯努利方程式的意义和应用条件

1) 方程式的意义

对于理想液体基元流束的断面 1-1 和 2-2(图 2.29),可以写出伯努利方程式(2-49)

$$z_1 + \frac{p_1}{\gamma} + \frac{u_1^2}{2g} = z_2 + \frac{p_2}{\gamma} + \frac{u_2^2}{2g}$$

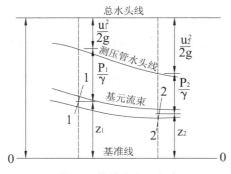

图 2.29 能量方程几何表示

如图 2.29 所示,如果任取一水平线(基准线)0-0,则 z 为水流断面中心至之准线 0-0 的距离称为位置水头,$\dfrac{p}{\gamma}$ 为压力水头,而其和则为测压管水头 H_s,即

$$H_{s1} = z_1 + \frac{p_1}{\gamma}$$

$$H_{s2} = z_2 + \frac{p_2}{\gamma}$$

在 2.5 节中我们曾经指出 $\dfrac{u^2}{2g}$ 系表示每单位重量液体所具有的动能,又称速度水头。因而可知,$\dfrac{u_1^2}{2g}$ 及 $\dfrac{u_2^2}{2g}$ 分别表示每单位重量液体在基元流束断面 1-1 及 2-2 处的动能。而位置

水头、压力水头及速度水头在一起称为总水头 H，即

$$z_1 + \frac{p_1}{\gamma} + \frac{u_1^2}{2g} = z_2 + \frac{p_2}{\gamma} + \frac{u_2^2}{2g} = H \qquad (2\text{-}77)$$

式（2-77）说明在理想液体运动情形，总水头 H 沿流束保持不变，体现了水流的机械能守恒原则。

式（2-77）也可用几何图形来表示。因 z、$\frac{p}{\gamma}$ 和 $\frac{u^2}{2g}$ 的量纲都是长度，故都可用一个长度来表示。如把它们都表示在通过基元流束形心点的铅垂线上，并将基元流束各断面的总水头连成一线，则称为总水头线。根据式（2-77）可知，这时的总水头线必然式一条水平的直线，如图 2.29 所示。

各测压管水头顶点的连线称为测压管水头线，或势能头线。沿水流方向，测压管水头高程可以降低、也可以升高，亦即测压管水头线的坡度可正可负，令

$$J_s = \frac{\left(z_1 + \dfrac{p_1}{\gamma}\right) - \left(z_2 + \dfrac{p_2}{\gamma}\right)}{l}$$

为断面 1-1 至 2-2 间长度为 l 的平均测压管水头线坡度，或采用

$$J_s = -\frac{\mathrm{d}H_s}{\mathrm{d}l} = -\frac{d\left(z + \dfrac{p}{\gamma}\right)}{\mathrm{d}l} \qquad (2\text{-}78)$$

为讨论断面处的测压管水平线坡度，规定其符号，沿水流方向而下倾的采用正号。

图 2.30 所示为理想液体总流情形，针对断面 1-1 及 2-2 可以写出伯努利方程为

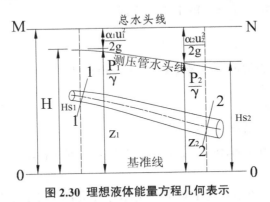

图 2.30 理想液体能量方程几何表示

$$z_1 + \frac{p_1}{\gamma} + \frac{\alpha_1 v_1^2}{2g} = z_2 + \frac{p_2}{\gamma} + \frac{\alpha_2 v_2^2}{2g} - H \qquad (2\text{-}79)$$

注意这里断面 1-1 及 2-2 应该都是渐变流断面、v 是断面平均流速、α 是动能校正系数。这个方程式在意义上除了一元维化和采取平均值外和式（2-77）没有什么不同。

在理想液体运动的情形，总能头 H 不变，因而总能头线 M-N 总是水平的，这在实际液体流动中当然是不可能的。

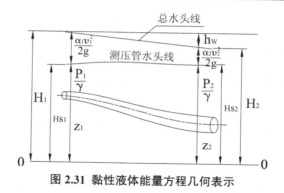

图 2.31 黏性液体能量方程几何表示

在实际液体中(图 2.31),由于有黏滞性,后者对流动表现为内摩阻力,即水流阻力。因而水流在运动一段距离时,由于克服水流阻力而将做相应的功,即将损失相应的能量。每单位重量液体所消耗的能量数值表示为"水头的损失" h_w 。显然,水流能头只能是沿流向消耗,即沿流向降低的。对于实际液体总流,能量方程式(2-76)的意义本质上是与基元流束能量方程式是一样的,所不同的是在总流方程式(2-76)中, z 、$\dfrac{p}{\gamma}$ 、$\dfrac{\alpha v^2}{2g}$ 及 h_w 分别代表整个断面上,单位重量液体所具有的平均位能(平均位头)、平均压能(平均压头)、平均动能(平均速度头)以及平均能量损失(平均水头损失),如图(2.51)所示。

由式(2-76),水头损失可写为

$$h_w = (z_1 + \frac{p_1}{\gamma} + \frac{\alpha_1 v_1^2}{2g}) - (z_2 + \frac{p_2}{\gamma} + \frac{\alpha v_2^2}{2g}) \tag{2-80}$$

在总流流段长度 l 内的每单位长度的平均水头损失

$$J = \frac{h_w}{l} \tag{2-81}$$

则 J 称为该段的平均水力坡度。或者针对某一个断面,则

$$J = \frac{\mathrm{d}h_w}{\mathrm{d}l} = -\frac{\mathrm{d}H}{\mathrm{d}l} \tag{2-82}$$

称为在讨论断面上的水力坡度。

能量方程式(2-9)的几何图示,可以清晰地表示总流的各单位能量沿流程的转换关系以及能量损失的大小。

到现在为止,我们已经建立起了对工程实际有着重要意义的实际液体总流的伯努利方程式。现在把这个方程式的适用条件和限制进一步明确如下。

2)伯努利方程式的适用条件

(1)液体是不可压缩的;(2)恒定流;(3)作用于液流的质量力只有重力;(4)所取的两个过水断面为均匀流或渐变流断面,但两断面中间的液流段并不要求是均匀流或渐变流。因为这一段的液流性质属于估计水头损失 h_w 的问题。

例 1 图 2.32 示一文德里流量计,其形状为一普通圆管,中间断面逐渐缩小成一喉道,然后再逐渐放大到原来尺寸。当施测管路中的流量时,将流量计串联在管路中间。由于断

面①、②不同，而在计算两点间形成势能头差 ΔH_s，一般都采用 U 形管差计来量测，从而计算通过流量。测点断面①及②在构造上应足以造成渐变流的条件，设该两断面面积及运动要素分别为 ω_1、v_1、z_1、p_1 及 ω_2、v_2、z_2、p_2。

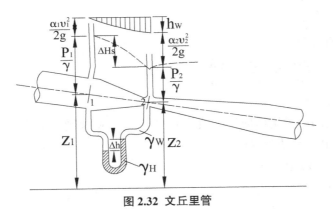

图 2.32　文丘里管

若管内液体为水（容重为 γ_W），压差计内液体为水银容重（$\gamma_H = 13.6\, \gamma_W$），则两断面上液体势能头差可由 ΔH_s 压差计的水银液柱高度差 Δh 表示

$$\Delta H_s = (\frac{\gamma_H}{\gamma_W} - 1)\Delta h = 12.6\Delta h$$

式中 Δh 可由水银压差计中直线观测而得。

把伯努利方程式应用在断面①及②，采用 $\alpha_1 = \alpha_2 = 1.0$ 则

$$z_1 + \frac{p_1}{\gamma} + \frac{v_1^2}{2g} = z_2 + \frac{p_2}{\gamma} + \frac{v_2^2}{2g} + h_\omega$$

若设水头损失 $h_w = \xi \cdot \Delta H_s$，并考虑到连续性方程 $Q = \omega_1 v_1 = \omega_2 v_2$ 后，上式可以简化为

$$Q = \sqrt{1-\xi}\ \frac{\omega_1 \omega_2}{\sqrt{\omega_1^2 - \omega_2^2}} \sqrt{2g\Delta H_s}$$

令　　　　　$\mu = \sqrt{1-\xi}$

则　　　　　$$Q = \mu\ \frac{\omega_1 \omega_2}{\sqrt{\omega_1^2 - \omega_2^2}} \sqrt{2g\Delta H_s} \qquad (2\text{-}83)$$

μ 称为流量计系数，$\mu=0.94-0.98$，而 $\dfrac{\omega_1 \omega_2}{\sqrt{\omega_1^2 - \omega_2^2}}$ 为流量计的特性常数，均为已知数值，因而当测得 ΔH_s 或 Δh 后，即可据以推求流量。

2.8　液体恒定总流动量方程及其应用

前面已分别讲解了理想液体与实际液体的质量守恒定理、牛顿第二定理、能量守恒与转

换定理。本节主要探讨液体运动的动量定律所谓动量定律,即是单位时间内物体的动量变化等于作用于此物体的外力的合力。如果用 K 表示物体动量的向量,并以 F 表示作用于该物体上的各外力的合力向量,则动量定律可以写为

$$\vec{F} = \frac{\mathrm{d}\vec{K}}{\mathrm{d}t} \tag{2-84}$$

它是牛顿第二定理的变形

$$\vec{F} = m\vec{a} = m\frac{\mathrm{d}\vec{\upsilon}}{\mathrm{d}t} = \frac{d(m\vec{\upsilon})}{\mathrm{d}t} = \frac{\mathrm{d}\vec{K}}{\mathrm{d}t} \tag{2-85}$$

即　　　　$$\vec{F} \cdot \mathrm{d}t = \Delta\vec{K} \tag{2-86}$$

将此普遍形式的动量定律应用于液体的恒定流动,则需要将此定律改变为更便于应用的形式,即液体恒定总流动量方程式。

1. 液体恒定总流动量方程的推导

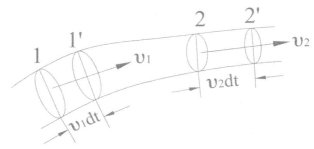

图 2.33　总流动量变化

如图 2.33,设在开始时间 t 时,取出任意两个过水断面 1 和 2,其面积为 ω_1 和 ω_2 ,断面平均流速为 v_1 和 v_2 。经过无限小 $\mathrm{d}t$ 时间之后,为上述两个过水断面所限制的流段 $1-2$ 位置移动到 $1'-2'$ 的位置,在流动的同时,流段内的动量发生了改变。这个动量的改变应等于流段在和位置所有的动量之差。

$\mathrm{d}t$ 时间段内动量变化

$$\Delta\vec{K} = \vec{K}_{1'-2'} - \vec{K}_{1-2} = (\vec{K}_{1'2} + \vec{K}_{22'}) - (\vec{K}_{11'} + \vec{K}_{1'2}) = \vec{K}_{22'} - \vec{K}_{11'} \tag{2-87}$$

即等于流出的动量 $\vec{K}_{22'}$ 减去流入的动量 $\vec{K}_{11'}$ 。这里需要注意的是在我们所讨论恒定运动情况下,处于流段 $1'-2$ 里的液体质点虽然局部的替换着,但充满于该流段内液体的动量并不改变。所以实际上,在 $\mathrm{d}t$ 时间内,所讨论流段动量的改变等于段 $2-2'$ 和 $1-1'$ 段液体动量之差。

流入的动量　　　$$\vec{K}_{11'} = \beta_1 \rho Q \vec{v}_1 \mathrm{d}t \tag{2-88}$$

流出的动量　　　$$\vec{K}_{22'} = \beta_2 \rho Q \vec{v}_2 \mathrm{d}t \tag{2-89}$$

$\beta_1 \beta_2$ 为动量修正系数。

将(2-88)(2-89)代入(2-87)得:

$$\Delta\vec{K} = \rho Q(\beta_2 \vec{v}_2 - \beta_1 \vec{v}_1)\mathrm{d}t \tag{2-90}$$

参照(2-85)(2-86)式,得

$$\vec{F} = \frac{\Delta \vec{k}}{dt} = \rho Q(\beta_2 \vec{v}_2 - \beta_1 \vec{v}_1) \qquad (2\text{-}91)$$

根据动量定律可知,单位时间内物体的动量变化等于作用于此物体的外力的合力.式中:$\vec{F}$ 为作用在所讨论流段上外力的合力向量。

式(2-91)沿 x、y、z 三个坐标轴的投影式为

$$\sum F_x = \rho Q(v_{2x} - v_{1x}) \qquad (2\text{-}92a)$$

$$\sum F_y = \rho Q(v_{2y} - v_{1y}) \qquad (2\text{-}92b)$$

$$\sum F_z = \rho Q(v_{2z} - v_{1z}) \qquad (2\text{-}92c)$$

式中:v_{2x}、v_{2y}、v_{2z} 为所取总流过水断面 2-2 的断面平均流速在 x、y、z 轴上的分量;v_{1x}、v_{1y}、v_{1z} 则为过水断面 1-1 的断面平均流速在 x、y、z 轴上的分量;而 F_x、F_y、F_z 为作用所讨论流段上所有外力的合力在 x、y、z 轴上的分量。

把时刻 t 限制流段的封闭体称为“控制断面”,则动量方程式可定义为:单位时间内流过控制面的液体动量(从控制面流出的液体动量为正,流进的液体动量为负),等于同一时间内作用在控制面液体上所有外的合力向量。

2. 液体恒定总流动量方程的应用

恒定总流的连续性方程式(2-29)、能量方程(2-76)和动量方程式(2-92)是基础水力学中最根本最重要的三个方程式,也即是今后进行水力计算最基本的工具。下面就其在“分汊管道受力”方面的应用加以举例说明。

例 1　有一高压输水管,其直径 $D=1.2$ m,在水平面上分叉为两条路线,每个管的直径 $d=0.85$ m,引水到双叶轮户戽斗式水轮机内(图 2.34)。

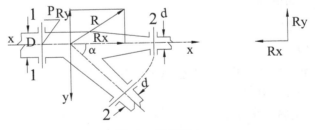

图 2.34　叉管受力

假若旁侧支管和输水管轴线形成 $\alpha=45°$ 角,三通前的相对压强 $p=50$ 个大气压力,总流量 $Q=6$ m³/s,在两个支管中各分泄一半。试确定三通所承受的水平力(三通中水流阻力忽略不计)。

解:先确定主管及支管的水力要素

$$\omega_1 = \frac{\pi}{4} D^2 = \frac{\pi}{4} \times 1.2^2 = 1.13 m^2$$

$$\omega_2 = \frac{\pi}{4} d^2 = \frac{\pi}{4} \times 0.85^2 = 0.565 m^2$$

$$v_1 = \frac{Q}{\omega_1} = \frac{6}{1.13} = 5.31 m/s$$

$$v_2 = \frac{Q_2}{\omega_2} = \frac{3}{0.565} = 5.31 m/s$$

三通中水流阻力可忽略,故针对断面 1-1 和 2-2 写出的伯努利方程式为

$$z_1 + \frac{p_1}{\gamma} + \frac{\alpha v_1^2}{2g} = z_2 + \frac{p_2}{\gamma} + \frac{\alpha v_2^2}{2g}$$

因为 $z_1 = z_2$, $v_1 = v_2$,所以 $\dfrac{p_1}{\gamma} = \dfrac{p_2}{\gamma}$

即 $p_2 = p_1 = p = 50$ 个大气压 $= 4.9 \times 10^6 N/m^2$

取断面 1-1 和 2-2 所包含的一段液体,写出沿 x-x 方向的动量方程式

$$\rho \frac{Q}{2} v_2 + \rho \frac{Q}{2} v_2 \cos\alpha - \rho Q v_1 = p_1 \omega_1 - p_2 \omega_2 - p_2 \omega_2 \cos\alpha - R_x$$

$$R_x{}' = p[\omega_1 - \omega_2(1 + \cos\alpha)] - \frac{\gamma}{g} Q v (\frac{1 + \cos\alpha}{2} - 1)$$

同理,该段液体沿 y-y 方向的动量方程式可写为

$$\rho \frac{Q}{2} v_2 \sin\alpha = -p_2 \omega_2 \sin\alpha - R_y{}'$$

$$R_y{}' = (p_2 \omega_2 + \frac{\gamma}{g} \frac{Q}{2} v_2) \sin a$$

式中 R_x , R_y 为在 x 和 y 方向三通管壁对水流的反作用力,在上两式中取动量校正系数均等于 1。

将各数值代入后,便得到

$$R_x{}' = 8.17 \times 10^5 N$$

$$R_y{}' = 2.05 \times 10^6 N$$

因此,三通在 x 和 y 方向所承受水流达到水平力为

$$R_x = -R_x{}' = -8.17 \times 10^5 N$$

$$R_y = -R_y{}' = -2.05 \times 10^6 N$$

其方向如图 2.34 所示。故三通所承受的总水平力为

$$R = \sqrt{R_x^2 + R_y^2} = \sqrt{(8.17 \times 10^5)^2 + (2.05 \times 10^6)^2} = 2.22 \times 10^6 N$$

2.9 液体的势流理论

为了处理问题方便和工程实际需要,将液体流动问题进行了元维化处理,建立了液体总流三大方程。本节将介绍无旋不可压缩理想液体的另一种求解方法——液体势流理论。

1. 应用背景

势流是一种理想液体的流动,严格说来它并不出现在实际液体的运动中,但是由于它概

括了液体运动问题最基本的某些方面,从而也就揭示了某些实际液体运动的基本性质。在实际液流中,例如堰流(如图 2.35)以及一些绕流现象,其中某些流动区域相当接近于理想液体的运动。又如地下水渗流,就可以模型化为液体势流,而海浪的研究则多数情况下是可以作为势流来处理的。从而可以指出,势流理论及其方法在相当广泛的水工实践中获得了极有成效的应用。

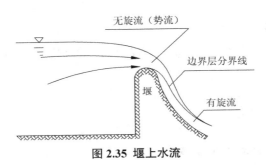

图 2.35　堰上水流

2. 液体势流方程(三维、二维问题)

在理想液体水动力学方程一节中知道,欧拉方程(2-34)及连续方程(2-23)可提供出解决液体运动的四个独立条件,即求解决其中四个未知数 u_x、u_y、u_z 及 p。

在无旋条件下, $\bar{\omega}=0$,在势流(无旋流)中,存在有流速势函数 φ,

$$u_x=\frac{\partial\varphi}{\partial x}, \quad u_y=\frac{\partial\varphi}{\partial y}, \quad u_z=\frac{\partial\varphi}{\partial z}$$

代入欧拉方程(2-34),并考虑到液体流动在有势力场中进行,通过积分可得

$$\frac{\partial\varphi}{\partial t}+\pi+\frac{p}{\rho}+\frac{u^2}{2}=F(t) \tag{2-44}$$

代入连续方程(2-23),得

$$\frac{\partial^2\varphi}{\partial x^2}+\frac{\partial^2\varphi}{\partial y^2}+\frac{\partial^2\varphi}{\partial z^2}=0 \tag{2-45}$$

即拉普拉斯方程式。从而得到流速势 φ 的一个重要性质,即 φ 系一调和函数。于是势流的研究就归结为这样的一个单纯的问题,即是结合边界条件来寻求拉普拉斯方程式的解答亦即调和函数 φ。

当 φ 函数一经确定,则在任一瞬时流场内任一点的三个流速分量就可以立即确定出来;在已知 $\bar{u}$ 后,根据式(2-44)任一点之动水压强 p 亦可求。

在某一深刻,在势流所占据的空间里的各点都具有一定的势 φ 值,具有相等势函数值的各点构成的面(或线)则称为等势面(或等势线),其表达式为

$$\varphi(x, y, z)=C$$

C 为某一特定常数值,给予不同的常数值就可得到一组等势面(或一组等势线)。

在平面问题里

$$\varphi(x, y)=C_1$$

则表示一条等势线。

3. 平面（恒定）流动中流函数及其物理意义（二维问题）

在平面流动（或二元流动）中，即在 $u=u(x,y,t)$ 的平面流场中，则流线的微分方程式变为

$$\frac{dx}{u_x} = \frac{dy}{u_y} \qquad\qquad (2\text{-}10)$$

即

$$u_y dx - u_x dy = 0 \qquad\qquad (2\text{-}11)$$

在平面（恒定）流情况下，由于 u_x 与 u_y 均仅为 x,y 的函数，若存在一函数 $\psi(x,y)$，满足

$$\left.\begin{array}{l} u_x = -\dfrac{\partial \psi}{\partial y} \\[2mm] u_y = \dfrac{\partial \psi}{\partial x} \end{array}\right\} \qquad\qquad (2\text{-}46)$$

则（2-11）就是函数 $\psi(x,y)$ 的全微分

$$d\psi = \frac{\partial \psi}{\partial x}dx + \frac{\partial \psi}{\partial y}dy \qquad\qquad (2\text{-}47)$$

则上式就可积分，即

$$\psi(x,y) = \int u_y dx - u_x dy \qquad\qquad (2\text{-}48)$$

此函数就 $\psi(x,y)$ 称为平面恒定流的流函数。

将式（2-47）与式（2-11）相比较，可得出以下结论：即在流线上，$d\psi(x,y)=0$。亦即在已知流线上各点，流函数保持常数，$\psi(x,y)=$ 常数，因此 $\psi(x,y)$ 称为流函数。给常数以某一特定值 C_2，即得一特定的流线，故 $\psi(x,y)=C_2$ 则表示一组流线。可以进一步证明：两流线上流函数之差，等于通过流线间的流量。

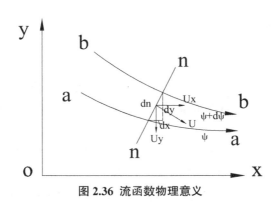

图 2.36　流函数物理意义

如图 2.35，通过两相近的流线 aa 与 bb 间 $n-n$ 断面的流量为：$dq = 1 \cdot \bar{u}\ dn = -u_y dx + u_x dy$
由式（2-47）可得：$dq = -d\psi$。

4. 流函数表示的平面恒定势流方程（二维问题）

如将式（2-46）代入不可压缩液体的连续性方程式（2-23）中，则

$$\frac{\partial^2 \psi}{\partial x \partial y} - \frac{\partial^2 \psi}{\partial y \partial x} = 0$$

方程自动满足。

如果流动是无涡流（势流），$\omega_z=0$，则

$$\frac{\partial u_x}{\partial y}=\frac{\partial u_y}{\partial x} \qquad (2\text{-}49)$$

将式（2-46）代入（2-49），得

$$\therefore \qquad \frac{\partial^2 \psi}{\partial x^2}+\frac{\partial^2 \psi}{\partial y^2}=0,\quad 或 \nabla^2 \psi=0 \qquad (2\text{-}50)$$

即平面势流中，流函数满足拉普拉斯方程式，因此 ψ 亦是调和函数。于是平面（恒定）势流的研究也归结为一个单纯的问题，即是结合边界条件来寻求拉普拉斯方程式的解答，亦即求调和函数 ψ。

在恒定势流条件下，有势力场中欧拉方程（2-34）的积分方程变为

$$\pi+\frac{p}{\rho}+\frac{u^2}{2}=0 \qquad (2\text{-}51)$$

重力场中

$$zg+\frac{p}{\rho}+\frac{u^2}{2}=0 \qquad (2\text{-}52)$$

当 ψ 函数一经确定，则在流场内任一点的两个流速分量就可以确定；在已知 $\bar{u}$ 后，根据式（2-52）、（2-51）任一点之动水压强 p 亦可求。

5. 平面恒定势流流网的概念

在恒定不可压缩液体的平面势流中存在有 φ 及 ψ 二个函数，它们都满足拉普拉斯方程式，且满足

$$\frac{\partial \varphi}{\partial x}=-\frac{\partial \psi}{\partial y}\,,\,\frac{\partial \varphi}{\partial y}=-\frac{\partial \psi}{\partial x} \qquad (2\text{-}53)$$

上式即柯西—黎曼方程。

说明满足条件式（2-53）的 φ 及 ψ 二函数，互为共轭函数，可以组成一解析函数

$$W=f(z)=\varphi+i\psi \qquad (2\text{-}54)$$

故平面势流又可以利用复变函数这一数学工具来求解。同时，在平面势流中，$\varphi(x、y)=C_1$，代表一族等势线；$\psi(x、y)=C_2$，代表一族流线。等势线与流线所组成的图形称流网（如图 2.37）。

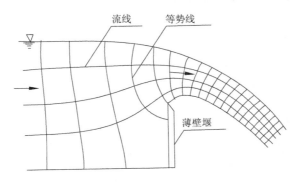

图 2.37 薄壁堰上的流网

下面我们可以简单地证明 φ 与 ψ 的正交性质。

对于二元流动,流线方程式为

$$\frac{dx}{u_x} = \frac{dy}{u_y} ,$$

$$\therefore \quad \left.\frac{dy}{dx}\right|_{\psi} = \frac{u_y}{u_x} ,$$

而等势线方程式则为

$$u_x dx + u_y dy = 0 ,$$

$$\therefore \quad \left.\frac{dy}{dx}\right|_{\varphi} = \frac{u_x}{u_y} ,$$

故在 (x,y) 点的流线斜率与等势斜率坡互为负倒数,即流线与等势线正交。

在平面恒定势流中,一个给定的边界条件就确定着一个唯一的流网图形,而流网也正是这个流动图形的一种几何学和数学的表现形式。在一个流网图形中,流线与等势线都是无限多的,我们可以有选择地取用某些流线和等势线来组成这个流网。关于选择的原则以及流网的绘制和应用将在下面介绍。

2.10　恒定平面势流问题的求解

平面势流的求解问题,关键在于根据给定的边界条件,来求解拉普拉斯方程的势函数或者流函数的问题。

目前还没有能求得拉普拉斯方程的一般解,但在某些比较简单的边界条件下则可以求得其特解,在这一方面比较著称的有以下几种。

1. 简单的平面势流

1)源点与汇点

设液体从中心点对称地沿半径方向四周作辐射流动,如果流速矢量背向中心点,则该点称为源点;如果流速矢量指向中心点,则该点称为汇点。

可以看出,由于对称的性质,流网将由等角辐射的沿半径方向的流线族和以 O 点为心的同心圆形式的等势线族所组成。如图 2.38 所示。

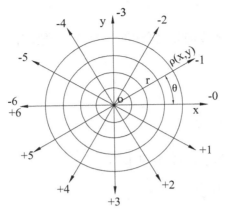

图 2.38 点源

在该图内取源点 O 为坐标原点,沿 Ox 轴的流线取 $\psi = 0$。

设 Q 为由源点流出的总流量,任一点 P 的极坐标为 (r, θ),直角坐标为 (x, y)。则经过 P 点的流线 OP 的流函数值应等于 Ox 与 OP 间的流量,即

$$\psi = -\frac{Q}{2\pi}\theta = -\frac{Q}{2\pi}arctg\frac{y}{x} \qquad (2\text{-}55)$$

注意 θ 为 OP 与 x 轴的夹角,以弧度计。当 $\theta > 0$ 时,ψ 为负值。 ψ 值变化的标记方法系根据式(2-46)而定。上式中的 θ 角应限于 $-\pi \leqslant \theta \leqslant \pi$ 的区间。

现在求流速势 φ

在 P 的流速为

$$u = u_r = -\frac{\partial \varphi}{\partial r}, \quad u_r = \frac{Q}{2\pi r}$$

因得

$$\mathrm{d}\varphi = -u_r \mathrm{d}r = -\frac{Q}{2\pi r}\mathrm{d}r$$

积分则得

$$\varphi = -\frac{Q}{2\pi}\ln r = -\frac{Q}{2\pi}\ln\sqrt{x^2 + y^2} \qquad (2\text{-}56)$$

当液体由四周沿半径方向流向中心 O 时,则形成所谓汇点问题。其流网形状与源点图形(图 2.37)相同,只函数的符号相反而已,因此汇点也叫负源点。因此,其流函数 ψ' 及势函数 φ' 可由式(2-55)及式(2-56)变号而得,即

$$\psi' = \frac{Q}{2\pi}\theta = \frac{Q}{2\pi}arctg\frac{y}{x}\,(-\pi \leqslant \theta \leqslant \pi) \qquad (2\text{-}57)$$

$$\varphi' = \frac{Q}{2\pi}\ln r = \frac{Q}{2\pi}\ln\sqrt{x^2 + y^2} \qquad (2\text{-}58)$$

应该指出,无论汇点及源点情形,在 $X=Y=0$ 即源(汇)点处,速度为无穷大,没有一阶导数,构成了奇点,以上的讨论不适用于这点。

2)理想的均匀流动

在此种情况下,各点的速度向量完全相同,并等于常数,而与坐标 x 和 y 无关。

$$\frac{\partial \varphi}{\partial x} = -\frac{\partial \psi}{\partial y} = u_x$$

$$\frac{\partial \varphi}{\partial y} = \frac{\partial \psi}{\partial x} = u_y$$

在水平均匀流中:$u_x=$ 常量,$u_y=0$,并可求得

$$\varphi = \int \mathrm{d}\varphi = \int \frac{\partial \varphi}{\partial x}\mathrm{d}x + \frac{\partial \varphi}{\partial y}\mathrm{d}y = u_x x$$

$$\psi = \int \psi \varphi = \int \frac{\partial \psi}{\partial x}\mathrm{d}x + \frac{\partial \psi}{\partial y}\mathrm{d}y = -u_x y$$

由 $\varphi = u_x x$ 及 $\psi = -u_x y$ 可绘出流网图形,如图 2.39 所示。

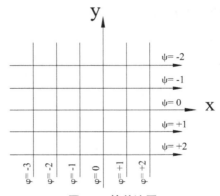

图 2.39 简单流网

在垂直均匀流中,$u_y=$ 常量,$u_x=0$,并可求得:$\varphi=u_y y$ 及 $\psi=u_y x$,可绘出流网图形,其流网图形,可将图 2.39,调换 φ 及 ψ 线一下即得。

2. 平面势流地叠加

如果在同一个流场里有两个或两个以上的势流同时作用着,则合成的流动图形,可由它们的流函数和势函数(也即 ψ 线和 φ 线)分别合成而得,因为流函数和势函数都是数性量,所以是可以代数叠加的,而流动方向则是几何的叠加。利用这种方法,我们就可以将已知的、比较简单的流动图形,通过叠加而得到要求的,比较复杂的流动图形,这就是叠加法的实质。

均匀流中的源点(图 2.40)

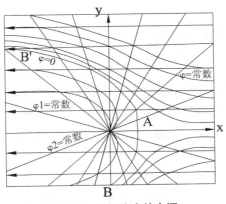

图 2.40　平行流中的点源

假设有流量为 Q 的平面源点位于坐标的原点,其流函数及势函数为 ψ_2 及 φ_2,即

$$\phi_2 = -\frac{Q}{2\pi}\theta$$

$$\varphi_2 = -\frac{Q}{2\pi}\ln r$$

又假设有流速为 u_2 的均匀的平面平行水流,以与 Ox 轴方向相反的方向与此源点相遇。此均匀流的流函数及势函数为 ψ_1 及 φ_1,即

$$\psi_1 = -\mu_0 y$$

$$\varphi_1 = \mu_0 x$$

此两流动相遇后合成一新的流动,其流函数及势函数为

$$\psi = \psi_1 + \psi_2 = -\mu_0 y - \frac{Q}{2\pi}\theta$$

$$\varphi = \varphi_1 + \varphi_2 = \mu_0 x - \frac{Q}{2\pi}\ln r \tag{2-51}$$

合成的流线(向量的合成为几何的叠加)如图 2.39 所示。可以看出 φ 为零的流线 $B'BA$ 将流场分为两部分,内部为源点出流,而外部则为原来的均匀流,两者不相掺混。因此,流线 $B'AB$ 是一条流线图,则可作为均匀水流绕墩柱的流动图形来研究。

习　题

2.1　已知一二元流动的速度分布为

$$u_x = A + Bt$$

其中 A、B 为常数。

试证明该流体的流线系直线;迹线为抛物线。并求当 $t=1$ 时通过(2、1)点的流线方程。

2.2　已知一不可压缩液体的速度场为

$$u_x = -\frac{-x^2 + y^2}{(x^2 + y^2)^2} \qquad u_y = -\frac{2xy}{(x^2 + y^2)^2}$$

试判别该流体是有涡流还是无涡流(势流)。并论证其是否满足连续性方程?(原点

除外)

2.3 已知某流场的流速势函数为

$$\varphi = \frac{a}{2}(x^2 - y^2)\ 其中\ a\ 为一常数$$

试求(1)u_x 及 u_y;(2)流函数方程,并求出每秒钟通过(0,2)与(0,0)两点间的流量。

2.4 一变断面的水管,水在管中作满管流动。在该管段的 A 端之断面平均流速为 0.2 m/s,管径 d_A=30 cm;B 端管径为 d_B=20 cm;在 AB 管段中无分支管路,试求 B 端的断面平均流速?

2.5 在一水平管路中,已知通过该管路的流量

$Q = 2.7$ l/s,$d_1 = 5.0$ cm,$d_2 = 2.5$ cm,$p_1 = 0.2$ 个工程大气压。如不计水头损失,求收缩断面 2-2 处的动水压强 p_2=?

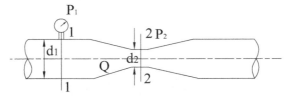

题 2.5 图

2.6 直径 d_1=15 cm,d_2=10 cm 的文德里流量计。若测得水银压差计之 Δh=20 cm,不计水头损失,试求流量 Q=?

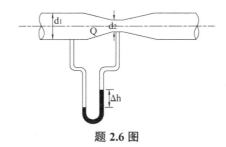

题 2.6 图

2.7 在水平管路中,通过流量 Q=2.5l/s。已知 d_1=50 cm,d_2=2.5 cm 动水压强 p_1=0.1 工程大气压,两断面间能量损失较小,可忽略。试问连接于该管收缩断面上的水管可将水自容器内吸上多大高度?

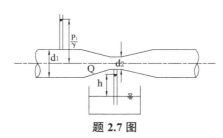

题 2.7 图

2.8   有一铅直管,直径为 4.0 cm,出口小孔直径为 3.0 cm,水流入大气。若不计水头损失,求 B、C、D、E 处压强。

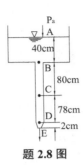

题 2.8 图

2.9   有一虹吸管装置,已知: l_1=100 cm, l_2=200 cm,管径 d=5.1 cm,若总水头损失 h_w=1.56 $\dfrac{v^2}{2g}$, h_{was}=0.7 $\dfrac{v^2}{2g}$(v 为管中断面平均流速),水流入大气。试求(1)流量 Q=?（ 2 ）S

点的压强 p_s=?

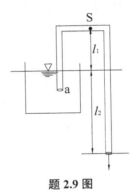

题 2.9 图

2.10   一离心式水泵的抽水量为 Q=20 m³/h,水泵进口处(即断面 2-2 处)的真空高度为 6.0 米水柱,吸水管径 d=100 mm,吸水管总水头损失 h_w=0.25 m 求水泵安装高度 z(水泵轴至吸水池水面的垂直距离)为多少?

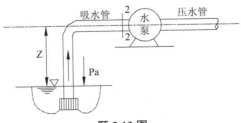

题 2.13 图

2.11   水流由一建筑物(堰)上流过,流量 Q=9.0 m³/s,该建筑物宽 3.0 m, H=1.5 m, p=1.0 m, 0-0 及 c-c 断面均为渐变流断面, c-c 断面上水深 h_c=1.0 m。若不计阻力,求建筑物

ab 墙上所受到的作用力 R。

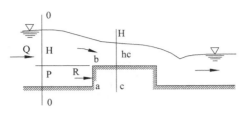

题 **2.11** 图

2.12　锥形管段由一固定墩支持。已知：

d_1=150 cm，d_2=100 cm，p_1=39.2 N/cm²，Q=1.8 m³/s

试求该管段作用在墩上的轴向力（水头损失可忽略不计）。

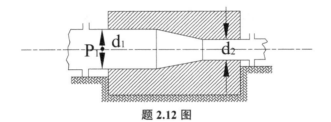

题 **2.12** 图

第3章 水流阻力规律

3.1 引言

在第 2 章中已经导出了适用于实际液体的能量方程,由于液体具有黏滞性,在流动中会产生水流阻力,而克服阻力就要损失一部分机械能,从而造成水头损失。在所讨论的总流流段内,如果所选取的上下两个过水断面上的水力学要素均为已知,而只是求解其间的水头损失时,则可直接应用能量方程式,即

$$h_\omega = \left(z_1 + \frac{p_1}{\gamma} + \frac{a_1 v_1^2}{2g} \right) - \left(z_2 + \frac{p_2}{\gamma} + \frac{a_2 v_2^2}{2g} \right)$$

但在工程计算中,断面上的某些水力要素常是些未知量。这样,如果事先或者同时不能正确估算水头损失 h_ω 的具体性质和数值,则无法应用伯努利方程式来解决问题。所以我们必须弄清水流阻力及水头损失的规律,从而寻求出在各种具体情况下 h_ω 的独立表达式

在工程实际中,液体的流动可以分为两种情况。(1)内流,即液体在固定边界内的流动。例如液体在管道、河渠中的流动等;(2)外流,也称之为绕流,即物体在液体中运动或液体绕过物体周围而形成的流动,例如船舶在水中的运动、海流绕过海上采油平台的流动以及江河中的水流绕过桥墩与码头的流动等。

无论内流还是外流,其水流阻力及水头损失既与固体边界有关,又与液体流动的内部结构有关,即与液流的流态有关。

3.2 固体边界对流体运动的影响

1. 边界层的概念

当实际流体绕过物体时,若液体能够润湿固体表面,则紧贴固体表面的一层液体将附着在固体表面,其速度为零,由于实际液体具有黏滞性,附着在固体表面的那一层液体将阻滞周围相邻层流液体的运动,速度由零增至 $0.99U_0$,这个厚度将称之为边界层厚度

例如图 3.1 表示一流速为 u_0 的无限宽的均匀流环绕一流线形的物体流动时的情形。

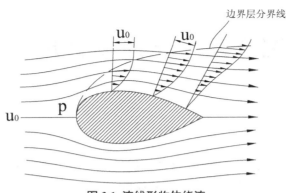

图 3.1 流线形物体绕流

这是一个二元流动,每一水平切面中都有一根流线顶撞在此物体上(图 3.1 中 P 点),因此液体必须从两边绕流过该物体,P 点称为驻点,在该点处流速为零。当实际液体绕过物体时,若液体能够润湿固体表面,则紧贴固体表面的一层液体将附着在固体表面上,其流速为零,即此层液体不会与固体发生相对运动。由于实际液体具有黏滞性,附着在固体表面的那一层液体将阻滞周围相邻层液体的运动。于是从物体边壁向外就形成一个不均匀的流动区域,在这个区域中,流速由零增大至原有流速 U_0。从理论上讲,这个影响区域将扩展至无穷远处,但事实上,这个区域并不是无限大,而是集中在一个很薄的区域里。我们把这个厚度不大的,流速急剧变化的区域称为边界层(或摩阻层)。在计算上,规定从壁面到 $u=0.99u_0$ 处的距离 δ 称为边界层厚度。在此边界层范围内,由于流速梯度很大,产生了较大的切应力(摩阻力),摩阻作用非常显著。边界层的厚度在驻点处为零,然后在流动方向沿物体表面逐渐增加,它的变化与液体的种类、物体的形状以及流动的形态有关。

图 3.2 是水流进入河渠中边界层发展的情况,假如渠道前水深无限大,水流以均匀流速 u_0 进入渠道。设渠道为棱柱形(即渠道横断面沿程不变)其粗糙程度沿程不变。由于边界的影响,渠道前的均匀流速分布经过一定距离后才形成渠道中最终的断面流速分布形式,不再沿程而改变。

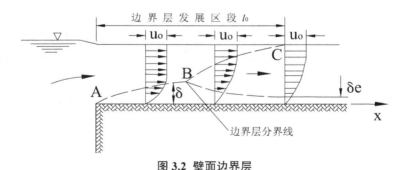

图 3.2 壁面边界层

2. 流线型与非流线型

如图 3.1 所示。液体在流过该物体时,边界层基本上与物体吻合,称该物体为流线型物体。

如图 3.3 所示,当液体绕过物体运动时,边界层将会离开物体界壁发生分离现象,在物体后部产生一漩涡区,称该物体为非流线型物体。

当液体绕过非流线型物体运动时,在漩涡区内的液体质点相互混杂,压强降低,因此物体前部压强大于后部。对不动的物体而言,产生了一个附加作用力(沿流动方向),又称形状阻力。

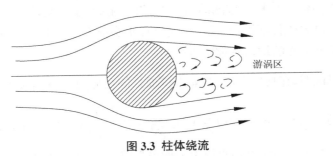

图 3.3　柱体绕流

分离现象及漩涡区的产生,在水利工程中遇到的情况不少。例如管道和渠道的突然扩大和缩小(图 3.4a、b、c);管道或渠道的转弯(图 3.5d)以及液流中遇到凸起物(图 3.4e)等,都是出现分离及漩涡区的最明显的实例。分离现象及漩涡区的出现,使得液流整体形状发生了较大的改变,漩涡区内造成质点之间较强烈的摩阻,这都是与水头损失密切相关的。

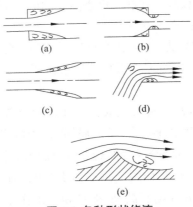

图 3.4　各种形状绕流

3.3　水流阻力与水头损失的种类

1. 水流阻力及水头损失产生的原因

任何具有黏滞性的实际液体,当它运动时都会伴随有阻力及能量损失出现。因此,黏滞性是液流产生阻力和能量损失的内在原因。同时,黏滞性只有通过一定的外部条件,固体的边界尺寸、形状及粗糙程度才会起作用。如前所述,当液体在管道、河渠中流动时,由于边壁的阻滞等作用,则产生边界层或出现分离和漩涡现象,使得液流层与层之间、质点与质点之间就产生了水流阻力。而液体在运动过程中,克服阻力就必须消耗机械能。每单位重量液体所消耗的能量称为水头损失,即伯努利方程式中的 h_ω。

2. 水流阻力及水头损失产生的种类

恒定总流的水流阻力按其作用范围和部位可分为沿程阻力和局部阻力两种形式,相应的水头损失称为沿程水头损失(用符号 h_f 表示)和局部水头损失(用符号 h_j 表示)。

(1)沿程水头损失和沿程阻力,发生在管道或河渠水流的直线段,水头损失是由水流液层或液团间内摩擦力做功消耗机械能而引起的;沿程阻力,也即是均匀流时的水流阻力,它的特征是阻力作用沿水流长度均匀一致,因而沿程水头损失正比例于水流长度。显然,这是由于水流沿流程长度方面的均匀一致性所决定的。

我们以后可以证明,在均匀管流中,靠近壁面处的切应力 τ_0 及速度梯度 $\left.\dfrac{\mathrm{d}u}{\mathrm{d}y}\right|_{y=0}$ 均获有最大值,而在管中心处则为零,这样就说明了在管壁附近 $\mu\dfrac{\mathrm{d}u}{\mathrm{d}y}$ 最大,而在管中心则为零。这就是说在管中心液体并没有用于就地克服阻力而消耗能量,离开中心愈远这种能量消耗愈大,在管壁处最大。即沿程水流阻力主要是集中在靠近管壁一带的液流表面部分。因此一般就把沿程阻力认为主要是一种"表面阻力",甚至把它拟比为固体边界与液流表层之间的摩阻力。这样,尽管从提供势能的观点来看水头损失时,在管中心处和临近管壁处是一样的,但能量的消耗并不一样,所提供出的势能,绝大部分是最后集中地消耗在管壁附近。

在具有自由液面的河渠恒定均匀流中,沿程阻力的能量消耗情况也是一样,在自由水面消耗最少,主要是集中地消耗在近槽底处。

(2)局部水头损失和局部阻力,发生在水流边界突然变化处,水头损失主要是由于水流急剧变形所产生的液团之间的内摩擦力做功消耗机械能而引起的。可见,产生沿程和局部水头损失的根本原因是相同的。

在均匀流中,如果液流的边界条件,例如固体几何形状有了突然改变,这就使液流的均匀性遭到破坏,于是产生了局部水流阻力,所以局部水流阻力即是突变流时的水流阻力。例如水道过水断面突然改变大小、水流轴线的急剧弯曲或转折等均将出现突变流,从而导致局部阻力的产生。局部阻力的特点是作用范围小但引起的能量消耗很大。在局部阻力范围内,水流常表现为极度的紊乱并伴随有波动、振动和撞击作用,部分水流运动的连续性遭受破坏,出现有明显的主流,并常与固体边界脱离,而导致大尺度漩涡的产生。总的说来,局部阻力作用范围内,水流的相对运动速度大为增加,从而切应力也大为增加,剧烈的紊动和撞击都损耗大量的能量,水流经过局部阻力以后,需要重新调整其水流结构以适应新的均匀流条件,这也需要消耗一定能量,因此局部阻力所引起的水头损失比同样范围的沿程水头损失大得多。

由以上可以看出,沿程阻力主要表现为"表面阻力"的性质,而局部阻力主要在于水流结构的破坏、重新调整以及大尺度漩涡的产生,并且主要决定于造成突变流的固体边界的形状作用,因此局部阻力可以认为是一种"形体阻力"。

局部阻力作用范围虽然较小,但总是要经过一段距离才能完成它的作用。因此,在同一个水道中,如果上下两处的局部阻力相距较近,则必然互相干扰。这时,这两个局部阻力只能在一起而被看成是一个综合的局部阻力,后者所消耗的能量,显然并不能等于原来两个阻力独自消耗能量的代数和。只有当这两个阻力保持有一定的距离而不致互相干扰时,他们的水头损失才可以被简单的叠加在一起。

在一个总流中,例如一段管流或是一段河渠水流,液体在运动过程中除了克服各段的沿程阻力而有沿程水头损失 h_{f1}、$h_{f2}\cdots$ 之外,还在不同的地点克服局部阻力而有各种局部水头损失,设为 h_{j1}、$h_{j2}\cdots$,并且它们是不相互干扰的。由于水头损失是一种标量,从而可以数性的叠加在一起,于是就得到水流的总的水头损失应为

$$h_{\omega} = \sum h_f + \sum h_j$$

这既是所谓水头损失的叠加法则。应该注意在建立这个式子的时候,实质上是认为:一是局部阻力是附加于沿程阻力之上的额外阻力;二是相邻的局部阻力之间没有干扰。

局部阻力的现象是各种各样的,它的物理过程和性质都是极其复杂的。对于这类水头损失的研究或估计,一直到现在,人们还仍然没有摆脱实验和经验的局限型,而只能按照具体的阻力形式进行近似的估算。

3.4　液体运动的两种流态

液体在自然界中的流动有两种流态:①层流:作线状有序运动;②紊流:作漩涡的、质点相互混掺的运动。

1. 雷诺实验

图 3.5(a)为一般采用的雷诺实验装置,水箱中水平放置一具有喇叭口的玻璃管,前端有一小管 A 可以注入颜色溶液,水箱中的水位保持恒定不变。

开始试验时,轻微地开启出水阀门"e",使水箱中的水缓慢地通过玻璃管流出。同时调节颜色溶液以极慢的流速流出并随同水箱中清水一起进入玻璃管。此时发现在整个玻璃管中,颜色溶液形成一条清晰的平滑直线,而不与周围清水掺混如图 3.5(b),逐渐将出水管阀门开大,增加玻璃管中流速,颜色液体仍能在玻璃管中保持平滑的直线。直到管阀开启到一定程度,也即是玻璃管中流速增加到某一限度后,颜色溶液开始呈现出波状摆动,然后在个别流段上产生一些局部漩涡,水流呈现紊乱状态。最后当管中平均流速到达一定数值后,这种紊乱状态迅速扩展,以致除喇叭口附近以外的整个玻璃管中的颜色溶液和清水完全掺混。这时如果用灯光把液体照亮则可见到被染颜色的水体是由许多明晰的小漩涡组成(见图3.5(c))。

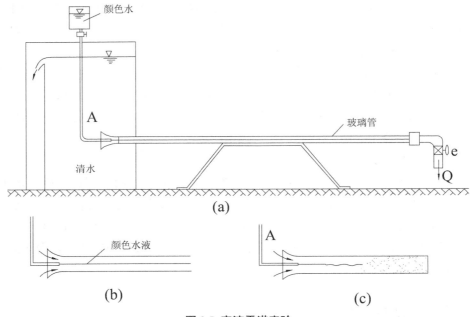

图 3.5 紊流雷诺实验

显然,颜色液体呈直线状态的液流和颜色液体与清水掺混的紊乱状态的液流在内部结构上是完全不同的。把液体质点作有秩序的线性运动、彼此互不掺混的流动状态叫做层流;而把充满漩涡的、质点互相掺混的流动状态称为紊流。

试验若以相反的程序进行,即当紊流发生后,逐渐关小玻璃管的出水阀门"e",即减小管中流速,则前面所叙述的现象,将以相反的次序重演,流态由紊流变成层流。但有一点是不同的:即由紊流转变为层流的平均流速,要比由层流转变为紊流时的流速小。

上面的实验虽然是在圆管中进行的,所用液体只是水,但对其他任何边界形状,任何其他实际液体或气体流动,都可以发现有两种流动形态。因而我们可以得出如下结论:任何实际液体的流动都会有层流和紊流两种不同的流动形态。

2. 层流与紊流不同沿程的水头损失

以上只是定性地观察了水流的两种流态。如用一段均匀管路来做一个定量的实验,那么问题就更清楚了。如图 3.6,我们在水平管段上取长度为 1 的观测段,在两端安置两根测压管,并连成一个倒 U 形空气比压计。在恒定均匀流条件下,比压计测出的测压管水头差即为观测段的水头损失(沿程水头损失,用符号 h_f 表示)。实验进行中当截门处于某一开度时,管中流量为 Q_i,断面平均流速为 $v_i = Q_i/w$,这时比压计上相应地即可观测到一个沿程水头损失 h_{fi}。把截门调节不同的开度,则可得到一组 v 和 h_f 的数据,并取它们的对数值点绘在普通坐标纸上,如图 3.7 所示。

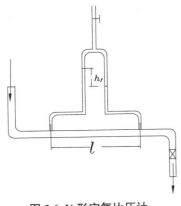

图 3.6　U 形空气比压计

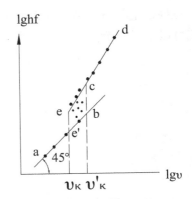

图 3.7　沿程损失与流速关系

它表明了沿程水头损失 h_f 随断面平均流速 v 的变化规律。但应注意的是这个规律和实验时开关截门的顺序有关。当逐次开大截门而使 v 由小变大的实验点落在 *abcd* 线上，*b* 点所对应的流速 v_k' 是流态由层流转化为紊流的临界流速，称为上临界流速；当逐次关小截门，而使 v 由大变小时，实验点则落在 *dcea* 线上，*e* 点对应的流速 v_k 是由紊流转化为层流的临界流速，称为下临界流速。进一步分析实验结果可以看到沿程水头损失随速度变化的规律性为以下几种情况。

（1）对同一水管来说，沿程水头损失的对数值 $\lg h_f$ 和平均流速的对数值 $\lg v$ 呈如下关系，即 $\lg h_f = m \lg v + \lg b$。

（2）不论是从层流到紊流还是从紊流到层流，当 $v < v_k$ 时，即相应于线段 *ae'*，流态必为层流，这里 $m = 1.0$，$h_f = b_1 v^{1.0}$。它说明了层流时沿程水头损失与断面平均流速的 1 次方成正比。

（3）不论是从层流到紊流，还是从紊流到层流，当 $v > v_k'$ 时，即相应的线段 *cd*，流态必然是紊流，这时 $m = 1.75 \sim 2.0$，$h_f = b_2 v^{1.75 \sim 2.0}$。它说明了紊流沿程水头损失和断面平均流速的 1.75 次方至 2.0 次方成正比。

当 $v_k' < v < v_k'$，可能是层流也可能是紊流，视实验程序和条件而定，沿程水头损失和断面平均流速之间没有明确关系。上临界流速 v_k' 一般是不稳定的，即使在同一设备上进行试验，v_k' 值也会不同，它与实验操作和外界因素对水流的干扰有很大关系，在实验时扰动排除得愈彻底，上临界流速 v_k' 值可以愈大。

从以上两个实验所揭示的层流和紊流现象，和沿程水头损失 h_f 随断面平均流速 v 的变化规律，我们可以看到层流和紊流是两种截然不同的流态，不论从液体质点的运动状态还是水头损失的规律来看都有很大的差别。因而液体运动从层流转化到紊流，或从紊流转化到层流，都是一个从量变到质变的过程。那么，转化的条件是什么？层流和紊流如何判别？我么将进一步来进行讨论。

2. 层流和紊流的转变和判别标准

层流转变成紊流主要是由于内部扰动逐步方法的结果，这种转变既与扰动的特性有关，同时与流动自身的背景有关，层流转变为紊流就是层流失稳的过程，如图 3.8 表示了一种流动的三种稳定状态。第一种为绝对不稳定性，第二种为中性稳定，第三种为绝对稳定，三种状态可以相互转换。

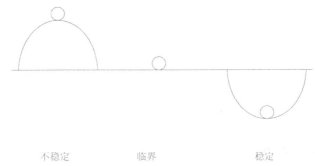

不稳定　　　　　　临界　　　　　　稳定

图3.8　稳定三种情况

由于在实际工程中扰动是普遍存在的，因此必须以下临界流速作为判别流态的标准。即 $v<v_k$，液流处于第三种稳定状态，流态为层流。当 $v>v_k$ 流动会很快失稳转变为紊流。

但实验资料证明，临界流速并不是一个固定数值，它是和流速、过水断面的形状及尺寸、液体的黏滞性和密度有关。

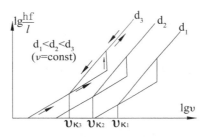

图3.9　三个临界流速的关系

图3.9示不同直径（$d_3>d_2>d_1$）的圆管，在水温20℃（$v=0.01 \text{ cm}^2/\text{s}$）时，分别进行试验所得资料而绘制的关系曲线。由该图得出相应各管的下临界流速为：

$$v_{k1}>v_{k2}>v_{k3}$$

由此可以说明，不同直径的圆管，它的下临界流速是不同的。但 v_k、d 及 v 所组成的无量纲数（称下临界雷诺数）$Re_k=v_k d/v$ 却是一个比较稳定的数值。根据大纲的试验资料指出，$Re_k \approx 2000$，不论外界扰动有多大，在圆管中，只要 $Re=vd/v$[v 为管中断面平均流速，Re 称为雷诺数（无量纲数），它综合反映了影响流态的有关因素] 小于 2 000，则管中流动都可保持为层流。此外，根据大量试验证明，上临界雷诺数 $Re_k' =v_k' d/v$ 却是一个不稳定的数值，有人试验得出 $Re_k' =20\ 000$，又有的试验甚至做到 $Re_k' =40\ 000 \sim 50\ 000$，这主要是由于进入管道以前流液的平静程度及外界扰动条件的不同所致，从而有人设想，如果能完全排除扰动，则 Re_k' 还可以做到更大的数值。

综上所述，雷诺数 Re 可作为判别流动类型的标准。又考虑到在实际工程中，因扰动总是存在的，故 Re_k' 没有重要意义。这样，在实际上，我们总是用下临界雷诺数与流液的雷诺数比较来判别流动类型。

雷诺数 $Re = \dfrac{vd}{v}$，其物理意义表示是惯性力和黏滞力的比值。

若：$Re < Re_k = 2\,000$ 为层流；

$Re > Re_k = 2\,000$ 为紊流。

对于其他断面形状的管道和无压流动，雷诺数中的特征长度 d 则要用一个新的量来表示，即用水力半径 R 来表示。

$$Re = \frac{U \dfrac{\partial U}{\partial x}}{v \dfrac{\partial^2 U}{\partial x^2}} = \frac{U \dfrac{U}{L}}{v \dfrac{U}{L^2}} = \frac{UL}{v} \qquad L\ 特征长度。$$

代表了惯性力与黏性力的比值，当比值 Re 达到一定值，一旦遇到外界扰动，将不稳定，流动运动方程"相轨迹"开始分叉，走向混沌与湍流，此即水力学中的分叉现象。

根据大量的明渠实验资料指出，此种情况的下临界雷诺数 $Re_k = 500$。天然情况下的无压流，其雷诺数 Re 都相当大，一般多属于紊流，故实际上很少有必要进行流态的判别。

液流流态的形成和转化取决于在液体中黏滞性和惯性哪一个占主导地位，或是黏滞力和惯性力的比例而定，雷诺数 Re 大则表示惯性力占主导地位，而黏滞力作用较小；雷诺数 Re 较小，则表示黏滞力作用相对增强，从而抑制了紊动。例如两个管流中其雷诺数 Re 均小于 2 000，都是层流，但雷诺数较小者其黏滞力作用相对更大些，液流对扰动来说更稳定些，反之亦然。

例 3-1　直径 $d = 2.5$ cm 的自来水管，断面平均流速 $v = 50$ cm/s，水温 10 ℃，试判别流态。

解：由 I 查表得 10 ℃时的水的运动黏滞系数 $v = 0.013\,1$ cm² /s，因而雷诺数

$$Re = \frac{vd}{v} = \frac{2.5 \times 50}{0.013\,1} = 9\,620 > 2\,000，故属于紊流。$$

例 3-2　今有一小型矩形渠道，渠宽 $b = 2.0$ m，水深 $h = 1.0$ m，流量 $Q = 2.0$ m³ /s，水温 20 ℃，试判别流态。

解：查表得 20 ℃水的运动黏滞系数 $\upsilon = 0.010\,1$ cm² /s，断面平均流速

$$v = \frac{Q}{\omega} = \frac{2.0}{2.0 \times 1.0} = 1\ \text{m/s}$$

湿周：$\chi = b + 2h = 4.0$ m；水力半径：$R = \dfrac{\omega}{\chi} = \dfrac{2.0}{4.0} = 0.5$ m

$\therefore$ 雷诺数 $Re = \dfrac{vR}{\upsilon} = \dfrac{100 \times 50}{0.010\,1} = 500,000$ 故属紊流。

3.5　均匀流沿程水头损失与阻力的关系

如图 3.10 示一段均匀顺直的圆管路，其中液体作均匀恒定流动。液体由上断面 1-1 流向下断面 2-2，流经长度 l，其沿程水头损失为 h_f，今以管轴为中心轴线。在管道中任意取出一半径为 r_0 长度为 Δl 的基元柱体 AB，柱体周围的表面切应力为 τ_0，设总流流向与水平面成

一角度 α，过水断面面积 A，令 p_1、p_2 分别表示作用于断面 1-1 及 2-2 的形心上的动水压强；z_1、z_2 表示该两断面形心距基准面的高度；χ 为圆形过水断面周长，也称之为湿周。

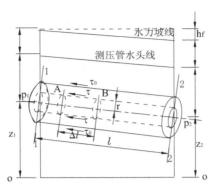

图 3.10 圆管水流内应力

作用在该总流流段上有下列各力：

①动水压力——作用在断面 1-1 上的动水压力 $P_1 = Ap_1$，作用在断面 2-2 上的动水压力 $P_2 = Ap_2$；②重力——重力 $G = \gamma Al$；③摩擦阻力——总流与黏着在壁面上的液体质点之间的内摩擦力 τ_0

建立力学平衡方程

$$P_1 - P_2 + G\sin\alpha - T = 0 \tag{3-1}$$

即

$$Ap_1 - Ap_2 + \gamma Al\sin\alpha - l\chi\tau_0 = 0 \tag{3-2}$$

其中 $\sin\alpha = \dfrac{z_1 - z_2}{l}$，代入上式

$$\left(z_1 + \frac{p_1}{\gamma}\right) - \left(z_2 + \frac{p_2}{\gamma}\right) = \frac{l\chi}{A} \cdot \frac{\tau_0}{\gamma} \tag{3-3}$$

同时考虑均匀流中

$$\left(z_1 + \frac{p_1}{\gamma}\right) - \left(z_2 + \frac{p_2}{\gamma}\right) = h_f \tag{3-4}$$

将（3-4）代入（3-5）中

$$h_f = \frac{l\chi}{A} \cdot \frac{\tau_0}{\gamma} \tag{3-5}$$

引入能量坡度 $J = \dfrac{h_f}{l}$，水力半径 $R = \dfrac{A}{\chi}$，则

$$\tau_0 = \gamma RJ \tag{3-6}$$

将 $R = \dfrac{A}{\chi} = \dfrac{r_0}{2}$ 代入上式，得

$$\tau_0 = \gamma \frac{r_0}{2} J \tag{3-7}$$

　　液流各层之间均有内摩擦力 τ,在上述均匀六种,以圆管轴线为中心,任取一流束,其半径为 r,与其周围液体的摩擦力为 τ,同理

$$\tau = \gamma \frac{r}{2} J \tag{3-8}$$

结合(3-7)(3-8)有

$$\tau = \tau_0 \frac{r}{r_0} \tag{3-9}$$

这就是均匀流的基本方程式。

　　因而圆管均匀流的切应力和 r 成正比。在管中心处 $r=0$,从而 $\tau=0$;在管壁处 $r=r_0$,$\tau=\tau_0$,具有最大值。其间 τ 沿半径方向呈直线变化,如图 3.11 所示。

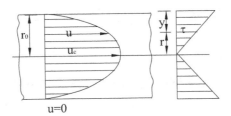

图 3.11　圆管流速分布

　　对于具有自由液面的河渠恒定均匀流,式(3-8)及式(3-10)两式仍然适用。但应注意,此处的切应力应该是所讨论的液流在湿周上的平均切应力。在非圆形的有压管路中也是如此。

　　对于特别宽(相对于水深而言)的河渠水流,一般即取一单宽水流而按平面问题(二元问题)处理,这是因为单宽水流不存在有沿侧面的水流阻力或切应力 τ,而只有上下邻层间切应力及沿槽底的切应力 τ_0。如图 3.12,自水面向下水深 y 处的切应力为 τ,相应的水力半径 $R_\delta = y$,则 $\tau = \gamma \cdot yJ$,而在水深为 $y=h$ 的槽底上,则有 $\tau_0 = \gamma \cdot hJ$。在水面上 $\tau=0$(当然系忽略空气阻力的情形)。要特别注意,均匀流基本方程建立过程中未涉及流态,因而对层流和紊流均适用。

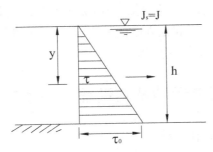

图 3.12　水流应力分布

　　到此,我们虽然建立了均匀流动切应力和水头损失的关系式,但还不能据以解出 J 或 h_f。因为切应力现在暂时还是未知的。

前面曾讲到切应力 τ 与速度梯度 $\dfrac{du}{dy}$ 有关,从而和液流截面上的速度分布有关。这就是说,切应力的变化决定于运动液体的水流结构的性质,而这又是同液体的流态有关的。

在层流情形,我们有牛顿内摩阻定律,即

$$\tau = \mu \frac{du}{dy} \tag{3-10}$$

与基本关系式(3-9)联立解算,即可从理论上求得沿程阻力的关系式。我们在下几节再加以研究。

尽管对于紊流理论的研究目前还极不成熟,但是人们对各种具体的水流阻力和水头损失的实验观测却积累了丰富的经验,也总结出了一些规律。例如,在一般情形下,水流阻力亦即切应力 τ_0 可以用液体运动时的动能 $\left(\dfrac{1}{2}\rho v^2\right)$ 来表示,即通过实验

$$\tau_0 = \lambda_R \cdot \frac{1}{2}\rho v^2 \tag{3-11}$$

引入量纲后即可证明 λ_R 为一无量纲纯数。把此式与式(3-9)的 $\tau_0 = \gamma R J$ 联立求解,则得

$$h_f = \lambda_R \frac{1}{R} \frac{v^2}{2g} \tag{3-12}$$

对于圆形或正方形有压管道,相应的直径或边长为 $d=4R$,并取

$$4\lambda_R = \lambda$$

则式(3-12)化为

或

$$\left.\begin{array}{l} h_f = \lambda \dfrac{l}{d} \dfrac{v^2}{2g} \\[3mm] h_f = \lambda \dfrac{l}{4R} \dfrac{v_2}{2g} \end{array}\right\} \tag{3-13}$$

上式即著名的达西公式,λ 称为沿程阻力系数。该式亦为均匀总流的水力计算的基本公式,其中第二个式子亦可用于非圆形断面有压管道或具有自由液面的无压流的计算。式(3-13)即适用于紊流,也适用于层流,关键在于如何确定阻力系数 λ_0。λ 的具体数值一般常用试验的方法来确定。但从以上讨论可知,影响 λ 的因素是很多的,因为 λ 是具体表征水流阻力 τ_0 的,所以流态的不同将引起根本不同的影响。根据不同流态,找出确定 λ 的关系式,就可应用式(3-13)来计算沿程水头损失。

3.6   圆管内液体的层流运动及其沿程水头损失

如图 3.13 所示一圆管均匀层流

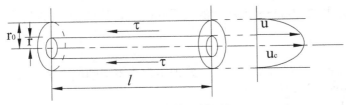

图 3.13　圆管均匀层流

当 r 由零（管中心）变到 $r=r_0$（管半径）时，相应的 u 由最大的 u_c 变到 $u=0$，即 u 随 r 的增大而减小，亦即速度梯度 $\dfrac{\mathrm{d}u}{\mathrm{d}r}$ 是个负值。因此应把牛顿内摩擦定律改写为：

$$\tau = -\mu \frac{\mathrm{d}u}{\mathrm{d}r} \tag{3-14}$$

结合（3-9）式有

$$\tau = \gamma \frac{r}{2} J = -\mu \frac{\mathrm{d}u}{\mathrm{d}r}$$

即

$$\frac{\mathrm{d}u}{\mathrm{d}r} = -\frac{\gamma}{2} \frac{J}{\mu} r \tag{3-15}$$

积分后得

$$u = -\frac{\gamma}{4} \frac{J}{\mu} r^2 + C \tag{3-16}$$

代入边界条件：$u_{r=r_0} = 0$，即：

$$0 = -\frac{\gamma}{4} \frac{J}{\mu} r_0^2 + C \tag{3-17}$$

所以

$$C = \frac{\gamma}{4} \frac{J}{\mu} r_0^2$$

将 C 值代入，得流速分布公式为

$$u = \frac{\gamma}{4} \frac{J}{\mu} \left(r_0^2 - r^2 \right) \tag{3-18}$$

上式表明，圆管均匀层流中，断面上的流速分布是以管轴为中心的抛物线，管轴线上的流速最大，即当 $r=0$

$$u_c = \frac{\gamma}{4} \frac{J}{\mu} r_0^2 = \frac{\gamma}{16} \frac{J}{\mu} d^2 \tag{3-19}$$

圆管整个断面平均流速为

$$v = \frac{\int_\omega u \mathrm{d}\omega}{\omega} = \frac{\int_0^{r_0} u \cdot 2\pi r \mathrm{d}r}{\pi r_0^2}$$

$$= \frac{\gamma}{4} \frac{J}{\mu} \int_0^{r_0} \frac{\left(r_0^2 - r^2 \right) \cdot 2\pi r \mathrm{d}r}{\pi r_0^2} = \frac{\gamma}{8} \frac{J}{\mu} r_0^2 = \frac{\gamma}{32} \frac{J}{\mu} d^2 \tag{3-20}$$

将平均流速的表达式(3-20)与最大流速的关系式(3-19)比较,就可以看出

$$v = \frac{1}{2}u_c \tag{3-21}$$

从式(3-20)可得圆管层流沿程水头损失与其他水力要素之间的关系式为

$$h_f = \frac{32\mu vl}{\gamma d^2} = \frac{32\mu vl}{\rho g d^2} \tag{3-22}$$

或

$$h_f = \frac{64}{\dfrac{vd}{\upsilon}} \cdot \frac{l}{d} \cdot \frac{v^2}{2g} = \frac{64}{\mathrm{Re}} \cdot \frac{l}{d} \cdot \frac{v^2}{2g}$$

令

$$\lambda = \frac{64}{\mathrm{Re}} \tag{3-23}$$

所以

$$h_f = \lambda \frac{l}{d} \frac{v^2}{2g} \tag{3-24}$$

这就是圆管层流中沿程水头损失的计算公式。表明在圆管中,沿程水头损失是与断面平均流速的一次方成正比的。λ 为沿程阻力系数,在圆管层流中 $\lambda = \dfrac{64}{\mathrm{Re}}$,说明 λ 与 Re 成反比。

3.7 液体的紊流运动

1. 从流动显示资料分析水流流态

本文采用传统的水流染色的方法进行流动显示,该方法可以给出流动结构的总体概念,包括层流向湍流的转捩、湍流中的涡现象等,如图 3.14。为获得不同的摄像效果,实验中采用了日光灯和碘钨强光灯两种不同的光源。

(a)流态判别:层流

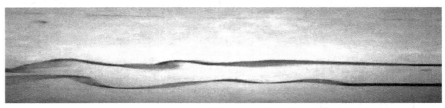

(b)流态判别:过渡

（c）流态判别:紊流

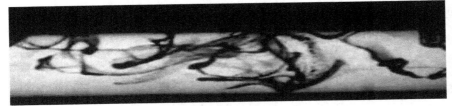

（d）湍流中的三维涡丝

图 3.14　水流染色法显示的水流结构

2. 紊流运动的特征

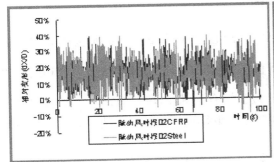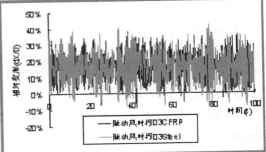

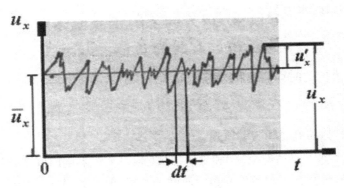

图 3.16　水流脉动

1）运动要素的脉动

如图 3.16,当层流运动失去稳定性转化为紊流后,将出现质点的紊动和掺混作用,其实质就是在液流中充满了大大小小的漩涡。这时,就某一个单独的水质点而言,它没有一条规则的像在层流中那样的光滑的迹线;就某一固定的空间点而言,尽管从总体看来是恒定的流动,但是经过该点各质点瞬时速度的却是随时间而变化的大小和方向,瞬时动水压强也随时间而变化。因此紊流运动的一个重要特征就是空间点上的运动要素具有脉动现象。

在图 3.16 中,可以看出瞬时速度是围绕着平均值而上下脉动着的,我们把这个平均值叫做时间平均流速,又称时均流速,用 $\overline{u_x}$ 表示,可以定义为

$$\overline{u_x} = \frac{1}{T}\int_0^T u_x(t)\mathrm{d}t \tag{3-25}$$

时间平均的概念可以用图 3.17 来说明

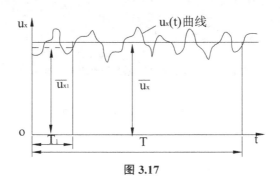

图 3.17

积分式 $\int_0^T u_x(t)\mathrm{d}t$ 表示瞬时流速过程线 $u_x(t)$ 在 T 时段的图形所包围的面积。$\overline{u_x} = \frac{1}{T}\int_0^T u_x(t)\mathrm{d}t$ 则表明将这个面积平均化所得的数值,即 $\overline{u_x}$ 值以上的曲线面积应和以下的曲线面积相等。由图可以看出时均值和所取时段长短有关,如时段较短,取 T_1,则时均值为 $\overline{u_{x_1}}$。但是因为水流中脉动周期较短,所以只要时段 T 取得足够长就可以消除时段对时均值的影响。

采用时间平均的方法就可以把紊流运动视为一个时间平均流动和一个脉动流动叠加而成。因而,紊流中瞬时水力要素系由两部分组成,即

$$u_x = \overline{u_x} + u_x' \tag{3-26}$$

$$p = \overline{p} + p' \tag{3-28}$$

其中:$\overline{u_x}$、$\overline{p}$ 为 x 方向的时均流速和时均压强

$$\overline{p} = \frac{1}{T}\int_0^T p\,\mathrm{d}t \tag{3-29}$$

u_x'、p' 为 x 方向的脉动流速和脉动压强。

脉动量如 u_x'、p' 的大小(振幅)和出现次数(频率),虽然随时间变化没有明显规律,并且由于不同的实验研究方法和条件而显示不同的结果,但总的说来,它的变化可以被认为是服从统计法则的,从而就可以从数理统计学的观点来研究紊流的规律性。

紊流中的脉动现象和实际工程的关系是很大的。紊流中质点的紊动和掺混漩涡的产生,增加了水流阻力,从而能量损失大大增加,水头损失规律有所不同;由于紊流中流速脉动,引起水流内部质点交换,因而紊流中的传热现象和夹带固体颗粒的特性和层流有很大差异。紊流中的压强脉动增大或减小了建筑物上的瞬时荷载,特别是高速水流,压强脉动还会引起建筑物的振动,若压强脉动使局部瞬时负压增大,则还将增加气蚀的可能性。因而在工

程实践中对紊流中压强和流速的脉动正在进行深入的研究。

2）紊流附加切应力的产生

由于紊流中各流层之间除了存在相对运动外,还存在流层之间的横向质点交换,进而也存在流层之间的动量交换,这样相对于每一流层来说,有动量的输入和输出,单位时间内的动量变化,即表现为力的现象。因此紊流的切应力是由两个部分所组成的, $\tau = \tau_1 + \tau_2$ 。第一部分 τ_1 是存在时均流速梯度情况下的牛顿黏滞应力;第二部分 τ_2 即紊流的附加切应力。

普朗特混合长理论:

普朗特混合长理论是描述下面我们来讨论的紊流附加切应力。

紊流附加切应力是由于脉动而产生的,普朗特混合长理论是简单的湍流模式,也称零方程模式,如牛顿定律,普朗特混合长理论是描述紊流附加切应力与时均流速（或时均流速的适当导数）之间的关系的理论模式。

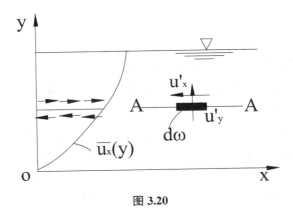

图 3.20

如图 3.20 所示,设在 oxy 平面上的二元明渠恒定均匀紊流中,取与流向 x 轴平行的 A-A 面来观察。

时均流速:
$$\overline{u_y} = 0 \ , \ \overline{u_x} = f(y)$$

由于在紊流中相邻液层之间发生质点的互相掺混,高速层的质点具有较大的动量,当掺混进入低速液层的时候,就对后者有牵引力;而低速层进入高速液层时,表现为阻滞力,这样就在两相邻液层间形成了动量传递,从而产生了相互作用的附加切应力。

若在 A-A 面上取 $d\omega$ 面积,当在该处脉动流速分量为 u_x' , u_y' 时,单位时间就有 ΔM 的质量从 $d\omega$ 下层进入上层 $\Delta M = \rho |u_y'| d\omega$,这里取绝对值是为使 ΔM 为正值。质量 ΔM 由于原来的沿 x 方向的脉动速度 u_x' 而具有动量 $\Delta M \cdot u_x' = \rho d\omega |u_y'| |u_x'|$,这也就是在单位时间由它进入上层同时传递到上层的动量。根据动量定律,这一动量应等于下层对上层的切力 T ,即

$$T = \Delta M \cdot u_x' = \rho d\omega |u'y| |u_x'|$$

上式除以面积则得 A-A 面上下两层间的瞬时切应力

$$\tau_2 = \frac{T}{\mathrm{d}\omega} = \rho\,|\,u'_y\,|\,u'_x$$

现取时间平均值

$$\tau_2 = -\rho\,\overline{u'_y u'_x} \tag{3-30}$$

所以加一负号，是因为 $u'_y\ u'_x$ 总是负值的缘故，这可以取一个基体来说明，如图 3-21。

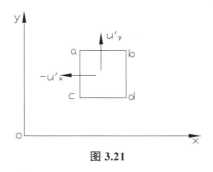

图 3.21

根据不可压缩液体的连续性原理，当地擦 dc 边由于一个脉动流速 $+\,u'_y$ 使基体垂直压缩的时候，则同时必引起基体的水平膨胀，从而使 ac 边获得脉动速度 $-\,u'_x$。因而两个脉动量乘积是个负值，反之亦然。

按照普朗特的理论，紊流中脉动着的液体微团把能够被输送的物理量如动量、动能、温度等，从液体一部分输送到另一部分。在被输送以前，这些物理量的数值是和周围液体的平均量相等；在被输送到另一部分之后，由于紊动交换，他们的数值又与新环境的这些物理量的平均值相等。例如距壁面为 y 的一个液层 b（见图 3.22），其时均流

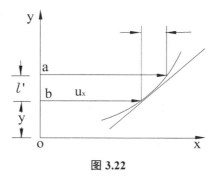

图 3.22

流速为 u_x，速度梯度为 $\dfrac{\mathrm{d}u_x}{\mathrm{d}y}$；在与 b 层相距 l' 远处的 a 层，其时均流速为

$$u_x + \frac{\mathrm{d}u_x}{\mathrm{d}y}l'$$

b 层中的液体微团由于 y 向的脉动而进入 a 层，掺混之后，获得了 a 层的流速并把动量传递给周围的液体，在微团冲入 a 层的瞬间，a 层将出现脉动流速 u'_x。应该注意的是微团原有流速为 u_x，而 a 层流速是 $u_x + \dfrac{\mathrm{d}u_x}{\mathrm{d}y}l'$，即具有流速差 $\dfrac{\mathrm{d}u_x}{\mathrm{d}y}l'$，因而可以认为这时在 a 层出

现的脉动流速 u_x' 是和微团带来的速度差 $\dfrac{\mathrm{d}u_x}{\mathrm{d}y}l'$ 具有相同的数量级,并且有比例关系,即

$$u_x' = \pm k_1 l' \frac{\mathrm{d}u_x}{\mathrm{d}y} \tag{3-31}$$

另外,脉动流速 u_y' 也应该和 u_x' 具有相同的数量级,而且是相互成比例的,但两者符号相反,即

$$u_y' = \mp k_2 l' \frac{\mathrm{d}u_x}{\mathrm{d}y} \tag{3-32}$$

k_1 和 k_2 都是比例常数。把 u_x' 和 u_y' 的表达式代入(3-30)式,略去脚注 x,并令 $k_1 k_2 l'^2 = l^2$,得到紊流附加切应力的表达式为

$$\tau_2 = \rho \cdot l^2 \left(\frac{\mathrm{d}u}{\mathrm{d}y}\right)^2 \tag{3-33}$$

于是紊流的切应力为

$$\tau = \mu \frac{\mathrm{d}u}{\mathrm{d}y} + \rho l^2 \left(\frac{\mathrm{d}u}{\mathrm{d}y}\right)^2 \tag{3-34}$$

这就是我们所要推求的紊流中切应力的普遍关系式。它表示了切应力和时均流速梯度之间的关系。这一方程与均匀流水流阻力基本方程式是推求沿程水头损失的两个独立的基本关系式。

式(3-34)中的 l 按照普朗特的命名叫做"混合长度"。可以把式(3-34)写成与牛顿内摩阻定律有相同结构形式

$$\tau = \mu \frac{\mathrm{d}u}{\mathrm{d}y} + \mu_t \frac{\mathrm{d}u}{\mathrm{d}y} = (\mu + \mu_t) \frac{\mathrm{d}u}{\mathrm{d}y} \tag{3-35}$$

式中

$$\mu_t = \rho l^2 \frac{\mathrm{d}u}{\mathrm{d}y} \tag{3-36}$$

称为"紊流黏滞系数"。式中 ε 虽然与 μ 有相同的量纲和作用,但它和 μ 不同,它不反映液体所固有的物理性质,而是随着与管壁距离 y 的不同而有显著的变化。

在普通紊流中,层流切应力远比紊流切应力为小,图 3.22 所示为在一般紊流中两部分切应力的分布情况,图中虚线为相应的流速分布图。当紊流充分发展时,层流切应力在一般解中是可忽略不计的。这样式(3-34)就可以简化为

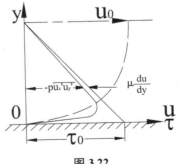

图 3.22

$$\tau = \rho l^2 \left(\frac{\mathrm{d}u}{\mathrm{d}y} \right)^2 \tag{3-37}$$

在明渠流和平板边界层流动中，混合长度与坐标 y 呈正比例，$l=ky$，其中 $k=0.4$，即卡门（Kaman）常数。

3.8　液体的紊流运动方程

由于紊流特点是由许多大大小小的漩涡组成，单个质点的运动轨迹极不规则，速度和压强的脉动及相邻层间质量的交换；从层流到紊流液体的物理力学性质并不改变，液体对剪切作用力的抵抗能力即黏滞性仍然保持；漩涡的尺度远大于分子的尺度，紊流仍然是宏观物理现象，仍属于宏观连续介质运动。因此，这里的基本观点还是认为在黏滞液体中所推得的那维埃—斯托克斯运动方程和连续方程仍然适用于紊流的瞬时运动。

1）瞬时运动的 N-S 方程组

$$X - \frac{1}{\rho} \frac{\partial p}{\partial x} + \upsilon \nabla^2 u_x = \frac{\partial u_x}{\partial t} + u_x \frac{\partial u_x}{\partial x} + u_y \frac{\partial u_x}{\partial y} + u_z \frac{\partial u_x}{\partial z} \tag{3-38}$$

$$Y - \frac{1}{\rho} \frac{\partial p}{\partial y} + \upsilon \nabla^2 u_y = \frac{\partial u_y}{\partial t} + u_x \frac{\partial u_y}{\partial x} + u_y \frac{\partial u_y}{\partial y} + u_z \frac{\partial u_y}{\partial z} \tag{3-39}$$

$$Z - \frac{1}{\rho} \frac{\partial p}{\partial z} + \upsilon \nabla^2 u_z = \frac{\partial u_z}{\partial t} + u_x \frac{\partial u_z}{\partial x} + u_y \frac{\partial u_z}{\partial y} + u_z \frac{\partial u_z}{\partial z} \tag{3-40}$$

$$\frac{\partial u_x}{\partial x} + \frac{\partial u_y}{\partial y} + \frac{\partial u_z}{\partial z} = 0 \tag{3-41}$$

2）雷诺方程的推导

紊流运动中时均运动方程组可由上述瞬时运动的方程组各项进行时均化而得到

$$\begin{aligned} u_x &= \overline{u}_x + u'_x \\ u_y &= \overline{u}_y + u'_y \\ u_z &= \overline{u}_z + u'_z \\ p &= \overline{p} + p' \end{aligned} \tag{3-42}$$

将（3-42）代入（3-38）~（3-41）中，先对连续方程式进行时间平均，则式（3-38）变为

$$\overline{\frac{\partial u_x}{\partial x}} + \overline{\frac{\partial u_y}{\partial y}} + \overline{\frac{\partial u_z}{\partial z}} = 0$$

因　　$$\overline{\frac{\partial u_x}{\partial x}} = \frac{1}{T} \int_0^T \frac{\partial u_x}{\partial x} \mathrm{d}t = \frac{\partial}{\partial x} \cdot \frac{1}{T} \int_0^T u_x \mathrm{d}t = \frac{\partial}{\partial x} \frac{1}{T} \int_0^T \left(\overline{u}_x + u'_x \right) \mathrm{d}t = \frac{\partial}{\partial x} \underbrace{\frac{1}{T} \int_0^T \overline{u}_x \mathrm{d}t}_{\overline{u}_x} + \frac{\partial}{\partial x} \underbrace{\frac{1}{T} \int_0^T u'_x \mathrm{d}t}_{0} ,$$

故　　　$\dfrac{\overline{\partial u_x}}{\partial x}=\dfrac{\partial \overline{u}_x}{\partial x}$ ，同理，$\dfrac{\overline{\partial u_y}}{\partial y}=\dfrac{\partial \overline{u}_y}{\partial y}$，$\dfrac{\overline{\partial u_z}}{\partial z}=\dfrac{\partial \overline{u}_z}{\partial z}$

于是时均运动的连续方程式为

$$\frac{\overline{\partial u_x}}{\partial x}=\frac{\overline{\partial u_y}}{\partial y}+\frac{\overline{\partial u_z}}{\partial z}=0 \tag{3-43}$$

对运动方程进行时间平均，并以 x 轴向的运动方程式为例，则式（3-39）的第一式可写为

$$\overline{X}-\frac{1}{\rho}\frac{\overline{\partial p}}{\partial x}+\upsilon\overline{\nabla^2 u_x}=\frac{\overline{\partial u_x}}{\partial t}+\overline{u_x\frac{\partial u_x}{\partial x}}+\overline{u_y\frac{\partial u_y}{\partial y}}+\overline{u_z\frac{\partial u_z}{\partial z}}$$

因　　　$\dfrac{1}{T}\displaystyle\int_0^T X\mathrm{d}t=\overline{X}$

$\dfrac{1}{\rho}\dfrac{\overline{\partial p}}{\partial x}=\dfrac{1}{\rho}\dfrac{1}{T}\displaystyle\int_0^T\dfrac{\partial p}{\partial x}\mathrm{d}t=\dfrac{1}{\rho}\dfrac{\partial}{\partial x}\dfrac{1}{T}\displaystyle\int_0^T p\mathrm{d}t=\dfrac{1}{\rho}\dfrac{\partial\overline{p}}{\partial x}$

$\upsilon\dfrac{\overline{\partial^2 u_x}}{\partial x^2}=\upsilon\dfrac{\partial}{\partial x}\left(\dfrac{\overline{\partial u_x}}{\partial x}\right)=\upsilon\dfrac{\partial^2\overline{u}_x}{\partial x^2}$ ，则

$\overline{\upsilon\nabla^2 u_x}=\upsilon\nabla^2\overline{u}_x$

$\dfrac{\overline{\partial u_x}}{\partial t}=\dfrac{\partial}{\partial t}\dfrac{1}{T}\displaystyle\int_0^T u_x\mathrm{d}t=\dfrac{\partial}{\partial t}\dfrac{1}{T}\displaystyle\int_0^T\left(\overline{u}_x+u'_x\right)\mathrm{d}t=\dfrac{\partial\overline{u}_x}{\partial t}$

对位变加速度项可先变化其形式为

$$u_x\frac{\partial u_x}{\partial x}+u_y\frac{\partial u_x}{\partial y}+u_z\frac{\partial u_x}{\partial z}=\frac{\partial}{\partial x}(u_xu_x)+\frac{\partial}{\partial y}(u_yu_x)+\frac{\partial}{\partial z}(u_zu_x)$$

然后再进行时间平均

$\overline{\dfrac{\partial}{\partial x}(u_xu_x)}=\dfrac{\partial}{\partial x}\dfrac{1}{T}\displaystyle\int_0^T(\overline{u}_x+u'_x)(\overline{u}_x+u'_x)\mathrm{d}t$

$=\dfrac{\partial}{\partial x}\dfrac{1}{T}\displaystyle\int_0^T\left(\overline{u_x u_x}+2\overline{u}_x u'_x+u'^2_x\right)\mathrm{d}t$

$=\dfrac{\partial}{\partial x}\dfrac{1}{T}\displaystyle\int_0^T\overline{u_x u_x}\mathrm{d}t+\dfrac{\partial}{\partial x}\dfrac{1}{T}\displaystyle\int_0^T 2\overline{u}_x u'_x\mathrm{d}t+\dfrac{\partial}{\partial x}\dfrac{1}{T}\displaystyle\int_0^T u'^2_x\mathrm{d}t$

$=\dfrac{\partial}{\partial x}\left(\overline{u_x u_x}\right)+\dfrac{\partial}{\partial x}\left(\overline{u'^2_x}\right)$

$\overline{\dfrac{\partial}{\partial y}(u_yu_x)}=\dfrac{\partial}{\partial y}\dfrac{1}{T}\displaystyle\int_0^T(\overline{u}_y+u'_y)(\overline{u}_x+u'_x)\mathrm{d}t$

$=\dfrac{\partial}{\partial y}\dfrac{1}{T}\displaystyle\int_0^T\left(\overline{u_y u_x}+2\overline{u}_y u'_x+u'^2_y\right)\mathrm{d}t$

$=\dfrac{\partial}{\partial y}\left(\overline{u_y u_x}\right)+\dfrac{\partial}{\partial y}\left(\overline{u'_y u'_x}\right)$

$\overline{\dfrac{\partial}{\partial z}(u_zu_x)}=\dfrac{\partial}{\partial z}\left(\overline{u_z u_x}\right)+\dfrac{\partial}{\partial z}\left(\overline{u'_z u'_x}\right)$

于是得

$$\overline{X} - \frac{1}{\rho}\frac{\overline{\partial p}}{\partial x} + \upsilon\nabla^2\overline{u_x} = \frac{\partial\overline{u_x}}{\partial t} + \frac{\partial}{\partial x}(\overline{u_x u_x}) + \frac{\partial}{\partial y}(\overline{u_y u_x}) + \frac{\partial}{\partial z}(\overline{u_z u_x})$$
$$+ \frac{\partial}{\partial x}(\overline{u'^2_x}) + \frac{\partial}{\partial y}(\overline{u'_y u'_x}) + \frac{\partial}{\partial z}(\overline{u'_z u'_x}) \tag{3-44}$$

或写为

$$\rho\overline{X} - \frac{\partial\overline{p}}{\partial x} + \frac{\partial}{\partial x}\left[\mu\frac{\partial\overline{u_x}}{\partial x} - \rho\overline{u'^2_x}\right] + \frac{\partial}{\partial y}\left[\mu\frac{\partial\overline{u_x}}{\partial y} - \rho\overline{u'_x u'_y}\right] + \frac{\partial}{\partial z}\left[\mu\frac{\partial\overline{u_x}}{\partial z} - \rho\overline{u'_z u'_x}\right]$$
$$= \rho\frac{\partial\overline{u_x}}{\partial t} + \rho\frac{\partial}{\partial x}(\overline{u_x u_x}) + \rho\frac{\partial}{\partial y}(\overline{u_y u_x}) + \rho\frac{\partial}{\partial z}(\overline{u_z u_x}) \tag{3-45}$$

同理 y 轴向

$$\rho\overline{Y} - \frac{\partial\overline{p}}{\partial y} + \frac{\partial}{\partial x}\left[\mu\frac{\partial\overline{u_y}}{\partial x} - \rho\overline{u'_y u'_x}\right] + \frac{\partial}{\partial y}\left[\mu\frac{\partial\overline{u_y}}{\partial y} - \rho\overline{u'^2_y}\right] + \frac{\partial}{\partial z}\left[\mu\frac{\partial\overline{u_y}}{\partial z} - \rho\overline{u'_y u'_z}\right]$$
$$= \rho\frac{\partial\overline{u_y}}{\partial t} + \rho\frac{\partial}{\partial x}(\overline{u_y u_x}) + \rho\frac{\partial}{\partial y}(\overline{u_y u_y}) + \rho\frac{\partial}{\partial z}(\overline{u_z u_y}) \tag{3-46}$$

同理 z 轴向

$$\rho\overline{Z} - \frac{\partial\overline{p}}{\partial z} + \frac{\partial}{\partial x}\left[\mu\frac{\partial\overline{u_z}}{\partial x} - \rho\overline{u'_x u'_z}\right] + \frac{\partial}{\partial y}\left[\mu\frac{\partial\overline{u_z}}{\partial y} - \rho\overline{u'_z u'_y}\right] + \frac{\partial}{\partial z}\left[\mu\frac{\partial\overline{u_z}}{\partial z} - \rho\overline{u'^2_z}\right]$$
$$= \rho\frac{\partial\overline{u_z}}{\partial t} + \rho\frac{\partial}{\partial x}(\overline{u_z u_x}) + \rho\frac{\partial}{\partial y}(\overline{u_y u_z}) + \rho\frac{\partial}{\partial z}(\overline{u^2_z}) \tag{3-47}$$

方程（3-43）-（3-47）称之为雷诺方程。与纳维埃—司托克斯方程进行比较，可以看出时均流速的运动方程多出下列各项：$\overline{\rho u'^2_x}$，$\overline{\rho u'^2_y}$，$\overline{\rho u'^2_z}$，$\overline{\rho u'_x u'_y}$，$\overline{\rho u'_y u'_z}$，$\overline{\rho u'_x u'_z}$，这六项都具有应力的量纲，也就是为附加紊流应力，亦称雷诺应力，它是由于流速的脉动而引起的，前三项为附加法向应力；后三项为附加切向应力。

引入雷诺应力：$\tau'_{xx} = -\overline{\rho u'_x u'_x}$；$\tau'_{xy} = -\overline{\rho u'_x u'_y}$；$\tau'_{xz} = -\overline{\rho u'_x u'_z}$，$\tau'_{yy} = -\overline{\rho u'_y u'_y}$，$\tau'_{zz} = -\overline{\rho u'_z u'_z}$，则雷诺方程写为

$$\frac{\mathrm{d}\overline{u_x}}{\mathrm{d}t} = -\frac{1}{\rho}\frac{\partial\overline{p}}{\partial x} + X + \upsilon\nabla^2\overline{u_x} + \frac{\partial}{\partial x}\tau'_{xx} + \frac{\partial}{\partial y}\tau'_{yx} + \frac{\partial}{\partial z}\tau'_{zx} \tag{3-49}$$

$$\frac{\mathrm{d}\overline{u_y}}{\mathrm{d}t} = -\frac{1}{\rho}\frac{\partial\overline{p}}{\partial y} + Y + \upsilon\nabla^2\overline{u_y} + \frac{\partial}{\partial x}\tau'_{xy} + \frac{\partial}{\partial y}\tau'_{yy} + \frac{\partial}{\partial z}\tau'_{zy} \tag{3-50}$$

$$\frac{\mathrm{d}\overline{u_z}}{\mathrm{d}t} = -\frac{1}{\rho}\frac{\partial\overline{p}}{\partial z} + Z + \upsilon\nabla^2\overline{u_z} + \frac{\partial}{\partial x}\tau'_{xz} + \frac{\partial}{\partial y}\tau'_{yz} + \frac{\partial}{\partial z}\tau'_{zz} \tag{3-51}$$

上述运动方程组加上连续方程共四个方程式，而未知数有十个（三个时均速度的分量 $\overline{u_x}$、$\overline{u_y}$、$\overline{u_z}$ 和时均压强 $\overline{p}$ 以及六个紊流附加应力），因而是一个不封闭的方程组，仅用这四个基本方程无法解决紊流的实际问题，还需要补充其他的方程式。但是雷诺方程的建立为进一步研究紊流打下了基础。

3）雷诺方程中附加切应力（Reynolds 应力）的确定

根据普朗特混合长理论，$\tau = \rho l^2 \left(\dfrac{\mathrm{d}u}{\mathrm{d}y} \right)^2 = \mu_t \dfrac{\mathrm{d}u}{\mathrm{d}y}$，并回顾类比广义牛顿摩擦定律，得

$$
\begin{bmatrix}
\tau'_{xx} & \tau'_{yx} & \tau'_{zx} \\
\tau'_{xy} & \tau'_{yy} & \tau'_{zy} \\
\tau'_{xz} & \tau'_{yz} & \tau'_{zz}
\end{bmatrix}
= 2\mu_t
\begin{bmatrix}
\overline{\dot{\varepsilon}_x} & \overline{\dot{\gamma}_{xy}} & \overline{\dot{\gamma}_{xz}} \\
\overline{\dot{\gamma}_{yx}} & \overline{\dot{\varepsilon}_y} & \overline{\dot{\gamma}_{yz}} \\
\overline{\dot{\gamma}_{zx}} & \overline{\dot{\gamma}_{zy}} & \overline{\dot{\varepsilon}_z}
\end{bmatrix}
\tag{3-52}
$$

其中　　$\overline{\dot{\varepsilon}_x} = \dfrac{\partial \overline{u}_x}{\partial x}$，$\overline{\dot{\varepsilon}_y} = \dfrac{\partial \overline{u}_y}{\partial y}$，$\overline{\dot{\varepsilon}_z} = \dfrac{\partial \overline{u}_z}{\partial z}$

$$
\overline{\dot{\gamma}_{xy}} = \frac{1}{2}\left(\frac{\partial \overline{u}_x}{\partial y} + \frac{\partial \overline{u}_y}{\partial z} \right)，\quad \overline{\dot{\gamma}_{xz}} = \frac{1}{2}\left(\frac{\partial \overline{u}_x}{\partial z} + \frac{\partial \overline{u}_z}{\partial x} \right)，\quad \overline{\dot{\gamma}_{zy}} = \frac{1}{2}\left(\frac{\partial \overline{u}_z}{\partial y} + \frac{\partial \overline{u}_y}{\partial z} \right)
$$

μ_t 为紊动动力黏滞系数。

将（3-52）代入雷诺（Reynolds）方程

$$
\frac{\mathrm{d}\overline{u}_x}{\mathrm{d}t} = -\frac{1}{\rho}\frac{\partial \overline{p}}{\partial x} + X + \upsilon \nabla^2 \overline{u}_x + \upsilon_t \nabla^2 \overline{u}_x
\tag{3-53}
$$

$$
\frac{\mathrm{d}\overline{u}_y}{\mathrm{d}t} = -\frac{1}{\rho}\frac{\partial \overline{p}}{\partial y} + Y + \upsilon \nabla^2 \overline{u}_y + \upsilon_t \nabla^2 \overline{u}_y
\tag{3-54}
$$

$$
\frac{\mathrm{d}\overline{u}_z}{\mathrm{d}t} = -\frac{1}{\rho}\frac{\partial \overline{p}}{\partial z} + Z + \upsilon \nabla^2 \overline{u}_z + \upsilon_t \nabla^2 \overline{u}_z
\tag{3-55}
$$

$$
\frac{\partial \overline{u}_x}{\partial x} + \frac{\partial \overline{u}_y}{\partial y} + \frac{\partial \overline{u}_z}{\partial z} = 0
\tag{3-56}
$$

υ_t 为紊动运动黏滞系数。

这样，上述运动方程组加上连续方程共四个方程式，未知数亦变为有 4 个，三个时均速度的分量 $\overline{u}_x$、$\overline{u}_y$、$\overline{u}_z$ 和时均压强，因而方程组是变为一个封闭的方程组，用这四个基本方程就可以解决紊流实际问题了。

3.9　圆管内液体的紊流运动

在紊流中由于漩涡的产生，质点的紊动和掺混作用使时均流速分布均匀化，因为从时间平均意义上来说，低速流层的质点由于横向运动进入高速流层后，对高速流层起着阻滞作用；而高速流层的质点进入低速流层后，对低速流层起着拖动的作用，结果使得过水断面上时均流速分布趋向于均匀化。

1）圆管紊流断面分区结构

在接近固体边界处，液流质点的紊动或横向脉动受到固体边界的制约而被抑制。由脉动流速产生的附加切应力也很小，而流速梯度却很大，所以黏滞切应力起主导作用，因而呈现层流状态，这就是传统水力学中所谓的层流底层。但近代流体力学研究表明，这一区域却是紊流的孕育区域，所以由称之为黏性底层。而黏性底层以外的区域，称之为紊流核心区域。

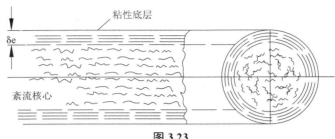

图 3.23

如图 3.23 所示,图中层流底层的厚度是被特意画大了的,实际上整个过水断面可以认为几乎完全由紊流部分也叫紊流核心所充满,例如在计算总流量时完全可以忽略层流底层的影响。但是底层虽然很薄,它的存在和变化都对研究管中或渠道中的阻力起着重要的作用。

3）黏性底层流速分布及黏性底层厚度

黏性底层内黏性起主要作用,因此其性质与层流一样,其切应力 $\tau = \mu \dfrac{\mathrm{d}u}{\mathrm{d}y}$,流速分布应该是抛物线分布。但因黏性底层流底层很薄,所以其流速分布可以看做是按直线分布。即 $y=0$,$u_x=0$;$y=\delta_0$,$u_x = u_{\delta_0}$,u_{δ_0} 为黏性底层上边界的流速。

$$\frac{u_{\delta_0}}{\delta_0} = \frac{\mathrm{d}u_x}{\mathrm{d}y} \tag{3-57}$$

流速分布 $u_x = \dfrac{u_{\delta_0}}{\delta_0} y$　　　　　　　　　　　　　　　　　　　　　（3-58）

底部应力边界条件

$$\tau_0 = \mu \frac{\mathrm{d}u}{\mathrm{d}y} = \mu \frac{u_{\delta_0}}{\delta_0} \tag{3-59}$$

$$\frac{\tau_0}{\rho} = \mu \frac{\mathrm{d}u}{\mathrm{d}y} = \frac{\mu}{\rho} \frac{u_{\delta_0}}{\delta_0}$$

$$u_*^2 = v \frac{u_{\delta_0}}{\delta_0}$$

$$\frac{\delta_0 u_*}{v} = \frac{u_{\delta_0}}{u_*} = N$$

根据尼古拉兹试验,$N=11.6$,所以

$$\delta_0 = 11.6 \frac{v}{u_*} \tag{3-60}$$

所以　　　$u_{\delta_0} = 11.6 u_*$;$\dfrac{u_{\delta_0}}{\delta_0} = \dfrac{u_*^2}{v}$,流速分布

$$u_x = \frac{u_{\delta_0}}{\delta_0} y = \frac{u_*^2}{v} y \tag{3-61}$$

根据前面分析 $\tau_0 = \lambda_R \cdot \dfrac{1}{2} \rho v^2$　　　　　　　　　　　　　　　　　（3-11）

对于圆形或正方形有压管道,相应的直径或边长为 $d=4R$,并取

$$4\lambda_R = \lambda$$

$\tau_0 = \lambda \cdot \dfrac{1}{8}\rho v^2$,$u_* = \sqrt{\dfrac{\lambda}{8}}v$,代入(3-60)中得

$$\delta_0 = N\sqrt{8}\,\frac{v}{\sqrt{\lambda}v} = \frac{\sqrt{8}Nd}{\mathrm{Re}\sqrt{\lambda}} = \frac{32.8d}{\mathrm{Re}\sqrt{\lambda}} \qquad (3\text{-}62)$$

可以看出,黏性底层厚度和雷诺数有关,例如对于同一管道来说,底层厚度 δ_0 是随雷诺数也即总流的平均流速 v 的增大而减小的,这样就可能出现下列两种情况。

假设所讨论的管道(或渠道)的壁面上粗糙突起的高度为 Δ,也叫做壁面的绝对粗糙度。第一种情况是 Re 较小而从 δ_0 很厚,例如 $\Delta < 0.5\delta_0$,黏性底层把粗糙突起高度掩盖得很深,如图 3.24(a)所示,这时壁面的粗糙凸起 Δ 的大小将对紊流核心根本不起作用,这种情况叫做光滑紊流。第二种情况是 Re 较大从而 δ_0 很薄,例如 $\Delta > 6\delta_0$ 即层流底层淹没不了粗糙凸起高度如图 3.24(b)所示,这时壁面的粗糙凸起已经触及或深入到紊流核心,从而起着一定的形体阻力作用,成为制造漩涡的策源地,这在实验研究中应用特殊的照相方法,就可以从照片上直接观察到。这就是说壁面粗糙凸起高度的大小和性质,也即壁面的粗糙程度,已对液体的紊流运动起着作用了,这种紊流称为粗糙紊流,它是在紊流性方面较前一种情况更为发展的流动。

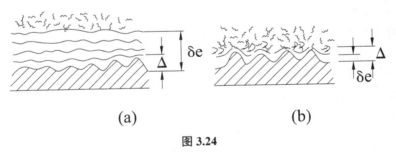

(a)　　　　　　(b)

图 3.24

很明显,光滑紊流和粗糙紊流的时均流速分布,以及阻力水头损失规律也将有所不同。

前面已经提到紊流中由于质点掺混动量的传递致使过水断面的时均流速趋于均匀化,图 3.25 表示圆管层流中断面平均流速为最大流速的一半即 $v = \dfrac{1}{2}u_c$,u_c 为管中心流速,也即是最大流速。而在紊流中,则 $\dfrac{v}{u_c}$ 远大于 $1/2$,并随雷诺数的增大,流速分布更加趋于均匀化。$\dfrac{v}{u_c}$ 值更接近于 1。例如 Re=2 700,$\dfrac{v}{u_c}=0.75$;Re=10^6,$\dfrac{v}{u_c}=0.86$;在 Re=10^8,$\dfrac{v}{u_c}=0.90$。显然如 Re $\to \infty$,则 $v \to u_c$,即相当于理想液体的均匀流速分布。这是黏性几乎不起作用,可视为 $\mu \to 0$ 的情形。

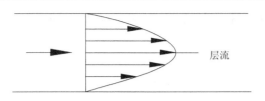

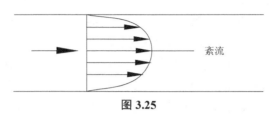

图 3.25

3）紊流的核心断面流速分布

关于紊流的流速分布至今还没有完全成熟的理论公式，一般是根据紊流的半经验理论结合试验来求得。

对于圆管紊流，由普朗特混合长理论，其内部应力可表示为

$$\tau = \rho l^2 \left(\frac{\mathrm{d}\overline{u}_x}{\mathrm{d}y} \right)^2 + \mu \frac{\mathrm{d}\overline{u}_x}{\mathrm{d}y} \qquad (3\text{-}63)$$

当 Re 很大，紊动占主体，紊动切应力远远大于黏性切应力，所以有

$$\tau = \rho l^2 \left(\frac{\mathrm{d}\overline{u}_x}{\mathrm{d}y} \right)^2 \qquad (3\text{-}64)$$

在圆管中，混合长度表达式

$$l = \kappa y \sqrt{1 - \frac{y}{r_0}} \qquad (3\text{-}65)$$

该表达式为萨特克维奇（CarkeBHY）公式，其中 κ 为卡门常数。y 从圆管壁面为起点，指向圆管中心。

同时，根据力的平衡方程，圆管均匀流的切应力和 r 成正比。在管中心处 $r=0$，从而 $\tau=0$；在管壁处 $r=r_0$，$\tau=\tau_0$，具有最大值。其间 τ 沿半径方向呈直线变化，如图 3.12 所示。

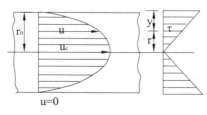

图 3.26

$$\tau = \tau_0 \frac{r}{r_0} \qquad (3\text{-}9)$$

换算成以壁面起算的 y 坐标，$r=r_0-y$，

$$\tau = \tau_0 \frac{r_0-y}{r_0} = \tau_0\left(1-\frac{y}{r_0}\right) \tag{3-66}$$

根据（3-64）（3-65）（3-66），得

$$\tau_0\left(1-\frac{y}{r_0}\right) = \rho(\kappa y)^2\left(1-\frac{y}{r_0}\right)\left(\frac{d\overline{u_x}}{dy}\right)^2$$

$$\frac{du}{dy} = \frac{1}{\kappa y}\sqrt{\frac{\tau_0}{\rho}} = \frac{u_*}{\kappa}\frac{1}{y}$$

积分得

$$u = \frac{u_*}{\kappa}\ln y + c \tag{3-67}$$

式（3-67）为从紊流半经验理论得到的紊流流速分布的公式。它表明紊流区内的速度分布是一条对数曲线，也就是所谓的"对数定律"。

在此情形下，在圆管中心，$y=r_0$，$u=u_c$。由此便可定出常数

$$c = u_c - \frac{1}{\kappa}u_*\ln r_0 \tag{3-68}$$

代入上式（3-67），得

$$\frac{u_c-u}{u_*} = \frac{1}{\kappa}\ln\frac{r_0}{y} \tag{3-69}$$

上式左边分子表示圆管断面上任一点的速度与管轴处最大速度的相对差值，因而常称为亏值速度曲线。若取 $\kappa=0.4$，则

$$\frac{u_c-u}{u_*} = 2.5\ln\frac{r_0}{y} \tag{3-70}$$

改用常用对数时，则有

$$\frac{u_c-u}{u_*} = 5.75\lg\frac{r_0}{y} \tag{3-71}$$

从上面的式子我们还不能得到紊流速度的具体分布，因而其中管中心的速度还是未知的，这就需要针对具体的情况用实验结果加以确定。

结合实验研究的流速分布：

根据尼古拉兹在人工粗糙管中进行的实验资料得出圆管光滑紊流的流速分布公式为

$$\frac{u}{u_*} = 5.75\lg\left(\frac{u_* y}{v}\right) + 5.5 \tag{3-72}$$

将上式对整个圆管断面进行积分，可得相应的断面平均流速的公式为

$$\frac{v}{u_*} = 5.75\lg\left(\frac{u_* r_0}{v}\right) + 1.75 \tag{3-73}$$

圆管粗糙紊流的流速分布公式为

$$\frac{u}{u_*} = 5.75\lg\left(\frac{y}{\Delta}\right) + 8.5 \tag{3-74}$$

将上式对整个圆管断面进行积分,得断面平均流速的公式为

$$\frac{u}{u_*} = 5.75 \lg\left(\frac{r_0}{\Delta}\right) + 4.75 \tag{3-75}$$

此外,又根据尼可拉兹的实验资料可得光滑紊流、过渡区和粗糙紊流的适用范围为

当 $\dfrac{u_* \Delta}{v} < 5$ 为光滑紊流

$5 < \dfrac{u_* \Delta}{v} < 70$ 为过渡区

$\dfrac{u_* \Delta}{v} > 70$ 为粗糙紊流。

除了以上所述的流速分布的对数公式以外,还有流速分布的指数公式。根据尼可拉兹在光滑管中的实验资料($4 \times 10^3 \leqslant \mathrm{Re} \leqslant 3.2 \times 10^6$),圆管紊流的流速分布可用以下的指数式表示,即

$$\frac{u}{u_c} = \left(\frac{y}{r_0}\right)^{\frac{1}{n}} \tag{3-76}$$

式中,n 为一指数,它和雷诺数有关,见表 3.2。

表 3.2

Re	4.0×10^3	2.3×10^4	1.1×10^5	1.1×10^6	2.0×10^6	3.2×10^6
n	6.0	6.6	7.0	8.8	10	10

将式(3-76)对整个圆管断面进行积分,则得断面平均流速的公式为

$$\frac{v}{u_c} = \frac{2n^2}{(n+1)(2n+1)} \tag{3-77}$$

对于河渠水流,目前还缺乏系统的实验资料,由于均匀管流和二元河渠均匀流有一定的相似性,故以上流速分布公式也适用于二元河渠均匀紊流,只要把其中半径 r_0 改为水深即可。

3.10　液体紊流运动沿程水头损失系数的变化规律

3.10.1　普遍公式

从圆管层流的讨论中我们已经知道,对水头损失起决定作用的有管长 l、管径 d、平均流速 v、液体密度 ρ 和黏滞系数 μ。

$$h_f = \lambda \frac{l}{d} \frac{v^2}{2g}$$

阻力系数

$$\lambda = \frac{64}{\mathrm{Re}}$$

而在紊流里,上节曾指出表示管壁粗糙程度的管壁粗糙突起的平均高度 Δ,在 Re 较大的情况下也将对水流阻力起着重要影响。因此,可以认为对水头损失有影响的基本因素是 l、v、d、ρ、μ 和 Δ。把这六个自变数和因变数水头损失联系在一起,应用"量纲分析"的方法,再参照管流物理过程已知的规律,就可以求得表达式

$$h_f = f\left(\frac{vd\rho}{\mu}, \frac{\Delta}{d}\right)\frac{l}{d} \cdot \frac{v^2}{2g}$$

令　　　　$$\lambda = f\left(\frac{vd\rho}{\mu}, \frac{\Delta}{d}\right) = f\left(\mathrm{Re}, \frac{\Delta}{d}\right) \tag{3-78}$$

则上式可化为

$$h_f = \lambda \frac{l}{d}\frac{v^2}{2g} \tag{3-79}$$

或

$$h_f = \lambda \frac{l}{4R}\frac{v^2}{2g} \tag{3-80}$$

即以前我们曾经得到过的达西公式,并指出沿程阻力系数 λ 是 Re 和 Δ/d 的函数,而层流中的 $\lambda = 64/\mathrm{Re}$ 则是其中的一个特殊情形。

Δ/d 称为壁面的"相对糙度",也有用它的倒数表示的,则称为"相对光滑度"。

根据以上讨论可以再一次说明达西公式(3-80)是均匀流的普遍公式,不论层流、紊流;有压流或无压流都可应用。

在式(3-80)中,将 $h_f = Jl$ 代入后则得

$$v = \sqrt{\frac{8g}{\lambda}}\sqrt{RJ}$$

令　　　　$$C = \sqrt{\frac{8g}{\lambda}} \tag{3-81}$$

则上式化为

$$v = C\sqrt{RJ} \text{ 或 } Q = \omega C\sqrt{RJ} \tag{3-82}$$

式(3-82)为水力学中著名的谢才公式(谢才曾于 1775 年提出这一公式)。显然,它不过是式(3-54)的一种变化形式。式中系数 C 称为谢才系数。这里应该注意,C 是一个有量纲的量,它的量纲是 $\left[\dfrac{L^{1/2}}{T}\right]$,一般采用 $\mathrm{m}^{1/2}/\mathrm{s}$ 作单位。

3.10.2　沿程阻力系数 λ 的实验研究

根据理论和大量的实验研究说明,在紊流中 $\lambda = f\left(\mathrm{Re}, \dfrac{\Delta}{r_0} \text{ 或 } \dfrac{\Delta}{R}\right)$;在层流中 $\lambda = f(\mathrm{Re})$。

而在紊流中，λ 与 Re 及 $\dfrac{\Delta}{r_0}$ 或 $\dfrac{\Delta}{R}$ 之间究竟是一个什么关系，则需要借助于实验和经验。

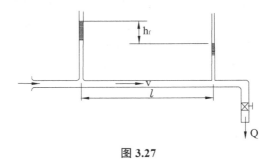

图 3.27

实验装置如图 3.27。流量用阀门控制，量出管子直径 d、断面平均流速 $v = \dfrac{Q}{\omega}$ 和相距 l 的两断面的测压管水头差 h_f。那么，根据式（3-79）即可算出该次实验的雷诺数 $\mathrm{Re} = \dfrac{vd}{\upsilon}$ 值及 λ 值。

$$\lambda = \frac{h_f \cdot d \cdot 2g}{l \cdot v^2} \tag{3-83}$$

改变不同的流量，就可测出相应的 λ 值，于是我们就得到在某一相当的 $\dfrac{\Delta}{r_0}$ 情况下，λ 和 Re 的一系列对应值。若用各种不同的直径及各种相对糙度的管子进行实验，就可以得到一系列的实验资料，整理这些资料，即可分析 $\lambda = f\left(\mathrm{Re}, \dfrac{\Delta}{r_0}\right)$ 的变化规律。

1. 尼古拉兹试验（人工粗糙管）

1932 年和 1933 年德国科学工作者尼古拉兹发表了他在人工粗糙管的试验结果，这一试验在揭示水流阻力损失规律方面有着非常重要的价值。

为了研究壁面粗糙突起高度对水流阻力损失的影响，尼可拉兹在实验中将均匀沙粒用稀薄的漆胶粘在管内壁的壁面上（砂粒直径 d 即为绝对粗糙度 Δ），其相对糙率 Δ/r_0 的范围由 $\dfrac{1}{15}$ 到 $\dfrac{1}{507}$，雷诺数的范围从 $600 \sim 3,230,000$，在最光滑的管中 $\left(\dfrac{\Delta}{r_0} = \dfrac{1}{507}\right)$ 也获得了粗糙紊流区的流动。

图 3.28 就是这个试验的结果。为了清楚和便于说明问题起见，只把两种相对糙率 $\left(\dfrac{\Delta}{r_0} = \dfrac{1}{60} \text{ 及 } \dfrac{1}{126}\right)$ 的试验点画入图内，横坐标采用 $\lg\mathrm{Re}$，纵坐标采用 $\lg(100\lambda)$。从图上可以看出（以相对糙率 $\dfrac{\Delta}{r_0} = \dfrac{1}{60}$ 及 $\dfrac{1}{126}$ 的两类管子为例），随着雷诺数 Re 的增大，管流流态变化可分为五个区域，在每一个区域里阻力系数 λ 的变化规律是各自不同的。

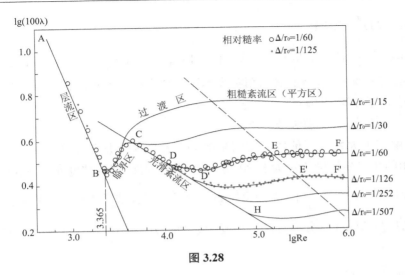

图 3.28

第一区——层流区，当 Re<2 320（即 lgRe=3.365）时，各试验点（符号○及●）均落在直线 *AB* 内，说明 λ 与糙率无关，*AB* 线的方程与式（3-23）一致，仍为

$$\lambda = 64 / Re$$

试验结果证实了圆管层流理论的正确性。此时 $h_f \propto v^{1.0}$。

第二区——临界区，即由层流转变为紊流的过渡区。如图上 *BC* 所示。在此区域内 λ 与 Re 没有简单规律的相关变化。

第三区——光滑紊流区，即图上的 *CH* 直线。当流态到达临界状态后，随着雷诺数的增加，各试验点均有规律地落入直线 *CH* 内，该线的方程式为

$$\frac{1}{\sqrt{\lambda}} = 2 \lg Re \sqrt{\lambda} - 0.80 \tag{3-84}$$

此时管流的层流底层厚度 δe 大大淹没了管壁粗糙突起高度，因而沿程阻力系数 λ 与糙率无关，只是雷诺数的函数（因两种糙率的点均落在 *CD* 段内）。但当雷诺数从 *D* 点再增加时，两种糙率的点开始分开，糙率较大的点 $\left(\dfrac{\Delta}{r_0} = \dfrac{1}{60} \right)$ 已开始进入第四区，即在该雷诺数下，层流底层变薄，已不足以掩盖粗糙突起高度了，而 $\dfrac{\Delta}{r_0} = \dfrac{1}{126}$ 的试验点却仍然保持光滑紊流区。可见光滑紊流区的范围和相对糙率有关。

第四区——过渡区，即图上的 *DE* 和 *D' E'* 等各段是由光滑紊流转变到粗糙紊流的过渡区域。在这个区域里，不同糙率的点落到不同曲线上，说明 λ 随 Δ/r0 而变化，但对同一个糙率的点落在一条曲线上，说明 λ 也随 Re 而变化。因此，在此区内，λ 是 Re 和 Δ/r0 两者的函数，这也说明层流底层的厚度减小，粗糙突起高度已对紊流核心有一定影响。

第五区——粗糙紊流区。在这个区域内，两种不同糙率的点分别落在两条水平直线 *EF* 和 *E' F'* 上，说明 λ 随糙率不同而不同；但对同一个糙率，各点落在同一条水平线上，即说明 λ 并不随 Re 变化而只是相对糙率 Δ/r0 的函数。把实验资料归纳为公式形式即为

$$\frac{1}{\sqrt{\lambda}} = 2\lg\frac{r_0}{\Delta} + 1.74 \tag{3-85}$$

即 λ 与 Re 无关,把它代入达西公式中便可以看出此时 $h_f \infty v^{2.0}$,因而本区也叫做阻力平方区。在此区内层流底层已经很薄,粗糙突起高度 $\Delta \gg \delta_e$ 突入紊流核心,产生漩涡,促使水流的紊动性达到充分发展的程度。

2. 蔡克士大试验(人工粗糙明渠)

1938年蔡克士大发表了他用人工粗糙的办法在明渠无压流中进行的实验结果,如图 3.29。所采用的相对光滑度 R/Δ 为 5~80 共十种,水流的深、宽及坡度亦各不相同,在曲线图内,横坐标为 $\lg \mathrm{Re} = \left(\mathrm{Re} = \dfrac{vR}{\upsilon}\right)$,纵坐标为 $\lg(\lambda \cdot 10^3)$,实验结果所得曲线图形和尼可拉兹的曲线极为相似,亦即同样可分为五区。第五区亦为阻力平方区,λ 只与 R/Δ 有关,写成公式形式为

$$\frac{1}{\sqrt{f}} = 2\lg\frac{R}{\Delta} + 2.125 \tag{3-86}$$

式中 $f = \lambda/4$

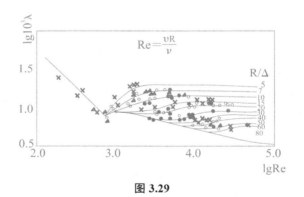

图 3.29

3. 工业管道

为了解决工程中管道水头损失的计算问题,本世纪以来许多科学工作者就各种类型的工业管道做过大量的试验研究工作,总结出一些有实用价值的资料,现简介如下。

谢维列夫于1953年发表了他在实验室和实际生产条件下对不同直径的新旧钢管、铸铁管所进行的系统试验和现场观测工作,图3.30、3.31为他在新钢管和新铸铁钢管中所得到的典型结果。

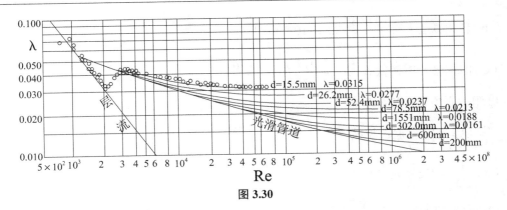

图 3.30

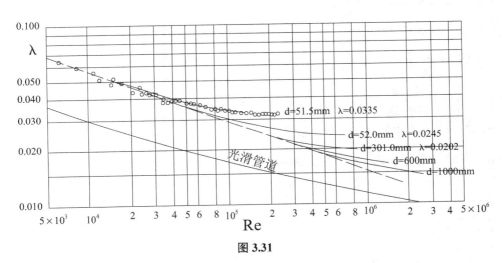

图 3.31

3.10.3　沿程水头损失系数经验公式

①光滑区

$$\frac{1}{\sqrt{\lambda}} = 2\lg \mathrm{Re}\sqrt{\lambda} - 0.80 \qquad 4\times10^{3} < \mathrm{Re} < 3.2\times10^{6}$$

$$\lambda = \frac{0.316\,4}{\mathrm{Re}^{0.25}} \qquad \mathrm{Re} < 10^{5}$$

$$河流\ \frac{1}{\sqrt{\lambda}} = 2\lg \mathrm{Re}\sqrt{\lambda} - 0.398$$

②过渡区

$$\frac{1}{\sqrt{\lambda}} = -2\lg\left(\frac{\Delta}{3.76d} + \frac{2.51}{\mathrm{Re}\sqrt{\lambda}}\right)\ 柯尔布鲁公式$$

谢. 维列夫公式

（a）新钢管：$\lambda = \dfrac{0.312}{d^{0.226}}\left(1.9\times10^{-6} + \dfrac{v}{\upsilon}\right)^{0.226}$

（b）新铸铁管：$\lambda = \dfrac{0.863}{d^{0.284}}\left(0.55 \times 10^{-6} + \dfrac{v}{\upsilon}\right)^{0.284}$

（c）旧钢管及旧铸铁管：$\lambda = \dfrac{0.017\,9}{d^{0.3}}\left(1 + \dfrac{0.867}{\upsilon}\right)^{0.3}$

③阻力平方区（紊流区）

$$\lambda = f\left(\dfrac{\Delta}{r_0}\right) \text{尼古拉兹}$$

（a）$\dfrac{1}{\sqrt{\lambda}} = 2\lg \dfrac{r_0}{\Delta} + 1.74$

（b）谢维列夫公式 $\lambda = \dfrac{0.0210}{d^{0.3}}$

（c）曼宁—谢才公式

$$h_f = \lambda \dfrac{l}{d} \dfrac{v^2}{2g}$$

$$\dfrac{h_f}{l} = \lambda \dfrac{1}{4R} \cdot \dfrac{v^2}{2g}$$

$v = C\sqrt{RJ}$　谢才公式　C 谢才系数

$C = \dfrac{1}{n} R^{\frac{1}{6}}$　曼宁公式　n 为曼宁糙率

R 为水力半径

$$\sqrt{\dfrac{8g}{\lambda}} = \dfrac{1}{n} R^{1/6}$$

$$\lambda = \dfrac{n^2}{8gR^{1/6}}$$　n —查表

3.11　局部水头损失

图 3.33 为几种局部阻力的流动状态,在发生局部阻力的地方通常都伴有水流与边界的分离及漩涡区的产生,这样就增加了液体内部的紊动和速度梯度,改变了水流结构,因而我们可以把局部阻力认为是一种形体阻力。

仿照表示沿程水头损失的达西公式。

$$h_f = \lambda \dfrac{l}{d} \dfrac{v^2}{2g}$$

局部水头损失

$$h_j = \xi \dfrac{v^2}{2g}$$

$$（3\text{-}87）$$

ξ 为局部阻力系数。

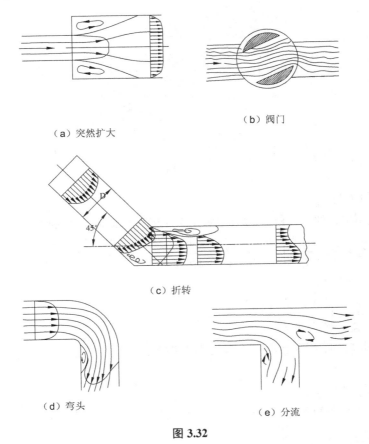

（a）突然扩大　　　　　　（b）阀门

（c）折转

（d）弯头　　　　　　　　（e）分流

图 3.32

对于一般问题中所遇到的局部阻力系数 ξ，可以根据已有的经验数据或经验公式来推求。

1. 断面突然放大

在图 3.33 中管道断面由 ω_1 突然放大至 ω_2，在扩散流的周围产生了漩涡区，流速分布发生了很大变化，现在来分析其局部水头损失。

图 3.33 中的 $2'-2'$ 断面虽然大尺度漩涡区已经结束，但流速分布还没有恢复到正常情况，因此断面 1-1 至 2-2 间的单位能量损失才是突然放大的局部水头损失。

理论解：利用能量方程、动量方程、连续性方程

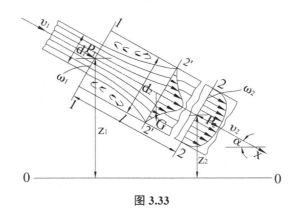

图 3.33

1)利用能量方程

取 0-0 为基准面, 列 1-1 和 2-2 断面的伯努利方程来求局部水头损失

$$h_j = \left(z_1 + \frac{p_1}{\lambda} + \frac{\alpha_1 v_1^2}{2g} \right) - \left(z_2 + \frac{p_2}{\lambda} + \frac{\alpha_2 v_2^2}{2g} \right) \qquad (3\text{-}89)$$

取 $\alpha_1 = \alpha_2 = 1.0$

$$h_j = \left(\frac{v_1^2}{2g} - \frac{v_2^2}{2g} \right) + \left(\frac{p_1}{\gamma} - \frac{p_2}{\gamma} \right) + (z_1 - z_2) \qquad (3\text{-}90)$$

式中 $(p_1 - p_2)$ 是未知的, 因而上式不能求局部水头损失, 还需要建立一个包括 $(p_1 - p_2)$ 的关系式才能求解。

2) 利用动量方程

对 1-1 和 2-2 断面间液体写出沿流动方向(管轴)x 的动量方程式

$$\frac{\gamma Q}{g}(\alpha_{02} v_2 - \alpha_{01} v_1) = \sum F_x \qquad (3\text{-}91)$$

现在来分析作用在流段上的外力。

(1)流段外表面摩擦力: 由于 1-1 和 2-2 之间距离不大, 切向力与其他力比较较小, 可忽略不计, 而法向力垂直于管轴, 在管轴上投影为零。

(2)重力: 在 x 轴方向的分力为 G_x, 设流断长度为 l, 则

$$G_x = \gamma l \omega_2 \sin \alpha$$

又因 $l \cdot \sin \alpha = z_1 - z_2$, $\therefore G_x = \gamma \omega_2 (z_1 - z_2)$

(3)断面 1-1 和 2-2 两过水断面上动水压力的合力为 P_x

$$P_x = p_1 \omega_1 - p_2 \omega_2$$

(4)1-1 断面上环形管壁部分对水流作用力为 R_x, 它等于漩涡区的水流作用在环形壁上的力。则 $\sum F_x = P_x + R_x + G_x = p_1 \omega_1 - p_2 \omega_2 + R_x + \gamma \omega_2 (z_1 - z_2)$

由实测资料可以证明, 断面 1-1 包括环形壁面在内的部分, 压强可近似的假定也按静水压强规律分布, 故 $p_1 \omega_1 + R_x = p_1 \omega_2$, 这样在 x 方向的动量方程式为

$$\frac{\gamma Q}{g}(\alpha_{02} v_2 - \alpha_{01} v_1) = p_1 \omega_2 - p_2 \omega_2 + \gamma \omega_2 (z_1 - z_2) \qquad (3\text{-}92)$$

令 $\alpha_{01}=\alpha_{02}=1.0$ ，

$$\frac{p_1}{\gamma}-\frac{p_2}{\gamma}=\frac{Q}{g\omega_2}(v_2-v_1)-(z_1-z_2) \tag{3-93}$$

代入（3-90）得

$$h_j=\left(\frac{v_1^2}{2g}-\frac{v_2^2}{2g}\right)+\frac{Q}{g\omega_2}(v_2-v_1)=\frac{1}{2g}(v_1^2-v_2^2+2v_2^2-2v_1v_2)$$

$$h_j=\frac{(v_1-v_2)^2}{2g} \tag{3-94}$$

$$h_j=\xi\frac{v_2^2}{2g} \tag{3-87}$$

故　　　 $$\xi=\left(\frac{\omega_2}{\omega_1}-1\right)^2 \tag{3-88}$$

2. 一般的经验系数

①进口 $\xi=0.5$（图 3.34）

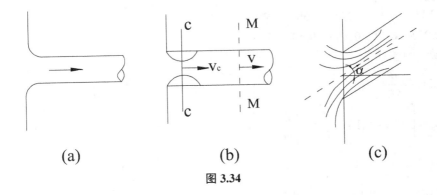

(a)　　　　　　(b)　　　　　　(c)

图 3.34

②出口 $\xi=1.0$（图 3.35）

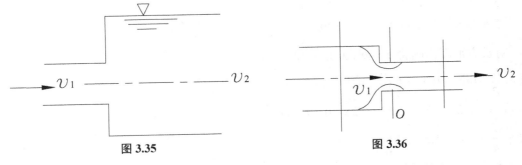

图 3.35　　　　　　　　图 3.36

③收缩 $\xi=0.5\left(1-\dfrac{\omega_2}{\omega_1}\right)$（图 3.36）

④折角（图 3.37）

$$\xi = 0.946 \sin^2 \frac{\alpha}{2} + 2.05 \sin^4 \left(\frac{\alpha}{2} \right) \tag{3-89}$$

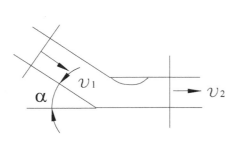

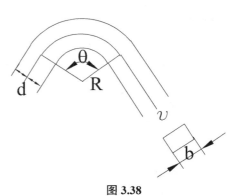

图 3.37   图 3.38

对于圆形管子

$\alpha =$	20°	45°	60°	90°	120°
$\xi =$	0.045	0.183	0.365	0.99	1.86

对于长方形管子

$\alpha =$	15°	30°	45°	60°	90°
$\xi =$	0.025	0.11	0.260	0.490	1.20

⑤转弯（图 3.38）

$$\xi = \xi' \frac{\theta°}{90°}$$

$$\xi = \left[0.13 + 0.165 \left(\frac{d}{R} \right)^{3.5} \right] \frac{\theta°}{90°} \tag{3-90}$$

式中，

$\frac{d}{R} =$	0.2	0.4	0.6	0.8	1.0	1.2
$\xi' =$	0.13	0.14	0.16	0.21	0.29	0.44

$\frac{d}{R} =$	1.4	1.6	2.0
$\xi' =$	0.66	0.98	1.98

对长方形断面的管子（式（3-83）中的 d 应变为 b)

$\frac{b}{R} =$	0.2	0.4	0.6	0.8	1.0	1.2
$\xi' =$	0.12	0.14	0.18	0.25	0.40	0.64

$\frac{d}{R} =$	1.4	1.6	2.0
$\xi' =$	1.02	1.55	3.23

⑥渐扩（缩）（图 3.39）

$$h_j = \xi \frac{v_1^2}{2g}$$

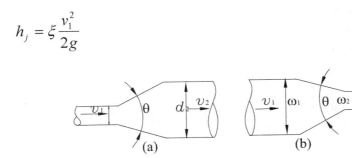

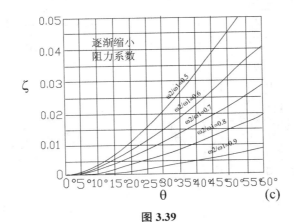

图 3.39

逐渐扩大局部阻力系数 ξ 值见表 3.5。

表 3.5

d_2/d_1	圆锥体角度 θ												
	2°	4°	6°	8°	10°	15°	20°	25°	30°	35°	40°	45°	60°	80°
1.1	0.01	0.01	0.01	0.02	0.03	0.05	0.10	0.13	0.16	0.18	0.19	0.20	0.21	0.23
1.2	0.02	0.02	0.02	0.03	0.04	0.09	0.16	0.21	0.25	0.29	0.31	0.33	0.35	0.37
1.4	0.02	0.03	0.03	0.04	0.06	0.12	0.23	0.30	0.36	0.41	0.44	0.47	0.50	0.53
1.6	0.03	0.03	0.04	0.05	0.07	0.14	0.26	0.35	0.42	0.47	0.51	0.54	0.57	0.61
1.8	0.03	0.04	0.04	0.05	0.07	0.15	0.28	0.37	0.44	0.50	0.54	0.58	0.61	0.65
2.0	0.03	0.04	0.04	0.05	0.07	0.16	0.29	0.38	0.45	0.52	0.56	0.60	0.63	0.68
2.5	0.03	0.04	0.04	0.05	0.08	0.16	0.30	0.39	0.48	0.54	0.58	0.62	0.65	0.70
3.0	0.03	0.04	0.04	0.05	0.08	0.16	0.31	0.40	0.48	0.55	0.59	0.63	0.66	0.71
∞	0.03	0.04	0.05	0.06	0.08	0.16	0.31	0.40	0.49	0.56	0.60	0.64	0.67	0.72

⑦拦污栅（图 3.40）

$$\xi = \beta \left(\frac{s}{b} \right)^{\frac{4}{3}} \sin \alpha$$

式中 β 为栅条形状系数（图 3.40c），按表 3.6 决定。

b 为栅条净距(图 3.40b)

s 为栅条厚度(图 3.40b)

a 为栅条对水平方向的倾斜角

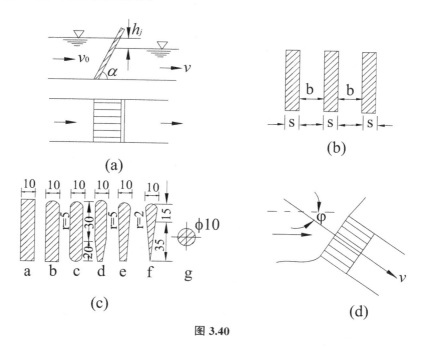

图 3.40

当栏栅斜向放置时见图 3.40(d),断面为 10×75 毫米的矩形栅条,ξ 依 φ 而定,其值可由图 3.41 的曲线上查出。

表 3.6

栅条形状	a	b	c	d	e	f	g
β	2.42	1.83	1.67	1.033	0.92	0.76	1.79

⑧单向阀(图 3.42)

$\xi=5\sim10$

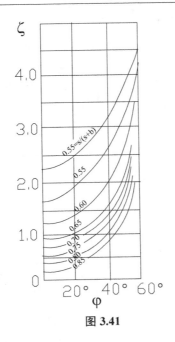

图 3.41

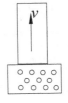

图 3.42

⑨各种深水阀门（图 3.43）

局部阻力系数可有表 3.7 所列资料查得。

表 3.7　$\xi = f(n)$

闸门开启度 n	平板阀门	旋转（蝴蝶）阀门	圆辊阀门	封闭式圆筒阀门	针形阀门	弧形阀门
0	∞	∞	∞	∞	∞	∞
0.100	193.25	—	35500	81.00	570.00	—
0.200	44.75	—	1500	23.00	29.00	—
0.250	—	55.21	—	—	—	19.32
0.300	18.05	—	280	8.90	7.00	—
0.400	8.37	—	60.00	4.75	3.15	—
0.500	4.27	7.85	18.00	3.00	1.60	3.58
0.600	2.33	—	6.00	2.25	0.93	—
0.700	1.10	—	2.30	1.80	0.55	—
0.750	—	1.11	—	—	—	0.81
0.800	0.64	—	0.90	1.55	0.30	—
0.900	0.34	—	0.24	1.40	0.16	—
1.000	0.25	0.16	0.00	1.30	0.11	0.17

由表 3—7 资料可看出,阀门局部阻力系数 ξ 不仅与阀门形式有关,而且与阀门开度有很大的关系。

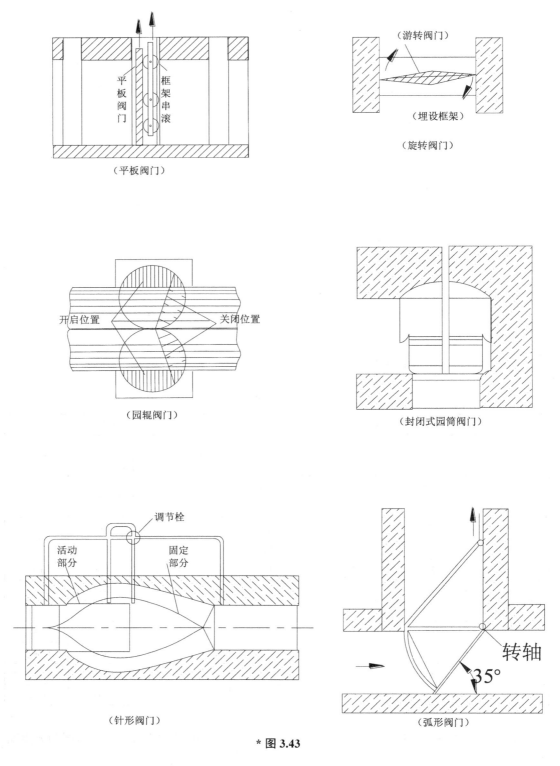

（平板阀门）

（旋转阀门）

（园辊阀门）

（封闭式园筒阀门）

（针形阀门）

（弧形阀门）

* **图 3.43**

例 1　我国某船闸,其上闸首采用廊道平面对冲消能式输水系统(图 3.44),廊道(混凝

土工)断面为长方形(4 m × 4.5 m),全长 20 m,其中有两个圆滑转弯(转弯半径 R=3.5 m,θ=90°),廊道进口边缘略微作圆,进口前装有圆栅条拦污栅(s=8 mm, b=42 mm),输水阀门采用平板式直升门。在设计情况下,闸门上、下水位差为 ΔH,阀门全开时的瞬时流量 Q=147 m³/s。

试求此时输水廊道的总水头损失。

解:

1)判断流态

根据已知条件计算

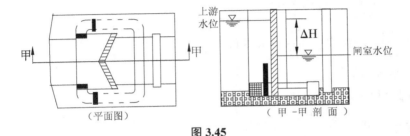

图 3.45

断面平均流速

$$\upsilon = \frac{Q}{\omega} = \frac{147}{4 \times 4.5} = 8.17 \text{ m/s}$$

水力半径

$$R = \frac{\omega}{x} = \frac{4 \times 4.5}{2 \times 4 + 2 \times 4.5} = 1.06 \text{ m}$$

雷诺数

$$\text{Re} = \frac{\upsilon \cdot R}{\nu} = \frac{8.17 \times 1.06}{0.01 \times 10^4} = 8,650,000$$

根据雷诺数值,可以断定,此时廊道中的水流是紊流,而且处于粗糙紊流区。从这一个例子说明,在一般水利工程中,水流多系紊流,大多数都进入粗糙紊流区。所以我们在今后的工程计算时,一般都可按紊流计算。

2)水头损失计算

廊道的水头损失既有沿程损失,又有许多个局部损失。以下分别计算

(1)拦污栅处的损失

$$\xi = \beta \left(\frac{s}{b} \right)^{4/3} \sin \alpha \quad (这里 \alpha = 90°)$$

圆栅条的 β=1.79 代入则

$$\xi = 1.79 \left(\frac{8}{42} \right)^{4/3} = 0.267$$

拦栅水头损失

$$h_j = \xi \frac{v^2}{2g} = 0.267 \times \frac{8.17^2}{2 \times 9.81} = 0.91 \text{ m}$$

（2）进口损失

根据进口条件查得：$\xi = 0.25$

则　　　　$h_j = \xi \frac{v^2}{2g} = 0.25 \frac{8.17^2}{2 \times 9.81} = 0.852 \text{ m}$

（3）转弯损失

由 $\dfrac{b}{R} = \dfrac{4.0}{3.5} = 1.042$　　查得 $\xi = 0.57$

则　　　　$h_j = \xi \frac{v^2}{2g} = 2 \times 0.57 \frac{8.17^2}{2 \times 9.81} = 3.98 \text{ m}$

（4）阀门全开时的损失

平板阀门全开时 $\xi = 0.25$

则　　　　$h_j = \xi \frac{v^2}{2g} = 0.25 \frac{8.17^2}{2 \times 9.81} = 0.852 \text{ m}$

（5）出口损失

$\xi = 1.0$

$$h_j = 1.0 \times \frac{8.17^2}{2 \times 9.81} = 3.4 \text{ m}$$

（6）沿程损失

根据式（3-82）可得

$$h_f = \frac{v^2 l}{C^2 R} = \xi_f \frac{v^2}{2g} \qquad \left(\xi_f = \frac{2g \cdot l}{C^2 R} \right)$$

由表3.3查得 $n = 0.014$

水力半径

$$R = \frac{\omega}{\chi} = \frac{4 \times 4.5}{2 \times 4 + 2 \times 4.5} = 1.06 \text{ m}$$

$$C = \frac{1}{n} R^{1/6} = \frac{1}{0.014} \times 1.06^{1/6} = 72.1$$

$$\xi_f = \frac{2gl}{C^2 R} = \frac{2 \times 9.81 \times 20}{72.1^2 \times 1.06} = 0.071$$

$$h_f = 0.071 \times \frac{8.17^2}{2 \times 9.81} = 0.242 \text{ m}$$

可见廊道的沿程水头损失所占比重是不大的。

（7）全部水头损失

$$h_w = \sum h_f + \sum h_j$$

$$= h_f + \sum h_j$$

$$=0.242+3.4+0.852+3.98+0.852+0.91$$

所以　　　$h_w = 10.236$ m

习　题

3.1 有送润滑油($v=2.5$ cm²/s)的圆管, $d=8.0$ cm。当通过的流量 $Q=8.0$ L/s 时,水流为何种流态? 并计算单位长度的沿程水头损失。

3.2 某段自来水管,其管径 $d=10.0$ cm,管中流速 $v=1.0$ m/s,水的温度为 20 ℃,试判别管中水流的流态。

3.3 有一矩形断面渠道,已知底宽 $b=3.0$ m,当通过流量 $Q=3.0$ m³/s 时,水深 $h=0.8$ m,球当水温为 20 ℃时,水流为何种流态。

3.4 有一输油管的管径为 $d=15.0$ cm,输送石油($\gamma=8320$ N/m³, $v=2.0$ cm²/s)的流量为 15.5 KN/hr。求液流流态及 $l=1\,000$ m 的管道上的水头损失为若干?

3.5 有一输水管(轻度锈蚀的钢管),管长 $l=30.4$ m, $d=30.0$ cm, $v=30.4$ m/s。水温为 20 ℃。试求:

(1)沿程水头损失 h_f;

(2)设想用一些方法消除紊动,使其保持层流,则 $h_f=$? 并比较紊动所引起的切应力与完全由于黏性所引起的切应力;

(3)若该管输送的液体不是水,而是 $v=25$ cm²/s 的机器油,则 $h_f=$?

3.6 有一输水钢管(绝对粗糙度 $\Delta=0.2$ mm),管长 $l=500$ m,管径 $d=30$ cm,流量 $Q=500$ L/s,水温 20 ℃。试求:

(1)判别流态;

(2)沿程水头损失 h_f;

(3)断面流速分布(并绘图)。

3.7 有一输水钢管($\Delta=0.2$ mm),管长 $l=100$ m,管径 $d=1.5$ cm,通过流量 $Q=0.1$ L/s,水温 20 ℃。试求沿程水头损失 $h_f=$?

3.8 某管路直径 $d=445$ cm,其流速 $v=0.6$ m/s,当管竟突然缩小至 15 cm,试求局部水头损失? 若管径突然扩大到 35 cm,其局部水头损失又为若干?

3.9 如题 3.9 图所示,密闭水箱 A 内的水面压强 $p_0=1.96$ N/cm²,水经一铸铁管($\Delta=0.3$ mm)由水箱 A 流到一敞口水箱 B 中,两水箱中水面均衡定不变。已知: $z_1=10.0$ m、$z_2=2.0$ m、$z_3=1.0$ m、$d=10$ cm、$D=20$ cm、$l_{ab}=10$ m、$l_{be}=5$ m、$l_{ef}=15$ m,管中共有三个弯头(其 $\theta=90°$ 、$R=10$ cm),阀门全开(局部水头损失为零),水温 20 ℃。求通过流量为多少?

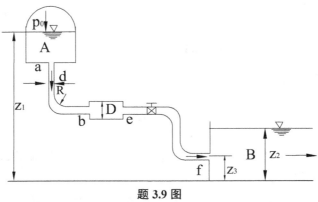

题 3.9 图

第4章 有压管道的恒定流

4.1 概述

在水利工程实际中常采用各种各样的管道和廊道,例如自来水管;石油集输管线;船闸、船坞的输水和灌水廊道以及各类型泵的吸水和压水管线等。在这些工程设计中都需要进行水力学的计算。

本章的任务在于根据水流运动的基本规律来分析液体在做有压恒定运动时的水力计算的基本问题。

在实际管流中,局部阻力和沿程阻力总是同时存在的,但在有些管路中,沿程损失起着主要的作用,局部损失和流速水头的影响则很小,完全可以忽略不计,这样的管路我们称为长管路,如自来水管、输油管、水泵的较长的压力水管等。若管路计算中,局部损失相对地起着相当大的影响,则在计算时便不能忽略局部损失和流速水头,这样的管路称为短管路,如船闸灌泄系统中的输水廊道、水泵的吸水管以及虹吸管等都是短管的例子。

一般说来,长短管路并不存在有严格的划分界线,主要是按计算的要求精度而定,在普通精度要求下,可按局部水头损失的大小来决定。例如:把局部水头损失占沿程水头损失5~10%以下的管路视为长管路,而在这个比数以上的管路则可视为短管路。

在管道水力计算中,主要采用的是总流连续性方程和总流能量方程。

本章延伸阅读参考书目:《流体输配管网》、《城市水厂设计》。

4.2 有压管道中液体的恒定流

在工程实际中可以有各种形式的管路系统,管路的水力计算问题,不论长管路或短管路,可以有以下几种情况:

(1)确定或验算流量 Q;

(2)确定或验算水头 H;

(3)选择管道直径 d;

(4)验算管路中其他水力特性,例如在某一断面上的压强大小是否符合要求等。

4.2.1 短管的水力计算

在工程实际中,短管的出流可以有两种情况——大气中自由出流和水面下淹没出流。

1. 大气中自由出流

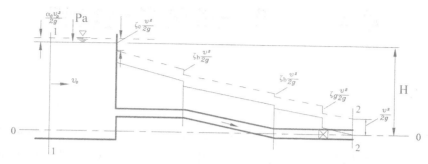

图 4.1

如图 4.1，建立 1-1 断面和 2-2 断面的能量方程

$$H + \frac{p_a}{\gamma} + \frac{\alpha_0 v_0^2}{2g} = 0 + \frac{p_a}{\gamma} + \frac{\alpha v_2^2}{2g} + h_{\omega 1-2}$$

（4-1）

设总作用水头：$H + \dfrac{a0 v_0^2}{2g} = H_0$

（4-2）

列连续性方程：$\omega_1 v_0 = \omega v = \omega_2 v_2$

（4-3a）

$$\omega_1 > \omega = \omega_2$$

（4-3b）

所以

$$v_0 < v = v_2$$

（4-3c）

能量损失：$h_{\omega 1-2} = \sum h_j + \sum h_f = \sum \xi \dfrac{v^2}{2g} + \sum \lambda \dfrac{l}{d} \dfrac{v_2}{2g}$

$$= \xi_e \frac{v^2}{2g} + 2\xi_b \frac{v^2}{2g} + \xi_g \frac{v^2}{2g} + \sum \lambda \frac{l}{d} \frac{v^2}{2g}$$

（4-4）

将（4-2）（4-4）代入（4-1）得

$$H_0 = \frac{v^2}{2g} + (\xi_e + 2\xi_b + \xi_g + \sum \lambda \frac{l}{d}) \frac{v^2}{2g}$$

（4-5）

化简

$$H_0 = (1 + \xi_C) \frac{v^2}{2g}$$

（4-6）

解

$$v = \frac{1}{\sqrt{1 + \xi_c}} \sqrt{2gH_0}$$

（4-7）

流量：$Q = \omega v = \dfrac{\omega}{\sqrt{1 + \xi_c}} \sqrt{2gH_0} = \mu_c \omega \sqrt{2gH_0}$

（4-8）

令 $\mu_c = \dfrac{1}{\sqrt{1+\xi_c}}$，称为管系流量系数，故

$$Q = \mu_c \omega \sqrt{2gH_0} \tag{4-9}$$

2. 水面下淹没出流

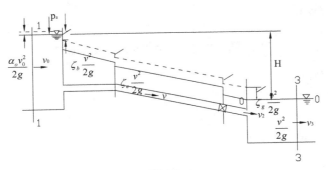

图 4.2

现以下水池水面 0-0 为基准线，对断面 1-1 及 3-3 列能量方程

$$H + \frac{\alpha_0 v_0^2}{2g} = \frac{\alpha_3 v_3^2}{2g} + h_{\omega 1-3} \tag{4-10}$$

设总水头：$H_0 = z + \dfrac{\alpha_0 v_0^2}{2g}$ \hfill （4-11）

列连续性方程：$\omega_1 v_0 = \omega v = \omega_3 v_3$ \hfill （4-12）

$$\omega_1 \gg \omega, \quad \omega_3 \gg \omega$$

所以

$$v_0 \ll v, \quad v_3 \ll v \tag{4-13}$$

整个管道直段的长度为 l，管径为 d，因而在整个管道直段中，具有相同的断面积 ω 和平均流速 v，将 $h_{\omega 1-3}$ 表达式代入（4-10），则：

$$H_0 = \frac{\alpha_3 v_3^2}{2g} + \zeta_e \frac{v^2}{2g} + \zeta_b \frac{v^2}{2g} + \zeta_g \frac{v^2}{2g} + \lambda \frac{l}{a} \frac{v^2}{2g} + \zeta_0 \frac{v^2}{2g} \tag{4-14}$$

若 $\omega_3 \gg \omega$，则 v_3 很小，那么在计算时，$\dfrac{\alpha_3 v_3^2}{2g}$ 可忽略不计，并且在此情况下 $\zeta_0 = 1.0$。于是

$$H_0 = (\zeta_e + \zeta_b + \zeta_g + \lambda \frac{l}{d} + 1) \frac{v^2}{2g} \tag{4-15}$$

令 $\xi_c = \left(\xi_e + \xi_b + \xi_g + \lambda \dfrac{l}{d} + 1\right)$，称为管系阻力系数。则

$$v = \frac{1}{\sqrt{\xi_c}} \sqrt{2gH_0}$$

$$Q = \omega v = \frac{1}{\sqrt{\xi_c}} \omega \sqrt{2gH_0}$$

令 $\mu_c = \dfrac{1}{\sqrt{\xi_c}}$，称为管系流量系数，则得水面下淹没出流的基本计算公式为

$$Q = \mu_c \omega \sqrt{2gH_0} \tag{4-16}$$

当行近流速较小，$\dfrac{\alpha_0 v_0^2}{2g}$ 在计算中可忽略不计时，则上式化为

$$Q = \mu_c \omega \sqrt{2gH} \tag{4-17}$$

3. 虹吸管计算

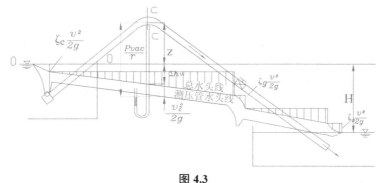

图 4.3

取上水池水面 0-0 为基准面，对 0-0 断面和 c-c 断面列伯努利方程式，

$$0 + \frac{p_a}{\gamma} + \frac{\alpha_0 v_0^2}{2g} = z + \frac{p_c}{\gamma} + \frac{\alpha_c v_c^2}{2g} + \xi_i \frac{v_c^2}{2g}$$

略去趋近流速水头 $\dfrac{\alpha_0 v_0^2}{2g}$，并加整理之后，则 c-c 断面处的真空值为

$$h_{avc} = \frac{p_a - p_c}{\gamma} = z + (\alpha_c + \xi_i) \frac{c_c^2}{2g} \tag{4-18}$$

式中：p_a 为大气压强（以绝对压强表示）；

p_c 为断面 c-c 处的动水压强（以绝对压强表示）

z 为断面 c-c 中心处对于上水池水面的超高；

ξ_i 为 0-0 断面至 c-c 断面的管系阻力系数。

为了保证管路正常工作，防止由于 c-c 断面处的压强过低、液体汽化而造成水流连续性的破坏，因此必须限制 c-c 断面处的动水压强 p_c，不能低于给定温度下的蒸气压强 p_{vo} 若以 p_v 值代替式（4-18）中的 p_c 便可求得最大超高

$$z_{max} = \frac{p_a - p_v}{\gamma} - (\alpha + \xi_i) \frac{v_c^2}{2g} \tag{4-19}$$

显然，最大超高远小于以水柱表示的当地大气压强高度，一般情况下（当大气压强高度

为 10.33 米水柱时），通常采用的上吸高度不大于 6 至 7 米。

　　管路的测压管水头线可以帮助我们了解沿管各断面水流压强的变化以及检查管道中是否会出现导致水流气化的危险断面,因此对于工程措施甚为重要,在图（4.1）、（4.2）及（4.3）上我们绘出了管路的总水头线及测压管水头线的示意图。

　　管路的总水头线和测压管水头线的绘制:

　　①计算流经管道的流量,然后计算各管段的平均流速、沿程水头损失以及各个局部水头损失的数值。

　　②管路入口至出口的总水头线

　　依①绘出总水头线。在绘制局部水头损失时,一般可假设其集中在一个断面上,也可以将局部水头损失绘制在相应的管道部位,如图 4.3 中的入口损失 $\xi_e \dfrac{v^2}{2g}$,阀门损失 $\xi_g \dfrac{v^2}{2g}$ 以及出口损失 $\xi_0 \dfrac{v^2}{2g}$ 所标示的那样,沿程水头损失则可以绘成渐变的水力坡线。

　　③测压管水头线

　　由于各个断面水流的单位能量等于测压管水头和速度水头之和,这样可以在低于水力坡线一个速度水头的位置上绘出测压管水头线。在管径不变的管段,速度水头相等,测压管水头线平行于总水头线。在管道局部边界变化的部位,例如在管道入口和阀门呈局部开启之处,水流断面常发生收缩现象,速度水头随之增大,因而测压管水头呈局部下凹的形式。

4.10.2　长管的水力计算

　　对于长管路,局部水头损失和速度头均可忽略不计,从而可以认为长管两断面的测压管水头差就等于两断面间的沿程水头损失。在工程实际中,长管路又可分为以下列几种形式:

　　1. 简单管路,包括:

　　均匀管路:管道特性（即直径 d 和糙率 n）沿整个管长均不变化的管路。

　　串联管路:由不同管道特性（d、n 及管长 l）的一些管段串联而成一个单一的管路。

　　并联管路:由不同管路特性的一些管段并联而成。

　　连续分流的管路:在管路的某部分长度上,有部分流量出流于大气中。

　　2. 复杂管路:来自水的管网。

　　下面分别加以讨论:

　　1. 简单管路

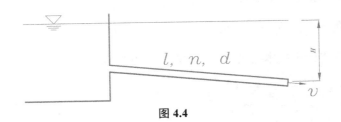

图 4.4

①均匀管路：

如图 4.4，总水头等于沿程水头损失，所以有：

$$H = \lambda \frac{l}{d} \frac{v^2}{2g} \tag{4-20}$$

在水利工程中输水管道水流为紊流的水力粗糙区，所以：

$$\lambda = \frac{8g}{C^2} \tag{4-21}$$

将（4-21）代入（4-20）中得：

$$H = \frac{8g}{C^2} \frac{l}{d} \frac{v^2}{2g} \tag{4-22}$$

由于 $J = \dfrac{H}{l}$，$R = \dfrac{r}{2} = \dfrac{d}{4}$

解出流速：$v = C\sqrt{\dfrac{H}{l} \dfrac{d}{4}} = C\sqrt{RJ} \tag{4-23}$

流量：$Q = \omega v = \omega C\sqrt{RJ} = K\sqrt{J} = K\sqrt{\dfrac{h_f}{l}} = K\sqrt{\dfrac{H}{l}} \tag{4-24}$

$K = \omega C\sqrt{R}$ 称为管道特性流量或称流量模数，亦即是 $J=1$ 时的管道流量。

$$h_f = H = \frac{Q^2}{K^2} l \tag{4-25}$$

为均匀长管路计算基本公式。

②串联管路

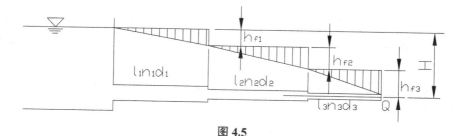

图 4.5

如图 4.5，串联管路具有以下特点：

（a）流量连续

$$Q_1 = Q_2 = \cdots = Q_n = Q \tag{4-26}$$

（b）局部与流速水头损失忽略

$$H = \sum_1^n h_{f_i} = h_{f1} + h_{f2} + \cdots + h_{fn} \tag{4-27}$$

利用均匀长管路计算基本公式（4-25），方程（4-27）变为：

$$H = \sum_1^n \lambda_i \frac{l_i}{d_i} \frac{v^2}{2g} = \sum_1^n \frac{Q_i^2}{K_i^2} l_i \tag{4-28}$$

结合(4-25),$Q_i = Q$ 为常量,因而得:

$$H = \sum_1^n \frac{Q^2}{K_i^2} l_i = Q^2 \sum_1^n \frac{l_i}{k_i^2} \qquad (4-29)$$

这就是串联管路的基本方程式。

$$Q = \sqrt{\frac{H}{\sum_1^n \frac{l_i}{k_i^2}}} \qquad (4-30)$$

③并联管路

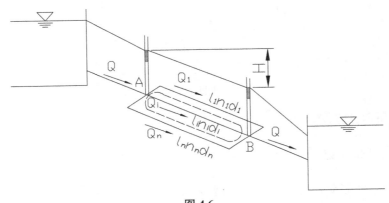

图 4.6

如图 4.6,串联管路具有以下特点:

(a)总流量等于分管流量:

$$Q = \sum_1^n Q_i = Q_1 + Q_2 + \cdots + Q_n \qquad (4-31)$$

(b)并联部分水头相等

$$h_{f1} = h_{f2} = \cdots = h_{fn} = H \qquad (4-32)$$

利用均匀长管路计算基本公(4-24),方程(4-31)变为:

$$h_{f1} = \frac{Q_1^2}{K_1^2} l_1 \; ; \; h_{f2} = \frac{Q_2^2}{K_2^2} l_2 \cdots ; \; h_{fn} = \frac{Q_n^2}{K_n^2} l_n \qquad (4-33)$$

故有:

$$\frac{Q_1^2}{K_1^2} l_1 = \frac{Q_2^2}{K_2^2} l_2 = \cdots = \frac{Q_n^2}{K_n^2} l_n = H \qquad (4-34)$$

代入(4-31),得:

$$Q = \left(\sum_{i=1}^n \frac{K_i}{\sqrt{l_i}} \right) \sqrt{h_f}$$

所以：$h_f = \left(\dfrac{Q}{\sum\limits_{i=1}^{n} \dfrac{K_i}{\sqrt{l_i}}} \right)^2$ （4-35）

回代到(4-34)，得出流量 Q_i

④连续出流的管路

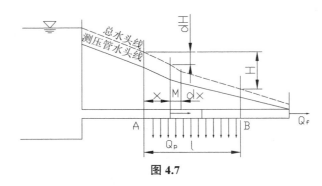

图 4.7

如图 4.7 所示，通过单元单元 dx 的流量为：

$$Q_M = Q_F + Q_P - \frac{Q_P}{l} x$$

（4-36）

水流由断面 M 移动 dx 长度所产生的水头损失

$$\begin{aligned} dH &= \frac{Q_M^2}{K^2} dx = \frac{\left(Q_F + Q_P - \dfrac{Q_P}{l} x \right)^2}{K^2} dx \\ &= \left[\frac{(Q_F + Q_P)^2}{K^2} - \frac{2 Q_P (Q_F + Q_P)}{K^2 l} x + \frac{Q_P^2 x^2}{K^2 l^2} \right] dx \end{aligned}$$

（4-37）

积分(4-36)得：

$$H = \int_0^l \left[\frac{(Q_F + Q_P)^2}{K^2} - \frac{2 Q_P (Q_F + Q_P)}{K^2 l} x + \frac{Q_P^2 x^2}{K^2 l^2} \right] dx$$

即

$$H = \left| \frac{(Q_F + Q_P)^2}{K^2} x - \frac{Q_P (Q_F + Q_P)}{K^2 l} x^2 + \frac{1}{3} \frac{Q_P^2 x^3}{K^2 l^2} \right|_0^l$$

化简得：

$$H = \frac{l}{K^2} \left(Q_F^2 + Q_F Q_P + \frac{1}{3} Q_P^2 \right)$$

（4-38）

若仅是连续分配情况下($Q_F=0$)，式(4-38)将具有下列形式：

$$H = \frac{1}{3} \frac{Q_P^2}{K^2} l$$

（4-39）

从这个式子可以看出，在流量连续分配情形下，所需要的水头是均匀管路通过同一流量

Q_P 所需要水头的三分之一。

2. 复杂管网

（1）敞支管网

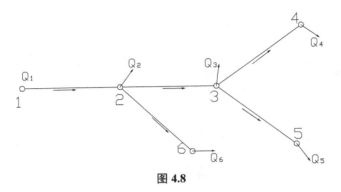

图 4.8

（2）闭合管网：

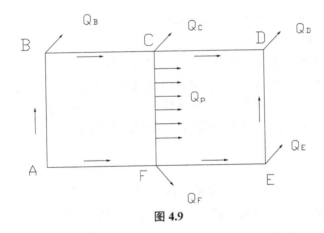

图 4.9

管网计算问题大都在给排水工程中碰到,具体可延伸阅读参考书目:《流体输配管网》、《城市水厂设计》。

4.3　水泵装置的水力计算

在水利工程和海洋工程中,在输水、灌水及泄水,均需要利用水泵装置或建立相应的泵站,当选用和装置水泵时需要进行吸水管和压力管路的水力计算,以便确定泵的工作点,安装高度和装机马力等。

4.3.1　泵的工作原理及主要参数

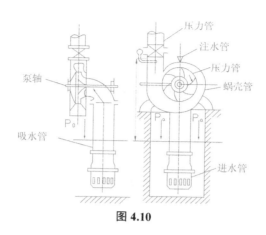

图 4.10

图 4.10 所示为一单工作轮离心水泵的构件简图。

离心式水泵的工作原理：

离心式水泵启动前一般要在泵壳和吸水管路中注满液体。启动后工作轮转动，使得叶槽中的液体在离心力作用下甩入蜗壳，蜗壳再将液体导入压水管路，蜗壳则起平稳导水作用。同时，叶轮中心处的液体被甩出后，在该处产生真空，水池中液体在大气压强作用下，冲开止逆阀经吸水管路流入泵内，这样，泵就源源不断地抽送液体。

水泵的主要参数：

①水泵扬程

将单位重量液体由水池送往水塔所需要的能量为泵的扬程。

如图 4.11，泵的扬程一部分用于使单位重量的液体获得一位能（z）；另一部分则用以克服管路中的水头损失（h_w）。

因此，泵的扬程可以表示为：

$$H = z + h_w$$

（4-40）

式中：Z 为蓄水池水面至水塔水面的几何高度；

h_w 为管系中的水头损失。

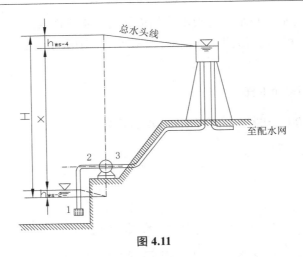

图 4.11

上式为泵安装在一定管路特性和管路几何上升高度系统中,其工作时所需提供给单位重量液体的能量。至于泵本身在输送一定流量情况下所能提供的扬程,则是和泵的内部构造和水泵电机系统功率有关的。只有在泵本身所能提供的扬程和管系所需的扬程一致时,泵才能在既定流量下稳定工作。

2. 水泵功率

水泵的功率分为轴功率和有效功率。原动机(电机、柴油机等)传递给泵轴上的功率称为泵的轴功率(N),此功率在传递给液流的过程中,有一部分消耗于机械传动过程中的机械损失;另外还有:液体在泵出入口压差作用下,通过泵壳和工作轮之间的缝隙作无功循环流动的容积损失,以及液流在泵体内的水力损失。只有扣除各种损失后的功率才能全部转化为有用的液流的能量。这部分能量称为有效功率(N_H),显然

$$N_H = \frac{\gamma Q H}{735} \ \text{马力}\ (HP) \qquad (4\text{-}41)$$

而轴功率

$$N = \frac{\gamma Q H}{735\eta} HP \qquad (4\text{-}42)$$

η 称为泵的总效率。其值随泵的类型、尺度的大小以及制造的精度有关。

4.3.2 吸水管的水力计算

自蓄水池至水泵的一段管路称为吸水管,在水泵转动时泵入口处产生真空,水池中的水在大气压力作用下沿吸水管将水吸入泵内。吸水管一般较短,局部水头损失不可忽略,因此。应按短管计算。吸水管水力计算的目的在于根据水泵入口断面的最大允许真空值,在已知水泵流量 Q 及吸水管管道特性的情况下来计算水泵安装高度,计算方法如下:

如图 4.10,要求确定离心泵位置(叶轮中心)在水池水面 0-0 以上的最大按装高度 $z_{\max}$。设水泵允许真空值 h_{vao}=7.0 m 水柱,吸水管为正常铸铁管,长 l=8 m 直径 d=0.1 m,抽水流量 Q=0.02 m³/s。

解:设断面 1-1 为水泵吸水口与吸水管相接处的过水断面,在该断面上的负压数值(相应于水泵的真空值),可用 U 形测压管量测,如图所示。则该断面的负水头的绝对值在水泵中心线 N-N 下为:

$$\frac{p_1}{\gamma} = h_{vac} = 7.0 \text{ m水柱}$$

因此,由池水面 0-0 至断面 1-1 的测压管水面差为

$$H = h_{vac} - z_{max} = 7.0 - z_{max} \tag{a}$$

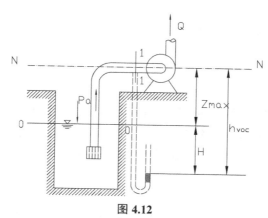

图 4.12

管中水流速度等于断面 1-1 处的流速 v_1:

$$v_1 = \frac{Q}{\omega_1} = \frac{0.02}{\frac{\pi}{4} \times (0.10)^2} = 2.55 \text{ m/s}$$

水流由断面 0-0 至 1-1 的水头损失包括入口进水网处的入口损失 $\xi_1 \frac{v_1^2}{2g}$,弯头损失 $\xi_b \frac{v_1^2}{2g}$ 及沿程损失 $\lambda \frac{l}{d} \frac{v_1^2}{2g}$,分别估算如下:

入口损失系数 $\xi_1 = 6.0$

弯头损失系数按下面经验公式计算

$$\xi_b = \left(\frac{d}{2r} + \frac{\pi r}{d} \times \frac{\Delta}{d} \right) \frac{\theta}{90°}$$

式中:r 为弯曲半径,在本例中设 $r=d$

Δ 为粗糙凸起,取 $\Delta=0.1$ cm;θ 为弯头中心角,在本例中 $\theta=90°$

故 $\xi_b = \left(\frac{1}{2} + \frac{3.14 \times 0.001}{0.1} \right) \times \frac{90}{90} = 0.53$

沿程摩阻系数,设 $n=0.012$(正常管),按曼宁公式计算得 $\lambda=0.032$,于是

$$\sum_1^n \lambda_i \frac{l_i}{d_i} \frac{v_i^2}{2g} = \lambda \frac{l}{d} \frac{v_1^2}{2g} = 0.032 \times \frac{8}{0.1} \times \frac{v_1^2}{2g} = 2.56 \frac{v_1^2}{2g} \tag{b}$$

$$\sum_1^n \xi_i \frac{v_i^2}{2g} = (6.0 + 0.53) \frac{v_1^2}{2g} = 6.53 \frac{v_1^2}{2g} \tag{c}$$

将（a）（b）及（c）代入 0-0 和 1-1 断面的伯努利方程式中,并令 $\alpha = 1.0$,则:

$$7.0 - z_{max} = (1 + 6.53 + 2.56)\frac{v_1^2}{2g}$$

将 v_1=2.55 m/s 代入则得按装高度为

$$z_{max} = 3.66 \text{ m}$$

从这个例子里可以看出,局部阻力 $\sum h_j$ 尤其是进水网的阻力是起着主要作用的。但

是,$\xi_1 = 6.0$ 是个相当粗略的数值,由于 ξ_1 很难精确地估计,因而使得 ξ_b=0.53 的详细估算常常是没有必要的,一般是从水力手册中查得一个近似值即可。从这里可以体会短管水力计算的近似性质,因此在这个计算中,由于 ξ_1 的近似性最后求得的 z_{max}=3.66 m 应该认为是一个参考数值,z_{max} 愈大 h_{vax} 也愈大,所以在实际安装时应该使 z_{max} 略低于计算的数值。

4.10.3　压水管的水力计算

水泵转动将水沿着压水管送入水塔内,水力计算主要是确定压水管的直径。管路输送单位重量液体所需的总水头为:

$$H = z + h_w = z + \xi_c \frac{v^2}{2g} = z + \xi_c \frac{Q^2}{2g\omega^2}$$

ξ_c 为管系的阻力系数。

对于既定条件,管路的几何上升高度和管路特性 l、d 及 n 等均为已知,故

$$H = f_0(Q) \tag{4-43a}$$

在紊流条件下,水头损失和能量的平方成正比,因此上式是一条抛物线,称为管路特性曲线,如图 4.13。管路特性曲线表明,在既定管路特性和管路的上升高度下,通过管路中的流量越大所需的水头也越大,水头损失和能量的平方成正比。

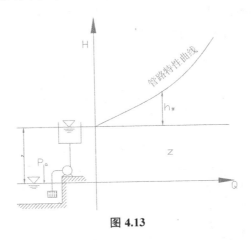

图 4.13

此外,就泵本身而言还有其自己的特性,图 4.12 为离心式水泵的典型特性曲线。由图可以看出,离心泵本身所能提供给离心重量液体的能量(即泵的扬程)等,是随着流量而改

变的,若将泵的扬程和流量的关系表示为

$$H = f(Q)$$

(4-43b)

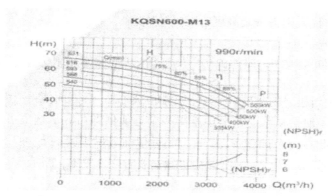

图 4.14(a) KQSN600—M13 型水泵性能曲线图

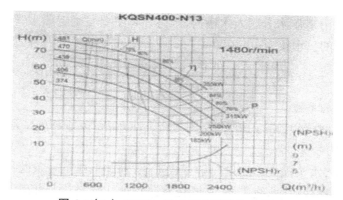

图 4.14(b) N400—N13 型水泵性能曲线图

在实际工作中,泵和管路只能在式(4-43a)和(4-43b)所表示的两条曲线的交点 A 处工作,点 A 成为泵在管路中的工作点,Q_A 称为工作流量,见图 4.15。

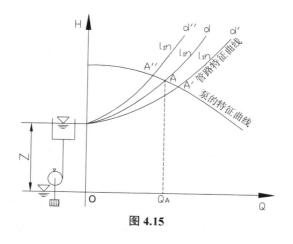

图 4.15

若所得的工作点的流量 Q_A 不满足抽水任务的需要时,可以采用另选泵或改变管路特性(例如改变压力管道的直径等)的方法,使工作点移至所需流量之处。需要注意的是,当工作点在泵特性曲线上移动时,要保持在泵特性曲线的允许工作段内,即在泵特性曲线上标有符号 ξ 的段内,在工作段内,泵的效率的降低保持在不低于最高效率的10%。

若泵的压力管道相当长,在选其直径时,要考虑到工程上的经济条件。

由于泵的装机马力为

$$N = \frac{\gamma QH}{735\eta} = \frac{\gamma Q}{735\eta} z + \frac{\gamma Q}{735\eta} h_\omega$$

因此其中 $N_1 = \dfrac{\gamma Q}{735\eta} z$ 部分与压水管直径无关,取决于抽水任务。而另一部分

$N_2 = \dfrac{\gamma Q}{735\eta} h_\omega = f(h_\omega) = f(d)$ 为全部消耗于克服阻力的功率,它随压水管直径增大,则所需

的功率 ---(耗电费)减少,但若压水管的直径增大,同时也就增加了安装管道的投资费用。反之若压水管的直径减小,则耗电费增加,投资费用减小。因此,压水管的设计就应该选择最经济的水管直径,使得每年支付在能量损失费用与投资上的折旧费用之和为最小。

4.4　孔口的恒定出流

在前面几小节里,我们讨论了长管的水力计算中沿程阻力起主要作用时局部阻力可以略去不计,而短管的水力计算中沿程阻力与局部阻力则都需要考虑到。本节我们讨论的孔口和管嘴出流,其能量的损失主要是由局部阻力引起的。所以在应用能量方程来解决这类问题时,水头损失代表着由于局部阻力所产生的能量损失。同样,后面两小节的内容也将帮助我们深刻理解两种出流方式的不同。

4.4.1　孔口出流现象

在贮水池、水箱等贮液容器的侧壁(或底部)开一孔口,水经过孔口流出的水力现象称孔口出流。在水利工程方面许多建筑物的水力计算(如泻水闸孔等),都是按孔口出流的规律来进行的。

对于不同的容器,孔壁也有不同。不同的孔壁厚度和形状对于出流的性质会产生影响。若孔口具有尖锐的边缘,出流于孔壁仅接触于一条线上,此时出流仅受局部阻力,具有这种条件的孔口称为薄壁孔口;若孔壁的厚度和形状促使出流与孔壁接触不只限于一条线时,这种孔口称为非薄壁孔口,此时出流不仅受到局部阻力,也受到沿程阻力;若孔壁的厚度更大,使出流充满孔壁的全部周界时,就成为管嘴出流,此时出流将受到局部阻力和沿程阻力,同时在管嘴中形成真空区。管嘴的内容将在下面一节中作详细介绍。

位于孔口断面上,各点的水头是不相等的,这样经过孔口上部和下部的出流情况也是不相同的。但是当孔口高度 e 与在断面形心上的水头 H 相比很小时,可以认为断面上各点有

相等的水头 H,而可忽略各点的水头差异。因此可根据它们比值的大小把孔口分为大孔口与小孔口两类:

(1)若 $\dfrac{e}{H} < 0.1$,认为是小孔口,小孔口上各点水头近似认为是同一数值 H;

(2)若 $\dfrac{e}{H} > 0.1$,则该孔口认为是大孔口,大孔口的上部与下部各点水头有显著差别。

孔口出流的性质也决定于水流流出孔口后的情况。水流经过孔口流出大气中的出流称为自由出流,或非淹没出流;水流流出孔口后立即流入充满液体的空间,即液面下出流的情形,称为淹没孔口的出流;若孔口外面的液面在孔口高度范围之内,则此种孔口出流称为半淹没出流。

4.4.2　经薄壁小孔口的恒定出流

为了便于研究影响孔口出流的各物理量间的关系,我们首先针对薄壁小孔口的出流情形进行研究。

选用 $A-A$ 与 $c-c$ 断面,建立能量方程,$c-c$ 断面即孔口射流收缩断面形心处的平面,以其作为基准面(图 4-16),得

$$H + \frac{p_a}{\gamma} + \frac{a_0 v_0^2}{2g} = 0 + \frac{p_c}{\gamma} + \frac{a_c v_c^2}{2g} + h_\omega \tag{4-44}$$

式中:v_0 为 A-A 断面平均流速;

$\quad v_c$ 为 c-c 断面的平均流速;

$\quad p_c$ 为 c-c 断面的压强;

$\quad h_w$ 为径孔口的水头损失。

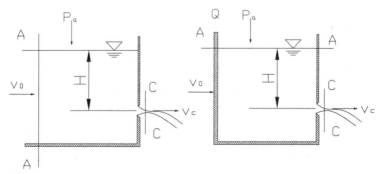

图 4.16

设　$\dfrac{p_a - p_c}{\gamma} + H + \dfrac{a_0 v_0^2}{2g} = H_0$ 　　　　　　　　　　　(4-45)

H_0 称为作用水头。对于图 4.21 所示的自由出流的情况,$p_c = p_a$,故:

$$H_0 = \frac{\alpha_0 v_0^2}{2g} + H \tag{4-46}$$

且 $\quad h_w = \xi \dfrac{v_c^2}{2g}$ （4-47）

其中, ξ 为薄壁孔口出流的阻力系数。

将以上各值代入（4-44）式得

$$v_c = \frac{1}{\sqrt{\alpha_c + \xi}} \sqrt{2gH_0}$$ （4-48）

若令 $\varphi = \dfrac{1}{\sqrt{\alpha_c + \xi}}$

φ 称为流速系数。

则收缩断面的平均流速

$$v_c = \varphi\sqrt{2gH_0}$$ （4-49）

收缩断面处的面积以 ω_c 表示之,则经孔口的流量为:

$$Q = \omega_c \varphi \sqrt{2gH_0}$$ （4-50）

但是 ω_c 的存在对计算流量很不方便,所以设法以孔口面积 ω 来代替,

令 $\quad \dfrac{\omega_c}{\omega} = \varepsilon$

ε 称为收缩系数,于是得

$$Q = \varepsilon \cdot \omega \cdot \varphi \sqrt{2gH_0}$$

令 $\varepsilon \times \varphi = \mu$ 为流量系数,则最终得到小孔口自由出流的流量计算式为

$$Q = \mu \cdot \omega \sqrt{2gH_0}$$ （4-51）

经薄壁孔口出流的流量系数值主要取决于射流的收缩程度（由收缩系数 ε 来表征）。由试验结果知,收缩系数 ε 与孔口的位置离各侧壁的距离有关。如图 4.17 所示,若 $l_1 > 3e$, $l_2 > 3e$, $l_3 > 3b$, $l_4 > 3b$,则迹线的曲度与射流的收缩将为最大,此时称为完善收缩。如果孔口位置离器壁及自由水面的距离太近,如 $l_1 < 3e$, $l_2 < 3e$, $l_3 < 3b$, $l_4 < 3b$ 时,则在孔口附近质点迹线的曲度将减小,因而在相应方面,射流的收缩也减小。这种情况称为不完善收缩。对于以上两种情况,经孔口出流水柱的收缩发生在孔口的全部周界上,属全部收缩。若 $l_1 = 0$ 或 $l_2 = 0$,则称为非全部收缩,即经孔口出流的水柱不是在孔口的全部周界上都发生收缩。

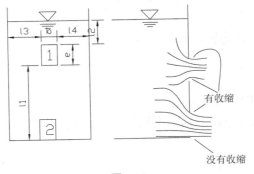

图 4.17

现将部分经薄壁圆形全部且完全收缩的小孔口各系数的数值汇总如下：

孔口阻力系数：ξ=0.05~0.06；

流速系数：φ=0.97~0.98；

收缩系数：ε=0.63~0.64；

流量系数：μ=0.60~0.62；

对于其他收缩情况的系数值可以查有关的数学手册。

从上面的结果可知，孔口出流的各系数值变化不大，而且和水头值 H 无关。

4.4.3　薄壁孔口的淹没出流

如果孔口出流不是象以上讨论的那样流入大气中，而是流入液体中，如图 4.18 所示，则产生淹没出流以孔口中心的 O-O 平面为基准面，写 1-1 和 2-2 断面的能量方程，忽略上述两断面的流速水头，于是得：

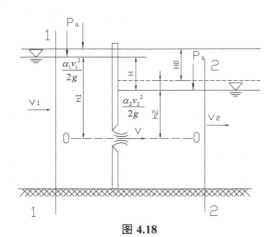

图 4.18

$$h_1 = h_2 + h_\omega$$

又　　$H + h_1 - h_2$

其中，H 为孔口上下游液体自由表面的高度差。

此处，水头损失包括两种：

（1）经薄壁孔口出流时的能量损失

$$h_{j1} = \xi_0 \frac{\upsilon_c^2}{2g}$$

式中：ξ_0 为薄壁孔口出流时的阻力系数。

（2）经孔口流出的水到下游段面而突然放大时的水头损失

$$h_{j2} = \xi_{se} \frac{\upsilon_c^2}{2g}$$

其中，ξ_{sc}=1 为突然放大时的局部阻力系数，因此可得

$$H = (\xi_0 + \xi_{se}) \frac{\upsilon_c^2}{2g}$$

$$\upsilon_c = \frac{1}{\sqrt{1+\xi_0}} \sqrt{2gH} \qquad (4\text{-}52)$$

令 $\varphi = \dfrac{1}{\sqrt{1+\xi_0}}$,若此时自由出流时的动能修正系数 α 取为 1,则自由出流和淹没出流的流速系数完全相等。

于是 $v_c = \varphi \sqrt{2gH}$

此时,淹没出流时的流量公式为

$$\begin{aligned}Q &= \omega_c \cdot v_c = \omega_c \cdot \varphi \sqrt{2gH} \\ &= \varepsilon \cdot \varphi \cdot \omega \sqrt{2gH} = \mu\omega\sqrt{2gH}\end{aligned} \qquad (4\text{-}53)$$

经过多次的试验研究指出,淹没孔口的流量系数 μ 和非淹没孔口的流量系数 μ 几乎没有区别。因此,仍然可以沿用前几节中流量系数的论述。

如果计算中考虑上下游两段面的流速,则可将式(4-53)改写为

$$Q = \mu\omega\sqrt{2gH_0} \qquad (4\text{-}54)$$

将淹没孔口出流的流量公式(4-54)和孔口自由出流时的流量公式(4-51)进行对比,很容易看出,流量公式的形式完全一样,区别仅仅在于现在的 H 不再是孔口出口段面重心以上的作用水头,而是孔口前后作用水头的高度差了。

4.5 管嘴的恒定出流

在孔口上连接一段短管(或者由于壁面很厚),壁面厚度(或者管的长度)大于孔口高度的 3~4 倍时,出流充满孔壁的全部周界,成为管嘴出流。工程中,许多水工建筑物构建中的水力现象在性质上亦与管嘴类似,如船闸分散式输水系统中的出水孔,堤坝中的管式泄水建筑物以及石油开采钢板除锈中的喷嘴等。因此研究管嘴水力学对于了解类似工程中的水力计算是重要的。

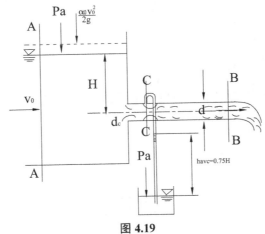

图 4.19

4.5.1　经圆柱形外延管嘴（典型管嘴）的出流

当水流经管嘴后和经圆孔口一样发生了水流断面的收缩（图 4.19），$d_c \approx 0.8d$，但此后逐渐扩张，充满断面后而由管嘴流出（$e=1$）。但与孔口出流不同，管嘴出流再管嘴的收缩断面上产生了真空，真空的产生造成了管嘴出流流量的增加。这就是管嘴出流与孔口出流的不同之处。

因为管嘴出流基本上为局部阻为所控制，故其流量公式可直接引用式（4-51）的形式

$$Q = \varepsilon \cdot \omega \cdot \varphi \sqrt{2gH_0}$$
$$= \mu \cdot \omega \sqrt{2gH_0} \tag{4-55}$$

式中：ω 为管嘴的横断面积；

H_0 为 $H + \dfrac{\alpha_0 \upsilon_0}{2g}$，管嘴中心以上的作用水头，通常采用 $\alpha=1$；

ε 为断面收缩系数，在本情况中，水流充满管嘴为必要的保证条件，故 $\varepsilon=1$；

φ 为流速系数，$\varphi = \sqrt{\dfrac{1}{1+\xi}}$，由于观察分析，我们确认经管嘴流出时，按其物理性质来说，其水头损失类似于有压水流骤然收缩处的损失（损失主要发生在水流扩大的那一部分上），因此，据第三章的资料我们取 $\xi=0.5$，故 $\varphi=0.82$。因而管嘴的流量系数

$$\mu = \varepsilon \times \varphi = 1 \times \varphi = 0.82$$

由以上可以看出，尽管管嘴的水头损失比孔口的大，但由于液流在中间收缩断面储存在真空吸力的作用也在管嘴出口没有收缩现象，这样，就使得在同水头、孔径的情况下，管嘴的过水能力比孔口的约大 1.34 倍。

4.5.2　经淹没圆柱形外延管嘴的恒定出流

以如图（4.20）的情况为例，列 1-1 及 2-2 断面的能量方程（以 o-o 为基线，且设 $\dfrac{v_2^2}{2g} \approx 0$）得：

$$v = \varphi \sqrt{2gH_0} \tag{4-56}$$
$$Q = \mu \omega \sqrt{2gH_0} \tag{4-57}$$
$$\mu = \varphi = 0.82 \tag{4-58}$$

由此可见，淹没出流公式（4-57）与自由出流公式（4-55）形式完全相同，仅仅是其中 H_0 所代表的数值不同而已。

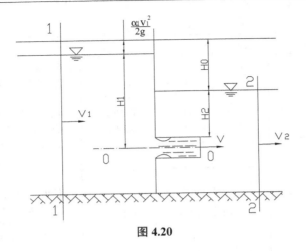

图 4.20

4.5.3　经各种类型管嘴的出流

为了适应不同目的和应用条件,通常要将管嘴设计成很多种的形式,这些形式大体上可以分成三种类型:圆柱形管嘴、圆锥形管嘴和射流形管嘴。而圆柱形管嘴按其所在位置不同,又可以分为圆柱形外管嘴和圆柱形内管嘴;圆锥形管嘴又可以分成圆锥形收敛管嘴和圆锥形扩张管嘴等等,具体的特征参数列于表 4.6 中。

表 4.1

管嘴形式	φ	ε	μ	注
1. 圆柱形外管嘴 $L=(3\sim4)d$	0.82	1.00	0.82	管嘴中心以上水头要小于 8~9 m
2. 圆柱形内管嘴 $L<(3\sim4)d$ $L>(3\sim4)d$	0.97 0.71	0.53 1.00	0.51 0.71	管嘴中心以上水头要小于 8~9 m
3. 圆锥形收敛管嘴 $\theta=13°24'$	0.945	1.00	0.945	μ 与 θ 角度有关,$\theta=13°\,24'$ 时,μ 最大,此形式的管嘴给出了较大流速的紧密射流。因此广泛应用于:救火龙头、射流泵(射流器)、水箱管嘴、水轮机管嘴、喷射器、蒸汽射流泵(射流器)等处。

续表

管嘴形式	φ	ε	μ	注
4. 圆锥形扩散管嘴 θ=5~7°	0.45~0.50	1.00	0.45~0.50（指对出口断面而言）	这种管嘴由于收缩断面后的扩大损失，使得其流量系数小于孔口，但由于出口断面面积大，故其流量仅大于孔口出流者。当要求流量大而不希望流速大时，多采用此种形式的管嘴，为了得到相当大的真空时可采用。例如：射流泵、喷射器、扩散器、水轮机尾水管等。
5. 射流形管嘴	0.97~0.98	1.00	0.97~0.98	按经孔口出流的射流表面轮廓定出管嘴的外形，如是射流的收缩，缩小到最低程度。但由于这种管嘴外形的复杂性，在工程实践中常用圆弧形来代替它。

若当管嘴的长度增长，则沿程损失的比重大致使流量系数减小，而逐渐过渡到前述短管的情况。此时流量仍可按式（4-55）来计算，但进行计算时，在阻力中应计入沿程阻力的影响。

$$\mu = \frac{1}{\sqrt{\alpha + \sum \xi + \lambda \dfrac{l}{d}}} \tag{4-59}$$

习　题

4.1　如题图 4.1 所示，有一输水管道，其出口流入大气，上游水面距管道出口中心的高度为 H=10 m，管径沿程不变，其直径 d=10.6 cm，全长 l=100.0 m，中间有两个弯头。已知：入口局部阻力系数 ξ_e=0.5，弯头的局部阻力系数 ξ_b=0.36，沿程阻力系数 λ=0.02，（设各 ξ 及 λ 值均不随流量改变）。试求：

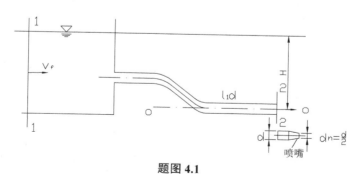

题图 4.1

（1）该管道出口段面的流速和管道流量为多少？

（2）如果出口加一喷嘴，其 $d_n = \dfrac{d}{2}$ = 5.3 cm，喷嘴的局部水头损失可忽略不计，问（1）出口断面流速及管道流量有什么变化?（2）该管道的全部水头损失是加大还是减小?

（3）如果整个管道直径都由 d=10.6 cm 变为 d=d_n=5.3 cm,其他条件不变,那么出口流速、管道流量及水头损失又有何变化?

（注:计算时,$\dfrac{v_1^2}{2g}$ 可忽略不计。）

4.2　有一管径不同的管路水平安装在水箱一侧,末端为一管嘴。已知 d_1=15 cm、l_1=25 m、d_2=12.5 cm、l_2=10 m,均为铸铁管,d_3=10 cm,管嘴的损失系数 ζ_n=0.1,闸门全开时流量为 Q=25 cm³/s。试求水头 H 为若干,并绘出总水头线及测压管水头线。

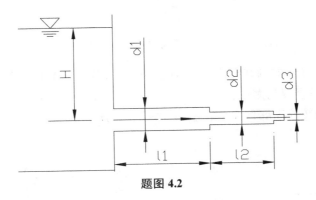

题图 4.2

4.3　一直径 d=30 cm 的水平管路,两端连接水池,两水池水面差 H=10 m,若要求管中流速不小于 1 m/s,λ=0.02。求最大管长 l 为若干? 并绘出总能头线及测压管水头线。

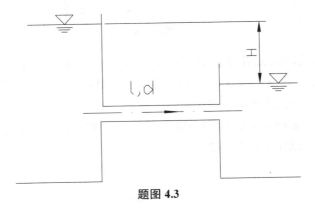

题图 4.3

4.4　沿着两根 l_2=l_3=25 m 及 d_2=d_3=5 cm 同样直径通于大气的管路需供应同样的流量 Q=5 l/s。试确定为此所必须的管路直径 d_1 及管路 l_3 上所必须的阀门阻力系数 ξ_g 值。

已知:H=10 m,h=7 m,l_1=50 m,管路中的 λ=0.33。

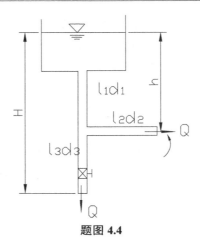

题图 4.4

4.5　有一长 l=50 m 的倒虹吸管,由一河道下横过,若 A、B 水面差 H=3 m,要求输送流量 Q=3 m²/s。试求管径 d 为多少?

已知:虹吸管转弯处局部阻力系数 $\zeta_b = 0.65$, $\lambda = 0.03$ 。

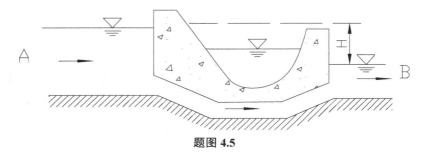

题图 4.5

4.6　泵由贮水池沿自流管经过中间的水井取水。已知 h=2.0 m,自流管 L=20 m, D=15 cm,泵的吸水管长 l=12 m,d=15 cm。假设在泵进口处的真空度不得超过 6 米水柱。试确定根据吸入条件所许可的泵的最大流量。

管路的摩阻系数采用 $\lambda = 0.03$,局部阻力系数表示在图中,若保证水泵在这种流量下工作,试求水池与水井的水位差 z 将为若干?

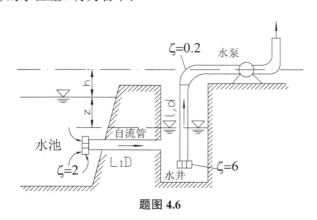

题图 4.6

4.7　虹吸管在 H=6 m 水头下工作,管中真空不得超过 7 米水柱,需要通过流量 Q= 50 l/s。危险点 A 位于初始水面以上 z=4 m,上升的管路到点 A 的长度 L_1=100 m,而下降的管路长 L_2=60 m,管上装有吸水网($\zeta_n = 5$)和阀门($\zeta_g = 13$)。试确定在满足所给条件下输水管的直径 d 和 A 点的真空高度(管子曲折处的局部损失不计, $\lambda = 0.0344$)。

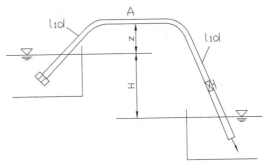

题图 4.7

4.8　试求流量 Q=25 l/s 在两根并联管路中是如何分配的。其中一根管路 L_1=30 m, d_1=5 cm, $\lambda_1 = 0.04$;而另一根 L_2=50 m, d_2=10 cm, $\lambda_2 = 0.03$ 并配有 $\zeta_g = 3$ 的阀门。则并联管路中的水头损失为若干?

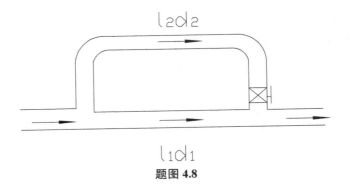

题图 4.8

4.9　由一水塔供水,管路(钢管)布置见图。已知 L_1=300 m, d_1=150 mm, L_2=400 m, d_2=100 mm, $L_{塔-A}$=600 m, $d_{塔-A}$=250 mm, L_{BC}=500 m, d_{BC}=100 mm。 Q_A=5 l/s, Q_B=10 l/s, Q_C=8 l/s。求水塔水面高程为多少? 设地面高程为 0.0 m,配水点 C 的服务水头为 5.0 m。并求 L_1 及 L_2 管中通过的流量为若干?

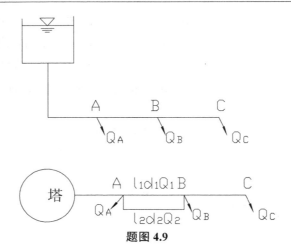

题图 4.9

第5章 非恒定流系统的微分方程

5.1 运动方程和连续性方程

5.1.1 水击波传播速度

压力管路中流体流动速度的突然变化,会导致流体密度和压力的改变,这种变化又会从某点、某断面或某微段沿压力管路传播,这就是弹性波现象,也及水击现象。由此可见,水击波也就是一种在连续介质中的压力波。

普通物理学已经证明,在不受边壁影响时,水击波在连续介质中的传播速度 α_0 可以表示为

$$\alpha_0 = \sqrt{\frac{K}{\rho}} \tag{5-1}$$

式中,ρ 是介质密度,K 是介质的体积弹性系数,由 $K = \rho \times \mathrm{d}p \ / \ \mathrm{d}\rho$ 确定。

因此,式(5-1)又可以写为

$$\alpha_0 = \sqrt{\frac{\mathrm{d}p}{\mathrm{d}\rho}} \tag{5-1'}$$

对于水来讲,K 约为 $2 \times 10^8 \, \mathrm{Kgf/m^2}$,$\rho$ 为 $102 \, \mathrm{Kgf \cdot S^2/m^4}$,此时 α_0 约为 $1\,435 \, \mathrm{m/s}$。

但在压力管路中,水击波的传播是受到管路特性影响的。水击波不但与管材、管路断面形状有关,而且与管壁厚度有关。

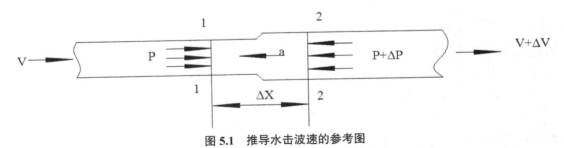

图 5.1　推导水击波速的参考图

如图 5.1 所示,在管路中取断面 1-1,2-2 之间的距离 $\Delta x = \alpha_0 \Delta t$,即水击波在 Δt 时间内由 2-2 断面传到 1-1 断面。设当压强变化 Δp 时,流体密度变化为 $\Delta \rho$,管壁膨胀引起的断面变化为 ΔA。

在 Δt 时间内,由 1-1 断面流入的流体质量为 $\rho v_0 A \Delta t$,由 2-2 断面流出的质量为 $(\rho + \Delta \rho) \times (A + \Delta A) \times (v_0 - \Delta v) \Delta t$。

忽略二阶以上的微量,两断面流入、流出的质量差为

$$-(-\rho A\Delta v + \rho v_0\Delta A + \Delta\rho A v_0)\Delta t$$

另一方面,在同一时段内,两断面之间的流体由于密度的加大和管壁的膨胀,而引起的质量增量为:$\Delta x(A+\Delta A)\times(\rho+\Delta\rho)-\Delta x A\rho$。

同样忽略二阶以上的微量,则

根据连续性原理,流入和流出的质量差应该等于两断面之间的质量增量,即

$$-(\rho v_0\Delta A - A\rho\Delta v + \Delta\rho A v_0)\Delta t = \Delta x(A\Delta\rho + \rho\Delta A)$$

$$\frac{\Delta x}{\Delta t} = a$$

所以 $\Delta v A\rho = (a+v_0)A\Delta\rho + (a+v_0)\rho\Delta A$

$$\Delta v = (a+v_0)\frac{\Delta\rho}{\rho} + (a+v_0)\frac{\Delta A}{A} = (a+v_0)\left(\frac{\Delta\rho}{\rho} + \frac{\Delta A}{A}\right)$$

在一般情况下,v_0 远小于 a,故上式可写为

$$\Delta v = a\left(\frac{\Delta\rho}{\rho} + \frac{\Delta A}{A}\right) \tag{5-2}$$

另外,如图 5.1 所示,在 Δt 时间内,由于有了 Δv 的变化,2-2 断面也会产生 Δp 的变化,根据动量定律有

$$\rho A\Delta x(v-v_0) = (p-p-\Delta p)A\Delta t$$

$$\rho A\Delta x(v-v_0) = -\Delta p A\Delta t$$

由此可得,

$$\Delta p = \rho a(v_0 - v) \tag{5-3}$$

式(5-3)两边同除以比重 γ 后,可得

$$\Delta H = \frac{a}{g}(v_0 - v) \tag{5-3'}$$

式(5-3)又可以写为

$$\Delta v = \frac{\Delta p}{\rho a}$$

将它代入(5-2)中,得

$$\frac{\Delta p}{\rho a} = a\left(\frac{\Delta\rho}{\rho} + \frac{\Delta A}{A}\right)$$

整理后得到 $a^2 = \dfrac{1}{\rho\left(\dfrac{1}{\rho}\dfrac{\Delta\rho}{\rho} + \dfrac{1}{A}\dfrac{\Delta A}{\Delta p}\right)} = \dfrac{\dfrac{\Delta p}{\Delta\rho}}{1 + \dfrac{\rho}{A}\dfrac{\Delta A}{\Delta\rho}}$

而,$\dfrac{\rho}{\Delta\rho} = \dfrac{K}{\Delta p}$,代入上式得

$$a^2 = \frac{\dfrac{\Delta p}{\Delta\rho}}{1 + \dfrac{K}{A}\dfrac{\Delta A}{\Delta p}}$$

$$a = \sqrt{\dfrac{\dfrac{\Delta p}{\Delta \rho}}{1 + \dfrac{K}{A}\dfrac{\Delta A}{\Delta p}}} = \dfrac{\alpha_0}{\sqrt{1 + \dfrac{K}{A}\dfrac{\Delta A}{\Delta p}}} \tag{5-4}$$

（5-4）即为任意截面形状管路中水击压力波传播速度的一般计算式。对于不同截面形状,不同管材和不同壁厚的管路中波速计算式的差别,仅在于 $\Delta p/\Delta A$ 的不同。

对于薄壁圆形管路

$$\frac{\Delta A}{\Delta p} = \frac{2\pi r^2}{\delta \cdot E} \tag{5-5}$$

对于薄壁矩形管路（如图 5.2 所示）

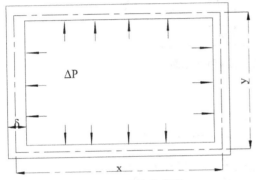

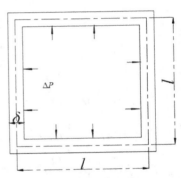

图 5.2　矩形管路截面　　　　　　　　图 5.3　方形管路截面

$$\frac{\Delta A}{\Delta p} = \frac{\phi(x, y)}{E \cdot \delta^3} \tag{5-6}$$

$$\phi(x, y) = \frac{1}{6}\left(\frac{x^5}{5} + x^4 y - x^3 y^2 - x^2 y^3 + xy^4 + \frac{y^5}{5}\right) \tag{5-7}$$

对于薄壁方形管路（如图 5.3 所示）

$$\frac{\Delta A}{\Delta p} = \frac{l^5}{15E\delta^3} + \frac{l^3}{E\delta} \tag{5-8}$$

对于薄壁城门洞型管路（如图 5.4）所示

$$\frac{\Delta A}{\Delta p} = \frac{\phi(r, h)}{E \cdot \delta^3} \tag{5-9}$$

$$\phi(r, h) = 24\left[\frac{D_{M\theta 1}^2}{D^2} f_1(r, h) + \frac{D_{M\theta 1}}{D} f_2(r, h) \right. \tag{5-10}$$

$$\left. + \frac{D_{F\theta 1}^2}{D^2} f_3(r, h) + \frac{D_{F\theta 1}}{D} f_4(r, h) + f_5(r, h)\right]$$

$$f_1(r, h) = h + \frac{\pi}{2} \cdot r \tag{5-11}$$

$$f_2(r, h) = g(r, h)(\pi r^2 - 2r^2 + 2rh + h^2) + \frac{1}{3}h^3 - \frac{1}{3}r^3 \tag{5-12}$$

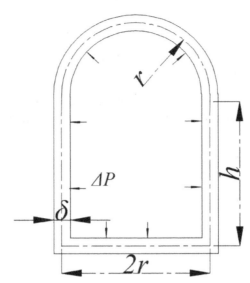

图 5.4　城门洞型管路截面

$$f_3(r,h) = \frac{3}{4}\pi r^3 - 2r^3 + r^2h + \frac{1}{3}h^3 \tag{5-13}$$

$$f_4(r,h) = rh^3 + \frac{1}{4}h^4 + \frac{3}{2}\pi r^4 + 2r^2h^2 - \frac{13}{3}r^4 + \frac{5}{3}r^3h \tag{5-14}$$

$$f_5(r,h) = \frac{3}{4}\pi r^5 - \frac{11}{5}r^5 + \frac{2}{3}r^4h + \frac{5}{6}r^3h^2 + \frac{2}{3}r^2h^3 + \frac{1}{4}rh^4 + \frac{1}{20}h^5 \tag{5-15}$$

$$g(r,h) = \frac{D_{F1}}{D} + r \tag{5-16}$$

$$D = \left(1 - \frac{\pi}{4} - \frac{\pi^2}{8}\right)r^4 - \left(2 + \frac{\pi}{4}\right)r^3h - \left(1 + \frac{\pi}{2}\right)r^2h^2$$

$$- \left(\frac{1}{3} + \frac{\pi}{6}\right)rh^3 - \frac{1}{12}h^4 \tag{5-17}$$

$$D_{F1} = \left(\frac{\pi}{4} + \frac{\pi^2}{8} - \frac{4}{3}\right)r^5 + \left(2 + \frac{\pi}{12}\right)r^4h + \left(\frac{\pi}{2} + \frac{4}{3}\right)r^3h^2$$

$$+ \left(\frac{5}{12}\pi + \frac{1}{2}\right)r^2h^3 + \left(\frac{\pi}{16} + \frac{7}{24}\right)rh^4 + \frac{1}{24}h^5 \tag{5-18}$$

$$D_{M\theta1} = \left(\frac{1}{3} - \frac{\pi}{12}\right)r^6 + \left(\frac{\pi}{6} - \frac{1}{3}\right)r^5h + \left(-\frac{\pi}{4} - \frac{1}{3}\right)r^4h^2$$

$$+ \left(\frac{7}{18} - \frac{5\pi}{24}\right)r^3h^3 - \left(\frac{1}{12} + \frac{\pi}{16}\right)r^2h^4 - \frac{1}{12}rh^5 - \frac{1}{144}h^6 \tag{5-19}$$

对于厚壁矩形管路

$$\frac{\Delta A}{\Delta p} = \frac{F(x,y,G,\delta)}{E \cdot \delta^3} \tag{5-20}$$

$$F(x,y,G,\delta) = \phi(x,y) = \frac{E\delta^2}{4G}(x^3 + y^3) + \frac{xy\delta^2}{2}(x+y) \tag{5-21}$$

对于厚壁方形管路

$$\frac{\Delta A}{\Delta p} = \frac{l^5}{15E\delta^3} + \frac{l^3}{E\delta}\left(1 + \frac{E}{2G}\right) \tag{5-22}$$

上式中，E 为弹性模型，G 为剪切弹性模型。

5.1.2　运动方程

对于一维运动的管流，根据牛顿第二定律可以建立运动方程如下。

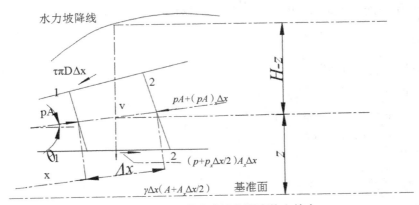

图 5.5　作用于管路内流体隔离体上的力

如图 5.5 所示，PA 是 1-1 横截面的压力；$pA+(pA)_x\Delta x$ 为 2-2 截面的压力；$(p+p_x\Delta x/2)$ $A_x\Delta x$ 是由于管路截面变化而产生的对液体的轴向压力，$\gamma\Delta x(A+A_x\Delta x\Delta/2)\sin\theta$ 是重力在 x 轴向的分力，$\tau\pi D\Delta x$ 是管壁摩擦力，所有上述 x 方向各力之和应等于 1-1 和 2-2 截面之间流体的质量与其加速度的乘积：

$$pA - \left[pA + (pA)_x\Delta x\right] + \left(p + p_x\frac{\Delta x}{2}\right)A_x\Delta x$$

$$-\gamma\left(A + A_x\frac{\Delta x}{2}\right)\Delta x\sin\theta - \tau\pi D\Delta x = \frac{\gamma\left(A + A_x\dfrac{\Delta x}{2}\right)\Delta x}{g}\dot{v}$$

将上式展开，略去二阶以上的微量，可以得到

$$-p_x A\Delta x - \gamma A\Delta x\sin\theta - \tau\pi D\Delta x = \rho A\Delta x\dot{v}$$

$$p_x + \gamma\sin\theta + \frac{\tau\pi D}{A} + \rho\dot{v} = 0 \tag{5-23}$$

在此需引入两点假设：

（1）非恒定流情况下的摩阻可用恒定流时的摩阻代替；

（2）密度 ρ 沿 x 方向的变化与 H、Z 沿 x 方向的变化相比甚小，故将 ρ 当作常量处理。

因此，可有

$$\tau_0 = \frac{\rho f v|v|}{8} \tag{5-24}$$

其中,f是达西 - 维斯巴哈摩阻系数。

由图 5.5 可知

$$p = \rho g(H - Z)$$

$$p_x = \rho g(H_x - Z_x)$$

而 $Z_x = \dfrac{\partial Z}{\partial x} = \sin\theta$

故:$p_x = \rho g(H_x - \sin\theta)$ (5-25)

将(5-24)和(5-25)代入(5-23)中可有

$$\rho g H_x - \rho g\sin\theta + \gamma\sin\theta + \frac{\rho f v|v|\pi D}{8A} + \rho\dot{v} = 0$$

整理后得到

$$g H_x + \frac{f v|v|}{2D} + \dot{v} = 0$$ (5-26)

这就是有压非恒定流的运动方程。

另外,$\dot{v} = \dfrac{\mathrm{d}v}{\mathrm{d}t} = \dfrac{\partial v}{\partial x}\cdot\dfrac{\partial x}{\partial t} + \dfrac{\partial v}{\partial t} = v\cdot\dfrac{\partial v}{\partial x} + \dfrac{\partial v}{\partial x} = v\cdot v_x + v_t$

故(5-26)又可写为

$$g H_x + \frac{f v|v|}{2D} + v\cdot v_x + v_t = 0$$ (5-26')

这时运动方程的另一种形式。

当 $v_x=0,v_t=0$ 时,即为恒定流情况,此时方程化为

$$H_x = -\frac{f v|v|}{2Dg}$$

这就是达西公式。

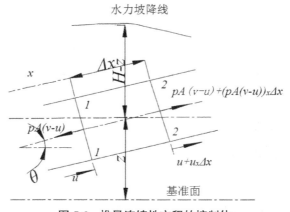

图 5.6   推导连续性方程的控制体

5.1.3　连续性方程

假定管路断面变化较小。根据质量守恒定律,在单位时间内流入、流出 1-1 和 202 截面的质量差应等于 1-1 和 2-2 截面内质量的变化。因此有

$$\rho A(v-u) - \rho A(v-u) - [\rho A(v-u)]_x \Delta x = \frac{d}{dt}(\rho A \Delta x)$$

整理后可得:

$$-(\rho A v)_x \Delta x + (\rho A u)_x \Delta x = \Delta x \frac{d(\rho A)}{dt} + \rho A \frac{d(\Delta x)}{dt}$$

其中,v 是流体的瞬时流速,u 是管壁的轴向变形速度。

$$\frac{d}{dt} = \frac{\partial}{\partial t} + \frac{\partial}{\partial x}\frac{\partial x}{\partial t} = \frac{\partial}{\partial t} + \frac{\partial}{\partial x}u$$

$$u_x \cdot \Delta x = \frac{d(\Delta x)}{dt}$$

所以　$u_x = \frac{1}{\Delta x}\frac{d(\Delta x)}{dt}$

$$-\rho A \cdot v_x - v(\rho A)_x + \rho A u_x + u(\rho A)_x = (\rho A)_t + u(\rho A)_x + \rho A u_x$$

因此可以得到

$$\rho A v_x + v(\rho A)_x + (\rho A)_t = 0 \qquad (5\text{-}27)$$

这就是非恒定流情况下,一维流体的连续性方程。

对上式整理如下

$$\rho A v_x + \frac{D}{Dt}(\rho A) = 0$$

将 $\frac{D}{Dt}(\rho A)$ 展开,最后得到

$$\frac{\dot\rho}{\rho} + \frac{\dot A}{A} + v_x = 0 \qquad (5\text{-}28)$$

其中,$\frac{\dot\rho}{\rho} = \frac{\dot p}{K}$,$A = A(p,x)$

$$dA = \frac{\partial A}{\partial x}dx + \frac{\partial A}{\partial p}dp$$

对于棱柱形管道 $\frac{\partial A}{\partial x}dx$ 可忽略。

因此有　$dA = \frac{dA}{dp}dp$ 或 $\dot A = \frac{dA}{dp}\dot p$

代入(5-28)可得

$$v_x + \frac{\dot p}{K} + \frac{dA}{dp}\frac{\dot p}{A} = 0$$

将 $\frac{\dot p}{K}$ 提出并稍加整理可有

$$v_x + \frac{\dot{p}}{p \cdot K / \rho}\left(1 + \frac{\mathrm{d}A}{\mathrm{d}p}\frac{K}{A}\right) = 0$$

$$a^2 = \frac{K / \rho}{1 + \frac{\mathrm{d}A}{\mathrm{d}p}\frac{K}{A}}$$

$$\therefore \quad v_x + \frac{\dot{p}}{\rho a^2} = 0$$

$$\therefore \quad \rho a^2 v_x + \dot{p} = 0$$

式中的压强 p 也可以表示为水头的形式

$$p = \rho g(H - z)$$

$$\dot{p} = \rho g(\dot{H} - \dot{z}) = \rho g(v H_x + H_t - v z_x - z_t)$$

$$= \rho g(v H_x + H_t - v z_x)$$

代入（5-29），得到连续性方程

$$\frac{a^2}{g}v_x + v H_x + H_t - v\sin\ \theta = 0 \tag{5-30}$$

5.2 刚性理论与弹性理论及对应基本方程

对于有压非恒定流问题,历来存在着两种理论,刚性理论和弹性理论。下面我们分别针对两种不同的理论介绍相应的基本方程。

5.2.1 刚性理论及基本方程

刚性理论的出发点是:将非恒定流工况下的管路和液体均作为不可变形体处理,即流量 Q 仅仅是时间的函数,与其他参数无关。由此可以用有压非恒定流的伯诺里方程,对压力管路的 1-1 和 2-2 断面写出如下关系式。

$$\frac{p_1}{\gamma} + z_1 + \frac{\alpha_1 v_1^2}{2g} = \frac{p_2}{\gamma} + z_2 + \frac{\alpha_2 v_2^2}{2g} + h_{w1\text{-}2} + \frac{1}{g}\frac{\mathrm{d}Q}{\mathrm{d}t}\int_1^2 \frac{\mathrm{d}x}{A} \tag{5-31}$$

其中, $h_{w1\text{-}2}$ 为 1-1 和 2-2 断面间的水头损失, $\dfrac{1}{g}\dfrac{\mathrm{d}Q}{\mathrm{d}t}\displaystyle\int_1^2 \dfrac{\mathrm{d}x}{A}$ 是单位重量流体所具有的惯性。

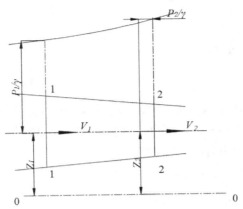

图 5.7　水击刚性理论基本公式推导示意图

当 $dQ/dt = 0$ 时，即流量不变时，方程式（5-31）成为实际流体的伯诺里方程。

在非恒定工况下，断面 2-2 上的压力为

$$\frac{p_2}{\gamma} = \frac{p_1}{\gamma} + z_1 + \frac{\alpha_1 v_1^2}{2g} - z_2 - \frac{\alpha_2 v_2^2}{2g} - h_{w1-2} - \frac{1}{g}\frac{dQ}{dt}\int_1^2 \frac{dx}{A}$$

在恒定工况下，断面 2-2 上的压力为：

$$\frac{p_2'}{\gamma} = \frac{p_1}{\gamma} + z_1 + \frac{\alpha_1 v_1^2}{2g} - z_2 - \frac{\alpha_2' v_2^2}{2g} - h'_{w1-2}$$

显然，两个压力的差值 $\dfrac{p_2}{\gamma} - \dfrac{p_2'}{\gamma} = \Delta H$ 即为非恒定流工况下产生的水击压力。这里，我们引入两点假设

（1）$\alpha_2 = \alpha_2'$

（2）$h_{w1-2} = h'_{w1-2}$

因此，可以得到

$$\Delta H = -\frac{1}{g}\frac{dQ}{dt}\int_1^2 \frac{dx}{A} \tag{5-32}$$

（5-32）是刚性理论的基本微分方程式。由（5-32）可见，非恒定流工况下的压力变化是与流量变化的速率成正比的，与代表压力管道尺寸特征的集合参数 K_m 成正比。

$$K_m = \int_{x1}^{x2} \frac{dx}{A} \tag{5-33}$$

K_m 的量纲为 1/m。

对于长度为 L 和直径为 D 的简单圆形压力管道，其集合参数 $K_m = L/A$，则（5-32）成为

$$\Delta H = -\frac{L}{gA}\frac{dQ}{dt} \tag{5-34}$$

对于直径不同和有分叉的管道，K_m 值按（5-33）分段积分累加得到。

水击计算时，习惯采用无因次量，相对水头值表示为

$$\xi = \frac{\Delta H}{H_0} \tag{5-35}$$

相对流量和流速值表示为

$$q = \frac{Q}{Q_{max}} = \frac{v}{v_{max}} \tag{5-36}$$

式中，ΔH 为水击发生时，产生的水头增高值；H_0 为恒定流工况下的该处水头值；Q 和 v 是某个时刻的流量和流速；Q_{max} 和 v_{max} 是压力管道的最大流量和最大流速。

引入无因次量后，微分方程（5-32）成为

$$\xi = -\left(\frac{Q_{max}}{gH_0} \int_{x1}^{x2} \frac{\mathrm{d}x}{A} \right) \frac{\mathrm{d}q}{\mathrm{d}t} \tag{5-37}$$

将式（5-37）应用到长度为 L 的某一具体压力管道上，并引入参数

$$T_M = \frac{Q_{max}}{gH_0} \int_0^L \frac{\mathrm{d}x}{A} = \frac{Q_{max}}{gH_0} K_M \tag{5-38}$$

T_M 是一个具有时间量纲的参数，我们将其称之为惯性参数，它表征了压力管路系统中重要的惯性指标。将惯性参数代入方程（5-37）中，得到

$$\xi = -T_M \frac{\mathrm{d}q}{\mathrm{d}t} \tag{5-39}$$

显然，ξ 与 T_M 成正比。这说明惯性越大，水击压力的相对值就越大。惯性作为决定水击大小的一个判别标准，这正式刚性理论的结论。

5.2.2　弹性理论及基本方程

与刚性理论相反，弹性理论认为当管路压力变化时，其管壁和液体也会同时产生弹性变形。而且它们的变化对非恒定流过程及水击压力值可以产生非常重要的影响。其影响体现为水击压力波在管路内往复传播的速度因管壁和液体弹性变形的不同而异。因此，对于有压非恒定流问题，弹性理论是以水击波的传播为出发点进行分析研究的。基于上述出发点，将有压非恒定流的运动方程和连续性方程联立，即组成弹性理论的基本方程组

$$\begin{cases} gH_x + v_x \cdot v + v_t + \dfrac{fv|v|}{2D} = 0 \\ \dfrac{a^2}{g} v_x + vH_x + H_t - v\sin\theta = 0 \end{cases} \tag{5-40}$$

在此方程中，包含两个独立的变量，空间坐标 x，时间坐标 t，还包含有两个非独立变量压力水头 H 和速度 v。

在一般有压非恒定流问题的求解时，常常忽略掉其中一些次要的项，而使方程简化，但并不影响解的精度要求。如运动方程中的 $v \cdot v_x$ 项，连续方程中的 vH_x 和 $v\sin\theta$ 项是常常被略掉的。所以，能将上几项省略，推导如下。

对于连续性方程可写成如下形式

$$\frac{a^2}{g}v_x + vH_x + H_t - vz_x - z_t$$

$$= \frac{a^2}{g}v_x + \left[\left(v \cdot \frac{\Delta t}{\Delta x}H_t + H_t\right) - \left(v \frac{\Delta t}{\Delta x}z_t + z_t\right)\right] = 0$$

而在 x、t 平面上，设 Δx，Δt 具有 $\Delta x = \Delta t \cdot a$ 的关系，其中 a 是压力波的传播速度（此关系为特征线关系）。

所以上式可写为：

$$\frac{a^2}{g}v_x + \left[\left(\frac{v}{a}+1\right)H_t - \left(\frac{v}{a}+1\right)z_t\right] = 0$$

因为，v/a 一般是个远小于 1 的小量，所以上式可简写成为

$$\frac{a^2}{g}v_x + H_t - z_t = 0$$

而 $z_t = 0$，所以最后得到

$$\frac{a^2}{g}v_x + H_t = 0 \tag{5-41}$$

同理，运动方程式可化简为

$$gH_x + v_t + \frac{fv|v|}{2D} = 0 \tag{5-42}$$

因此，简化后的方程组为

$$\begin{cases} gH_x + v_t + \dfrac{fv|v|}{2D} = 0 \\[2mm] \dfrac{a^2}{g}v_x + H_t = 0 \end{cases} \tag{5-43}$$

在方程（5-43）中，略去摩阻项，并将运动方程对 x 求导，将连续性方程对 t 求导可以得到

$$gH_{xx} + v_{tx} = 0 \tag{5-44}$$

$$\frac{a^2}{g}v_{xt} + H_{tt} = 0 \tag{5-45}$$

将 $v_{tx} = -gH_{xx}$ 代入（5-45）中，得到

$$H_{tt} = a^2 H_{xx} \tag{5-46}$$

同理可得

$$v_{tt} = a^2 v_{xx} \tag{5-47}$$

（5-46）和（5-47）两式即为一组波动方程，这组波动方程是水击图解计算和解析计算中常用得基本方程形式。其方程组得通解为

$$\Delta H = H - H_0 = \phi\left(t - \frac{x}{a}\right) + f\left(t + \frac{x}{a}\right) \tag{5-48}$$

$$\Delta v = v - v_0 = -\frac{g}{a}\left[\phi\left(t - \frac{x}{a}\right) - f\left(t + \frac{x}{a}\right)\right] \tag{5-49}$$

式中，ϕ 和 f 是两个波函数，由具体问题的起始条件和边界条件决定其具体的函数形式，其因次与 ΔH 因次相同。

5.3 水机转动部分的运动微分方程

在有压非恒定流系统的计算中常常用到水机转动部分的运动微分方程。所谓水机的转动部分包括发电机或电动机的转子和水轮机或水泵的转轮以及连接它们的转轴。其转动部分的运动完全取决于作用在其上的两个力矩：驱动力矩和阻力矩。对于水轮机组来说，水能所产生的力矩为驱动力矩，发电机转动所克服的力矩为阻力矩。对于水泵机组来说，电动机提供的是驱动力矩，而要使水泵转轮转动所克服的是阻力矩。当不考虑轴的变形时，那么转子和转轮的角速度是相同的。根据理论力学中刚体绕定轴转动的微分方程，可以写出水机转动部分的运动微分方程如下。

$$J_z = \frac{\mathrm{d}\omega}{\mathrm{d}t} = M_q - M_z \tag{5-50}$$

其中，J_z 是所有转动体的总转动惯量，单位为 $\mathrm{Kgf \cdot m \cdot s^2}$；$M_q$ 是驱动力矩；M_z 是阻力矩。

工程上，常常习惯以 GD^2（$\mathrm{Kgf \cdot m}$）给出物体转动的惯性量，而 GD^2 又称之为飞轮力矩，它与转动惯量具有如下关系。

$$J_z = \frac{GD^2}{4g} \tag{5-51}$$

若将角速度 ω 用转速 n 代入，并在表达式中引入一个参考转速 n_R，可以得到

$$\omega = \frac{n \cdot 2\pi}{60} = \frac{n_R \cdot n \cdot 2\pi}{n_R \cdot 60} = \frac{\pi \cdot n_R}{30}\alpha \tag{5-52}$$

其中，$\alpha = n/n_R$ 称为相对转速。

将（5-52）代入（5-50）中，并在等号两边均除以参考转矩 M_R，可以得到无量纲水击转动部分的运动微分方程如下。

$$J_z \cdot \frac{\pi n_R}{30 M_R} \frac{\mathrm{d}\alpha}{\mathrm{d}t} = \beta_q - \beta_z \tag{5-53}$$

其中，$\beta_q = M_q/M_R$，$\beta_z = M_z/M_R$ 均称为相对转矩。

式（5-53）解的一般形式为 $\alpha(t)$，它与系统的参数和特性以及起始条件有关。

对于水轮机全负荷工况，$\beta_z = 0$，（5-53）式可以写为

$$J_z \cdot \frac{\pi n_R}{30 M_R} \frac{\mathrm{d}\alpha}{\mathrm{d}t} = \beta_q$$

对于水泵突然断电工况，$\beta_q = 0$，（5-53）式可以写为

$$J_z \cdot \frac{\pi n_R}{30 M_R} \frac{\mathrm{d}\alpha}{\mathrm{d}t} = -\beta_z$$

对方程（5-53）进行求解的主要困难在于 β_q 和 β_z 与许多参数有关，其中包括未知量 α。解答的精度主要取决于对影响 β_q 和 β_z 的各种因素考虑得是否完全和正确。

5.4　调压室波动的微分方程

调压室是水力系统中常出现的建筑物。在有压非恒定流的研究中,调压室内流体运动规律的分析和计算是不可缺少的。本节我们来建立调压室水位波动的微分方程式。调压室的水位波动与压力管路中的压力波动不同。在非恒定流过程中,调压室水位波动的特点是大量水体的往复运动,其周期较长,一个波动周期常常要延续几分钟,而且伴随着水体运动有不大的和较为缓慢的压力变化。根据调压室水位波动的特点,在其波动方程的推导中,需注意如下几个问题。

（1）不计及弹性的影响,将调压室壁和流体均作为刚性体处理。

（2）因能量消耗对波动过程的影响很大,故必须充分考虑各项水力损失。

（3）为了方程推导的方便,可设调压室断面没有变化,且流动为一维流。

5.4.1　水电站上游引水系统中调压室的波动方程

上游引水系统中的调压室一般设在隧洞与压力管路的连接处。它不但可以通过调压室对水击波的发射作用,来减弱压力管路中的水击压力,而且可以减弱水击压力向隧洞中的传播。

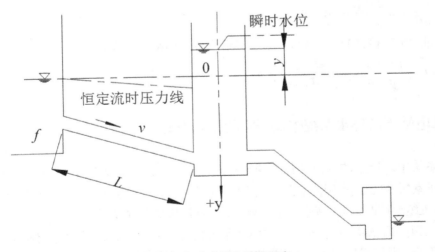

图 5.8　水电站上游调压室

当水电站上游的引水系统出现非恒定流工况时,设 h_w 为引水道中流速为 v 时的水头损失（其中包括局部损失与沿程损失）, y 为调压室中瞬时水位与静水位的差值。根据运动定律可得到引水道中水体质量与其加速度的乘积等于该水体所受的力,即

$$Lf\frac{\gamma}{g}\frac{\mathrm{d}v}{\mathrm{d}t} = f\gamma(y - h_w)$$

由此得水流得动力方程为

$$y = \frac{L}{g}\frac{dv}{dt} + h_w \tag{5-54}$$

因为(5-54)中有 $y(t)$ 和 $v(t)$ 两个未知函数,故还需第二个方程式。根据水流连续性定律,接水轮机得压力管道中的流量 Q 是由两部分组成的:来自上游引水道的流量 fv 和调压室流出的流量 $F \times dy/dt$,此处 F 室调压室断面积,dy / dt 为调压室水位上升或下降的速度。由此得连续性方程为

$$Q = fv + F\frac{dv}{dt} \tag{5-55}$$

方程(5-54)和(5-55)联立组成水电站上游引水系统中调压室波动的微分方程组。另外可将损失项写为

$$h_w = h_{w0}\left(\frac{v}{v_0}\right)^2$$

故(5-54)又可写为

$$y = \frac{L}{g}\frac{dv}{dt} + v|v|\frac{d_{w0}}{v_0^2} \tag{5-56}$$

当水轮机突然丢弃全负荷时,(5-55)成为

$$fv + F\frac{dv}{dt} = 0 \tag{5-57}$$

将(5-57)对 t 求导,然后代入(5-56)中得到

$$\frac{d^2y}{dt^2} + m\frac{dy}{dt}\left|\frac{dy}{dt}\right| + ny = 0 \tag{5-58}$$

此式即为水轮机丢弃全负荷时,调压室水位波动的微分方程式。

其中,$m = \dfrac{gF}{Lf}\dfrac{h_{w0}}{v_0^2}$,$n = \dfrac{gf}{LF}$ $\tag{5-59}$

5.4.2 水电站下游尾水系统中调压室的波动方程

尾水系统中调压室的水位变化及调压室的作用与上游引水系统中的调压室室相似的。但由于调压室所处的位置不同,使其工作特点刚好相反。当机组增荷时,调压室中的水位会上升;但当机组弃荷时,调压室中的水位要下降,因此其基本方程不完全一样。

另外,水电站下游尾水系统调压室中的水流情况与水泵站输水管路上调压室中的水流情况是一致的,因此下述推导对水泵站输水管路的情况同样适用。

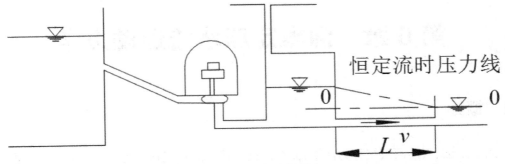

图 5.9　水电站尾水调压室

如图 5.9 所示,设尾水道内流速为 v 时的水头损失为 h_w(其中包括局部损失和沿程损失)。y 为调压室中瞬时水位与静水位的差值,首先我们将 y 坐标的正方向选取与上游引水系统调压室的波动方程推导时的情况一致,根据运动定律,尾水道中水体质量与其加速度的乘积应该等于水体所受的力,即

$$Lf\frac{\gamma}{g}\frac{\mathrm{d}v}{\mathrm{d}t} = f\gamma(-y-h_w)$$

由此得水流得动力方程为

$$y = -\frac{L}{g}\frac{\mathrm{d}v}{\mathrm{d}t} - h_w \tag{5-60}$$

又根据水流连续性定律,尾水道中的流量 fv 是由两部分组成的:来自水轮机的流量 Q 和调压室流出的流量 $F\times\mathrm{d}y/\mathrm{d}t$,由此得连续性方程为

$$Q + F\frac{\mathrm{d}y}{\mathrm{d}t} = fv \tag{5-61}$$

方程(5-60)和(5-61)即组成了水电站尾水系统中的调压室波动的微分方程。

$$\begin{cases} y = -\dfrac{L}{g}\dfrac{\mathrm{d}v}{\mathrm{d}t} - h_w \\[2mm] Q + F\dfrac{\mathrm{d}y}{\mathrm{d}t} = fv \end{cases}$$

若我们将 y 坐标的正方向选取与上游引水系统调压波动方程推导时的情况相反,则水流的动力方程与上游引水系统调压室的动力方程就相同,为(5-54)的型式。但连续性方程仍为(5-61)的型式。因此微分方程组的型式为

$$\begin{cases} y = \dfrac{L}{g}\dfrac{\mathrm{d}v}{\mathrm{d}t} + h_w \\[2mm] Q + F\dfrac{\mathrm{d}y}{\mathrm{d}t} = fv \end{cases}$$

在计算之前,首先要选定一种坐标方向,然后用选定方向的微分方程组进行计算。在具有上、下游调压室的联合计算时,此点就显得更为重要。

第6章 河渠定床水流运动力学

6.1 概述

人工渠道、天然河流统称为河渠,而在河渠中运动的水流则称为河渠水流。河渠水力学就是研究河渠水流运动规律的科学,河渠水流是在重力作用下形成的,阻力与重力构成了河渠水流力的平衡。河渠明流与有压管道中水流之间的主要区别是,河渠水流具有和空气接触的自由表面,且自由表面各点均为大气压强。因此,河渠水流也称为无压流或明渠水流。输水廊道及水工隧洞中具有自由表面的水流运动也属于河渠明流一类。

在本章中,我们将研究在河渠自身没有冲淤变化情况下,河渠水流的运动规律及其有关的水流计算问题,因此也称本章内容也称定床水力学。

在水利工程中,常常需要在河道中修建许多水工建筑物,如挡水坝、引水闸、船闸等等,从而改变了河渠明流的天然流动状况,有时则在建筑物的上游产生壅水,在下游则形成降水现象。因此,在工程修建之前,我们要根据河渠水流的运动规律来计算或者估算这个变化所带来的各种影响。在内河航道运输中,为了使天然河道能满足通航要求,则需要对河道进行整治,这也需要通过水流计算来确定整治后河道水流的变化情况,如主流流势的变化、河道深泓的变化,如图 6.1,从而估计整治的效果。因此,研究河渠水流的运动规律是有很重要的工程意义的。

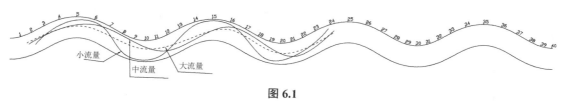

图 6.1

由于河渠水流有较大的几何和水力尺度,河渠水流的流态一般情况下几乎完全处于紊流的阻力平方区,如图 6.2。

图 6.2

　　由于具体条件的不同,河渠明流也会出现恒定流和非恒定流;另外,根据水力要素沿流程的变化情况,又可以分为均匀流和非均匀流。但在实际情况下,非恒定均匀流是不可能存在的,因而河渠明流一般又可以分为三种情况来研究:即均匀恒定流、均匀非恒定流和非恒定流。

　　当河渠水流的运动要素不随时间变化,则称为河渠恒定流;否则,运动要素随时间变化,就称之为河渠非恒定流。在恒定的河渠水流中,如果流线是一簇平行直线,水深、断面流速分布等均沿程不变,则称为河渠恒定均匀流;如果流线不是平行直线,则称为河渠恒定非均匀流。

6.2　河渠的几何特性及其对水流运动的影响

　　河渠断面几何形状和尺寸、河渠断面沿程分布、河渠的底坡等,对水流的运动状态均有重要影响。所以在研究河渠水流运动规律的同时,必须先了解河渠的几何特性及其对水流的影响情况。

6.2.1　河渠横断面的类型、过水断面的水力要素

　　河渠分天然的和人工的两种,其断面形状则是多种多样的,如图 6.3。人工渠道常做成对称的几何形状,如梯形、矩形、圆形等等;天然河道则通常是不规则的形状。

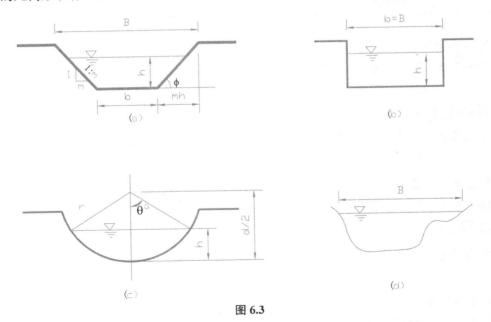

图 6.3

1. 梯形断面

图 6.3(a),其过水断面面积由下式确定

$$\omega = (b+mh)h \tag{6-1}$$

式中, $m=ctg\varphi$ 称为边坡系数, φ 是边坡线与水平线的夹角。

过水断面顶宽: $B=b+2mh$ (6-2)

湿周: $\chi = b + 2\sqrt{1+m^2}\,h$ (6-3)

水力半径: $R = \dfrac{\omega}{\chi} = \dfrac{(b+bh)h}{b+2\sqrt{1+m^2}\,h}$ (6-4)

梯形断面是工程中较常见的一种,人工渠道修筑在土质地基上时,往往采用梯形断面。边坡系数 m 反映了梯形两侧倾斜的程度,土壤的稳定性越好,边坡系数可以越小。浆砌石、混凝土渠道火灾岩石中开挖的渠道可以做成矩形断面,即 $m=0$。各种土质条件下边坡系数 m 之可以参照表 6.1。

表 6.1　梯形渠道的边坡系数

土壤种类	边坡系数
粉砂	3.0—3.5
疏松或中等密实砂土	2.0—2.5
密实砂土	1.5—2.0
沙壤土	1.5—2.0
粘壤土、黄土、粘土	1.25—1.5
卵石和砌石	1.25—1.5
半石性抗水土壤	0.5—1.0
风化的岩石	1.25—1.0
未风化的岩石	0—0.25

2. 矩形断面

图 6.3(b),矩形过水断面

面积: $\omega = bh$ (6-5)

湿周: $\chi = b+2h$ (6-6)

水力半径: $R = \dfrac{\omega}{\chi} = \dfrac{hb}{b+2h} = \dfrac{h}{1+2\dfrac{h}{b}}$ (6-7)

3. 宽矩形断面

图 6.3(b),宽矩形断面,当 $b/h \geqslant 10$ 时可取

湿周: $\chi = b+2h \approx b$ (6-8)

水力半径: $R = \dfrac{\omega}{\chi} = \dfrac{h}{1+2\dfrac{h}{b}} \approx h$ (6-9)

4. 圆形断面

图 6.3(c)半圆形过水断面,

面积: $\omega = r^2(\theta - \sin\theta° \cos\theta°)$ (6-10)

湿周: $\chi = 2\theta r$ (6-11)

水力半径：$R = \dfrac{\omega}{\chi} = \dfrac{r}{2}\left(1 - \dfrac{\sin\theta° \cos\theta°}{\theta}\right)$ （6-12）

式中，$\theta = \dfrac{\pi}{180°}\theta°$　$\theta° = \cos^{-1}\dfrac{r-h}{r}$

5. 不规则断面

如图 6.3（d），过水断面由边滩和主槽构成。

6.2.2　河渠（明槽）形式

河（渠）槽形式按照河（渠）槽断面的几何尺寸沿河（渠）长而变化的情况来分类，则可分为下面两种。

（1）非棱柱形河（槽），即横断面形状和尺寸沿流程固定不断变化，过水断面为流程距离 s 和水深 h 的函数，即 $\omega = f(h,s)$

（2）棱柱形河（渠）槽，即横断面形状和尺寸沿流程固定不变，过水断面的大小仅是水深的函数，即 $\omega = f(h)$，因而 $\partial\omega / \partial s = 0$。

6.2.3　河渠底坡

1. 河渠底坡

如图 6.4 所示，是一河渠水流的瞬时剖面。

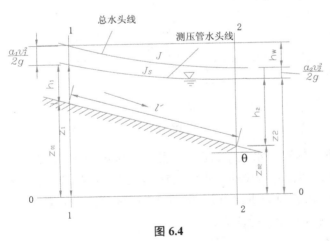

图 6.4

如果河底与水平的夹角为 θ，1-1 和 2-2 断面间槽底长度为 l'；槽底落差为 $z_{01} - z_{02}$，则我们以 i 表示河渠底坡，即

$$i = \dfrac{z_{01} - z_{02}}{l'} = \sin\theta$$ （6-13）

由于在实际工程中，河渠的 θ 值往往很小，故坡地可以用 $\tan\theta$ 代替 $\sin\theta$，即

$$i = \frac{z_{01} - z_{02}}{l} = \tan\theta \qquad (6\text{-}14)$$

式中，l 为 1-1 和 2-2 两断面的水平距离。

由于河渠水流的主要作用力是重力，所有河渠底坡 i 的大小对河渠纵水流运动有重要的影响。此外，河渠水流的过水断面，按照定义应对垂直流线方向，或垂直于槽底，但由于底坡 i 通常很小，故可用铅直断面来代替，如图 6.4 中的 1-1 和 2-2 两断面。

2. 按底坡特征

明渠可分三类

从槽底坡度来看，河渠又可分为以下三类。

（1）正坡渠（河）槽—槽底顺水流方向降低，用 $i>0$ 表示。

（2）正坡渠（河）槽—槽底是水平的，用 $i=0$ 表示。

（3）逆坡渠（河）槽—槽底沿流程升高，用 $i<0$ 表示。

在较长的天然河流中，河底起伏不平，很难作出单一的河底线来，但是在进行河道的水力计算时，仍然可以在一段河段内采用平均底坡的概念。

6.3　河渠水流运动的基本方程式

1. 连续性方程

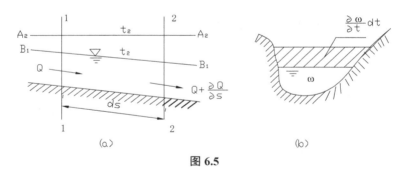

图 6.5

如图 6.5（a）所示的河渠水流中，任一河底长度为 ds 的河段，在某一瞬时 t_1，其水面为 B_1B_1，经 dt 时间以后，即在 $t_2=t_1+dt$ 时，水面变化到 A_2A_2 位置。若液体密度 $\rho=$ 常数，则在 dt 时段内经 1-1 断面流入流断的质量为 $\rho Q dt$，经 2-2 断面流出的质量为 $\rho(Q+\partial Q/\partial s)dt$。则 dt 时间内河段流出和流入质量之差应为：

$$\rho\left(Q + \frac{\partial Q}{\partial s}ds\right)dt - \rho Qt = \rho\frac{\partial Q}{\partial s}dsdt$$

另外，参见图 6.5（b），在瞬时 t_1 时刻，河段的过水断面面积为 ω；在瞬时 t_1+dt 时刻，河段的过水断面面积为 $\omega+\partial\omega/\partial t \times dt$，则 dt 时间内 ds 河段内水量变化为 $\rho \times \partial\omega/\partial t \times dt \times ds$。根据水量平衡（质量连续）的原理，有 dt 时间内河段流出和流入质量之差应等于该时间段内 ds 河段的水量负变化，即：

$$\rho \frac{\partial Q}{\partial s} \mathrm{d}s\mathrm{d}t = -\rho \frac{\partial \omega}{\partial t} \mathrm{d}t\mathrm{d}s$$

化简得：

$$\frac{\partial Q}{\partial s} + \frac{\partial \omega}{\partial t} = 0 \tag{6-15}$$

2. 水流运动方程

在第二章中我们得重力液体基元流束的非恒定流运动方程式（2-70），即

$$\frac{\partial}{\partial s}\left(Z + \frac{p}{\gamma} + \frac{u^2}{2g} + h'_w \right)\mathrm{d}s + \frac{1}{g}\frac{\partial u}{\partial t}\mathrm{d}s = 0 \tag{2-70}$$

把这个结果推广应用到总流上去，并取总流的讨论断面为"渐变流断面"，应用总流平均量的表示方法，引入动能校正系数 α 及动量校正系数 α'，即可求得河渠非恒定流的一般方程式。

将式（2-70）各项乘以在单位时间内通过任一基元过水断面 $\mathrm{d}\omega$ 的水重 $\gamma\mathrm{d}Q$（$\mathrm{d}Q=u\mathrm{d}\omega$），然后在整个过水断面 ω 范围内积分此式，即

$$\int_\omega \frac{\partial}{\partial s}\left(z + \frac{p}{\gamma} + \frac{u^2}{2g} + h'_w \right)\gamma u\mathrm{d}\omega\mathrm{d}s + \int_\omega \frac{1}{g}\frac{\partial u}{\partial t}\gamma u\mathrm{d}\omega\mathrm{d}s = 0$$

用 γQ（$Q=\omega v$）除上式各项得：

$$\frac{1}{Q}\int_\omega \frac{\partial}{\partial s}\left(z + \frac{p}{\gamma} + \frac{u^2}{2g} + h'_w \right)u\mathrm{d}\omega\mathrm{d}s + \frac{1}{gQ}\int_\omega \frac{\partial u}{\partial t}u\mathrm{d}\omega\mathrm{d}s = 0$$

根据"渐变流断面"上 $\left(z + \frac{p}{\gamma} \right)$ ＝常数的条件，于是上式变为

$$\frac{1}{Q}\frac{\partial}{\partial s}\left(z + \frac{p}{\gamma} \right)\int_\omega u\mathrm{d}\omega\mathrm{d}s + \frac{1}{2gQ}\frac{\partial}{\partial s}\int_\omega u^3\mathrm{d}\omega\mathrm{d}s + \frac{1}{Q}\frac{\partial}{\partial s}\int_\omega h'_w u\mathrm{d}\omega\mathrm{d}s + \frac{1}{gQ}\frac{\partial}{\partial t}\int_\omega u^2\mathrm{d}\omega\mathrm{d}s = 0$$

又因为：

$$\int_\omega u\mathrm{d}\omega = \omega v = Q$$

$$\int_\omega u^3\mathrm{d}\omega = \alpha v^3 \omega = \alpha v^2 Q（\alpha 即动能校正系数）$$

$$\int_\omega u^2\mathrm{d}\omega = \alpha' \ v^2 \omega = \alpha' \ vQ（\alpha' \ 即动量校正系数）$$

又 $h_w = \frac{1}{Q}\int_\omega h' \ u\mathrm{d}\omega$ 表示单位重量液体沿总流运动时平均的能量损失。

$$\frac{\partial}{\partial s}\left(z + \frac{p}{\gamma} + \frac{\alpha v^2}{2g} + h_w \right)\mathrm{d}s + \frac{\alpha'}{g}\frac{\partial v}{\partial t}\mathrm{d}s = 0 \tag{6-16}$$

式（6-16）为河渠不可压缩液体总流非恒定流的基本微分方程式。

其中：$(z+p/\gamma)$ 为测压管水头，亦即水面高程，用 Z 表示，并取 $\alpha=\alpha'=1.0$，故河渠渐变流动的运动方程式（6-16）为：

$$\frac{1}{g}\frac{\partial v}{\partial t} + \frac{\partial\left(\frac{v^2}{2g} \right)}{\partial s} + \frac{\partial Z}{\partial s} + \frac{\partial h_w}{\partial s} = 0 \tag{6-17}$$

再加上连续性方程,则河渠水流的基本方程式为下列方程组:

$$\begin{cases} \dfrac{\partial Q}{\partial s} + \dfrac{\partial \omega}{\partial t} = 0 \\[3mm] \dfrac{1}{g}\dfrac{\partial v}{\partial t} + \dfrac{\partial \left(\dfrac{v^2}{2g}\right)}{\partial s} + \dfrac{\partial Z}{\partial s} + \dfrac{\partial h_w}{\partial s} = 0 \end{cases} \tag{6-18}$$

6.4 河渠恒定均匀流

河渠均匀流动是指那些在河渠中各断面的水深、断面平均流速和流速分布沿程不变的流动。它是河渠流动的简单形式,也是在特定条件下的一种流动形式。

河渠均匀流动规律是河渠水力设计的基本依据。掌握河渠均匀流的特征和它的形成就能更好的分析河渠非均匀流动。河渠均匀流的水深称为正常水深,以 h_0 表示,它是河渠水流的一个重要的指标水深。

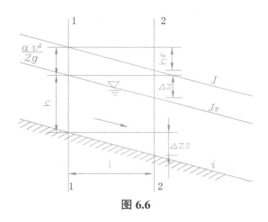

图 6.6

6.4.1 河渠均匀流动的特征和形成条件

1. 特征

（1）明渠均匀流是一种等深等速直线运动 h=const, v=const,明渠均匀流的渠中水深,称为正常水深 h_0。

（2）总水头线、测管水头线（水面线）及渠底线三线平行,即 $J=J_s=i$,而 $i=J$ 说明重力所做的功等于克服阻力所消耗的功。

2. 形成条件

（1）属恒定流,流量沿程不变 Q=const。

（2）底坡不变;顺坡（$i>0$）。

（3）棱柱形渠道——断面形状、尺寸、粗糙系数都不变的长直渠道。

其中任一条件破坏,均匀流变为非均匀流;凡破坏明渠均匀流条件的局部因素,称为

"干扰";干扰—— 桥梁涵洞压缩了渠道断面、渠道底坡折变等。

6.4.2 河渠均匀流动的水力计算

1. 河渠均匀流动的动力学方程

明渠均匀流中,谢才公式可写为:$v = C_0 \sqrt{R_0 J}$,由于 $J=J_j=i$,可写为

$$v = C_0 \sqrt{R_0 i} \tag{6-19}$$

其中下标 0 代表与正常水深相适应的量。该方程实质上代表了底摩擦阻力与重力平衡的关系,参见(3-1)式,即:$\tau_0 = \gamma RJ$;$\tau_0 = \dfrac{\lambda}{8} \rho v^2$,二者取等号

$$\gamma RJ = \frac{\lambda}{8} \rho v^2$$

$$v = \sqrt{\frac{8g}{\lambda} RJ} = C \sqrt{RJ}$$

因此谢才公式就是河渠均匀流动的动力学方程。

2. 河渠均匀流动的连续性方程

$$Q = \omega v \tag{6-20}$$

将(6-19)代入(6-20)得

$$Q = \omega_0 C_0 \sqrt{R_0 i} \tag{6-21}$$

$$Q = K_0 \sqrt{i} \tag{6-22}$$

其中 $K_0 = \omega_0 C_0 (R_0)^{1/2}$,$K_0$ 称为流量模数,它具有流量的量纲(m³/s)。$K(h_0)$ 即相应于 h_0 的流量模数,i 为渠道底坡。

3. 河渠均匀流动的水力计算

由于河渠水流的流态通常处于紊流的阻力平方区,谢才系数 C_0 可采用适用于紊流阻力平方区的经验公式即曼宁公式来进行计算。

河渠均匀流动的水流计算主要有如下两种类型。

1)既成渠道的水力计算

以梯形断面为例,当河槽糙率 n、底宽 b、边坡系数 m 均已知时,推求相当于某一正常水深 h_0 时渠道的输水能力。

在工程中这种问题属于校核问题,可以直接根据基本公式(6-21)求解。即 n、i、b、m 已知,当 $h=h_0$ 时,输水能力 Q。

2)渠道设计计算

总的来说河渠均匀流的计算问题可以归结为在已知其他量的情况下,求解基本关系式 $Q=\omega C(Ri)^{1/2}$ 中的某一未知量。

对于任意断面河渠有以下方法。

根据 $Q=\omega_0 C_0 (R_0 i)^{1/2} = K_0 (i)^{1/2}$,有 $Q=K_0(i)^{1/2}=f(h_0)$,即可得到正常水深的某一复杂函数关系:

$$f(h_0) = Q \qquad (6\text{-}23)$$

通过迭代或绘图求解。

对于梯形渠道,确定正常水深则可采用下面的方法。

以梯形断面为例,根据实际勘查资料和预定渠道路线,选定的适当的底坡 i;根据土壤性质,选定适宜的边坡系数 m 和表征渠道水流阻力状况的"n"值,在此情况下将问题归结为计算渠道过水断面的某些几何要素。

对于梯形断面渠道,底宽 b,边坡系数 m,糙率 n 一定。

$$\left. \begin{aligned} K &= K(h) \\ K &= K(h_0) = \frac{Q}{\sqrt{i}} \end{aligned} \right\} \qquad (6\text{-}24)$$

式中,h_0 表示正常水深。

若用曼宁公式计算谢才系数,$C = 1/n \times R^{1/6}$,则

$$K_0 = \frac{1}{n}\omega_0 R_0^{2/3} = \frac{\omega_0^{5/3}}{n\chi_0^{2/3}} = \frac{(b + mh_0)^{5/3} \cdot h_0^{5/3}}{n(b + 2\sqrt{1+m^2} \cdot h_0)^{2/3}} = \frac{\left(1 + m\dfrac{h_0}{b}\right)^{5/3} \cdot \left(\dfrac{h_0}{b}\right)^{5/3}}{n\left(1 + 2\sqrt{1+m^2}\,\dfrac{h_0}{b}\right)^{2/3}} \cdot b^{8/3}$$

则有

$$\frac{b^{2.67}}{nK_0} = \frac{\left(1 + 2\sqrt{1+m^2}\,\dfrac{h_0}{b}\right)^{2/3}}{\left(1 + m\dfrac{h_0}{b}\right)^{5/3} \cdot \left(\dfrac{h_0}{b}\right)^{5/3}} = f\left(m, \frac{h_0}{b}\right) \qquad (6\text{-}25)$$

以 $b^{2.67}/(nK_0)$ 为横坐标,h_0/b 为纵坐标,m 为参数预先绘制一组曲线。当已知 Q、i、n、b 时,可求出 $b^{2.67}/(nK_0)$,根据所给 m 便可以通过查已知曲线,得出 h_0/b 值,从而求出 h_0。同理也可以绘出 $b^{2.67}/(nK_0) \sim h_0/b$ 曲线。当已知 Q、i、n、h_0 时可用以求底宽 b。

6.4.3 水力最佳断面与允许流速

1. 水力最佳断面

水力最佳断面:当渠道过水断面面积 ω,糙率 n 及渠道底坡 i 一定时,过水能力(流量)最大的断面形状。

$$\text{曼宁公式} \begin{cases} C = \dfrac{1}{n}R^{\frac{1}{6}} \\[2mm] Q = \omega \upsilon = \omega C\sqrt{Ri} = \dfrac{1}{n}\omega R^{\frac{3}{2}} i^{\frac{1}{2}} = \left(\dfrac{\sqrt{i}\,\omega^{\frac{5}{3}}}{n}\right)\dfrac{1}{\varphi^{\frac{2}{3}}} \end{cases} \qquad (6\text{-}26)$$

通过公式(6-26)可以看出,当 i,ω,n 均已知,Q 与 χ 成反比例关系。欲使泄流量 Q 最大,应使湿周 χ 最小。

在面积相等的断面形状中,以圆形断面或半圆形断面的湿周最小,圆形断面或半圆形断面都是一种水力最佳断面形状。因此有压管道均采用圆形。

而对于梯形截面,有

$$A = \omega = (b + mh)h$$

$$\chi = b + 2h\sqrt{1 + m^2} = \frac{A}{h} - mh + 2h\sqrt{1 + m^2} = \chi(h)$$

$$\frac{\mathrm{d}\chi}{\mathrm{d}h} = -\frac{A}{h^2} - m + 2\sqrt{1 + m^2}$$

$$\frac{d^2\chi}{dh^2} = 2\frac{A}{h^3} > 0$$

（6-27）

这表明:χ 有最小值。令 $\mathrm{d}\chi/\mathrm{d}h = 0$,得

$$-\frac{A}{h^2} - m + 2\sqrt{1 + m^2} = 0$$

（6-28）

代入面积 A 的表达式,有

$$-\frac{b}{h} - 2m + 2\sqrt{1 + m^2} = 0$$

（6-29）

故有：$\beta_0 = \left(\dfrac{b}{h}\right)_0 = 2(\sqrt{1 + m^2} - m) = f(m)$

β_0——水力最佳断面的宽深比

m——渠道边坡系数

当为矩形断面时, $m = 0$,其水力最佳断面宽深比为 $\beta_0 = 2$, $b = 2h$;当为水力最佳断面时,其水力半径 R_β 为水深 h 的一半,即

$$b = 2(\sqrt{1 + m^2} - m)h$$

$$R_\beta = \frac{A}{\chi} = \frac{(b + mh)h}{b + 2h\sqrt{1 + m^2}} = \frac{(2\sqrt{1 + m^2} - m)h^2}{(2\sqrt{1 + m^2} - m)2h} = \frac{h}{2}$$

（6-30）

以上讨论只限于水力最佳条件,但在实际工程中还要考虑允许流速、造价、施工技术、及维修养护等要求。土渠:一般 $m = 1.5\sim3$,则 $\beta_0 = 0.61\sim0.32$;中、小型渠道:一般取窄而深的渠道;大型渠道:一般取宽而浅的渠道,取土太深会受到地质条件和地下水的影响,增加施工困难,提高造价。

2. 渠道中的许可流速

在设计和计算渠道时,应注意水流速度的大小,若水流速度过大,则可引起渠道的冲刷,甚至冲坏;但如果水流速度过小,则会使水中泥沙沉淀下来,造成渠道的淤积。为了不使渠道冲坏和淤死,水流断面平均流速应当处于许可流速的范围之内,即有

$$v' > v > v''$$

式中,v' 为不冲流速(或称起动流速)。即保持渠道不发生冲刷的最大断面平均流速。

v'' 为不淤流速(或称止动流速)。即保持来沙不遇的最小断面平均流速。

灌溉渠道中的不冲流速 v',可根据沙玉清经验公式确定

$$v' = v_{1.0}R^{0.2}$$

（6-31）

式中: R 为水力半径; $v_{1.0}$ 为水力半径或水深在 1.0 米的起动流速。$v_{1.0}$ 与土壤性质有关可由下表 6.2 确定。

表 6.2

土壤性质	$v_{1.0}$ (m/s)	土壤性质	$v_{1.0}$ (m/s)
极细砂	0.35—0.45	沙壤土	0.40—0.70
中等砂	0.45—0.60	轻粘壤土	0.55—0.80
粗砂	0.60—0.75	中粘壤土	0.65—0.90
小砾石	0.75—0.90	重粘壤土	0.70—1.00
中砾石	0.90—1.10	粘土	0.65—1.15
大砾石	1.10—1.30		

渠道的不淤流速 v'' 可以根据挟沙能力换算,或由经验公式确定,有些经验公式往往带有地区性,因此这里不作详细介绍。为了防止杂草丛生,v'' 一般取 0.5 m/s 左右。

例题 1　已知设计流量 Q=10.0 m³/s,渠道中水深 h 必须保持 1.4 米,边坡系数 m=1.5,渠道修建在正常粘土上,最大允许断面平均流速 v_{max}=1.4 m/s,底及边坡未经加固,求此渠道所需之底宽 b 及底坡 i。

解:由第三章,表查得 n=0.025

打算所需的过水断面面积

$$\omega = \frac{Q}{v_{max}} = \frac{10}{1.4} = 7.15 \text{ m}^2$$

确定渠道底宽 b

$$\omega = bh + mh^2$$

$$b = \frac{\omega - mh^2}{h} = \frac{7.15 - 1.5 \times 1.4^2}{1.4} = 3.01 \text{ m}$$

采用整数 b=3.00 m,重新估计水深 h

$$h = \frac{\sqrt{b^2 + 4\omega m} - b}{2m} = \frac{\sqrt{3.0^2 + 4 \times 7.15 \times 1.5} - 3.0}{2 \times 1.5} = 1.4 \text{ m}$$

确定湿周及水力半径

$$\chi = b + 2\sqrt{1+m^2}h = 3.0 + 2 \times \sqrt{1+1.5^2} \times 1.4 = 8.05 \text{ m}$$

$$R = \frac{\omega}{\chi} = \frac{7.15}{8.05} = 0.89$$

由巴甫洛夫斯基公式确定谢才系数 C

$$C = \frac{1}{n}R^{\frac{1}{6}} = 39 \text{ m}^{\frac{1}{2}}/\text{s}$$

渠道底坡 $i = \frac{v_{max}^2}{C^2 R} = \frac{1.4^2}{39^2 \times 0.89} = 0.001\,45$

6.5　河渠水流的三种流态

在明渠水流中,根据其对障碍物影响反应的不同,将流动分为三种流态,急流、缓流和临界流。在急流状态中,障碍物对水流引起局部扰动,只能向下游传播而不向上游传播;而在缓流状态中,障碍物对水流的干扰则能够向上、下游两个方向传播。在水利工程中,研究这两种不同流动状态的本质和建立相应的判别标准,在工程实践上具有特别重要的意义。

河渠水流遇障碍物所受的扰动,与连续不断地搅动水流所形成的干扰,在性质上是相同的,因此研究河渠水流扰动波的传播可以了解此过程:如果扰动波的波速大与水流速度,则干扰波显然不能往上游传播,因此有可能利用干扰波波速和水流速度之比来判定流态。下面我们先来研究在静水中微小扰动波的传播速度。

6.5.1　明渠干扰微波及其传播特性

微波:水面受扰动后将产生波高不大的波浪,称微波。微波波速:微波波峰在静水中的传播速度。

（1）$v>c$,局部干扰只能引起下游水面曲线变化,对上游无影响,称为急流。

（2）$v<c$,局部干扰不但可以引起下游水面曲面变化,而且还可以引起上游水面曲线的变化,称为缓流。

（3）$v=c$,局部干扰只能引起下游水面曲线变化,对上游无影响,称为临界流。

6.5.2　微波波速

如图 6.7,用板 A 拨动水体,形成微幅水波,微波向右传播,波形所到之处带动槽中水发生运动,形成一种非恒定运动。如果观察者以波速 c 随波峰一起向右前进,在观察者看来,微波波形就变成固定不动的,如图 6.7（b）。而波前后的槽水则有一个向左的速度 c,对于随观察者一起运动的移动坐标来说,呈现了一个非均匀恒定流动。

波速推导

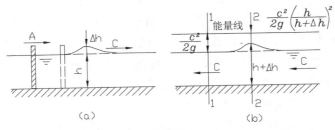

图 6.7

以波为参照系,波后断面 1-1 的流速:$v_1=c$;微波所在的断面 2-2,其流速为:v_2,按照连续

原理,建立水流连续性方程

$$h \cdot c = (h + \Delta h) v_2 \tag{6-32}$$

则 $v_2 = c \dfrac{h}{h + \Delta h}$ （6-33）

再以图 6.7 明渠底部为参考面,建立 1- 断面与 2-2 断面间的水流能量方程:

$$h + \frac{v_1^2}{2g} = h + \Delta h + \frac{v_2^2}{2g} \tag{6-34}$$

将 v_1、v_2 表达式代入（6-34）得

$$h + \frac{c^2}{2g} = h + \Delta h + \frac{c^2}{2g}\left(\frac{h}{h + \Delta h}\right)^2 \tag{6-35}$$

解之得

$$c = \sqrt{2g}\sqrt{\frac{(h + \Delta h)^2}{(2h + \Delta h)}} = \sqrt{2g}\sqrt{\frac{h\left(1 + \dfrac{\Delta h}{h}\right)^2}{2 + \dfrac{\Delta h}{h}}} \approx \sqrt{gh} \tag{6-36}$$

表明水深越大,微波传播越快。

如果明槽断面是任意形状,则波速

$$c = \pm\sqrt{g\bar{h}} \tag{6-37}$$

式中,$\bar{h} = \dfrac{\omega}{B}$ 为断面平均水深;B 为水面宽度（参见图 6.8）。

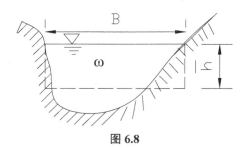

图 6.8

波速公式（6-36）和（6-37）可用来分析明槽中扰动波的传播。

如果微小扰动波在静水中传播,则各个方向的波速都是 c,随着时间增长,波峰是一些同心圆。如果水流速度 $v < c$,则扰动波传向上游的速度为 $c' = c - v$,向下游传播的速度则为 $c' = c + v$,既是说微小扰动可以影响上游,这就是缓流,如果水流速度 $v = c$,波峰向上游传播速度 $c' = 0$,向上游传播的波峰停留在原处,而向下游传播的速度 $c' = 2c$,这就是临界流。如果水流速度 $v > c$,则扰动波只能传向下游,即急流。

归纳上面的分析得出:在缓流中 $v < (g \times \omega/B)^{1/2}$;在临界流中 $v = (g \times \omega/B)^{1/2}$;在急流中 $v > (g \times \omega/B)^{1/2}$。

6.5.3　佛汝德数 F_r——急流、缓流、临界流的判别标准数

1. 佛汝德数 F_r 的定义

若令

$$\frac{v^2}{g\bar{h}} = \frac{Q^2 B}{g\omega^3} = F_r^2 \qquad\qquad (6\text{-}38)$$

F_r 称为弗劳德数。则在缓流中 $F_r<1$；临界流中 $F_r=1$；急流中 $F_r>1$。弗劳德数 F_r 是一个无量纲数，式中的 $h=\omega/B$ 称特征长度。

2. 佛汝德数 F_r 的物理意义

①弗汝德数表示单位重量液体的平均动能和平均势能之比的 2 倍开方。

由式（6-38），$F_r^2 = \dfrac{v^2}{g\bar{h}} = 2\dfrac{\dfrac{v^2}{2g}}{h}$，因此表示单位重量液体的平均动能和平均势能之比的 2 倍开方；弗汝德数反映了水流的缓急程度。若 F_r 比 1 大得多，说明水流速度远比微波速度大，水流动能大。F_r 小，则水流势能占主导地位。

②弗汝德数表示流速与波速之比。

$$F_r = \frac{v}{\sqrt{gh}} = \sqrt{\left(\frac{\upsilon}{c}\right)^2} = \frac{\upsilon}{\sqrt{g\dfrac{\omega}{B}}} = \sqrt{\frac{\alpha Q^2}{g\dfrac{\omega^3}{B}}}$$

急流——$v>c$，$F_r>1$；缓流——$v<c$，$F_r<1$；临界流——$v=c$，$F_r=1$。

③弗汝德数表示水流惯性力与重力的对比关系。

水流中某质点的惯性力量纲形式：

$$[F] = [ma] = \left[m\frac{\mathrm{d}u}{\mathrm{d}t}\right] = \left[m\frac{\mathrm{d}u}{\mathrm{d}x}\frac{\mathrm{d}x}{\mathrm{d}t}\right] = \left[mu\frac{\partial u}{\partial x}\right] = \left[\rho L^3 v\frac{v}{L}\right] = \left[\rho L^2 v^2\right]$$

水流中某质点的重力量纲形式：

$$[G] = [mg] = [\rho L^3 g]$$

二者相比：$\left[\dfrac{F}{G}\right] = \left[\dfrac{\rho L^2 v^2}{\rho L^3 g}\right] = \left[\dfrac{v^2}{Lg}\right] = [Fr^2]$，为弗汝德数形式，急流—$F_r>1$，惯性力作用大于重力作用；缓流—$F_r<1$，惯性力作用小于重力作用；临界流—$F_r=1$，惯性力作用等于重力作用。

6.6 河渠水流断面能量特性

6.6.1 断面单位总能量、断面比能

1. 定义

河渠水流的特点在于其具有自由表面,一定流量通过某一断面时,由于底坡和各种建筑物的影响,过水断面的大小(或水深)可能不同,水流可能成缓流、急流或临界流状态。为了进一步弄清水流通过河渠断面的能量特性,下面我们来研究河渠断面上单位能量随水深的变化规律。

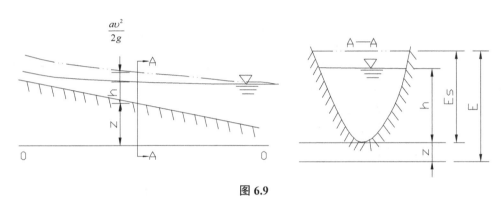

图 6.9

如图 6.9 所示一河渠渐变流纵横断面,由于过水断面上动水压强按静水压强分布,故水流对某一水平基面 0-0 的平均单位总能量为 $E=z+p/\gamma+\alpha v^2/2g=z_0+h+\alpha v^2/2g$,式中:$z$ 值取决于所选用的基准面位置,而与水流运动的水力要素条件无关。因此就某一水流断面而言,$(h+\alpha v^2/2g)$ 所表示的那部分能量,与水流在断面上的各水力要素直接发生关系,故其具有特别的意义。

断面总能量:

$$E = z_0 + h + \frac{\alpha v^2}{2g} = z_0 + E_z \tag{6-39}$$

断面比能:

$$E_z = E - z_0 = h + \frac{\alpha v^2}{2g} = h + \frac{\alpha Q^2}{2g\omega^2} = f(h) \tag{6-40}$$

E——断面单位总能量,全河渠统一基准面;E_s——断面比能,以各断面最低点作基准面的单位重量液体的能量,它即可沿程增加,也可沿程减少。而与此不同的是断面单位总能量 E 只能沿流程减小。

2. 断面比能曲线的形状

流量恒定时,讨论 $E=f(h)$ 的形状

$$E_s = h + \frac{v^2}{2g} = h + \frac{Q^2}{2g\omega^2} = f(h) \tag{6-41}$$

当 $h \to 0, \omega \to 0$，则 $E_s = 0 + Q^2/2g\omega^2 \to \infty$；当 $h \to \infty, \omega \to \infty, Q^2/2g\omega^2 \to 0$；$E_s = h + Q^2/2g\omega^2 \to E$ $= h + 0 \to \infty$，即沿着 $E_s = h$ 的 45^0 线趋于无穷。

因为：$h \to 0, v \to \infty, E_s \to \infty$；$h \to \infty, v \to 0, E_s \to \infty$，故 $E_s = f(h)$ 曲线有最小值，所以综合分析，断面比能曲线为图 6.10。

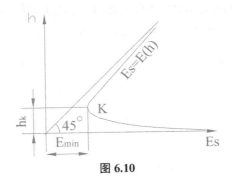

图 6.10

对（6-41）求导数，得：

$$\frac{dE_s}{dh} = \frac{d}{dh}\left(h + \frac{\alpha Q^2}{2g\omega^2}\right) = 1 - \frac{\alpha Q^2}{g\omega^3}\frac{d\omega}{dh} = 1 - \frac{\alpha Q^2 B}{g\omega^3} = 1 - \frac{\alpha v^2}{g\frac{\omega}{B}} \tag{6-42}$$

又：$F_r = \dfrac{\alpha Q^2}{g\dfrac{\omega^3}{B}}$，得

$$\frac{dE_s}{dh} = 1 - F_r^2 \tag{6-43}$$

缓流：$F_r < 1$，则 $dE/dh > 0$，相当于 $E \sim h$ 曲线上支，即随水深增加，断面比能量也增加。

急流：$F_r > 1$，则 $dE/dh < 0$，相当于 $E \sim h$ 曲线下支，即随水深增加，断面比能量减少。

临界流：$F_r = 1$，则 $dE/dh = 0$，即断面比能量曲线取到极少值。

6.6.2　临界水深

1. 临界水深的定义

令 $dE_s/dh = 0$，可求得 $E_{s\min}$ 对应的水深，即

$dE/dh = 0, F_r = 1, h = h_k$

在明渠水流中，断面比能最小的水深，即为**临界水深**。

$h > h_k$，缓流区，$dE_s/dh > 0$，E_s 随 h 增大而增大，势能大，动能小。

$h < h_k$，急流区，$dE_s/dh < 0$，E_s 随 h 增加而减小，动能大，势能小。

$h = h_k$，临界流，此时有：

$$F_r = \frac{\alpha v^2}{g\frac{A}{B}} = 2\frac{\frac{\alpha v^2}{2g}}{h} = 1$$

$$\bar{h} = 2\left(\frac{\alpha v^2}{2g}\right)$$

即得结论:在临界流时,势能是动能的两倍。

2. 临界水深的计算方法

当流量一定,对于已知断面形状,当水流通过时,其断面单位能量为最小值的状态即为临界状态,与此相对应的水深称临界水深,以 h_k 表示

$$\frac{\mathrm{d}E}{\mathrm{d}h} = 1 - \frac{\alpha Q^2 B_K}{g \omega_K^3} = 0$$

所以 $\dfrac{\omega_K^3}{B_K} = \dfrac{\alpha Q^2}{g}$ 　　　　　　　　　　　　　　　　　　(6-44)

分以下三种情况。

1)任意断面的临界水深

$$\left.
\begin{array}{l}
h_k = f(Q, 断面形状) \\[2mm]
①用公式\ \dfrac{\omega_K^3}{B_k} = \dfrac{\alpha Q^2}{g} \\[4mm]
\dfrac{\omega_K^3}{B_k} = f(h_k)
\end{array}
\right\}\ 试算。$$

②应用公式(6-41)绘制断面比能曲线求解:

$$E = 2 + h + \frac{\alpha v^2}{2g},\ E_s = h + \frac{\alpha v^2}{2g}$$

③绘制 $h–A^3/B$ 关系曲线图解

2)矩形断面的临界水深

$$h_k = \sqrt[3]{\frac{\alpha Q^2}{g B_k^2}} = \sqrt[3]{\frac{\alpha q^2}{g}}\ 计算$$

3)应用临界水深专用计算图表

具体说明如下。

(1)如果矩形断面 $\omega_k = b_k h_k,\ B_k = b$

$$h_k^3 = \frac{\alpha q^2}{g} = \frac{\alpha (h_k v_k)^2}{g},\ h_k = \sqrt[3]{\frac{\alpha Q^2}{b^2 g}} = \sqrt[3]{\frac{\alpha q^2}{g}} \qquad (6\text{-}45)$$

$$\therefore\ h_k = \frac{v^2}{g},\ \frac{v^2}{2g} = \frac{h_k}{2}\ ;\ \therefore\ E_{s\min} = \frac{3}{2} h_k$$

(2)图解法,以梯形断面为例。

$$\frac{\omega_K^3}{B_K} = \frac{\alpha Q^2}{g} \qquad (6\text{-}44)$$

$$\omega = (b + m h_k) h_k,\ B_k = b + 2 m h_k \qquad (6\text{-}46)$$

将(6-45)代入(6-43),等式两边同乘以 g/ab^5

开方整理后得

$$\frac{Q}{b^{5/2}}=\left[\frac{g}{\alpha}\cdot\frac{\left(1+m\dfrac{h_k}{b}\right)^3\cdot\left(\dfrac{h_k}{b}\right)^3}{1+2m\dfrac{h_k}{b}}\right]^{1/2}=f\left(m\cdot\frac{h_k}{b}\right) \tag{6-47}$$

根据上式可以制成以 m 为参数，$Q/b^{5/2}\sim h_k/b$ 的曲线。当已知流量 Q，梯形断面边坡 m 及底宽 b 时，可由图查出 h_k/b 从而求出 h_k。

（3）试算法是指对于任意形状断面，推求临界水深可以根据式（6-44）来进行。先给予几个水深 h 的数值，根据断面特征求出相应的 ω、B、ω^3/B 之值，作出 $h\sim\omega^3/B$ 曲线（图 6.11）。

再计算 $\alpha Q^2/g$ 值，然后在 $h\sim\omega^3/B$ 曲线上取一点，如图 6.11 中的 A 点，其横坐标等于 $\alpha Q^2/g$，此点的纵坐标即为所求的临界水深。

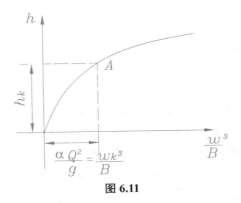

图 6.11

例题　求梯形渠道临界水深。已知 $Q=18$ m³/s，$b=12$ m，$m=1.5$。

解：（1）用试算法

令 $\alpha=1.1$，计算 $\alpha Q^2/g$，$\alpha Q^2/g=1.1\times18^2/9.8=36.3$ m⁵

列表见表 6.3 计算不同 h 值相应的 ω^3/B 值。

例如 $h=0.4$ m

　　　　$\omega=(12+1.5\times0.4)\times0.4=5.04$ m²

　　　　$B=12+2\times1.5\times0.4=13.20$ m

　　　　$\omega^3/B=5.04^3/13.2=9.7$ m⁵

表 6.3

h（m）	ω（m²）	B（m）	ω^3/B（m⁵）
0.4	5.04	13.2	9.7
0.5	6.37	13.5	19.2
0.6	7.74	13.8	33.6
0.7	9.14	14.1	54.2
0.8	10.56	14.4	81.8

利用上表绘制成曲线（图 6.12）后，当 $\alpha Q^2/g=\omega^3/B=36.3$ m⁵ 时，循曲线查得 $h_k=0.614$ m。

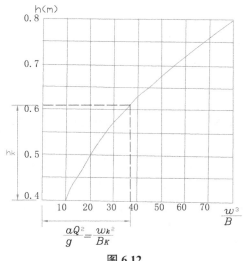

图 6.12

6.6.3　临界底坡

由河渠均匀流基本公式 $Q=\omega C\sqrt{Ri}$ 可知，在渠槽断面形状和粗糙系数已知的情况下，通过一定流量时，底坡 i 愈大，均匀流水深（正常水深 h_0）愈小。如图 6.13 所示，绘出给定渠槽断面在一定流量时的 i 和 h_0 关系曲线。从图中可以看出，在一定流量下，随底坡 i 大小不同，所产生的均匀流水深可能大于、小于或等于该流量下的临界水深。也就是说所产生的均匀流可能是缓流，也可能是急流或临界流。图 6.14 给出了三种不同底坡，其均匀流水深小于、大于和等于临界水深的情况。

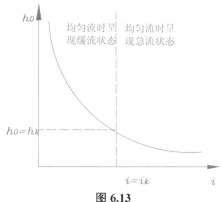

图 6.13

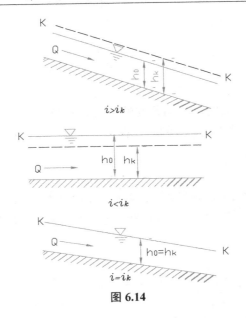

图 6.14

图 6.14 中 N-N 线代表正常水深的水面线，K-K 线代表临界水深的水面线。

1. 临界底坡的定义

当渠中作均匀流动时，渠中正常水深恰等于临界水深时的相应底坡。

$$\begin{cases} Q = \omega_k C_k \sqrt{R_k i_k} = K_k \sqrt{i_k}（均匀流条件）\\[2mm] \dfrac{\omega_k^3}{B_k} = \dfrac{\alpha Q^2}{g}（临界流条件） \end{cases} \tag{6-48}$$

以上两式联立解之，得

$$i_k = \frac{Q^2}{\omega_k^2 C_k^2 R_k} = \frac{Q^2}{K_k^2} = \frac{g}{\alpha C_k^2} \cdot \frac{\chi_k}{B_k} \tag{6-49}$$

对于宽浅式渠道 $\chi_k \approx B_k$。

$$i_K = \frac{g}{\alpha C_K^2} \tag{6-50}$$

2. 缓坡、陡坡的定义

由（6-49）知，临界坡 i_k 是针对某一流量而言的，对于已知渠槽断面形状尺寸，流量给定后，可以算出临界水深 h_k、χ_k、C_k 和 B_k 等值并计算出 i_k 值，即：

$$i_k = f(Q, n, 断面形状尺寸) \tag{6-51}$$

根据河渠实际坡度与临界坡大小的关系，确定陡坡和缓坡，具体比较如下：

$$\begin{cases} i > i_k, h_0 < h_k, 急坡渠道\\ i < i_k, h_0 > h_k, 缓坡渠道\\ i = i_k, h_0 = h_k, 临界坡渠道 \end{cases}$$

临界流条件是不稳定的，在无压涵洞设计中，一般都尽量避免选用临界底坡作涵洞底坡，但可用 i_k 作涵洞底坡的下限，而以不冲刷容许流速 v_{max} 对应的底坡 i_{max} 作为上限，因 i_k=

（ $nv_{max}/R^{2/3}$ ）^{2}，渠道实际底坡应有：$i_k < i < i_{max}$。

6.7 水跃和水跌

在河渠恒定非均匀流中，由于流动条件的突变，而导致的流态的突然改变，由急流到缓流的变化，称之为水跃；由缓流到急流的转变称之为水跌。水跃和水跌现象是在工程中比较常见的典型的突变流现象。

1. 水跃的定义

当水流从急流状态转变为缓流状态，水深从小于临界水深达到大于临界水深时，水流的自由表面就会产生急剧的升高，出现一种跳跃现象，这种现象叫做"水跃"。

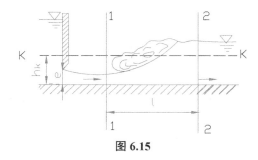

图 6.15

图 6.15 为一闸下出流的水跃现象。闸下为矩形断面的水平渠道，闸门的开启高度 $e < h_k$（ h_k 为所给流量的临界水深，K-K 线为临界水深线）。闸下为急流，但下游渠槽的水流常呈缓流，从急流过渡到缓流就出现了水跃现象。

在图中，1-1 断面以前水流是急流状态；2-2 断面以后为缓流状态；断面 1-1 至 2-2 为发生水跃的区域，即水跃区。水跃区：上层旋流区，下层射流扩散区。

下层射流扩散区是水流的主流区，流线的扩散角和曲率都很大，因而在该区内除了1-1、2-2 断面外，沿水深方向的压强分布是不同于静水压强分布的，流速分布也与一般流动情形不同（图 6.16）。在该区内水流明澈，几乎不含气泡，流速较高。

上层漩涡则属于回流形式（图 6.16），常要挟有大量空气泡沫，漩涡内水流质点的运动，除了在区内作无规则的旋转外，有时还与下层主流区在交界处进行交换，这样上层漩涡区的水流质点也不断通过射流扩散去流向下游。在紧接水跃区下游的跃后区中，水流动能较大，底流速较高，只有经过相当距离后，水流才恢复到正常的渐变流状态。

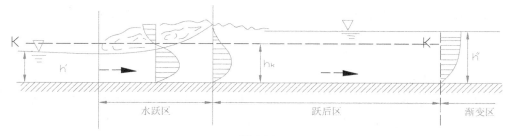

图 6.16

2. 水跃现象与相关参数

1）水跃区内水流紊动强烈，能量损失很大，一般可达跃前断面能量的 60~70%，泄水建筑物的下游，常用水跃来效能降速。

2）水跃表面漩滚的前后断面，分别称为跃前断面与跃后断面；相应的断面水深，称为共轭水深。跃前水深 h' 与跃后水深 h'' 互为共轭水深；水跃前后断面的距离，称为水跃长度，常以 l 表示；水跃前后断面的水位差为跃高，即水跃的高度。

$$a = h'' - h' \quad \text{——跃高} \quad h' < h_k \quad h'' > h_k$$

3. 水跃现象的类型

1）完整水跃：$h'' \geq 2h'$，且有明显表面漩滚；

2）波状水跃：$h'' < 2h'$，且无明显表面漩滚。

4. 水跃产生的原因

从能量的观点来看，水流有急流到缓流的过渡会产生水跃，总体来讲为是由于能量的突变。

图 6.17a 为一棱柱性河槽，为了简化问题的讨论，假定槽底是水平的，并取槽底线为沿程的能量方程的基准线，则在此种情况下，在同一个断面上的比能 E 和水流总能量 H 完全一样。由断面比能能曲线（图 6.17b）可以看出，由较小的跃前水深 h' 过渡到较深的跃后水深 h'' 时，中间必须经过临界水深 h_k；同时，比能亦首先由开始的数值 E（相当于 h'）减到最小值 E_{min}，然后又由最小值 E_{min} 增大到 E_2（相当于 h''），这里 $E_2 < E_1$ 或 $E_2 - E_1 = \Delta H_J = h_w$（$h_w$ 为能量损失）。

由于水流能量 E（也即是 H）这样的变化过程实际上是不可能的，即水流的水深由 $h' \rightarrow h_k \rightarrow h''$ 是不可能以渐变的方式进行的，所以水流从急流到缓流的过度只能以突变的方式（即水跃的方式）进行衔接。

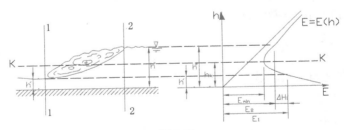

图 6.17

5. 水跃的计算

水跃计算的主要内容是：

（1）研究跃前水深 h' 和跃后水深 h'' 之间的关系；

（2）研究水跃长度 l_j；

（3）消能计算，研究水跃中的能量损失。

如图 6.18 棱柱形渠道的水跃：利用动量方程式建立跃前水深 h' 与跃后水深 h'' 之间的关系。取断面 1-1 和 2-2 之间的水跃段 ABCD 为控制体，其两端面的水深分别为 h' 及 h''，假设：（a）假设渠槽底面为水平的或比降很小，因而重力可忽略不计；（b）在水跃区内槽的摩阻力不大，亦可忽略不计；（c）水跃后两端面 1-1 及 2-2 为渐变流断面，作用在两断面上的动水压强服从静水压强分布规律；

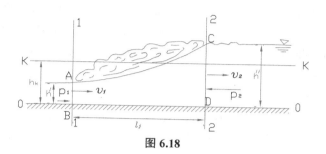

图 6.18

①**建立水跃的基本方程**：

$\mathrm{d}t$ 时间段内动量变化：$\alpha \gamma Q / g \times (v_2 - v_1)\mathrm{d}t$

$\mathrm{d}t$ 时间段内控制体所受冲量：$(P_1 - P_2)\mathrm{d}t = (\gamma y_1 \omega_1 - \gamma y_2 \omega_2)\mathrm{d}t$，其中，$y_1$ 及 y_2 分别为断面 1-1 及 2-2 的形心点距自由水面的距离。

根据动量定理建立**动量方程**：

$$\frac{\alpha' \gamma Q}{g}(v_2 - v_1)\mathrm{d}t = (\gamma y_1 \omega_1 - \gamma y_2 \omega_2)\mathrm{d}t \tag{6-52}$$

根据质量守恒建立**连续性方程**：

$$\omega_1 v_1 = \omega_2 v_2 = Q \tag{6-53}$$

结合（6-52）和（6-53）得：

$$\frac{\alpha' Q^2}{g\omega_1} + y_1\omega_1 = \frac{\alpha' Q^2}{g\omega_2} + y_2\omega_2 = \theta(h) \tag{6-54}$$

等式两边具有相同的函数形式：

$$\theta(h) = \frac{\alpha' Q^2}{g\omega_2} + y\omega \tag{6-55}$$

函数（6-55）称之为水跃函数

②**共轭水深**

以矩形渠道为例：

$$Q = bq, \omega = bh, y = \frac{h}{2} \tag{6-56}$$

其中 q 为单宽流量，h 为水深，b 为渠道宽度。

将（6-56）代入（6-54），得矩形渠道的水跃方程：

$$\frac{\alpha b^2 q^2}{gbh'} + h' \cdot b\frac{h'}{2} = \frac{\alpha' b^2 q^2}{gbh''} + \frac{h''}{2} \cdot bh'' \tag{6-57}$$

化简得：

$$\frac{\alpha q^2}{gh'} + \frac{h'^2}{2} = \frac{\alpha' q^2}{gh''} + \frac{h''^2}{2} \tag{6-58}$$

由 $h_k = \sqrt[3]{\dfrac{\alpha q^2}{g}}$ ，得：$\dfrac{\alpha q^2}{g} = h_k^3$ （6-59）

将（6-57）代入（6-56）得：

$$\frac{h_k^3}{h'} + \frac{h'^2}{2} = \frac{h_k^3}{h''} + \frac{h''^2}{2}$$ （6-60）

即：

$$h' \, h'' \, (h' + h'') = 2h_k^3$$ （6-61）

上式为矩形明槽中的水跃基本方程式，共轭水深可以根据这一公式来推求。先以 h'' 为已知数求 h'，在已 h' 为已知数求 h''，解公式（6-60）分别可得

$$h' = \frac{h''}{2}\left[\sqrt{1 + 8\left(\frac{h_K}{h''}\right)^3} - 1 \right]$$ （6-62）

$$h'' = \frac{h''}{2}\left[\sqrt{1 + 8\left(\frac{h_K}{h}\right)^3} - 1 \right]$$ （6-63）

顺便指出：

$$\left(\frac{h_K}{h}\right)^3 = \frac{1}{h^3}\left(\frac{\alpha q^2}{g}\right) = \frac{\alpha v^2}{gh} = Fr^2$$

因而可以将（6-62）、（6-63）式可以写成如下形式

$$h' = \frac{h''}{2}\left[\sqrt{1 + 8Fr_2^2} - 1 \right]$$ （6-64）

$$h'' = \frac{h''}{2}\left[\sqrt{1 + 8Fr_2^2} - 1 \right]$$ （6-65）

式中：Fr 为断面 1-1 和 2-2 的弗汝德数。

③水跃长度的确定

由于水跃区内水流复杂，水跃长度问题还没有从理论上解决，因此，目前在工程尚仍是使用经验公式。

（1）以跃后水深表示

  $L_j = 6.1h_2$

适用范围：$4.5 < Fr_1 < 10$

（2）以跃高表示

  $L_j = C(h_2 - h_1)$

式中，斯麦塔纳（Smetana）取 $C=6$；厄里瓦托斯基（Elevatorski）取 $C=6.9$；长江科学院取 $C=4.4 \sim 6.7$。

（3）以来流佛汝得数 Fr_1 表示

①成都科技大学公式 $L_j = 10.8h_1(Fr_1 - 1)^{0.93}$

该式是根据宽度为 0.3~1.5 m 的水槽上 $Fr_1 = 1.72 \sim 19.55$ 的实验资料总结出来的

④水跃中的能量损失

$$\Delta H_j = \left(h' + \frac{\alpha_1 v_1^2}{2g} \right) - \left(h'' + \frac{\alpha_2 v_2^2}{2g} \right) \tag{6-66}$$

对矩形河槽

$$\frac{\alpha_1 v_1^2}{2g} = \frac{\alpha q^2}{2gh'^2} = \frac{1}{2}\frac{h_k^3}{h'^2} = \frac{h''}{4h'}(h' + h'')$$

$$\frac{\alpha_2 v_2^2}{2g} = \frac{\alpha q^2}{2gh''^2} = \frac{1}{2}\frac{h_k^3}{h''^2} = \frac{h'}{4h''}(h' + h'') \tag{6-67}$$

将（6-67）代入（6-58）得：

$$\Delta H_j = \frac{(h'' - h')^3}{4h'\,h''} \tag{6-68}$$

消能效率：$K_j = \dfrac{\Delta H_j}{E_1}$ （6-69）

当 $20 \leqslant Fr_1 \leqslant 80$ 时，水跃的消能效率较高（K_j=44%~70%），同时水跃稳定，跃后水面也较平静；当 $Fr_1 > 80$ 时，虽然消能效率可以更加提高，但此时跃后水面的波动很大；当 $3 \leqslant Fr_1 \leqslant 20$，则消能效率较低（$K_j < 44\%$），同时水跃不稳定。因此，如利用水跃消能，最好能使其 Fr_1 位于 $20 \leqslant Fr_1 \leqslant 80$ 的范围之内。

6.7.2 水跌现象

在缓坡的渠底突然下降（跌坎）或由缓坡向陡坡折变处，水流因失去渠底依托，阻力突然减小而呈急变流降水曲线，即水跌现象，见图6.19。

水流从缓流状态过渡到急流状态时不像从急流过渡到缓流那样采取突然跳跃的形式，而是连续过渡的。因为跌坎上的流动在重力作用下水面最低只能降低到坎上水深等于临界水深，在这里水流断面单位能量已达最小值 $E_{\min}$。当水流通过临界水深后，由于后面坡底变陡，图6.19（a），断面比量增加，在 $h < h_k$ 的情况下断面单位能量增加，水深逐渐减小，趋近于该陡坡的正常水深，在两种坡度连续处实现以光滑的水面形式过渡。垂直跌坎的情况相当于底坡从 i 变至无穷大，图6.19（b）。

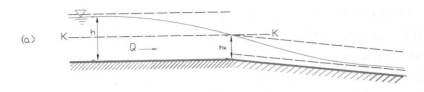

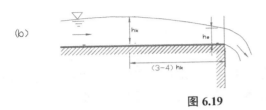

图 6.19

6.8　河渠恒定非均匀渐变流

前面介绍了河渠水流的基本方程组（6-18），下面针对河渠非恒定渐变流的情况，对非恒定流基本方程组进行化简。

$$\begin{cases} \dfrac{\partial Q}{\partial s} + \dfrac{\partial \omega}{\partial t} = 0 \\[3mm] \dfrac{1}{g}\dfrac{\partial v}{\partial t} + \dfrac{\partial\left(\dfrac{v^2}{2g}\right)}{\partial s} + \dfrac{\partial Z}{\partial s} + \dfrac{\partial h_w}{\partial s} = 0 \end{cases}$$

对于恒定渐变流动，由于水力要素不随时间变化，上述方程组可化为：

$$\frac{\partial Q}{\partial s} = 0 \tag{6-70}$$

$$\frac{\mathrm{d}Z}{\mathrm{d}s} + \frac{\mathrm{d}}{\mathrm{d}s}\left(\frac{\alpha v^2}{2g}\right) + \frac{\mathrm{d}h_w}{\mathrm{d}s} = 0 \tag{6-71}$$

6.8.1　河渠恒定渐变流动的基本微分方程式

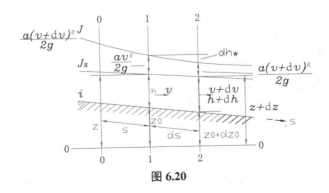

图 6.20

如图 6.20，以 0-0 为基准面，且考虑在人工渠道的渐变流中，一般来说局部水头损失较沿程水头损失为小，故常忽略不计，于是假定断面 1-1 和断面 2-2 之间不存在局部损失，各物理量之间的关系有：

$$Z = z_0 + h，\frac{\mathrm{d}z_0}{\mathrm{d}s} = -i，\frac{\mathrm{d}h_w}{\mathrm{d}s} = \frac{\mathrm{d}h_f}{\mathrm{d}s} = J，\frac{\mathrm{d}z}{\mathrm{d}s} = \frac{\mathrm{d}h}{\mathrm{d}s} + \frac{\mathrm{d}z_0}{\mathrm{d}s} = \frac{\mathrm{d}h}{\mathrm{d}s} - i$$

所以（6-71）可转化为：

$$\frac{\mathrm{d}h}{\mathrm{d}s} + \frac{\mathrm{d}}{\mathrm{d}s}\left(\frac{\alpha v^2}{2g}\right) = i - J \tag{6-72}$$

在恒定渐变流情况下，水头损失一般采用恒定均匀流的沿程水头损失公式来计算，这对于各水力要素沿流程变化极为缓慢的渐变流，它引起的误差是很小的。

这样：$J = \dfrac{v^2}{C^2 R} = \dfrac{Q^2}{K^2}$ \tag{6-73}

将（6-73）代入（6-72）得：

$$\frac{\mathrm{d}h}{\mathrm{d}s} = i - \frac{Q^2}{K^2} - \frac{\mathrm{d}}{\mathrm{d}s}\left(\frac{\alpha v^2}{2g}\right) \tag{6-74}$$

在恒定流情况下，由连续性方程（6-15）知，Q 沿程不变，为常数项。考察动能项的变化：

$$\frac{\mathrm{d}}{\mathrm{d}s}\left(\frac{\alpha v^2}{2g}\right) = \frac{\mathrm{d}}{\mathrm{d}s}\left(\frac{\alpha Q^2}{2g\omega^2}\right) = -\frac{\alpha Q^2}{g\omega^3}\left(\frac{\partial \omega}{\partial s} + \frac{\partial \omega}{\partial h}\frac{\partial h}{\partial s}\right) \tag{6-75}$$

考虑河渠水面宽度与过水断面面积关系 $B = \partial\omega/\partial h$ 和流量模数关系 $K^2 = \omega^2 C^2 R$，代入上式并将（6-75）再代入（6-74）式，得：

$$\frac{\mathrm{d}h}{\mathrm{d}s} = i - \frac{Q^2}{K^2} + \frac{\alpha Q^2}{g\omega^3}\left(\frac{\partial \omega}{\partial s} + \frac{\partial \omega}{\partial h}\frac{\partial h}{\partial s}\right) = i - \frac{Q^2}{K^2}\left(1 - \frac{\alpha C^2 R}{g\omega}\frac{\partial \omega}{\partial s}\right) + \frac{\alpha Q^2 B}{g\omega^3}\frac{\partial h}{\partial s}$$

整理得：

$$\frac{\mathrm{d}h}{\mathrm{d}s} = \frac{i - \dfrac{Q^2}{K^2}\left(1 - \dfrac{\alpha C^2 R}{g\omega}\dfrac{\partial \omega}{\partial s}\right)}{1 - \dfrac{\alpha Q^2 B}{g\omega^3}} \tag{6-76}$$

引入弗汝德数：

$$\frac{\mathrm{d}h}{\mathrm{d}s} = \frac{i - \dfrac{Q^2}{K^2}\left(1 - \dfrac{\alpha C^2 R}{g\omega^2}\dfrac{\partial \omega}{\partial s}\right)}{1 - Fr^2} \tag{6-77}$$

此即河渠恒定渐变流动的微分方程式。

若引入断面比能表达式：$E_s = h + \dfrac{\alpha v^2}{2g}$，则 $\dfrac{\mathrm{d}E_s}{\mathrm{d}s} = \dfrac{\mathrm{d}h}{\mathrm{d}s} + \dfrac{\mathrm{d}}{\mathrm{d}s}\left(\dfrac{\alpha v^2}{2g}\right)$，公式（6-72）也可以表达为：

$$\frac{\mathrm{d}E_s}{\mathrm{d}s} = i - J \tag{6-78}$$

上式说明在恒定渐变流中，断面单位能量沿流程的变化率等于槽底坡度和水力坡度之差。式（6-78）是河渠恒定渐变流动微分方程的另一形势。对于均匀流动，h 及 v 沿程不变，$dE/ds=0$，因而 $i=J$，即 $i=v^2/C^2R$，此即均匀流基本公式。

6.8.2　棱柱形河渠水面线特征

方程（6-75）式是 h-s 的隐式函数，直接求解较为困难，现以棱柱形明渠为例，说明河渠水流水面线的特征。

1. 棱柱形渠道水面线方程

对于棱柱形渠道：$\omega=\omega(h)$，$\partial\omega/\partial s=0$，所以（6-77）可化简为：

$$\frac{\mathrm{d}h}{\mathrm{d}s}=\frac{i-\dfrac{Q^2}{K^2}}{1-Fr^2}\tag{6-79}$$

——明渠渐变流基本微分方程。

$$\begin{cases}\dfrac{\mathrm{d}h}{\mathrm{d}s}>0,\ 壅水曲线\\[2mm]\dfrac{\mathrm{d}h}{\mathrm{d}s}<0,\ 降水曲线\\[2mm]\dfrac{\mathrm{d}h}{\mathrm{d}s}=0,\ 明渠均匀流\end{cases}$$

2. 水面曲线的分区和分类

$$\frac{\mathrm{d}h}{\mathrm{d}s}=\frac{i-\dfrac{Q^2}{K^2}}{1-\dfrac{\alpha Q^2 B}{g\omega^3}}=\frac{i-J}{1-Fr^2}\tag{6-80}$$

根据底坡 i 的正负大小及实际水深所处区域的不同，棱柱形渠槽的水面曲线具有性质各异的水面曲线。

首先，将河渠底坡 i 按底坡的正负分为三种情况：$i>0$，正坡；$i=0$，平坡；$i<0$，逆坡。对于正坡明渠，根据几何坡度 i 与临界坡度 i_k 大小的比较，可进一步区分为缓坡（$i<i_k$）、临界坡（$i=i_k$）、陡坡（$i>i_k$）三种情况。同时，在正坡渠道中，水流有可能作均匀流动，即存在正常水深 h_0；同时也存在临界水深 h_k。因此，对于于正坡渠道中三种坡度（缓坡、临界坡、陡坡）情况，N-N 线与 K-K 线存在不同的相对位置；而对于平坡和逆坡渠道，因不存在均匀流，所以仅存在 K-K 线，不存在 N-N 线，也可以看作 N-N 是在无穷高处。

根据水深 h 的变化范围和 N-N 线与 K-K 线相对位置，又可以把水面曲线所处区域分为三区：

a 区：h 大于 h_0 和 h_k，即水深处于 N-N 线（正常水深线）和 K-K 线（临界水深线）之上

b 区：h 介于 h_0 和 h_k 之间，即水深处于 N-N 和 K-K 线之间；

c 区：h 小于 h_0 和 h_k，即水深处于 N-N 和 K-K 线之下。

见图 6.21，这样可以看出，根据底坡 i 的正负大小及实际水深所处区域的不同，棱柱形渠槽的水面曲线具有性质各异的水面曲线。

以水流所属类别和所处区域来标志水面曲线的型式：缓坡 $i<i_k$ 为 Ⅰ 类，陡坡 $h>h_k$ 为 Ⅱ 类；临界坡 $i=i_k$ 为 Ⅲ 类，平坡 $i=0$ 为 "0" 类，逆坡 $i<0$ 为 "/" 类，并以 Ⅰ、Ⅱ、Ⅲ、0 和 / 作为指标而分附于 a,b,c 区号之下（见图 6.21）。

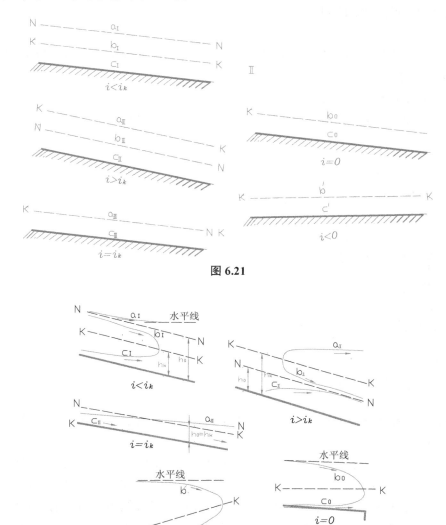

图 6.21

图 6.22

可以看出，棱柱型渠槽中可以有 $a_Ⅰ$、$a_Ⅱ$、$a_Ⅲ$；$b_Ⅰ$、$b_Ⅱ$、b_0、b'；$c_Ⅰ$、$c_Ⅱ$、$c_Ⅲ$、c_0、c' 共十二种水面曲线，见图 6.22。

6.8.3　水面曲线形式的定性分析

各种水面线均可通过（6-79）进行分析，以正坡缓坡渠道为例：

对于正顺坡渠道（$i>0$）

$Q = K_0\sqrt{i}$（均匀流渠段）

$Q = K\sqrt{J}$（非均匀流渠段）

$Q = K_k\sqrt{i_k}$（临界流渠段）

K_0——对应正常水深 h_0 的流量模数，K——对应水深 h 的流量模数。

基本方程变为：

$$\frac{\mathrm{d}h}{\mathrm{d}s} = i\,\frac{1-\left(\dfrac{K_0}{K}\right)^2}{1-F_r^2} \qquad\qquad (6\text{-}81)$$

在 $i<i_k$ 情况下作的定性分析：

（1）在 a_1 区：

因缓坡明渠 N-N 线在 K-K 线之上，该区内实际水流水深 $h>h_0>h_k$，故 $K>K_0$，同时因水流为缓流，$Fr<1$，由（6-81）可知：$\mathrm{d}h/\mathrm{d}s>0$，即水深沿流程增加，即为为壅水曲线，并把这种缓坡上 a 区的壅水曲线以 a_1 作代号，现进一步讨论 a_1 型壅水曲线的发展趋势。在它的上游端水深最小，若取其极限情况。

当 $h\to h_0$ 时，$K\to K_0$，因 a_1 区水流为缓流，$Fr<1$，由（6-80）式可知 $\mathrm{d}h/\mathrm{d}s=0$，即水深沿流程不变，故上游端当 $h\to h_0$ 时，水面线以 N-N 线为渐近线。

如果渠道是无限长，下游端水深愈来愈大，其极限情况 $h\to\infty$，此时 $K\to\infty$，因而 $Fr\to 0$，由（6-80）式可知，此时 $\mathrm{d}h/\mathrm{d}s\to i$，即水深沿流程变化率和 i 相等，这意味着水面曲线趋近于水面线，因此 a_1 型壅水曲线的下游端以水平线为渐近线。a_1 型壅水曲线的典型形象如图 6.22（a）所示。

（2）在 b_1 区：

在缓坡渠道的 b_1 区，$h_k<h<h_0$，故 $K<K_0$，因缓坡渠道的 b_1 区水流为缓流，$Fr<1$，由（6-81）式可知 $\mathrm{d}h/\mathrm{d}s<0$，即水深沿流程减小。水深沿流程减小的水面曲线称之为降水曲线，降水曲线以 b_1 作代号。

b_1 型降水曲线的上游端水深最大，其极限情况是 $h\to h_0$，当 $h\to h_0$ 时，$K\to K_0$，由（6-81）式可知 $\mathrm{d}h/\mathrm{d}s\to 0$，即上游端仍以 N-N 线为渐近线。

b_1 型曲线的下端水深最小，其极限情况是 $h\to h_k$，当 $h\to h_k$ 时，$Fr\to 1$，而 K 为某一定值，由（6-81）式可知 $\mathrm{d}h/\mathrm{d}s\to -\infty$，即曲线的下端 h 接近 h_k 时，曲线与 K-K 线有成垂直的趋势。表明在 $h\to h_k$ 的局部范围内，水流曲率已经很大，不再属于渐变流性质，因而用现在的渐变流微分方程来讨论它已经不符合实际。客观事实也证明，当 b_1 型曲线在降落到水深接近临界水深时，水面并无与 K-K 线成正交的现象。b_1 型降水曲线的典型图象如图 6.22（a）所示。

（3）在 c_1 区：

在缓坡渠道的 c_1 区，实际水深 $h<h_k<h_0$，故 $K<K_0$，且因水流为急流 $Fr>1$，由（6-81）式可知，此时 $\mathrm{d}h/\mathrm{d}s>0$，水深沿流程增加，为壅水曲线，并以 c_1 为该水面曲线的代号。

c_1 型壅水曲线的下游端，其水深增大的极限情况是达到 h_k，当 $h\to h_k$ 时，$Fr\to 1$，由（6-

81)式可知,此时 $\mathrm{d}h/\mathrm{d}s \to \infty$,即曲线有与 K-K 线成垂直的趋势。已如前面所指出,实际水流中不会发生此种现象。

c_{I} 型曲线的上端水深最小。但是明渠中只要有流量通过,水深就不会为零,因此没有必要讨论 $h \to 0$ 的趋势,上端的最小水深常常是受来流条件所控制。

c_{I} 型曲线的典型图象如图 6.22(a)所示。

对于陡坡、临界坡、平底以及逆坡渠道上的水面曲线型式,可采用类似方法分析,这里不再一一进行讨论。

例如 a_{I} 型壅水曲线的一般形式是沿流程水深增加,上游渐近于 N-N 线,下游随水深增加与水平渐近线(因当 $h \to \infty$,$\mathrm{d}h/\mathrm{d}s \to i$)。$b_{\mathrm{I}}$ 型降水曲线的一般形式是水深沿流程减少,上游与 N-N 线渐近,下游以跌水的方式(突变流)通过临界水深。c_{I} 型壅水曲线的一般形式是沿流程水深增大,下游以水跃形势通过临界水深。

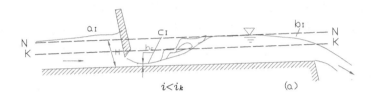

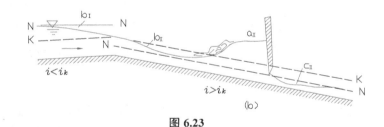

图 6.23

图 6.23 为在缓坡与陡坡棱柱形渠道中,由于工程措施和渠底坡变化所呈现的水面曲线的两个例子。图 6.23(a)为一足够长的缓坡渠槽,其上设置一闸门,末端为一跌坎。如果该渠道不设置闸门,当通过一定流量时,除渠道末端跌坎的影响外,将产生均匀流动,水面线为 N-N 线。若设置闸门,闸门以一定开度宣泄上述流量时,闸门上下游的水深 H 和 h_0 由闸门的水力条件决定,为已知值。若闸上水深 $H > h_0$,则闸门上游必然产生 a_{I} 型壅水曲线。若闸下收缩断面水深 $h_0 < h_{\mathrm{k}}$,则闸门下游必然产生 c_{I} 型壅水曲线,然后以水跃的形式通过 K-K 线与下游渠道的匀速流衔接。在渠道末端的跌坎处,水流必然以临界状态通过,因此在渠道末端一定范围内将形成 b_{I} 型降水曲线。图 6.23(b)为一缓坡渠槽过渡到陡坡渠槽的情况,并在陡坡渠道上设置闸门。根据水面曲线的定性分析原则可知,在缓坡渠段上将发生 b_{I} 型降水曲线,在陡坡段将出现 b_{II}、a_{II} 和 c_{II} 型水面曲线。

6.9　棱柱形渠道水面线的绘制

1. 水力指数法

基本方程：

$$\frac{\mathrm{d}h}{\mathrm{d}s} = \frac{i - \dfrac{Q^2}{K^2}}{1 - \dfrac{\alpha Q^2 B}{\omega^3}} = i \frac{1 - \dfrac{K_0^2}{K^2}}{1 - \dfrac{\alpha Q^2 B}{\omega^3}} \tag{6-79}$$

在规则河槽中，K 与水深成指数关系：

$$K^2 = c_1 h^x \tag{6-82}$$

x 为河槽水力指数

$$\left(\frac{K_1}{K_2}\right)^2 = \left(\frac{h_1}{h_2}\right)^x \tag{6-83}$$

$$x = 2\frac{\lg K_1 - \lg K_2}{\lg h_1 - \lg h_2}$$

当 h_1、h_2 无限接近时，则：

$$x = 2\frac{\lg k_1 - \lg k_2}{\lg h_1 - \lg h_2} = 2\frac{d(\lg k)}{d(\lg h)}$$

当宽浅河槽，$R=h$

$$K^2 = \omega^2 c^2 R = (bh)^2 \left(\frac{1}{n} h^{1/6}\right)^2 h = \left(\frac{b}{h}\right)^2 h^{10/3}$$

即：$x=10/3$

同理，断面参数 ω^3/B 与水深的关系也可以用指数关系来近似表示。

若令 $M^2 = \dfrac{\omega^3}{B}$

则　$\left(\dfrac{M_1}{M_2}\right)^2 = \left(\dfrac{h_1}{h_2}\right)^y$ $\tag{6-84}$

或　$M^2 = C_2 h^y$

y 称为断面参数 M 的水力指数。对于矩形断面 $y=3.0$。

y 值也可以根据定义求出，即

$$y = 2\frac{\lg M_1 - \lg M_2}{\lg h_1 - \lg h_2} \quad 或 \quad y = 2\frac{d(\lg M)}{d(\lg h)} \tag{6-85}$$

2. 棱柱形河渠中渐变流动微分方程的积分

（1）正坡渠道 $i>0$

棱柱形河渠渐变流动微分方程式为

$$\frac{\mathrm{d}h}{\mathrm{d}s} = \frac{i - \dfrac{Q^2}{K^2}}{1 - \dfrac{\alpha Q^2 B}{g\omega^3}} \tag{6-79}$$

由于在临界状态时 $\dfrac{\alpha Q^2 B_K}{g\omega_K^3} = 1$，$\dfrac{\alpha Q^2}{g} = \dfrac{\omega_K^3}{B_K} = M_K^2$ 所以式（6-79）可写成

$$\frac{\mathrm{d}h}{\mathrm{d}s} = i\,\frac{1 - \left(\dfrac{K_0}{K}\right)^2}{1 - \left(\dfrac{M_K}{M}\right)^2} \tag{6-86}$$

引入水力指数 x、y，则

$$\frac{\mathrm{d}h}{\mathrm{d}s} = i\,\frac{1 - \left(\dfrac{h_0}{h}\right)^x}{1 - \left(\dfrac{h_K}{h}\right)^y} \tag{6-87}$$

$$\mathrm{d}s = \frac{1}{i}\,\frac{1 - \left(\dfrac{h_K}{h}\right)^y}{1 - \left(\dfrac{h_0}{h}\right)^x}\,\mathrm{d}h \tag{6-88}$$

令 $\eta = \dfrac{h}{h_0}$，则 $\mathrm{d}h = h_0\mathrm{d}\eta$，$\left(\dfrac{h_0}{h}\right)^x = \dfrac{1}{\eta^x}$，$\left(\dfrac{h_K}{h}\right) = \dfrac{1}{\eta^y}\left(\dfrac{h_K}{h_0}\right)^y$。

$$\mathrm{d}s = \frac{h_0}{i}\left[1 - \frac{1}{1 - \eta^x} + \left(\frac{h_K}{h_0}\right)^y\frac{\eta^{x-y}}{1 - \eta^x}\right]\mathrm{d}\eta \tag{6-89}$$

积分：

$$s = \frac{h_0}{i}\left[\eta - \int\frac{\mathrm{d}\eta}{1 - \eta^x} + \left(\frac{h_K}{h_0}\right)^y\int\frac{\eta^{x-y}}{1 - \eta^x}\mathrm{d}\eta\right] + C \tag{6-90}$$

上式 s 即水深为 h 的断面距某一起始断面的距离。

（2）平坡渠道 $i=0$

当 $i=0$ 时，式（6-79）为

$$\frac{\mathrm{d}h}{\mathrm{d}s} = \frac{-\dfrac{Q^2}{K^2}}{1 - \dfrac{\alpha Q^2 B}{g\omega^3}} \tag{6-91}$$

引入临界坡度 $i_K = \dfrac{Q^2}{K_K^2}$，则：

$$\frac{dh}{ds} = -i_K \frac{\left(\dfrac{K_K}{K}\right)^2}{1 - \left(\dfrac{M_K}{M}\right)^2} \tag{6-92}$$

引入水力指数 x、y，$\left(\dfrac{K}{K_K}\right)^2 = \left(\dfrac{h}{h_K}\right)^x = \xi^x$，$\left(\dfrac{M}{M_K}\right)^2 = \left(\dfrac{h}{h_K}\right)^y = \xi$

$$\frac{dh}{ds} = -i_K \frac{\xi^{-x}}{1 - \xi^{-y}} \tag{6-93}$$

变形：

$$ds = \frac{h_K}{i_K}(\xi^{x-y} - \xi^x)d\xi \tag{6-94}$$

积分得：

$$L = s_2 - s_1 = \frac{h_K}{i}\left[\frac{1}{x-y+1}(\xi_2^{x-y+1} - \xi_1^{x-y+1}) - \frac{1}{x+1}(\xi_2^{x+1} - \xi_1^{x+1})\right] \tag{6-95}$$

6.10 天然河道中水面曲线的绘制

在天然河道中，由于水工建筑物的兴建、航道疏浚等，都涉及到河道天然条件的改变，例如在规模较大的河道整治工程中必将改变河水流动的条件，使水面高程发生显著的变化，为了初步分析整治工程的作用，就要事先绘制相应的河道水面曲线。

目前，由于计算机的发展，在工程设计中，所采用的天然河道水面曲线的绘制方法为数值解法，即将基本微分方程式直接写成差分形式进行求解。

6.10.1 计算公式

$$\frac{dz}{ds} + \frac{d}{ds}\left(\frac{\alpha v^2}{2g}\right) + \frac{dh_w}{ds} = 0 \tag{6-96}$$

各项成差分形式：

$$\frac{dz}{ds} = \frac{\Delta z}{\Delta s} = \frac{z_{n+1} - z_n}{\Delta s} \tag{6-97}$$

$$\frac{d}{ds}\left(\frac{\alpha v^2}{2g}\right) = \frac{\Delta \dfrac{\alpha v^2}{2g}}{\Delta s} = \frac{\dfrac{\alpha(v_{n+1}^2 - v_n^2)}{2g}}{\Delta s} = \frac{\dfrac{\alpha Q^2}{2g}\left(\dfrac{1}{\omega_{n+1}^2} - \dfrac{1}{\omega_n^2}\right)}{\Delta s} \tag{6-98}$$

$$\frac{dh_W}{ds} = \frac{dh_f}{ds} + \frac{dh_j}{ds} = J + \frac{-dh_j}{ds}$$

$$= J - \frac{\Delta \xi' \dfrac{v^2}{2g}}{\Delta s} = J + \frac{\xi'\left(\dfrac{v_n^2}{2g} - \dfrac{v_{n+1}^2}{2g}\right)}{\Delta s} = J + \frac{\xi'\dfrac{Q^2}{2g}\left(\dfrac{1}{\omega_n^2} - \dfrac{1}{\omega_{n+1}^2}\right)}{\Delta s} \tag{6-99}$$

将(6-97)—(6-99)代入(6-96)得：

$$\frac{z_{n+1}-z_n}{\Delta s}+\frac{\dfrac{\alpha Q^2}{2g}\left(\dfrac{1}{\omega_{n+1}^2}-\dfrac{1}{\omega_n^2}\right)}{\Delta s}+\overline{J}+\frac{\xi'\dfrac{Q^2}{2g}\left(\dfrac{1}{\omega_n^2}-\dfrac{1}{\omega_{n+1}^2}\right)}{\Delta s}=0 \qquad (6\text{-}100)$$

整理得：

$$z_{n+1}+\frac{(\alpha-\xi')Q^2}{2g}\cdot\frac{1}{\omega_{n+1}^2}=z_n+\frac{(\alpha-\xi')Q^2}{2g}\cdot\frac{1}{\omega_n^2}-\overline{J}\Delta s \qquad (6\text{-}101)$$

利用上式，进行天然河道水面线计算，其中：

$$\overline{J}=\frac{Q^2}{k^2}=\frac{Q^2}{c^2\overline{R}\omega^2}$$

6.10.2 计算步骤

1. 首先将河道分成若干流段，从已知的控制断面开始，如 $n+1$ 已知，则先计算出 z_{n+1}；ω_{n+1}，则等式右边为 z_n 的函数 $f(z_n)=$ 已知数 f_n；

2. 再设一个 z_n，可求出 ω_n、K_n 及 $\overline{J}$，并计算出一个 $f_n^{\text{计算}}=f_n^c$，如果 $f_n^c=f_n$，则 z_n 正确；如 $f_n^c\neq f_n$，另设一个 z_n，直到 $f_n^c=f_n$，则 z_n 为所求。

具体计算内容：

（1）流段的划分；

（2）断面与流段资料的整理：

各种水位下：

$$B=B(z)\,,\ \omega=\omega(z)\,,\ \chi=B+\frac{2\omega}{B}=\chi(z)\,,\ R=\frac{\omega}{\chi}=\frac{\omega}{B+\dfrac{2\omega}{B}}=R(z)\,,\ K=K(z)=\omega C\sqrt{R}\,,$$

$K=\dfrac{1}{n}\omega R^{2/3}=K(z)$ 等值。

各流段内：

$$\overline{B}=\overline{B}(z)=\frac{\sum_1^n B_i}{n}\,;\ \overline{B}=\overline{B}(z)=\frac{\sum_1^n \Delta s_i B_i}{\sum_1^n \Delta s_i}\,;\ \omega=\overline{\omega}(z)=\frac{\sum_1^n \omega_i}{n}\,;\ \overline{k}=\frac{\sum_1^n R_i}{n}$$

6.10.3 天然河道原始资料的整理

1. 流段的划分

根据天然河道水力要素变化的特点，必须将需要计算的河道分成水力要素比较一致的各个分段，然后进行逐段的计算。所谓水力要素一致的河段就是流量应为成常数，河槽底部比降尽可能均匀一直，糙率比较一致，过水段面的大小和形状无急剧变化等。这样，对于每个分段所定出的各项水力要素的平均计算值才能够近似的反映实际情况。

如果河道具有足够的水文观测资料,则可先绘制天然条件下的水流纵剖面图,作为分段的主要依据。这时,每个分段上应尽可能有一致的水面比降和具有大致相同的过水断面。

分段的长短应该考虑工程上、精度上的需要,分段越多时计算精度越高,但是另一方面则工作量较大。分段长短,除考虑工程精度外,一般可按水面曲线的落差大小来定,实践中常使每段上的水面落差不超过 0.75 米。比较平坦的平原河道,则应以长度来控制。

2. 断面与流段资料的整理

资料整理方法与拥有的原始资料有关。整理方法基本上有两种:其一是利用横断面资料,另一种是根据地形与水文资料进行整理。

（1）据横断面资料进行整理

横断水力要素:根据横断面图进行整理

（a）在各种不同水位下量得水面宽度 B,并绘制 $B=B(z)$ 曲线;

（b）用近似求积法或面积仪求不同水位下的过水断面面积,得 $\omega=\omega(z)$;

（c）求不同水位下湿周的数值,但因横断面图之纵横尺往往不同,故一般采用近似公式 $\chi = B + \dfrac{2\omega}{B} = \chi(z)$;

（d）相应水位的水力半径可根据定义计算, $R = \dfrac{\omega}{\chi} = \dfrac{\omega}{B+\dfrac{2\omega}{B}} = R(z)$

（e）横断面的特性流量, $K=K(z)=\omega C(R)^{1/2}$,可以在选糙率 n 后按公式计算。若谢才系数 C 用曼宁公式计算时,则: $K=\omega R^{2/3}/n=K(z)$

流段水力要素:流段的水力要素可以用流段内阁断面水力要素的平均值或加权平均值而求得（为了充分反映流段特性,常在流段内加设一些断面）,属于流段的水力要素常在该符号上加上一横杠表示。这些量一般都写做流段平均水位（流段中点水位）的单值函数。在计算平均值时,一般都采用各断面同一水位所对应的要素。

（a）流段的平均水面高度: $\overline{B} = \overline{B}(z) = \dfrac{\sum\limits_1^n B_i}{n}$,或 $\overline{B} = \overline{B}(z) = \dfrac{\sum\limits_1^n \Delta s_i B_i}{\sum\limits_1^n \Delta s_i}$

（b）流段平均面积: $\overline{\omega} = \overline{\omega}(z) = \dfrac{\sum\limits_1^n \omega_i}{n}$ 或 $\overline{\omega} = \overline{\omega}(z) = \dfrac{\sum\limits_1^n \Delta s_i \omega_i}{\sum\limits_1^n \Delta s_i}$

（c）流段平均特性流量: $\overline{K} = \overline{K}(z) = \dfrac{1}{n}\overline{\omega} R^{-\frac{2}{3}}$ 或 $\overline{K} = \dfrac{\sum\limits_1^n \Delta s_i K_i}{\sum\limits_1^n \Delta s_i}$ 或 $\overline{K} = \dfrac{\sum\limits_1^n K_i}{n}$

特性流量的计算,不同方法将得出不同结果,一般误差在 5% 左右,具体选用方法须根据资料情况及河道性质而定,一般采用前两种。

（ 2 ）据水文资料基地性资料进行整理

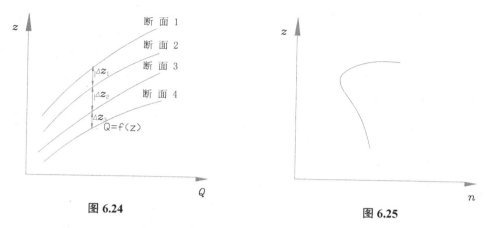

图 6.24   图 6.25

当已由各断面的水位流量关系时（如图 6.24），可直接求出 $\bar{z} = \bar{K}$ 曲线。作法是对某一流段给定几个流量值，由图 6.24 查出每段的落差 Δz 及流段中点的水位高程，便可得 $\bar{z} = \bar{K}$ 曲线（ $\bar{K}$ 值按下式确定）：由 $\Delta z = \dfrac{Q^2}{K^2} \cdot \Delta s$ 则 $\bar{K} = \dfrac{Q}{\sqrt{\dfrac{\Delta z}{\Delta s}}}$

3. 天然河道谢才系数的确定

天然河道蜿蜒曲折，河道极不规则，水流现象复杂，当我们依据所建立的方程式来进行计算时，正确估计水流阻力是一个关键性的问题，当水文资料比较充足的情况下，可直接用各断面的水位流量曲线关系线（图 6.24）来推求，亦可根据实测的水面曲线求得。但在大多数情况下，并无足够多的水文资料。因此必须用计算方法来确定水流阻力，问题也就归结到天然河道中如何正确地确定谢才系数 C。

确定谢才系数，常用的是曼宁公式和巴普洛夫斯公式。在这些公式中都引用了糙率系数 "n" 的数值，这样在确定谢才系数 C 之前，必须先确定糙率 "n" 的数值。

天然河道的糙率系数 "n" 值可以认为是综合表征着水流阻力状态的特征值，它取决于河流的形态及水流条件。一般河底泥砂颗粒的大小对 n 值有决定性的影响，河道中沙坡情况、河道横断面形状的不规则型、河身弯曲、滩地上的复盖物、河道中的沙洲、河汊等（当不另计局部阻力时，还有河道中整治和其他突出于河中的建筑物）都会对糙率数值产生影响，根据实测资料分析，n 值随水深有如图 6.25 的变化趋势。这种变化趋势可解释如下：低水位时，河床上存在有大量的砂纹、砂垄砂鳞，加之低水河槽蜿蜒曲折，因而糙率较大。当水位上升时，沙垄加高，但波长加大，垄形缓和，密度减少，水流渐紧集中泓，因而 n 值将抵达定值，之后流速愈大沙垄不复存在，此时糙率直接与砂粒有关，相对糙率达到最小值，n 值亦最小。而后水位上升，砂波再现，阻力增大，但水流平行于床面，故 n 值增加不大。水位如过高，若水流漫滩则 "n" 值可能增大。

当砂粒阻力起决定作用时，根据若干实测与研究成果得到下列关系：

$$n = \frac{d^{1/6}}{A}$$

式中: A 为系数, 斯芬克特尔根据莱茵河资料分析 $A=21.1$, 钱宁根据黄河下游资料分析 $A=19$; d 为粒径, 以毫米计。

对于细沙河流, 南京水利科学研究所曾根据我国许多河流(长江黄河)、渠道以及部分实验成果推出谢才系数中的 y 变化于 1/6—1/5 之间。

在天然河道情况下,"n"值的确定常根据实测资料来进行。实用上又常是根据典型流段的水文资料, 推算其糙率, 而利用它作为河流的平均数值。

用实测资料推求 n 值的方法, 实质上就是利用流段上已知的上下游水位、流量、流段长度及河道断面特性来推求 C 值, 再进而解出 n 值

$$C^2 = \frac{Q^2 \Delta s}{\omega^2 R \cdot \Delta z}$$

式中: Δz 包括有动能头及局部损失, 在个别情况下局部损失可以忽略。

当有足够多的资料时, 可以算出不同水位情况下的 C 值, 并绘制 $C=C(z)$ 曲线以供应用。

在缺乏实测资料时, 必须对浅滩河段进行详细的调查研究。然后参考比较相近的有实测资料的河段来选择糙率, 或从有关天然河流糙率表(表 6.4)中选用符合本河段情况的糙率表。

表 6.4　天然河道糙率数表 *

河槽情况	n 值
1. 平原小河槽	
无杂草、直段高水位、无裂缝和深潭	0.027-0.033
同上, 但多卵石和杂草	0.03—0.04
无杂草、但河槽蜿蜒、有若干深潭和浅滩	0.033—0.045
同上, 有若干卵石和杂草	0.035—0.05
同上, 但枯水期底坡和过水断面较不一致	0.04—0.055
卵石特多	0.045—0.06
水流缓慢、有若干卵石和杂草	0.05—0.08
2. 山区河槽	
河床无植物、两岸陡峭、高水期沿岸树木丛林均被淹没、河底为砾石、卵石	0.03—0.05
水流缓慢、夹有大弧石的漂石	0.04—0.07
3. 大河槽	
水流缓慢、无大漂石及灌水、断面整齐	0.025—0.06
水流缓慢、不规则粗糙断面	0.035—0.10

综上所述, 由于河渠形状多样, 床面复杂多变, 因而确定河床糙率是一件困难的工作。在实际问题上, 糙率系数不仅表征河床表面的摩擦阻力, 而且还包含由于河道床面不规则性的形状阻力以及水流作为一元化处理时的栋梁或能量的修正, 还包含断面形状影响等一切不明确的因素在内, 特别是河床变迁的天然河槽上, 情况更为复杂。因此糙率系数的精度以二位有效数字为限。

6.10.4　例题 绘制河道建闸后闸上游的水面曲线

（一）原始资料

1. 河道分段, 根据流段划分的原则, 将建闸后回水范围内的河段分成下列诸段, 各段位置如下：

例表 1

断面位置	F	E	D	C	B	A	拦河闸
间距（m）	4 689	18 709	13 190	10 545	13 000	8 600	

2. 计算流量 Q=1 200 m³/s
3. 河道糙率 n=0.0224
4. 拦河闸前水位 z_g=0.00 m
5. 各横断面资料（闸前断面、A、B 及 C 断面）, 如例表 2。

例表 2

	拦河闸前断面		A 断面		B 断面		C 断面	
	起点距（m）	高程（m）	起点距（m）	高程（m）	起点距（m）	高程（m）	起点距（m）	高程（m）
1			40.0	+0.84	335.0	0.98		
2			50.0	-1.66	40.0	0.28	23.0	1.28
3			62.0	-2.96	45.0	-1.12	33.0	0.08
4	26.0	1.58	70.0	-3.76	50.0	-2.22	38.0	-1.22
5	44.0	-1.00	76.0	-4.26	55.0	-2.92	53.0	-2.22
6	60.0	-3.00	81.0	-4.76	60.0	-3.72	69.0	-2.62
7	64.0	-4.00	92.0	-5.16	65.0	-4.32	82.0	-3.32
8	74.0	-6.00	102.0	-5.76	70.0	-4.82	98.0	-3.7
9	84.0	-7.00	112.0	-6.36	76.0	-5.12	113.0	-4.4
10	110.0	-8.00	122.0	-6.76	86.0	-5.72	128.0	-4.7
11	134.0	-8.22	132.0	-7.06	90.0	-6.17	153.0	-6.1
12	162.0	-8.00	142.0	-7.56	95.0	-6.68	163.0	-5.92
13	194.0	-7.00	152.0	-8.06	100.0	-7.02	173.0	-5.82
14	215.0	-6.00	162.0	-8.46	105.0	-7.22	193.0	-4.92
15	232.0	-6.00	172.0	-8.76	110.5	-7.42	202.5	-4.42
16	254.0	-4.00	182.0	-9.06	130.5	-8.02	213.5	-4.32
17	270.0	-2.00	192.0	-9.06	140.5	-8.02	218.0	-3.52
18	275.0	-1.00	202.0	-8.96	150.5	-7.92	223.0	-0.32
19	282.0	+0.28	212.0	-8.26	170.0	-6.52	228.0	-1.08
20	290.0	+1.18	222.0	-7.26	190.0	-6.02	233.0	-1.48
21			232.0	-4.46	200.0	-5.32	238.0	1.68
22			242.0	+0.44	210.0	-3.52	243.0	
23			273.0	立岸	225.0	-0.88		

（二）以闸前断面

为起始断面推求 A 断面的水位 z_A 为例,分析计算如下：

1. 有关因素的计算曲线,根据例表 2 的 A 横断面资料,将 $\omega = \omega(z)$, $\chi = \chi(z)$, $R = R(z)$

及 $K^2 = \omega^2 C^2 R = \dfrac{R^{1/3}}{0.022\,4^2}\omega^2 R = K^2(z)$ 诸曲线绘于图 6.26 中

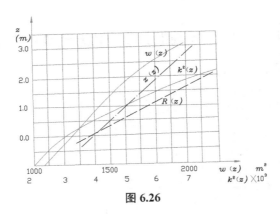

图 6.26

2. 计算 z_A 值

（1）取 $\xi'=0, \alpha=1.10$ 则公式（6-101）可写成如下形式：

$$z_A + \frac{\alpha Q^2}{2g\omega_A^2} - \bar{J}\Delta s = z_g + \frac{\alpha Q^2}{2g\omega_g^2} \qquad (a)$$

（2）由例表 2 的资料可知 z_g=0.00 m 时的下述对应资料为：

$\omega = 1\,400\ \mathrm{m}^2$, $\chi_g = 250.7\ \mathrm{m}$, $R_g=5.72\ \mathrm{m}$ 及 $K_g^2 = 4.26\times10^{10}$,由此可得公式（a）右边的常

数为

$$0.00 + \frac{1.10\times1\,200^2}{2\times9.80\times1\,440} = 0.039\,3\ \mathrm{m}$$

（3）设 z_A=0.25 m 可由图 6.26 查得：ω_A=1　280　m^2, χ_A=219　m, R_A=5.88　m 及

$K_A^2=3.40\times10^{10}$

将以上数据代入（a）等号的左边部分,则得

$$0.25 + \frac{1.10\times1\,200^2}{2\times9.80\times1\,280^2} - \frac{1}{2}\left(\frac{1\,200^2}{4.26\times10^{10}} + \frac{1\,200^2}{3.40\times10^{10}}\right)\times8\,600 = 0.036\ \mathrm{m}$$

（较已知数 0.039 3 m 为小,需再试）。

（4）设 z_A=0.35 m 由图 6.35 查得 ω_A=1　310 m^2, χ_A=219.4 m, R_A=6.0 m 及 K_A^2=3.6×10^{10},

代入得

$$0.35 + \frac{1.10\times1\,200^2}{2\times9.80\times1\,310^2} - \frac{1}{2}\left(\frac{1\,200^2}{4.26\times10^{10}} + \frac{1\,200^2}{3.60\times10^{10}}\right)\times8\,600 = -0.082\,2\ \mathrm{m}$$

（较已知数 0.039 3 为大,须再试）

（5）设 z_A=0.30 m,由图 6.26 查得 ω_A=1　300 m^2, χ_A=219.1 m, R_A=5.6 m 及 K_A^2=3.5×10^{10},

代入得

$$0.30 + \frac{1.10 \times 1\,200^2}{2 \times 9.80 \times 1\,300^2} - \frac{1}{2}\left(\frac{1\,200^2}{4.26 \times 10^{10}} + \frac{1\,200^2}{3.50 \times 10^{10}}\right) \times 8\,600 = -0.026\,1 \text{ m}$$

较已知数 0.039 3 为小,但由于连同以上共有三个试算值可以通过内插法(如图 6.27)求 z_A 值。

(6)通过图 6.26 内插得 z_A=0.312 m

(三)当 z_A 求得后

即可用同样步骤再以 A 为起算断面推求 z_B,以此类推,就可求出 z_C、……,据此可绘出建闸后河道的水面曲线。

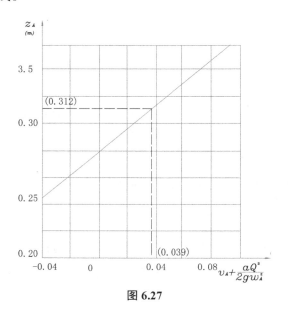

图 6.27

6.11   河道非恒定流动

河渠沿流程各断面处的水力要素如流量 Q、流速 v、水位 z 以及过水断面面积 ω 等随时间 t 而变化,则称这种流动为河渠非恒定流动。河渠非恒定流动比河渠中的恒定流动概括了更多的自然界的水流现象,例如河道中的洪水涨落、潮汐水流等自然现象;大型船闸的灌泄、电站日调节、溃坝等,都将在河道中引起非恒定流动。

基本特征:水流运动要素随时间与距离变化,称之为非恒定的基本流动,非恒定流称为波动流动。

研究方法有四种:(1)理论分析研究;(2)模型试验;(3)原型观测;(4)数值解法。

6.11.1 河渠非恒定流动的基本方程式

1. 方程式

非恒定流方程式（6-18），又称圣维南方程组：

$$\frac{1}{g}\frac{\partial v}{\partial t}+\frac{\partial\left(\dfrac{v^2}{2g}\right)}{\partial s}+\frac{\partial z}{\partial s}+\frac{\partial h_w}{\partial s}=0 \qquad\qquad (6\text{-}18\text{a})$$

$$\frac{\partial(v\omega)}{\partial s}+\frac{\partial\omega}{\partial t}=0 \qquad\qquad\qquad (6\text{-}18\text{b})$$

2. 边界条件和初始条件

①初始条件

运动初始时刻，流柱所有断面处的水力要素的数值

②边界条件

$$z_0=z_0(0,t)\,,\ z_l=z_l(l,t)$$
$$Q_0=Q_0(0,t)\,,\ Q_l=Q_l(l,t)$$

③支叉条件

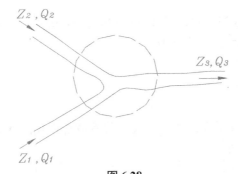

图 6.28

$$z_1=z_2=z_3$$
$$Q_1+Q_2-Q_3=0$$

④解答形式

$$Q=Q(s,t)\,,\ z=z(s,t)$$

6.11.2 矩形渠道非恒定流方程

微分方程组（6-18）在矩形断面条件下，并且水头损失直接用均匀流的水头损失计算：

$$\omega=bh\ ;\ z=h+z_0\ ;\ \frac{\partial z}{\partial s}=\frac{\partial h}{\partial s}-i\ ;\ \frac{\partial h_w}{\partial s}=\frac{v^2}{C^2 R}$$

可以进一步简化成下列形式:

$$\left.\begin{array}{l} \dfrac{\partial v}{\partial t}+v\dfrac{\partial v}{\partial s}+g\dfrac{\partial h}{\partial s}=g\left(i-\dfrac{v^2}{C^2R}\right)\\[3mm] h\dfrac{\partial v}{\partial s}+v\dfrac{\partial h}{\partial s}+\dfrac{\partial h}{\partial t}=0 \end{array}\right\}\qquad(6\text{-}102)$$

6.11.3 特征线法概念

河渠非恒定渐变流动的基本微分方程组——圣维南方程组属于双曲型方程组。根据偏微分方程理论,这种类型的方程组具有两种特征线,在特征线上,偏微分方程中各物理量之间的关系可以用常微分方程来描述。或者说可以将求解偏微分方程的问题变成在特征线上求解常微分方程的问题。求解常微分方程一般也是用差分法来求其近似解。

1. 特征方程

在河渠非恒定流中,拟求的函数 $z=z(s,t)$,$v=v(s,t)$,$h=h(s,t)$,$\omega=\omega(s,t)$,其一阶偏导数 $\partial h/\partial s$、$\partial h/\partial t$、$\partial v/\partial s$、$\partial h/\partial t$ 满足圣维南方程(6-102)。同时亦满足:

$$dh=\frac{\partial h}{\partial s}ds+\frac{\partial h}{\partial t}dt \qquad(6\text{-}103a)$$

$$dv=\frac{\partial v}{\partial s}ds+\frac{\partial v}{\partial t}dt \qquad(6\text{-}103b)$$

若以 h_s、h_t、v_s、v_t 表示这些一阶偏导数,则方程组(6-102)和(6-103)可写成如下形式

$$\left.\begin{array}{l} v_t+vv_s+0+gh_s=g(i-J)=M\\ 0+hv_s+h_t+vh_s=0\\ dtv_t+dsv_s+0+0=dv\\ 0+0+dth_t+dsh_s+dh \end{array}\right\}\qquad(6\text{-}104)$$

上述线性方程组解可以写成行列的形式。若系数行列式以 Δ 表示,

$$\Delta=\begin{vmatrix} 1 & v & 0 & g\\ 0 & h & 1 & v\\ dt & ds & 0 & 0\\ 0 & 0 & dt & ds \end{vmatrix}\qquad(6\text{-}105)$$

则: $v_t=\Delta_1/\Delta$

其中:

$$\Delta_1=\begin{vmatrix} M & v & 0 & g\\ 0 & h & 1 & v\\ dv & ds & 0 & 0\\ dh & 0 & dt & ds \end{vmatrix}$$

$$v_s=\frac{\Delta_2}{\Delta},\Delta_2=\begin{vmatrix} 1 & M & 0 & g\\ 0 & 0 & 1 & v\\ dt & dv & 0 & 0\\ 0 & dh & dt & ds \end{vmatrix}$$

$$h_t = \frac{\Delta_3}{\Delta}, \Delta_3 = \begin{vmatrix} 1 & v & M & g \\ 0 & h & 0 & v \\ dt & ds & dv & 0 \\ 0 & 0 & dh & ds \end{vmatrix}$$

$$h_s = \frac{\Delta_4}{\Delta}, \Delta_4 = \begin{vmatrix} 1 & v & 0 & M \\ 0 & h & 1 & 0 \\ dt & ds & 0 & dv \\ 0 & 0 & dt & dh \end{vmatrix}$$

根据线性方程组理论,当 $\Delta=0$ 及 $\Delta_1=\Delta_2=\Delta_3=\Delta_4=0$ 时,方程组没有解或有无限多个解。由于 v_s、v_t、h_s、h_t 有不定值,故 $\Delta=0$ 及 $\Delta_1=\Delta_2=\Delta_3=\Delta_4=0$

$$\Delta = \begin{vmatrix} 1 & v & 0 & g \\ 0 & h & 1 & v \\ dt & ds & 0 & 0 \\ 0 & 0 & dt & ds \end{vmatrix}^{x(-dt)} = \begin{vmatrix} 1 & v & 0 & g \\ 0 & h & 1 & v \\ 0 & ds-vdt & 0 & -gdt \\ 0 & 0 & dt & ds \end{vmatrix}$$

$$= \begin{vmatrix} h & 1 & v \\ ds-vdt & 0 & -gdt \\ 0 & dt & ds \end{vmatrix}^{x(-dt)} = \begin{vmatrix} h & 1 & v \\ ds-vdt & 0 & -gdt \\ -hdt & 0 & ds-vdt \end{vmatrix}$$

$$= \begin{vmatrix} ds-vdt & -gdt \\ -hdt & ds-vdt \end{vmatrix} = (ds-vdt)^2 - ghdt^2 = 0$$

即得: $ds-vdt = \pm\sqrt{gh}dt$

$$\frac{ds}{dt} = v \pm \sqrt{gh} \tag{6-106}$$

由 $\Delta_1=0, \Delta_2=0, \Delta_3=0$ 及 $\Delta_4=0$,四个中的任一个可得:

$$\Delta_4 = \begin{vmatrix} 1 & v & 0 & M \\ 0 & h & 1 & 0 \\ dt & ds & 0 & dv \\ 0 & 0 & dt & dh \end{vmatrix} = \begin{vmatrix} ds-vdt & dv-Mdt \\ -hdt & dh \end{vmatrix} = 0$$

即: $-(dv-Mdt)hdt - (ds-vdt)dh = 0$

$$-dv + Mdt = \left(\frac{ds}{dt} - v\right)\frac{dh}{h}$$

变形为:

$$dv \pm \sqrt{\frac{g}{h}}dh = Mdt$$

或

$$d(v \pm 2\sqrt{gh}) = g(i-J)dt \tag{6-104}$$

式(6-106)及(6-107)为一阶偏导数为不定值时所导出的四个常微分方程。方程式(6-106)取正负号分别表示 s,t 平面上两组曲线的微分方程,在曲线上水力要素之间关系由常微分方程(6-107)确定即在典线上偏微分方程化成了常微分方程。由此可知,河渠非恒定流动的水力要素虽然在整个所给的 s, t 范围内（s, t 平面上）是由偏微分方程组（6-18）确定的。然而根据这类方程组的特性，它存在两族特征线（6-103），在曲线水力要素之间关系满足常微分方程（6-107）。即偏微分方程组（6-18）可由四个常微分方程（6-106）及（6-107）所代替。

方程式（6-106）称特征线方程，方程（6-107）称特征方程。利用特征线及特征方程求解的方法叫做特征线法。

2. 特征线、决定区域、影响区域法

图 6.29 表示 s-t 平面上的特征线。如 s 为横轴，t 为纵轴，对任一点（s, t）即在任意断面 s 和瞬时 t，根据这个断面和瞬时的 v 和 h 可以算出两个特征方向，即 $\mathrm{d}s/\mathrm{d}t = v \pm (gh)^{1/2}$。在缓流中由于 $(gh)^{1/2} > v$，$\mathrm{d}s/\mathrm{d}t$ 为一正一负；在急流中则因 $(gh)^{1/2} < v$，两个特征方向 $\mathrm{d}s/\mathrm{d}t$ 都是正的。图 6.29（a）为通过缓流中任一点（s, t）的特征线。一根顺流即顺特征线 c_1，其特征方向 $\mathrm{d}s/\mathrm{d}t = v + (gh)^{1/2}$，沿此特征线水力要素的变化符合顺特征方程—$\mathrm{d}(v + 2(gh)^{1/2}) = g(i - J)\mathrm{d}t$；另一根逆流，即逆特征线 c_2，其特征方向为 $\mathrm{d}s/\mathrm{d}t = v - (gh)^{1/2}$，其上水力要素对应逆特征方程—$\mathrm{d}(v - 2(gh)^{1/2}) = g(i - J)\mathrm{d}t$。在急流中两根特征线都是顺特征线，如图 6.29（b）。

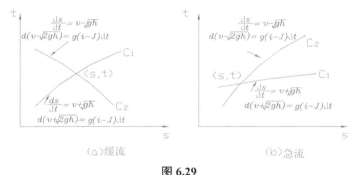

（a）缓流　　　　　　　　　（b）急流

图 6.29

图 6.30 给出了 s-t 平面上一族特征线的网格表示。对于任意点 $P(s, t)$ 的解 v、h，仅取决于过 $P(s, t)$ 点所作出的两条特征线。在 s 上取一线段 AB，称 AB 为 P 点的解的定区域，而由 PAB 所包围的三解形称为 $P(s, t)$ 点的解的依赖区域（图 6.31a）。同时对于 s 轴上的任意一点 K 的影响范围，也就是定义出 s-t 平面上一定区域内各点受起始值（K 点之 v、h）的影响范围，过 K 点引出的两条特征线所包围的范围称为 K 点的影响区如图 6.31（b）。

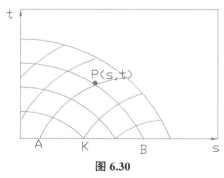

图 6.30

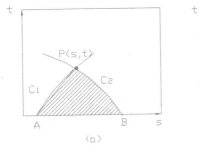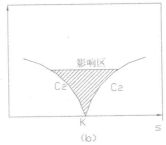

图 6.31

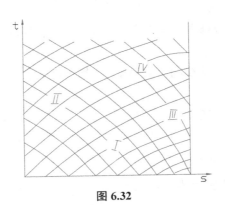

图 6.32

这样可以看出在缓流的条件下,如图 6.32, s-t 平面可分为四个区:

Ⅰ区,受初始条件控制的区域,给出两个初始条件后(即当 t=0 时,流程各断面的 v、h 值给定)本区任何点都可能解出。

Ⅱ区,受初始条件和上游边界条件控制,除了初始条件外,还要给定一个上游边界条件[即当 s=0 时,给出 v=$v(t)$]才能定出解。

Ⅲ区,受初始条件和下游边界条件的控制,即除始条件外,还要再给一个下游边界条件,[当 s=l 时,给出 v=$v(t)$ 或 h=$h(t)$]才能解出本区。

Ⅳ区,则和初始条件及上下游的边界条件都有关系,但初始条件的影响相对较小。在潮流计算中,有用的成果一般都在Ⅳ区内,在洪水演进计算中,则有用成果常在Ⅱ和Ⅲ区内。

3. 利用特征线法求解

为了说明特征线法解题的步骤,今举例说明如下:

在全长为 l 的河段内给定初始条件及边界条件。

初始条件: t=0, v=$v(s)$, h=$h(s)$

上游边界条件: s=0, v=$v(t)$

下游边界条件: s=l, h=$h(t)$

特征线法解河渠非恒定流动就是结合具体的初始边界条件解特征线方程和特征方程

$$\frac{\mathrm{d}s}{\mathrm{d}t} = v \pm c \quad (c = \sqrt{gh}) \tag{6-108}$$

$$d(v \pm 2c) = g(i - J)\mathrm{d}t$$

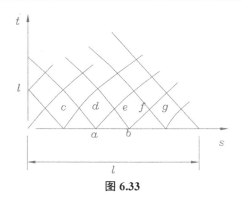

图 6.33

如图 6.33 中，s 轴上的 a、b 两点根据初始条件已知其函数值 v_a、h_a 及 v_b、h_b，现在来确定 e 点的函数值 v_e、h_e。

在第一次近似中，顺逆特征线的函数值 v、c，都用已知点 a、b 的数值。这样，上述个常微分方程组可写成：

$$\Delta s_{ea} = (v_a + c_a)\Delta_{ea} \tag{6-109}$$

$$\Delta s_{eb} = (v_b - c_b)\Delta_{eb} \tag{6-110}$$

$$v_e + 2c_e = v_a + 2c_a + g(i - J_a)\Delta t_{ea} \tag{6-111}$$

$$v_e - 2c_e = v_b - 2c_b + g(i - J_b)\Delta t_{eb} \tag{6-112}$$

式中：

$$\Delta s_{ea} = s_e - s_a, \qquad \Delta s_{eb} = s_e - s_b$$

$$\Delta t_{ea} = t_e - t_a, \qquad \Delta t_{eb} = t_e - t_b$$

由已知的 v_a、c_a、v_b、c_b 及 s_a、t_a、s_b、t_b，根据式（6-109）及式（6-110）可以求出 s_e、t_e（Δt_{ea}、Δt_{eb}）。再将 Δt_{ea} 及 Δt_{eb} 代入式（6-111）及（6-112）中，两式联立可以求出 v_e 及 c_e（即 h_e）。

第一次近似求出 v_e、c_e 后再按下式进行修正：

$$\Delta s_{ea} \approx \left(\frac{v_e + v_a}{2} + \frac{c_e + c_a}{2} \right)\Delta t_{ea}$$

$$\Delta s_{eb} \approx \left(\frac{v_e + v_b}{2} + \frac{c_e + c_b}{2} \right)\Delta t_{eb}$$

$$v_e + 2c_e \approx v_a + 2c_a + g\left(i - \frac{J_a + J_e}{2} \right)\Delta t_{ea}$$

$$v_e - 2c_e \approx v_b + 2c_b + g\left(i - \frac{J_b + J_e}{2} \right)\Delta t_{eb}$$

经过若干次修正后，可以达到需要的精度。

同理，在图 6.33 中，s 轴上各点的函数值 v、h 均为初始条件所给出，那么按照上面同样的步骤，c、d、f、g 各点 v、h 都能确定。有了 c、d、f、g 各点 v、h 值，又可通过这些点作为已知条件，从而求出 s-t 平面上各特征线网格交点上的 v、h 值。

下面来看一看边界上的 i 点其函数值 v、h 如何求法

i 点的函数值 v_i、h_i 可以通过 c 点作逆特征线得到逆特征线方程为：

$$\Delta s_{ic} = (v_c - c_c)\Delta t_{ic} \tag{6-113}$$

由于式中 $s_i = 0$, s_c 为已知,故可以直接求出 Δt_{ic}。

在逆特征方程中

$$v_i - 2c_i = v_c - 2c_c + g(i - J_c)\Delta t_{ic} \tag{6-114}$$

v_i 由上边界条件给出,再将 Δt_{ic} 代入, c_i 便可直接计算出来了。显然 c_i 也要经过试算才达到足够的精度。

同理,下边界上的点可以通过邻近点作顺特征线而后得到解答。

以上就是如何根据四个常微分程结合初始条件和边界条件用特征线法求解的过程。

利用上述方法解算河渠非恒定流动,步骤虽然明确清楚,但计算工作量甚大,步骤也很繁琐,因此实际应用比较困难,一般要借助计算机完成,详细可参见:白玉川、顾元椿、邢焕政《水流泥沙水质水学模型理论及应用》,天津大学出版社,2005 年。

6.12　堰流与闸孔出流

堰和闸是河渠中最常见的水流障碍物,在水利工程中有重要的作用,本节讨论这两种水工建筑物的水流现象。

6.12.1　堰流及其分类

无压缓流经障壁溢流时,上游发生壅水,然后水面降落,这一局部水流现象称为堰流。障壁称为堰。

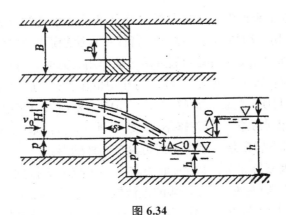

图 6.34

如图 6.34 所示,表征堰流的特征量有:堰宽 b,即水流漫过堰顶的宽度;堰前水头 H,即堰上游水位在堰顶上的最大超高;堰壁厚度 δ 和它的剖面形状;下游水深 h 及下游水位高出堰顶的高度 Δ;堰上、下游高 P 及 P';行近流速 v_0 等。根据堰流的水力特点,可按 δ/H 的大小将堰划分为三种基本类型。

（1）薄壁堰: $\delta/H < 0.67$,水流越过堰顶时,堰顶厚度 δ 不影响水流的特性,如图 6.35a 所

示。薄壁堰根据堰口的形状,一般有矩形堰、三角堰和梯形堰等。薄壁堰主要用作量测流量的一种设备。

（2）实用堰：$0.67<\delta/H<2.5$，堰顶厚度 δ 对水舌的形状已有一定影响，但堰顶水流仍为明显弯曲向下的流动。实用堰的纵剖面可以是曲线形（如图 6.35b），也可以是折线形（如图 6.35c）。工程上的溢流建筑物常属于这种堰。

（3）宽顶堰：$2.5<\delta/H<10$，堰顶厚度 δ 已大到足以使堰顶出现近似水平的流动（如图 6.35d），但其沿程水头损失还未达到显著的程度而仍可以忽略。水利工程中的引水闸底坝即属于这种堰。

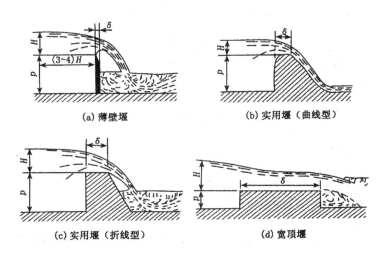

（a）薄壁堰   （b）实用堰（曲线型）

（c）实用堰（折线型）   （d）宽顶堰

图 6.35

当 $\delta/H>10$ 时，沿程水头损失逐渐起主要作用，不再属于堰流的范畴。

堰流形式虽多，但其流动却具有一些共同特征。水流趋近堰顶时，流股断面收缩，流速增大，动能增加而势能减小，故水面有明显降落。从作用力方面看，重力作用是主要的；堰顶流速变化大，且流线弯曲，属于急变流动，惯性力作用也显著；在曲率大的情况下有时表面张力也有影响；因溢流在堰顶上的流程短（$0\leqslant\delta\leqslant10H$），粘性阻力作用小。在能量损失上主要是局部水头损失，沿程水头损失可忽略不计（如宽顶堰和实用堰），或无沿程水头损失（如薄壁堰）。由于上述共同特征，堰流基本公式可具有同样的形式。

影响堰流性质的因素除了 δ/H 以外，堰流与下游水位的连接关系也是一个重要因素。当下游水深足够小，不影响堰流性质（如堰的过流能力）时，称为自由式堰流，否则称为淹没式堰流。开始影响堰流性质的下游水深，称为淹没标准。此外，当堰宽 b 小于上游渠道宽度 B 时，称为侧收缩堰，当 $b=B$ 时则称为无侧收缩堰。

2. 堰流的基本公式

如图 6.36 所示，现用能量方程式来推求堰流计算的基本公式。

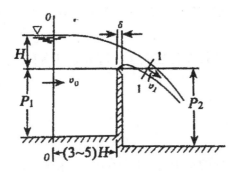

图 6.36

对堰前断面 0-0 及堰顶断面 1-1 列出能量方程,以通过堰顶的水平面为基准面。其中, 0-0 断面为渐变流;而 1-1 断面由于流线弯曲属急变流,过水断面上测压管水头不为常数,故用 $(z+p/\gamma)$ 表示 1-1 断面上测压管水头平均值。由此可得

$$H + \frac{\alpha_0 v_0^2}{2g} = (z + \frac{p}{\gamma}) + (\alpha_1 + \zeta)\frac{v_1^2}{2g} \qquad (6\text{-}115)$$

式中,v_1 为 1-1 断面的平均流速;v_0 为 0-0 断面的平均流速,即行近流速;α_0、α_1 是相应断面的动能修正系数;ζ 为局部损失系数。

设 $H + \dfrac{\alpha_0 v_0^2}{2g} = H_0$,其中 $\dfrac{\alpha_0 v_0^2}{2g}$ 为行近流速水头,H_0 称为堰顶总水头。

令 $\overline{(z + \dfrac{p}{\gamma})} = \xi H_0$,$\xi$ 为某一修正系数。则上式可改写为

$$H_0 - \xi H_0 = (\alpha_1 + \zeta)\frac{v_1^2}{2g} \qquad (6\text{-}116)$$

即:

$$v_1 = \frac{1}{\sqrt{\alpha_1 + \zeta}}\sqrt{2g(H_0 - \xi H_0)} \qquad (6\text{-}117)$$

因为堰顶过水断面面积一般为矩形,设其断面宽度为 b;1-1 断面的水舌厚度用 kH_0 表示,k 为反映堰顶水流垂直收缩的系数。则 1-1 断面的过水面积应为 $kH_0 b$;通过流量为

$$Q = kH_0 bv = kH_0 b\frac{1}{\sqrt{\alpha_1 + \zeta}}\sqrt{2g(H_0 - \xi H_0)} = \varphi k\sqrt{1 - \xi}b\sqrt{2g}H_0^{3/2} \qquad (6\text{-}118)$$

式中:$\varphi = (\alpha_1 + \zeta)^{-1/2}$ 称为流速系数,令 $\varphi k(1 - \xi)^{1/2} = m$,称为堰的流量系数,则

$$Q = mb\sqrt{2g}H_0^{3/2} \qquad (6\text{-}119)$$

式(6-119)虽是针对矩形薄壁堰推导而得的流量公式,但对于实用堰和宽顶堰进行流量公式的推导,也将得出与式(6-119)同样形式的流量公式,只是流量系数所代表的数值不同。因此式(6-119)称为堰流基本公式。

在实际工程中,量测堰顶水头 H 是很方便的,但计算行近流速 v_0,则需先知道流量,而流量需由式(6-119)算出。由于式中 H_0 包括行近流速水头,应用式(6-119)计算流量不甚方

便。为了避免这点,可将堰流的基本公式,改用堰顶水头 H 表示,即

$$Q = m_0\sqrt{2g}bH^{3/2} \qquad\qquad (6\text{-}120)$$

式中 $m_0 = m(1+\alpha_0 v_0^2/2gH)^{3/2}$,为计及行近流速的堰流流量系数。在实际应用时,提前做标定或参阅相关手册。

6.12.3　闸孔出流

水利工程中常用各式各样的水闸(例如进水闸、泄水闸、节制闸、挡潮闸等)来对过闸流量及上下游水位进行控制,水流从闸门的下部边缘泄出时,这种水流状态将称为闸孔出流(如图 6.37)

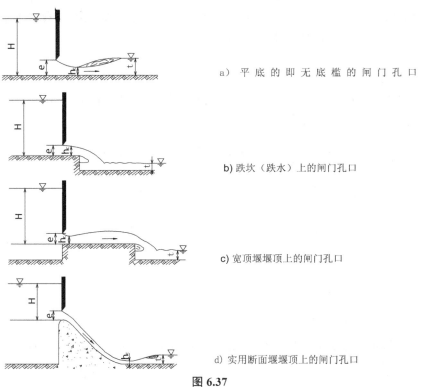

a) 平底的即无底槛的闸门孔口

b) 跌坎(跌水)上的闸门孔口

c) 宽顶堰堰顶上的闸门孔口

d) 实用断面堰堰顶上的闸门孔口

图 6.37

如果闸门开度较大,在一定的水流条件下,水流不与闸门下缘接触,因而闸门对水流不起控制作用,于是闸孔出流就变为堰流了,如图 6.38。

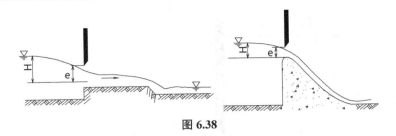

图 6.38

随 e/H 的不同,闸孔出流和堰流可以互相转换。工程上常用以下经验数据来判别。

闸底坎为平顶堰时:

$e/H \leqslant 0.65$ 为闸孔出流;

$e/H > 0.65$ 为堰流。

闸底坎为曲线性实用堰时:

$e/H \leqslant 0.75$ 为闸孔出流;

$e/H > 0.75$ 为堰流。

闸孔出流水力计算的主要目的仍是闸孔泄流能力的问题。很明显,过流量的大小,将与下流的水流衔接性质有关(参看图 6.39)。当水流通过闸孔往下游宣泄的时候,可以看到有明显的收缩断面 c-c,其水深为 h_c。如果下游水深 t 恰等于 h_c 的共轭水深(水位 ∇_2)或小于 h_c 的共轭水深(水位 ∇_1)时,则为闸孔自由出流,亦即是 h_c 将与将与下游水位的变化无关,而只决定于闸门相对开度 e/H 和闸门形状等,从而出流量与 t 无关。当下游水深 t 大于 h_c 的共轭水深时,则将造成出流的淹没,此时可能有两种情形。第一种情形:当 t 还不太大时,例如在水位 ∇_3 的情况,明显的水跃漩滚正好覆盖在 c-c 断面之上,成为有水跃的淹没出流;第二种情形:当水位高于 ∇_3 以后,则根本没有水跃形成,下游水面直接淹到闸门下面,成为无水跃的淹没出流。显然,不论哪种淹没情形,下有水位的变化都会影响过闸流量的大小(上游水位固定)。因此,在进行闸孔出流水力计算的同时,还必须进行下游水流衔接的计算。

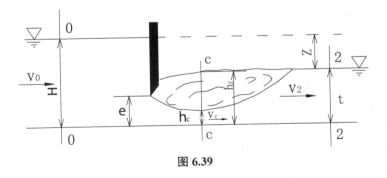

图 6.39

1. 平底闸门孔口自由出流的水力计算

图 6.40 为多孔平底水闸的一个闸孔的纵断面图和平面图,每孔闸墩间的净宽为 b,每孔闸墩的中心间距为 B。

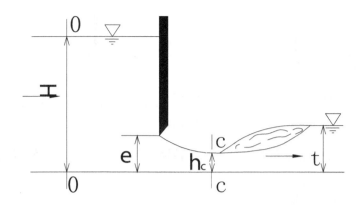

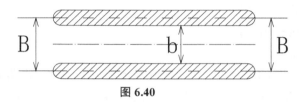

图 6.40

图中：H 为相对于闸孔下游收缩断面底的上游水头；v_0 为闸前的趋近流速；e 为闸门开度；t 为下有水深。

（1）流量计算公式的推导

对断面 0-0 及 c-c 列出伯诺里方程式（以通过断面 c-c 底的水平面为基准），得

$$H_0 = h_c + \frac{\alpha_c v_c^2}{2g} + \xi \frac{v_c^2}{2g} \tag{6-121}$$

式中：v_c 为收缩断面 c-c 的断面断面平均流速，α_c 为其动能校正系数；$\xi v_c^2/2g$ 为断面 0-0 至 c-c 间的水头损失。

由上式解出 v_c，得

$$v_c = \frac{1}{\sqrt{\alpha_c + \xi}} \sqrt{2g(H_0 - h_c)} \tag{6-122}$$

令 $\varphi = (\alpha_c + \xi)^{-1/2}$，称为流速系数，则上式可写为

$$v_c = \varphi \sqrt{2g(H_0 - h_c)} \tag{6-123}$$

收缩断面的水深 h_c 可用闸孔开度来表示，即

$$h_c = \varepsilon e \tag{6-124}$$

式中：ε 称为闸孔垂直收缩系数。

从而平底闸孔自由出流的流量计算公式为

$$\left. \begin{array}{l} Q = bh_c v_c = \varepsilon \varphi eb\sqrt{2g(H_0 - \varepsilon e)} \\ \text{或} \ Q = \mu eb\sqrt{2g(H_0 - \varepsilon e)} \end{array} \right\} \tag{6-125}$$

式中：$\mu = \varepsilon \varphi$，为过闸流量系数。

式（6-125）系在平底的闸孔出流条件下得出的，但也适用于图 6.37b、c 的情况，不过流

量系数 μ 则有所不同。

(2)流量系数的确定

①根据实验得出几种闸孔出流的流速系数 φ 值为：

图 6.37a 情况, $\varphi=0.95\sim1.00$

图 6.37b 情况, $\varphi=0.97\sim1.00$

图 6.37b 情况, $\varphi=0.85\sim0.95$

② H.E. 茹可夫斯基应用势流的原理,求得平板闸门垂直收缩系数 ε 为闸门相对开度 e/H 的函数,即

$$\varepsilon = f\left(\frac{e}{H}\right) \tag{6-126}$$

表 6.5 列出了茹可夫斯基研究所得的这些理论数值。很多实验研究指出,茹可夫斯基的结果和实验资料基本相符。

表 6.5　平板闸门垂直收缩系数 $\varepsilon=f(e/H)$ 的数指表

e/H	0.10	0.15	0.20	0.25	0.30	0.35	0.40
$\varepsilon=f(e/H)$	0.615	0.618	0.620	0.622	0.625	0.628	0.630
e/H	0.45	0.50	0.55	0.60	0.65	0.70	0.75
$\varepsilon=f(e/H)$	0.638	0.645	0.650	0.660	0.675	0.690	0.705

对于如图 6.41 所示的弧形闸门,其垂直收缩系数随 e/H 及闸门底缘的切线与水平线所成的夹角 θ 的增大而减小,根据苏联马尔丹诺夫等人的实验资料, $\varepsilon=f(e/H,\theta)$ 的关系值列于表 6.6 中。

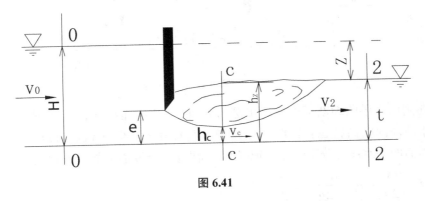

图 6.41

表 6.6   弧形闸门的垂直收缩系数 $\varepsilon=f(e/H,\theta)$ 值表

θ \ e/H	0.1	0.2	0.3	0.4	0.5	0.6	0.75
20°	0.849	0.843	0.837	0.828	0.822	0.815	0.803
30°	0.791	0.785	0.776	0.767	0.758	0.750	0.735
40°	0.742	0.735	0.724	0.715	0.705	0.696	0.682
50°	0.702	0.694	0.684	0.673	0.662	0.652	0.634
60°	0.669	0.660	0.649	0.638	0.628	0.617	0.598
70°	0.642	0.632	0.622	0.610	0.598	0.587	0.575
80°	0.620	0.611	0.600	0.590	0.578	0.568	0.552
90°	0.600	0.588	0.580	0.570	0.560	0.548	0.533

* 摘自成都科技大学编《水力学》(上册),人民教育出版社,1979年。

（3）有了 φ 及 ε 值,则流量系数 $\mu=\varepsilon\varphi$ 可求。

6.12.2   平底闸孔淹没出流的水力计算

下面讨论平底闸孔淹没出流的两种可能,即有水跃和无水跃的情况。

1. 有水跃的淹没出流(图 6.42）

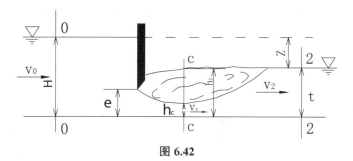

图 6.42

此时在闸门下游收缩断面的实际水深为 h_z,它大于 h_c 而小于 t。我们假定这个断面中有效的过水断面深度仍然是下部的 h_c,上面是水跃漩滚覆盖部分,没有有效流量通过。并再假定整个断面的动水压强分布规律。现列 0-0 断面及 c-c 断面的能量方程式:

$$H+\frac{\alpha_0 v_0^2}{2g}=h_z+\frac{\alpha_c v_c^2}{2g}+\xi\frac{v_c^2}{2g} \tag{6-127}$$

所以

$$v_c=\frac{1}{\sqrt{\alpha_c+\xi}}\sqrt{2g(H_0-h_z)}=\varphi\sqrt{2g(H_0-h_z)} \tag{6-128}$$

则

$$Q=bh_c v_c=\varphi bh_c\sqrt{2g(H_0-h_z)}=\varphi\varepsilon be\sqrt{2g(H_0-h_z)}$$

令 $\mu=\varepsilon\varphi$ 为淹没出流的流量系数,实验证明它与自由出流的数值相同。

$$\therefore \quad Q = \mu be\sqrt{2g(H_0 - h_z)} \qquad (6\text{-}129)$$

式(6-129)即有水跃淹没出流的计算公式,与式(6-125)自由出流的流量计算公式比较就可明显看出:在上有水位固定不变时,淹没出流的流量将随 h_z 的增大而减小。这是因为 $h_z > h_c$,有效作用水头 $H_0 - h_z < H_0 - h_c$ 之故。

式(6-129)中的 h_z 值现为未知数。为此我们列 c-c 断面和 2-2 断面间流段的动量方程式:

$$\frac{1}{2}\gamma h_z^2 - \frac{1}{2}\gamma t^2 = \frac{\gamma}{g}q(v_2 - v_c)$$

整理得:

$$h_z^2 = t^2 - \frac{2q^2}{g}\cdot\frac{t - h_c}{th_c} \qquad (6\text{-}130)$$

在已知扎空开度 e(则 $h_c = \varepsilon e$ 可求)的情况下,若给出 t 及 q,即可按(6-130)计算 h_z。

若将式(6-129)$q = \dfrac{Q}{b} = \mu e\sqrt{2g(H_0 - h_z)}$ 代入式(6-130)中,则可得

$$h_z = \sqrt{t^2 - M\left(H_0 - \frac{M}{4}\right)} + \frac{M}{2} \qquad (6\text{-}131)$$

式中:

$$M = 4\mu^2 e^2\frac{t - h_c}{th_c} \qquad (6\text{-}132)$$

已知 H_0、t 和 e,并按式(6-131)算出 h_z 之后,即可按式(6-129)求出流量 Q。

如果需要计算闸孔出流的其他要素时,则可按式(6-129)及(6-131)用时算法求解。

2. 无水跃的淹没出流

可以看出,下游水位不断增高将使过闸流量减小,也即 v_c 将逐渐减小。因为当 H 及 e 固定时 h_c 是不变的,显然,当 v_c 降低到或低于临界流速 v_k 时,则不可能产生水跃,此时下游水面将淹到闸门而形成无水跃的淹没出流。

现在来推求发生无水跃淹没出流的限界条件,也即是 $v_c = v_k$ 的条件。

根据 $v_c = \varphi[2g(H_0 - h_z)]^{1/2}$ 及 $v_k = (gh_k)^{1/2}$(h_k 为临界水深),当两者相等时,则得限界条件为:

$$H_0 - h_z \leqslant \frac{h_k}{2\varphi^2}$$

实际上,在当 $v_c = 1.1v_k$ 时,水跃的形式即已经消失,同时 $h_z \approx t$,因而可以采用

$$\varphi\sqrt{2g(H_0 - h_z)} = \varphi\sqrt{2g(H_0 - t)} \leqslant 1.1\sqrt{gh_k}$$

作为无水跃淹没出流的条件,于是得出此条件为

$$H_0 - t \leqslant \frac{h_k}{1.65\varphi^2} \qquad (6\text{-}133)$$

实验证明,在无水跃淹没出流时,垂直收缩系数 ε 与茹可夫斯基的理论数值有所不同。在此情况下,出流可视为大孔口淹没出流,故流量可按下式计算

$$Q = \mu be \sqrt{2g(H_0 - t)} \tag{6-134}$$

式中 μ 随闸门形式及 e/H 而变，一般 $\mu \approx 0.65 \sim 0.80$。

例题： 某平底闸孔，闸门系平板门，已知闸前水深 $H=2.5$ m，闸孔与渠道同宽，即 $B=b=2.8$ m，闸孔开度 $e=0.5$ m，下游水深 $t=2.0$ m。试求过闸流量。

解： 先设为自由出流，用公式（6-125）计算，即

$$Q = \mu eb \sqrt{2g(H_0 - \varepsilon e)}$$

根据 $e/H = 0.5/2.5 = 0.2$，查表（6-5）得 $\varepsilon = 0.62$

采用 $\varphi = 0.95$，$H_0 \approx H$，则

$$Q = 0.62 \times 0.95 \times 0.5 \times 2.8 \sqrt{2 \times 9.81(2.5 - 0.62 \times 0.5)} = 5.4 \text{ m}^3/\text{s}$$

又 $q = Q/b = 5.4/2.8 = 1.93$ m³/s-m

$$\therefore \quad h_k = \sqrt[3]{\frac{\alpha q^2}{g}} = \sqrt[3]{\frac{1.05 \times 1.93^2}{9.81}} = 0.735 \text{ m}$$

$$h_c = \varepsilon e = 0.62 \times 0.5 = 0.31 \text{ m}$$

根据矩形河槽求水跃共轭水深的公式得

$$h''_c = \frac{h_c}{2}\left(\sqrt{1 + 8\left(\frac{h_k}{h_c}\right)^3} - 1\right) = \frac{0.31}{2}\left(\sqrt{1 + 8\left(\frac{0.735}{0.31}\right)^3} - 1\right)$$

$$= 1.45 \text{ m}$$

因为 $t > h''_c$ 出流系淹没出流。

先按有水跃淹没出流计算，由式（6-129）

$$Q = \mu be \sqrt{2g(H_0 - h_z)}$$

式中：$h_z = \sqrt{t^2 - M\left(H_0 - \frac{M}{4}\right)} + \frac{M}{4}$

$$M = 4\mu^2 e^2 \frac{t - h_c}{t h_c} = 4 \times 0.95^2 \times 0.62^2 \times 0.5^2 \frac{2 - 3.1}{2 \times 3.1} = 0.95$$

$$h_z = \sqrt{2^2 - 0.95\left(2.5 - \frac{0.95}{4}\right)} + \frac{0.95}{2} = 1.83 \text{ m}$$

$$Q = 0.95 \times 0.62 \times 2.8 \times 0.5 \sqrt{2 \times 9.81 \times (2.5 - 1.83)} = 2.98 \text{ m}^3/\text{s}$$

在判断是否为有水跃淹没出流

$$v_c = \frac{Q}{Bh_c} = \frac{2.98}{2.8 \times 0.31} = 3.43 \text{ m/s}$$

$$v_k = \sqrt{gh_k} = \sqrt{9.81 \times 0.735} = 2.68 \text{ m}^3/\text{s}$$

因为 $v_c > v_k$，所以是有水跃的淹没出流。

6.13　弯曲河道中的水流

6.13.1　基本方程

弯曲型河道在自然界随处可见,其特点是弯道水流受离心力的影响,产生水流的螺旋运动和水面超高,见图 6.43。

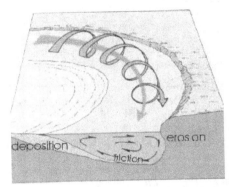

图 6.43

Rozovskii(1957)、Rouse(1959)和 Schlichting(1968)等导出了弯道的水流运动方程和连续方程。这里提出的弯道水流分析,针对仅具有静水压强分布的缓流。

在河道中,水深通常远小于河宽和曲率半径。假定河道宽阔,则在分析中可忽略岸壁影响。在推导运动方程式时,考虑如图 6.44 所示的尺度为 Δs, Δr 和 Δz 的微分流体,惯性参照系的牛顿定律可以动量形式表述如下:

$$\mathrm{d}\bar{F} = \mathrm{d}m\frac{D\bar{U}}{Dt} \tag{6-135}$$

这里, $\bar{F}$ 是力矢量, $\bar{U}$ 为速度矢量, t 是时间, $\mathrm{d}m$ 是微分流体 $\Delta s\Delta r\Delta z$ 的质量。这个质量是速度场 $\bar{U}$ 的一部分。 $\bar{U}$ 可按切向、径向和垂向分量表达成:

$$U = ui_s + vi_r + wi_z \tag{6-136}$$

这里 u,v,w 均系速度分量, i_s,i_r,i_z 则是对应于 s,r,z 方向的单位矢量。

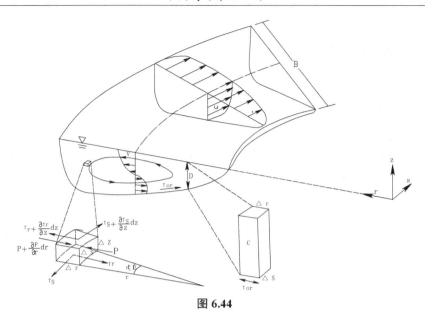

图 6.44

式（6-135）右边的最末一个量是质点导数，即跟随运动中的流体微元而取的导数。在圆柱坐标系中，其分量为：

$$a_t = \frac{Du}{Dt} = \frac{\partial u}{\partial t} + u\frac{\partial u}{\partial s} + v\frac{\partial u}{\partial r} + w\frac{\partial u}{\partial z} + \frac{uv}{r} \tag{6-137}$$

$$a_r = \frac{Dv}{Dt} = \frac{\partial v}{\partial t} + u\frac{\partial v}{\partial s} + v\frac{\partial v}{\partial r} + w\frac{\partial v}{\partial z} - \frac{u^2}{r} \tag{6-138}$$

作用在微元上的力矢量 dF，包括表面压力和表面剪切力。注意式（6-136）中包含了离心加速度，从而也就包括了向心力。于是，力的切向分量包括流体的重力分量 $\rho g\Delta s\Delta r\Delta z$（$s$ 为纵向比降），和由下式给出的切力：

$$\left[\left(\tau_s + \frac{\partial \tau_s}{\partial z}dz\right) - \tau_s\right]dsdr = \frac{\partial \tau_s}{\partial z}dsdrdz \tag{6-139}$$

对于宽阔河道，其他切向表面力可忽略。将这些切力和式（6-137）代入（6-135）得下列 s 方向的方程：

$$\frac{\partial u}{\partial t} + u\frac{\partial u}{\partial s} + v\frac{\partial u}{\partial r} + w\frac{\partial u}{\partial z} = -\frac{uv}{r} + gS_s + \frac{1}{\rho}\frac{\partial \tau_s}{\partial z} \tag{6-140}$$

径向净压力来之于水面超高，后者引起棱柱体两侧的静压差，即

$$\left[P - \left(P + \frac{\partial P}{\partial r}dr\right)\right]dsdz = -\rho gS_r dsdrdz \tag{6-141}$$

这里，S_r 是横向水面比降。切力的径向分量是

$$\left[\left(\tau_r + \frac{\partial \tau_r}{\partial z}dz\right) - \tau_r\right]dsdr = \frac{\partial \tau_r}{\partial z}dsdrdz \tag{6-142}$$

对于宽广河渠，其他径向表面力可以忽略。把式（6-136），（6-139）和（6-140）的径向分量代入式（6-135）得到下列径向方程：

$$\frac{\partial v}{\partial t} + u\frac{\partial v}{\partial s} + v\frac{\partial v}{\partial r} + w\frac{\partial v}{\partial z} = \frac{u^2}{r} - gS_r + \frac{1}{\rho}\frac{\partial \tau_r}{\partial z} \tag{6-143}$$

连续性方程具有下列形式：

$$\frac{\partial v}{\partial r} + \frac{v}{r} + \frac{\partial v}{\partial s} + \frac{\partial w}{\partial z} = 0 \tag{6-144}$$

弯道中水面的横向倾斜度或水面超高,可由作用于深度为的水柱上的径向力的平衡得到。如果略去床面引起的横向力,则与横向水面倾斜有关的压力与离心力平衡,即

$$\int_0^D \frac{u^2}{r}\rho \mathrm{d}s\mathrm{d}r\mathrm{d}z - \rho gS_r\mathrm{d}s\mathrm{d}r\mathrm{d}z = 0 \tag{6-145}$$

因而

$$S_r = \frac{\int_0^D u^2\mathrm{d}z}{grD} = \frac{C_r U^2}{grD} \tag{6-146}$$

这里,C_r 是校正系数,U 是用以代替当地流速 u 的垂线平均流速。假定 $C_r = 1$,则内岸与外岸之间的水面超高 ΔZ 可以近似的表达为

$$\Delta Z = \frac{1}{D}\int_{r_1}^{r_2} S_r d_r = \int_{r_1}^{r_2}\frac{U^2}{Dgr}d_r \approx \frac{\overline{U^2}B}{Dgr_c} \tag{6-147}$$

式中,r_1 为内半径,r_2 为外半径,r_c 为中心半径,B 为水面宽,$\overline{U}$ 是断面平均流速。

6.13.2　充分发展流动的横向流速分布

到目前为止,许多关于稳定充分发展弯道中横向流速分布的公式,绝大多数以运动方程(式(6-140)、(6-143))作为分析的基础,通过紊流验证理论而得到。对于恒定流,方程(6-140)和(6-143)中对时间的导数为零。对于充分发展的流动,$\partial u / \partial s = 0$,$\partial u / \partial s = 0$。此外,在宽广河渠中,流速分量 v 和 w 相对于 u 来说非常小。略去二阶项,运动方程变为:

$$gS + \frac{1}{\rho}\frac{\partial \tau_s}{\partial z} = 0 \tag{6-148}$$

$$\frac{u^2}{r} - gS_r + \frac{1}{\rho}\frac{\partial \tau_r}{\partial z} = 0 \tag{6-149}$$

实质上,方程(6-148)给出了切力 τ_s 为 $\rho gs(D-z)$,而方程(6-149)提供了径向力沿垂线的分布。假定紊动中的切应力 τ_s 和 τ_r 可用涡流粘滞性和相应的流速梯度表示,即

$$\tau_s = \varepsilon\frac{\partial u}{\partial z} \text{ 以及 } \tau_r = \varepsilon\frac{\partial v}{\partial z} \tag{6-150}$$

取纵向流速沿垂线的分布为 $u = fn(z)$,则涡流粘滞系数 ε 可由方程(6-148)和(6-150)确定。然后将 ε 值代入方程(6-150)中求出 τ_r。横向流速分布 $v = fn(z)$ 可由对 τ_r 求积分得到,利用水面条件,决定积分常数。Rozovskii(1957)假定纵向流速分布为以下对数型:

$$\frac{u}{U} = 1 + \frac{g^{1/2}}{\kappa C}(1 + \ln \eta) \tag{6-151}$$

式中为垂线平均流速,κ 是常数(在清水中接近于 0.4),C 是谢才系数,$\eta = z/D$。

Rozovskii 用这种流速分布导出了光滑床面情况下的横向（径向）流速分布公式：

$$\frac{v}{U} = \frac{1}{\kappa^2}\frac{D}{r}\left\{F_1(\eta) - \frac{g^{1/2}}{\kappa C}F_2(\eta)\right\} \tag{6-152}$$

这里 $F_1(\eta)$ 和 $F_2(\eta)$ 是相对于水深 η 的函数，分别为：

$$F_1(\eta) = \int \frac{2\ln\eta}{\eta-1}d\eta \tag{6-153}$$

$$F_2(\eta) = \int \frac{\ln^2\eta}{\eta-1}d\eta \tag{6-154}$$

这两个函数如图 6.45 所示。

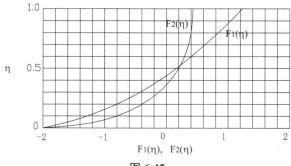

图 6.45

在粗糙床面的情况下，Rozovskii 得到下列方程：

$$\frac{v}{U} = \frac{1}{\kappa^2}\frac{D}{r}\left\{F_1(\eta) - \frac{g^{1/2}}{\kappa C}[F_2(\eta) + 0.8(1+\ln\eta)]\right\} \tag{6-155}$$

在 $C=60$ 和 30 公制的单位情况下，上述方程所描述的流速分布示于图 6.46 中。随着糙率的改变，流速分布的变化主要是在底部区域，其余部分，沿水深的分布几乎不变。这同 Rozovskii 的实验是一致的。

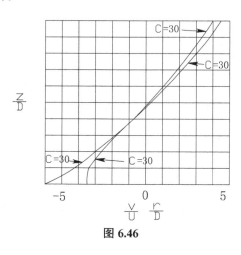

图 6.46

Kikkawa（1976）等人的横向流速分布是由运动方程导出的。假定涡流粘滞系数与顺直

二维河道相同,他们得到如下公式:

$$\frac{v}{U} = F^2 \frac{1}{\kappa} \frac{D}{r} \left[F_A(\eta) - \frac{1}{\kappa} \frac{U_*}{U} F_B(\eta) \right] \tag{6-156}$$

式中,U 是断面平均流速,F 是用 U 无因次化以后垂线平均流速的径向分布,U_* 是断面平均切力流速。

$$F_A(\eta) = -15 \left(\eta^2 \ln \eta - \frac{1}{2} \eta^2 + \frac{15}{54} \right) \tag{6-157}$$

以及

$$F_B(\eta) = \frac{15}{2} \left(\eta^2 \ln^2 \eta - \eta^2 \ln \eta + \frac{1}{2} \eta^2 - \frac{19}{54} \right) \tag{6-158}$$

和 Rozovskii 的方程(6-152)相似,方程(6-156)表明横向流速直接与 D/r 和纵向流速有关。这个公式已由 Kikkawa(1976)的实验加以验证。由于存在横向流速分量,近床面的速度矢量不指向切线方向,而是与切线方向成 δ 偏角,如图 6.47 所示。此偏角在垂线上任意水深处根据切向和横向流速沿垂线的分布极易求得。根据方程(6-151)和(6-152)可得:

$$\tan \delta = \frac{v}{u} = \frac{1}{\kappa^2} \frac{D}{r} \frac{F_1(\eta) - \dfrac{g^{1/2}}{\kappa C} F_2(\eta)}{1 + \dfrac{g^{1/2}}{\kappa C} (1 + \ln \eta)} \tag{6-159}$$

根据式(6-151)和(6-152)给出的流速分布可获得粗糙床面的类似关系式。令 η 为零,可确定河道床面附近 $\tan \delta$ 之值。对于谢才系数 C=60 和 30 的情况,Rozovskii 得出 $\tan \delta$ 的相应值为:

$$\tan \delta \cong 11 \frac{D}{r} \tag{6-160}$$

Rozovskii 由此式得出结论,认为河道糙率对偏角仅有很小的影响。如用粗糙床面的横向流速分布亦可得出类似的关系式。这一结论已由 Kondrat'ev 等人(1959)的实验和野外资料所验证。

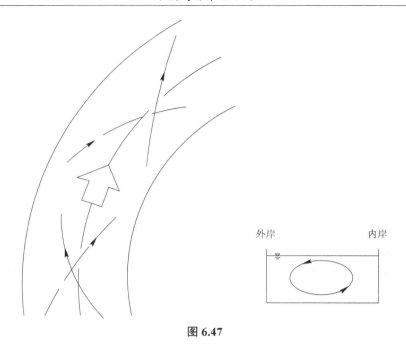

图 6.47

思考题

6.1 简述明渠均匀流的特性和形成条件,从能量观点分析明渠均匀流为什么只能发生在正坡长渠道中?

6.2 什么是正常水深? 它的大小与哪些因素有关? 当其他条件相同时,糙率 n、底宽 b 或底坡 i 分别发生变化时,试分析正常水深将如何变化?

6.3 什么是水力最佳断面? 矩形断面渠道水力最佳断面的底宽 b 和水深 h 是什么关系?

6.4 什么是允许流速? 为什么在明渠均匀流水力计算中要进行允许流速的校核?

6.5 从明渠均匀流公式导出糙率的表达式,并说明如何测定渠道的糙率。

6.6 明渠水流的三种流态有什么特征? 如何进行判别?

6.7 什么是断面比能 E_s? 它与单位重量液体的总机械能 E 有什么区别? 在明渠均匀流中,断面比能 E_s 和单位重量液体的总机械能 E 沿流程是怎样变化的。

6.8 叙述明渠水流佛汝德数 Fr 的表达式和物理意义。

6.9 什么是临界水深? 它与哪些因素有关?

6.10 (1)在缓坡渠道上,下列哪些流动可能发生,哪些流动不可能发生?

均匀缓流; 均匀急流; 非均匀缓流; 非均匀急流。

(2)在陡坡渠道上,下列哪些流动可能发生,哪些流动不可能发生?

均匀缓流; 均匀急流; 非均匀缓流; 非均匀急流。

6.11 叙述缓流与急流、渐变流与急变流的概念有何区别。

6.12　试叙述水跃的特征和产生的条件。

6.13　如何计算矩形断面明渠水跃的共轭水深？在其他条件相同的情况下,当跃前水深发生变化时,跃后水深如何变化？

6.14　在分析棱柱体渠道非均匀流水面曲线时,怎样分区？怎样确定控制水深？怎样判断水面线变化趋势？

6.15　棱柱体渠道非均匀流水面曲线的分析和衔接的基本规律是什么？

6.16　叙述弯道水流的运动特性和它的危害和有利的方面。

第 7 章 河渠动床泥沙运动力学

泥沙运动在河床演变中扮演着极其重要的角色,因此对其进行研究有助于我们深入的了解河床演变规律。

要研究泥沙运动规律,首先要了解泥沙的基本特性。泥沙特性包括颗粒性质及群体性质,前者包括颗粒大小、形状、沉降速度等,后者包括级配、比重、休止角等。这些物理特性在泥沙的挟带、搬运及沉积过程中十分重要。在本书中仅讨论泥沙的某些基本特性。

7.1 泥沙颗粒性质

1. 泥沙颗粒分类

泥沙颗粒的大小是对泥沙进行分类或粉及所依据的物理特性,现有多种分类系统。美国地球物理学会(Lane, 1947)泥沙术语分委员会提出颗粒分类标准,依次包含六级:漂石,卵石,砾石,沙,粉沙和粘土。在本标准中,颗粒大小按比率为 2 的几何级数排列;亦与相应网筛的网孔接近。卵石与砾石的分界粒径为 64 mm;砾石与沙为 2 mm,沙与粉沙为 0.062 mm。

天然泥沙颗粒的形状是不规则的,其粒径常用同体积的球体直径来表示。下面为一般采用的直径。

筛孔粒径。为一球体直径,其长度等于已给粒径刚能通过的正方形筛孔的边长。

沉淀粒径。为一球体直径,该球体与已知颗粒在相同液体和相同条件下,具有相同的比重和沉降速度。

沉降粒径。为一球体直径,该球体的比重为 2.65,当单颗粒沙在无限静止蒸馏水中,温度为 24 ℃条件下降落时具有的沉降速度。

2. 泥沙颗粒的形状系数

泥沙颗粒的形状或总的外形可用球度描述。球度的定义为与颗粒同体积的球体的表面积对该颗粒表面积之比。由于测量表面积或边缘锐度上的困难,Mcnown 及 Malaika(1950)用同形状系数 S_F 表示颗粒形状,其定义为

$$S_F = \frac{c}{(ab)^{1/2}} \tag{7-1}$$

式中 a, b 及 c 分别为泥沙颗粒相互垂直的长轴,中轴及短轴的长度。天然沙形状系数的平均值约为 0.7。

3. 泥沙级配曲线

河流中的泥沙颗粒大小不等,沙样系由具有某种粒径范围及其他特性的颗粒所组成。为表示泥沙的组成特性,通常利用级配曲线 ,级配是通过将沙样分成若干粗细不同的组所得到,称之为机械分析,其分析结果可用统计方法表示。沙样的级配常以绘在概率格纸上的

累计粒径频率曲线表示（图 7.1）。在该曲线上，小于某粒径的泥沙重量的百分数与该粒径相对应。

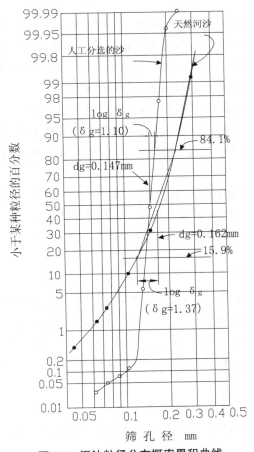

图 7.1　泥沙粒径分布概率累积曲线

（选自美国土木工程协会，1975）

从级配曲线上得到相应于 50% 的点的粒径为中值粒径。假定粒径为对数正态分布，则几何平均粒径可由 50% 处的直线与通过级配曲线上 15.9% 及 84.1% 两点直线的交点得到。它也可由下式获得

$$d_g = (d_{15.9} d_{84.1})^{\frac{1}{2}} \tag{7-2}$$

式中 d_g 为几何平均粒径，而 $d_{15.9}$ 及 $d_{84.1}$ 为泥沙重量百分数分别小于 15.9% 与 84.1% 的粒径。对于对数正态分布，分布的几何标准差 σ_g 为

$$\sigma_g = \left(\frac{d_{84.1}}{d_{15.9}}\right)^{\frac{1}{2}} \tag{7-3}$$

7.2　泥沙沉降速度

　　泥沙比水重,在水中泥沙颗粒将受到重力作用下沉。泥沙沉降的开始,重力大于水流阻力,泥沙加速下沉,随着沉速增大,因此水流阻力也逐渐加大,当有效重力与水流阻力相等时,加速度为零,此时泥沙颗粒匀速下沉。因此,一般认为单颗粒泥沙在无限大静止清水水体中匀速下沉时的速度称为泥沙的沉降速度,简称沉速。

　　同时,联邦委员会也对标准沉速及标准沉降粒径做出定义:

　　颗粒的标准沉速。单颗粒泥沙在 24 ℃的无限静止蒸馏水中沉降室的平均沉降速度。

　　颗粒标准沉降粒径,系与已知颗粒具有同一比重和同一标准沉速的球体的粒径。

　　1. 球体的沉速

　　泥沙颗粒形态各异,因此其沉速复杂,为了便于了解,可从最基本的球体沉速进行讨论。

　　当沉速不变时,颗粒在其水下重力与向上的阻力作用下处于平衡状态。在流体动力学中,阻力系数 C_D 定义为单位面积的阻力与动水压力的比值,即

$$C_D = \frac{F_D / A}{\frac{1}{2}\rho\omega_s^2} \tag{7-4}$$

式中 F_D 为阻力,等于浮重 $\pi d^3(\rho_s-\rho)/6$, $A=\pi d^2/4$ 为颗粒垂直于水流方向的投影面积, d 为圆球的直径, ρ 为流体的质量密度, ω_s 为沉速。阻力系数随 Reynolds 数 $\omega_s d/v$ 而变化。其变化如图 7.2 所示,具有相应于图 7.3 所示颗粒周围的三种不同水流型态的三种不同区域。在第一区域内, Reynolds 数约小于 1,层流边界层位于颗粒分离,仅反映表面摩擦阻力的阻力系数可由 Stokes 定律得出:

$$C_D = 24 / Re \tag{7-5}$$

式中 Re 为 Reynolds 数。由方程(7-4)及(7-5)可得以下沉速关系式。

$$\omega_s = \frac{gd^2}{18}\left(\frac{\rho_s - \rho}{\mu}\right) \tag{7-6}$$

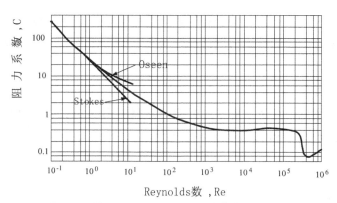

图 7.2　作为 Reynolds 数函数的球体阻力系数

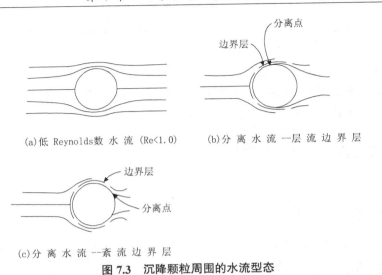

（a）低 Reynolds数 水 流 （Re<1.0）　　（b）分 离 水 流 --层 流 边 界 层

（c）分 离 水 流 --紊 流 边 界 层

图 7.3　沉降颗粒周围的水流型态

一般说来，Stokes 定律适用于在水中降落的沙粒及粘土粒径范围的石英颗粒。由于沉速很小，故很难在床面找到相当数量的粉沙和粘土。它们常被称为冲泻质，因这种细物质总是一泻而下。在 Stokes 范围以外，阻力系数不能用解析式表示，用试验方法确定为 Re 的函数，如图 7.2 所示。

图 7.2 中的第二区域约为 Reynolds 数在 1 与 200 000 之间，此区域颗粒下沉以层流边界层处水流分离为特征，如图 7.3 所示。在 Re 值约为 200 000，阻力系数突然下降，表示边界层内分离又层流到紊流的变化。分离区域阻力将随层流变为紊流而减小。沉速可由图 7.2 按已知温度、粒径及比重求得。

以上推导的是球体的沉速公式，但天然泥沙并非球体，它在下沉时受到的阻力比球体的阻力大，其阻力系数通常根据实验确定，对此不少中外学者也提出了相应的计算公式，其中包括岗恰洛夫公式，沙玉清公式，张瑞瑾公式，窦国仁公式，对于以上公式本书不再多做介绍，有兴趣的读者可阅读其他书籍参考。

2. 影响沉速的其他因素

通过对泥沙沉速的推导可知泥沙形状会对沉速产生影响，除此以外沉速还受到一些其他因素的影响包括水质、含沙量、相邻颗粒、水流紊动、沉淀池的大小等等。如更多颗粒在无界流体中沉淀，则存在着相互作用。已观察到在仅有少数相距很近的颗粒的条件下，则沉速增大。如果许多颗粒布满整个流体则阻力增加而沉速减小。对悬浮的粘土及粉沙，电化学力导致颗粒集聚而形成絮凝现象，其群体沉淀比单颗粒为快。

7.3　泥沙的起动

在水流的作用下，什么时候泥沙开始从静止状态进入运动状态，这是一个十分重要的临界条件。泥沙开始运动时的水力指标可以用拖曳力（剪切力）来表示，可以用平均流速来表示，也可以用水流的功率来表示。在目前的研究中，前两种是比较常用的研究方法。特别是在 1936 年,希尔兹把当时正流行的量纲分析法应用到泥沙运动中,提出了著名的希尔兹曲线,该曲线至今仍广泛为人们所应用。

1. 起动拖曳力

影响水平床面上均匀起动的主要变量包括 τ_c、d、$\gamma_s-\gamma$、ρ 和 v。由量纲分析,这些变量可以组合成以下的无量纲参数

$$F\left[\frac{\tau_c}{(\gamma_s-\gamma)d}, \frac{(\tau_c/\rho)^{1/2}d}{\upsilon}\right] = 0 \tag{7-7}$$

即

$$\frac{\tau_c}{(\gamma_s-\gamma)d} = F\left(\frac{U_{*c}d}{\upsilon}\right) \tag{7-8}$$

式中 $U_{*c}=(\tau_c/\rho)^{1/2}$ 是临界摩阻流速。此式的左侧是无量纲临界切力,通常用临界 Shields 切力 τ_{*c} 表示。式的右侧称为临界边界 Reynolds 数用 R_{*c} 表示。用任意一个不同于 τ_c 的床面切应力 τ_0 于式（7-8）中的两个量时,这两个量就成为 Shields 切力和边界 Reynolds 数,并分别表达为 τ_* 和 R_*。

图 7.4 表示以试验资料为基础建立起来的式（7-7）的函数关系,Shields（1936）和其他研究工作者在平整床面水槽实验的基础上获得了这个关系。每一个试验点子对应于泥沙起动或推移质为零的条件。

该曲线有如下的特点:

1）曲线为马鞍形。当沙粒雷诺数等于 10 附近时,$\tau_c/(\gamma_s-\gamma)d$ 达到最小,这时近壁层流层的厚度与床沙粒径相当,泥沙最容易起动。

2）当床面处于光滑区时,泥沙受近壁层流层的隐蔽作用,需要更大的拖曳力才能使之运动。在 $U_{*c}d/v<2$ 或近壁层流层的厚度超过泥沙粒径的六倍以上时,曲线成为一条 45 度的直线,这时起动条件与泥沙粒径无关。

3）当沙粒雷诺数大于 10 以后,随着粒径的加大,由于泥沙重量的增大,加强了泥沙颗粒的稳定性,使之起动的临界拖曳力也需要相应加大。在沙粒雷诺数大于 1 000 以后, $\tau_c/(\gamma_s-\gamma)d$ 又接近另一个常数。约等于 0.06。

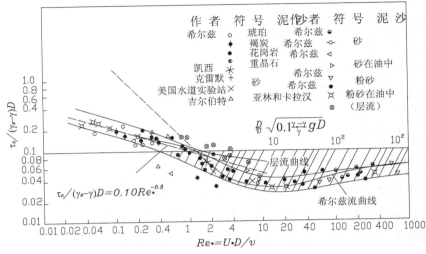

图 7.4　Shields 起动图

Shields 图得到了广泛的认可,但并不是没有非议的。预报起动的方法会存在很大的局限性,这是由于在紊流中存在着瞬时切应力或瞬时流速,这种瞬时值可能与平均值有显著的差异。此外,举力在 Shields 图解法中未明确地表达出来。事实上,作用于颗粒的举力随着颗粒的方位而脉动。

2. 起动流速

由于流速场和剪力场之间存在着一定的关系,所以在知道了泥沙的起动拖曳力以后,应该有条件转而推求起动流速。例如,从对数流速公式出发

$$U = 5.75 U_{*c} \log 12.27 \frac{\chi R}{K_s} = 5.75 \sqrt{\frac{\tau_0}{\rho}} \log 12.27 \frac{\chi R}{K_s} \tag{7-8}$$

将上式代入式(7-7),经过演化后就可得到起动流速公式

$$\frac{U_c}{\sqrt{\frac{\gamma_s - \gamma}{\gamma} gd}} = 5.75 \sqrt{F\left(\frac{U_{*c} d}{v}\right)} \log 12.27 \frac{\chi R}{K_s} \tag{7-9}$$

就 Shields 图来说,当沙粒雷诺数大于 60 以后,$F(U_{*c}d/v)$ 的变化范围约在 0.03—0.06 之间。这时

$$\frac{U_c}{\sqrt{\frac{\gamma_s - \gamma}{\gamma} gd}} = (1-1.4) \log 12.27 \frac{\chi R}{K_s}$$

对于天然泥沙来说,$(\gamma_s - \gamma)/\gamma$ 可取 1.65。将此代入上式后得

$$\frac{U_c}{\sqrt{gd}} = (1.28 - 1.79) \log 12.27 \frac{\chi R}{K_s} \tag{7-10}$$

目前有很多起动流速公式属于这种类型,其中最著名的有岗恰洛夫及列维公式。岗恰洛夫公式为

$$\frac{U_c}{\sqrt{\dfrac{\gamma_s - \gamma}{\gamma} gd}} = 1.06 \log \frac{8.8h}{d_{95}} \tag{7-11}$$

列维公式为：当 $R/d_{90} > 60$ 时

$$\frac{U_c}{\sqrt{gd}} = 1.4 \log \frac{12R}{d_{90}} \tag{7-12}$$

当 $R/d_{90} = 10-40$ 时

$$\frac{U_c}{\sqrt{gd}} = 1.04 + 0.87 \log \frac{10R}{d_{90}} \tag{7-13}$$

这两位学者都以床沙组成中接近最粗的那一部分粒径作为糙率代表粒径。

也有一些学者不采用对数流速公式，而选用指数流速公式，他们所推导得出的起动流速公式都含有水深（或水力半径）的指数项。其中比较有代表性的是沙莫夫公式

$$\frac{U_c}{\sqrt{gd}} = 1.47 \left(\frac{h}{d} \right)^{1/6} \tag{7-14}$$

前苏联的另一位学者奥尔洛夫也得出同一类型的公式，只不过系数不是 1.47，而是 1.56。

7.4　河流泥沙运动

河流中的泥沙通常分为悬移质和推移质，推移质是在河床上或其附近滚动、跳跃或滑动的那部分泥沙，悬移质根据定义是以悬浮状态运动的泥沙。

1. 推移质运动

早在 19 世纪末期，法国的杜博瓦（P. Duboys）第一次提出推移质运动的拖曳力理论。自此以后，从事这方面的研究的人员非常之多，但从研究方法上考虑，主要包括以下几个流派：

（1）以大量实验工作为基础建立起来的推移质公式，以梅叶—彼得公式为代表。

（2）根据普通物理学的基本概念，通过一定的力学分析建立起来的理论，以拜格诺公式为代表。

（3）采用概率论及力学相结合的办法建立起来的推移质理论，以爱因斯坦公式为代表。

（4）以爱因斯坦或拜格诺的某些概念为基础，并辅以量纲分析、实测资料实现或一定的推理而得到的公式，以恩格隆公式、亚林公式，阿克斯（P. Ackers）及怀特（W. R. White）公式为代表。

下面我们简单介绍梅叶公式及爱因斯坦公式。

Mayer—Peter—Muller 公式（1948）及其用 $(\gamma_s - \gamma) d_m$ 正规划的各项物理意义为

$$\left[\frac{q_b (\gamma_s - \gamma)}{\gamma_s} \right]^{2/3} \left(\frac{\gamma}{g} \right)^{1/3} \frac{0.25}{(\gamma_s - \gamma) d_m} = \frac{(k/k')^{3/2} rRs}{(\gamma_s - \gamma) d_m} - 0.047 \tag{7-15}$$

此公式基本上是一个经验公式，左边为推移质输沙率，右边第一项为有效应力，第二项

为临界切力。式中 q_b 是以重量计的推移质单宽输沙率。由于公式的量纲是和谐的,所以适用于任何一个协调的单位系统。此时可用于非均匀泥沙,其有效粒径 d_m 用下式确定:

$$d_m = \sum_i p_i d_i \qquad (7-16)$$

式中 i 是粒径分级指标,d_i 表示第 i 级床沙的平均粒径,p_i 是第 i 级床沙的重量对总重量的比值。k 和 k' 是 Manning 糙率的倒数。可用下式计算:

$$U = kR^{2/3}S^{1/2} \qquad (7-17)$$

$$U = k'R'^{2/3}(S')^{1/2} \qquad (7-18)$$

式中 U 是断面平均流速,R 是水力半径,S 是河流的总能坡,S' 是由颗粒糙度引起的河道坡能。k' 的值可由 Strickler 的颗粒糙度公式计算,即

$$k' = \frac{26}{(d_{90})^{1/6}} \qquad (7-19)$$

式中 d_{90} 是床沙的某一粒径,小于此粒径的泥沙占总量的 90%,应注意的是此公式仅在 d_{90} 以米计和时间以秒计的时候才是正确的。

(7-15)式的左端项是以水下重量计量并用 $(\gamma_s-\gamma)d_m$ 正规化;它与颗粒糙度引起的切应力减去临界切应力有关。所以沙粒切应力被认为是直接推动颗粒运动的力。形状糙度也影响切应力,因为它影响水深。比值 k/k',表示沙粒切应力的比值,其值在 0.5 至 1 之间变化,对于极不平整的床面形态用 0.5,对于平整床面形态用 1。沙垄和沙纹等床面形态通常发生在沙质河床,而在粗颗粒床面上不易发展,其上的总糙率主要是由颗粒糙度引起的。作为无量纲临界切应力的右端第二项与临界 Shields 应力相似。

Einstein 推移质函数

Einstein(1942,1950)根据流体力学和概率论,对推移质输移进行了全面的分析。在推移质输移中 Einstein(1942)得到了两个无因次参数:推移质强度 ϕ 和水流强度 ψ,分别为

$$\phi = \frac{q_b}{\gamma_s}\left(\frac{\gamma}{\gamma_s - \gamma}\frac{1}{gd^3}\right)^{1/2} \qquad (7-20)$$

$$\psi = \frac{(\gamma_s - \gamma)d}{\gamma R'S} \qquad (7-21)$$

式中 R' 是对应于颗粒糙度的水力半径。式 $\phi = F(\psi)$ 的关系是根据试验数据确定的。这一关系说明水下重正规化的推移质输沙律取决于与沙粒阻力有关的切应力。

考虑到非均匀颗粒的推移质输移由于粒径大小的不同和隐蔽作用而受到其他颗粒的影响,Einstein 将床沙分为若干粒径组,各组以几何平均粒径为代表,分别计算出各组的输沙率,总的输沙率可由下二式得到

$$q_b = \sum_{i=1}^{n} p_i q_{bi} \qquad (7-22)$$

和

$$Q_b = q_b b \qquad (7-23)$$

式中 n 是粒径组数目,q_{bi} 是第 i 组的单宽输沙率,Q_b 是宽度为 b 的断面输沙率。

此后,Einstein(1950)分别为各粒径组给出了更完善的推移质强度和水流强度参数:

$$\phi_{*i} = \frac{q_{bi}}{p_i \gamma_s} \left[\left(\frac{\gamma}{\gamma_s - \gamma} \right) \frac{1}{g d_i^3} \right]^{\frac{1}{2}} \qquad (7\text{-}24)$$

$$\psi_{*i} = \xi_i Y \left[\frac{\log 10.6}{\log(10.6 d_x / \Delta)} \right]^2 \frac{(\gamma_s - \gamma) d_i}{\gamma R'S} \qquad (7\text{-}25)$$

2. 悬移质运动

紊动水流的扩散作用使各个层流之间不但有动量的交换,而且还带有泥沙颗粒的交换当颗粒的沉速小于水流的向上脉动流速时,泥沙就有可能以悬移的形式运动。在该部分,我们将讨论泥沙的紊流扩散及扩散方程,并简单介绍如何确定悬移质输沙率。

1)紊流扩散及扩散方程

河流中悬浮泥沙的扩散通过两种主要机理实现。第一是由紊流流速的脉动引起的泥沙输移;第二是泥沙颗粒与周围液体的混掺。

在二维恒定均匀流中,泥沙浓度仅沿 z 方向(垂直方向)变化,扩散也只发生在 z 方向。而在纵向和横向则没有变化和扩散现象。瞬时紊动流速存在着脉动,可以表示为时均流速和脉动流速之和。同样的表达方法可以应用到泥沙浓度,即

$$\hat{C} = C + C' \qquad (7\text{-}26)$$

式中 $\hat{C}$ 是瞬时浓度,C 是时均浓度,C' 使脉动值。在二维水流中,平均流速是沿 x(下游)方向,尽管垂直流速的时均值为零,但存在一个垂向的脉动流速 ω'。垂向脉动流速提供通过一个水平面积 $dxdy$ 的垂向流量为 $\omega' dxdy$,因此瞬时输沙率为 $\omega' \hat{C} dxdy$。单位面积上的瞬时输沙率为 $\omega' \hat{C}$,其时均值为

$$q_1 = \overline{\omega' \hat{C}} \qquad (7\text{-}27)$$

式中的上横线表示时间平均。把(7-26)式代入(7-27)式得到

$$q_1 = \overline{\omega'(C + C')} = \overline{\omega' C} + \overline{\omega' C'} = \overline{\omega' C} + \overline{\omega' C'} \qquad (7\text{-}28)$$

因为 ω' 的时均值为零,所以 $\overline{\omega' C}$ 项消失。$\overline{\omega' C'}$ 值在浓度均匀的水流中为零。由于重力对泥沙颗粒的作用,浓度一般由下向上减少。随着泥沙浓度的这一梯度,向上脉动输移的泥沙较向下脉动的为多。虽然单独的时均值 $\overline{\omega'}$ 和 $\overline{C'}$ 都为零,但它们乘积的时均值不为零,因为正(向上)ω' 与正 C' 的结合和负 ω' 与负 C' 的结合具有优势。在恒定流中,向上扩散对泥沙的作用与向下的重力作用相平衡。假定由于扩散在单位面积上的输移率与浓度梯度成正比,即

$$q_1 \infty - \frac{dC}{dz}$$

负号表示输移是沿浓度减少的方向。这个关系类似于热流中的速度传导。写成方程为

$$q_1 = \varepsilon_s \frac{dC}{dz} \qquad (7\text{-}29)$$

式中 ε_s 是扩散系数。

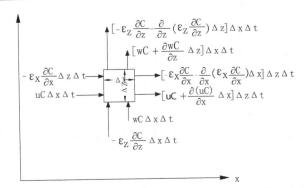

图 7.5　在二维水流中泥沙流进与流出单元体的元素示意图

在二维流中非恒定不均与分布的泥沙扩散方程,可由进入和流出单元体的泥沙输移的连续性导出。图 7.5 表示单元体 $\Delta x \Delta z$,其垂直于 x-z 平面的尺度为 1。在时间增量 Δt 内,由于水流和扩散输移的泥沙量按相应的 x 和 z 方向示于图中。x 和 z 方向的总流速分量分别为 u 和 ω,扩散系数分别为 ε_x 和 ε_z。

由于泥沙运动的连续性,流入的泥沙减去流出的泥沙等于单元体内泥沙的变化,即

$$\left[-\frac{\partial uC}{\partial x} + \frac{\partial}{\partial x}\left(\varepsilon_x \frac{\partial C}{\partial x} \right) - \frac{\partial \omega C}{\partial z} + \frac{\partial}{\partial z}\left(\varepsilon_z \frac{\partial C}{\partial z} \right) \right] \Delta z \Delta x \Delta t = \frac{\partial C}{\partial t} \Delta x \Delta z \Delta t \tag{7-30}$$

简化上式并引入水流连续性条件 $\partial u / \partial x + \partial \omega / \partial z = 0$ 后,式(7-30)化为

$$\frac{\partial C}{\partial t} + u \frac{\partial C}{\partial x} + \omega \frac{\partial C}{\partial z} = \frac{\partial}{\partial x}\left(\varepsilon_x \frac{\partial C}{\partial x} \right) + \frac{\partial}{\partial z}\left(\varepsilon_z \frac{\partial C}{\partial z} \right) \tag{7-31}$$

这就是悬移质的二维扩散方程式。

2)含沙量沿水深分布

对于所考虑的二维恒定均匀流,泥沙浓度的变化和扩散的发生只沿着 z(垂直)方向。在纵向与横向,泥沙浓度不变,扩散也不发生。在这种假定下,泥沙的扩散方程(7-31)式可简化为

$$\omega \frac{\partial C}{\partial z} = \frac{\partial}{\partial z}\left(\varepsilon_z \frac{\partial C}{\partial z} \right) \tag{7-32}$$

现在,将垂向分速 ω 用泥沙向下的沉速 $-\omega_s$ 代替,并将扩散系数 ε_z 用 ε_s 表示。积分后,式(7-32)化为

$$\omega_s C + \varepsilon_s \frac{\mathrm{d}C}{\mathrm{d}z} = const \tag{7-33}$$

由边界条件 $C=0$ 时,$\mathrm{d}C/\mathrm{d}z=0$,可得积分常数为零。

式(7-33)包括两个代表两种相反趋势的项,其联合作用维持着泥沙浓度的稳定分布。第一项表示通过单位面积的泥沙沉降率;第二项表示由于紊流扩散而产生的向上的泥沙输移。这两种相反趋势在恒定流中达到平衡,其时横穿平行于床面的任何流层的净交换量为零。

泥沙浓度的垂向变化可由(7-33)式得到。为此,质量传递扩散系数需要与紊流中动量传递扩散系数有关。首先,对于动量传递:

$$\text{动量通量} = \rho(v+\varepsilon)\frac{\mathrm{d}u}{\mathrm{d}z} \approx \rho\varepsilon\frac{\mathrm{d}u}{\mathrm{d}z} = \tau \tag{7-34}$$

式中分子粘度 v 相对于扩散系数 ε(或涡旋粘度)是微小的,因而可以忽略不计。对于质量传递,分子扩散系数与紊动扩散系数 ε_s 相比较也可以忽略,从而

$$\text{质量通量} \approx \rho\varepsilon_s\frac{\mathrm{d}C}{\mathrm{d}z} \tag{7-35}$$

如果控制动量传递和质量传递的机理相同,则 Reynolds 类比是正确的,因而这两个系数相等,即

$$\varepsilon_s = \varepsilon \tag{7-36}$$

经证实式(7-36)对于细颗粒是正确的,但对于粗颗粒则 $\varepsilon_s < \varepsilon$。这个不等式可用下面的方程来描述。

$$\varepsilon_s = \beta\varepsilon \tag{7-37}$$

对于二维恒定均匀流,距床面高度为 z 处的切应力 τ 由下列方程给出

$$\tau = \gamma(D-z)S = \tau_0\left(1-\frac{z}{D}\right) \tag{7-38}$$

和

$$\tau = \rho\varepsilon\frac{\mathrm{d}u}{\mathrm{d}z} \text{ 或 } \varepsilon = \frac{\tau/\rho}{\mathrm{d}u/\mathrm{d}z} \tag{7-39}$$

如采用式(7-40)提供的对数垂向流速分布,那么,流速梯度 $\mathrm{d}u/\mathrm{d}z$ 可写为

$$\frac{u}{U_*} = \frac{1}{\kappa}\ln\frac{z}{k_s} + \frac{u_1}{U_*} \tag{7-40}$$

$$\frac{\mathrm{d}u}{\mathrm{d}z} = \frac{\mathrm{d}}{\mathrm{d}z}\left(\frac{U_*}{\kappa}\ln\frac{z}{k_s}\right) = \frac{U_*}{\kappa}\frac{1}{z} \tag{7-41}$$

式中 κ 为 Von Karman 常数,其平均值对清水为 0.4。根据式(7-38)—(7-41)可得

$$\varepsilon = \kappa U_*\frac{z}{D}(D-z) \tag{7-42}$$

将(7-42)代入(7-33),并分离变量 C 和 z 得

$$\frac{\mathrm{d}C}{C} + \frac{\omega_s}{\kappa U_*}\frac{D\mathrm{d}z}{z(D-z)} = 0 \tag{7-43}$$

令

$$z_* = \frac{\omega_s}{\kappa U_*} \tag{7-44}$$

积分(7-43)式得

$$[\ln C]_a^z = \left[\ln\left(\frac{d-z}{z}\right)^{z_*}\right]_a^z \tag{7-45}$$

和

$$\frac{C}{C_a} = \left(\frac{D-z}{z}\frac{a}{D-a}\right)^{z_*} \tag{7-46}$$

式（7-45）是劳斯（H. Rouse）1937 年提出，因此又称劳斯方程。指数 z_* 决定了悬移质含沙量沿水深分布的均匀程度。图 7.6 为 $a=0.05D$ 时，由（6-47）式所得到的悬移质含沙量沿垂线的相对分布 C/C_a，其中纵坐标表示某点在参考点 a 以上的相对高度。由此可见，z_* 越小，悬移质分布越均匀；反之，z_* 越大，悬移质分布越不均匀。

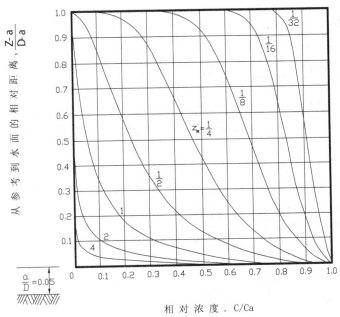

图 7.6　$a/D=0.05$ 时不同的悬沙分布曲线

指数 z_* 是一无因次数，又称"悬浮指标"。它反映了重力作用与紊动扩散作用的相互对比关系，其中重力作用通过 ω_s 来表达，紊动作用通过 κU_* 来表达。z_* 越大，则重力作用相对越强，紊动作用难以把泥沙扩散到水体表面，悬移质将聚集在离床面不远处，于是在相对平衡情况下，含沙量垂线分布越不均匀；反之，z_* 越小，紊动作用相对越强，在相对平衡状态下，含沙量垂线分布就越均匀。

3）悬移质输沙率

悬移质输沙率是指一定的水流与河床组成条件下，水流在单位时间内所能挟带并通过河段下泄的悬移质中床沙质泥沙的数量。水流实际输送的和它能够挟带的悬移质数量常常是不相等的。前者大于后者，则水流处于超饱和状态，河流沿程发生淤积；反之，则水流处于次饱和状态，河流沿程冲刷。悬移质输沙率指的是河流不冲不淤、水流处于饱和状态的临界情况。悬移质在河流输沙总量中常常占了主要的部分，在冲击平原河流的中下游更是如此。因此悬移质输沙率对于估计河流输送泥沙的数量及进行河床冲淤计算都有重要的意义。在这一问题上许多学者提出了相应的计算公式，但由于问题复杂，至今尚未得到满意结果，本书中主要对爱因斯坦（Einstein）方法进行讨论。

根据泥沙浓度和流速的垂向变化，Einstein（1950）通过积分得到悬移质输沙率。

$$q_{ss} = \int_a^D Cu\mathrm{d}z \tag{7-47}$$

式中 q_{ss} 是悬移质单宽输沙率，a 是开始悬浮的最低高度，D 是水深。除宽河道外，必须用河床的水力半径代替水深，以计及边壁的影响。把式（7-48）、（7-49）中的 u 和 C 代入（7-47）可得到（7-50）

$$\frac{u}{U_*} = 5.75 \log\left(30.2\frac{z}{\Delta}\right) \tag{7-48}$$

$$\frac{C}{C_a} = \left(\frac{D-z}{z}\frac{a}{D-a}\right)^{z_*} \tag{7-49}$$

$$q_{ss} = \int_a^D C_a \left(\frac{D-z}{z}\frac{a}{D-a}\right)^{z_*} 5.75 U_* \log\left(\frac{30.2z}{\Delta}\right) \mathrm{d}z \tag{7-50}$$

流速分布仅为颗粒糙度的结果；因此，公是采用 U'_*。定义 Δ 为 d_{65}/χ；χ 是对流流速公式的校正参数，同床面水力粗糙或水力光滑的情况有关，可查图。用无量纲值 $A=a/D$ 和 $\eta=z/D$ 分别代替 a 和 z，则得：

$$q_{ss} = \int_A^1 DCu\mathrm{d}\eta = DU_* C_a \left(\frac{A}{1-A}\right)^{z_*} 5.75\int_A^1\left(\frac{1-\eta}{\eta}\right)^{z_*} \log\frac{30.2\eta}{\Delta/D}\mathrm{d}\eta$$

$$= 11.6 C_a U'_* a\left[2.303\log\left(\frac{30.2}{\Delta}\right)I_1 + I_2\right] \tag{7-51}$$

式中

$$I_1 = 0.216\frac{A^{z_*-1}}{(1-A)^{z_*}}\int_A^1\left(\frac{1-\eta}{\eta}\right)^{z_*}\mathrm{d}\eta \tag{7-52}$$

$$I_2 = 0.216\frac{A^{z_*-1}}{(1-A)^{z_*}}\int_A^1\left(\frac{1-\eta}{\eta}\right)^{z_*}\ln\ \eta\mathrm{d}\eta \tag{7-53}$$

I_1 和 I_2 的值作为 A 和 z_* 的函数关系可通过查图获得。

式（7-51）用于计算各种粒径组的悬移质输沙率。对于每一粒径组，Einstein 取 $a=2d$ 作为式中的积分下限。并将厚度为 $2d_i$ 在床面层运动的泥沙定义为推移质。床面层的泥沙是悬移质的来源。设相应于某一粒径组的泥沙浓度 C_{ai} 与推移质单宽输沙率 q_b 的关系为

$$C_{ai} = \frac{p_i q_b}{au_b} \tag{7-54}$$

式中 u_b 是未知的床面层的速度。试验结果使 Einstein 进一步假定 $u_b = 11.6U'_*$，因此作为层流底层边界处的流速。把式（7-54）代入（7-51）则得到

$$q_{ssi} = p_i q_b\left[2.303\log\left(\frac{30.2D}{\Delta}\right)I_1 + I_2\right] \tag{7-55}$$

上式用来计算一个粒径组的悬移质单宽输沙率。其量纲是和谐的，可用于任何一套协调的单位。

相应于某一粒径组的床沙质输沙率 q_{si} 等于推移质输沙率和悬移质输沙率之和，即

$$q_{si} = q_{bi} + q_{ssi} = q_{bi}(1 + P_E I_1 + I_2) \tag{7-56}$$

式中 $P_E = 2.303\log(30.2D/\Delta)$ 是输移。

7.5 河床变形计算

河流是水流与河床长期相互作用的产物,永远处于不断发展之中河流的这种变化与调整,是通过两个方面进行的:一方面是通过床沙质来量和水流挟沙能力的对比关系使河床发生纵向的冲淤变化。另一方面是通过该河段河岸抗冲能力和水流的冲刷力之间的对比关系使河流产生横向变形。因此,河床变形计算的最终目的是要达到河床变形的相似,模型的建立必须要以数目足够,能正确反映水沙运动与河床冲淤过程的解法为基础。

根据输沙量连续原则,可得河床输沙平衡方程式,有时也称为河床变形方程式

$$\frac{\partial Q_s}{\partial x} = B \frac{\partial Z}{\partial t_s} = 0 \tag{7-57}$$

式中: Q_s 为断面输沙率, m^3/s ,即 Q_s 在此处是以体积计的(包括空隙率在内); x 为沿水流方向的河段长度, m ; Z 为河床高程, m ; t_s 为冲淤变形时间, s 。上式中 $\partial Q_s / \partial x$ 项表示沙量的沿程变化率, $B \partial Z / \partial t_s$ 项表示河床高程的时间变化率,根据输沙量的连续原则,上述方程表示沙体的沿程变化率等于河床高程的时间变化率。

1. 推移质冲淤变形

以体积计的推移质断面输沙率 $Q_s = Bq_b/\gamma'_s$ 。其中 q_b 为单宽输沙率, $kg/(s \cdot m)$, γ'_s 为泥沙干容重, kg/m^3 。所以式(7-57)可写为

$$\frac{\partial}{\partial x}\left(\frac{Bq_b}{\gamma'_s}\right) + B\frac{\partial Z}{\partial t_{sb}} = 0 \tag{7-58}$$

即

$$\frac{1}{\gamma'_s}\frac{\partial q_b}{\partial x} + \frac{\partial Z}{\partial t_{sb}} = 0 \tag{7-59}$$

2. 悬移质冲淤变形

式(7-57)所表示的河床变形方程仍适用于悬移质河床输沙平衡方程式。只是在这种情况下, Q_s 为单位时间通过断面的悬移质体积(包括空隙率在内),以 m^3/s 计。 $Q_s = QS/\gamma'_s$, γ'_s 为包括空隙率在内的悬移质泥沙沉积物的干容重, kg/m^3 。若 Q 以单宽流量计,则 $Q_s = QS/\gamma'_s = BqS/\gamma'_s$ 。因此,悬移质的河床冲淤变形方程可写为

$$\frac{\partial}{\partial x}\left(\frac{BqS}{\gamma'_s}\right) + B\frac{\partial z}{\partial t_{ss}} = 0 \tag{7-60}$$

即

$$\frac{\partial}{\partial x}\left(\frac{qs}{\gamma'_s}\right) + \frac{\partial Z}{\partial t_{ss}} = 0 \tag{7-61}$$

第 8 章　船闸输水系统的水力计算

8.1　船闸及其输水系统

供船闸闸室灌水和泄水的全部设备称之为船闸输水系统。船闸的灌水与输水是船舶过闸的重要程序。目前国内建成的著名船闸有三峡五级双线船闸（图 8.1）、葛洲坝船闸、西江贵港船闸。此外，还有一些兼顾发电与航运功能于一体的航电枢纽，如湘江大源渡枢纽等，都设有大型现代化船闸。

图 8.1

船闸结构一般由三个部分组成：闸室、闸首（包括上、下闸首）及引航道（包括上、下游引航道），如图 8.2 所示。

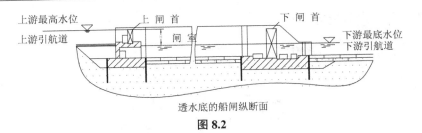

透水底的船闸纵断面

图 8.2

供闸室灌水和汇水的全部设备,叫做船闸的输水系统,一般由取水口、阀门、廊道、出水口、消能室及镇静段等部分所组成。根据水力方面及构造方面的特点和要求,船闸输水系统可分为两种基本型式,即集中式输水系统和分散式输水系统。

8.1.1　集中式输水系统

它的特征是供灌水入闸室和从闸室汇水的全部输水备仅仅集中于布置在闸首的范围内,其具体型式又有:

1. 闸门开孔输水方式

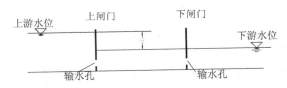

利用闸门上开孔的首部输水系统布置图

图 8.3

该种输水方式,主要适用于水头 H 不大于 3~4 m 的情况,如图 8.3。

2. 短廊道输水方式

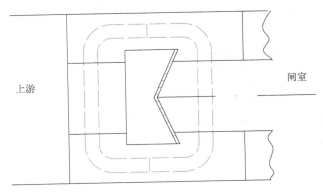

短廊道输水系统上闸首平面图

图 8.4

应用于水头不超过 10 米的情况,如图 8.4。

3. 利用闸门输水的输水系统

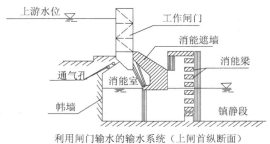

利用闸门输水的输水系统（上闸首纵断面）

图 8.5

这种输水方式,也有较广泛的应用,闸门采用平板式提升闸门,灌水时闸门向上提升到一个设计高度,至上下游水位齐平时,闸门再返回下降到闸首底槛以下的消能室中,不影响进出船舶的经过。

8.1.2 分散式输水系统

它的特征是当水流入闸室或由闸室泄走时,是通过设在闸室墙内或闸底板内的纵向廊道,以及在敷设在其上面的一系列出水孔进行的。这种输水方可使水流分散而比较均匀地流入闸室,能改善过闸船舶的泊稳条件。

根据船闸构造和地质条件,分散式输水系统又可以有各种不同的布置方式。其纵向输水廊道或设置两边的闸墙内或设在闸室的底板。如图 8.6,是具有侧边纵向廊道的输水系统;图 8.7 是"复杂的"分散式输水系统。

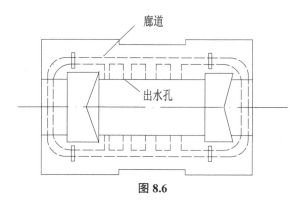

图 8.6

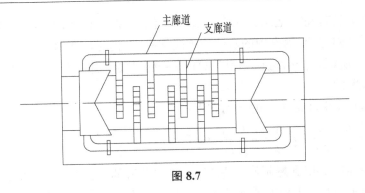

图 8.7

8.2　船闸输水系统水力计算内容与基本方程

在船闸设计中,必须进行一系列的水力计算来论证所选择的输水系统,决定其各主要部分的尺寸,使其在规定的时间内进行闸室灌泄水。在灌泄水的过程中,能保证过闸船舶具有良好的停泊条件,同时,不致使船闸的工程投资过高和施工条件过分复杂化。

船闸水力计算样是按照初步拟定的船闸建筑物草图来进行验算。根据闸室的有效尺寸、门槛上水深、上下游通航水位、船闸上水头以及所规定的最大灌泄时间,对船闸水动力学特性进行验算。

船闸输水过程水力计算的任务是根据所选定的输水系统型式及其尺寸,以及闸门的开启方式来计算确定闸室灌排水的全部水力过程。水力过程包括闸室中的水面和进入闸室或自闸室泄出的水流流量、流速等随时间变化的过程,以及灌、泄水所需的总时间等。

8.2.1　船闸水力计算主要内容

1. 决定阀门的开启时间和速度以及输水口(孔)或输水廊道的面积。

2. 绘制灌泄水过程中的水力特性曲线,求出闸室灌水和泄水的时间。

3. 查明和阐述船只在闸室和引航道中的泊稳条件,以及廊道中阀门后面的水力现象,并提出克服不利的水力现象的措施。

必须说明,水力计算的结果一般仅可作为初步选择输水系统型式及其尺寸时的参考,由于影响水流现象的因素很多,目前有些问题仅仅依靠水力计算还不能得出完全合乎实际的结果,问题的最终解决,常常要借助于模型实验,特别是对于那些重大的工程更是如此。

8.2.2　输水廊道非恒定流方程

在船闸的灌泄水过程中,灌泄系统的作用水头一般是随时间而变化的,因而在灌泄水过程中,输水系统的水流多系非恒定流。在这个过开始时,入闸室或由闸室泄出的流量逐渐由零增长到最大,然后再减少到零;灌入闸室的水流一般是不均匀的,既使通过分散式输水系统。由于输水流量随时间变化，上、下游引航道内还会引起长波运动。因此，当灌泄水时，引航道中的水位不是固定的、闸室中的水位也不是水平的，但是由于这些变化和总的水位差比较起来总是很小，所以在今后进行流量计算时，一般都假定引航道中的水位是固定的，且闸室中的水位是水平的。

重力液体基元流束非恒定流的运动方程式

$$\frac{\partial}{\partial s}\left(Z + \frac{p}{\gamma} + \frac{u^z}{2g} + h'_w\right)\mathrm{d}s + \frac{1}{g}\frac{\partial u}{\partial t}\mathrm{d}s = 0 \tag{8-1}$$

把这个结果推广应用到船闸廊道总流上，并取总流的讨论断面为"渐变流断面"，应用总流平均量的表示方法，引入动能校正系数 α 及动量校正系数 α'，即可求得输水廊道非恒定流的一般方程式。

将式（8-1）各项乘以在单位时间内通过任一基元过水断面 $\mathrm{d}\omega$ 的水重 $\gamma\mathrm{d}Q$，然后在整个过水断面 ω 范围内积分此式，即

$$\int_{\omega}\frac{\partial}{\partial s}\left(z + \frac{p}{\gamma} + \frac{u^2}{2g} + h'_w\right)\gamma u\mathrm{d}\omega\mathrm{d}s + \int_{\omega}\frac{1}{g}\frac{\partial u}{\partial t}\gamma u\mathrm{d}\omega\mathrm{d}s = 0 \tag{8-2}$$

用 γQ（$Q = \omega v$）除上式各项得：

$$\frac{1}{Q}\int_{\omega}\frac{\partial}{\partial s}\left(z + \frac{p}{\gamma} + \frac{u^2}{2g} + h'_w\right)u\mathrm{d}\omega\mathrm{d}s + \frac{1}{gQ}\int_{\omega}\frac{\partial u}{\partial t}u\mathrm{d}\omega\mathrm{d}s = 0 \tag{8-3}$$

根据"渐变流断面"上 $z + p/\gamma =$ 常数的条件，以及：

$$\int_{\omega}u\mathrm{d}\omega = \omega v = Q$$

$$\int_{\omega}u^3\mathrm{d}\omega = \alpha v^3\omega = \alpha v^2 Q（\alpha \text{ 即动能校正系数}）$$

$$\int_{\omega}u^2\mathrm{d}\omega = \alpha'\ v^2\omega = \alpha'\ vQ（\alpha' \text{ 即动量校正系数}）$$

$h_w = \frac{1}{Q}\int_{\omega}h'_w\omega u\mathrm{d}\omega$，表示单位重量液体沿总流运动时平均的能量损失。式（8-3）可写为：

$$\frac{\partial}{\partial s}\left(z + \frac{p}{\gamma} + \frac{\alpha v^2}{2g} + h_w\right)\mathrm{d}s + \frac{\alpha'}{g}\frac{\partial v}{\partial t}\mathrm{d}s = 0 \tag{8-4}$$

式（8-4）即不可压缩液体总流非恒定流的基本微分方程式，也是船闸廊道总流的微分方程。

在船闸廊道任意两断面 1-1 与 2-2（渐变流断面）积分此式，则有

$$z_1 + \frac{p_1}{\gamma} + \frac{\alpha_1 v_1^2}{2g} = z_2 + \frac{p_2}{\gamma} + \frac{\alpha_2 v_2^2}{2g} + h_{w_{1-2}} + h_i \tag{8-5}$$

式中：h_{w1-2} 表示单位重量液体在断面 1-1 及断面 2-2 之间的平均能量损失：

$$h_{w_{1-2}} = \int_1^2\frac{\partial h_w}{\partial s}\mathrm{d}s \tag{8-6}$$

h_i 表示断面 1-1 及 2-2 流段中单位重量液体的动能随着时间的变化：

$$h_i = \frac{\alpha'}{g}\int_1^2\frac{\partial v}{\partial t}\mathrm{d}s \tag{8-7}$$

它是该单位重量液体由于克服惯性所应具有的能量,故 h_i 又称为惯性水头。

①等断面廊道情况:

若输水廊道为等断面管道(ω = 常数),如图 8.8。

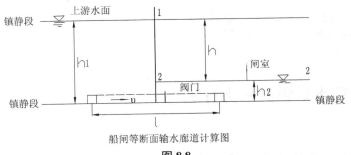

船闸等断面输水廊道计算图

图 8.8

在此情况里,廊道断面平均流速 v 只是时间 t 的函数,即: $v=f(t)$,因此, $\partial v / \partial t = \mathrm{d}v/\mathrm{d}t$ 。则(设 $\alpha' = 1$):

$$h_i = \frac{1}{g}\int_1^2 \frac{\partial v}{\partial t}\mathrm{d}s = \frac{l}{g}\frac{\mathrm{d}v}{\mathrm{d}t} \tag{8-8}$$

式中: l 为廊道全长。

②变断面廊道情况

一般输水廊道多为不同断面的 i 段廊道所组成。设各段廊道的断面积分别为 ω_1 、 ω_2 、 $\cdots$ 、 ω_i ,各段长度为 l_1 、 l_2 、 $\cdots$ 、 l_i ,

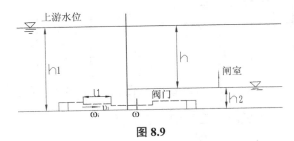

图 8.9

相应各段的断面平均流速为 v_1 、 v_2 、 $\cdots$ 、 v_i ,则

$$h_i = \frac{1}{g}\int_1^2 \frac{\partial v}{\partial t}\mathrm{d}s$$

$$= \frac{l_1}{g}\frac{\mathrm{d}v_1}{\mathrm{d}t} + \frac{l_2}{g}\frac{\mathrm{d}v_2}{\mathrm{d}t} + \cdots + \frac{l_i}{g}\frac{\mathrm{d}v_i}{\mathrm{d}t} \tag{8-9}$$

在有压管道不可压缩液体的流动中,连续方程为

$$\omega_1 v_1 = \omega_2 v_2 = \cdots = \omega_i v_i = Q \tag{8-10}$$

根据式(8-10),可将 v_1 、 v_2 、 $\cdots v_i$ 用阀门处廊道断面 ω 的断面平均流速 v 来表示,即

$$v_1 = \frac{\omega}{\omega_1}v \text{、} v_2 = \frac{\omega}{\omega_2}v \text{、} \cdots v_i = \frac{\omega}{\omega_i}v \tag{8-11}$$

于是

$$h_i = \frac{1}{g}\left(\frac{l_1\omega}{\omega_1}\right)\frac{\mathrm{d}\upsilon}{\mathrm{d}t} + \frac{1}{g}\left(\frac{l_2\omega}{\omega_2}\right)\frac{\mathrm{d}\upsilon}{\mathrm{d}t} + \cdots + \frac{1}{g}\left(\frac{l_i\omega}{\omega_i}\right)\frac{\mathrm{d}\omega}{\mathrm{d}t}$$

$$\therefore \quad h_i = \frac{l_n}{g}\cdot\frac{\mathrm{d}\upsilon}{\mathrm{d}t} = \frac{l_n}{g\omega}\frac{\mathrm{d}Q}{\mathrm{d}t} \tag{8-12}$$

式中：$l_n = \dfrac{l_1\omega}{\omega_1} + \dfrac{l_2\omega}{\omega_2} + \cdots + \dfrac{l_i\omega}{\omega_i} = \displaystyle\sum_1^i \frac{\omega}{\omega_i}l_i \tag{8-13}$

称为换算长度。

8.3　短廊道输水系统的水力计算

8.3.1　短廊道输水系统水力计算公式

在船闸短廊道输水过程中，廊道中的流动虽是非恒定流，但因廊道长度较短，在水力计算中往往可以忽略惯性力的影响，设中惯性水头 h_i 一项为零。这样，任一瞬间其流量计算仍可采用恒定流时的计算公式，但在整个流动过程中，作用水头和流量却是时间的函数。图8.10表示一般情况下船闸短廊道的输水系统，上下闸室由输水廊道连通，并装有阀门。

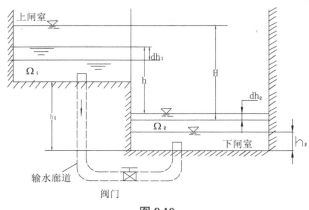

图8.10

现在研究船闸灌水情况：

采用下列符号：t 从输水开始起算的时间；t_0 阀门开启的时间；T 下闸室水面达到与上闸室水面齐平所需的时间；H，$t=0$ 时，上下闸室的水头（水位差或称水级）；h 为 $t=t$ 时的作用水头；μ 阀门全开时输水廊道的流量系数；μ_t 阀门部分开启时输水廊道的流量系数。

在任意时刻 t 时，通过廊道进入闸室的流量（忽略惯性力影响）为

$$Q_t = \mu_t\omega\sqrt{2gh} \tag{8-14}$$

从时刻 t 以后的一段微分时间 $\mathrm{d}t$ 内，由上闸室流入下闸室的水量等于

$$\mathrm{d}V = Q_t\cdot\mathrm{d}t = \mu_t\omega\sqrt{2gh}\cdot\mathrm{d}t \tag{8-15}$$

另一方面，若 Ω_1 上闸室水面面积；Ω_2 下闸室水面面积；则：

$$\mathrm{d}V = -\Omega_1 \mathrm{d}h_1 = \Omega_2 \mathrm{d}h_2 \qquad (8\text{-}16\mathrm{a})$$

则　　$\mathrm{d}h_2 = -\dfrac{\Omega_1}{\Omega_2}\mathrm{d}h_1$ 　　　　　　　　　　　　　　（8-16b）

作用水头 $h: h=h_1-h_2$，其微分：

$$\mathrm{d}h = \mathrm{d}h_1 - \mathrm{d}h_2 = \mathrm{d}h_1\left(1+\frac{\Omega_1}{\Omega_2}\right) \qquad (8\text{-}16\mathrm{c})$$

所以：$\mathrm{d}h_1 = \dfrac{\Omega_2}{\Omega_1+\Omega_2}\mathrm{d}h$ 　　　　　　　　　　　（8-16d）

于是：$\mathrm{d}V = -\dfrac{\Omega_1\Omega_2}{\Omega_1+\Omega_2}\mathrm{d}h$ 　　　　　　　　　（8-17）

将式（8-17）代入式（8-15）中得

$$-\frac{\Omega_1\Omega_2}{\Omega_1+\Omega_2}\mathrm{d}h = \mu_t\omega\sqrt{2gh}\cdot\mathrm{d}t$$

变形为：

$$\mathrm{d}t = -\frac{\Omega_1\Omega_2}{\Omega_1+\Omega_2}\frac{1}{\mu_t\omega\sqrt{2g}}\cdot\frac{\mathrm{d}h}{\sqrt{h}} \qquad (8\text{-}18)$$

令 $C=\Omega_1\Omega_2/(\Omega_1+\Omega_2)$，$\omega$ 廊道阀门处的断面面积（又称计算断面），则：

$$\mu_t\mathrm{d}t = -\frac{C}{\omega\sqrt{2g}}\frac{\mathrm{d}h}{\sqrt{h}} \qquad (8\text{-}19)$$

在一般情况下，可以认为闸室面积是沿高度不变的。对于单级船闸，当闸室自水面很广的上游灌水或泄水到水面较广的下，则 $C=\Omega$（闸室水面面积）；对于多级船闸中的两相邻闸室（图 8.10），若上下闸室的水面面积相等，（$\Omega_1=\Omega_2=\Omega$）则 $C=0.5\Omega$。

在阀门开启期间，输水系统的流量系数 μ_t 是随阀门阻力系数而变化的；在阀门全开后可认为保持一常数。由第 3 章得知，阀门阻力系数与阀门类型及开启度有关，故对式（8-19）进行解算时，必须针对阀门不同的开启情况来进行。

下面我们举出二种情况进行研究，并针对单级船闸的情况。在单级船闸中，图 8.10 的上闸室水面则系上游水面，在灌泄水过程中，此水面一般可认为是固定不变的。

①阀门瞬时开启的情况（此时，$t_0=0$）

此种情况通常是不存在的，因为阀门不可能瞬时开启，而是在某一（即使是很短的）时间内开启的。现在研究问题的目的在于：①实际工程中，有时 t_0 可能很小，为了简化计算，可按此种情况进行；②可从以后的计算公式得知，阀门瞬时开启时，灌泄历时值是船闸输水系统的基本水力学特征之一。

当阀门瞬时开启时，$\mu_t=\mu=$ 常数，对方程式（8-19）直接进行积分而得瞬时开启阀门的某灌水历时 T_t 为

$$T_t = \int_0^t \mathrm{d}t = \frac{2\Omega(\sqrt{H}-\sqrt{h})}{\mu\omega\sqrt{2g}} \qquad (8\text{-}20)$$

在灌水过程结束时，$h=0$，则全部的灌水历时为

$$T = \frac{2\Omega\sqrt{H}}{\mu\omega\sqrt{2g}} \tag{8-21}$$

根据式（8-20）可求出 $h=f(t)$ 的关系曲线。将 h 代入式（8-14），可得到 $Q_t=f(t)$ 的关系曲线。

②阀门逐渐均匀而连续开启的情况，且 $T>t_0>0$

实际上阀门的开启是受启动机械功率和泊稳条件的限制，总需要有一段时间过程，开启的方式也很多，但最经常碰到连续开启的工作方式。

此时全部的灌泄过程可以分为两个阶段：①自阀门开始提升（灌水开始时）到阀门全开（即 $0\to t_0$）；②自阀门全开到上下水面齐平输水终止（即 $t_0\to T$）。以下分别论述。

1. 自阀门开始提升到阀门全开（$0\to t_0$）的阶段

当 $t=t_0$ 时，$h=H_0$（$t=t_0$ 时的水头），将式（8-19）分别在 $0\sim t$ 和 $0\sim t_0$ 时段进行积分，得：

$$\int_0^t \mu_t \mathrm{d}t = \frac{2\Omega}{\omega\sqrt{2g}}\left[\sqrt{H}-\sqrt{h}\right] \tag{8-22}$$

及

$$\int_0^{t_0} \mu_t \mathrm{d}t = \frac{2\Omega}{\omega\sqrt{2g}}\left[\sqrt{H}-\sqrt{H_0}\right] \tag{8-23}$$

式（8-22）及式（8-23）左边项的积分需要知道 $\mu_t=f(t)$ 的变化规律才能进行。

在第三章中：

$$\mu_t = \frac{1}{\sqrt{\xi_c+\xi_g}} \tag{8-24}$$

μ_t 随阀门阻力系数 ξ_g 的减小而增大，在均匀开启时，ξ_g 仅与阀门开启程度 n 有关，即

$$\xi_g = f\left(n=\frac{t}{t_0}\right)$$

有关各种型式的阀门在部分开启时的阻力系数 ξ_g 可参见表 3.4。输水系统总阻力系数 ξ_c 包括：进口部分、断面收缩及扩大处、水面下出水口、转弯等部分的阻力系数的总和。有关这些系数的确定在第三章中已有所论述，这里就不再重复。ξ_c 一般不随阀门开度而变，如船闸输水廊道断面沿程有变化，则在求各段阻力系数的总和时，应都换算成对阀门处计算断面的。

各种阻力系数确定后，可计算出阀门不同开度的输水系数的流量系数，并可作出流量系数随阀门开启程度或时间而变化的曲线。有了 $\mu_t=f(t)$ 曲线，如图 8.11，则式（8-22）及（8-23）左方积分式便可求得。

根据式（8-22）及（8-23）即可算出 $0-t_0$ 时段中，h 随 t 的变化规律，从而得出 $0\to t_0$ 时段的 $h=f(t)$。

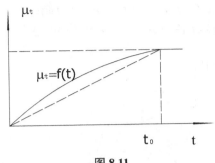

图 8.11

2. 阀门全开后到输水终止阶段（t_0-T）

当阀门全开后，流量系数 $\mu_t=\mu=$ 系数，在此阶段的任一时刻的水头 h 的计算关系式，可由以下积分而得

$$\int_{t_0}^{t} \mu_t dt = -\frac{\Omega}{\omega\sqrt{2g}} \int_{H_0}^{h} \frac{dh}{\sqrt{h}} = \frac{2\Omega}{\omega\sqrt{2g}} \left[\sqrt{H_0} - \sqrt{h} \right]$$

$$\mu(t-t_0) = \frac{2\Omega}{\omega\sqrt{2g}} \left[\sqrt{H_0} - \sqrt{h} \right]$$

$$\sqrt{h} = \sqrt{H_0} - \frac{(t-t_0)\mu\omega\sqrt{2g}}{2\Omega} \tag{8-25}$$

当 $t=T$ 时，$h=0$，由式（8-25）得

$$t_e = \frac{2\Omega\sqrt{H_0}}{\mu\omega\sqrt{2g}} \tag{8-26}$$

式中：$t_e=T-t_0$，故闸室总灌水时间 T 为

$$T = t_0 + t_e = t_0 + \frac{2\Omega\sqrt{H_0}}{\mu\omega\sqrt{2g}} \tag{8-27}$$

在船闸水力计算中，常常需要绘制 μ_t-$f(t)$、$h=f(t)$、$Q_t=f(t)$ 及灌水时的瞬时功率 $N=f(t)$ 等所谓水力特性曲线。

灌泄水时的瞬时功率 N 为

$$N = \frac{\gamma Q_t h}{1000} = 9.8 Q_t h (kW) \tag{8-28}$$

下面分别加以说明

① μ_t-$f(t)$ 曲线的计算和绘制（前边已有论述）

② $h=f(t)$ 曲线

根据式（8-22）及（8-25）进行，详细计算见例题。

③ $Q_t=f(t)$ 曲线

根据 $\mu_t=f(t)$ 及 $h=f(t)$ 的计算结果，可得出船闸灌水时，任一瞬时的 μ_t 值和水头 h 值，将这些 μ_t 和 h 值代入式（8-14），即可算出与之对应的 Q_t，于是得 $Q_t=f(t)$。

④ $N=f(t)$ 曲线

将 $h=f(t)$ 及 $Q_t=f(t)$ 的计算结果代入式（8-28），即可得出 $N=f(t)$。

最后将 $\mu_t=f(t)$、$h=f(t)$、$Q_t=f(t)$ 及 $N=f(t)$ 的计算结果绘于同一图上，如图 8.12。根据 $Q_t=f(t)$ 可算出不同时刻的 $\mathrm{d}Q/\mathrm{d}t$ 各值，并将 $\mathrm{d}Q/\mathrm{d}t=f(t)$ 的变化关系绘于图 8.12 下部。

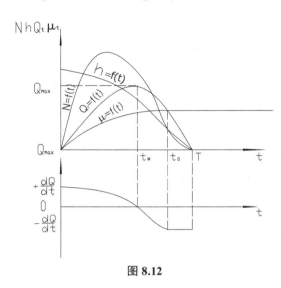

图 8.12

3. 水力特征值 $Q_{\max}$，$(\mathrm{d}Q/\mathrm{d}t)_{\max}$ 及 $N_{\max}$（最大瞬时功率）等的确定

8.3.2 短廊道输水系统水力计算的近似方法

船闸输水系统设计方案拟定后，通过上述特性曲线的计算和绘制，即可得出相应的 $Q_{\max}$、$(\mathrm{d}Q/\mathrm{d}t)_{\max}$ 及 $N_{\max}$ 等特征值，以供进一步设计之用。但在进行输水系统的初步选择和设计过程中，由于输水系统的细部构造尚未确定，水力特性曲线还不能详细算出，在这种情况下，我们可以采用以下近似的计算方法，来求出所需要确定的输水总时间及相应的 $Q_{\max}$，$(\mathrm{d}Q/\mathrm{d}t)_{\max}$ 及 $N_{\max}$ 等特征值。

1. 闸室总灌水时间 T 的计算公式

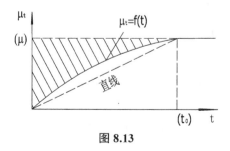

图 8.13

参看 $\mu_t=f(t)$ 曲线（图 8.13），设 A 表示曲线图中画线部分的面积，则

$$\int_0^{t_0} \mu_t \mathrm{d}t = \mu t_0 - A$$

$$= \mu t_0 \left(1 - \frac{A}{\mu t_0}\right)$$

令　$\alpha = \dfrac{A}{\mu t_0}$

$\therefore \quad \displaystyle\int_0^{t_0} \mu_t \mathrm{d}t = \mu t_0 (1-\alpha)$ 　　　　　　　　　　（8-29）

将式（8-29）代入式（8-23）得

$$\mu t_0(1-\alpha) = \frac{2\Omega}{\omega\sqrt{2g}}\left[\sqrt{H} - \sqrt{H_0}\right]$$

$$\sqrt{H_0} = \sqrt{H} - \frac{\mu t_0(1-\alpha)\omega\sqrt{2g}}{2\Omega}$$ 　　　　　　　（8-30）

将式（8-30）代入式（8-27）得

$$T = t_0 + \frac{2\Omega}{\mu\omega\sqrt{2g}}\left[\sqrt{H} - \frac{\mu t_0(1-\alpha)\omega\sqrt{2g}}{2\Omega}\right]$$

$$= t_0 + \frac{2\Omega\sqrt{H}}{\mu\omega\sqrt{2g}} - t_0(1-\alpha)$$

$$T - t_0\alpha = T(1-\alpha k) = \frac{2\Omega\sqrt{H}}{\mu\omega\sqrt{2g}}$$

$$\therefore \quad T = \frac{2\Omega\sqrt{H}}{\mu\omega\sqrt{2g}(1-\alpha k)}$$ 　　　　　　　　　（8-31）

式中：$k = t_0/T$ 为阀门开启的相对时间。

由式（8-31）亦可算出在时间 T 内完成闸室灌水所需输水廊道的面积为：

$$\omega = \frac{2\Omega\sqrt{H}}{\mu T\sqrt{2g}(1-\alpha k)}$$ 　　　　　　　　　（8-32）

当输水系统的流量系数按直线变化时（图 8.13），则

$$\alpha = \frac{A}{\mu t_0} = \frac{\dfrac{1}{2}\mu t_0}{\mu t_0} = \frac{1}{2} = 0.5$$

在船闸初步计中，一般都近似采用 $\alpha=0.5$，或参考表（8.1）所给数值。

表 8.1

阀门型式	不同流量系数（阀门全开时）的 α 值			
	$\mu=0.5$	$\mu=0.6$	$\mu=0.7$	$\mu=0.8$
平板门（锐缘底）	0.37	0.41	0.44	0.47
弧形门	0.35	0.39	0.42	0.44
圆筒门	0.29	0.33	0.36	——
旋转门	0.43	0.47	0.50	0.53
针形门	0.30	0.33	0.36	0.39

2. 闸室总灌水流量过程及相应水力特征

前提条件:

i 阀门等速开启;

ii 设施量系数在阀门开启过程中按直线变化($a=1/2$),则(参看图8.14)

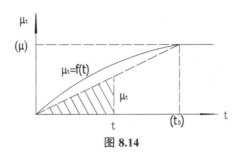

图 8.14

$$\int_0^t \mu_t \mathrm{d}t = \frac{1}{2} t \mu_t$$

又 　 $\dfrac{\mu_t}{\mu} = \dfrac{t}{t_0}$, $\mu_t = \dfrac{t}{t_0} \mu$

$\therefore$ 　 $\displaystyle\int_0^t \mu_t \mathrm{d}t = \frac{1}{2}\frac{t^2}{t_0}\mu$ 　　　　　　　　　　　　　　（8-33）

将式(8-33)代入式(8-22)得:

$$\frac{1}{2}\frac{t^2}{t_0}\mu = \frac{2\Omega}{\omega\sqrt{2g}}\left[\sqrt{H} - \sqrt{h}\right]$$

$\therefore$ 　 $t^2 = \dfrac{4\Omega\left\lfloor\sqrt{H} - \sqrt{h}\right\rfloor t_0}{\mu\omega\sqrt{2g}}$ 　　　　　　　　　　（8-34）

①最大流量 Q_{max} 的计算公式

在任一瞬时的输水流量可表示为

$$Q_t = \mu_t \omega\sqrt{2gh} = \frac{t}{t_0}\mu\omega\sqrt{2gh}$$ 　　　　　　　　（8-35）

将式(8-34)代入式(8-35)得:

$$Q_t = \frac{\mu\omega\sqrt{2gh}}{t_0}\left[\frac{4\Omega(\sqrt{H} - h^{3/2})}{\mu\omega\sqrt{2g}}\right]^{\frac{1}{2}}$$

$$= \left(\frac{4\Omega\mu\omega\sqrt{2g}}{t_0}\right)^{\frac{1}{2}}(h\sqrt{H} - h^{3/2})^{\frac{1}{2}}$$

$$\frac{\mathrm{d}Q_t}{\mathrm{d}h} = \left(\frac{4\Omega\mu\omega\sqrt{2g}}{t_0}\right)^{\frac{1}{2}}\frac{\mathrm{d}}{\mathrm{d}h}\left(h\sqrt{H} - h^{3/2}\right)^{\frac{1}{2}}$$

$$= \left(\frac{4\Omega\mu\omega\sqrt{2g}}{t_0}\right)^{\frac{1}{2}} \frac{\left(\sqrt{H} - \frac{3}{2}h^{\frac{1}{2}}\right)}{2\left(h\sqrt{H} - h^{3/2}\right)^{\frac{1}{2}}}$$

令 $dQ_t/dh=0$，可得出当 $Q_t=Q_{max}$ 时的有效水头 h_M 为

$$\sqrt{H} - \frac{3}{2}h^{\frac{1}{2}} = 0$$

$$\therefore \quad h_M = \frac{4}{9}H \qquad\qquad (8-36)$$

则相应于最大流量出现的时间为 t_M，将 $h_M=4H/9$ 代入式（8-34）

得：
$$t_M^2 = \frac{4\Omega\left(\sqrt{H} - \frac{2}{3}\sqrt{H}\right)t_0}{\mu\omega\sqrt{2g}} = \frac{4/3\,\Omega\sqrt{H}t_0}{\mu\omega\sqrt{2g}}$$

$$\therefore \quad t_M = \frac{1}{\sqrt{3}}\left(\frac{4\Omega\sqrt{H}t_0}{\mu\omega\sqrt{2g}}\right)^{\frac{1}{2}} \qquad\qquad (8-37)$$

令 $\alpha=1/2$，则式（8-31）可变为

$$\frac{4\Omega\sqrt{H}}{\mu\omega\sqrt{2g}} = T(2-k) \qquad\qquad (8-38)$$

将式（8-38）代入式（8-37）则得：

$$t_M = \frac{T}{\sqrt{3}}\sqrt{k(2-k)} \qquad\qquad (8-38)$$

将 h_M 及 t_M 之值代入式（8-35）得

$$Q_{max} = \frac{\mu\omega\sqrt{2g} \cdot \frac{2}{3}\sqrt{H}}{t_0} \cdot \frac{2}{\sqrt{3}}\left(\frac{\Omega\sqrt{H}t_0}{\mu\omega\sqrt{2g}}\right)^{\frac{1}{2}}$$

$$= \frac{8}{3\sqrt{3}} \frac{\Omega H}{\sqrt{t_0\dfrac{4\Omega\sqrt{H}}{\mu\omega\sqrt{2g}}}} = \frac{8}{3\sqrt{3}} \frac{\Omega H}{\sqrt{t_0 T(2-k)}}$$

$$Q_{max} = \frac{8}{3\sqrt{3}} \cdot \frac{\Omega H}{T\sqrt{k(2-k)}} \qquad\qquad (8-39)$$

式（8-39）只适用于阀门全开时的水头不超过 $4H/9$ 的情况，在阀门全开瞬时 $h=4H/9$ 的极限情况

$$t_0 = t_M = \frac{1}{\sqrt{3}}\left(\frac{4t_0\Omega\sqrt{H}}{\mu\omega\sqrt{2g}}\right)^{\frac{1}{2}}$$

两端平方得：

$$t_0^2 = \frac{4}{3}\frac{t_0\Omega\sqrt{H}}{\mu\omega\sqrt{2g}}$$

$$\therefore \quad t_0 = \frac{4}{3} \frac{\Omega\sqrt{H}}{\mu\omega\sqrt{2g}}$$

又由式(8-37)得:

$$3t_0 = T(2-k) = T\left(2 - \frac{t_0}{T}\right)$$

即 $t_0 = 0.5T$

$\therefore$ 当阀门在 $t_0 < 0.5T$ 时间内迅速开启时,最大流量发生的门全开的瞬间,即 $t_M = t_0$。

由式(8-34)得:

$$t = t_0 = t_M = \frac{4\Omega\left(\sqrt{H} - \sqrt{h}\right)}{\mu\omega\sqrt{2g}}$$

$$\therefore \quad \sqrt{h} = \sqrt{H} - \frac{\mu\omega\sqrt{2g}}{4\Omega}\cdot t_0$$

则

$$Q_{max} = \frac{t}{t_0}\mu\omega\sqrt{2gh} = \mu\omega\sqrt{2g}\left[\sqrt{H} - \frac{\sqrt{H}\cdot t_0}{T(2-k)}\right]$$

$$= \frac{4\Omega\sqrt{H}}{T(2-k)}\cdot\sqrt{H}\left[\frac{T(2-k) - t_0}{T(2-k)}\right]$$

$$\therefore \quad Q_{max} = \frac{8\Omega H(1-k)}{T(2-k)^2} \tag{8-40}$$

图 8.15(a)绘出了 $t_0 = 0.5T$ 时 $Q\text{-}t$ 关系曲线,图 8.15(b)绘出了 $t_0 > 0.5T$ 时 $Q\text{-}t$ 的关系曲线。根据以上的推证及图 8.15 说明,当 $t_0 \leqslant 0.5T$ 时,最大流量发生在阀门全开的瞬间,最大流量 Q_{max} 用式(8-40)计算;当 $t_0 \geqslant 0.5T$ 时,最大流量 Q_{max} 发生在 $t_M = \frac{T}{\sqrt{3}}\sqrt{k(2-k)}$ 及 $h_M = 4H/9$、Q_{max} 应用式(8-38)计算。

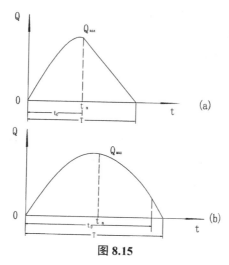

图 8.15

所以,最大流量 Q_{max} 表达式为:

(a)当阀门在 $t_0 < 0.5T$ 时间内迅速开启时,最大流量发生在阀门全开的瞬间

$$Q_{\max} = \frac{8\Omega H(1-k)}{T(2-k)^2} \tag{8-40}$$

（b）当阀门在 $t_0 \geq 0.5T$ 时间内缓慢开启时，最大流量 $Q_{\max}$ 发生的瞬时是

此时
$$\left. \begin{array}{l} t_M = \dfrac{T}{\sqrt{3}}\sqrt{k(2-k)} \\[2mm] h_M = \dfrac{4}{9}H \end{array} \right\} \tag{8-36}$$

$$Q_{\max} = \frac{8}{3\sqrt{3}} \frac{\Omega H}{T\sqrt{k(2-k)}} \tag{8-39}$$

②最大流量增值（$\mathrm{d}Q/\mathrm{d}t$）$_{\max}$ 的计算公式：

因为：

$$Q = \frac{t}{t_0} \mu\omega\sqrt{2gh}$$

$$\frac{\mathrm{d}Q}{\mathrm{d}t} = \frac{d}{\mathrm{d}t}\left[\frac{t}{t_0}\mu\omega\sqrt{2gh} \right]$$

在阀门在开启过程中，有以下公式：

$$\int_0^t \mu_t \mathrm{d}t = \frac{2\Omega}{\omega\sqrt{2g}}\left[\sqrt{H} - \sqrt{h} \right]$$

仍设 $\displaystyle\int_0^t \mu_t \mathrm{d}t = \frac{1}{2}\frac{t^2}{t_0}\mu$，则 $\sqrt{h} = \sqrt{H} - \dfrac{\mu\omega\sqrt{2g}t^2}{4\Omega t_0}$，代入上式得：

$$\frac{\mathrm{d}Q}{\mathrm{d}t} = \frac{d}{\mathrm{d}t}\left[\frac{t}{t_0}\mu\omega\sqrt{2g}(\sqrt{H}) - \frac{\mu\omega\sqrt{2g}t^2}{4\Omega t_0} \right]$$

$$= \frac{\mu\omega\sqrt{2gH}}{t_0} - \frac{\mu^2\omega^2 2g}{4\Omega t_0^2}\cdot 3t^2$$

由上式可看出，（$\mathrm{d}Q/\mathrm{d}t$）的最大值发生在 $t=0$ 时，即输水开始时，其大小为

$$\left(\frac{\mathrm{d}Q}{\mathrm{d}t} \right)_{\max\cdot 0} = \frac{\mu\omega\sqrt{2gH}}{t_0} \approx \frac{4\Omega H}{T^2 k(2-k)}$$

阀门全开后（$t>t_0$），流量 $Q_t = \mu\omega(2gh)^{1/2}$，$\mu_t = \mu$ 为常数，h 随时间 t 的变化可按式（8-25）求出，即

$$\sqrt{h} = \sqrt{H_0} - \frac{(t-t_0)\mu\omega\sqrt{2g}}{2\Omega}$$

即 $h^{1/2}$ 随时间 t 按直线变化，则 Q 随时间 t 亦按直线变化，故（$\mathrm{d}Q/\mathrm{d}t$）在 $t_0\sim T$ 时段内为常数，也就是此时段内（$\mathrm{d}Q/\mathrm{d}t$）的最大值（$\mathrm{d}Q/\mathrm{d}t$）$_{\max\cdot k}$ 为

$$\left(\frac{\mathrm{d}Q}{\mathrm{d}t} \right)_{\max\cdot k} = \frac{d}{\mathrm{d}t}\left[\mu\omega\sqrt{2gh} \right]$$

$$= \frac{d}{\mathrm{d}t}\mu\omega\sqrt{2g}\left[\sqrt{H_0} - \frac{(t-t_0)\mu\omega\sqrt{2g}}{2\Omega} \right]$$

$$= -\frac{\mu^2 \omega^2 \cdot 2g}{2\Omega} = -\frac{\mu^2 \omega^2 g}{\Omega}$$

$$\therefore \quad \left(\frac{\mathrm{d}Q}{\mathrm{d}t}\right)_{\max \cdot k} = \frac{\mu^2 \omega^2 g}{\Omega} \approx \frac{8\Omega H}{T^2 (2-k)^2}$$

所以,最大流量增值$(\mathrm{d}Q/\mathrm{d}t)_{\max}$的计算公式总结为:

最大流量增值发生的输水开始时($t=0$),亦即最大时

$$\left(\frac{\mathrm{d}Q}{\mathrm{d}t}\right)_{\max \cdot 0} = \frac{\mu \omega \sqrt{2g} \sqrt{H}}{t_0} \approx \frac{4\Omega H}{T^2 k (2-k)} \tag{8-41}$$

流量增值的最大负值发生在阀门全开时,在此以后的所有灌水时间内,它将保持为一常数

$$\left(\frac{\mathrm{d}Q}{\mathrm{d}t}\right)_{\max \cdot k} = -\frac{\mu^2 \omega^2 g}{\Omega} \approx \frac{8\Omega H}{T^2 (2-k)^2} \tag{8-42}$$

③输水时的瞬时功率

输水时的瞬时功率 N 为

$$N = \frac{\gamma Q_t h}{1\,000} = 9.8 Q_t h (\mathrm{kW})$$

将式(8-35),(8-34)代入上式得:

$$N = \frac{9.81 \mu \omega \sqrt{2gh} \cdot h}{t_0} \cdot \sqrt{\frac{4\Omega(\sqrt{H} - \sqrt{h})t_0}{\mu \omega \sqrt{2g}}}$$

$$= \frac{9.8 \mu \omega \sqrt{2g} \cdot \sqrt{4\Omega}}{\sqrt{\mu \omega \sqrt{2g} \cdot t_0}} \cdot (h^3 \sqrt{H} - h^{7/2})^{\frac{1}{2}} \tag{8-43}$$

$$\frac{\mathrm{d}N}{\mathrm{d}h} = \frac{9.8 \mu \omega \sqrt{2g} \cdot \sqrt{4\Omega}}{\sqrt{\mu \omega \sqrt{2g} \cdot t_0}} \cdot \frac{\left[3\sqrt{H} h^2 - 7/2 h^{5/2}\right]}{2(h^3 \sqrt{H} - k^{7/2})^{\frac{1}{2}}} \tag{8-44}$$

令 $\mathrm{d}N/\mathrm{d}h=0$,可得出 $N=N_{\max}$ 时的有效水头为

$$(3\sqrt{H} h^2 - 7/2 H^{5/2}) = 0$$

$$h = \frac{36}{49} H \approx 0.735 H \tag{8-45}$$

代入得:

$$N_{\max} \frac{9.8 \mu \omega \sqrt{2g} \cdot \sqrt{4\Omega}}{\mu \omega \sqrt{2g} \cdot t_0} \left[\left(\frac{36}{49} H\right)^3 \cdot H^{\frac{1}{2}} - \left(\frac{36}{49} H\right)^{7/2}\right]^{\frac{1}{2}} \tag{8-46}$$

将式(8-38)代入上式,并整理得:

$$N_{\max} = 9.3 \frac{\Omega H^2}{T\sqrt{k(2-k)}} \tag{8-47}$$

8.4　短廊道输水系统水力计算实例

某拟建横拉门、双向水头船闸,闸首采用平面对冲消能的输水系统,靠门库一侧廊道则穿越门库,门库另一侧廊道的入口断面、出口断面及廊道断面的形状和尺寸如图 8.16(b)所示。廊道输水阀门为平板直升门,阀门连续均匀开启,开启时间定为 5 分钟闸室。闸室充水面积 $\Omega = 195\ \text{m} \times 26\ \text{m} = 5\ 070\ \text{m}^2$。设计闸上水位 $\nabla_{\text{上}} = 3.5\ \text{m}$,闸下水位 $\nabla_{\text{下}} = 1.0\ \text{m}$。

要求按门库另一侧廊道进行以下水力计算(设门库一侧和另一侧廊道的输水能力相同)

一、计算 $\mu_t = f_1(t)$,并绘制 $\mu_t = f_1(t)$ 曲线

二、计算 $h = f_2(t)$ 及全部输水时间,并绘制 $h = f_2(t)$ 曲线

三、计算 $Q = f_3(t)$,并绘制 $Q = f_3(t)$ 曲线

四、计算 $N = f_4(t)$,并绘制 $N = f_4(t)$ 曲线

五、求 $Q_{\max}$、$N_{\max}$、$(\mathrm{d}Q/\mathrm{d}t)_{\max \cdot 0}$ 及 $(\mathrm{d}Q/\mathrm{d}t)_{\max \cdot k}$ 等水力特征值。

(附:廊道糙率 $n = 0.014$)

8.4.1　计算 $\mu = f_t(t)$

在拟定的船闸输水方式下,流量系数 μ 在阀门开启过程中随时间变化,只是当阀门完全开启后方可认为 μ 为常数。

按短廊道计算:

由式(8-24)知

$$\mu_t = \frac{1}{\sqrt{\xi_c + \xi_g}} \quad (\xi_c \text{ 为输水系统总阻力系数})$$

又　　$\xi_c = \xi_e + \xi_{de} + 2\xi_b + \xi_f + \xi_{d \cdot 0} + \xi_0$

其中:$\xi_{d \cdot e}$ 为入口扩大段局部阻力系数;$\xi_{d \cdot 0}$ 为出口扩大段的局部阻力系数;ξ_e 为入口段的局部阻力系数;ξ_b 为弯道局部阻力系数;ξ_0 为出口的局部阻力系数。

根据图 8.16(b)所给门座另一侧廊道的尺寸,则

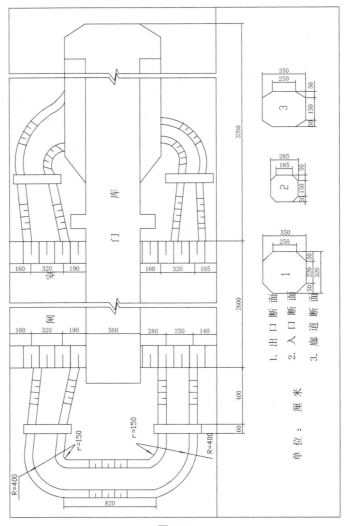

图 8.16

廊道断面面积 $\omega = 3.5 \times 2.5 - 4 \times \dfrac{1}{2} \times 0.5^2 = 8.25 \ \mathrm{m}^2$;

入口断面面积 $\omega_e = 2.5 \times 2.85 - 4 \times \dfrac{1}{2} \times 0.5^2 = 6.62 \ \mathrm{m}^2$;

出口断面面积 $\omega_0 = 3.5 \times 3.2 - 4 \times \dfrac{1}{2} \times 0.5^2 = 10.7 \ \mathrm{m}^2$;

廊道断面的水力半径 $R = \dfrac{\omega}{x} = \dfrac{3.5 \times 2.5 - 4 \times \dfrac{1}{2} \times 0.5^2}{2 \times (2.5 + 1.5) + 4 \times \sqrt{0.5^2 + 0.5^2}}$

$$= 0.761 \ \mathrm{m}$$

已知入口段的局部水头损失 h_{je} 为

$$h_{je} = 0.5 \frac{\upsilon_e^2}{2g} = 0.5 \left(\frac{\omega}{\omega_e} \right)^2 \frac{\upsilon^2}{2g}$$

（v_e 为入口断面的断面平均流速;v 为廊道断面的断面平均流速）。

则　　$\xi_e = 0.5\left(\dfrac{\omega}{\omega_e}\right)^2 = 0.5\left(\dfrac{8.25}{6.62}\right)^2 = 0.774$

根据 $b/R=2.5/2.75=0.91$,则

$$\xi_b = 0.33$$

又　　$\xi_f = \dfrac{2gL}{C^2 R} = \dfrac{2\times 9.8\times 8.2}{\left(\dfrac{1}{0.014}0.761^{\frac{1}{6}}\right)\times 0.761} = 0.047$

入口及出口扩大段的局部阻力系数可按下式计算:

$$\xi_{d\cdot e} = 0.18\left[1-\left(\dfrac{6.62}{8.25}\right)^2\right]\times\left(\dfrac{8.25}{6.62}\right)^2 = 0.100$$

$$\xi_{d\cdot 0} = 0.18\left[1-\left(\dfrac{8.25}{10.7}\right)^2\right] = 0.073$$

设出口断面的局部水头损失 h_{j0} 为

$$h_{j0} = \dfrac{v_0^2}{2g} = \left(\dfrac{\omega}{\omega_0}\right)^2\dfrac{v^2}{2g}$$

则　　$\xi_0 = \left(\dfrac{\omega}{\omega_0}\right)^2 = \left(\dfrac{8.25}{10.7}\right)^2 = 0.595$

将以上 ξ_e、ξ_b、$\cdots$ 代入 ξ_e 式中,则

$$\xi_e = 0.744 + 0.100 + 2\times 0.33 + 0.047 + 0.073 + 0.595$$
$$= 2.249$$

$\therefore$　$\mu_t = \dfrac{1}{\sqrt{2.249+\xi_g}}$

因阀门阻力系数 ξ_g 随阀门开启度 n 而变化,则 μ_t 亦随 ξ_g 而变,今计算列于表 8.2,并根据表中计算数据,可绘制 $\mu_t = f_t(t)$ 曲线,见图 8.17。

8.4.2　计算 $h=f_2(t)$

分两个阶段计算:

1. 自阀门开始提升到阀门全开的阶段（$0 \to t_0$）

在此阶段中,流量系数为变数,灌水过程的方程式可由式（8-22）改变而得

$$\sqrt{h} = \sqrt{H} - \dfrac{\omega\sqrt{2g}}{\Omega}\int_0^t \mu_t \mathrm{d}t = \sqrt{H} - \dfrac{\omega\sqrt{2g}}{\Omega}\sum \overline{u_t}\Delta t$$

按上式计算列于表 8.3。

表 8.2

开启时间	阀门开度	阀门阻力系数	$\xi_e + \xi_g$	$(\xi_e + \xi_g)^{1/2}$	流量系数
$t(s)$	n	ξ_g			$\mu_t = (\xi_e + \xi_g)^{-1/2}$
0	0	∞	∞	∞	0
30	0.1	193.25	195.5	14.0	0.0714
60	0.2	44.75	47.0	6.85	0.146
90	0.3	18.05	20.3	4.51	0.222
120	0.4	8.37	10.62	3.25	0.307
150	0.5	4.27	6.52	2.55	0.392
180	0.6	2.33	4.60	2.15	0.467
210	0.7	1.10	3.35	1.83	0.545
240	0.8	0.64	2.89	1.70	0.588
270	0.9	0.34	2.59	1.61	0.622
300	1.0	0.25	2.50	1.57	0.633

表 8.3

$t(s)$	$H^{1/2}$	$\dfrac{\omega\sqrt{2g}}{\Omega}$	$\bar{\mu}_t$	$\bar{\mu}_t\Delta_t$	$\sum\bar{\mu}_t\Delta_t$	$\dfrac{\omega\sqrt{2g}}{\Omega}\sum\bar{\mu}_t\Delta_t$	$h^{1/2}$	h
0					0	0	1.58	2.5
30			0.035 7	1.07	1.07	0.007 7	1.572	2.47
60			0.109	3.26	4.33	0.031 9	1.548	2.40
90			0.184	5.52	9.85	0.070 9	1.509	2.28
120			0.265	7.95	17.8	0.128	1.452	2.11
150	1.58	0.0072	0.350	10.5	28.3	0.203	1.378	1.90
180			0.430	12.9	41.2	0.296	1.284	1.65
210			0.506	15.2	56.4	0.406	1.174	1.38
240			0.567	17.0	73.4	0.152 8	1.052	1.11
270			0.605	18.1	91.5	0.66	0.92	0.840
300			0.628	18.8	110.3	0.795	0.785	0.616

2. 阀门全开后到输水终止阶段（$t_0 \to T$）

当阀门全开后，$\mu_t = \mu =$ 常数 $= 0.633$，在此阶段任一时刻的水头 h 的计算关系式为

$$\sqrt{h} = \sqrt{H_0} - \frac{(t-t_0)\mu\omega\sqrt{2g}}{\Omega}$$

当 $t=T$ 时，由式（8-26）得

$$t_e = \frac{\Omega\sqrt{H_0}}{\mu\omega\sqrt{2g}} = \frac{5070\times\sqrt{0.616}}{0.633\times 8.25\times 4.43} = 172 \text{ s}$$

全部输水时间 T 为

$$T = t_0 + t_e = 300 + 172 = 472 \text{ s}$$

计算列于表 8.4，根据计算结果，绘制 $h = f_2(t)$ 曲线，如图 8.17。

8.4.3　计算 $Q=f_3(t)$

由式（8-14）知

$$Q = \mu_t 2\omega\sqrt{2gh}$$

当 $t>t_0$ 后，流量系数 $\mu_t=\mu=$ 常数 $=0.633$，则 $\mu_t 2\omega(2g)^{1/2}$ 不随时间而变，并由式 $h^{1/2}=H_0^{1/2}-(t-t_0)\mu\omega(2g)^{1/2}/\Omega$ 可看出，在 $t_0{\sim}T$ 期间，$h^{1/2}$ 随 t 呈直线变化，故 Q 随时间 t 也按直线变化，即

$t>t_0$ 后，$\mathrm{d}Q/\mathrm{d}t=$ 常数

计算列于表 8.5，将计算结果绘制 $Q=f_3(t)$ 曲线如图 8.17。

8.4.4　计算 $N=f_4(t)$

计算结果列于表 8.6，将计算结果绘制 $N=f_4(t)$ 曲线，如图 8.17。

表 8.4

$t(\text{s})$	$H_0^{1/2}$	$\mu\omega(2g)^{1/2}/\Omega$	$(t-t_0)\mu\omega\times(2g)^{1/2}/\Omega$	$h^{1/2}$	h
350			0.228	0.557	0.31
400	0.785	0.004 55	0.455	0.330	0.109
450			0.683	0.102	0.010 4
472			0.785	0	0

表 8.5

$t(\text{s})$	μ_t	$h^{1/2}$	$2\omega\times(2gh)^{1/2}$	$Q=\mu_t 2\omega(2gh)^{1/2}(\text{m}^3/\text{s})$
0	0	1.58	115.2	0
30	0.071 4	1.572	114.7	8.2
60	0.146	1.548	113.0	16.5
90	0.222	1.509	110.0	24.4
120	0.307	1.452	106.0	32.5
150	0.392	1.378	100.5	39.4
180	0.467	1.284	94.0	43.8
210	0.545	1.174	86.0	46.8
240	0.588	1.052	77.0	45.3
270	0.622	0.92	67.2	41.8
300	0.633	0.785	57.4	36.3
350	"	0.557	40.7	25.8
400	"	0.330	24.1	15.3
450	"	0.102	7.46	4.73
472	"	0	0	0

表 8.6

$t(\text{s})$	$h(\text{m})$	$Q(\text{m}^3/\text{s})$	γQh （N·m/s）	$N = \gamma Qh / 1\,000(\text{kW})$
0	2.5	0		0
30	2.47	8.2	0	197
60	2.40	16.5	198 000	388
90	2.28	24.4	388 000	515
120	2.11	32.6	545 000	675
150	1.90	39.5	675 000	735
180	1.65	43.8	735 000	710
210	1.38	46.8	710 000	633
240	1.11	45.2	633 000	492
270	0.846	41.8	492 000	347
300	0.616	36.3	347 000	219
350	0.31	25.8	219 000	78.5
400	0.109	15.3	785 00	16.4
450	0.0104	4.73	164 00	0.48
472	0	0	480	0

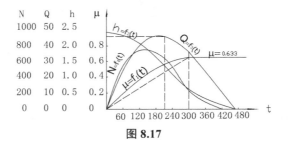

图 8.17

8.4.5　计算 $Q_{\max}, N_{\max}$ 及（dQ/dt）$_{\max}$ 等特征值

用公式计算：

1. 最大流量 $Q_{\max}$ 的确定

因 $t_0 \geqslant 0.5T$，则最大流量发生的瞬时是

$$tM = \frac{T}{\sqrt{3}}[k(2-k)]^{\frac{1}{2}}$$

$$= \frac{472}{1.732}\left[\frac{300}{472}\left(2-\frac{300}{472}\right)\right]^{\frac{1}{2}} = 253 \text{ s}$$

最大流量 $Q_{\max}$ 由式（8-39）确定，即

$$Q_{\max} = \frac{8}{3\sqrt{3}} \cdot \frac{\Omega H}{T\sqrt{k(2-k)}} = \frac{8 \times 5\,070 \times 2.5}{3 \times 1.732 \times 472 \times \left[\frac{300}{472}\left(2-\frac{300}{472}\right)\right]^{\frac{1}{2}}}$$

$$= 44.7 \text{ m}^3/\text{s}$$

2. $N_{\max}$ 的确定

最大瞬时功率可由式（8-45）确定，即

$$N_{\max} = 9.3 \frac{\Omega H^2}{T\sqrt{k(2-k)}} = \frac{9.3 \times 5\,070 \times 2.5^2}{472 \times \left[\frac{300}{472}\left(2 - \frac{300}{472}\right)\right]^{\frac{1}{2}}}$$

$$= 671 \text{ kW}$$

3. 最大流量增值的计算

由式（8-41）得：

$$\left(\frac{dQ}{dt}\right)_{\max \cdot 0} = \frac{\mu \omega \sqrt{2gH}}{t_0} = \frac{0.633 \times 2 \times 8.25 \times 4.43 \times 2.5^{\frac{1}{2}}}{300}$$

$$= 0.244 \text{ m}^3/\text{s}^3$$

由式（8-42）得

$$\left(\frac{dQ}{dt}\right)_{\max \cdot k} = \frac{\mu^2 \omega^2 g}{\Omega} = \frac{0.633^2 \times (2 \times 8.25)^2 \times 9.81}{5\,070}$$

$$= -0.211 \text{ m}^3/\text{s}^3$$

8.5　门下输水方式灌泄水的水力计算

门下输水方式多用于上闸首及多级船闸的中间闸首，作为灌水设备。其特点是在灌水开始时闸室内的水面比孔口位置为低，如图 8.18，因而在灌水过程中的开始阶段为自由泄流。在此阶段，有效水头与闸室内的水位无关，仅随时间的提升高度而定。但提升高度与孔口上的水头相比一般不大，故可以认为水头是一常数。考虑到消能室中水面在闸室水面以上的壅高，可近似地认为当闸室中的水面升高到孔口下沿时即转为淹没泄流阶段，这实际上认为这个壅高值 $\Delta H = 0.5h_0$，h_0 为闸门的开度。

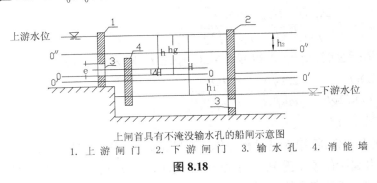

上闸首具有不淹没输水孔的船闸示意图
1. 上游闸门　2. 下游闸门　3. 输水孔　4. 消能墙

图 8.18

图 8.18，这样布置的孔口，输水过程可分两个不同的阶段：泄流为自由出流，有效水头与闸室水面变化无关，而仅决定于阀门的开启大小；第二阶段则为淹没泄流。

在充水的过程中，消能室中的水位总比闸室中水位高出 ΔH 值，此 ΔH 值一般很小，计

算中常假定 $\Delta H=0.5e$，即假定闸室中水位升到输水孔下缘的瞬间即为第二阶段的开始。

试验证明，当孔口为均匀开启时，$\mu_t=f(t)$ 与水平线偏差不超过 3~4%，故可假定在阀门开启过程中 μ_t 是常数。

当阀门为均匀开启时，其全开的瞬间可能有三种情况：一是阀门全开的瞬间即输水孔刚被淹没的瞬间；二是阀门全开后孔口尚未淹没；三是阀门还未全开孔口已淹没泄流。以下分别按此三种情况来的推求灌水时间。

第一种情况：$t_0=t_0'$ 采用以下符号：t_0 为阀门全开所需要时间；t_0' 为闸室内水面由起始水面上升到孔口下缘线 0-0（即消能室内水面升到孔口中心线）所需的时间；ω 输水孔口面积；ω_t 为阀门开启过程中，任意瞬时孔口过水面积。

阀门全开以前，孔口系自由出流，有效水头不随时间变化，故流量可按孔口自由出流公式计算

$$Q_t = \mu_t \omega_t \sqrt{2gh} \tag{8-48}$$

$\because$ 阀门系均匀开启，$\omega_t=\omega t/t_0$。又假定 $\mu_t=\mu$ 则

$$Q_t = \mu \omega \frac{t}{t_0} \sqrt{gh}$$

在 t_0 时间段内，由上游入闸室的水量为

$$\Delta V = \Omega h_b = \int_0^{t_0} Q_t \mathrm{d}t = \frac{\mu\omega}{t_0}\sqrt{2gh}\int_0^{t_0} t\mathrm{d}t$$

$$= \frac{\mu\omega t_0 \sqrt{2gh}}{2}$$

$$t_0 = \frac{2\Omega h_b}{\mu\omega\sqrt{2gh}} = \frac{2\Omega(H-H_g)}{\mu\omega\sqrt{2gh}} \tag{8-49}$$

阀门全开以后灌水所需同时间 t_e 可按以下公式计算之

$$t_e = \frac{2\Omega h_b \sqrt{H_g}}{\mu\omega\sqrt{2g}} \tag{8-50}$$

故全部灌水时间

$$T = t_0 + t_e = \frac{2\Omega(H-H_g)}{\mu\omega\sqrt{2gh}} + \frac{2\Omega\sqrt{Hg}}{\mu\omega\sqrt{2g}} \tag{8-51}$$

若闸室无消能遮墙，则式（8-49）及（8-50）中之 H_g 应为 h，于是

$$T = \frac{2\Omega(H-h)}{\mu\omega\sqrt{2gh}} + \frac{2\Omega\sqrt{h}}{\mu\omega\sqrt{2g}} = \frac{2\Omega h}{\mu\omega\sqrt{2gh}} \tag{8-52}$$

第二种情况：$t_0<t_0'$

此时，为便于计算，将输水过过程分作三个特征阶段，分别求其水面而变化过程。

1. 室水而由起始位置上升到阀门全开时的水面 0'-0'（$t=t_0$）。在此期间的泄流为自由出流，但阀门开不、度是变化的。照前法可证明，此时

$$t_0 = \frac{2\Omega h_1}{\mu\omega\sqrt{2gh}} \tag{8-53}$$

2. 室中水面由 0′-0′ 上升到孔口下缘 0-0。出流仍为自由出流,作用水头 h 为常数,而此时阀门已全开,故流量可按下式计算

$$Q_t = \mu\omega\sqrt{2gh}$$

在此时段内,流入室中水量为

$$\Delta V = \Omega(H - H_0 - h_1) = \int_{t_0}^{t_0'} Q_t dt$$

$$= \mu\omega\sqrt{2gh}(t_0' - t_0')$$

故灌水历时 $\Delta t' = (t_0' - t_0) = \dfrac{\Omega(H - H_g - h_1)}{\mu\omega\sqrt{2gh}}$ \hfill (8-54)

3. 水面由 0′-0′ 上升至与上游水平齐平,即淹没出流阶段。

故灌水历时 $\Delta t''$ 为

$$\Delta t'' = \frac{2\Omega\sqrt{H_g}}{\mu\omega\sqrt{2g}}$$ \hfill (8-55)

全部灌水时间则为

$$T = t_0 + \Delta t' + \Delta t''$$

$$= \frac{\Omega}{\mu\omega\sqrt{2g}}\left[\frac{2h_1}{\sqrt{h}} + \frac{(H - H_g - h_1)}{\sqrt{h}} + 2\sqrt{H_g}\right]$$ \hfill (8-56)

若无消能遮墙,则

$$T = \frac{\Omega}{\mu\omega\sqrt{2g}}\left[\frac{2h_1}{\sqrt{h}} + \frac{(H - h - h_1)}{\sqrt{h}} + 2\sqrt{h}\right]$$

$$= \frac{\Omega(H + h + h_1)}{\mu\omega\sqrt{2gh}}$$ \hfill (8-57)

或 $T = \dfrac{t_0}{2} + \dfrac{\Omega(H + h)}{\mu\omega\sqrt{2gh}}$ \hfill (8-58)

第三种情况:$t_0 > t_0'$

为便于计算也把它分为三个阶段来论述(并设无消能遮墙)

1. 闸室水面由起始位置上升至孔口中心线(系自由出流,但孔口过水面积是变化的),灌水历时 t 为

$$t = \frac{2\Omega(H - h)}{\mu\omega\sqrt{2gh}}$$ \hfill (8-59)

2. 室水面由孔口中心线上升至 0″-0″ 位置(即阀门全开时室中水面位置)。在此期间,泄流系淹没出流,面孔口尚未全部打开。其泄流量为:

$$Q_t = \mu\omega\frac{t}{t_0}\sqrt{2gz}$$

在 dt 时段内泄入闸室中的水量为

$$dV = -\Omega dz = Q_t dt = \mu\omega\sqrt{2gz}\frac{t}{t_0}dt$$

$$-\int_h^{h_0} \frac{\Omega dz}{\sqrt{z}} = \int_{t_1}^{t_0} \frac{\mu\omega\sqrt{2g}\,t dt}{t_0}$$

积分并简化后得

$$\sqrt{h_2} = \sqrt{h} - \frac{\mu\omega\sqrt{2g}}{4\Omega t_0}(t_0^2 - t_1^2) \tag{8-60}$$

3. 由 0″-0″ 至终止水面。在这段时间内已完全开启,且为淹没泄流。其灌水历时 Δt 为

$$\Delta t = \frac{2\Omega\sqrt{h_2}}{\mu\omega\sqrt{2g}} \tag{8-61}$$

故全部灌水历时为

$$T = t_1 + (t_0 - t_1) + \Delta t = t_0 + \Delta t$$

$$= t_0 + \frac{2\Omega\sqrt{h_2}}{\mu\omega\sqrt{2g}} \tag{8-62}$$

利用式（8-60）可算出 h_2 值,代入式（8-62）后,则可求 T

下面介绍水力特征值 Q_{max},$(dQ/dt)_{max}$ 及 N_{max} 的确定:

在孔口全开的瞬间早于或正当闸室水位升到输水孔的情况,最大流量发生在孔口全开的瞬间,并等于

$$Q_{max} = \mu\omega\sqrt{2gh} \tag{8-63}$$

在这种情况下,当 H_t（上游水位与闸室水位差）=$2H/3$ 时,阀门开期内水流功率将达最大值,它等于

$$N_{max} = 5.35\sqrt{\frac{\mu\omega\sqrt{2gh}\Omega}{t_0}}H^{3/2} \tag{8-64}$$

在这种情况下。流量随时间的增会晤保持为一常数,其值如下:

（1）在阀门开启的全部时间内为正值,等于

$$\left(\frac{dQ}{dt}\right)_0 = \frac{\mu\omega\sqrt{2gh}}{t_0} \tag{8-65}$$

（2）在水位升到孔口中心以后的全部灌水时间内为负值,等于

$$\left(\frac{dQ}{dt}\right)_h = -\frac{\mu^2\omega^2 g}{\Omega} \tag{8-66}$$

在阀门开启以前,输水孔早就被淹没的情况下,要得到 Q_{max} 的一般公式是困难的。在这种情况下,可绘出 $Q_t = f(t)$ 曲线以求最大流量,比较方便。又计算证明,水流能量的归大值一般发生在水位升到孔口中心以前,所以在任何情况下,都可用公式（8-64）来求得。同时流量的增值也可按上列公式（8-65）和公式（8-66）来计算。

8.6　分散式输水系统灌泄水的水力计算简介

在近代大型船闸的建设中,多采用分散式的输水系统,如三峡船闸等,是将水流分散而

均匀地流入闸室,如图 8.19 这样可以大大改善过闸船舶的停泊条件。

分散式输水系统的水流现象较比复杂,水力计算结果一般仅可作为初步选择输水系统型式及其尺寸时的参考,问题的解决在很大程度上仍然要借助于模型试验。

分散式输水系统的水力计算,主要是确定输水廊道断面面积、出水口的位置及其断面大小,以保证在允许的灌泄历时情况下,整个闸室是均匀的供水。

若整个闸室灌泄水不均匀,就可使闸室水面产生波浪和纵比降,从而有纵向流速产生,过闸船只会沿倾斜面滑动,系缆力增大,致使过闸船只的停泊条件恶化。因此,如果闸室的出水孔愈多或各个孔口的出流愈均匀,更确切地说是各个出水孔流量是相等的,则船只的泊稳条件就愈良好。

在设计输水系统时,船闸的输水时间根据通过能力大小是预先给定的,并且通常各个出水孔之间的距离相等,在闸室长度已知的情况下,各个出水孔的位置都是确定的。输水廊道断面积 ω 的计算与出水孔的面积有关,而出水孔面积是未知的,因此不可能直接求解。

关于输水系统的水力计算,首先必须确定输水廊道的断面积,通常将阀门段上廊道断面作为计算断面。输水时,廊道断面积可由公式(8-32)确定,即

$$\omega = \frac{2\Omega\sqrt{H}}{\mu T\sqrt{2g(1-\alpha k)}}$$

在第一次似计算时,可以采用 $\alpha=0.5$ 或参照表 8.1 的经验数值来选择。廊道断面确定后,则可进一步计算各出水孔面积 δ(出水孔等间距布置),从而可算出每一瞬间系统的流量系数 $\mu_t=f(t)$ 及系数 α 值,检验 μ 及 α 值否则重复上述计算。最后即可绘制 $h=f(t)$, $Q_t=f(t)$,……等的水力特性曲线。

关于纵向廊道出水孔面积的确定,过去曾进行了很多的研究,这些研究说明:各出水孔的间距相同、面积相等,但各出水孔的流量并不相等。因此必须采用某种方法计算出能保证各出水孔流量相等的情况下,各出水孔的面积大小(各出水孔间距相同)。

实践指出:船闸运用中,最不利的过闸水力条件,是发生在闸室灌水过程中(在闸室灌泄水相等的情况下)。因此通常采用灌水过程作为确定出水孔尺寸的计算条件。

根据第四章所讲的基本原理,忽略惯性力的影响,则出水孔面积可按下式确定(图8.19)

$$q = \mu\delta\sqrt{2gz} \tag{8-67}$$

式中:$q=Q_m/m$ 通过一个出孔的流量;

Q_m 为有出水孔段开始处的总流量;

m 为出水孔的数目;

μ 为出水孔的流量系数;

δ 为一个出水孔的面积;

z 为所研究出水孔前断面的有效总水头(即所研究的出水口前断的的总水头与闸室水之差)。

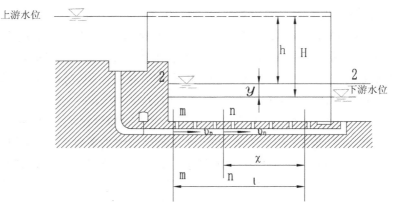

闸室灌水时纵向廊道及其出水口的工作示意图

图 8.19

对任一出水孔 n-n 断面上的有效总水头可写成

$$z = \xi_n \frac{v_m^2}{2g} = \frac{\xi_n}{2g\omega^2} Q_m^2 \tag{8-68}$$

将式（8-68）代入式（8-67）中，则

$$\delta = \frac{\omega q}{\mu Q_m \sqrt{\xi_n}} \tag{8-69}$$

或 $$\delta = \frac{\omega}{\mu m \sqrt{\xi_n}} \tag{8-70}$$

式中：ω 为输水廊道的断面积（设整个廊道的 ω= 常数）；

ξ_n 为所研究的出水孔断面内系统的总阻力系数，是以输水廊道开始处的流速来表示的。

沿输水廊道长度方向系统的水头损失由下列几部分组成：

（a）输水廊道的沿程摩擦损失；

（b）与每一个出水孔分配流量有关的局部水头损；

（c）出水孔本身的损失。

在下面的水力计算中，把输水廊道出水孔的流动视之为并联系统来考虑。对每一出水孔的水流，在 m-m 与 2-2 断面间的总能头差（即全部水头损失）是相等的。且每一出水孔的流量为常数。

在以上假设前提下，以 2-2 断面为基准线，应用伯诺里方程式于通过最后一个出水孔的水流，可写出在输水廊道任意断面 n-n 处的有效压头为：

$$z_p = (\xi_0 + \xi_f + \xi_\omega) \frac{v_m^2}{2g} - \frac{a v_n^2}{2g} \tag{8-71}$$

式中：

z_p 为断面 n-n 在闸室水面 2-2 以上的压力水头；

v_m 为输水廊道开始断面的平均流速；

v_n 为 n-n 断面的平均流速；

ξ_0 为廊最后一个水孔进口与出口的阻力系数;

ξ_f 为廊道的摩擦阻力系数;

ξ_ω 为由于水流沿出水孔分配流量而产生的分流阻力系数。

以上所有阻力系数均以流速 v_m 来表示。下面分别来研究这些阻力系数如何确定。

（a）出水孔的阻力系数 ξ_0

据第四章所述可知,淹没出水孔的阻力系数

$$\xi_0 = \frac{1}{\mu_0^2} \tag{8-72}$$

其中 μ_0 为最后一个出水孔的水流量系数,可按具体情况确定之,通常将出水孔作为管嘴来研究。

（b）摩擦阻力系数 ξ_0

在第四章中曾讲到,在有压管路流量连续分配的情况下,所需的水头损失是通过同一集中流量时水头损失的 $1/3$ 倍,所以输水廊道内的沿程水头损失为

$$h_f = \frac{1}{3} Q_n^2 \frac{l}{K^2}$$

式中: $K^2 = \omega^2 C^2 R$,$l = x$

Q_n 即 $n\text{-}n$ 断面处的总流量,$Q_n = \omega v_n$。

则　　$h_f = \frac{1}{3} \frac{\omega^2 v_n^2 x}{\omega^2 C^2 R} \cdot \frac{2g}{2g} = \frac{2gx}{3C^2 R} \cdot \frac{v_n^2}{2g}$ \qquad(8-73)

分布廊道断面 $n\text{-}n$ 处流速

$$v_n = \frac{q_1 x}{\omega} = \frac{q_1 x}{\omega} \cdot \frac{l}{l} = v_m \frac{x}{l} \tag{8-74}$$

式中:

q_1 为分布廊道单位长度上的流量;

x 为由最后一个出水孔至研究断面 $n\text{-}n$ 的距离;

ω 为分布廊道的断面积;

l 为分布廊道的总长。

将式（8-74）代入式（8-73）则得

$$h_f = \frac{2gx}{3C^2 R} \frac{v_m^2}{2g} \left(\frac{x}{l}\right)^2 = \frac{2gl}{3C^2 R} \left(\frac{x}{l}\right)^3 \frac{v_m^2}{2g}$$

$$\therefore \quad \xi_f = \frac{2gl}{3C^2 R} \left(\frac{x}{l}\right)^3 \tag{8-75}$$

（c）由于分配流量而产生的分流阻力系数 $\xi_{\omega0}$

对分流的水头损失曾提出不同的确定方法,这里我们按假设这些水头损等于水流突然扩大时的水头损失来确定,这样,水流通过一个出水孔的分流水损失为

$$h_w{}' = \frac{(v_n - v_{n-1})^2}{2g} = \frac{(Q_n - Q_{n-1})^2}{\omega^2 \cdot 2g} = \frac{q^2}{\omega^2 \cdot 2g}$$

$$= \frac{Q^2}{m^2 \omega^2 \cdot 2g} = \frac{1}{m^2} \frac{\upsilon_m^2}{2g}$$

在 x 段内所有出水孔的这种水头损失为

$$h_w = \frac{n-1}{m^2} \frac{\upsilon_m^2}{2g}$$

$$\therefore \quad \xi_\omega = \frac{n-1}{m^2} \tag{8-76}$$

将式（8-76）、（8-75）及（8-72）代入式（8-71）中，则得

$$z_p + \frac{\alpha \upsilon_n^2}{2g} = \left[\frac{1}{\mu_0^2} + \frac{2gl}{3C^2 R} \left(\frac{x}{t} \right)^3 + \frac{n-1}{m^2} \right] \frac{\upsilon_m^2}{2g}$$

即总水头 $z = \left[\dfrac{1}{\mu_0^2} + \dfrac{2gl}{2C^2 R} \left(\dfrac{x}{t} \right)^3 + \dfrac{n-1}{m^2} \right] \dfrac{\upsilon_m^2}{2g}$

$$\therefore \quad \xi_n = \frac{1}{\mu_0^2} + \frac{2gl}{3C^2 R} \left(\frac{x}{t} \right)^3 + \frac{n-1}{m^2} \tag{8-77}$$

最后将式（8-77）代入（8-70）中可求出任意出水孔的面积 δ。

最后必须说明，以上计算均未考虑惯性力的影响，即在不恒定流情况下，出水孔计算是复杂的。即是说，按照上述方法确定的出水口面积，仅在恒定流条件下，才能保持各出水孔均匀出流，在灌泄水过程中，这个条件只有当进入闸室的流量通过其最大值的瞬间才存在。由于闸室灌水时船舶的停泊条件要比泄水时严重，因此一般都以在灌水过程中当流量最大时，使整个出水孔出流相等的条件下，按上述方法来选择出水孔的面积和布置。但是，船闸灌泄过程中，其流动均为非恒定流，惯性力对出水孔的流量有影响，因此，一般很难于通过选择出水孔的面积，使之在整个灌水过程中，均能保持各出水孔均匀工作。所以，对于分散式输水系统，为了改善过闸船舶的停泊条件，同样也需要采取控制开始灌泄水时阀门的开启速度等措施。

习　题

我国某船闸，其上闸首采用段廊道平面对冲消能式输水系统（图 8.20），廊道（混凝土工）断面为长方形（4 m × 4.5 m），全长 20 m，其中有两个圆滑转弯（转弯半径 R=3.5 m，θ=90º），廊道进口边缘略微作圆，进口前装有圆栅条栏污栅（s=8 mm，b=42 mm），输水阀门采用平板式直升门。在设计情况下，闸门上、下水位差为 ΔH，阀门全开时的瞬时流量 Q=147 m³/s。

输水阀门采用平板式直升门，其开启方式为先按每分钟 0.4 m 的速度开启，至二分半钟后，接着就用每分钟 0.8 m 的速度将阀门完全打开，并保持这种状态至输水过程结束。

一、试求此时输水廊道的总水头损失。

二、已知：设计闸上水位 $\nabla_上$=7.2 m、闸下水位 $\nabla_下$=0.4 m，闸室充水面积 Ω=5 200 m²。

要求：（1）计算 $\mu = f_1(t)$ 并绘制 $\mu = f_1(t)$ 曲线；

（2）计算 $h=f_2(t)$ 并绘制 $h=f_2(t)$ 曲线；

（3）计算全部输水时间；

（4）计算 $Q=f_3(t)$ 并绘制 $Q=f_3(t)$ 曲线；

（5）计算阀门全开瞬时的灌水流量；

（6）计算第 2.5 分钟瞬时的灌水流量。

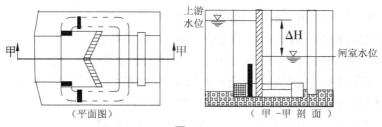

图 8.20

第9章 船坞水力学——船坞灌排系统水力计算

随着我国对外贸易和国民经济持续高速发展,航运事业也得到了长足发展,商船营运的数量在不断地增长,船舶尺度和吨位在急剧地增大,船舶制造和修理工作量也越来越多;此外,随着国家海洋战略的逐步实施,军事舰船工业的需求不断增加,建造大型军舰势在必需。所有这些均促使我国需要在近年来建造一大批造船和修船的特大型干船坞。

建造特大型船坞,灌排水方式的选择是工程中十分关心的问题。特别是修船坞,由于船舶进出坞频繁,为提高工作效率,船坞灌排水时间必须控制在一定范围之内;从经济效益角度出发,工程设计人员所选择的灌排水方式应力求安全、简单、高效,且易于维修。

大型船坞的灌水方式主要有闸阀灌水、虹吸灌水等形式。采用闸阀灌水时,阀门长期浸于海水中,锈蚀严重,易引起阀门关闭不严,导致干船坞漏水。与之相比,虹吸管道灌水不设阀门,结构简单且中断水流迅速,运行方便,维修少,具有明显得优越性。因此,近年来一些大型的修、造船坞越来越多的采用虹吸管道灌水。排水方式主要采用建立大型泵站,使用大型或超大型轴流泵或混流泵进行排水。

9.1 船坞及其灌排水系统

船坞(dock,图9.1),是用于修造船舶的水工建筑物。布置在修造船厂内,主要是用于船舶修理。由于现代船舶向大型化发展,有时为了方便有利也在坞内造船。船坞可分为干船坞和浮船坞两种。

图9.1

干船坞的三面接陆一面临水,其基本组成部分为坞口、坞室和坞首。坞口用于进出船舶,设有挡水坞门,船坞的排灌水设备常建在坞口两侧的坞墩中;坞室用于放置船舶,在坞室的底板上设有支承船舶的龙骨墩和边墩；坞首是与坞口相对的一端，其平面形状可以是矩形、半圆形和菱形，坞首的空间是坞室的一部分，在这里拆装螺旋桨和尾轴。干船坞配有各种动力管道及起重、除锈、油漆和牵船等附属设备。当船舶进入干船坞修理时，首先用灌泄水设施向坞内充水，待坞内与坞外水位齐平时，打开坞门，利用牵引设备将船舶慢速牵入坞内，之后将坞内水体抽干，使船舶坐落于龙骨墩上。修完或建完的船舶出坞时，首先向坞内灌水，至坞门内外水位齐平时，打开坞门，牵船出坞。

浮船坞是浮于水上并可移动的船坞。由两侧坞墙与坞底组成的整体结构。墙与底为箱形构造，并分为若干密封的格舱。有的格舱为水舱，用以灌水或泄水使船坞沉或浮。底舱用于提供浮性和支承船舶。坞墙的作用是提供浮坞的整体稳定性和坞修设备及生产所需的工作间。待修船舶进坞时先向水舱灌水，使坞下沉至坞内水深满足船舶进坞水深要求，用牵引设备牵船入坞，之后排出水舱内水体，使坞上浮至坞底露出水面，便可作业。当船舶修完后，以相反程序操作。浮坞通常为钢结构，也可用钢筋混凝土，设置于船厂附近的水深条件好、泥沙和风浪小的水域中。

船坞的灌排系统是船坞的心脏，是船坞的要害部门。它是由排水系统和灌水系统两大部分组成的。排水系统的两方面的作用：一方面是将坞室内的水抽干，以便在坞室内进行修、造船作业；另一方面是排除坞内生产废水和雨水。灌水系统的作用是向坞室内灌水，使坞内外水位齐平，以便开启坞门，进出船舶。船坞灌水系统的好坏，对于船坞的使用效率和安全有直接影响。排灌时间长短关系到船坞使用周期；排灌水时的水流条件关系到船舶浮起或坐落在坞墩上的平稳度程度。这直接影响到船舶和船坞的安全问题。因此，对于船坞排灌系统应予以必要的重视。

船坞灌排系统由两大部分组成，其中，灌水系统包括：进水口、进水廊道、灌水闸门、检修门槽、拦污栅以及出流装置等；排水系统一般包括坞室排水系统和泵房。灌水系统和排水系统有的是完全分开的，有的是部分的结合在一起的。

9.2　船坞灌排水系统水力计算内容

船坞灌排水的水力计算目的，是论证所选择灌排水系统的合理性，检验灌排水系统能否满足船坞灌排水时间的要求，能否保证工艺操作和结构的安全，同时反映船坞在灌排水过程中，灌排水系统的水力特征。

大部分船坞灌排系统是由独立两大部分组成，所以其水力计算和试验内容也是有所区别的。

9.2.1　船坞灌水系统水力计算与试验内容

具体计算内容包括：

（1）确定船坞灌水时间；

（2）确定合理经济的灌水廊道断面和线型与方式；

（3）灌水过程中廊道内流量和流速的变化；

（4）确定闸门开启过程中，闸门后收缩断面的最大流速；

（5）灌水过程中闸门后负压值的验算；

（6）灌水过程中，坞室内水位上涨对船坞水面影响程度；

（7）绘制灌水过程的水力特性曲线。

相应的物理模型试验测量内容：

（1）实测灌水流量，计算流量系数与灌水时间，优化设计，灌水时间满足设计要求。

（2）测定阀门前、后脉动压力与时均压力、盖板压强，阀门前后脉动压力与时均压力，确定阀门后的最大负压。

（3）实测流道出口压强，计算流道出口顶板、盖板的扬压力及压力分布。

（4）实测灌水流道局部与沿程阻力及灌水的水力特性。

（5）灌水过程中坞室水流稳定情况，坞墩的稳定性试验（龙骨墩、边墩）。

9.2.2　船坞排水系统水力计算与试验内容

排水系统的任务，就是采取安全、经济、合理的措施将坞室内的水排除。由于坞室总是低于周围水域的水面的。因此，排水措施必须考虑机械提升，即建立泵站和装置大型水泵；另一方面由于坞室内的地面坡度及排水沟的设置等对排水时间均有很大影响。这样整个排水系统就需包括泵房和坞室内排水系统两个部分。对此两者都必须给与足够的重视，才能满足船坞对于排水时间的要求。因此，水系统水力计算与试验内容也围绕这两方面展开。

具体水力计算内容包括：

（1）船坞的排水时间

在设计中，一般是根据排水时间来确定主泵流量的。船坞排水时间为：

$$T = T_1 + T_2 \leqslant (T) \tag{9-1}$$

$$T_1 = \frac{V}{Q_{CP}} \tag{9-2}$$

其中：T—船坞排水时间（小时）

　　T_1—主泵抽水时间（小时）

　　T_2—主泵停止后，坞室内剩余水量的排出时间（小时）

　　(T)—要求的排水时间（小时）

　　V—船坞坞内需要排除的水的体积（m³）

　　Q_{cp}—主泵的平均流量（m³/小时）

当采用上式计算时，应当充分注意到船坞抽水的特点，即主泵开始工作时，坞内外水位是平齐的，随着主泵运转时间的增长，这种水位差逐渐增大，最后达到最大值，上述共识中的主泵平均流量按下式计算：

$$Q_{cp} = \frac{Q_{始} + Q_{终}}{2} \tag{9-3}$$

其中：$Q_{始}$—坞内外水位齐平的情况下，主泵所需扬程对应的流量（m³/小时）

　　$Q_{终}$—在设计情况下，坞内外水位差最大时，主泵所需扬程相对应的流量（m³/小时）

采用公式（9-2）计算出来的主泵抽水时间 T_1 是近似值。如果要求准确一些，如果根据水泵的特性曲线，坞室水位与水体积的关系分段进行计算，分段越多，结果越准确。但用这种方法工作量较大，在一般情况下多用公式（9-2）来进行计算。

另一方面必须指出，实际抽水时间除掉 T_1 外，还有 T_2 的问题。即主泵抽水至一定程度时，坞室内水来不及流到集水池内，从而必须部分地，以至最后全部停泵。剩下的这部分水我们称之为"船坞剩余水量"，简称为"余水"。"余水"的排除多用辅泵承担。辅泵的流量比主泵要小，因此排除余水的时间 T_2 是不容忽略的。但是，T_2 的问题是值得研究的，根据我国各船厂船坞的实际运转情况来看，并不是在坞室内全部水抽干后才开始作业，而是在坞室内还有些水时候开始清洗坞室、船身或设置坞墩的作业。至于余水的水深值为多少即可作业，是不好确定的数字，一般认为水深为 10 cm 左右对作业的影响是不大的。

（2）坞室内排水设施的形式确定

坞室内的排水设施主要是底板坡度和排水沟、涵的设置。这些设施的设置都和船坞工艺、水工结构工种有关。例如，沿坞轴线方向设纵坡或横坡的选择、大明渠设置等

（3）水泵、水泵站及相关设施的水力计算

包括：泵房位置、泵房的形式、主、副泵选型、集水池整流等等。

相应的物理模型试验测量内容：

（1）模拟范围包括：流道（含格栅、导流栅、闸门）、水泵布置、进水喇叭口、出水管及船坞。

（2）模拟主泵在单和多台工作时，进水廊道流态，实测脉动压力、断面流速分布，用示踪法显示流场，观察涡流及大尺度旋涡的运动情况，分析主泵机组运行平稳的可行性，从而优化廊道长度、宽度、高度及线型；

（3）观察泵房前池、进水口附近的流态，模拟喇叭口形状，确定喇叭口的线形和悬空高度。并提出相应的整流措施。

（4）实测喇叭口局部水头损失、出水管局部、沿程水头损失，以确定管路性能曲线，计算主泵装置各点的工作效率。

9.3　船坞灌水的主要形式

船坞灌水系统的任务。主要是安全，经济地按照船坞工艺所要求的时间，将坞内灌满水，使坞内外水位齐平，一边打开坞门。也就是说灌水系统的设计应当满足船务工艺说要求的灌水时间，保证灌水时船舶的平稳，减少灌水时的冲刷等。由于船坞灌水时，坞内无水，灌水结束时要求坞内外水位齐平。因此，灌水应当而且可能采取自流灌水的办法。只需安置控制灌水的设备，如各种阀门。

灌水时间是灌水系统的设计依据。一般是由船坞工艺提出。通常造船坞灌水时间较长，修船坞灌水时间短。对于修船坞来说，一般要求 1~2 小时，日本的船坞一般为 1.0~3 小时。目前的大型船坞，其灌水时间也加长了。例如日本三井千叶造船厂 50 万吨船坞灌水时间 2 小时 40 分。爱尔兰贝尔法斯特 100 万吨造船坞灌水时间 7 小时。灌水时间与排水时

间一样,是影响船坞效率的一个因素。应力求缩短灌水时间,提高船坞效率。

船坞灌水系统主要有以下几种形式:

1. 坞门灌水

这是一种常见的灌水形式。它是在坞门上设置几个灌水管,每个灌水管上装有电动闸阀。其口径一般为 Dg600~Dg1 000 这种灌水方式在我国早期修建的船坞中采用较多。

坞门灌水一般来说是比较经济的,结构简单,工作可靠;安装,检修比较方便;它与坞墩、坞墙没有联系,互不干扰。但是,这种灌水形式容易冲击坞墩和坞口地板。为了减少冲击,往往在出口加设挡板,或是闸阀在灌水初期不全开,至坞内水位上升到出水为淹没出流时,再全开。不论采取那种措施,都要减小灌水流量,延长灌水时间。另外,坞口地板容易滋生青苔,影响坞室作业。对于大型船坞,灌水量很大;可是在坞门上开洞数量与面积均受到结构限制。在这种情况下,很难满足灌水时间的要求。对于卧倒门来说,采用坞门灌水困难就更大了。

2. 短廊道灌水

这种灌水形式,一般是在坞口的两侧布置灌水廊道,绕过坞门,从内侧灌水。出口一般与大明渠相连。单面布置称为单廊道灌水,两侧布置称双廊道灌水。双廊道布置,可以对冲消能。另外当一条廊道检修,另一条仍能工作,但是造价高,增加了一个阀门。一般对较大的船坞,可以考虑采用双廊道布置。我国近年来新建的船坞,灌水方式多采用短廊道。如文冲船厂 1 号、2 号坞,红星船厂 1、2 号坞为单廊道灌水。山海关船厂 2 号坞采用双廊道灌水。

短廊道流水,水流方向与船坞轴线垂直,出口布置在大明渠内。在利于消能,使坞室里水流比较平稳。而且,它可以一次将闸门全开,充分利用有效水头,缩短灌水时间。但其阀门尺度较大,制作、运输和安装不太方便。由于它是设于坞墩或泵房内,在布置上互相有一定的干扰,投资比较高。总的来说,这种形式是一种较为适宜的灌水形式。

3. 长廊道

长廊道的方式就是廊道沿船坞轴线方向,从坞首至坞尾全部布置为廊道。可以布置在坞墙室,也可以布置在底板里。沿廊道向坞室内设若干出水口。这种布置方式水流条件好,可以与坞室内的排水设施结合起来考虑。但结构复杂,投资大。我国在已建船坞中尚未见到这种形式。

4. 虹吸管灌水

这种方式是将坞内、外用虹吸管连接起来,需要灌水时,用真空泵抽气,造成虹吸。另外在驼峰处设真空破坏阀,作为断流用。真空破坏发平时应处于常开状态,灌水前,关闭真空破坏阀,启动真空泵即可。

这种方式,设备比较简单,体积小,不用大型闸阀,易于操作,易于维修。不会漏水,造价低,施工方便。但是,由于驼峰要求高出最高水位,因此可能突出地面,影响船坞操作。所以线型设计比较困难,建设设计时,要配合进行水力模型试验。可喜的是,近年天津大学在这方面做了大量的研究工作,在山海关 15 万吨、青岛北海船厂 30 万吨、35 万吨修船坞都采用了这种船坞灌水方式,已成应用于实际工程。

上述四种灌水形式中,长廊道方案一般很少采用。虹吸管灌水比较优越,但在应用时应慎重研究比选;短廊道灌水,水力条件较好,效率也高,对于大、中型船坞这两种灌水方式均比较适宜。至于坞门灌水,采取一些防冲措施,对中、小型船坞还有其实用价值的。

9.4　坞门灌水的水力计算

坞门灌水与短廊道灌水实际上是同一类型。坞门灌水也可以是短廊道灌水的最简单的一种形式。它的廊道线型最简单,廊道长度小。通常是等于坞门宽度的。如图 9.2 所示。

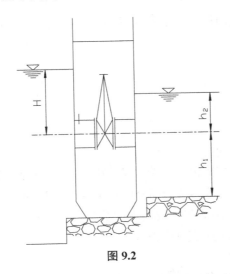

图 9.2

由于坞门灌水的出口均高于坞底,因此当灌水时,坞内水位上升至闸门中心线以前,即 $h \leqslant h_1$ 时,为自由出流,水头是恒定的,均为 H。当水位上升超过闸门中心线时,即 $h \geqslant h_1$,这时为淹没出流,水头随坞室内水位上升而减小。除此之外。与一般短廊道灌水没有什么不同。因此,在计算中需分为二部分进行即可。下面分别介绍这两部分的计算公式。

9.4.1　$h \leqslant h_1$ 情况

在闸门开启过程中,流量系数是变数。当闸门全开后,流量系数即为定数 μ。在 $h \leqslant h_1$ 时水头均为 H。所以,

$$T_1 = t_0 + \frac{V_1 - V_{开}}{n\mu\omega\sqrt{2gH}} \tag{9-4}$$

式中:T_1——水位 h 上升至 h_1 所需的时间(秒)

t_0——闸门开启时间(秒)

V_1——灌水闸阀中心线以下部分坞内水体积(m^3)

$V_{开}$——闸阀在开启过程中,流入坞内的水体积(m^3)

n——坞门上灌水管的数目

ω—每个灌水管的断面积(m^2)

H—闸阀中心线至水域水面的垂直距离。

$$V_{开} = n t_0 \mu \omega \sqrt{2gH} \int_0^1 \mu_n' \, dn \tag{9-5}$$

式中 μ_n' 代表开的第 n 个阀门时的流量系数,"1"代表 n 阀门全开时的状态,其他符号意义同前。

9.4.2 $h > h_1$ 情况

直至灌水完毕,这时与前面介绍的瞬时开启闸门的船闸短廊道灌水计算是一样的,即

$$T_2 = \frac{2\Omega\sqrt{H}}{n\mu\omega\sqrt{2g}} \tag{9-6}$$

式中符号意义同前。

那么总的灌水时间:

$$T = T_1 + T_2 \tag{9-7}$$

这里需要补充说明的两点:

1. 上述公式中,是指坞门上游 n 个灌水管,其形式、尺寸都相同,而且坞室为垂直墙,即 Ω 为常数的情况。其他情况,可参照前面介绍的方法另行推导。

2. 以闸阀中心线为自由出流与淹没出流的分界点,是由于一般坞门灌水管的闸阀,相对坞室深度来说比较小。为方便计算而取的。

9.5   短廊道灌水的水力计算

为了简化灌水水力计算,这里提出两个基本假定:①在灌水过程中,坞外水域的水位不变;②不考虑水流惯性力的影响。以坞墙为垂直墙,并且只有一个或两个灌水廊道的船坞为例,推导其水力计算公式:

9.5.1   坞墙为垂直墙,且仅有一个灌水廊道的水力计算公式:

具体布置如图 9.3 所示。

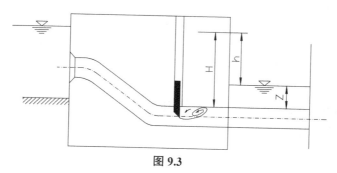

图 9.3

其中：

    H——$t=0$ 时的初始水头（m）；

    h——$t=t$ 时的水头（m）；

    ω——灌水廊道计算断面面积（m²）；

    μ——灌水闸门全开时，灌水系统的流量系数；

    μ_t——$t=t$ 时，灌水系统的流量系数；Ω——坞室的水面面积（m²）

$$\mu_t' = \frac{\mu_t}{\mu}$$

根据第四章水力学公式，在时间为 t 时的流量 q_t

$$q_t = \mu_t\omega\sqrt{2gh}dt \tag{9-8}$$

在 $t=t$ 至 $t+dt$ 时间内，流入船坞的水量 dV 为：

$$dV = q_t dt = \mu_t\omega\sqrt{2gh}dt \tag{9-9}$$

相应于上述时间内，坞室水位上升 dz：

$$dz = \frac{dV}{\Omega} \tag{9-10}$$

即

$$dV = \Omega dz \tag{9-11}$$

根据（9-9）式和（9-11）式得

$$\Omega dz = \mu_t\omega\sqrt{2gh}dt \tag{9-12}$$

$$\because \quad h = H - Z$$

$$\therefore \quad dh = -dz \tag{9-13}$$

将（9-13）式代入（9-12）式得

$$-\Omega dH = \omega\sqrt{2gh}\mu_t dt$$

即

$$-\frac{\Omega dh}{\sqrt{h}} = \omega\sqrt{2g}\mu_t dt$$

积分两边：

$$\int_H^h -\frac{\Omega dh}{\sqrt{h}} = \int_0^t \omega\sqrt{2g}\mu_t dt$$

$$\int_h^H \frac{\Omega dh}{\sqrt{h}} = \int_0^t \omega\sqrt{2g}\mu_t dt \tag{9-14}$$

因为考虑垂直坞墙，Ω 为常数，得到

$$2\Omega(\sqrt{H} - \sqrt{h}) = \omega\sqrt{2g}\int_0^t \mu_t dt$$

$$= \omega\sqrt{2g}\int_0^t \mu_t' \cdot \mu dt$$

$$= \mu\omega\sqrt{2g}\int_0^t \mu_t' \, dt \tag{9-15}$$

对于不同的闸门开启方式，有如下的水力计算公式：

1. 当闸门是瞬时开启时的水力计算公式：

这时 $\mu_t = \mu$ $\mu_t' = 1$

$$\int_0^t \mu_t' \ \mathrm{d}t = t \tag{9-16}$$

将（9-16）代入（9-15）式中：

$$2\Omega(\sqrt{H} - \sqrt{h}) = \mu\omega\sqrt{2g} \cdot t$$

移项 $t = \dfrac{2\Omega(\sqrt{H} - \sqrt{h})}{\mu\omega\sqrt{2g}}$ (9-17)

当灌水结束时，$h=0$，$t=T_0$

那么 $T_0 = \dfrac{2\Omega\sqrt{H}}{\mu\omega\sqrt{2g}}$ (9-18)

式中：T_0——闸门瞬时开启时的灌水时间（s），其他符号同前。上式即用闸门瞬时开启情况下，船坞灌水时间的计算公式。

2. 闸门在 t_0 的历时中，均匀、连续开启至全部打开，直至灌水完毕的水力计算公式：

为了表示闸门开启度，令 $n=t/t_0$

那么 $\mathrm{d}t = t_0\mathrm{d}n$ (9-19)

n 称为闸门开启度。当闸门不同开启度时，流量系数为 μ_n，

取 $\mu_n' = \mu_n/\mu$

（1）当 $0<t<t_0$ 时

$$\mu_n' = f(n)$$

这时 $\displaystyle\int_0^t \mu_t' \ \mathrm{d}t = \int_0^n \mu_n' \ t_0\mathrm{d}n$

$$= t_0\int_0^n \mu_n' \ \mathrm{d}n \tag{9-20}$$

将（9-20）式代入（9-15）式

$$2\Omega(\sqrt{H} - \sqrt{h}) = \mu \cdot \omega\sqrt{2g} \cdot t_0\int_0^n \mu_n' \ \mathrm{d}n \tag{9-21}$$

式中：t_0——阀门开启时的历时（s）

（2）当 $t_0<t<T$ 时

当 $t=t_0$，即 $n=1$

有：$\displaystyle\int_0^{t_0} \mu_t' \ \mathrm{d}t = \int_0^1 \mu_n' \ t_0\mathrm{d}n = t_0\int_0^1 \mu_n' \ \mathrm{d}n$

当 $t=t_0\sim T$ 时

$$\mu_t' = 1$$

$\displaystyle\int_0^t \mu_t' \ \mathrm{d}t$ 可以化成两部分叠加

即 $\displaystyle\int_0^t \mu_t' \ \mathrm{d}t = \int_0^{t_0} \mu_t' \ \mathrm{d}t + \int_{t_0}^t \mu_t' \ \mathrm{d}t = t_0\int_0^1 \mu_n' \ \mathrm{d}n + \int_{t_0}^t 1 \cdot \mathrm{d}t$

$$= t_0\int_0^1 \mu_n' \ \mathrm{d}n + t - t_0$$

$$= t - t_0\left(1 - \int_0^1 \mu_0'\mathrm{d}n\right) \tag{9-22}$$

将（9-22）式代入（9-15）式

则有 $2\Omega(\sqrt{H}-\sqrt{h}) = \mu \cdot \omega \cdot \sqrt{2g} \int_0^t \mu_t{}' \, \mathrm{d}t$

$$= \mu\omega\sqrt{2g}\left(t - t_0\left(1 - \int_0^1 \mu_n{}' \, \mathrm{d}n\right)\right)$$

移项：$\dfrac{2\Omega(\sqrt{H}-\sqrt{h})}{\mu \cdot \omega \cdot \sqrt{2g}} = t - t_0\left(1 - \int_0^1 \mu_n{}' \, \mathrm{d}n\right)$ （9-23）

对于灌水完毕时，$t=T$，$h=0$

有　$\dfrac{2\Omega\sqrt{H}}{\mu\omega\sqrt{2g}} = T - t_0\left(1 - \int_0^1 \mu_n{}' \, \mathrm{d}n\right)$

$T = \dfrac{2\Omega\sqrt{H}}{\mu\omega\sqrt{2g}} + t_0\left(1 - \int_0^1 \mu_n{}' \, \mathrm{d}n\right)$

已知：$\dfrac{2\Omega\sqrt{H}}{\mu\omega\sqrt{2g}} = T_0$

则　　$T = T_0 + t_0\left(1 - \int_0^1 \mu_n{}' \, \mathrm{d}n\right)$ （9-24）

式中：T——总灌水时间（s），其他符号同前。

此式即为闸门连续，均匀开启时灌水时间计算公式。也就是说，这种情况下的灌水时间为瞬时开启闸门的灌水时间 T_0，与由于开启闸门过程影响增加的那部分时间 t_0 $\left(1 - \int_0^1 \mu_n{}' \, \mathrm{d}n\right)$ 之和。

如果坞墙并不是垂直的，那么 $\Omega=f(h)$，在这种情况下，可采用分段法计算，即将坞室沿高度分成若干段，认为每一段的 Ω 是常数，每一段流量系数是常数 μ_i。那么由 h_i 上升至 h_{i+1} 所需要的时间 Δt_i 为：

$$\Delta t_i = \frac{2\Omega\left(\sqrt{h_i}-\sqrt{h_{i+1}}\right)}{\mu_i \cdot \omega\sqrt{2g}}$$ （9-25）

然后将各段计算 Δt 值叠加，即为 T。

$$T = \sum \Delta t_i$$ （9-26）

9.5.2　坞墙为垂直墙，且有两个灌水廊道的水力计算公式：

根据前面对于一个灌水廊道情况公式的推导，可得知对于多于一个灌水廊道的公式为：

$$2\Omega\left(\sqrt{H}-\sqrt{h}\right) = \sqrt{2g}\sum_{k=1}^{m} \omega_k \int_0^t \mu_{K \cdot t} \mathrm{d}t$$ （9-27）

式中：m——灌水廊道数；

ω_k——第 k 个灌水廊道断面积；

$\mu_{k.t}$——第 k 个灌水廊道；

t 时刻的流量系数。

其他符号同前，那么，如果有两个灌水廊道则：

$$2\Omega\left(\sqrt{H}-\sqrt{h}\right)=\sqrt{2g}\,\omega_1\int_0^t\mu_{1,t}\mathrm{d}t+\sqrt{2g}\,\omega_2\int_0^t\mu_{2,t}\mathrm{d}t \tag{9-28}$$

式中:ω_1——第一个灌水廊道面积(m^2);

ω_2——第二个灌水廊道面积(m^2);

$\mu_{1,t}$——第一个灌水廊道,t时刻流量系数;

$\mu_{2,t}$——第二个灌水廊道,t时刻流量系数。

取 $\mu_1'\cdot t=\dfrac{\mu_{1,t}}{\mu_1}$;$\mu_2'\cdot t=\dfrac{\mu_{2,t}}{\mu_2}$

式中:μ_1——第一条灌水廊道闸门全开时的流量系数

μ_2——第二条灌水廊道闸门全开时的流量系数

于是(9-28)式可写成

$$2\Omega\left(\sqrt{H}-\sqrt{h}\right)=\sqrt{2g}\cdot\omega_1\cdot\mu_1\int_0^t\mu_1'\cdot t\mathrm{d}t+\sqrt{2g}\cdot\omega_2\cdot\mu_2\int_0^t\mu_2'\cdot t\mathrm{d}t \tag{9-29}$$

1. 当两个灌水闸门同时且均为瞬时开启

$$\mu_1\cdot t=\mu_1,\ \mu_1'\ t=1$$

$$\mu_2\cdot t=\mu_2,\ \mu_2'\ t=1$$

则 $2\Omega\left(\sqrt{H}-\sqrt{h}\right)=\sqrt{2g}\,\omega_1\mu_1 t+\sqrt{2g}\,\omega_2\mu_2 t$

$$=\sqrt{2g}\,(\omega_1\mu_1+\omega_2\mu_2)t$$

$$t=\frac{2\Omega(\sqrt{H}-\sqrt{h})}{(\omega_1\mu_1+\omega_2\mu_2)\sqrt{2g}} \tag{9-30}$$

如果二个灌水廊道断面相同,即 $\omega_1=\omega_2=\omega$

$$t=\frac{2\Omega(\sqrt{H}-\sqrt{h})}{(\mu_1+\mu_2)\omega\sqrt{2g}} \tag{9-31}$$

那么整个灌水时间 T_0 为

$$T_0=\frac{2\Omega\sqrt{H}}{(\mu_1+\mu_2)2\sqrt{2g}} \tag{9-32}$$

2. 当两个闸门同时启动,均为连续、均匀开启直至全开保持到灌水结束。

(1)当 $0<t<t_{0.1}$ 及 $t_{0.2}$ 时

闸门的开启度分别以 $n_1=t/t_{0.1}$ 和 $n_2=t/t_{0.2}$ 表示。$t_{0.1}$ 和 $t_{0.2}$ 分别为两个闸门开启时间。

取 $\mu'_{1,n}=\mu_{1,n}/\mu_1$;$\mu'_{2,n}=\mu_{2,n}/\mu_2$

有 $2\Omega(\sqrt{H}-\sqrt{h})=\mu_1\omega_1\sqrt{2g}t_{0.1}\int_0^n\mu_1'\cdot n\mathrm{d}n+\mu_2\omega_2\sqrt{2g}t_{0.2}\int_0^n\mu_2'\cdot n\mathrm{d}n$ (9-33)

如果 $\omega_1=\omega_2=\omega$

$$t_{0.1}=t_{0.2}=t_0$$

那么 $2\Omega(\sqrt{H}-\sqrt{h})=\mu_1\omega\sqrt{2g}\cdot t_0\int_0^n\mu_1'\cdot n\mathrm{d}n+\mu_2\omega\sqrt{2g}t_0\int_0^n\mu_2'\cdot n\mathrm{d}n$

$$=(\mu_1+\mu_2)\omega\sqrt{2g}t_0\left(\frac{\mu_1}{\mu_1+\mu_2}\int_0^n\mu_1'\cdot n\mathrm{d}n+\frac{\mu_2}{\mu_1+\mu_2}\int_0^n\mu_2'\cdot n\mathrm{d}n\right)$$

移项后得

$$\frac{2\Omega\left(\sqrt{H}-\sqrt{h}\right)}{(\mu_1+\mu_2)\omega\sqrt{2g}} = t_0\left(\frac{\mu_1}{\mu_1+\mu_2}\int_0^n \mu_1' \cdot n\mathrm{d}n + \frac{\mu_2}{\mu_1+\mu_2}\int_0^n \mu_2' \cdot n\mathrm{d}n\right) \tag{9-34}$$

（2）当 $t_{0.1}$ 及 $t_{0.2} < t < T$ 时

$$\int_0^t \mu_{1 \cdot t}\mathrm{d}t = \int_0^{t_{0.1}} \mu_{1 \cdot t}' \ \mathrm{d}t + \int_{t_{0.1}}^t \mu_{1 \cdot t}' \ \mathrm{d}t$$

$$= t_{0.1}\int_0^1 \mu'_{1 \cdot n}\mathrm{d}n + t - t_{01}$$

$$= t - t_{0.1}\left(1 - \int_0^1 \mu'_{1 \cdot n}\mathrm{d}n\right) \tag{9-35}$$

同样 $\displaystyle\int_0^t \mu'_{2 \cdot t}\mathrm{d}t = t - t_{0.2}\left(1 - \int_0^1 \mu'_{2 \cdot n}\mathrm{d}n\right)$ $\tag{9-36}$

将（9-35）式（9-36）式代入（9-29）式中得

$$2\Omega\left(\sqrt{H}-\sqrt{h}\right) = \mu_1 \cdot \omega_1\sqrt{2g}\int_0^t \mu'_1\mathrm{d}t + \mu_2 \cdot \omega_2\sqrt{2g}\int_0^t \mu'_2 t\mathrm{d}t$$

$$= \mu_1\omega_1\sqrt{2g}\left[t - t_{0.1}\left(1 - \int_0^1 \mu'_{1 \cdot n}\mathrm{d}n\right)\right] + \mu_2\omega_2\sqrt{2g}\left[t - t_{0.2}\left(1 - \int_0^1 \mu'_{2 \cdot n}\mathrm{d}n\right)\right] \tag{9-37}$$

当 $\omega_1 = \omega_2 = \omega$ 　$t_{0.1} = t_{0.2} = t_0$ 时

则　$2\Omega\left(\sqrt{H}-\sqrt{h}\right) = \omega\sqrt{2g}\left\{t(\mu_1+\mu_2) - t_0(\mu_1+\mu_2)\left[\frac{\mu_1}{\mu_1+\mu_2}\left(1 - \int_0^1 \mu'_{1 \cdot n}\mathrm{d}n\right)\right.\right.$

$$\left.\left. + \frac{\mu_2}{\mu_1+\mu_2}\left(1 - \int_0^1 \mu'_{2 \cdot n}\mathrm{d}n\right)\right]\right\}$$

$$= \omega(\mu_1+\mu_2)\sqrt{2g}\left\{t - t_0\frac{\mu_1}{\mu_1+\mu_2}\left(1 - \int_0^1 \mu'_{1 \cdot n}\mathrm{d}n\right)\right.$$

$$\left. + \frac{\mu_2}{\mu_1+\mu_2}\left(1 - \int_0^1 \mu'_{2 \cdot n}\mathrm{d}n\right)\right\} \tag{9-38}$$

移项：

$$\frac{2\Omega(\sqrt{H}-\sqrt{h})}{(\mu_1+\mu_2)\omega\sqrt{2g}} = t - t_0\left[\frac{\mu_1}{\mu_1+\mu_2}\left(1 - \int_0^1 \mu'_{1 \cdot n}\mathrm{d}n\right) + \frac{\mu_2}{\mu_1+\mu_2}\left(1 - \int_0^1 \mu'_{2 \cdot n}\mathrm{d}n\right)\right] \tag{9-39}$$

当灌水结束时 $h=0$，$t=T$

则　$T = \dfrac{2\Omega\sqrt{H}}{(\mu_1+\mu_2)\omega\sqrt{2g}} = t - t_0\left[\dfrac{\mu_1}{\mu_1+\mu_2}\left(1 - \displaystyle\int_0^1 \mu'_{1 \cdot n}\mathrm{d}n\right) + \dfrac{\mu_2}{\mu_1+\mu_2}\left(1 - \displaystyle\int_0^1 \mu'_{2 \cdot n}\mathrm{d}n\right)\right]$ $\tag{9-40}$

取　$K_1 = \dfrac{\mu_1}{\mu_1+\mu_2}$，$K_2 = \dfrac{\mu_2}{\mu_1+\mu_2}$

并将（9-32）式代入（9-40）式

$$T = T_0 + t_0\left[K_1\left(1 - \int_0^1 \mu'_{1 \cdot n}\mathrm{d}n\right) + K_2\left(1 - \int_0^1 \mu'_{2 \cdot n}\mathrm{d}n\right)\right] \tag{9-41}$$

此式即为两个同断面灌水廊道，闸门同时开启，且为均匀、连续开启，而又同时达到全开情况下的水力计算公式。对于不是垂直坞墙的情况可以用分段法来计算 Δt，然后在叠加。

如果两个闸门不同时开启,间隔为 t_c,那么可按下述两种情况分别推导, $t_c > t_{01}$ 和 $t_c < t_{01}$。 这种情况下,计算比较复杂,灌水中很少碰到,故不再赘述了。一般情况下,两个廊道灌水都是按同时灌水计算的。

9.6 短廊道灌水的水力计算步骤

本节主要介绍,一个短廊道,坞室具有垂直墙的情况。

9.6.1 灌水时间计算

1. 计算船坞水面的面积 Ω。
2. 计算灌水廊道的流量系数 μ

$$\mu = \frac{1}{\sqrt{\sum \xi + \xi zn}} \tag{9-42}$$

式中: $\sum \xi$——灌水系统,不包括闸门阻力系数之和。

ξzn——闸门全开时($n=1$)的闸门阻力系数。

3. 闸门在不同开度情况下($n=0$-1)流量系数 μ_n 的计算,以及 $\int_0^1 \mu'_n dn$ 的计算。这可以列表计算,也可以在水力学手册中查得。

4. 计算闸门开启过程中($n=0{\sim}1$)水头 h 与时间 t 的关系 $h=f_1(t)$

当 $n=0{\sim}1$ 时,(即 $t=0{\sim}t_0$)

$$\sqrt{h} = \sqrt{H} - \frac{t_0 \mu \omega \sqrt{2g}}{2\Omega} \int_0^n \mu'_n dn \tag{9-43}$$

这样可以掌握闸门开启过程中水位变化情况,并为下面计算收缩断面的流速做准备。

5. 计算闸门全开后($n=1$)时,水头 h 与时间 t 的关系 $h=f_2(t)$

$$\sqrt{h} = \sqrt{H} - \frac{\mu \omega \sqrt{2g}}{\Omega} \left[t + t_0 \left(1 - \int_0^1 \mu'_n dn \right) \right] \tag{9-44}$$

当 $h=0$ 时,可得到总的灌水时间 T。

如果,坞墙不是垂直墙,可按(9-18)式

$$\Delta t_i = \frac{2\Omega(\sqrt{h_i} - \sqrt{h_{i+1}})}{\mu_i \cdot \omega \sqrt{2g}}$$

采取分段法计算。

9.6.2 计算船坞在灌水过程水力特征

计算船坞在灌水过程中,灌水廊道流量 Q 与时间 t 的关系,及廊道流速 V 与时间的关系 $Q=Q(t)$, $V=V(t)$

$$Q = \mu_t \omega \sqrt{2gh} \tag{9-45}$$

$$V = \mu_t \sqrt{2gh} \tag{9-46}$$

从而得到廊道灌水过程中的最大流量 Q_{max} 及最大流速 V_{max}。

9.6.3　计算闸门在开启过程中,闸门后收缩断面的最大流速 V_{cmax}

从前面计算可知在闸门各种开启度时的流量 Q_n,所以收缩断面流速 V_c 为

$$V_c = \frac{Q_n}{\omega_{n \cdot c}} \tag{9-47}$$

$$\omega_{n \cdot c} = \varepsilon \alpha \omega \tag{9-48}$$

式中: Q_n——闸门不同开启度时的流量(m^3/s)

　　　$\omega_{n \cdot c}$——闸门不同开启度时收缩断面面积(m^2)

　　　ω——闸门全开时断面面积(m^2)

　　　α——闸门开启面积与全开面积之比 $\propto = \omega_n / \omega$

　　　ω_n——闸门不同开启度时的过水面积(m^2)

　　　ε——收缩系数

9.6.4　计算灌水过程中,闸门后面的压力下降

9.6.5　计算灌水过程中,船坞内水面上升速度

一般来说,上升速度很小,对船舶影响不大,设计中可不必计算。

在进行上述各项计算时,最好根据计算公式列成表格进行计算,因为这样既方便又可简化了计算。

9.7　短廊道灌水计算中的几个问题

9.7.1　闸门全开时($n=1$)的流量系数计算问题

关于流量系数 μ 值的计算,需要首先拟定灌水廊道的布置。一般是采用试算法。即依据船坞尺寸、潮位资料、选用的阀门等按下述步骤进行计算:

1. 假定 μ 值,一般可取 $\mu_1 = 0.5 \sim 0.6$。

2. 按闸门瞬时开启的公式 $T_0 = \dfrac{2\Omega\sqrt{H}}{\mu\omega\sqrt{2g}}$,计算 ω_1 值。

3. 根据 ω_1 值确定廊道断面尺寸及线型。

4. 计算已拟定的灌水廊道的流量系数 μ_2。如 μ_1 与 μ_2 相差很大，则需要另行假设 μ_1，重新布置，计算，直至 μ_1 与 μ_2 相近。

5. 根据计算结果最后确定廊道布置和尺寸。并详细计算其流量系数 μ。

在确定流量系数时，有两种方法：

1. 通过水力模型试验方法确定。一般在实验前须拟定灌水廊道的布置。因此，实验是属于一种验证性的。

2. 通过计算方法确定 μ 值。公式中的 $\sum\xi$ 一般包括进口、栏污栅、转弯、扩大、缩小、出口等局部损失及沿程损失。上述的局部损失可查有关资料。ξzn 也可从有关资料查出。（可参阅船闸水力学的附录）

但应注意，各阻力系数与相应的速度水头之积为其阻力。因此查用阻力系数时，应注意它所对应的流速。一般做法是选取闸门处廊道断面为计算断面。各阻力系数均换算成相应该计算断面流速的值。这样比较便于计算。不同断面阻力系数值之比与断面面积平方之比相等。即

$$\frac{\xi_K}{\xi_X} = \left(\frac{\omega_K}{\omega_X}\right)^2 \tag{9-49}$$

这样流量系数公式可写成

$$\mu = \frac{1}{\sqrt{\sum\xi_X\left(\dfrac{\omega_K}{\omega_X}\right)^2 + \xi zn}} \tag{9-50}$$

式中：ω_K——计算断面面积（m^2）；ω_X——任意管段的断面面积（m^2）；ξ_X——任意管段的阻力系数；其他符号同前。

9.7.2　灌水时间计算问题

在 9.6 中介绍了有关的计算公式。在设计中依据不同情况，选择有关公式计算。下面介绍两种常见情况的计算方法：

1. 坞室为垂直墙，一个灌水廊道，廊道出口在坞室底板以下。闸门为均匀、连续开启。

这种情况，可以直接用公式计算：

$$T = \frac{2\Omega\sqrt{H}}{\mu\omega\sqrt{2g}} + t_0\left(1 - \int_0^1\mu'_n\mathrm{d}n\right) \tag{9-51}$$

式中 Ω、H、μ、ω、t_0 均为已知，$\int_0^1\mu'_n\mathrm{d}n$ 值取决于闸门型式。这样计算 T 就比较容易了。

2. 坞墙是垂直的，但分成两段中间设有平台，其他情况如前。

平台以下的坞室水面面积为 Ω_1

平台以下的坞室水面面积为 Ω_2

平台至海面（河面）垂直距离为 h_1

这时灌水时间应分两段计算

（1）$h=H\sim(H-h_1)$时

$$t_1 = \frac{2\Omega\sqrt{H}-\sqrt{h_1}}{\mu\omega\sqrt{2g}} + t_0\left(1-\int_0^1\mu'_n\mathrm{d}n\right) \tag{9-52}$$

（2）$h=(H-h_1)\sim0$ 时

$$t_2 = \frac{2\Omega_2\sqrt{h_1}}{\mu\omega\sqrt{2g}} \tag{9-53}$$

总灌水时间 $T=t_1+t_2$

9.7.3　闸门后收缩断面的最大流速计算

前面已经介绍了 V_c 的计算公式,其中有关系数介绍如下:α 值对于矩形断面等于开启值,对于圆形断面则可参阅表 9.1。

表 9.1　圆形闸阀 α 值

开度 $n=e/d$	$\frac{1}{8}$	$\frac{2}{8}$	$\frac{3}{8}$	$\frac{4}{8}$	$\frac{5}{8}$	$\frac{6}{8}$	$\frac{7}{8}$	$\frac{8}{8}$
$\alpha=\omega_{\text{开}}/\omega$	0.159	0.315	0.466	0.609	0.740	0.856	0.948	1.0

至于收缩系数 ε 与闸门型式有关,下面列出船坞灌水中所常用闸门型式的收缩系数:

表 9.2　平板闸门的收缩系数 ε

开度 $n=e/H$	0.1	0.2	0.3	0.4	0.5	0.6	0.7
ε	0.615	0.620	0.625	0.630	0.645	0.660	0.690
开度 $n=e/H$	0.75	0.8	0.85	0.90	0.95	1.00	
ε	0.705	0.720	0.745	0.780	0.835	1.000	

圆形闸门的收缩系数 ε,可以根据"水力摩阻"一书介绍的公式确定:

$$\varepsilon = \frac{1}{1+0.070\sqrt{1-\alpha}} \tag{9-54}$$

式中:ε——收缩系数,α——闸门开启面积与闸门全开时面积之比。按（9-54）式计算结果列于表 9.3。

表 9.3　圆形闸阀收缩系数 ε

开度 $n=e/d$	$\frac{1}{8}$	$\frac{2}{8}$	$\frac{3}{8}$	$\frac{4}{8}$	$\frac{5}{8}$	$\frac{6}{8}$	$\frac{7}{8}$	$\frac{8}{8}$
ε	0.608	0.630	0.660	0.693	0.734	0.778	0.860	1.0

9.8 虹吸廊道灌水系统水力计算

虹吸廊道作为船坞灌水的一种新型式,具有结构简单、防冰防沙、断流迅速的优点。与传统闸阀灌水相比,显示了很大的优越性,避免了锈蚀所引起的阀关闭不严及干船坞的漏水问题,极大地改善了船厂工人的工作环境。虹吸式输水管道作为船坞灌排水的一种新型式,已引起各船坞设计和船舶生产单位的广泛关注。山海关船厂15万吨级修船坞于1998年底建成,工程经过多年的运行与实践,证明当时试验研究成果是合乎实际的,所得到的虹吸灌水廊道设计方案是可行的,虹吸灌水方式是成功的,试验研究成果经住了历史的考验,也为我国其他的船坞的虹吸灌水系统设计提供了宝贵的试验研究资料,本节以山海关船厂15万吨级修船坞虹吸灌水方式,讲解其灌水水力计算模式。

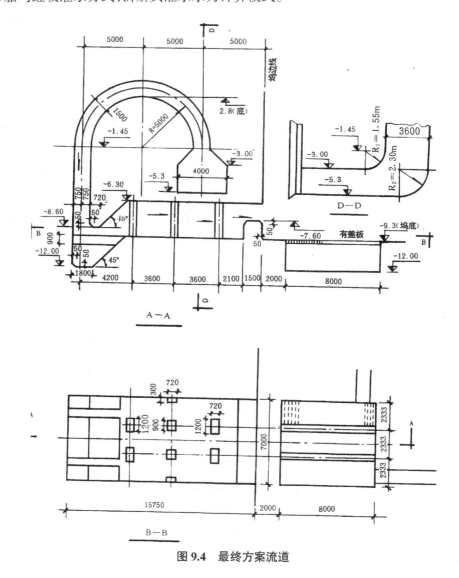

图9.4 最终方案流道

针对船坞的最终优化方案图 9-4,阐述船坞虹吸廊道灌水流量、坞室水位和功率过程与灌水时间的理论计算方法。

9.8.1 基本方程

针对所最终得到的优化方案,参见图 9.3。列水流能量方程和连续性方程:

$$H_0 = H_W + \sum \xi_i \frac{v_i^2}{2g} + \sum \lambda_i \frac{l_i}{4R_i} \frac{v_i^2}{2g} + \alpha \frac{v_W^2}{2g} \tag{9-55}$$

$$Q = \omega_i v_i = \omega_{出} v_{出} \tag{9-56}$$

$$\lambda_i = \frac{8g}{C_i^2}$$

$$C_i = \frac{1}{n} R_i^{1/6} \tag{9-57}$$

由(9-55)(9-56)可得:

$$Q = \mu \sqrt{2gH} \tag{9-58}$$

其中:$H=H_0-H_w$,为作用水头;H_0 为外海潮位,H_w 为坞室水位,v_w 为坞室断面平均流速;v_i,ξ_i,λ_i,R_i,ω_i,C_i,n,l_i 分别为虹吸灌水廊道中各典型段的平均流速、局部阻力系数、沿程阻力系数、水力半径、断面面积、谢才系数、曼宁糙率和流段长度;$\omega_{出}$,$v_{出}$ 为虹吸灌水廊道出口面积和出口流速,Q 为流量,μ 为综合流量模数。

9.8.2 灌水流量过程计算

计算公式:

单侧灌水 $Q = \mu\omega\sqrt{2gH}$ (9-59)

双侧灌水 $Q = 2\mu\omega\sqrt{2gH}$ (9-60)

上式中,Q 为流量(m^3/s);ω 为流道出口断面面积($7 \times 1.3 = 9.1\ m^2$);g 为重力加速度($9.8\ m/s^2$);μ 为实测流量系数($\mu=0.33$);H 为作用水头(m);与海水位 H_0 和坞室水位 H_w 有关。当 $H_w \leqslant -6.3\ m$ 时为自由出流,

$$H = H_0 - \nabla \tag{9-61}$$

上式中,∇ 为流道出口断面形心点高程,$\nabla = -6.95$(m);当 $H_w > -6.3$(m)时为淹没出流,

$$H = H_0 - H_w \tag{9-62}$$

坞室水深 h_w 与水位 H_w 之间的换算关系为

$$H_w = h_w - 9.3 \tag{9-63}$$

9.8.3 坞室水位(水深)过程计算

设从坞室水深为零开始的灌水时间为 t,分别考虑如下两个不同阶段:

（1）当 $H_w \leqslant -6.3$ m 或 $h_w \leqslant 3.0$ m 时为自由出流，单侧灌水水量连续条件为

$$\int_{-9.3}^{H_w} \Omega \mathrm{d}H_w = \int_0^t Q\mathrm{d}t = \int_0^t \mu\omega\sqrt{2g(H_0 + 6.95)}\mathrm{d}t \qquad (9\text{-}64)$$

上式中，Ω 为坞室面积（不考虑底坡）$=340 \times 64 = 21\ 760$ m²。对式（9-64）积分并由式（9-58）可得

$$t = \frac{\Omega(H_w + 9.3)}{\mu\omega\sqrt{2g(H_0 + 6.95)}} = \frac{\Omega h_w}{\mu\omega\sqrt{2g(H_0 + 6.95)}} \qquad (9\text{-}65)$$

类似地，对双侧灌水可得

$$t = \frac{\Omega(H_w + 9.3)}{2\mu\omega\sqrt{2g(H_0 + 6.95)}} = \frac{\Omega h_w}{2\mu\omega\sqrt{2g(H_0 + 6.95)}} \qquad (9\text{-}66)$$

（2）当 $H_w > -6.3$ m 或 $h_w > 3.0$ m 时为淹没出流。单侧灌水量连续条件为

$$\int_{-6.3}^{H_w} \Omega \mathrm{d}H_w - \int_{t_1}^t Q\mathrm{d}t = \int_{t_1}^t \mu\omega\sqrt{2g(H_0 - H_w)}\mathrm{d}t \qquad (9\text{-}67)$$

上式中，t_1 为从坞室水深 $h_w = 0.0$ m 起采用单侧灌水至 $h_w = 3.0$ m 或（$H_w = -6.3$ m）的时间。积分式（9-67）得

$$t = t_1 + \frac{2\Omega}{\mu\omega\sqrt{2g}}\left(\sqrt{H_0 + 6.3} - \sqrt{H_0 - H_w}\right) \qquad (9\text{-}68)$$

类似地，对双侧灌水可得

$$t = T_1 + \frac{2\Omega}{\mu\omega\sqrt{2g}}\left(\sqrt{H_0 + 6.3} - \sqrt{H_0 - H_w}\right) \qquad (9\text{-}69)$$

上式中，T_1 为从坞室水深 $h_w = 0.0$ m 起采用双侧灌水至 $h_w = 3.0$ m 或（$H_w = -6.3$ m）的时间。

9.8.4   灌水功率过程计算

计算公式为：$N = \gamma QH$ $\qquad (9\text{-}70)$

上式中，N 为功率（kW）；γ 为水的重率（≈ 10.0 kN/m³）；Q 为流量（m³/s）；H 为作用水头（m）。Q 和 H 可按前述方法计算。

9.8.5   灌水时间计算

由式（9-64）和式（9-65）可确定从坞室水深 $h_w = 0.0$ m 起灌水至 $h_w = 3.0$ m 或（$H_w = -6.3$ m）的时间。

单侧灌水：$t_1 = \dfrac{3\Omega}{\mu\omega\sqrt{2g(H_0 + 6.95)}}$ $\qquad (9\text{-}71a)$

双侧灌水：$T_1 = \dfrac{3\Omega}{2\mu\omega\sqrt{2g(H_0 + 6.95)}}$ $\qquad (9\text{-}71b)$

再由式（9-68）和（9-69）可确定从坞室水深 $h_w = 0.0$ m 起至灌满 $h_w = H_0 + 9.3$（或 $H_w = H_0$

的总时间：

$$单侧灌水：t_2 = t_1 + \frac{2\Omega}{\mu\omega\sqrt{2g}}\sqrt{H_0 + 6.3} \tag{9-72a}$$

$$双侧灌水：T_2 = T_1 + \frac{\Omega}{\mu\omega\sqrt{2g}}\sqrt{H_0 + 6.3} \tag{9-72b}$$

在表 9.4 中给出了 4 个外海水位条件下采用单侧或双侧同时灌水的总灌水时间；在表 9.5 中给出了 4 个外海水位条件下从 0.0 m 水深单侧灌至 3.3 m，再双侧灌满的总时间。可见，灌水时间满足设计要求。

表 9.4　采用单侧或双侧同时灌水的总灌水时间

外海水位（m）	2.0		1.0		0.0		-1.0	
	单侧	双侧	单侧	双侧	单侧	双侧	单侧	双侧
从 0.0 m 灌至 3.0 m 深时间（分钟）	27.4	13.7	29.0	14.5	31.1	15.6	33.6	16.8
从 3.0 m 水深至灌满时间（分钟）	157.3	78.7	147.5	73.8	137.0	68.5	125.7	62.9
从 0.0 m 至灌满的总时间（分钟）	184.7	92.4	176.5	88.3	168.1	84.1	159.3	79.7

表 9.5　0.0 m 水深单侧灌至 3.3 m，再双侧同时灌满的总时间

外海水位（m）	2.0		1.0		0.0		-1.0	
	单侧	双侧	单侧	双侧	单侧	双侧	单侧	双侧
从 0.0 m 水深至 3.0 m 深时间（分钟）	27.4		29.0		31.1		33.6	
从 3.0 m 水深至 3.3 m 水深时间（分钟）	2.9		3.1		3.3		3.6	
从 3.3 m 水深至灌满的总时间（分钟）		77.2		72.2		66.9		61.0
从 0.0 m 水深单侧灌水至 3.3 m，再双侧灌满的总时间（分钟）	107.5		104.3		101.3		98.2	

9.8.6　灌水流量、坞室水深（水位）及灌水功率过程线

实测与计算的流量过程线如附图 9.5 所示，坞室水深、水位过程线如附图 9.6 所示，灌水功率过程线如附图 9.7 所示。可以看出，实测与计算过程线吻合较好。

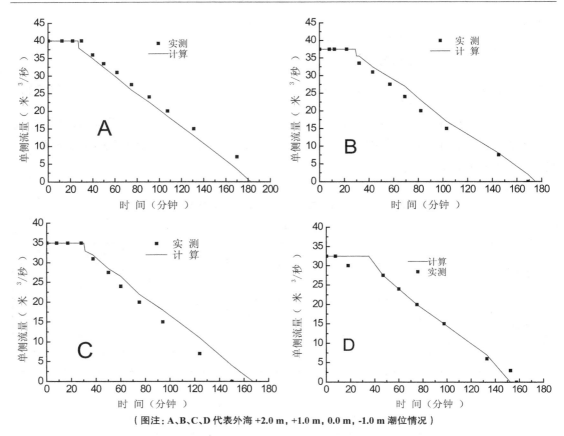

（图注：A、B、C、D 代表外海 +2.0 m，+1.0 m，0.0 m，-1.0 m 潮位情况）

图 9.5　灌水流量过程线

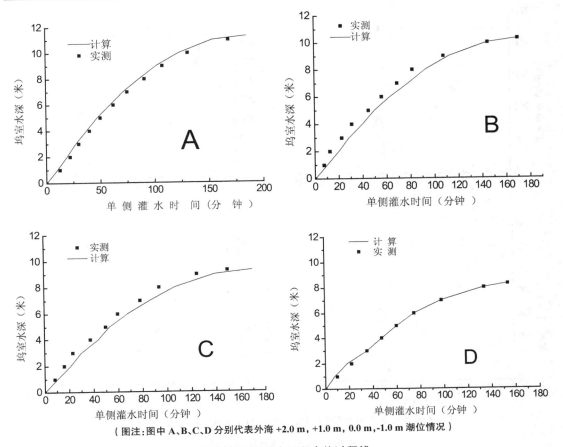

（图注：图中 A、B、C、D 分别代表外海 +2.0 m，+1.0 m，0.0 m，-1.0 m 潮位情况）

图 9.6　船坞室水深和水位过程线

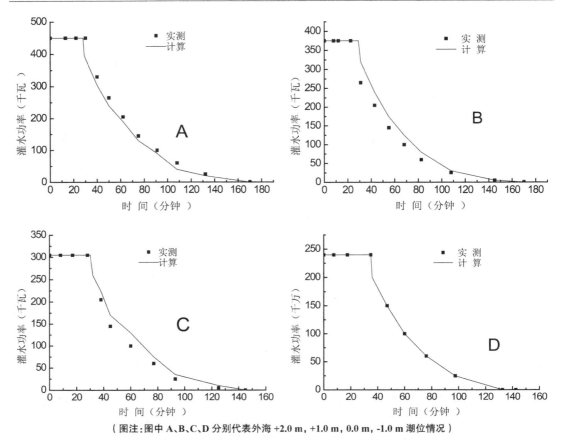

（图注：图中 A、B、C、D 分别代表外海 +2.0 m, +1.0 m, 0.0 m, -1.0 m 潮位情况）

图 9.7　单侧灌水功率过程线

9.9　竖井闸阀灌水系统水力计算

　　船坞的短廊道灌水形式在国内外的应用十分广泛,竖井闸阀灌水是其中有代表性的一种形式。廊道中的水流属非恒定流,边界条件复杂,局部阻力占主导因素,廊道水力特性很难有解析解,本节结合深圳孖洲岛友联修船坞,对特大型船坞灌水流道复杂水力特性进行理论计算。

　　招商局深圳孖洲岛友联修船基地的 35 万吨级修船坞采用单侧短廊道灌水方式,空坞灌水时间 2.5 小时,灌水流道负压值控制在 3.0 米水柱以上,即(h_v >3.0 m)。校核高潮位 4.21 m,设计高潮位 2.91 m,船舶进出坞正常潮位 1.76 m,设计低潮位 0.41 m ,校核低潮位 -0.29 m。坞室长 400 米,宽 83 米,坞深 13.5 米,有效水深 10 米,船坞空坞灌水量约 33.7 万立方米。坞室设有横坡与纵坡,自坞门向后纵坡为 1/400,船坞底中心线在坞艏处(坞口处)标高 -8.5 米,坞艉处为 -7.5 米,见图 9.8。

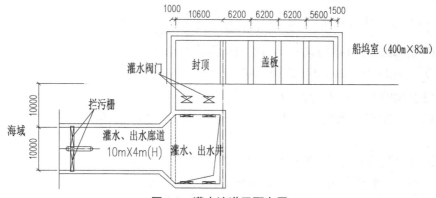

图9.8　灌水流道平面布置

9.9.1　流量系数计算

1.1　由海到坞室整个过程段有：

能量方程 $H_s = H_w + \sum \xi_i \dfrac{v_i^2}{2g} + \sum \lambda_i \dfrac{l_i}{4R_i} \dfrac{v_i^2}{2g} + \alpha \dfrac{v^2}{2g}$ 　　　　　（9-73）

连续方程 $Q = v_i A_i$ 　　　　　（9-74）

由（9-73）、（9-74）式得：

$$Q = \mu \sqrt{2g(H_s - H_w)}$$ 　　　　　（9-75）

$$\lambda_i = \frac{8g}{C_i^2} \; ; \; C_i = \frac{1}{n} R_i^{1/6}$$

式中：海水位 H_s；坞室水位 H_w；A_i、ξ_i、v_i、λ_i、l_i、R_i 分别为廊道各段断面面积、局部阻力系数、流速、沿程阻力系数、流段长度、水力半径；v 为坞室断面平均流速；n 为糙率；μ 为流量系数。

1.2　水头损失计算

考虑廊道双管灌水，阀门全开。将整个灌水廊道细分为几个典型段：外海到井段、阀门段、盖板六米段、盖板四米段和大明沟段，其水头损失分别为 h_1、h_2、h_3、h_4、h_5。

a、 对外海到井段廊道有：进口阻力系数 ξ_1、栏污栅阻力系数 ξ_2、沿程阻力系数 ξ_3、出口阻力系数 ξ_4。

进口阻力系数 ξ_1，查表，得 $\xi_1 = 0.5$；

栏污栅阻力系数：

$$\xi_2 = 2.42 \left(\frac{S}{D} \right) \approx 2.34 \; ;$$

沿程阻力系数：

$$\xi_3 = \frac{2gL}{C^2 R} \; ;$$

式中：L 为沿程长度，单位 m；C 为谢才系数，$C = R^{1/6}/n$ 其中 R 为水力半径；R 为水力半径，$R = \omega/\chi$ 其中 ω 为断面面积，χ 为湿周长；而 $R = \omega/\chi = 4 \times 4.5 / (2 \times 4 + 2 \times 4.5) = 1.06$；$C = \dfrac{1}{n}$

$R^{1/6}=\dfrac{1}{0.014}\times1.06^{\frac{1}{6}}=72.13$；所以，$\xi_3=\dfrac{2gL}{C^2R}=\dfrac{2\times9.8\times25}{72.13^2\times1.06}=0.09$；出口阻力系数 ξ_4，查表，得 $\xi_4=0.81$。因此，海到井过程的这一段廊道总的阻力系数为：

$$\sum\xi_i=2\times(\xi_1+\xi_2+\xi_3+\xi_4)=7.48$$

由该段引起的水头损失为 $h_1=7.48v_1^2/2g$。

b、在阀门段主要考虑的阻力系数有：阀门入口阻力系数 ξ_5、阀门阻力系数 ξ_6、阀门出口阻力系数 ξ_7。

阀门入口处是切角型式，查表可得：$\xi_5=0.25$

阀门采用的是蝶阀，当阀门全开的时候，查表得：$\xi_6=0.24$

阀门出口阻力系数通过公式计算：

$$\xi_7=\left(1-\dfrac{\omega_1}{\omega_2}\right)^2$$

阀门出口直径 $d=3$ m，断面面积 $\omega_1=\pi d^2/4=7.07$ m²，$\omega_2=4.5\times10.6=47.7$ m² 则，

$$\xi_7=\left(1-\dfrac{\omega_1}{\omega_2}\right)^2=\left(1-\dfrac{7.07}{47.0}\right)^2\approx0.726\;;$$

由于所采用的是双蝶阀，双管，阀门全开，因此这一段总的阻力系数是这三部分阻力系数的两倍，即

$$\sum\xi_i=2(\xi_5+\xi_6+\xi_7)=2\times(0.25+0.24+0.726)=2.432$$

阀门段引起的水头损失为 $h_2=2.432v_2^2/2g$。

C、盖板（六米）段，主要考虑进口阻力系数 ξ_8 和出口阻力系数 ξ_9

进口阻力系数等于阀门出口阻力系数，即 $\xi_8=\xi_7=0.805$

出口由于收缩，其阻力系数为：

$$\xi_9=0.5\left(1-\dfrac{\omega_2}{\omega_1}\right)$$

其中 $\omega_1=4.5\times10.6=47.7$ m²；$\omega_2=2.5\times10.6=26.5$ m²

则有 $\xi_9=0.5\left(1-\dfrac{\omega_2}{\omega_1}\right)=0.5\times\left(1-\dfrac{26.5}{47.7}\right)=0.22\;;$

在盖板（六米）段的进口阻力系数已考虑在引起阀门段的水头损失里，因此在这一段只需考虑由于收缩引起的出口阻力系数，其水头损失

$$h_3=0.22\dfrac{v_4^2}{2g}$$

d、盖板（四米）段是六米段的延伸，因此在这一段的阻力系数只考虑出口阻力系数 ξ_{10} 和转角阻力系数 ξ_{11}。

出口突然扩张，其阻力系数 $\xi_{10}=\left(1-\dfrac{\omega_1}{\omega_2}\right)^2$

式中：$\omega_1=3.5\times4=14$ m²；$\omega_2=5\times10=50$ m²

所以，$\xi_{10} = \left(1 - \dfrac{\omega_1}{\omega_2}\right)^2 = \left(1 - \dfrac{14}{50}\right)^2 = 0.51$

直转角阻力系数：

$$\xi_{11} = 0.946\left(\sin\frac{90°}{2}\right)^2 + 2.05 \times \sin^4\frac{90°}{2}$$

$$= 0.946 \times 0.5 + 2.05 \times 0.25 = 0.985\,5$$

该段水头损失 $h_4 = (0.51 + 0.985\,5)v_4^2/2g = 1.495\,5v_4^2/2g$；

e、大明沟段采用分散出水方式，主要考虑分散出水阻力系数：

$$\xi_{12} = \frac{1}{\sin^2\left(k_f\dfrac{\sum\omega_B}{\omega}\right)}$$

式中：查表得 $k_f = 0.75$；而 $\omega = 5 \times 10 = 50$　m^2；$\sum\omega_B = 27$　m^2；所以，$\xi_{12} = \dfrac{1}{\sin^2\left(k_f\dfrac{\sum\omega_B}{\omega}\right)}$

$= \dfrac{1}{\sin^2(0.75 \times 0.54)} = 6.43$，大明沟段的水头损失为 $h_5 = 6.43v_5^2/2g$。

1.3　由（9-74）式，可得

$$A_1v_1 = 2A_2v_2 = A_3v_3 = A_4v_4 = A_5v_5$$

式中：海到井过程段灌水廊道的横截面积——$A_1 = 4 \times 10 = 40$ m^2

　　阀门段的出口横截面积——$A_2 = 3.14 \times 2.5^2/4 = 4.906$ m^2；

　　盖板段的平均横截面积——$A_4 = 14$ m^2；

　　大明沟段的平均横截面积——$A_5 = 50$ m^2

所以 $v_1 = 2A_2v_2/A_1 = 0.246$；$v_4 = 2A_2v_2/A_4 = 0.70$；$v_5 = 2A_2v_2/A_5 = 0.492$。

表 9.6　阀门直径为 2.5 米时各个典型段的水头损失

各典型段	海到井段	阀门段	盖板（六米）段	盖板（四米）段	大明沟段
水头损失	$h_1 = 7.48v_1^2/2g$	$h_2 = 2.59v_2^2/2g$	$h_3 = 0.22v_4^2/2g$	$h_4 = 1.495\,5v_4^2/2g$	$h_5 = 6.43v_5^2/2g$
代入 v_2	$h_1 = 0.453v_2^2/2g$	$h_1 = 2.59v_2^2/2g$	$h_1 = 1.08v_2^2/2g$	$h_1 = 0.732v_2^2/2g$	$h_1 = 1.56v_2^2/2g$

坞室断面平均流速与廊道内水流速度相比可不计，由（9-73）式，可得

$$H_s - H_w = \sum h_i + h = h_1 + h_2 + h_3 + h_4 + h_5$$

$$= (0.453 + 2.59 + 0.108 + 0.732 + 1.56)\frac{v_2^2}{2g}$$

$$= 5.44\frac{v_2^2}{2g}$$

则有，$v_2 = \dfrac{1}{\sqrt{5.443}}\sqrt{2g(H_s - H_w)}$

即流量系数 $\mu = 0.429$。

9.9.2　灌水流量、时间及坞室水位计算

2.1　灌水时间计算公式

由灌水连续条件

$$dV = Q_t \cdot dt = \mu_t \omega \sqrt{2gh} \cdot dt$$

$$dV = -\Omega \cdot dh$$

由以上两式得

$$dt = -\frac{\Omega}{\mu_t \omega \sqrt{2g}} \cdot \frac{dh}{\sqrt{h}} \tag{9-76}$$

式中：μ_t 为 t 时刻流量系数；h 为 t 时刻作用水头；ω 为阀门处断面面积；Ω 为坞室面积。

设从坞室水深为零开始灌水，不考虑底坡度，坞室面积为 Ω，则灌水时间为：

$$T = \int_0^T dt = \int_H^0 -\frac{\Omega}{\mu \omega \sqrt{2g}} \cdot \frac{dh}{\sqrt{h}} = \frac{2\Omega \sqrt{H}}{\mu \omega \sqrt{2g}}$$

式中：T——灌水总时间；H——$t=0$ 时刻作用水头；μ——流量系数为 0.429

管道出口直径 $d=3$ m，阀门段出口面积为：

$$\omega = 2 \cdot \frac{\pi d^2}{4} = 2 \cdot \frac{\pi \cdot 3^2}{4} = 14.13 \text{ m}^2$$

坞室面积为：$\Omega = 400 \times 83 = 33\ 200 \text{ m}^2$

由计算公式（9-76）对不同工况，既潮位（4.2 m；4.0 m；3.0 m；2.0 m；1.0 m；0.00 m）进行计算（不考虑底坡度）。

坞室的灌水时间：

表 9.7　坞灌水时间（阀门直径径 2.5 m）

潮位 （m）	水头 H（m）	理论计算 灌水时间	实验测 灌水时间
4.0	12.50	2.43	2.48
3.0	11.5	2.33	2.38
2.0	10.5	2.22	2.27
1.0	9.5	2.12	2.16
0.0	8.5	2.01	2.05

2.2　作用水头 h、灌水流量 Q_t、坞室水深 H_{wt} 计算

根据式（9-76），有

$$\int_0^t \mu_t dt = -\frac{\Omega}{\omega \sqrt{2g}} \cdot \int_H^h \frac{1}{\sqrt{h}} dh = \frac{2\Omega}{\omega \sqrt{2g}} (\sqrt{H} - \sqrt{h})$$

H：开始时刻作用水头

阀门全开其流量系数为常数 $\mu_t = \mu = 0.58$

作用水头：$h = \left(\sqrt{H} - \dfrac{\mu\omega\sqrt{2g}}{2\Omega} t \right)^2$ 　　　　　　　　　　　（9-77）

则 t 时刻流量：$Q_t = \mu\omega\sqrt{2gh} = \mu\omega\sqrt{2g}\left(\sqrt{H} - \dfrac{\mu\omega\sqrt{2g}}{2\Omega} t \right)$ 　　　（9-78）

t 时刻坞室水深：$H_{wt} = \dfrac{\int_0^t Q_t \mathrm{d}t}{\Omega} = \dfrac{\mu\omega\sqrt{2g}}{\Omega}\left(\sqrt{H}\cdot t - \dfrac{\mu\omega\sqrt{2g}}{4\Omega} t^2 \right)$ 　（9-79）

　　灌水时流量、坞室水深、作用水头与时间的关系是工程中所关心的问题，经计算分别给出在外海水位为 0.0 米、2.0 米 4.0 米的工况下，坞双管灌水过程中各特征量（流量、坞室水深、及作用水头）与时间的关系曲线，见图 9.9~ 图 9.11。

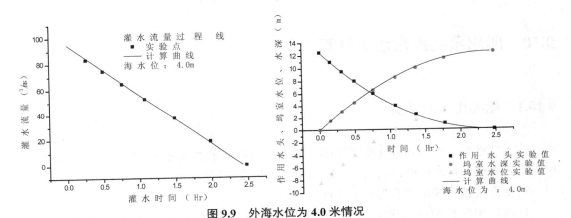

图 9.9　外海水位为 4.0 米情况

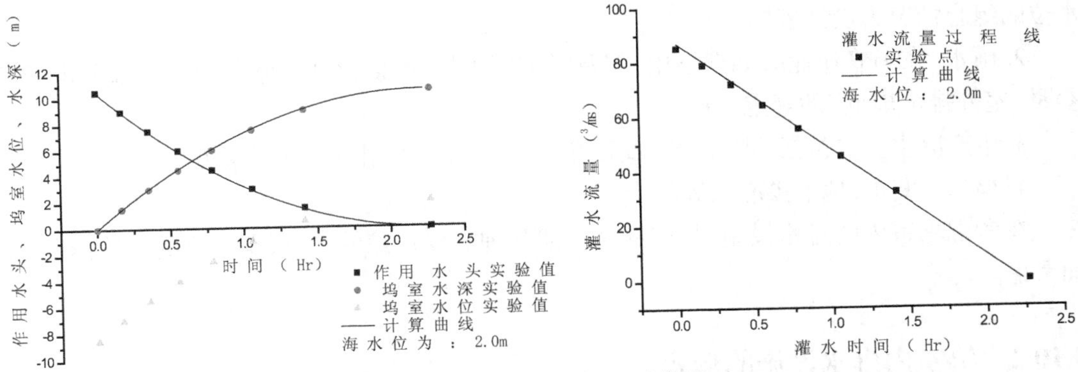

图 9.10　外海水位为 2.0 米情况

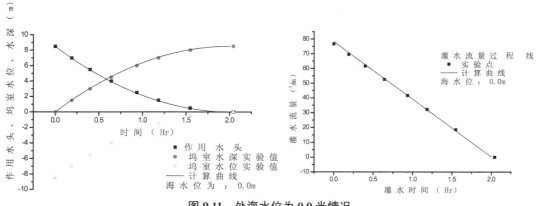

图 9.11   外海水位为 0.0 米情况

9.10   船坞泵站排水水力计算

9.10.1   船坞排水的种类

为了能把坞室内的各种需要排除的水集中到泵房集水池,根据船坞的具体情况,在坞室内应设置相应的排水设施,如底板做成纵、横向的坡度,各种排水沟或涵管等。

坞室需要排除的水主要为以下几种:

1. 进出船舶是灌进屋内的海水或河水。这部分水量最大。由于坞外面水域的水位不同,坞内有无船舶及其大小不同,这部分水的体积也不同。一般以坞内无船,坞外为进出坞水位的组合情况为设计依据。

2. 雨水,在坞修作业时如遇下雨,需及时把雨水排除,以保证正常作业。这部分水量可参照“室外排水规范”的规定来计算。

3. 生产废水。它包括冲洗废水,如采用高压水除锈时,则有除锈废水等。

4. 坞门渗漏水,地下渗漏水等。

在考虑坞室内的排水设施时,应针对上述几种需要排除的水,根据船坞的具体情况,全面考虑。

9.10.2   坞室内排水设施的形式

坞室内的排水设施主要是底板坡度和排水沟、涵的设置。这些设施的设置都和船坞工艺、水工结构工种有关。例如,沿坞轴线方向设纵坡对排水是有利的,但有可能增加结构上的复杂或提高造价。因此有些问题应按照不同的情况同相关工种共同协商,综合考虑确定。

1. 设横坡,不设纵坡,坞室两侧设排水沟,坞首设大明渠。这种形式由于没有纵坡,在主泵排水时余水量较大,所以排水时间较长。但对摆设坞墩比较方便。对于一般船坞在 5 万吨级以下,使用这种形式还是可以的。

2. 没有纵坡、有横坡,两侧有边沟下面,下面设尺度较大的暗沟。

这种形式对于坞室较长,余水量较大的情况比较适用。它不影响坞墩设置,又能充分发挥主泵的作用,缩短排水时间,但增加了底板结构的复杂性,相应地造价也要增加。采用这种形式时排水能力应大于 1 台主泵的抽水量。

3. 设有纵、横坡,两侧有边沟。

这种布置形式,对于排除余水和生产废水都是有利的,坡度一般为 1/500~1/300 左右,但是由于纵向坡度使坞墩的设置不太方便。

以上三种形式为一般常见的,具体采取那种形式,或者采用另外的形式应但根据具体情况确定。

9.10.3 船坞泵房的位置和形式

船坞泵房的位置,是根据船坞布置情况和水域情况确定的。目前国内外的已建成船坞,泵房多数布置在坞口。这样排水系统距离水域较近,管道或廊道较短。因而水力损失相应地也小一些。另外,泵房结构与坞口构筑物可结合考虑,水工造价可降低一些。这是一种较为普遍的形式。

泵房的形式:船坞泵房从有无地面以上的建筑可分为两类,一类是地下式泵房;另一类是半地下式泵房。地下式泵房,由于没有地面以上的建筑,因此对进出坞作业没有影响。但是,泵房的通风和防潮问题比较困难,人员的工作条件较差,泵房的人员进出也不大方便。

9.10.4 船坞泵房常用水泵

船坞泵房中所用的各种水泵,均为叶片泵,也就是离心泵、轴流泵及混流泵三种。

1. 离心泵

离心泵的原理是由于离心作用,给叶轮内液体以压力能和速度能。进而在壳体或导叶内,将其一部分速度能转化为压力能。离心泵是一种应用广泛的水泵。离心泵的比转数 n_s=30~300,扬程 H=5~1 000 m。它具有安装、操作、检修方便;有一定吸程;高效区范围广;关死点轴功率低的优点。所以在泵房中的辅泵、冲洗泵、减压排水泵、压舱泵及排渍泵均采用离心泵。

2. 轴流泵

轴流泵是由叶片的升力作用,给叶轮内液体以压力能和速度能。通常是在导叶内,将一部分速度能转化为压力能。

轴流泵在叶片泵里面相比,它的比转数最大 n_s=500~1 000。在一般情况下,扬程不超过 8 m 的范围内,最为合适。

轴流泵按其安装形式可以分为立式、卧式和斜式三种。其中以立式采用最为广泛,它的优点是:流量大;扬程低;占地面积小;配套电机在水泵上面,有利于保持干燥;叶轮浸入水中,启动方便。但是另一方面它具有如下缺点:安装精度要求高;叶轮淹没深度较大;不能在小流量和关死点启动和运转。所以在出水管上只装单流阀,如装闸阀则须使其处于全开状态才能启动水泵。

2. 混流泵

混流泵是介于离心泵和轴流泵之间的一种水泵。它是离心力和叶片升力的共同作用,给叶轮内液体以压力能和速度能。进而,在导叶内将其一部分速度能转变为压力能。

混流泵的比转数 n_s=300~500。它的扬程适用于 2~20 m 的情况。它兼备离心泵和轴流泵的性能和特点。它的特点是扬程中等、流量较大、结构简单、体积小、重量轻、使用方便。混流泵同轴流泵相比,高效区范围比较宽,在全范围内功率大致相等。混流泵可以在关死点工况下启动和运转。在汽蚀方面比轴流泵汽蚀性能要好。叶轮淹没深度要求比轴流泵低。总之混流泵在汽蚀方面和扬程使用范围方面都比轴流泵要好,对于船坞排水来说,是一种比较理想的泵型。

9.10.5 主泵选型

主泵选型问题是一个综合性的问题,应当全面考虑。一般来说,主要应考虑下列因素:

①船坞排水特点是,开始时坞内外水位齐平,水泵运转初期的流量很大。以后,随着坞室内水位下降,水泵扬程不断增加,流量减小。因此,必须注意水泵在整个抽水过程中,特别是初期和末期时,性能良好,不产生汽蚀和振动。

②为缩短排水时间,并不致使主泵台数过多,应尽可能选用扬程较低,流量较大的泵型。一般来说,可优先考虑混流泵和轴流泵,至于主泵的台数,参考国内外船坞情况看以 2~3 台为宜。

与一般的排灌站情况不同。在船坞抽水时,屋内外水位都是变动的,但考虑到,一般船坞抽水时间不长,在这段时间内,坞外水域水位变动值与屋内相比是不大的。为了简化计算,可认为坞外水位不变化,一般情况下,选取进出坞水位作为计算依据。坞内水位随着抽水过程不断下降,这是不能忽略的。在抽水最后坞内外水位差达到最大值,这时扬程也就要达到最大了。所以坞内一般以坞室内抽干为最不利点,以此来作为计算扬程的依据。所以说,设计情况应选择:坞室内抽干,坞外为进出坞水位的情况。在这种情况下计算的扬程和流量,应当不进入该泵特性曲线不稳定区。

根据上述分析,建议水泵的估算可按下述方法进行:

1. 确定需要的主泵的流量 Q

$$Q = \frac{V}{n \cdot T_1} \qquad (9\text{-}80)$$

式中:

Q——主泵应满足的流量(m³/ 小时)

V——在进出坞水位下,坞内无船时,船坞内水的体积(m³)

n——主泵台数,一般为 2~3 台

T_1—船坞工艺要求的主泵排水时间（小时）。

2. 确定扬程 H

$$H = \Delta Z + \sum h \qquad (9\text{-}81)$$

式中：

H—主泵在上述流量下，最大扬程（m）

ΔZ—进出屋水位与坞内大明渠处坞底板面的高差（m）

$\sum h$—总的水头损失（m），在粗略计算时，对于离心泵可以取 $\sum h$ =3~5 m；对于轴流泵可以取 $\sum h$ =2~3 m。

3. 根据上面计算的 H、Q 值，并根据有关的水泵产品样本等资料，选取适用的水泵。并对其进行全面的技术、经济分析以确定选用的主泵。

4. 对于选定的水泵，应根据样本要求作出初步布置，根据布置情况再计算水力损失，以确定扬程。再和水泵的特性曲线对照，如满足要求，即可认为水泵是符合要求的。

5. 为了安全起见，采用坞外水域平均高潮位进行扬程校核。

总的说来，主泵是泵房的主要设备，对于整个泵房的性能、形式和规模起着决定性的作用，在选型时必须充分重视。就目前船坞的发展来看，对于万吨级以上的船坞，立式轴流泵被广泛采用，对大型和特大型船坞，随着我国水泵制造事业的发展，将会更多地考虑采用大型混流泵。

9.10.6 船坞泵站排水水力计算

在第 9.2 节中，已经阐述了船坞排水计算所设及的主要内容：

（1）船坞的排水时间计算；

（2）坞室内排水设施的形式确定；

（3）水泵、水泵站及相关设施的水力计算。

对于内容（1）的计算方法，见第 9.2 节；对于内容（2）、（3）由于问题的复杂性，一般采用相应的物理模型试验来测量。

下面针对泵站水力计算中的两个基本的关键问题加以阐述，即：轴流泵的安装高度和安装固定力（轴流泵弯管所受作用力）。

1. 轴流泵的安装高度

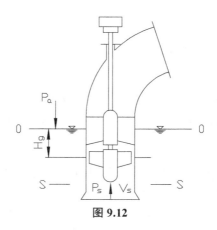

图 9.12

图 9.12 表示立式轴流泵的吸水过程。当水泵运行时,叶轮入口的压力为 P_s,进水池水面为大气压力 P_a,吸入管路中的损失为 $h_{吸}$,叶轮中心线淹没深度为 H_g,取土中水面 0—0 与叶轮吸入口 S—S 断面的伯努力方程

$$\frac{P_a}{\gamma} = -H_g + \frac{P_s}{\gamma} + \frac{V_s^2}{2g} + h_{吸}$$

$$\frac{P_a}{\gamma} + H_g = \frac{P_s}{\gamma} + \frac{V_s^2}{2g} + h_{吸}$$

（9-82）

式中 P_a/γ——作用于水面上的大气压力水头（m）

H_g——淹没深度（也称几何安装高度）它等于进水池面至叶片中心的垂直距离。（m）$H_g>0$ 表示叶轮中心在水面下;$H_g<0$ 表示叶轮中心在水面以上。

$h_{吸}$——吸入管路的阻力损失,对于立式轴流泵来说,在估算时可取 $h_{吸}$=0.1~0.2 m。

$V_s^2/2g$——叶轮进口处速度水头。（m）

P_s/γ——叶轮进口处压力水头。（m）

所谓允许吸上真空值,就是叶轮入口的压力 P_s 允许小于进水池水面压力 P_a 的数值,以符号 H_s 表示,即:

$$H_s = \frac{P_a}{\gamma} - \frac{P_s}{\gamma} = \frac{P_a - P_s}{\gamma} \text{（m）}$$

（9-83）

据式（9-82）,（9-83）可得:

$$H_s = \frac{P_a - P_s}{\gamma} = \frac{V_s^2}{2g} + h_{吸} - H_g$$

（9-84）

那么

$$H_g = -\left([H_s] - \frac{V_s^2}{2g} - h_{吸}\right)$$

（9-85）

当水泵样本上查出 $[H_s]$ 后,即可按（9-85）式称为淹没深度 H_g。

这样,当确定了 H_g 后,那么叶轮中心的标高就很容易确定了。

$$\nabla_{\text{叶轮}} = \nabla_{\text{低}} - H_g \qquad\qquad (9\text{-}86)$$

式中 $\nabla_{\text{叶轮}}$——叶轮中心线的标高（m）

　　$\nabla_{\text{低}}$——水泵抽水的最低水位（m）

　　H_g——水泵叶轮中心线淹没深度（m）

2. 轴流泵的弯管受力

某船坞泵布置如图 9.13 所示。已知该流泵出水管直径 $D=1.0$ m；出水管断面中点的压头 $p_1/\gamma=10$ m，该泵抽水量 $Q=3.0$ m³/s；出水管中有两个弯头，其一 $\theta=60°$，$R=1.5$ m；另一个 $\theta=90°$，$R=1.5$ m，两弯头间的直立管段长 $l=4.218$ m。

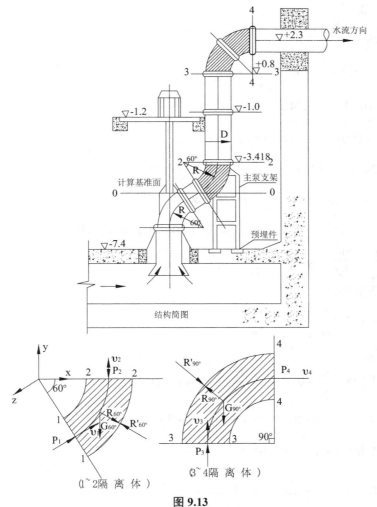

图 9.13

试求水流对两弯管的作用力。

解：① 求出水管断面的平均流速 v

$$v = \frac{Q}{\omega} = \frac{3.0}{\dfrac{\pi}{4} \times (1.0)^2} = 3.82 \text{ m/s}$$

$$\frac{v^2}{2g} = \frac{3.82^2}{2 \times 9.8} = 0.745 \text{ m}$$

②求各弯管两端断面中点的动水压强 p 和断面总动水压 p

（1）列 1-1 及 2-2 断面的伯诺里方程式（以 1-1 断面的中心线为基线），求解 p_2

$$z_1 + \frac{p_1}{\gamma} + \frac{av^2}{2g} = z_2 + \frac{p_2}{\gamma} + \frac{av_2^2}{2g} + h_{\omega 1-2}$$

$h_{\omega 1-2}$ 可用下式确定：

$$h_{\omega 1-2} = 0.1 \frac{v^2}{2g}$$

将之代入得

$$0 + 10 = 1.3 + \frac{p_2}{\gamma} + 0.1 \times 0.745$$

$$\frac{p_2}{\gamma} = 10 - 1.3 - 0.074\,5 = 8.625 \text{ m}$$

$$\therefore \quad p_2 = 9\,800 \times 8.625 = 8.45 \times 10^4 \text{ N/m}^2$$

$$p_2 = p_2 \omega_2 = 8.45 \times 10^4 \times \frac{\pi}{4}(1.0)^2 = 6.64 \times 10^4 N$$

$$P_1 = p_1 \omega_1 = 10 \times 9\,800 \times \frac{\pi}{4}(1.0)^2 = 7.68 \times 10^4 N$$

（2）列 1-1 及 3-3 断面的伯诺里方程式（以 0-0 为基线），求解 p_3

$$z_1 + \frac{p_1}{\gamma} + \frac{av^2}{2g} = z_3 + \frac{p_3}{\gamma} + \frac{av_3^2}{2g} + h_{\omega 1-2}$$

$h_{\omega 1-3}$ 可用下式确定：

$$h_{\omega 1-3} = 0.03 \times \frac{l}{D} \cdot \frac{v^2}{2g} + 0.1 \frac{v^2}{2g}$$

将之代入得

$$10 = 5.518 + \frac{p_3}{\gamma} + 0.03 \times \frac{4.218}{1.0} \times 0.745 + 0.1 \times 0.745$$

$$\frac{p_3}{\gamma} = 10 - (5.518 - 0.094\,2 + 0.074\,5) = 4.3 \text{ m}$$

$$\therefore \quad p_3 = 9\,800 \times 4.3 = 4.21 \times 10^4 N$$

$$P_3 = 4.21 \times 10^4 \times \frac{\pi}{4}(1.0)^2 = 3.31 \times 10^4 N$$

（3）列 1-1 及 4-4 断面的伯诺里方程式（以 0-0 为基线），求解 p_4

$$z_1 + \frac{p_1}{\gamma} + \frac{av^2}{2g} = z_4 + \frac{p_4}{\gamma} + \frac{av^2}{2g} + h_{\omega 1-4}$$

$h_{\omega 1-4}$ 可用下式确定

$$h_{\omega 1-4} = 0.1 \frac{v^2}{2g} + 0.03 \frac{l}{D} \cdot \frac{v^2}{2g} + 0.16 \frac{v^2}{2g}$$

将之代入得

$$10 = 7.08 + \frac{p_4}{\gamma} + (0.094\ 2 + 0.074\ 5 + 0.16 \times 0.745)$$

$$\frac{p_4}{\gamma} = 10 - (7.018 + 0.094\ 2 + 0.074\ 5 + 0.16 \times 0.745) = 2.69\ \text{m}$$

$$p_4 = 9\ 800 \times 2.69 = 2.635 \times 10^4\ \text{N/m}^2$$

$$P_4 = 2.635 \times 10^4 \times \frac{\pi}{4} \cdot (1.0)^2 = 2.08 \times 10^4\ \text{N}$$

③求各弯管段水重 G

$$G_{60°} = \gamma \omega \frac{1}{6} 2\pi R = 9\ 800 \times 0.785 \times \frac{1}{6} \times 2\pi \times 1.5 = 1.21 \times 10^4 N$$

$$G_{90°} = \gamma \omega \frac{1}{4} 2\pi R = 9\ 800 \times 0.785 \times \frac{1}{4} \times 2\pi \times 1.5 = 1.81 \times 10^4 N$$

④分别取各弯管段作为隔离体,建立动量方程式,求各弯管所受水流作用力。

（1）求 60° 弯管所受水流的作用力 $R_{60°}$

设弯管对水流的反作用力为 $R'_{60°}$,其作用力方向如图（$R_{60°} = R'_{60°}$,但方向相反）。

建立动量方程式如下:

$$\begin{cases} \rho Q(v_{2x} - v_{1x}) = P_1 \cos 30° - R'_x \\ \rho Q(v_{2y} - v_{1y}) = P_1 \sin 30° - P_2 + G_{60°} + R'_y \end{cases}$$

将已知数据代入得

$$\begin{cases} 1\ 000 \times 3(0 - 3.82 \times \cos 30°) = 7.68 \times 10^4 \times \cos 30° - R'_x \\ 1\ 000 \times 3(3.82 - 3.82 \times \sin 30°) = 7.68 \times 10^4 \times \sin 30° - 6.64 \times 10^4 + 1.21 \times 10^4 + R'_y \end{cases}$$

$$\therefore \begin{cases} R'_x = 8.67 \times 10^4 N \\ R'_y = 1.16 \times 10^4 N \end{cases}$$

则　$R'_{60°} = \sqrt{R'^2_x + R'^2_y} = \sqrt{(8.67 \times 10^4)^2 + (1.16 \times 10^4)^2} = 8.75 \times 10^4 N$

$R_{60°} = 8.75 \times 10^4 N$,其作用方向与 $R'_{60°}$ 的方向相反

（2）求 90° 弯管所受水流的作用力 $R_{90°}$

设 $R_{90°}$ 的反作用力为 $R'_{90°}$,其作用方向如图,其动量方程式如下:

$$\begin{cases} \rho Q(v_{4x} - v_{3x}) = -P_4 + R'_x \\ \rho Q(v_{4y} - v_{3y}) = P_3 - G_{90°} - R'_y \end{cases}$$

$$\begin{cases} 1000 \times 3(3.82 - 0) = -2.08 \times 10^4 + R'_x \\ 1000 \times 3(0 - 3.82) = 3.31 \times 10^4 - 1.81 \times 10^4 - R'_y \end{cases}$$

$$\therefore \begin{cases} R'_x = 3.22 \times 10^4 N \\ R'_y = 2.64 \times 10^4 N \end{cases}$$

则 $R'_{90°} = \sqrt{(3.22 \times 10^4)^2 + (2.64 \times 10^4)^2} = 4.17 \times 10^4 N$，$R_{90°} = 4.17 \times 10^4 N$，其作用方向与 $R'_{90°}$ 的相反。

9.11　船坞泵站前池不利水力学现象及对策

船坞泵房进水前池的水力条件,是一个比较复杂的问题。除可以依据水力学原理以及凭借实际工程经验进行分析和判断外,往往还需要通过水力模型试验的方法来确定其水力条件的好坏。

9.11.1　水泵前池不利水力学现象

(一)旋涡的形成及其对水泵性能的影响

进水前池中的漩涡有表面旋涡和附壁旋涡两种。

1.表面旋涡

当进前水池的水位下降时,池中表层水流流速增大,水流紊乱,在进水管后侧的水面上会首先出现凹陷的旋涡,如图 9.14(a)所示。当水位继续下降(仍保持水泵流量不变)时,表层流速激增,旋涡的旋转速度也随之加大,旋涡中心处的压力进一步降低,水面凹陷在大气压力的作用下逐渐向下延伸,随着凹陷的加深,四周水流对其作用的压力也随之增大,故旋涡随水深的增加而变成漏斗状。当这种漏斗状的漩旋涡尾部接近进水管口时,因受水泵吸力影响而开始向管口弯曲,空气开始断断续续地通过漏斗旋涡进入水泵,如图 9.14(b)所示。如果水位继续下降,则会形成连续向水泵进气的漏斗状旋涡 [图 9.14(c)]。若池中的水位再继续下降,进水管周围的漏斗旋涡数目将会增加,并很快连成一体,形成与进水管同轴的柱状旋涡 [图 9.14(d)],使大量空气进入水泵。

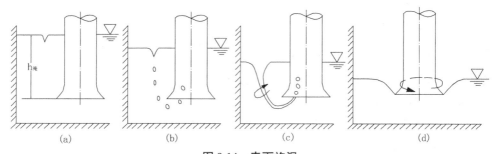

图 9.14　表面旋涡

水泵吸入空气后,其性能会明显恶化。由于吸入空气量的增加,水泵的效率和扬程都会明显下降。因此,防止表面旋涡将空气带入水泵是进水池设计的重要任务之一。

2.附壁漩涡(即涡带)

当进水前池设计不合理时,不仅池中流速分布不均匀,而且会在池壁和池底产生局部压力下降。流速分布不均匀不仅会产生表面旋涡,而且在水中也会产生旋涡。旋涡中心的压力很低,低压区旋涡中心的压力则更低,当压力下降至汽化压力时,旋涡中心区的水即被汽化,并呈白色带状,故又称涡带。这种旋涡常常是一端位于池壁(或池底),而另一端位于管口的涡带,如图 9.15 所示。它会将其中心部分的气体带入水泵,当气体带入高压区时,气泡破裂,产生周期性的振动和噪音,影响水泵的性能和寿命。

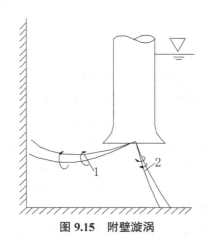

图 9.15　附壁漩涡

(二)回流对水泵性能的影响

当进水池或前池设计不合理时,在池中平面或立面可能会出现围绕水泵(或进水管)旋转的回流现象。这种回流,虽然不会将空气带入水泵,但对水泵(特别是直接从池中吸水的立式轴流泵和导叶式混流泵)的性能有很大影响。由于在池中产生回流,但回流的旋转方向不同,可能是逆时针方向,也可能是顺时针方向。如果水泵叶轮的转动是顺时针方向,水泵叶轮则会与逆时针方向回流旋转方向相反,相当于增加了水泵的转速,水泵的扬程和功率增加,甚至可能使动力机超载,而水泵效率却会降低。如果水泵叶轮与回流旋转方向相同,水泵的扬程、功率和效率也都会明显下降。

9.11.2　消除池中旋涡的措施

为了防止池中产生表面旋涡、附壁漩涡、回流等不良水流状态,可采取如下措施:

(1)当管口淹没深度 $h_{淹}$ 小于临界淹深而出现进气旋涡时,可以在进水管上加盖板。

(2)为了防止附底旋涡,可在管口下的底板上设导水锥。

(3)为了防止回流的产生,可采用后墙隔板、管后隔板、水下隔板或隔柱、池底隔墙等。

(4)对多机组泵站,可在进水池中加设隔墩以稳定水流并防止漩涡,隔墩应稍离后墙并在墩壁开豁口,使各池水流相通,能较好地改善池中水流条件。

9.12　廊道阀门后水力现象复核及气蚀现象的规避

灌排水廊道中的阀门经常地在高水压作用下工作。当阀门在开启过程中,水流在阀门后面将产生收缩现象,然后在一定的距离内扩大而充满整个廊道断面。如果阀门是封闭的,没有空气输入(图9.23),则在断面收缩范围内将出现负压,此负压的数值将随阀门开启过程发生变化,当负压较大时(约超过0.5~0.6大气压),就要产生气蚀现象,这对于阀门和接近阀门的一段廊道都是十分危险的。

9.12.1　气蚀现象

由物理学可知,当液面为大气压强时,液体温度升高至100 ℃,水就沸腾,同时放出大量气泡。但在温度低于100 ℃的情况下,只要液面压强降至相应于该温度的饱和蒸汽压强时,水也会沸腾,放出大量气泡。同理,当水流在某局部地区出现负压,若压强降至相应于当时水温的饱和蒸汽压强时,液体内部就会出现大量气泡,这种现象叫做气穴(或空穴)。这里必须说明,气泡的形成都必须以所谓的"气核"(尚未溶解于水中的人眼看不见的气体)为媒介。此外,原溶于液体中的气体,由于压强降低也会以气核为媒介形成可见的气泡;气核本身由于压强降低也会膨胀成肉眼能见的气泡,而形成气穴。

气穴形成后,水流可将低压区气泡带至下游高压区,气泡就有可能突然溃灭,周围的水流质点则以极快的速度去填充气泡破灭后留出的空间,于是这些水流质点的动量就在很短的时间内变为零,这样在气泡中心产生巨大的冲击力(冲击度)。当这样巨大的冲击力(冲击度)作用到固体表面上,于是就对固体表面剥蚀的作用。这就是所谓的气蚀现象。必须说明,气穴形成的现象是很不稳定的,低压区气泡不断产生,到高压区又不断溃灭产生冲击力(冲击波)。因此,在发生气蚀的固体表面,这种冲击力是个随机的过程,从而可能引起固体物的振动。

在高水头水工建筑物的很多情况下都可能产生气蚀。例如这里讲的高压阀门的后面,如果在断面收缩范围内出现负压,将有可能形成气穴从而产生气蚀。在边界发生急剧变化的区域,如溢流坝面、闸门槽、水力机械中的轮叶……等,由于流线与边界发生分离,形成漩涡,产生低压区,也有产生气蚀的危然。总之,气蚀的产生对水工建筑物和水力机械等将产生严重的破坏作用(国内外被气蚀破坏的实例是很多的),这是我们必须予以高度重视的问题。实际水流中发生气穴的条件一般用所谓气穴数 σ 来表示。

$$\sigma = \frac{p - p_v}{\frac{1}{2} pv^2} \tag{9-87}$$

σ 为一无量纲数,式(9-87)说明,绝对压强 p 愈低(愈接近于饱和蒸汽压强 p_v),气穴数 σ 愈小,发生气穴的可能性则愈大。当气愈穴数降低至某一数值 σ_c 时,则开始发生气穴,σ_c 称为初生气穴数(或临界气穴数)。初生气穴数的大小随边界条件而变,一般通过实验研究来确定。

9.12.2　廊道闸门后负压计算

如图 9.16 所示,图中符号意义如下:

z 为上游外海的水位降低;

y 为下游坞室的水位升高;

a_c 为从阀门后水流收缩断面的重心到下游坞室原始水位的高度;

a 为廊道中心到下游坞室原始水位的高度;

ξ_1 为阀门前输水廊道段内的阻力系数;

ξ_2 为阀门输水廊道段内的阻力系数;

ξ_{8e} 为阀门后开启度为 n 时水流突然扩大的阻力系数。

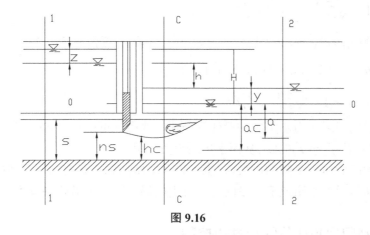

图 9.16

上边的各阻力系数都是针对计算断面的流速而言,一般采取阀门全开时阀门处整个过水断面为计算断面。

v 为计算断面断面平均流速;

v_c 为收缩断面断面平均流速;

p_c/γ 为收缩断面的压力水头。

在某瞬间 t 阀门开启度为 n 时(取下游坞室原始水面 0-0 为基准面)对阀门后收缩断面和下游闸坞水面写出伯诺里方程式。

$$\frac{p_c}{\gamma}+\frac{v_c^2}{2g}-a_c=0+0+y+(\xi_{8e}+\xi_2)\frac{v^2}{2g}$$

下游坞室水面压头为零,并将流速水头亦看作零:

$$\frac{p_c}{\gamma}=a_c+y-\frac{v_c^2}{2g}+(\xi_{8e}+\xi_2)\frac{v^2}{2g} \tag{9-88}$$

这个式子就是闸门后压力水头的表示式。

对整个输水廊道,则

$$h = (\xi_1 + \xi_{8e} + \xi_2)\frac{\upsilon^2}{2g} = \frac{1}{\mu_n^2}\frac{\upsilon^2}{2g} \tag{9-89}$$

式中：$\mu_n = \dfrac{1}{\sqrt{\xi_1 + \xi_{8e} + \xi_2}}$ （9-90）

则　　$\upsilon^2 = \mu_n^2 \cdot 2gh$

或　　$\dfrac{\upsilon^2}{2g} = \mu_n^2 \cdot h$ （9-91）

根据水流突然扩大水头损失的计算公式

$$\xi_{8e}\frac{\upsilon^2}{2g} = \frac{(\upsilon_c - \upsilon)^2}{2g} \tag{9-92}$$

得　　$\upsilon_c = \upsilon(1 + \xi_{8e})$

或　　$\dfrac{\upsilon_c^2}{2g} = \left(1 + \sqrt{\xi_{8e}}\right)^2 \dfrac{\upsilon^2}{2g} = \left(1 + \sqrt{\zeta_{8e}}\right)^2 \mu_n^2 h$ （9-93）

将在关数值（$y, \upsilon^2/2g, \upsilon_c{}^2/2g$）代入式（9-88）中，并取 α_c 近似等于 α，得

$$\begin{aligned}
\frac{p_c}{\gamma} &= a + y + \left[\xi_{8e} + \xi_2 - \left(1 + \sqrt{\xi_{8e}}\right)^2\right]\mu_n^2 h \\
&= a + y - \left(1 + 2\sqrt{\xi_{8e}} - \xi_2\right)\mu_n^2 h
\end{aligned} \tag{9-94}$$

这就是表示阀门后压力水头的一般计算公式。式中 h 可由式（9-89）确定。计算出各瞬时的 p_c 后，即可绘出 $p_c = f(t)$ 曲线，从而求出最大负压值。

为了减少阀门后压强下降的最大值，也可以采取增加阀门开启的历时、降低阀门处廊道的高程以及在阀门后输水廊道下游段内造成特别的局部阻力等措施来解决这一问题。

9.12.3　廊道闸门后负压值的计算和控制

1. 允许负压值

廊道闸门后允许的负压值我国尚无统一规定。在实际工程中一般是控制在 -3 米左右。例如马耳他 30 万吨船坞的水力模型试验采用了 -3.0 米。

2. 负压出现的部位

负压出现的部位，出闸门后外，在急转弯处，跌水处以及闸门门槽等也可能会出现负压，因此，在设计中除闸门后以外，对其他可能产生负压的部位也应予以足够的注意。这些地方的负压的产生，是由于水流与边界脱离所致。计算这些负压值是很困难的，只能通过模型试验来测定。但这些地方的负压，只要采取适当的措施，使边界条件尽可能符合流线，不使其发生分离，那么其负压值便可消除或缩小。所以，在设计当中应当使转弯半径尽量大一些，廊道的线型变化尽量少一些，必须变化时应采用渐变曲线，避免突变点。至于闸后的负压值是可以计算的。

3. 降低闸门后负压值的措施

（1）降低闸门中心标高，即增加 Z 值，最好使闸门中心标高低于坞底标高。

（2）在阀门后的灌水廊道里增加阻力。这样增加 ξ_2 值,降低 μ 值,从而使负压值降低。具体办法,可增设阻力墩,倒流墩,格栅等,或是缩小廊道出口处断面,加大出口损失。上述措施对于减少转弯处的负压值也有明显效果。例如,援建马耳他 30 万吨船坞灌水廊道设计中采用了这一措施。

（3）闸门后通气,即紧靠闸门后面设通气管使之和大气相通,提高了闸门后的压力。实践证明,这种办法是减小负压防止气蚀的有效措施,而且简便易行。在大型闸门,高水头情况下比较广泛采用。如红星船厂船坞平板门后面设两条 Dg150 通气管,效果良好。

（4）增加开门时间 t_0,也可降低负压值。

上述几种措施,应按具体情况灵活应用,最好是通过水力模型试验来确定。

4. 闸门后通气量的计算

为了保证闸门后的压力不致低于允许负压值,从而减小闸门振动,减少水流对闸门的下拽力。充分在门后通气是很有效的措施。设计中必须确定合理的同期断面,以保证充分供气。

关于所需通气量的经验公式如下:

$$\frac{Q_{气}}{Q} = A(\sqrt{F_{re}-1})^X \tag{9-95}$$

式中:$Q_{气}$——所需空气量(m^3/s);

Q——灌水廊道流量(m^3/s);

$F_{r\cdot e}$——闸门后收缩断面的佛汝德数。

$$F_{r\cdot e} = \frac{V_c^2}{gh_e}$$

V_e——收缩断面上的流速(m/s);

h_e——收缩断面处水深(m)。

$$h_e = \varepsilon e$$

ε——收缩系数;

e——闸门开度;

A——系数。对于闸门前后的廊道断面变化不大的情况 $A=0.04$;

X——可取 0.85

据（9-95）式可求出 $Q_{气}$,那么通气管断面面积即为:

$$\omega_{气} = \frac{Q_{气}}{V_{气}} \tag{9-96}$$

式中:$\omega_{气}$——通气管的断面积(m^2);

$V_{气}$——通气管的空气流速(m/s)

对于 $V_{气}$ 不应超过 40 m/s,否则阻力损失过大,不能充分供气,另外噪音较大,一般可取 $V_{气}=20\sim25$ m/s。

为了控制通气,可在通气管上装闸门。

第 10 章 渗流

自然界中广泛地存在着流体渗流现象。从宏伟的长江三峡水利工程,到小动物的某些脏器毛细血管系统,流体渗流都与之密切相关,所起的作用非常重要。渗流力学就是研究流体在多孔介质中运动规律的科学,是流体力学的一个独立分支,大致可以分成三个方面:地下渗流、工程渗流及生物渗流。地下渗流指土壤、岩石和地表堆积物中的流体渗流;工程渗流(工业渗流)指各种人造多孔介质和工程装置中的流体渗流(如污水处理);生物渗流指发生在动植物体内的渗流。

而近年来,渗流力学被广泛地应用于水力学、土力学和石油天然气工程学等各个方面,来解决工程上的问题。在水力学方面,人们用不混相的流体渗流理论预测海水入侵问题,用可混相流体渗流理论计算污水扩散运移,用热耦合渗流理论研究地下热水开发利用等;由于渗流造成的土坝失事比例高达 45%,足以使水利工程师重视研究通过堤坝的渗流对坝体地基安全性的危害;水文地质学家则注重研究抽水、注水等对地下饱水带的影响,以便能够宏观评价地下水资源的开发和利用效果等等。

10.1 渗流的基本概念

液体在孔隙介质中的流动称为渗流。液体就包括水、石油及天然气等各种流体;而孔隙介质包括土壤、岩层等各种多孔介质和裂缝介质。在自然界的各种介质中,土是孔隙介质的典型代表。因此,本章研究的渗流主要指的是水在土中的流动。在研究渗流问题之前,首先必须了解水在土中的状态以及土壤的水力学特性等内容。

10.1.1 水在土壤中的状态

水在土壤中的状态可以分为气态水、附着水、薄膜水、毛细水和重力水等。

气态水是以蒸汽的状态混合在空气中而存在于土壤孔隙内的,数量很少,一般工程中都对气态水的影响不予以考虑。附着水和薄膜水都是在土壤颗粒与水分子的相互作用下形成的,也称结合水。附着水以最薄的分子层吸附在土颗粒四周,呈现出固态水的性质;薄膜水以厚度不超过分子作用半径的膜层包围着土壤颗粒,其性质和液态水近似。结合水数量很小,移动很难,在渗流运动中一般也不考虑。毛细水是指由于毛细管作用而保持在土壤毛管孔隙中的水。除特殊情况外,一般在工程中也忽略不计。当土壤含水量很大时,除少量水吸附于颗粒四周或存在于毛细区外,大部分水将在重力的作用下在土壤孔隙中运动,这种水称为重力水,是渗流运动中的主要研究对象。

土壤按水的存在状态,可以分为饱和带与非饱和带,非饱和带又称包气带。饱和带中土壤孔隙全部为水所充满,主要为重力水区,也包括饱和的毛细水区。毛细水区与重力水区分界面上的压强等于大气压强,此分界面称为潜水面或地下水面。为了简化,也常把潜水面作为饱和带的顶面。非饱和带中的土壤孔隙为水和空气共同充满,其中气态水、附着水、薄膜水、毛细水和重力水都可能存在。非饱和带中水的流动规律与饱和带中重力水的流动规律有区别,因为非饱和带中的作用力,除重力外还有土壤颗粒表面对水的吸引力和水气交界面的表面张力等。同时非饱和带的水流横断面和渗透性能都随着含水量的变化而变化。

　　本章所介绍的是饱和带重力水的渗透规律。饱和带重力水按其含水层埋藏条件又可分为潜水与承压水(自流水)。潜水是埋藏在地面以下第一个隔水层之上的重力水,直接与包气带相连而具有自由表面。承压水是埋藏于地下,充满于两个隔水层之间的重力水,经常处于承压状态。

10.1.2　土壤的水力特性

　　本章研究的主要是以土壤为代表的多孔介质中的渗流,所以先简要介绍一下土壤与水分储容及运移有关的土壤性质,主要有以下几个方面的内容:

　　1. 透水性

　　透水性是指土壤允许水透过的性能。透水性的好坏主要决定于孔隙的大小和多少,也和孔隙的形状与分布等有关。透水性的定量指标是渗透系数。渗透系数值愈大,表示透水能力愈强。渗透系数也称为导水率。

　　渗流中将各处透水性能都一样的土壤称为均质土壤,否则就是非均质土壤。将各个方向透水性能都一样的土壤称为各向同性土壤,否则就是各向异性土壤。在本章内主要讨论均质各向同性土壤中的渗流问题。

　　2. 容水度

　　容水度是指土壤能容纳的最大的水体积和土壤总体积之比,数值上与土壤孔隙度相等,孔隙度愈大、土壤的容水性能就愈好。

　　3. 持水度

　　持水度是指在重力作用下仍能保持的水的体积与土壤总体积之比。持水度能反映出土壤中结合水含量的多少,土壤颗粒愈细,持水度愈大。

　　4. 给水度

　　给水度是指在重力作用下能释放出来的水的体积与土壤总体积之比。给水度在数值上等于容水度减去持水度。粗颗粒松散土壤的给水度接近于容水度;细颗粒粘土的给水度就很小。

10.1.3　渗流理论的简化模型

　　土壤孔隙的形状、大小及其分布情况是非常复杂的,要想详细取得渗流在每个孔隙中的流动情况,是非常困难的。在工程问题中,一般关心的是渗流的宏观的平均流动情况,而不是流动细节。因此,在研究时通常引入简化的渗流模型来代替实际的渗流运动。

模型简化如下：流体和孔隙介质所占据的渗流区空间场，其边界形状和其他边界条件均维持不变，但假想渗流区的全部空间场被流体所充满，略去渗流区内的全部颗粒骨架，把渗流的运动要素作为全部空间场的连续函数来研究。

渗流模型中，任意过水断面上所通过的流量等于实际渗流中该断面所通过的真实流量。但简化模型中的流速和实际渗流中的流速是不同的。设任一过水断面的面积是 ΔA，而通过该断面面积上的真实流量为 ΔQ，则模型中的平均渗透流速 u 就等于：

$$u = \frac{\Delta Q}{\Delta A}$$

ΔA 内有一部分面积为颗粒所占据，所以真正的过水断面面积 $\Delta A'$ 要比 ΔA 小，从而实际渗流的真实流速 u' 要比 u 大。若以 n 代表土壤的体积孔隙率，则模型中孔隙过水断面面积 $\Delta A'$ 为：

$$\Delta A' = n\Delta A$$

则孔隙中的真实平均流速 u' 为：

$$u' = \frac{\Delta Q}{\Delta A'} = \frac{\Delta Q}{n\Delta A} = \frac{u}{n} \tag{10-1}$$

因为 $n < 1.0$，所以 $u' > u$。

采用了这种简化之后的渗流模型，以前关于分析连续介质空间场运动要素的各种方法和概念就可以直接应用于渗流中。

例：当饱和土孔隙中的水任意两点存在能量差时，水就会沿孔隙由能量高的点向能量低的点流动。按照水流的能量方程——伯努里(Bernouli)方程，水流中一点的总水头 h，可用位置水头 z，压力水头 $\frac{p}{\gamma_w}$ 和流速水头 $\frac{u^2}{2g}$ 之和表示，即：

$$h = z + \frac{p}{\gamma_w} + \frac{u^2}{2g} \tag{10-2}$$

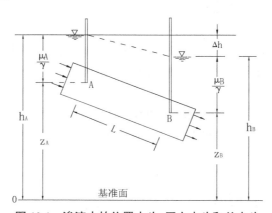

图 10.1　渗流中的位置水头、压力水头和总水头

由于土中渗流速度一般非常小，从而流速水流 $\frac{u^2}{2g}$ 也非常小，对计算结果的影响也很小，可以忽略不计，则土中任一点的总水头简化为：

$$h = z + \frac{p}{\gamma_w} \qquad\qquad (10\text{-}3)$$

A、B 两点的总水头分别可以表示为：$h_A = z_A + \dfrac{p_A}{\gamma_w}$，$h_B = z_B + \dfrac{p_B}{\gamma_w}$

式中，z_A、z_B——分别为 A 点和 B 点相对于任意选定的基准面的高度。

　　　　p_A、$p_{B'}$——分别为 A 点和 B 点的水压强，在土力学中称为孔隙水压力。

　　如图 10.1 所示，将 A 点和 B 点的测压管水头连接起来，得到测压管水头线。由于水受到土颗粒骨架及其表面化学填充物的阻力，故存在能量损失，表现为测压管水头线沿渗流方向下降。为了表示渗流沿渗流方向发生水头损失的程度，引入水力坡降这个概念，其表达式具体为：

$$i = \frac{\Delta h}{L}$$

式中，i 称为水力坡降，Δh 为 A 和 B 两点间的水头差，L 为 A 和 B 两点间的渗流途径，也就是使水头损失 Δh 的渗流长度，从而水力坡降的物理意义为单位渗流长度上的水头损失。

10.1.4　渗流对建筑物的影响

　　水利工程中，渗流对建筑物的影响有以下几个方面：

　　1. 对挡水建筑物的影响。许多挡水建筑物如坝、围堰，由于广泛是采用透水材料（如土、堆石）筑成，所以水可以通过建筑物中的孔隙流动。当渗流流速过大时，可能造成土体颗粒的流失，使挡水建筑物丧失稳定性。

　　2. 对水工建筑物地基的影响。若水工建筑物的地基是透水的，如土、砂砾石、岩石地基等都不同程度地可以透水，当水通过地基渗透时，不仅引起水量损失，同样也会引起地基丧失稳定性。渗流的动水压力在建筑物底部产生向上的扬压力，这种扬压力对建筑物的稳定也影响很大，一般计算考虑中不能忽略。

　　3. 对水库及河渠的影响。当水库建成后，库水位抬高，库区周围地下水位也相应抬高，改变了原有地下水运动状况，以至库区附近农田容易沼泽化和盐碱化，也可能使原来不受地下水浸润的建筑物变为受浸润状态。如果河流原系由地下水补给水量，水库建成后，大坝上游水位抬高，地下水补给量相应减少。库区的透水也会使水库发生漏水，甚至发生绕坝渗流。河渠可以通过其床面的透水边界渗透，河渠水位变化时，地下水位也相应改变。这样的渗流可以造成大量的水量损失，工程中一般不允许这种损失存在。

10.2　渗流的达西定律

　　由上节内容可以看到，水在孔隙介质中流动时，由于水粘滞性的影响，必然伴随着能量损失。1856 年，H. Darcy 在解决法国 Dijon 城的给水问题时，用直立的均质砂柱进行了渗流的实验研究，得出了渗流能量损失与渗流速度之间的基本关系，称之为达西定律。

10.2.1 达西定律

达西试验的装置如图 10.2 所示。在上端开口的直立圆筒侧壁上装两支(或多支)测压管,在筒底以上一定距离处安装一块滤板 C,在这上面装颗粒均一的沙体。水由上端注入圆筒,并以溢水管 B 使筒内维持一个恒定水位。渗透过沙体的水从短管 T 流入容器 V 中,并由此来计算渗流量 Q。达西发现渗出水量 Q 与试样容器的内断面面积 A 和试样顶底部两点间的水力坡降 $(h_3 - h_4)/L$ 成正比,且与试样的透水性质有关,即: $Q \propto (h_3-h_4)/L \times A$,写成等式为:

$$Q = k \frac{h_3 - h_4}{L} A \tag{10-4}$$

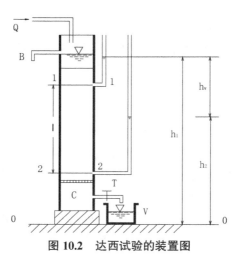

图 10.2   达西试验的装置图

若用测压管水力坡度表示水力坡度 J: $J = \dfrac{h_3 - h_4}{L}$ （10-5）

则,达西所建立的关系式变成: $Q = kAJ$, $u = \dfrac{Q}{A} = kJ$ （10-6）

其中, u 为渗流简化模型的断面平均流速,比例系数 k 为反映孔隙介质透水性能的指标——渗透系数。

上述达西定律指出:渗流的水力坡度,即单位距离上的水头损失与渗流的一次方成正比,因此此定律也被称为渗流线性定律。

达西定律是达西从均质砂土的恒定均匀渗流试验中概括出来的,以后的许多研究工作者又做过很多工作来探讨达西定律的理论依据,并将其近似推广到非均匀渗流、非恒定渗流等各种渗流运动中去,应用于工程界,解决了很多工程问题。

10.2.2 达西定律的适用范围

达西定律表明渗流的沿程水头损失和流速的一次方成正比。但越来越多的实验结果证明,达西定律的应用应该受到一些限制。它不仅不适用于非牛顿流体的渗流运动,而且该定律对渗流速度和流体密度也有一定要求。

1. 速度上限

曾有人对多孔介质中的地下水运动状态分成三种情况来讨论:

(1)层流区

当流速较小的时候,地下水一般作以粘滞力为主的层流运动,此时雷诺数是 1~10 之间的某个数值(针对不同的介质,此数值也略有不同)。

(2)过渡区

随着雷诺数的增大,出现一个过渡区,在过渡区内,地下水的流动从由粘性力起主要作用的层流运动过渡到以惯性力起支配作用的湍流运动。此时的雷诺数大致在 1~100 之间。

(3)湍流区

当雷诺数大于 100 的时候,流动基本上就变成了湍流。

基于以上对雷诺数试验数据曲线所作的分析,结果表明:达西定律对雷诺数的适用范围有个上限要求,一般认为是在 1~10 之间,此时,多孔介质中的地下水处于层流状态。

2. 速度下限

上面讨论了达西定律适用范围的速度上限。而在实际中,在很低的流速下,达西定律也不适合。因为在低速情况下,即使是牛顿流体也会出现类似非牛顿(宾汉)流体的很多特性,即需要一个启动压力梯度或水力梯度 $(h_1 - h_2)/L$ 使牛顿流体运动起来。

描述上述情况的运动方成可以写成:

$$\begin{cases} u = -\dfrac{K}{\mu}\left(\dfrac{\mathrm{d}p}{\mathrm{d}x} - \lambda\right) & \dfrac{\mathrm{d}p}{\mathrm{d}x} > \lambda \\ u = 0 & \dfrac{\mathrm{d}p}{\mathrm{d}x} < \lambda \end{cases} \tag{10-7}$$

式中,λ 是启动压力梯度。对于牛顿流体,以上运动方程只在低速时才能成立。

3. 密度下限

对于气体渗流,在低密度亦即低压状态下,达西定律也不适用。因为气体流动按照其密度高低的不同可以分成连续流、过渡流、滑流和自由分子流 4 个层次。用平均自由程(气体分子运动过程中与其他分子两次碰撞之间的距离称为一个自由程)表征气体的密度。当气体分子的平均自由程接近毛细管管径的尺寸时,就会出现滑流现象,即管壁上的分子都处于运动状态而不再为零。那么此时,达西公式也需要做一个修正。

10.2.3 渗透系数及其确定方法

根据达西定律反映孔隙介质透水性能的渗透系数（或导水率）可以理解是单位水力坡度下的渗流通量或单位水力坡度下的渗透流速。它综合反映孔隙介质和流体相互作用对透水性的影响，不仅取决于土的性质还取决于土中水的特性。因此，渗透系数 k 值会随着孔隙介质的不同而不同；对于同一介质，也会由于流体的不同而有所差别。

确定渗透系数 k 的方法大致有三类：

1. *经验公式估算法*

采用经验公式或者参照已有的规范或工程资料来选定 k 值。由于没有实际获得非常可靠的资料，所以此类方法得到的数据非常粗略。下表给出各类土的渗透系数的参考值：

表 10.1　土的渗透系数参考值

土　名	渗　透　系　数　k	
	米 / 天	厘米 / 秒
粘土	<0.005	$<6 \times 10^{-6}$
亚粘土	0.005~0.1	$6 \times 10^{-6} \sim 1 \times 10^{-4}$
轻亚粘土	0.1~0.5	$1 \times 10^{-4} \sim 6 \times 10^{-4}$
黄土	0.25~0.5	$3 \times 10^{-4} \sim 6 \times 10^{-4}$
粉砂	0.5~1.0	$6 \times 10^{-4} \sim 1 \times 10^{-3}$
细砂	1.0~5.0	$1 \times 10^{-3} \sim 6 \times 10^{-3}$
中砂	5.0~20.0	$6 \times 10^{-3} \sim 2 \times 10^{-2}$
均质中砂	35~50	$4 \times 10^{-2} \sim 6 \times 10^{-2}$
粗砂	20~50	$2 \times 10^{-2} \sim 6 \times 10^{-2}$
均质粗砂	60~75	$7 \times 10^{-2} \sim 8 \times 10^{-2}$
圆砾	50~100	$6 \times 10^{-2} \sim 1 \times 10^{-1}$
卵石	100~500	$1 \times 10^{-1} \sim 6 \times 10^{-1}$
无填充物卵石	500~1000	$6 \times 10^{-1} \sim 1 \times 10$
稍有裂隙岩石	20~60	$2 \times 10^{-2} \sim 7 \times 10^{-2}$
裂隙多的岩石	>60	$>1 \times 10^{-2}$

①本表资料引自中国建筑工程出版社出版的《工程地质手册》。1975 年出版

2. *实验室测定方法*

目前，实验室中测定渗透系数 k 的仪器种类和试验方法有很多，但从试验原理上来说，通常可以分成常水头法和变水头法两种。

（1）常水头试验法

常水头试验法就是在整个试验过程中保持水头是一个常数，从而水头差也是一常数。实验装置如图 10.3a 所示：

试验时，在容器中装满截面为 A、长度为 L 的饱和土试样，一般采用透水性好的粗颗粒土。水自上而下流经试样。操纵阀门，使得试样内部两点的水头差保持不变。测量经过时间 t 流过试样的总体积 V，体积 V 应该满足：

$$V = Qt = uAt \qquad (10\text{-}8)$$

其中, Q 为单位时间内渗出的水量。

根据达西定律, 有: $u = kJ = k\dfrac{\Delta h}{L}$, 则: $V = uAt = k\dfrac{\Delta h}{L}At$ $\qquad$ (10-9)

其中, Δh 为两点间的水头差。

最后得到渗透系数: $k = \dfrac{VL}{At\Delta h}$ $\qquad$ (10-10)

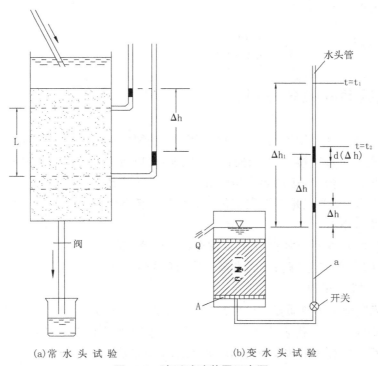

(a)常 水 头 试 验　　　　　　　(b)变 水 头 试 验

图 10.3　渗透试验装置示意图

（2）变水头试验法

与常水头试验法相对, 变水头试验法在整个试验过程中的水头是变化的, 其装置如图 10.3b 所示。水流从一根直立的带有刻度的断面面积为 a 的玻璃管和 U 型管自下而上流经断面面积为 A、长度为 L 的土样。试验过程中, 随时间的变化, 立管的水位不断下降, 而装有土样的容器中的水位保持不变, 从而作用于式样两端的水头差也会随时间发生变化。将玻璃管充水至一定水位, 测开始时刻 t_1 的水头差为 Δh_1, 经过时间 t 后, 记下终了时刻 t_2 的水头差为 Δh_2。

根据达西定律, 在很短时间 dt 内流出的渗流体积为:

$$\mathrm{d}V_o = Q\mathrm{d}t = k\frac{\Delta h}{L}A\mathrm{d}t \qquad (10\text{-}11)$$

而在这段时间内由玻璃管中流入体积为:

$$dV_i = -ad(\Delta h) \qquad (10\text{-}12)$$

因为,流入的体积等于流出的体积,将上两式联立,得到

$$-ad(\Delta h) = k\frac{\Delta h}{L}A\mathrm{d}t \tag{10-13}$$

移项后得到, $-a\dfrac{L}{KA}\dfrac{d(\Delta h)}{\Delta h} = \mathrm{d}t$ \hfill (10-14)

将微分方程两边积分, $\displaystyle\int_{\Delta h_1}^{\Delta h_2} -a\frac{L}{kA}\frac{d(\Delta h)}{\Delta h} = \int_{t_1}^{t_2}\mathrm{d}t$ \hfill (10-15)

得到 $-a\dfrac{L}{kA}\ln\dfrac{\Delta h_2}{\Delta h_1} = t_2 - t_1$ \hfill (10-16)

最后可以得到渗透系数: $k = \dfrac{aL}{A(t_1 - t_2)}\ln\dfrac{\Delta h_2}{\Delta h_1}$ \hfill (10-17)

10.3　渗流运动的微分方程

本章的第一节中就介绍了简化了的渗流模型,使得以前分析连续介质空间场运动要素的各种方法和概念可以直接应用于渗流中。例如:可以按运动要素是否随时间变化而分为恒定渗流与非恒定渗流;按运动要素与坐标的关系分为三维(空间)渗流、二维(平面)渗流和一维渗流;根据运动要素是否沿程变化分为均匀渗流与非均匀渗流等等。这一节的内容就介绍渗流的基本模型。

在推导渗流的基本方程之前,有必要先介绍一下渗流的阻力。

在推导阻力时,假设土壤颗粒的直径与渗流区的尺度相比是很小的。在分析水的受力时,重视的是它的宏观效果。

设 f 是渗流模型中单位质量水所受到的阻力,是一矢量,方向与流动方向相反。所以阻力所做的功大小为 $-f \cdot \mathrm{d}s$,代表的其实是单位质量水阻力所做的功。若用 H 代表水头,那么在流体运动过程中所损失的水头就是 $\mathrm{d}H$,那么单位质量液体的势能变化就是 $g\mathrm{d}H$。两者是相等的,联立后得到

$$-f \cdot \mathrm{d}s = g\mathrm{d}H \tag{10-18}$$

对于一维情况,就可以得到 $f = -g\dfrac{\mathrm{d}H}{\mathrm{d}s} = gJ$,或者 $f = u\dfrac{g}{k}$ \hfill (10-19)

10.3.1　渗流的连续性方程

跟描写一般水流运动的 N-S 方程一样,描写渗流运动的方程也有连续性方程和运动方程。连续性方程表达的就是质量守恒原理,并根据此观点建立渗流的连续性方程:

在渗流区内取一微小土块作为研究对象,如图 10.4 所示。若液体的密度为 ρ,流速 $\bar{u}$ 的各个分量为 u_x、u_y、u_z,则在 $\mathrm{d}t$ 时间段内从 x 轴方向上流入和流出土体的水的质量分别为:

$(\rho u_x)\left(x - \dfrac{\mathrm{d}x}{2}, y, z\right)\mathrm{d}y\mathrm{d}z\mathrm{d}t$ 和 $(\rho u_x)\left(x + \dfrac{\mathrm{d}x}{2}, y, z\right)\mathrm{d}y\mathrm{d}z\mathrm{d}t$

那么他们的差值为：$(\rho u_x)\left(x-\dfrac{\mathrm{d}x}{2},y,z\right)\mathrm{d}y\mathrm{d}z\mathrm{d}t-(\rho u_x)\left(x+\dfrac{\mathrm{d}x}{2},y,z\right)\mathrm{d}y\mathrm{d}z\mathrm{d}t=-\dfrac{\partial(\rho u_x)}{\partial x}$

$\mathrm{d}x\mathrm{d}y\mathrm{d}z\mathrm{d}t$

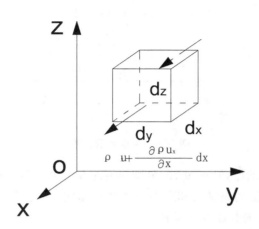

图 10.4　质量变化图

同理，当将 y 和 z 轴方向流入和流出土体的水的质量也考虑进去，那么总的质量差就

为：$-\left[\dfrac{\partial(\rho u_x)}{\partial x}+\dfrac{\partial(\rho u_y)}{\partial y}+\dfrac{\partial(\rho u_z)}{\partial z}\right]\mathrm{d}x\mathrm{d}y\mathrm{d}z\mathrm{d}t$

同时，考虑到 $\mathrm{d}t$ 时间段内土体内水质量的变化：$\dfrac{\partial}{\partial t}(n\rho\mathrm{d}x\mathrm{d}y\mathrm{d}z)\mathrm{d}t$

其中 n 为土壤的孔隙率。根据质量守恒原理，两者应该相等。则联立方程，可以得到：

$$-\left[\frac{\partial(\rho u_x)}{\partial x}+\frac{\partial(\rho u_y)}{\partial y}+\frac{\partial(\rho u_z)}{\partial z}\right]\mathrm{d}x\mathrm{d}y\mathrm{d}z\mathrm{d}t=\frac{\partial}{\partial t}(n\rho\mathrm{d}x\mathrm{d}y\mathrm{d}z) \qquad (10\text{-}20)$$

如果认为骨架是不变形的、液体是不可压缩的，则上式可以简化为：

$$\frac{\partial u_x}{\partial x}+\frac{\partial u_y}{\partial y}+\frac{\partial u_z}{\partial z}=0 \qquad (10\text{-}21)$$

10.3.2　渗流的运动方程

同样，仍然在渗流区内取一微小六面体，如图 10.5 所示。考虑其动量守恒，即，控制体内作渗流运动的水体的动量变化率等于所有有效的作用外力之和。

$$\rho\frac{\mathrm{d}u_x}{\mathrm{d}t}=\rho X-\frac{\partial p}{\partial x}-\rho f_x \qquad (10\text{-}22)$$

$$\rho\frac{\mathrm{d}u_y}{\mathrm{d}t}=\rho Y-\frac{\partial p}{\partial y}-\rho f_y \qquad (10\text{-}23)$$

$$\rho\frac{\mathrm{d}u_z}{\mathrm{d}t}=\rho Z-\frac{\partial p}{\partial z}-\rho f_z \qquad (10\text{-}24)$$

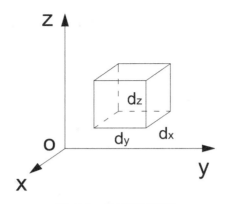

图 10.5 坐标系示意图

其中,p 为水所受到的压强,u_x、u_y、u_z 分别为流速在各个方向上的分量,X、Y、Z 和 f_x、f_y、f_z 分别为单位质量液体所受的质量力和阻力在各个坐标轴上的分量。如果忽略掉惯性力,并且考虑到阻力的表达式,则上式可以写成

$$X - \frac{1}{\rho}\frac{\partial p}{\partial x} - \frac{g}{k}u_x = 0 \tag{10-25}$$

$$Y - \frac{1}{\rho}\frac{\partial p}{\partial y} - \frac{g}{k}u_y = 0 \tag{10-26}$$

$$Z - \frac{1}{\rho}\frac{\partial p}{\partial z} - \frac{g}{k}u_z = 0 \tag{10-27}$$

若只考虑重力的作用(即: $Z=-g$, $X=Y=0$),引入测压管水头 $H = z + \dfrac{p}{\gamma}$,则上面的式子就可以写成

$$u_x = -k\frac{\partial H}{\partial x} \tag{10-28}$$

$$u_y = -k\frac{\partial H}{\partial y} \tag{10-29}$$

$$u_z = -k\frac{\partial H}{\partial z} \tag{10-30}$$

此即为地下水渗流的运动方程,如果考虑的是各向异性孔隙介质的渗流运动,则上式可以写成

$$u_x = -k_x\frac{\partial H}{\partial x} \tag{10-31}$$

$$u_y = -k_y\frac{\partial H}{\partial y} \tag{10-32}$$

$$u_z = -k_z\frac{\partial H}{\partial z} \tag{10-33}$$

其中,k_x、k_y、k_z 分别为 x、y、z 方向上的渗透系数。

如果将式(10-31)-(10-33)代入连续性方程(10-21),则可以得到渗流基本方程

$$\frac{\partial}{\partial x}\left(k_x \frac{\partial H}{\partial x}\right) + \frac{\partial}{\partial y}\left(k_y \frac{\partial H}{\partial y}\right) + \frac{\partial}{\partial z}\left(k_z \frac{\partial H}{\partial z}\right) = 0 \tag{10-34}$$

式（10-34）即为描述地下水渗流的方程。此方程既适用于恒定渗流也适用于非恒定渗流。

在渗透性质各向同性的土壤中，渗透系数 k 是常数，那么上面的方程就可以写为

$$\frac{\partial^2 H}{\partial x^2} + \frac{\partial^2 H}{\partial y^2} + \frac{\partial^2 H}{\partial z^2} = 0 \tag{10-35}$$

即，水头 H 满足拉普拉斯方程的形式。

10.3.3　初始条件和边界条件

用理论方法求解微分方程的时候，通常会出现用方程本身不能确定的常数项，这些常数项通常要由初始条件和边界条件来确定。对于恒定渗流，只需要边界条件，而对于非恒定渗流，则还需要加上初始条件。

利用一个普通土坝的渗流问题（如图 10.6），来详细说明一般恒定渗流的边界条件

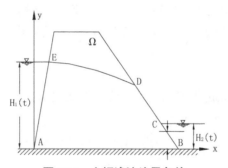

图 10.6　土坝渗流边界条件

1. 不透水边界

不透水边界通常是指不透水的岩层或者是不透水的建筑物，图中的 AB 就是此类边界，根据达西定律，垂直于此边界的渗流流速应该为零，沿不透水边界是一流线。对于图中情况，有

$$u_y = -k_y \frac{\partial H}{\partial y} = \frac{\partial \varphi}{\partial y} = 0$$

$$u_y = \frac{\partial H}{\partial y} = \frac{\partial \varphi}{\partial y} = 0 \tag{10-36}$$

其中，φ 是势函数?

2. 透水边界

透水边界是指水可以渗入和渗出的边界。在这类边界上，各点的水头相等。图中 AE 和 BC 都属于此类边界。对于图中的情况，可以写成

$$H\big|_{BC} = H_2(t) \tag{10-37}$$

同理，$H\big|_{AE} = H_1(t)$ （10-38）

3. 浸润边界

土坝的浸润边界就是土坝的潜水面，如图中的 DE 线就是此类边界条件，在此边界上，压强等于大气压强，即：$p\big|_{DE} = 0$，表示成水头 H，就是：

$$H\big|_{DE} = y \tag{10-39}$$

4. 渗出段边界

在渗流问题中，饱和水从土中排出来，这种边界就是渗出段边界。在此类边界上，沿渗出段水所受到的压强是大气压强，即 $p\big|_{CD} = 0$，写成水头 H，得到：

$$H\big|_{CD} = y \tag{10-40}$$

在理论分析中，通常把这几种边界条件总结成以下四类边界条件：

1）第一类边界条件

如果在区域 A 的一部分边界 Γ_1 上知道水头随时间的变化情况，即：

$$H\big|_{\Gamma_1} = \varphi_1(x, y, z, t) \tag{10-41}$$

其中，φ_1 为已知函数，则这种边界条件就称为第一类边界条件或者水头边界条件。

从上面土坝的例子中可以看到，如果在一段边界上，已知压力就是静水压力，或者已知这段边界上长期的水头观测值（或者是保持定值，或者是变化值），都可以将这种情况归结为第一类边界条件。

2）第二类边界条件

如果在区域 A 的一部分边界 Γ_2 上，已知流量的变化情况，则由达西定律可以得到：

$$-(\vec{K} \, gradH) \cdot \vec{n}\,\big|_{\Gamma_2} = \varphi_2(x, y, z, t) \tag{10-42}$$

其中，$\vec{n} = [\cos\alpha, \cos\beta, \cos\gamma]$，$\alpha$、$\beta$、$\gamma$ 分别为 Γ_2 外法线与 x、y、z 轴的夹角；而 φ_2 为已知函数。上式也可以写成形式：

$$\left[k_x \frac{\partial H}{\partial x}\cos\alpha + k_y \frac{\partial H}{\partial y}\cos\beta + k_z \frac{\partial H}{\partial z}\cos\gamma \right]\Big|_{\Gamma_2} = \varphi_2(x, y, z, t) \tag{10-43}$$

上面两式可以称为第二类边界条件或者流量边界条件。

很容易知道，当遇到的是不透水壁面的时候，实际上就是法向流量为零，即：

在 Γ_2 上 $\varphi_2 = 0$

3）第三类边界条件

如果在区域 A 的一部分边界 Γ_3 上，H 和 $\dfrac{\partial H}{\partial n}$ 的线性组合在计算的时间段内是已知的，即：$\dfrac{\partial H}{\partial \vec{n}} + \alpha H = \varphi_3$ （10-44）

其中，α、φ_3 为已知函数，则这种边界条件可以称为是第三类边界条件或混合边界条件。

4）分界面上的边界条件

分界面上的边界条件往往出现在两个相邻区域的共同边界上，满足流量和水头的连续性。设 A_1、A_2 分别为两个以 Γ 为共同边界的区域，H_1、H_2 分别为 A_1、A_2 中的水头值，则在边界上就有两组边界条件：

水头连续性边界条件：$(H_1 - H_2)\big|_\Gamma = 0$　　　　　　　　　　　　（10-45）

流量连续性边界条件：$\vec{K}grad(H_1 - H_2) \cdot \vec{n}\big|_\Gamma = 0$　　　　　　　　（10-46）

一般情况下，A_1、A_2 为两个性质不同的渗流场。

10.4　渗流问题的求解方法

与一般水利工程问题一样，渗流问题的求解也有很多方法，一般可以归结为以下四类：

1. 解析法

根据水头所满足的微分方程，结合具体边界条件和初始条件，用解析法求得水头函数 H 或流速势的解析表达式，从而得到流速和压强场的整体分布函数。但是一般情况下，对于一般的工程问题，复杂的边界条件往往能使问题的求解变得非常困难。因此，用解析法能够求解的问题非常有限。所以在工程中还有以下几种方法作为必要的补充。

2. 数值解法

数值解法是利用一定的方法和规律将水头所满足的微分方程在工程区域离散开，并结合边界条件和初始条件，求得各离散点的水头值或者流速势值，从而能确定整个区域的流动状态。一般说来，数值计算的工程量是非常巨大的，但在计算机日益发展的今天，数值解法在工程中越来越显示出它的重要性。

3. 图解法

图解法在工程中也应用比较多，通常适用于服从达西定律的恒定渗流的平面问题，或者是经过推广应用于轴对称的渗流问题。图解法也称为流网法，主要是利用流速势和流函数的正交性求解流函数和势函数的大小，并通过流函数和势函数的分布，求出其他水利要素如渗透压强、渗透流速、渗透坡降和渗透流量等的大小。

4. 实验法

实验法是用按照一定比例缩制的模型来模拟自然条件研究渗流问题的一种方法。可以模拟各种复杂自然条件和影响因素影响下的渗流问题。实验法通常可以分成两种：一种是利用土壤岩石等样品制作的模型来进行模拟；而另外一种是利用相似物理过程的其他模拟来模拟渗流运动过程。本章将会在后面介绍工程界应用比较广泛的电比拟法。

10.5　地下明槽中的非均匀渐变渗流

位于不透水边界上的孔隙区域的地下水流动，很多情况下具有潜水面，属于无压流动，这种水流称为地下明槽水流。这种流动具有自由表面，如图 10.7 所示。

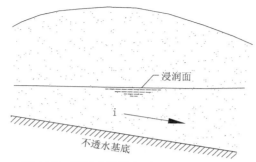

图 10.7　不透水地基上地下水运动示意图

地下明槽与一般明渠一样,也有棱柱体地下明槽和非棱柱体地下明槽之分。如果地下明槽水流的水力要素不沿程改变,那么就可以称之为均匀渗流,否则就只能称之为非均匀渗流。而在非均匀渗流中,若流线近于平行直线则为非均匀渐变渗流,反之则为非均匀急变渗流。在工程中一般很少出现均匀流的情况,多数情况都是沿程缓慢变化的非均匀渐变流动。

这一节中,首先将介绍地下明槽均匀渗流的情况,再介绍一部分恒定非均匀渐变渗流的情况。

10.5.1　地下明槽的均匀渗流

在自然界中,一般不透水边界是不规则的,为了简化起见,将不透水边界假定为一平面,并以 i 表示其坡度。

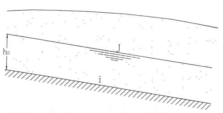

图 10.8　地下明槽中的均匀流示意图

如图 10.8 所示,底坡为 i 的地下明槽发生均匀渗流,水深、平均流速都不发生变化,此时,水力坡度 J 和底坡 i 也相互平行。则根据达西定律,可以得到断面平均流速为

$$u = ki \tag{10-47}$$

则,过水断面的渗流总量为

$$Q = uA = kiA \tag{10-48}$$

10.5.2　地下明槽非均匀渐变渗流的公式——杜比公式

达西定律给出的公式适用于均匀渗流以及渗流区域中某一点上的渗流流速。为了研究非均匀渐变渗流的运动规律,必须建立非均匀渐变渗流的断面平均流速计算公式。

如图 10.9 中区域为一非均匀渐变渗流区，取出 ds 长的一小微段 AB，在 A 点的测压管水头为 H_1，而 B 点的测压管水头为 H_2，两点测压管水头差为 $dH=H_2-H_1$，那么微小流束 AB 中的流速应该为：

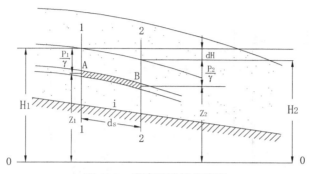

图 10.9　渐变流渗流示意图

$$u = -k\frac{dH}{ds} \qquad (10\text{-}49)$$

将点流速积分取平均成平均流速得：

$$\bar{u} = \frac{1}{A}\int_A u dA = \frac{1}{A}\int_A -k\frac{dH}{ds}dA \qquad (10\text{-}50)$$

由于，在一个垂直断面上，$\dfrac{dH}{ds}$ 几乎不发生变化，故上式可以写作：

$$\bar{u} = -k\frac{dH}{ds} \qquad (10\text{-}51)$$

上式就是由法国专家杜比在 1857 年推导出来的杜比公式。杜比公式表明，在非均匀渐变渗流中，过水断面上各点流速都相等且等于断面的平均流速，该流速与该点上的水力坡降有关。杜比公式与达西公式虽然具有相同的表达式，但是它们的含义却不同。达西公式仅适用于均匀渗流，而杜比公式也适用于渐变渗流，但不适用于急变渗流。在均匀渗流中，渗流区内任意一点的渗流速度都相等；在渐变渗流中，只有同一过水断面上各点的渗流速度才相等。

10.5.3　地下明槽恒定非均匀渐变渗流的浸润曲线

在非均匀渐变渗流的工程计算中，通常要进行浸润曲线的水力计算。我们在上节讨论杜比公式的基础上，详细探讨非均匀渐变渗流水力要素沿程变化的情况。

如图 10.10 中所示为一地下明槽中的非均匀渐变渗流，断面 1-1 处的水深为 h，测压管水头为 H，经过长度为 ds 一小微段，在断面 2-2 处，水深变为 $h+dh$，而测压管水头变为 $H+dH$，则根据上述情况可以得到下面的关系式：

$$H - (H + dH) = ids + h - (h + dh) \quad 即, \quad -dH = ids - dh \qquad (10\text{-}52)$$

则在小微段内平均水力坡度为

$$J = -\frac{\mathrm{d}H}{\mathrm{d}s} = i - \frac{\mathrm{d}h}{\mathrm{d}s} \tag{10-53}$$

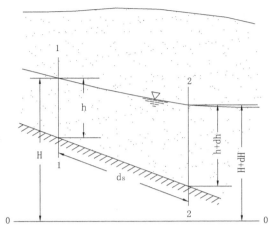

图 10.10　非均匀渐变的水深变化

根据杜比公式,断面上任意一点的流速为 $u = kJ = k\left(i - \dfrac{\mathrm{d}h}{\mathrm{d}s} \right)$ （10-54）

可以得到渗流流量: $Q = kA\left(i - \dfrac{\mathrm{d}h}{\mathrm{d}s} \right)$ （10-55）

根据上式就可以求得非均匀渐变渗流的浸润曲线。

对于一渗透流量为 Q、过水断面面积为 A、宽度为 b、单宽流星为 q 的地下明槽,$Q=bq$。对于一均匀流动,$h=h_0$,为一常数。也就是此时渗流的浸润曲线为一直线,坡度与不透水边界一样也为 i。单宽流量取 $q=kh_0 i$,此时的水深 $h=h_0$ 均匀渗流的水深,即正常水深。

渗流中的浸润曲线相当于明渠流动中的水面线,但不同的是明渠流动中的水面线可以是降水曲线也可以是壅水曲线;而渗流中,流速水头太小,渐变流的浸润曲线就是测压管水头线(相当于总水头线),由于阻力的原因,大多数情况下沿程下降的。

1. 正坡($i>0$)地下明槽中的浸润曲线

对于不透水边界为正底坡的情况,设其单宽流量为 q,相应的正常水深为 h_0,则

$$q = kh_0 i \tag{10-56}$$

把式(10-56)代入渐变渗流的方程式,并令 $\eta = \dfrac{h}{h_0}$,则可以得到

$$\frac{\mathrm{d}h}{\mathrm{d}s} = i\left(1 - \frac{1}{\eta} \right) \tag{10-57}$$

若把 $\dfrac{\mathrm{d}h}{\mathrm{d}s}$ 写成 $\dfrac{\mathrm{d}\eta}{\mathrm{d}s}$ 的形式,并且把积分变量分别放到方程两边,可以得到

$$\frac{i\mathrm{d}s}{h_0} = \mathrm{d}\eta + \frac{\mathrm{d}\eta}{\eta - 1} \tag{10-58}$$

把上式从断面 1-1 到断面 2-2 之间进行积分: $\displaystyle\int_l \frac{i\mathrm{d}s}{h_0} = \int_{\eta_1}^{\eta_2} \mathrm{d}\eta + \frac{\mathrm{d}\eta}{\eta - 1}$,得到

$$\frac{il}{h_0} = \eta_2 - \eta_1 + \ln\frac{\eta_2 - 1}{\eta_1 - 1} \qquad (10\text{-}59)$$

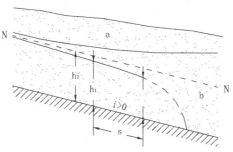

图 10.11　正坡（$i>0$）地下明槽中的浸润曲线

此式可用来计算正底坡的浸润曲线，其中 l 为断面 1-1 到断面 2-2 的距离。

对原微分方程进行分析，分两种情况进行讨论：（1）当水深大于正常水深时，即：$h>h_0$，属于 a 区，根据方程（10-57）可知，$dh/ds>0$，为渗流的壅水曲线。当 $h \to h_0$ 时，$dh/ds \to 0$，也就是说在上游区域，浸润曲线将 N-N 线作为其渐近线。当 $h \to \infty$ 时，$dh/ds \to i$，即浸润曲线在下游区域趋于水平。（2）当水深小于正常水深时，即：$h<h_0$，属于 b 区，根据方程（10-57）可知，$dh/ds<0$，为渗流的降水曲线。当 $h \to h_0$ 时，$dh/ds \to 0$，也就是说在上游区域，浸润曲线仍将 N-N 线作为其渐近线。当 $h \to 0$ 时，$dh/ds \to -\infty$，按照式（10-57）的分析结果，浸润曲线应该和槽底正交。但需要注意的是，当水深小到一定程度时，渗流已经不再是渐变的了，不能用式（10-57）进行分析。而实际上，浸润曲线将以某个不等于零的水深作为终点，具体则取决于边界条件。

2. 平底（$i=0$）地下明槽的浸润曲线

将 $i=0$ 代入基本微分方程（10-55），可以得到：

或　　$\dfrac{dh}{ds} = -\dfrac{Q}{kA}$ $\qquad (10\text{-}60)$

考虑到：$A=bh$，$Q=bq$ $\qquad (10\text{-}61)$

则可以得到：$\dfrac{q}{k}ds = -hdh$ $\qquad (10\text{-}62)$

积分 $\displaystyle\int_l \frac{q}{k}ds = -\int_{h_1}^{h_2} hdh$ $\qquad (10\text{-}63)$

得到：$\dfrac{ql}{k} = \dfrac{1}{2}(h_1^2 - h_2^2)$ $\qquad (10\text{-}64)$

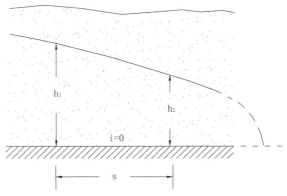

图 10.12　平坡（ $i=0$ ）地下明槽中的浸润曲线

　　重新考查方程（10-60），前面的分析已经指出，浸润曲线应是一条降水曲线，即： $\mathrm{d}h/\mathrm{d}s<0$ 。如图所示，当 $h \to 0$ 时，有 $A \to 0$ ， $\mathrm{d}h/\mathrm{d}s \to -\infty$ ，即在渗流的下游端，浸润曲线与槽底有正交的趋势；当 $h \to \infty$ ，有 $\mathrm{d}h/\mathrm{d}s \to 0$ ，即在渗流的上游端，浸润曲线以水平线为渐近线。

　　3. 逆坡（ $i<0$ ）地下明槽浸润曲线

　　在研究逆坡地下明槽浸润曲线之前，我们先虚拟一个底坡为 i_2 的地下明槽均匀流动，其流量和逆坡明槽中的非均匀流所通过的流量相等，而底坡 $i_2=|i|$ ，则

$$Q = -kA\left(i' + \frac{\mathrm{d}h}{\mathrm{d}s}\right) \text{ 对于非均匀流} \tag{10-65}$$

$$Q = ki' A'_0 \text{ 对于虚拟的均匀流} \tag{10-66}$$

将两式进行联立后，得到： $\dfrac{\mathrm{d}h}{\mathrm{d}s} = -i'\left(1 + \dfrac{A'_0}{A}\right)$ 　　　　　　　（10-67）

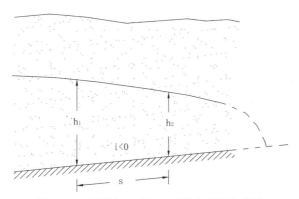

图 10.13　逆坡（ $i<0$ ）地下明槽中的浸润曲线

　　因为在式（10-67）中， i' 、 A'_0 、 A 均为正值，所以， $\mathrm{d}h/\mathrm{d}s$ 始终小于零，即：在逆坡地下明槽中浸润曲线始终是降水曲线。当 $h \to 0$ 时， $A \to 0$ ， $\mathrm{d}h/\mathrm{d}s \to -\infty$ ，即在曲线的上游端，浸润曲线与槽底有成正交的趋势；当 $h \to \infty$ 时， $A \to \infty$ ， $\mathrm{d}h/\mathrm{d}s \to i$ ，即在曲线的下游端，浸润曲线以水平线为渐近线。

　　重新考虑方程（10-47），令 $\eta' = \dfrac{h}{h'_0}$ 　　　　　　　　　　　（10-68）

则方程化为：$\dfrac{i'}{h'_0}\mathrm{d}s = -\dfrac{\eta'\ \mathrm{d}\eta'}{1+\eta'}$　　　　　　　　　　（10-69）

积分　$\displaystyle\int_l \dfrac{i'}{h'_0}\mathrm{d}s = -\int_{\eta_1}^{\eta_2}\dfrac{\eta'\ \mathrm{d}\eta'}{1+\eta'}$　　　　　　　　　（10-70）

最后得到　$\dfrac{i'\ l}{h'_0} = \eta'_1 - \eta'_2 + \ln\dfrac{1+\eta'_2}{1+\eta'_1}$　　　　　　　　（10-71）

10.6　普通井及井群的渗流

井是一种汲取地下水或排水用的集水建筑物,在工程勘探和开发地下水等方面有着广泛的应用。

根据水文地质条件,可以将井按其位置分成潜水井和承压井两种类型。潜水井位于地表下潜水含水层中,可汲取无压地下水,也称为普通井;承压井是指穿过一层或多层不透水层,在承压含水层中汲取承压水,也称为自流井。这两种井都可以分成完全井和非完全井。完全井是指井底直达不透水层,也称为完整井;而相反的,井底未达到不透水层的就被称为是非完全井或非完整井。

井的渗流运动,严格地说应该属于三维渗流,但本章内容为了简化,忽略运动要素随 z 方向的变化规律,并采用轴对称性假设。

10.6.1　完全普通井

完全普通井的结构如图 10.14 所示。当从来不从井中取水的时候,井水应跟天然水面齐平的。当从井中抽取一定流量后,井中水位下降,四周的地下水向井中汇聚,形成漏斗形状的浸润曲线,再经过一段时间之后就可以达到恒定状态,井中水位和四周地下水的浸润曲线都保持不变。

如前面所述,假设渗流对井轴是对称的,并且不考虑运动要素随 z 方向的变化规律。而且认为在离井较远的地方,浸润曲线变化非常小,可以近似地认为是渐变渗流,可用杜比公式进行粗略分析。

设距离井轴 r 处的浸润曲线高度为 h,则该处的断面平均流速 u 为

$$u = k\dfrac{\mathrm{d}h}{\mathrm{d}r}$$　　　　　　　　　　（10-72）

整个断面面积为：$A = 2\pi rh$

则流量 $Q = Au = 2\pi rhk\dfrac{\mathrm{d}h}{\mathrm{d}r}$　　　　　　　（10-73）

将两个变量分开,并进行积分得到

$$h^2 = \dfrac{Q}{\pi k}\ln r + C$$　　　　　　　　　（10-74）

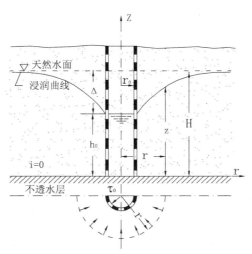

图 10.14　完全普通井渗流

其中 C 是积分常数，一般给出井半径处的水深来确定。若设井半径为 $r=r_0$，而此时水深为：$z=h_0$，代入上式，可得

$$C = h_0^2 - \frac{Q}{\pi k}\ln r_0 ，则原式变成：z^2 - h_0^2 = \frac{Q}{\pi k}\ln \frac{r}{r_0} \tag{10-75}$$

用上式就可以确定浸润曲线的位置了。

从上面的式子可以看出浸润曲线在离井较远的地方，水深逐步接近于原有的地下水位。所以一般在井的渗流计算中要引入一个近似的概念，认为抽水的影响有一个范围，这个最大的影响范围的半径被称为是影响半径。假定在这个影响半径以外的区域，地下水位不受影响。若近似地认为在 $r=R$ 处，$z=H$（即原有的地下水的深度，则可以写出完全普通井的流量公式为

$$Q = \frac{k(H^2 - h_0^2)}{\ln \dfrac{R}{r_0}} \tag{10-76}$$

影响半径 R 需要用实验方法或者经验来确定。一般经验认为，对细砂可采用 $R=100\sim200$ m，中等粒径砂可采用 $R=250\sim500$ m，粗砂可采用 $R=700\sim1\,000$ m，或者用下面的经验公式来确定

$$R = 3\,000s\sqrt{k} \tag{10-77}$$

$$或 \quad R = 575s\sqrt{Hk} \tag{10-78}$$

其中，$s=H-h_0$ 代表降深。

值得指出的是，影响半径本身是一个近似的概念，所以用各种方法确定的值也有非常大的区别。一般在工程允许的条件下，必须要进行勘测来确定影响半径。但因流量是与影响半径的对数成正比，所以影响半径的计算差别对流量的计算影响却并不大。

10.6.2　不完全井

从前面的定义可以看出，当井底未到达不透水层，这种井就称为是不完全井。可以看出，与完全井不同的是，不完全井的特点是，水流不仅沿井壁周围流入水井，同时也从井底流入，造成流动情况要比完全井复杂得多，造成理论计算的很多困难。在一般的工程中，一般采用完全井的计算公式乘以一个大于 1 的修正系数来得到

$$Q = \frac{k(H'^2 - h_0^2)}{\ln \dfrac{R}{r_0}}\left[1 + 7\sqrt{\frac{r_0}{2H'}}\cos\frac{H'}{2H}\frac{\pi}{}\right] \tag{10-79}$$

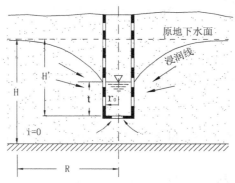

图 10.15　不完全普通井渗流

10.6.3　完全自流井

承压井是指穿过一层或多层不透水层，在承压含水层中汲取承压水，也称为自流井。这种井的含水层中的地下水一般处于承压状态。如果凿井通过上面的一层或者几层不透水层，井中的水在不抽水的时候也能达到 H 的高度，这个 H 的高度总要大于含水层的厚度的。图 10.16 给出了穿过了一层不透水层的简单的自流井模型。

设承压含水层为具有同一厚度 t 的水平含水层。若抽水流量不大且为一常值时，经过一段时间之后，井四周的渗流就可以达到恒定状态，此时地下水的浸润曲线就慢慢形成一个漏斗形曲面。这样，就和完全普通井一样，仍然可以用一维渐变渗流来处理这种情况。根据杜比公式，断面的平均流速为

$$u = k\frac{\mathrm{d}h}{\mathrm{d}r} \tag{10-80}$$

半径为 r 处的过水断面面积为：$A = 2\pi r t$，得到流量

$$Q = 2\pi r t\frac{\mathrm{d}h}{\mathrm{d}r} \tag{10-81}$$

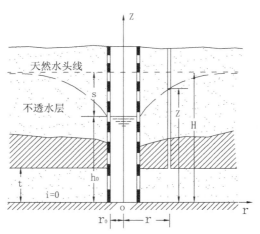

图 10.16　完全自流井渗流

积分上式后，得到：$h = \dfrac{Q}{2\pi kt}\ln r + C$　　　　　　　　　　　　　　　　　　（10-82）

仍然利用边界条件，当 $r=r_0$ 时，$h=h_0$，可以得到

$$h - h_0 = \frac{Q}{2\pi kt}\ln\frac{r}{r_0}\tag{10-83}$$

用同样的方法引入影响半径的概念后，即设 $r=R$ 时，$h=H$，则完全自流井的出水量公式就可以得到了

$$Q = \frac{kt(H - h_0)}{\ln\dfrac{R}{r_0}} = \frac{kts}{\ln\dfrac{R}{r_0}}\tag{10-84}$$

影响半径的确定方法与完全自流井的完全类似。

10.6.4　井群

在很多情况下，并不是打一口井工作。比如为了取地下水，或者在基坑开挖或其他场合，降低地下水，通常在这种情况下，需要打很多井同时工作。此时，由于井间的距离不大，井之间会受到相互的干扰，渗流区地下水浸润面呈现复杂的形状，而各井的出水量也与单井情况有很大不同，这种多个井的组合就称为是井群，而相互干扰的井就称为干扰井。

如图 10.17 所示，就是井群所形成的渗流场，现在考虑的就是这个渗流场能不能看成很多单独井的渗流场的叠加呢？若只考虑完全井的作用，即完全普通井和完全自流井，式（10-81）和（10-73）分别是它们的杜比公式。可以引入两种势函数

普通井：$\varphi = \dfrac{1}{2}kh^2$　　　　　　　　　　　　　　　　　　　　　　　　　（10-85）

自流井：$\varphi = kth$　　　　　　　　　　　　　　　　　　　　　　　　　　　（10-86）

这样，两种井就都可以写成：$Q = 2\pi r\dfrac{\mathrm{d}\varphi}{\mathrm{d}r}$ 的形式。

积分后,就可以得到完全井的势函数:$\varphi = \dfrac{Q}{2\pi}\ln\ r + C$ (10-87)

这种势函数可以叠加,当几口井同时工作的时候,任一点势函数是各井单独作用在该点时的势函数之和。

即,$\varphi = \sum \varphi_i = \sum_{i-1}^{n}\dfrac{Q_i}{2\pi}\ln\ r_i + \sum_{i=1}^{n}C_i = \sum_{i=1}^{n}\dfrac{Q_i}{2\pi}\ln\ r_i + C$ (10-88)

式中 r_i 为该点距离 i 井井轴的距离。C 为一常数由边界条件确定。

若各井的出水量相同都等于总出水量的 n 分之一,即 $Q_1 = Q_2 = \cdots = Q_n = Q/n$,则:

$$\varphi = \dfrac{Q}{2\pi}\dfrac{1}{n}\sum_{i=1}^{n}\ln\ r_i + C = \dfrac{Q}{2\pi}\dfrac{1}{n}\ln\ r_1 r_2 \cdots r_n + C \qquad (10\text{-}89)$$

设井群的影响半径 R 远大于井群的尺度,则可以近似地认为:

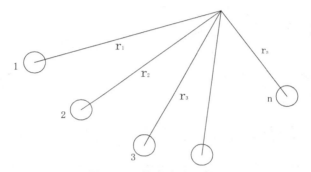

图 10.17 井群渗流示意图

$r_1 \approx r_2 \approx \cdots \approx r_n \approx R$ (10-90)

并且考虑到该处的势函数值为 φ_R,则代入上式可得

$$\varphi_R - \varphi = \dfrac{Q}{2\pi}\left[\ln\ R - \dfrac{1}{n}\ln\ (r_1 r_2 \cdots r_n)\right] \qquad (10\text{-}91)$$

对于普通井,考虑到其势函数的表达式,$\varphi = \dfrac{1}{2}kh^2$,$\varphi_R = \dfrac{1}{2}kH^2$,则

$$h^2 = H^2 - \dfrac{Q}{k}\left[\ln\ R - \dfrac{1}{n}\ln\ (r_1 r_2 \cdots r_n)\right] \qquad (10\text{-}92)$$

对于自流井,考虑到其势函数的表达式,$\varphi = kht$,$\varphi_R = kHt$,则水头线方程就变成

$$h = H\dfrac{Q}{kt}\left[\ln\ R - \dfrac{1}{n}\ln\ (r_1 r_2 \cdots r_n)\right] \qquad (10\text{-}93)$$

值得指出的是,完全井势函数 φ 与以前介绍的流速势的概念是不同的,其导数 $d\varphi/dr$ 并不表示径向流速,而指的是单位长度上的流量。

10.7 不透水层上均质土坝的渗流

土坝是水利工程中非常常用的建筑物之一。一般在土坝的计算分析中,其主要任务就是确定浸润曲线的位置,得到渗流流速、渗流流量等,这些都关系到土坝的安全稳定性等问题。

对于此类问题的处理,一般认为河宽土坝断面比较一致,土坝渗流可以看成是一个平面问题。在坝体断面形状和地基条件比较简单的情况下,可以近似按照渐变渗流情况来处理。

本节中将重点讲述最简单的均质土坝的渗流问题。

设一均质土坝建在水平不透水地基上,如图 10.18 所示。上游水深为 H_1,下游水深 H_2,当上下游水深固定不变时,渗流为恒定渗流。此时,在上下游水位差的作用下,上游的水通过边界 AB 渗透进入坝体,在坝内形成浸润曲线 AC,一部分水体在 C 点溢出,另一部分水体通过 CD 段流入下游。C 即为出渗点(或称为逸出点),区域 $ABDC$ 即为我们研究土坝渗流的研究对象。

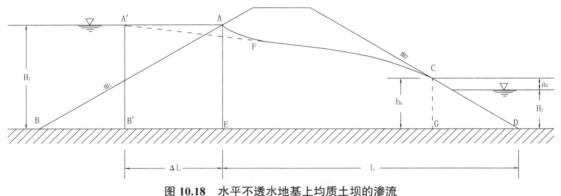

图 10.18　水平不透水地基上均质土坝的渗流

在工程中,土坝渗流通常采用"分段法"进行计算,并有三段法和两段法两种计算方法。三段法是把坝内的渗流区域分成三段分别进行计算,第一段是上游的三角形 ABE,第二段是中间段 $ACGE$,第三段是下游楔形段 CDG,对每一段应用渐变渗流的基本公式(杜比公式),并认为通过每段的流量相等,进行联合求解,就可求出坝的渗流流量以及逸出点水深 h,并可以画出浸润曲线。

两段法计算的基本原理与三段法相同,只不过有了一定的简化。把上游段 ABE 用矩形体 $AEB'A'$ 来代替。

其中,工程中等效矩形体的宽度 ΔL 用下式来确定:

$$\Delta L = \frac{m_1}{1 + 2m_1} H_1 \tag{10-94}$$

式中,m_1 为坝上游面的边坡系数。

10.7.1　上游段($A'B'EGCA$)的计算

考虑上游段 $A'B'EGCA$,渗流从过水断面 $A'B'$ 至 CG 的水头差为 $\Delta H = H_1 - h_k$,而两过水断面之间的距离为:$\Delta s = L + \Delta L - m_2 h_k$,其中,$m_2$ 为坝下游断面的边坡系数,则上游段的

平均水力坡度为

$$J = \frac{H_1 - h_k}{L + \Delta L - m_2 h_k} \qquad (10\text{-}95)$$

根据杜比公式，上游段的平均渗流流速为

$$U = kJ = k\frac{H_1 - h_k}{L + \Delta L - m_2 h_k} \qquad (10\text{-}96)$$

因为上游段单宽长的平均过水断面面积为：$A = \dfrac{1}{2}(H_1 + h_k)$ $\qquad (10\text{-}97)$

则，上游段的单宽渗流量为：$q = u \cdot A = \dfrac{k(H_1^2 - h_k^2)}{2(L + \Delta L - m_2 h_k)}$ $\qquad (10\text{-}98)$

很显然，因为溢出点水深 h_k 仍然不知道，所以单独求解上式仍然不能计算出流量 q。那么，继续考虑下游段的求解。

10.7.2　下游段（CGD）的计算

设坝下游有水，其水深为 H_2，溢出点在下游水位以上的高度为 a_0，则很容易知道，溢出点水深 $h_k = H_2 + a_0$。因为水面以下和水面以上的渗流情况有所不同，所以需要分开进行计算。

首先取下游段水面以上部分作为研究主体。考虑距离坝底 y 的位置上的一小段水平流束，认为该小段流束由起始段至末端的水头差应（$a_0 + H_2 - y$），而微小流束的水平长度则为 m_2（$a_0 + H_2 - y$），故微小流束的水力坡降就为 $J = \dfrac{1}{m_2}$，则通过微小流速的单宽流量为

$$\mathrm{d}q_1 = kJ\mathrm{d}y = \frac{k}{m_2}\mathrm{d}y \qquad (10\text{-}99)$$

那么水面以上部分的单宽渗流量就应为 $q_1 = \displaystyle\int \mathrm{d}q_1 = \int_{H_2}^{a_0 + H_2} \frac{k}{m_2}\mathrm{d}y = \frac{ka_0}{m_2}$

再考虑下游段水面以下部分的流量。仍然可以在距离坝底高度为 y 的地方取出一段水平微小流束 $\mathrm{d}y$，该小段由起始段面至末端断面的水头差为常值 a_0，微小流速的长度为面 m_2（$a_0 + H_2 - y$），则此处的水力坡度就为一变值 $a_0 / [m_2 \times (a_0 + H_2 - y)]$，则通过微小流束的单宽流量为

$$\mathrm{d}q_2 = kJ\mathrm{d}y = \frac{ka_0}{m_2(a_0 + h_2 - y)}\mathrm{d}y, \qquad (10\text{-}100)$$

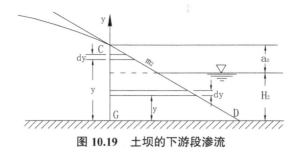

图 10.19　土坝的下游段渗流

沿水面以下积分,得到 $q_2 = \int \mathrm{d}q_2 = \int_0^{H_2} \dfrac{ka_0}{m_2(a_0 + H_2 - y)}\mathrm{d}y$

$$= \frac{ka_0}{m_2}\ln\frac{a_0 + H_2}{a_0} \tag{10-101}$$

我们知道,通过下游段的总流量是 q_1+q_2,这个总流量应该和通过上游段的流量是相等的。联立两个方程,并且考虑到 $h_k = H_2 + a_0$,因此可以求得土坝的单宽渗流总量 q 和溢出点高度 h_k。

10.7.3　浸润曲线

建立坐标轴,x 轴建在不透水边界上,而 y 轴与 x 轴垂直,并通过溢出点,y 轴正方向向上,而 x 轴正方向向左。具体如图 10.20 所示。

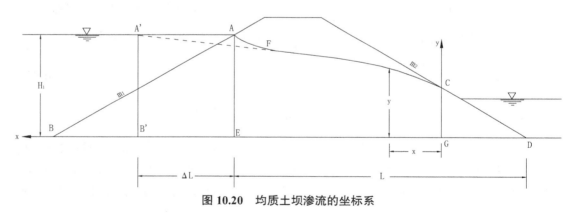

图 10.20　均质土坝渗流的坐标系

根据杜比公式,在任意断面处的平均渗流流速为:$u = k\dfrac{\mathrm{d}y}{\mathrm{d}x}$

该断面的单宽过水面积为:y,则单宽渗流量为:$q = ky\dfrac{\mathrm{d}y}{\mathrm{d}x}$

将积分变量分别放到方程等式两边,积分后得到:$qx = \dfrac{1}{2}ky^2 + C$,常数 C 由边界条件确定,将 A'B' 当作其边界,即当 $x=L+\Delta L-m_2 h_k$ 时,$y=H_1$,将此式代入上式后,得到:$C=q\,(L+\Delta L-m_2 h_k) - \dfrac{1}{2}kH_1^2$,将常数的表达式代入其原始的表达式,就可以得到浸润曲线的表达式：

$$y^2 = H_1^2 - \frac{2}{k} q[(L + \Delta L - m_2 h_k) - x] \tag{10-102}$$

若将渗流流量的表达式代入上式，就可以得到：

$$y = \sqrt{\frac{x}{(L + \Delta L - m_2 h_k)}(H_1^2 - h_1^2) + h_k^2} \tag{10-103}$$

10.8 渗流场的解法

前面一节中介绍了以达西定律为基础，采用流束分析法得到的结果，讨论了渐变渗流的水力学计算结果。但在很多情况下，水工建筑物透水地基的渗流问题，除了需要了解计算渗流量和各处的渗透流速等的分布外，还需要求出建筑物基础和地基接触面上的渗透压力等。而且，对于一般的工程而言，很多情况下的渗流已经不能简单地视为一元流或者渐变流来进行简化计算了。

下面这一节的内容就介绍了一些渗流场的一般解法及应用举例。

10.8.1 渗流场的解法简介

利用水头函数满足的拉普拉斯方程，求解在一定条件下的渗流场的方法大致可以分成四种类型：

1. 解析法

解析法即是根据微分方程，结合具体的边界条件以解析的方法求得水头函数 H 或流速势 φ 的解析解，从而得到整个区域流场和压强场的分布。虽然水头函数满足的拉普拉斯方程形式简单，但是对于一般的工程渗流，边界条件往往太过复杂，造成用解析法所能求解的问题数量非常有限。

2. 数值解法

用一般的离散方法将方程在计算域内离散，从而求得水头值在域内的分布情况的方法，称之为数值解法。数值解法从上个世纪六、七十年代诞生，随着计算机的日益发展，计算精度和速度也有了非常高速的发展。这种方法也因此得到了越来越广泛的应用。

3. 图解法

图解法也是一种近似的方法，它是用近似的方法绘出流场的流网，从而求解渗流问题。对一般的工程而言，图解法可以给出一般工程满意的结果，因此也比较经常采用。在本节将有详细介绍。

4. 实验法

即采用一定比例的模型来再现真实渗流场的方法。一般可以模拟比较复杂的自然条件和各种影响因素，包括很多用解析法难以解决的问题。实验法一般有两类：一类是用土壤岩石等制作的模型，比如渗流槽中的砂模拟；另一种是用相似物理过程的其他模型来比拟渗流模型,如电比拟、热比拟等。而一般应用比较广泛的是水电比拟法。这种方法也将会在本节中详细介绍。

10.8.1 分段法

当水工建筑物的地下轮廓比较复杂时,用一般的解析方法很难求得严格的解析解。那么在工程计算中,有时就要采取一种近似的方法,选择适当的分界面,将待考虑的渗透区域分解成若干段形状较为简单的渗流区,并将这些分界面近似看成流线或等势线,然后对各流段分别求其解析解的方法,称为分段法。

设有水工建筑物的地下轮廓如图 10.21 所示。近似认为板桩末端的等势线是一竖直线,所以就可以沿两个板桩将整个流区分成三段。

设第 i 段的单宽流量、水头损失分别为 q_i 和 h_i。根据连续性原理,可知各段的渗流量应该是相等的,即: $q_1 = q_2 = \cdots = q_n = q$。   （10-104）

而水头差则满足相加原理,总的水头差应该等于各段水头损失之和,即:

$$H = h_1 + h_2 + h_3 + \cdots + h_w$$ （10-105）

且根据达西定律,各段的水头损失和渗流流量的关系可以写成如下形式:

$$h_i = \zeta_i \frac{q_i}{k}$$ （10-106）

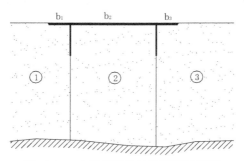

图 10.21 水工建筑物地下轮廓示意图

其中,ξ_i 为水头损失系数,和该段流区的几何形状有关。

将（10-106）代入（10-105）,并考虑到（10-104）,得到:

$$H = \xi_1 \frac{q_1}{k} + \xi_2 \frac{q_2}{k} + \xi_3 \frac{q_3}{k} + \cdots + \xi_n \frac{q_n}{k} = \frac{q}{k} \sum_{i=1}^{n} \xi_i$$ （10-107）

当各段的 ξ_i 是已知的或者是可以查到的,就可以从上面的式子求得单宽流量和各段的水头损失,从而最终确定渗流区域的水头线和渗透压强分布图。

10.8.2 流网法

对于平面渗流问题,一般也可以用流网法来求解平面渗流问题。这种流网法通常是一种近似的图解法,即根据等势线及流线的特征和确定的边界条件,用作图方法逐步近似地画出流线和等势线。

首先,介绍一下平面有压渗流流网的绘制步骤:

1. 首先根据渗流的边界情况,确定渗流的边界流线和边界等势线。如图 10.22 所示,坝上游有一个透水边界 AB,这个透水边界上任意一点的测压管水头值 H 都相等且等于 $z + \dfrac{p}{\gamma}$,所以该边界上各点的流速势相等,可以知道这条透水边界是一等势线。同理,下游的透水边界 CD 也是一条等势线。建筑物的地下轮廓线和渗流区域的底部边界都是不透水的,可以确定为是一条流线。

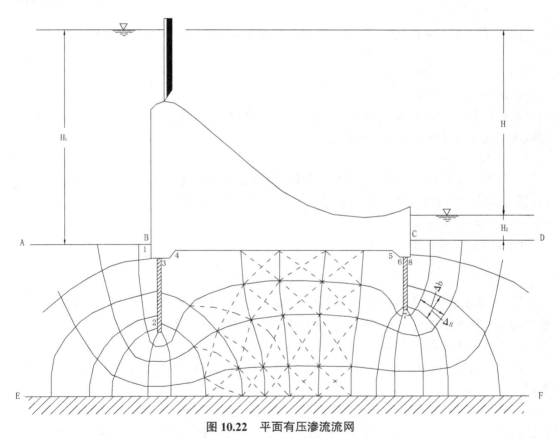

图 10.22 平面有压渗流流网

2. 在绘制过程中,应该注意的是,流线和等势线是相互正交的,而且流线和等势线都是光滑的曲线,不应该有折点。所以,在初步确定的边界上按照这种大概的趋势绘制大约的流线和等势线。

3. 检查这种大约的流线和等势线是否符合要求,如果不符合要求则需要做这样或者那样的修改。所以为了检验流网是否画得正确,可在流网中绘制网格的对角线,如果每一网格的对角线正交和相等且形成近似的正方形网格,那么就可以判断出所绘部分区域的流网是正确的。

如此反复修改，直至流网的差不多每个网格都达到要求之后，就可以认为所绘网格是正确的，可以进行后面的计算分析了。

其次，利用流网进行一般的渗流计算。渗流计算的内容包括以下几个方面：渗流流速的计算、渗流流量的计算以及渗流动水压强的计算等等。下面将要分别详细介绍这些内容。

1. 渗流流速的计算

如图 10.22，可以首先找出某一小网格中的渗流水头差 ΔH。根据流网的特性可知，任意两条等势线之间的水头差是相等的，若流网中等势线共有 m 条，上下游水位差为 H，那么任意两等势线之间的水头差为：

$$\Delta H = \frac{H}{m-1} \tag{10-108}$$

因为还可以从图中量出网格的平均流线长度为 Δs，那么该网格处的渗流流速就为：

$$u = kJ = k\frac{\Delta H}{\Delta s} = \frac{kH}{(m-1)\Delta s} \tag{10-109}$$

2. 渗流流量的计算

若根据上面的结果，即已经求得某点的流速，再加上可以量出网格的宽度为 Δb，那么就可以求出这两条流线之间的渗流流量：

$$\Delta q = u\Delta b \tag{10-110}$$

由流网的性质可以知道，任意两条流线之间所通过的渗流量是相等的，且知道全部流线（包括边界流线）的数目是 n，那么通过整个坝基的单宽流量就应该为：

$$q = (n-1)\Delta q \tag{10-111}$$

综合以上的式子就可以得到：

$$q = (n-1)\Delta q = (n-1)u\Delta b = (n-1)\frac{kH}{(m-1)\Delta s}\Delta b \tag{10-112}$$

所以，从上面的式子可以看出，只要任意选定一个网格，量出该网格的平均流线长度 Δs 和平均过水宽度 Δb，并且知道流线以及等势线的条数，就可以算出渗透流量。

3. 渗透动水压强的计算

在工程计算中，渗流压强的计算占比较重要的地位，对于确定建筑物的稳定性有重要作用。

仍然以图 10.23 所示的土坝渗流区域为研究对象。首先要选定一个直角坐标系，为了方便，仍然以不透水基底作为坐标的横轴。按照定义在任意一点 N 处的渗流的总水头为：

$$H_N = z_N + \frac{p_N}{\gamma} \tag{10-113}$$

那么 N 点处的动水压强就为：

$$\frac{p_N}{\gamma} = H_N - z_N \tag{10-114}$$

上游河床式一等势线，在该线上任意一点的水头值是相等的，

$$H = z_1 + \frac{p_1}{\gamma} \tag{10-115}$$

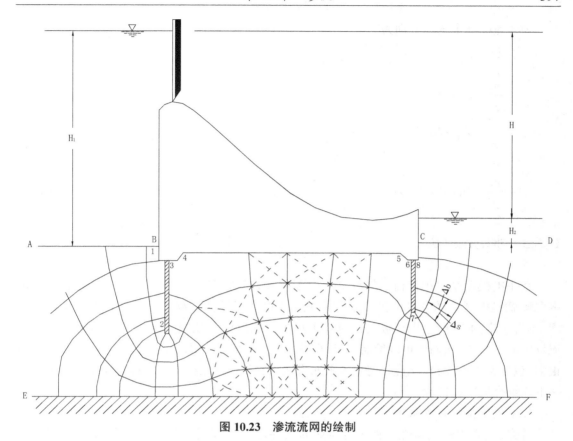

图 10.23　渗流流网的绘制

如果认为从上游河床入渗到 N 点后所产生的水头损失为 h_f，那么 N 点的总水头应该等于入渗边界上的水头值减去从入渗边界到 N 点的水头损失，即：

$$H_N = (z_1 + H_1) - h_f \tag{10-116}$$

然后就可以得到在 N 点的压强表达式为：

$$\frac{p_N}{\gamma} = (z_1 + H_1) - h_f - z_N = h_N - h_f \tag{10-117}$$

其中，$h_N = (z_1 + H_1) - z_N$ 表示 N 点在上游液面以下的深度。从上面的式子就可以很明显看出动水压强的含义，即渗流区内任意一点 N 的动水压强值等于该点高度的静水压强值减去上游边界渗流到该点的水头损失。

一般的工程计算中要求得到坝底上若干点的渗透压强值，从而确定整个渗流区域对坝底的作用力。

对于一个简单的土坝渗流模型，如图 10.23 所示，给出了坝底上 1、2、3、4、5、6、7、8、9 等各点的渗透压强。

设上面各点在上游液面以下的深度是相等的，即，$h_1 = h_2 = h_3 = \cdots = h_9 = H_1$。而且若设任意两等势线间的水头损失为 $\Delta H = \dfrac{H}{m-1}$，$m$ 为等势线的条数。则各点的水头损失值分别为：

$$h_{f2} = \Delta H, \ h_{f3} = 2\Delta H, \ h_{f4} = 4\Delta H, \cdots h_{f9} = 8\Delta H \tag{10-118}$$

则各点的动水压强分别为:

$$\frac{p_1}{\gamma} = H_1$$

$$\frac{p_2}{\gamma} = H_1 - \Delta H$$

$$\frac{p3}{\gamma} = H_1 - 2\Delta H$$

......

$$\frac{p_9}{\gamma} = H_1 - 8\Delta H = H_2 \tag{10-119}$$

10.8.3　水电比拟法

利用电模型来模拟渗流,是1922年由苏联水力学家H.H巴甫洛夫斯基所首创。其基本原理就是电场中的各种电流要素和渗流场中的各渗流要素满足相同形式的数学物理方程,具有一定的类比性,因此就可以利用电场来模拟流场,测出电场中的等位线就可以得到流场中的等势线,从而就可以绘制出流网,这种方法就称为是水电比拟法。这种方法的类型很多,包括各种连续介质电拟试验、电阻网模拟试验和电网络模拟试验等。这里就简单介绍一下连续介质电拟试验。

1. 水电比拟法基本原理

首先,是方程的相似性。在不可压缩的条件之下,符合达西定律(线性)的渗流运动的水头满足拉普拉斯方程;而导体中电流现象的电位也满足拉普拉斯方程。电流和渗流现象之间具体的比拟关系列在表10.2中。

表 10.2　渗流场和电流场的比较

电流	渗流
电位 V	水头 H
导电率 σ	渗透系数 k
电流密度 i	渗透流速 u
欧姆定律 $i=-\sigma grad V$	达西定律 $u=-k grad H$
电位在导体中的分布规律 $\dfrac{\partial^2 V}{\partial x^2} + \dfrac{\partial^2 V}{\partial y^2} + \dfrac{\partial^2 V}{\partial z^2} = 0$	水头在渗流区中的分布规律 $\dfrac{\partial^2 H}{\partial x^2} + \dfrac{\partial^2 H}{\partial y^2} + \dfrac{\partial^2 H}{\partial z^2} = 0$
电流强度 I	渗流量 Q

其次,如果能够做到几何形状相似和边界条件相同就可以用在导体中测量得到的电位分布情况得到渗流区域中的水头分布形式,进而从导体中的电流密度值计算得到渗流流速值。

对于渗流的各种边界条件,可以用下面的方法进行模拟:不透水边界可以用绝缘体来模拟;透水边界则为一等势线,可用等电位的导电极(如铜片等)来模拟;浸润线与渗出段边界,要根据渗流压强为大气压,位置高低反映势函数值来模拟,那么要求模拟的电位势与位置的高低也保持相应的关系就可。一般来说,最后一种边界的模拟比较复杂,需要修改多次才能完成。

很显然,当模拟的是在均质土壤中的渗流情况时,导体的导电率要求是均匀的。而当模拟的是非均质土壤中的渗流情况的时候,就需要用具有不同导电率的材料组合而成,使其导电率和相应的渗透率保持在同一比例上即可。

2. 水电比拟法的设备及其测绘

模拟渗流区的导电体通常由固体和液体两种。液体一般有食盐溶液、硫酸铜溶液等,有时也用普通的自来水。固体有锡箔或其他的导电纸等。

模型的不透水边界常用石蜡、木材浸蜡、胶木或玻璃条等绝缘材料。模拟的透水边界通常采用黄铜或者紫铜片等导电非常良好的材料。

如图 10.24 所示就是一测量电场等位线的设备,其基本原理是基于电桥结线原理。汇流板上的电位是由电源供给,并用可调节的变压器进行调整。图中 A 是一检流计,其一端接于可变电阻上,另一端在 1 和 2 之间寻找。

将电源通电之后,将会有两条电流通过,一条流过可变电阻,另一条流过测量点。如果检流计没有检测到流量的通过,则此时测流计两端的电压是相等的。就应该有下列等式成立:

$$\frac{R_1}{R_2} = \frac{R_3}{R_4} \text{ 或者}, \frac{R_1}{R_1+R_2} = \frac{R_3}{R_3+R_4} \tag{10-120}$$

根据电阻与电位的关系,有:

$$\frac{R_1}{R_1+R_2} = \frac{V_1-V_4}{V_1-V_2} \tag{10-121}$$

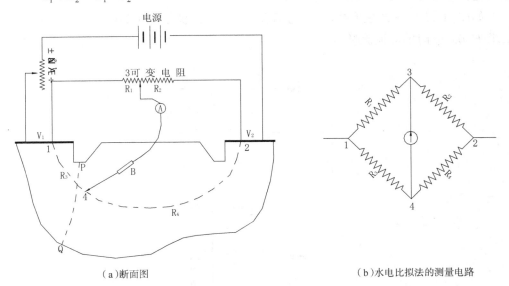

（a）断面图　　　　　　　　　　　　　　（b）水电比拟法的测量电路

图 10.24　水电比拟法绘制流网图

最后,得到 4 点的电位值,$V_4 = V_1 - \dfrac{R_1}{R_1 + R_2} V$ (10-122)

其中 V 就是 1、2 两点之间的电位差。

当检流计的探针头在 1、2 两点之间滑动时,得到了一系列这样的等电位点,这些等电位点连成的曲线就是等电位线。然后改变滑动变阻器的阻值比例关系,重复上面的步骤,继续得到另外几条等电位线,然后根据这些等电位线,就可以绘出渗流场的流网了。

因为流速势函数和流函数都是调和的共轭函数,所以当边界条件对调的时候,两个函数也对调。所以,可以将两种边界条件互换,然后用同样的方法过程也得到原流场的流线。其具体的方法步骤就不一一描述了。

思考题

1. 土壤的水力特性有哪些?

2. 达西定律的适用范围是什么? 对你的启发有哪些?

3. 用你自己的理解来比较达西定律和杜比公式的区别。

4. 井群的计算中,为什么可以用到叠加原理,试说明理由。

5. 浸润曲线是流线还是等势线,试说明理由。

6. 分析渗流中不透水地基所受到的扬压力与静水压力有什么不同?

习　题

1. 达西试验装置中,若圆筒的直径为 20 cm,两测压管间距为 40 cm,两测压管水头差为 20 cm,测得流量为 0.002 L/s,求渗透系数。

2. 如图 10.25 所示圆柱形滤水器,已知直径 d=1.2 m,滤层高 1.2 m,渗透系数 k=0.000 01 m/s,求 H=0.6 m 时的渗流流量 Q。

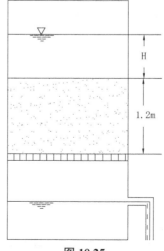

图 10.25

3. 顺坡渗流,底坡 i=0.002 5,测得相距 500 m 的两断面水深分别为 3 m 和 4 m,土的渗透系数 k=0.000 5 m/s,试计算单宽深渗流流量。

4. 如图 10.26 所示,一渠道与一河道相互平行。长 l=300 m,不透水层的底坡 i=0.025,透水层的渗透系数 $k = 2 \times 10^{-3}$ cm/s。当渠中水深 $h_1 = 2$ m,河中水深 h_2=4 m 时,求渠道向河道渗流的单宽渗流量,并计算其浸润曲线。

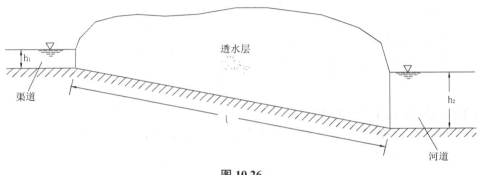

图 10.26

5. 某处的地质剖面图如图 10.27 所示。河道的左岸为透水层,其渗透系数 $k = 2 \times 10^{-3}$ cm/s。不透水层的底坡 i=0.005。距离河道 1 000 m 处的地下水深为 2.5 m。今在该河修建一水库,修建前河中水深为 1 m,地下水补给河道;修建后河中水位抬高了 10 m,设距离 1 000 m 处的原地下水位仍保持不变。试计算建库前和建库后的单宽渗流量。

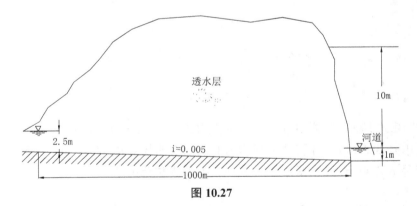

图 10.27

6. 无压完全井的不透水层为平底,井半径 r_0=10 cm,含水层厚度 8 m,影响半径 500 m,测得渗透系数 k=0.000 01 m/s。求井中水位降落值为 6 m 时的出水量 Q。

7. 有一完全井如图 10.28 所示。井半径 r_0=10 cm,含水层原厚度 H=8 m,渗透系数 k=0.003 cm/s。抽水时井中水深保持为 h_0=2 m,影响半径 $R \approx 200$ m。求出水量和距井中心 r=100 m 处的地下水深度 h。

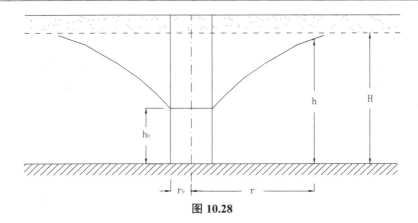

图 10.28

8. 有一钻井（完全井）如图所示，半径 r_0=10 cm 作注水试验。当注水量稳定在 Q=0.20 l/s 时，井中水深 h_0=5 m，含水层为细砂构成，含水层水深 H=3.5 m，试求其渗透系数值。

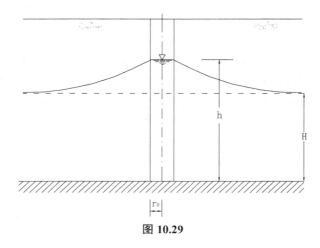

图 10.29

9. 如图 10.30 所示，井群由 6 个无压完全井组成。已知 a=50 m，b=40 m，井群总流量 Q=3 L/s，各单井抽水流量相同，井半径均为 0.2 m，含水层厚度 H=12 m，渗透系数 k=0.000 1 m/s，影响半径 R=700 m，试计算井群中心点 G 处的水位降落值 s 为多少？

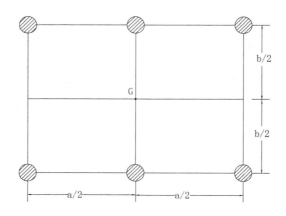

图 10.30

10. 某均质土坝建于水平不透水地基上，如图 10.31 所示。坝高为 17 m，上游水深 H_1=15 m，下游水深 H_2=2 m，上游边坡系数 m_1=3，下游边坡系数 m_2=2，坝顶宽 b=6 m，坝身土的渗透系数 k=0.1×10⁻² cm/s。试求单宽渗流量并绘出浸润曲线。

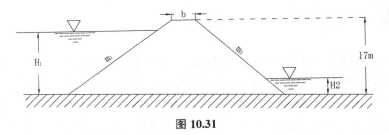

图 10.31

11. 试绘出如下各图中透水地基的流网图。

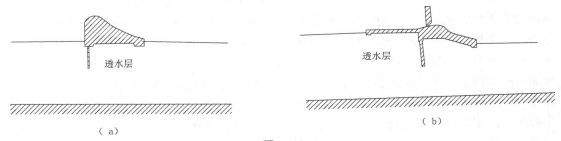

（a）　　　　　　　　　　　　（b）

图 10.32

第11章　生态水力研究进展

11.1　概述

河流系统是地球上淡水资源的重要载体,是自然界最重要的生态系统之一。其中,细菌、着生藻类、水生植物、浮游动植物、底栖动物和鱼类等是河流水生食物链中最重要的生物要素(图11.1)。河流生态系统在地球和自然界的演变和发展过程中所发挥的功能,主要包括输送物质能量(如,泥沙、水流、营养)、塑造地质地貌和生态功能(如,维持景观、调节气候、维持生物多样性)等。其中,生态功能是河流功能极其重要的组成部分,主要体现在河流对生物生存、繁衍以及对栖息环境的支持等方面,包括生物栖息地(Habitat)、物质和能量及生物物种的传输带(Conduit)、过滤带(Filter)、隔离带(Barrier)、源(Source)和汇(Sink)等六大生态功能(Brookes and Shields, 2001;Wang et al., 2008)。

河流栖息地(Habitat)为生物的生长、繁殖、摄食和运动等一系列活动及进行生命循环周期中的其他重要环节提供了必需的空间、食物、水源及庇护场所等。河流中的生物多样性和物种丰度取决于栖息地的多样性。一般而言,稳定的河流系统支持栖息地的多样性和可用面积。河流的横断面形状和尺度、坡度和河堤、床沙的粒径级配、甚至其平面形态都会影响到水生栖息地。在基本未受干扰的条件下,虽然窄陡的横断面没有宽浅的横断面提供的水生栖息地面积大,但具有更丰富的生物栖息地类型。

传输带(Conduit)是指河道系统可以通过水流传输作为能量、物质和生物运移的通道。河道既可作为纵向通道,也可作为横向和垂向通道,为水流、泥沙、水生生物和营养物质在任何方向的传输和运移提供可能。河流的过滤带(Filter)功能是允许能量、物质和生物选择性地通过,起到过滤器的作用。河流的隔离带(Barrier)功能则是阻止能量、物质和生物运动的发生,起到屏障的作用。河流的过滤带和隔离带功能均可有效地减少水体污染,最大限度地降低泥沙输移,同时又有选择地为河流输入营养物质。源(Source)是指河流为周围流域提供了水、能量、生物及其他物质。汇(Sink)是指河流不断从周围流域吸收物质、能量和生物。

在过去的河流开发利用过程中,由于没有重视河流自然演化规律和生态功能,缺乏水沙生态综合管理的理论和方法,导致许多河流功能严重受损。随着河流综合管理理论与实践的发展,河流生态功能的重要地位也逐渐凸显。河流生态评价以及水生态修复技术已成为水利学家和生态学家研究的焦点。在此背景下,生态水力学逐渐发展成为水力学、生物学和生态学等多学科交叉的新生长点,服务于水沙动力对河流生态系统的作用机制、水生态系统对水沙动力的影响机制、以及水生态健康的水力调控技术等领域的研究与实践。

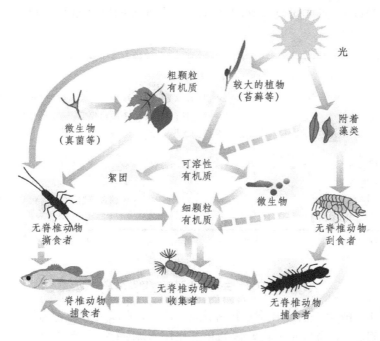

图 11.1 水生食物链示意图（段学花，2009）

生态水力学中，常通过指示物种来表征和实现对河流生态系统的评价与研究。水生食物链中的细菌、着生藻类、鱼类和大型底栖无脊椎动物等常被用作指示物种，不同指示物种提供不同的有用信息反映河流生态状况。例如，细菌能在各种不同的自然环境下生长，而且具有繁殖速度快、对环境变化反应快速等特点，但在种类鉴定和计数上的困难在某种程度上限制了它们在环境监测中的应用。着生藻类处于河流生态系统食物链的始端，生活周期短，对污染反应灵敏，可为水质变化提供预警信息（Sládeček，1986），缺点是不能反映河流的综合生态条件。鱼类处于河流生态系统食物链的顶端，能较好地反映河流的综合生态条件，通常也被认为是水质和水生生态系统健康的良好指示物种，但鱼类对环境条件变化的反映不够快速灵敏，且采样成本高。

与上述各类生物相比，底栖动物处于水生食物链的中间环节（图 11.1），其衰退或消失将导致食物链的上端鱼类等减少甚至消失，也会影响水体中的细菌和有机质的消耗及水生生态系统能量处理效率的降低，导致更严重的生态失衡。因此，底栖动物群落结构和功能的完整性，很大程度上反映了整个水生生态系统的健康程度（Smith et al.，1999）。此外，与藻类和鱼类等相比，底栖动物作为指示物种的优点还体现在：它们分布广泛，形体相对较大，易于鉴定；它们的迁徙能力差，可监测当地河流的综合生态条件在较长时空尺度尺度内的变化；对水质污染等外界干扰响应敏感而准确，其群落结构的变化趋势能反映短期环境变化的影响；它们的采样对其他生物群落的干扰较小（Xu et al.，2014a; Lenat et al.，1980; Basset et al.，2004）。

总体而言，不同水生生物群落特征及其影响因素均具有时空尺度性，不同时空条件下研究的对象、科学技术问题、研究方法都有所不同（Poff and Ward，1990; Li et al.，2001; Leung and Dudgeon，2011）。具体研究领域、关注的对象及研究的思路如下图 11.2。

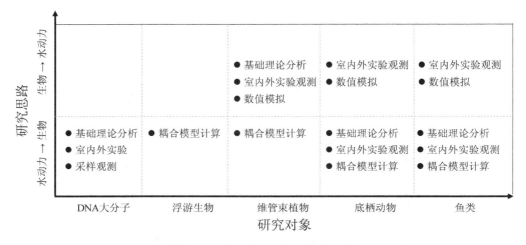

图 11.2　生态水力研究对象及思路

　　鉴于底栖动物的生态功能和指示物种优势，下文主要以底栖动物为例，从生态水力学研究关注的尺度问题，生物与非生物要素的相互作用机制，生物对栖息地的适应机制，食物链的生态功能等方面介绍生态水力学研究的方法和进展。此外，对鱼类、水生植物、浮游动植物等的生态水力学研究进展也进行了综述。

11.1.1　生态水力研究中的尺度问题

　　以底栖动物为例，在时间尺度方面，大量研究均表明群落的季节间差异极显著，且远大于天际或年际差异（McElravy，1989；Beche et al.，2006；Leung，2012），因此，研究中针对底栖动物的采样时间一般建议为枯水期末，以保证底栖动物群落有足够长时间的稳定环境任其充分发育（Šporka et al.，2006）。而在空间尺度方面，不同空间尺度的环境变量是决定其对应的尺度上生物群落特征的主要影响因素（Townsend et al.，2003；Johnson et al.，2007）。同一尺度的不同环境变量一般并不独立，而是相互影响，协同作用于生物群落（Beisel et al.，1998）。不同尺度的环境变量间往往具有因果关系——大尺度的环境条件从宏观层面决定了小尺度上环境变量，进而作用于生物群落（Sponseller et al.，2001）。

　　水生物群落的环境变量按空间尺度的大小一般分为以下五类：①跨流域尺度（$>10^4$ m）上的环境变量主要包括纬度、海拔；②河段尺度（10^2–10^4 m）上主要包括河流级别、流域面积、河型、水文连通性；③断面尺度（10^0–10^2 m）上主要包括流量、河宽、滨岸植被、河床稳定性；④栖息地斑块尺度（10^0 m）上主要包括底质、水深、流速、悬沙等物理环境变量，水温、溶解氧、悬浮有机物含量、pH、浊度、盐度和重金属等水质变量，以及浮游生物、水生维管束植物和固着藻类等生物变量；⑤多空间尺度上的栖息地斑块异质性。

　　（1）跨流域尺度

　　跨流域尺度（$>10^4$ m）上，生物群落沿着纬度和海拔高度等大空间尺度上的环境梯度表现出明显的分布规律,即生物地理分区的研究范畴(Lomolino et al.,2006)。纬度、海拔等环境因素对生物群落的影响不仅仅是一个生态学问题,更涉及到生物演化、地质构造变化和气候变化等诸多超大时空尺度上的过程(Dansereau,1957)。低海拔、低纬度河流中底栖动物丰度一般要显著高于高海拔、高纬度地区的同类型河流(Stout and Vandermeer,1975;Pearson et al.,1986;Jacobsen et al.,1997)。底栖动物各功能摄食类群的组分与海拔高度显著相关,当移除海拔高度的影响后,底栖动物的实际功能摄食类群结构能够用河流连续体理论有效预测(Xu et al.,2014b;Tomanova et al.,2007)。

（2）河段尺度

河段尺度(10^2–10^4 m)是河流地貌作用于底栖动物群落的主要空间尺度(Mažeika et al.,2004)。河流级别、流域面积、河型和水文连通性是该尺度上的主要影响因素。根据河流连续体概念(River Continumm Concept)(Vannote et al.,1980),由于营养物质类型沿河流持续变化,不同级别河流中底栖动物群落的功能摄食类群具有明显的演替规律。一般而言,1–3级溪流中底栖动物的食物主要来自于粗颗粒有机碎屑(CPOM),因而群落中撕食者比例较高;4–6级河流中的枯枝落叶减少,床底型细颗粒有机碎屑(BFPOM)和固着藻类增加,故牧食收集者和刮食者比例上升;而在 6 级以上大河中,食物来源主要为悬浮型细颗粒有机碎屑(SFPOM),对应滤食收集者在摄食类群中占优势地位(尚玉昌,2010)。底栖动物丰度在4–6 级河流中达到峰值(Grubaugh et al.,1996)。与河流级别类似,流域面积也是对河流发育程度的一种量化。段学花(2009)指出,底栖动物的断面丰度与以该断面为出口的流域面积的关系为:当流域面积小于 250 km² 时,丰度随流域面积的变化趋势不显著,而超过阈值后,丰度随流域面积的增大而减小。另外,流域中底栖动物的总丰度则会随着流域面积的增加而“先增加,后趋于饱和”(Brönmark et al.,1984)。

河段尺度上,河流平面形态的形成是百年尺度上河流自我调节的结果,一般可以分为顺直型、弯曲型、分汊型和游荡型四种(钱宁 等,1987)。河型并非稳定不变,受来水来沙条件和边界条件的影响,不同河型间可能发生相互转化;此外,同一河型在十年尺度上也会发生形态调整,如弯曲河流的“裁弯取直”和分汊河流的“江心洲上移”(李志威,2012)。大量研究表明,弯曲型河流具有“凹岸深掘,凸岸浅淤”的断面形态和“深潭 - 浅滩交替”的河段形态,栖息地异质化程度高,其底栖动物丰度显著高于顺直型河流(Harris et al.,1995;Nakano and Nakamura,2008;Dunbar et al.,2010)。Howington(2014)指出,河流分汊后其底栖动物丰度较原来未发生显著变化。而游荡河道由于冲淤过程频繁,河床极不稳定,底栖动物丰度一般较低(Zhao et al.,2015)。

（3）断面尺度

在断面尺度上(10^0–10^2 m),流量、河宽、滨岸植被和河床稳定性是影响底栖动物的主要因素。断面的基流大小和流量的波动情况均会影响底栖动物群落(Lancaster and Hildrew,1993)。基流大小决定了河流在枯水期的水动力过程强弱,基流过小,水动力强度不足以支持枯水期河道内的物质循环和能量传递,导致底栖动物丰度降低(Dewson et al.,2007);而基流过大,则会限制底栖动物的摄食方式和栖息方式,甚至直接破坏底栖动物群落,造成丰度降低(Dunbar et al.,2010)。另一方面,流量的波动幅度和频率也会影响底栖动物群落

（Monk et al.，2006）。段学花（2009）指出，中等幅度和中等频率的流量波动可能在一定程度上导致底栖动物密度的降低，但可以有效防止单一物种的绝对优势化，因此有利于提高底栖动物丰度。但过大幅度（如洪水、干旱）的流量波动会造成底栖动物丰度和密度减少（Fritz and Dodds，2004），而过频繁的波动（如天际径流调节）则会导致底栖动物群落在改变后难以恢复（Blinn et al.，1995）。自然条件下，底栖动物群落被极端流量条件完全破坏后的恢复期长短取决于其群落结构的复杂程度（即恢复力稳定性的大小），一般为 4–8 周（Cobb et al.，1992；Snyder and Johnson，2006）。

与河流级别、流域面积类似，河宽是一个在断面尺度上量化河流发育程度的变量。尚玉昌（2004）指出，在河宽较窄（< 2 m）的溪流中，底栖动物丰度和密度是较宽河流（6–7 m）的 4 倍。滨岸植被提供的枯枝落叶（Leaf litter）和大型木质碎屑（Large woody debris）是底栖动物群落最重要的基础营养来源之一（Cummins and Klug，1979）。大量的研究表明（Knight and Bottorff，1984；Flory and Milner，1999；Rios and Bailey，2006），随着栖息地斑块附近及上游的滨岸植被的盖度增加，底栖动物丰度显著增加，撕食者占比提高。但茂盛的植被也会遮挡阳光，抑制水体中固着藻类的生长，导致刮食者比例降低（Dudgeon，1989）。断面尺度上河床稳定性的本质是斑块尺度上底质的稳定性，稳定的河床一般表现为没有强烈的泥沙输移和运动，不发生切蚀或淤积（段学花，2009；赵娜，2015）。大量研究表明（Beisel et al.，1998；Milner et al.，2001；Schwendel et al.，2011），河床的稳定性是影响底栖动物最重要的因素之一。稳定的河床中具有较高的底栖动物丰度、密度和生物量，而不稳定的河床则会干扰栖息地、减少食物来源甚至直接杀死底栖动物个体，造成丰度、密度和生物量降低（Cobb and Flannagan，1990；Matthaei et al.，2000）。

（4）栖息地斑块尺度

栖息地斑块异质性是一个变尺度上的环境变量，它指示了栖息地斑块间环境梯度的大小（Tamme et al.，2010）。斑块异质性可以用于评价相邻两个斑块的环境梯度，也可以用于评价一条河流中全部斑块的环境梯度，因此其空间尺度范围变化极大（Brown，2003）。大量研究表明（Huston and Huston，1994；Beisel et al.，2000；Field et al.，2009），斑块异质性和对应尺度上的底栖动物丰度呈显著正相关关系——某一尺度上斑块异质性越大，即环境梯度越大，则该尺度上提供的生态位越多，底栖动物丰度相应越高（Chase and Leibold，2003）。Kolasa et al.（2012）研究指出，在同一条河流中，由于斑块异质性总是存在但有限的，因此底栖动物丰度随着空间尺度的增大逐渐提高并趋于该河流的物种库水平。

（5）水文连通尺度

水文连通性按照空间尺度可以分为纵向连通性、横向连通性、垂向连通性，其对河流及滨岸区的生态系统具有重要影响（Pringle，2003）。纵向上，理想的河流是一个物质、能量沿程渐变的连续体（Vannote et al.，1980），但自然的堰塞过程和人工的大坝修建却会破坏这种连续性，将河流重塑为不连续体（Serial discontinuity，Stanford et al.，2001）。人工坝的规模决定了河流的纵向联通程度（Mbaka and Mwaniki，2015）。大规模人工坝在河段尺度上会造成上游的滨岸区淹没、水动力过程减弱、营养物质滞留、水温 / 溶解氧分层和下游的河道冲刷，甚至造成更大尺度上的栖息地隔离问题，对底栖动物丰度的影响一般是不利的（Baxter，1977；McCully，1996；Ward，2013）。但对于一些多样性本底水平较低的高含沙河流，这种人为干预反而会提高底栖动物的丰度（Wang et al.，2014）。

另一方面，弯曲河流"裁弯取直"后形成牛轭湖则是典型的横向连通性变化的过程。大量针对欧洲牛轭湖系统的研究表明，半连通半封闭的牛轭湖具有中等强度的水动力干扰，栖息地异质化程度高，底栖动物丰度和密度较完全连通或者完全封闭的牛轭湖更高（Tockner et al.，1999；Gallardo et al.，2008；Obolewski，2011a）。河流渠化破坏了横向和垂向上的水文连通性和物质能量的交换，导致河流自进化能力降低和生态功能退化等不利影响。此外，水文连通性也包含时间尺度的影响，河流开发和利用过程中，不同程度改变了河流水文情势和径流过程，实际上是改变了时间尺度上的水文连通性，对鱼类洄游、产卵等强烈依赖水文情势的生物和生态过程影响深远，也是河流生态修复研究和实践中关注的重点。

11.1.2　影响水生生物的非生物和生物环境

与其他生物相比，底栖动物作为指示物种用于河流生态评价具有不可比拟的优势。底栖动物出现或消失可准确地表征人类干扰对河流条件造成的持久性和间断性影响（Rosenberg and Resh，1993）。底栖动物群落结构与周围生境之间有着很强的耦合关系（Richards et al.，1997）。许多底栖动物吞咽泥土，吸取底泥中的有机质作为营养，且能在水体底部翻匀底质，因此可以促进有机质分解，减少水中过多的有机质含量，加速水流的自净化过程，号称净化水体的"吸尘器"。在大多数溪流中，底栖动物可利用植物储存的能量，包括落叶或河底生长的藻类。底栖动物又是经济水生动物如中华鲟、鳗鲡和青鱼等鱼类以及河蟹的天然优质食料。有相当数量的底栖动物，特别是在夜间，会有规律地向河流近床底层迁移，成为底层区鱼类的重要食物来源。

底栖动物在水生生态系统的能量循环和营养流动中起着重要作用，它们具有较高的含能量和转化效率，其生物量直接影响着鱼虾等经济动物资源的数量。寡毛纲和水生昆虫每克干重的能量是 23.12 KJ，软体动物为 19.65 KJ（刘建康，2002）。除了作为经济动物的重要食物来源外，许多底栖动物本身就具有很高的经济价值，如虾、蟹等。底栖动物还可通过产生粘液和其他一些活动从微观尺度上改变河床地形，从而增加或降低河床底质颗粒的粗糙程度，破坏沉积物的原始结构及其微生物和化学特征，强烈改变物理因素所产生的通量，进而影响到动物的营养环境（田胜艳，2003）。

正因为底栖动物在水生生态系统中的特殊地位及其用于生态评价的优势和重要性，开展河流中的底栖动物研究，深入探讨底栖动物与河流水沙特性之间的关系，有助于更加全面地认识河流生态系统，进一步了解水生动物与河流系统的相互作用关系，并以底栖动物作为指示物种对河流系统进行快速生态评价，对于河流系统的生态保护与生态恢复具有极其重要的生态学参考价值和指导意义。这里仍然以栖息地斑块尺度（10^0 m）上，底质、水深、流速、悬沙等物理环境条件，水温、溶解氧、悬浮有机物含量、pH、浊度、盐度和重金属等化学水质条件，以及浮游生物、水生维管束植物和固着藻类等生物环境条件都是影响底栖动物群的关键要素。

11.1.2.1　物理环境条件

（1）底质

底质是栖息地斑块的基本构成单元，它为底栖动物提供了栖息场所，也为部分底栖动物提供了捕食场所和繁殖、产卵场所，是影响底栖动物群落最重要的斑块尺度物理环境变量之一（Beisel et al.，1998；段学花 等，2010）。Buss et al.（2004）指出，底栖动物群落与底质类型具有显著的对应关系。按照物质类型，底质可以分为矿物底质和有机底质。矿物底质指主体由不同矿物组成的底质类型，按照粒径大小，矿物底质颗粒又可分为漂砾（>250 mm）、卵石（16–250 mm）、砾石（2–16 mm）、沙（0.06–2 mm）、粉砂（0.004–0.06 mm）和粘粒（<0.004 mm）（水利部，2010）。矿物底质的粒径大小、均匀程度、密实程度、表面粗糙度、有机物含量和输移运动等特性对底栖动物群落均有显著影响。

大量研究指出（Erman and Erman，1984；Beisel et al.，1998；Duan et al.，2009），底栖动物丰度和密度对底质中值粒径大小的变化表现出单峰式的响应规律，且峰值一般出现在中值粒径为 16–32 mm 的卵石底质中。较粒径级配窄的均匀底质而言，宽级配的不均匀底质中的底栖动物丰度和密度一般更高（Cummins and Lauff，1969；Wise and Molles，1979）。底质的密实程度决定了底质中可供底栖动物（尤其是底内动物和半底内动物）栖息的空间大小，松散底质中的底栖动物丰度一般高于密实底质（Cobb et al.，1992；Beisel et al.，1998）。表面粗糙度影响了底栖动物对于底质（尤其是大颗粒底质）的攀附能力，粗糙漂砾表面的底栖动物密度显著高于光滑漂砾表面（Erman and Erman，1984）。底质中有机物含量的高低决定了其营养功能的大小。Culp et al.（1983）研究发现，向纯矿物底质中添加有机碎屑后，混合底质中的底栖动物丰度、密度和生物量较纯矿物底质显著提高。底质的输移运动则决定了底栖动物受到干扰的程度。Cobb et al.（1992）指出，底栖动物密度与底质的运动具有显著的负相关关系。需要指出的是，底质的输移运动本质上是由两部分因素共同决定的——底质自身因素（粒径、均匀程度等）和外部因素（水流强度）。前者决定了底质自身抵抗输移的能力大小：均匀的沙质底质易于受到水流冲刷而运动，对底栖动物的栖息产生频繁且强烈的干扰，导致丰度、密度和生物量较低，而不均匀的大颗粒底质在正常水流条件下不易发生翻滚和输移，故底栖动物丰度、密度和生物量更高（刘建康，2002；段学花 等，2010）。后者则决定了外部环境驱动底质输移的能力大小，其内容将在"流速"部分进行介绍。

有机底质指底质主体由有机物组成的底质类型。较矿物底质而言，这些底质自身即可作为底栖动物的食物来源，且表面复杂程度较高，一般具有更高的底栖动物丰度、密度和生物量（Beisel et al.，1998）。对于底栖动物而言，枯枝落叶层最重要的作用是提供食物来源，栖息地的作用次之（Richardson，1992）；而大型木质碎屑最重要的作用则是提供异质化栖息地和拦截有机碎屑，自身作为食物来源的作用次之（Sweeney，1993）。由于有机底质同时扮演着食物来源和栖息场所的双重角色，其中的底栖动物群落随时间变化明显。Hrodey et al.（2008）指出，在缺乏补给的情况下，底栖动物的丰度、密度和生物量会随有机底质的消耗持续下降。特别地，一些学者将包括固着藻类和水生维管束植物在内的水生植物也归为一类特殊的有机底质类型（Boyero，2003），该内容将在"栖息地斑块尺度上的生物变量"部分进行介绍。

（2）水深

一般而言,河流中底栖动物的丰度和密度对水深的增加表现出单峰式的响应规律。当水深在 20–50 cm 时,底栖动物的丰度和密度最高,过浅或过深的水体,会通过溶解氧、温度、光照和食物等因素限制底栖动物的丰度和密度（Beauger et al., 2006）。相比于河流,水深对于湖泊、水库等静水栖息地中的底栖动物影响更大,底栖动物丰度、密度、生物量和群落结构会随着这些栖息地中水深的变化表现出显著的差异（Nalepa, 1989; Baumgärtner et al., 2008; Jyväsjärvi et al., 2012）。按照水深条件,静水栖息地一般被划分为沿岸区（Littoral,指阳光能透射至湖底的区域）、湖心区（Limnetic,指深水区中有阳光透射的上层水体）和深底区（Profundal,指深水区中阳光不能透射的下层水体）。沿岸区光照条件良好,水生植被发育,底栖动物具有较高密度,以螺类和植食性摇蚊幼虫为主（Tolonen et al., 2001; Johnson and Goedkoop, 2002）;深底区无光照、低水温、低溶解氧,底栖动物以寡毛类为主,其密度和生物量受外源性有机碎屑补给程度的影响,波动幅度较大（Johnson and Wiederholm, 1989; Jyväsjärvi et al., 2013）。

（3）流速

在栖息地斑块尺度上,流速是除底质外最重要的物理环境变量之一（Beisel et al., 1998）。该变量主要通过两个方面来影响底栖动物:驱动底质的输移运动,改变水流中营养物质的供给效率（Speaker et al., 1984; Holomuzki and Biggs, 2000）。Beauger et al.（2006）指出,河流中底栖动物的丰度和密度在流速为 0.3–1.2 m·s^{-1} 范围内达到最大值。该流速范围能同时保证 CPOM 和 BFPOM 的淤积,也能保证 SFPOM 的输运效率,从而满足各功能类群的摄食需求（Habdija et al., 2004）。当流速过低时, SFPOM 输运效率降低,滤食收集者随之减少,悬沙落淤充填底质空隙,底栖动物的丰度和密度也随之降低;而过高时, CPOM 和 BFPOM 淤积减少,撕食者和牧食收集者随之减少。此外,高流速还会驱动底质输移运动,对底栖动物造成剧烈干扰（Holomuzki and Biggs, 2000）。一些学者在研究中进一步使用了水动力参数来量化水流条件,并研究其与底栖动物的关系。Lamouroux et al.（2004）和Brooks et al.（2005）等人的研究指出,在缓流流态下,底栖动物丰度和多度会随着弗劳德数、颗粒雷诺数和剪切流速的增大显著降低。

（4）悬沙

悬沙对底栖动物的影响一般是不利的。一方面,随悬沙浓度增加,水体浊度显著增加,导致水生维管束植物和藻类的光合作用减弱,从而减少了底栖动物的食物来源（Waters, 1995）;另一方面,悬沙落淤充填底质空隙,直接挤占了底栖动物的栖息空间,且抑制了水体与底质空隙的氧交换过程,造成底质中溶解氧含量降低（Owens et al., 2005; Wharton et al., 2017）。此外,悬沙也会破坏滤食型底栖动物鳃部的结构和功能,导致生物直接死亡（Strand and Merritt, 1997; Cheung and Shin, 2005）。

11.1.2.2 化学水质条件

（1）水温

水温对于底栖动物群落具有重要影响，大量研究指出纬度、海拔、季节变化等大尺度变量对底栖动物的作用主要是通过水温变化实现的（Jacobsen et al., 1997；Stenseth et al., 2002）。为适应不同栖息地的水温条件，不同底栖动物在漫长的演化过程中形成了各自的水温偏好和耐受范围，通常可分为喜冷狭温型（Cold-stenothermal）、喜暖狭温型（Warm-stenothermal）和广温型（Eurythermal）。一般而言，体型较小，比表面积较大的底栖动物对温度变化更为敏感（Gillooly et al., 2001）。

Gibbons（1976）和 Wotton（1995）指出，在物种耐受范围内的水温高低决定了物种的摄食速率快慢和代谢强度大小。较高的水温会加快物种的新陈代谢，提升其对食物、溶解氧等要素的消耗量以维持其生长、发育和繁殖（Wotton, 1994）。在资源允许的条件下，适当地提高水温会增加底栖动物密度并提前该密度峰值的出现时间（Arthur et al., 1982）。但是，底栖动物的繁殖行为往往需要适宜的水温作为诱导，过高或过低均不利于其繁殖（孙伟 等，2003）；而超过耐受范围的极端温度则会直接导致底栖动物死亡。另一方面，Hogg and Williams（1996）和 Burgmer et al.（2007）的研究结果均表明，现阶段全球气候变化引起的水温上升尚不会造成底栖动物丰度的显著变化，但群落结构改变的趋势明显。

（2）溶解氧

水体中的溶解氧含量极其有限且波动频繁。流水环境的溶解氧一般高于静水环境；水生维管束植物（尤其是沉水植物）和藻类会显著增加水体中的溶解氧量，但同时也会大幅度增加溶解氧的波动范围（Kaenel et al., 2000；Desmet et al., 2011）。低溶解氧会降低底栖动物的代谢速率，但不同底栖动物物种对低溶解氧的耐受程度不同。一般而言，喜流水型（Rheophilous）、喜冷水型（Hypothermophilous）底栖动物对于溶解氧的降低较喜静水型（Limnophilous）、喜暖水型（Thermophilous）更敏感（Chessman, 2018）。Connolly et al.（2004）研究发现，大部分水生昆虫的羽化成功率在溶解氧量低于 30% 的情况下会显著降低，低于 20% 则会导致死亡；而摇蚊属（*Chironomus* spp.）、水丝蚓属（*Limnodrilus* spp.）在溶解氧量低于 10% 的条件下存活良好。Jacobsen（2008）指出，水体中溶解氧的降低会造成底栖动物丰度减少。

（3）浊度

浊度反映了水体中悬沙、有机碎屑和浮游生物等悬浮物对光透射过水体的阻碍作用。大量研究表明（Henley et al., 2000；Liboriussen et al., 2005；Van de Meutter et al., 2005），浊度过高会抑制水体中藻类和水生维管束植物的生长，降低初级生产力，降低底栖动物尤其是喜植型（Phytophilous）底栖动物的丰度。

（4）悬浮有机物浓度

水体中悬浮的有机物浓度一般使用生化需氧量 BOD 进行量化，BOD 较高表示水体有较严重的有机污染。Xu et al.（2014a）研究指出，悬浮有机物浓度的升高会显著降低底栖动物丰度，使群落退化为少数几种极端优势的耐污物种，密度、生物量反而增加。

（5）pH

天然河流和湖泊等水体中的 pH 一般在 6.0–8.0 左右。不同底栖动物类群对 pH 的耐受范围不同，主要分布在 6.0–9.0 范围内（Courtney，1998；Petrin et al.，2007；Berezina，2001）。一般而言，大部分水生昆虫更耐酸性环境，寡毛类更耐碱性环境，而摇蚊幼虫对 pH 的耐受范围较广（Rutt et al.，1990；Cranston et al.，1997）。Berezina（2001）指出，底栖动物丰度在 8.0–8.5 的 pH 范围内最高，而当 pH 低于 4.0 或高于 9.0 时显著降低。La Zerte and Dillon（1984）研究发现，当 pH 低于 5.0 时，底栖动物的繁殖能力明显减弱。

（6）盐度

盐度反映了水体中可电离的带电微粒的浓度，可以用特定温度下的电导率进行量化。盐度高低会改变底栖动物细胞内外渗透压的大小（Uwadiae，2009）。一般而言（Hart et al.，1991），1，500 μs·cm^{-1} 以下的盐度不会对淡水底栖动物群落产生明显影响；但当盐度过高（>2，200 μs·cm^{-1}）时，淡水底栖动物密度会显著降低（Marshall and Bailey，2004）。Zinchenko and Golovatyuk（2013）研究发现，淡水底栖动物对盐度的耐受上限一般较高（>3，000 μs·cm^{-1}），且不同物种的耐受上限波动幅度较大（3，000–47，000 μs·cm^{-1}）。Bayly and Williams（1973）指出，在大部分河流中盐度自上游向下游、自支流向主流逐渐升高，因此盐度高低也可以用于粗略比较栖息地斑块（或断面）所处位置的河流规模大小。

（7）重金属含量

重金属元素会分散在水体中或聚集在底质中，对于底栖动物产生生理毒性并沿食物链向上富集。大量研究表明（Anderson et al.，1978；Cain et al.，1992；Saiki et al.，1995），锌、铜、铅、镉是对底栖动物影响最大的四种重金属元素，其中前两者为底栖动物生命所需的微量元素，后两者则不是。Goodyear and McNeill（1999）研究指出，以上四种重金属元素在底栖动物体内的富集浓度大小为：锌 > 铜 > 铅 > 镉，且各元素在不同功能摄食类群中的富集浓度存在差异。一般地（Hickey and Clements，1998；Clements et al.，2000；Smolders et al.，2003），在受到重金属污染的水体中，底栖动物丰度显著降低。

11.1.2.3　生物环境条件

（1）浮游生物

在淡水生态系统（尤其是湖泊等静水系统）中，浮游生物（尤其是藻类）和水生维管束植物之间存在竞争、相互抑制（Søndergaard and Moss，1998），这也导致了该系统具有"双稳态"——系统在受到干扰后可能向着"藻型浊水态"或"草型净水态"的任一方向演变（李英杰，2008）。一般地（闫云君 等，2005），草型净水水体中的底栖动物丰度、密度和生物量高于藻型浊水水体，前者的底栖动物以刮食者为主要类群，后者则以收集者为主。适量的浮游生物能为收集者提供充足的食物来源（Cummins and Klug，1979）；但富营养化后过量的浮游生物则会与底栖动物竞争溶解氧等资源甚至产生有毒代谢物质，造成后者丰度降低（Pan et al.，2015）。

（2）水生植物

水生维管束植物则主要通过直接提供食物资源，为固着藻类提供栖息场所，为底栖动物提供庇护场所，以及改变栖息地理化条件等方式影响底栖动物群落（Olson et al., 1995；Diehl and Kornijów, 1998）。水生维管束植物对底栖动物的影响方式与其生活型有关。一般而言，沉水植物区的底栖动物类群为软体动物 > 水生昆虫 > 寡毛类，而挺水植物区的类群则依次为水生昆虫 > 软体动物 / 寡毛类（段学花 等，2010）。沉水植物较挺水植物或浮叶植物更有利于提高底栖动物丰度、密度和生物量（Gaevskaya, 1966；Cattaneo et al., 1998；Smolders et al., 2000）。此外，水生维管束植物（尤其是沉水植物）的光合作用和呼吸作用还会周期性地影响水体中的溶解氧和 pH。光合作用强于呼吸作用时，水生植物将消耗水体中 CO_2 并释放 O_2，显著提高溶解氧量和 pH，但反之也会在夜间显著降低溶解氧和 pH，增大这些要素在水体中的日波动幅度（Davis, 1980）。中等强度的溶解氧和 pH 波动可能对底栖动物群落有利（Zhou et al., 2018）。

固着藻类对水生维管束植物的依赖一般多于竞争——当水生维管束植物增多时，其叶面大大增加了固着藻类在水体中的可栖息面积（Sand-Jensen and Borum, 1991；Cattaneo et al., 1998）。固着藻类的增加能为刮食者提供充足的食物来源（Cummins and Klug, 1979）。

11.2 以底栖动物为指示物种的生态水力学研究

11.2.1 底栖动物类群 – 水动力关系研究进展

对于底栖动物类群 - 水动力的关系研究，一般可以分为：水动力要素如何影响底栖动物（或底栖动物如何响应水动力要素），和底栖动物如何影响水动力要素。由于底栖动物的个体大小原因，一般针对前者的研究成果更多，后者则相对较少。虽然研究人员一般具有生态学和水力学的双重学科背景，但前者的研究一般以生态学方向人员居多，后者的研究一般以水力学方向人员居多。研究方法，一般包括了基于文献调研的数据泛分析、经典水力学理论分析、室内外水力学观测，和水动力数值模拟，其中室内外水力学观测方法使用较多，而数值模拟相对较少。此外，需要注意的是，由于底栖动物 - 水动力关系研究的空间尺度较小，一般的商业水动力计算模型难以达到计算精度要求。

（1）针对栖息地要素的生态水力学研究进展

Statzner and Higler（1986）、Statzner et al.（1988）代表了学界对水力学要素如何影响底栖动物群落的早期成果，通过文献调研和数据泛分析，上述文章强调了水力学要素（水深、流速等）对底栖动物群落的重要影响。此后，随着研究的不断深入，影响底栖动物的水力学要素由平均流速、水深等逐步聚焦于床面局部流场的水力学要素（床面切应力等）（Jowett, 2003），进而聚焦于床面边界层的时均流速波动和非局部的紊动过程（Hart et al., 1996；Hart and Finelli, 1999；Blanckaert et al., 2012）。

与上述研究相配套的，是室内实验观测技术支持上的不断更新：早期进行室内实验时，使用固定于床面的底栖动物模型或尸体进行替代测量（Statzner and Holm, 1982, 1989），而更多的测量则将生物与环境剥离开进行分别测量（如 Hart et al., 1996；Lancaster et al.,

2006；Schnauder et al.，2010 等），直到 Blanchaert et al.（2012）使用 ADVP 实现了室内活体底栖动物周围时均流速波动和紊动特征的测量。

水力学要素会影响底栖动物，底栖动物则反过来会产生适应性特征，学界从该角度出发，也进行了基于水力学分析的底栖动物形态适应性研究。以 Statzner and Holm（1982，1989）、Statzner（2008）为代表的研究成果，基于个体水力学分析和室内实验观测，系统揭示了底栖动物对水力学要素的形态学适应机制。

上述对底栖动物 - 水力学要素的关系研究主要集中于理论分析和实验观测层面，除此以外，一些学者也尝试将水动力模拟与底栖动物特征耦合起来，以从模型计算层面揭示底栖动物对水力学要素的响应。现阶段对底栖动物 - 水动力过程的模拟，主要集中于两个方面：①运用水动力模拟揭示底栖动物的漂移规律及机制（Hayes et al.，2007；Anderson et al.，2013）；②运用水动力模拟针对典型底栖动物物种（或群落）进行栖息地适宜度评价（Yi et al.，2018）。这两方面研究采用的均为模型耦合的思路，即水动力模拟核心解决河道中水力学要素的分布问题，在分布结果的基础上耦合生物 - 环境关系（如，种群增长模型、适宜度模型等），才能实现对底栖动物特征的模拟。此外，一些成熟的计算模块已经能够完整实现多尺度、多维度下栖息地水力学要素模拟计算，如 PHABSIM（Milhous and Waddle，2012）、Meso-HABISIM（Parasiewicz，2001）、CASiMiR（Mouton et al.，2007）等，但这些模块目前主要用于与鱼类相关联的水力学要素计算，因此结果精度一般认为难以与底栖动物类群的研究尺度相匹配。

法国里昂大学 Bernhard Statzner 等致力于环境 - 水生生物群落的双向关系研究，通过文献数据泛分析、室内实验观测与基础理论分析，揭示水力学要素对底栖动物群落的重要性具有开创意义。阿伯丁大学 Chris Gibbins 等通过室内实验观测，在床面水沙动力要素对底栖动物群落的影响方向开展了丰富的研究。美国缅因大学奥罗诺分校的 David Hart 等通过野外试验观测和理论分析，研究小尺度水力学要素对于底栖动物的影响机制，为流域管理与生态修复提供了重要的科学支撑。美国马里兰大学 Margaret A. Palmer 等教授在流域生态修复领域也做出了重要贡献。

在生态水力模型研究方面，英国爱丁堡大学（The University of Edinburgh）和澳大利亚莫纳什大学（Monash University）等的研究团队以室内、室外试验观测为主，在河流微栖息地测量与生物 - 水力学要素关系方向进行过大量研究。美国加州大学河滨分校 Kurt Anderson 等以理论基础分析和计算机建模为主，在种群模型方面展了大量研究。新西兰国家水和大气研究中心（National Institute of Water and Atmospheric Research）的 Ian Jowett 等在水动力要素 - 生物耦合模拟方面也进行了大量研究，针对栖息地水动力要素的模拟提出了有效的计算模型。

（2）针对底栖动物的水动力特性的研究进展

底栖动物因为个体较小，对其产生的水动力影响较小，引起生态水力学研究兴趣的底栖动物物种一般具有两项特征：①具有直接的社会价值，且物种营群居生活、族群具相当规模，如经济养殖物种或入侵物种；②自身具有较强的固着能力或床面塑造能力。学界研究这些物种造成的水动力影响时，一般会进一步耦合环境水力学的理论和方法，探讨这些物种对于水体中泥沙、营养物、污染物、其他生物群落的影响规律和机制（McKindsey et al., 2011）。典型的研究案例如：滨海贻贝养殖筏的宏观阻水规律与机制研究（Plew et al., 2006）；滨海贻贝滤食行为对水体边界层结构的微观影响规律与机制研究（van Duren et al., 2006）；石蛾巢穴的微尺度水力学效应研究（Maguire et al., 2020）；底栖动物活动形成的床面微结构的水力学特性研究（Han et al., 2019）等。上述研究内容的一般方法包括了理论水力学分析（经典水力学模型）、室内外实验观测（ADVP 系统），和基于现代水动力模拟方法（如 LES）的数值计算。

新西兰国家水和大气研究中心（National Institute of Water and Atmospheric Research）David Plew 等以理论基础分析和计算机建模为主，在物造成的水动力效应方向开展了大量研究。加拿大渔业与海洋局（Fisheries and Oceans Canada）Chris McKindsey 等通过文献数据泛分析、室外实验观测、基础理论分析和计算机建模，对水产及入侵物种造成的生态效应开展了系统的研究。荷兰生态研究所（Netherlands Institute of Ecology）Luva van Duren、TU Delft 的 Peter Herman 在河口生态学、底栖动物、生态模型方面造诣颇深，开展了系统的水 - 沙 - 生物群落的综合研究。比利时 University of Antwerp 的团队在地貌 - 海洋耦合生态学进行了大量研究。

11.2.2　主要研究方法及原理

从二十世纪七、八十年代开始，以美国和欧洲为代表的国家和地区率先开始尝试使用包括底栖动物在内的生物进行淡水栖息地的生态评价。经过近 50 年的探索和发展，目前全球范围内已有多个国家构建起了较为系统的生物评价方法，包括了美国的 IBI 模型（Index of Biological Integrity，Karr，1981）、英国的 RIVPACS 系统（River InVertebrate Prediction And Classification System，Wright et al.，1984）、美国的 RBPs 方案（Rapid Bio-assessment Protocols，Plafkin et al.，1989）、加拿大的 BEAST 指南（Biological guidelines for freshwater sediment based on BEnthic Assessment of SedimenT，Reynoldson et al.，1995）、美国的 B-IBI 模型（Benthic Index of Biotic Integrity，Kerans and Karr，1997）、南非的 SASS 系统（South African Scoring System，Chutter，1998）、澳大利亚的 AusRivAS 体系（Australian River Assessment Scheme，Smith et al.，1999）、澳大利亚的 ISC 模型（Index of Stream Condition，Ladson et al.，1999）和以 PHABSIM（Physical HABitat SIMulation，U.S. Department of the Interior，1979）为基础建立起来的一系列物理栖息地模拟模型。

按照评价对象的不同，上述方法可以分为两类：针对底栖动物群落的评价方法和针对栖息地适宜度的评价方法，而前者又可进一步细分为，基于单一底栖动物群落指标的评价方法和基于复合底栖动物群落指标的评价方法。

11.2.2.1　基于单一底栖动物群落指标的评价方法

该方法也叫 O/E 法（Observed/Expected），最早由英国科学家 Wright et al.（1984）提出，在其理论基础上，Reynoldson et al.（1995）结合加拿大地区的采样数据推出了 BEAST 指南，

Smith et al.(1999)则构建了适合于澳大利亚河流的 AusRivAS 体系。该方法的主要评价思路如下。

①在需要评价的目标区域选取足够多的"参考样点",要求这些参考样点涵盖目标区域主要的栖息地类型,且不受自然和人为胁迫的干扰。

②测量参考样点的多个环境变量,并对底栖动物进行采样。

③以底栖动物群落的形态结构为依据对参考样点进行聚类,划分出若干类群落生境(Biotope)。这里使用的群落形态结构可以是多度(Abundance)数据,也可以是存在性(Presence-absence)数据。聚类方法包括了 TWINSPAN 法(Wright et al., 1984)、Ward 融合法(Clarke et al., 2003)、k 均值法(Moss, 1985)和 flexible β 层次聚类法(Mendes et al., 2014)等。

④构建各类群落生境与环境变量的分类回归模型。回归模型一般为 MDA 模型(Hawkins and Cao, 2010)、Logistic 回归模型(Linke et al., 1999)、人工神经网络(Joy and Death, 2004)、贝叶斯网络(Adriaenssens et al., 2004)和随机森林模型(Waite et al., 2012)等。

⑤完成以上步骤后即可对某个采样点进行生态评价。将待评价的采样点的环境变量输入回归模型,可以得到该采样点属于上述各类生境的概率 p_j(第 j 类生境,下同),结合各物种在各类生境中的出现频率 f_{ij}(物种 i,下同),可以计算出各物种的采集概率即为:

$$PC_i = \sum_j f_{ij} \cdot p_j \tag{11-1}$$

设定采集概率的阈值后,采集概率大于阈值的物种即认为会出现在该采样点中,以此获得该采样点的预测丰度。

⑥将预测丰度与实际丰度进行对比得到 O/E 值。理论上, O/E 值的变化范围为 0–1,越小表示采样点受到的胁迫越大(Wright et al., 1984)。

11.2.2.2　基于复合底栖动物群落指标的评价方法

该方法也叫生物完整性法。最早由美国科学家 Karr(1981)提出并运用在鱼类群落上,随后,美国国家环境保护局针对固着藻类、浮游生物、底栖动物和鱼类整合出 RBPs 方案。在该方法的原理上, Kerans and Karr(1997)针对底栖动物构建了 B-IBI 模型,南非和澳大利亚也分别建立起 SSAS 系统和 ISC 模型(Chutter, 1998; Ladson et al., 1999)。其主要评价思路如下。

①在需要评价的目标区域选取足够多的"天然样点"和"受损样点":要求天然样点涵盖目标区域主要的栖息地类型,且不受自然和人为胁迫的干扰;要求受损样点涵盖目标区域主要的栖息地类型,且涵盖不同胁迫类型的完整变化梯度。

②测量天然样点和受损样点的多个环境变量,并对底栖动物进行采样。

③选取底栖动物的评价指标,这些指标应能全面描述底栖动物群落四个方面的特性:多样性与丰富度、群落形态结构、群落功能结构和耐受能力。为避免群落指标的信息冗余,需要对显著共线的指标进行筛除,主要方法包括了相关性检验法(Chen et al., 2015)和 R 型聚类分析(Cao et al., 2011; Van der Laan and Hawkins, 2014)等。

④利用天然样点的数据,分别构建各底栖动物指标与环境变量的回归模型,并利用回归

残差修正环境自身梯度对指标的影响。回归模型一般为多元线性回归模型（Oberdorff et al., 2002）、广义可加模型（Hastie and Tibshirani, 1990）、分类回归树模型（Cao and Hawkins, 2011）和随机森林模型（Van der Laan and Hawkins, 2014）等。

⑤对各指标进行修正后，判断各指标对胁迫增加的响应趋势，并利用数学变换使各指标的响应趋势一致化。

⑥对各指标结果进行标准化，并加权计算最终的综合指标值。依据受损样点给出的胁迫梯度，对综合指标值进行分级。

11.2.2.3 针对栖息地适宜度的评价方法

美国内政部早在 1979 年就提出了 IFIM 方法（Instream Flow Incremental Method, U.S. Department of the Interior, 1979）以评估淡水栖息地对鳟鱼的适宜程度。后来美国鱼类与野生动物局又提出 HSI 指数（Habitat Suitability Index, Wildlife Service, 1981）的规范化构建方法，以改进 IFIM 中 PHABSIM 模型的 HQI 指数（Habitat Quality Index）。在其理论基础上，各国陆续建立起不同的栖息地模拟和适宜度评价模型，例如新西兰的 RHYHABSIM 模型（River Hydraulic and HABitat SIMulation, Jowett, 1989）、美国的 RHABSIM 模型（Riverine HABitat SIMuation, Payne, 1994）、美国的 MesoHABSIM 模型（MesoHABitat SIMulation, Parasiewicz, 2001）、英国的 RHM 模型（Rapid Habitat Mapping, Maddock et al., 2001）、加拿大的 River2D 模型（Steffler and Blackburn, 2002）、挪威的 MSC 模型（Meso-Scale habitat Classification method Norway, Borsányi et al., 2004）、德国的 MesoCASiMiR 模型（Meso-Computer Aided Simulation Model for instream-flow Regulation, Eisner et al., 2005）等。该方法的主要评价思路如下。

①确定评价的目标物种、影响它的主要环境变量以及需要进行适宜度评价的栖息地区域。考虑的环境变量一般为流速、水深和底质等。

②对栖息地区域的河道形貌、流量条件、水文条件等环境要素进行测量并作为构建物理栖息地模型的输入；此外，根据 HSI 指数构建方法的不同可能还需要对目标物种进行采样。

③利用河道形貌、流量条件、水文条件等测量数据在计算机中构建物理栖息地模型，该模型能够根据给定的输入条件计算出环境变量在空间单元上的预测值。

④构建目标物种 - 环境变量间的 SI_i（Suitability Index，第 i 个环境变量，下同）模型。SI_i 的变化范围为 0–1，其构建方法一般包括模糊逻辑方法（Van Broekhoven et al., 2006）、多元线性回归法（Ahmadi - Nedushan et al., 2006）、广义可加模型法（Swartzman et al., 1994）、模糊神经网络法（Norcross et al., 1997）等。

⑤依据物理栖息地模型预测出的环境变量值，计算各空间单元上各环境变量对应的 SI，并将全部变量的 SI 加权后得到该空间单元的 HSI。HSI 的变化范围为 0–1，越大表示该单元越适宜目标物种生存。

⑥使用 $HSI_j \cdot A_j$ 计算第 j 个空间单元上可供目标物种利用的有效面积（A 为空间单元面积），并对整个目标栖息地的加权有效利用面积求和：

$$WUA = \sum_j HSI_j \cdot A_j$$

$$(11-2)$$

在给定一个序列的输入条件后,即可得到 *WUA* 随输入条件的变化趋势,并进行相关的评价和预测。

目前,我国对淡水水体的评价仍主要依据 2002 年颁布的《地表水环境质量标准(GB3838-2002)》,即以溶解氧、氮、磷、重金属等水质理化指标为依据;浮游生物、固着藻类、底栖动物、鱼类等生物指标尚未正式纳入评价体系。但随着生物指标在国际上的广泛使用,一些国内学者也开始尝试以本地实测数据为基础,构建区域化的生物指标体系以评价栖息地的生态质量。以底栖动物为例,二十世纪八十年代开始,我国已经开始引入底栖动物指标进行生物水质评价,如颜京松 等(1980)利用底栖动物评价了黄河干流刘家峡至五佛寺段的干流和支流的受污染程度,杨莲芳 等(1992)对九华河的水质状况进行了生物评价。

随着栖息地评价方法论的完善,二十一世纪起基于底栖动物的栖息地评价工作开始趋于系统化和综合化,研究区域主要集中在长江流域、珠江流域和淮河流域的局部干流和部分支流。例如,曹艳霞 等(2010)和张杰 等(2011)分别使用生物完整性方法和 O/E 方法评价了漓江流域的河流生态系统健康状况,陈凯等人则使用这两种方法对淮河流域的生态系统健康进行了评价(Chen et al., 2015;陈凯 等, 2016)。此外,傅小城 等(2008)以 EPT 生物为目标物种,使用栖息地适宜度方法评价了引水式电站对香溪河干流栖息地适宜度的影响。李凤清 等(2008)以四节蜉为目标物种,使用栖息地适宜度方法评价了香溪河流域的流量过程变化对栖息地适宜度的影响。段学花(2009)以全国 32 条河流的实测数据为基础,给出了流速、水深和底质粒径三个环境变量对底栖动物群落总体的适宜度关系。

总体上看,大量研究局限于栖息地斑块尺度,而对河段尺度上底栖动物群落与河流地貌关系的研究较少,导致对大空间尺度上底栖动物资源与环境梯度耦合关系的认识不足。同时,国内外学者在研究底栖动物群落对环境变量的响应时,普遍将研究区域设置在河流级别较低的小型河流上,这些河流中水动力条件和底质条件相对稳定,普遍为低流量、均一卵砾石底质的栖息地,河床结构较弱,环境梯度的变化范围一般较小;相反地,对于大流量、高流速、大底质粒径、水流能耗剧烈且河床结构复杂的中等河流甚至大型河流中底栖动物群落的研究则较少。因此,目前的研究往往无法揭示底栖动物在极端环境条件下的群落格局与多样性特征,这局限化和片面化了我们对底栖动物群落与环境关系的认识。此外,国内外学者在研究底栖动物群落 - 环境关系时,主要关注独立环境变量对于底栖动物群落的影响,而对河流能量变化这种具有高度综合性、从根本上决定河流地貌形态的环境要素则较少考量。现有的针对河流能量变化对底栖动物群落影响的研究尚处于定性分析阶段,缺乏量化描述,且所研究的河流能量变化受河流发育规模的限制,变化范围较小。

针对底栖动物群落的栖息地评价方法各自具有明显的优势和不足。O/E 法仅需要参考样点作为数据基础,但仅使用底栖动物丰度变化作为评价依据却无法全面反映底栖动物群落在形态结构、功能结构、耐受能力等方面的特征;生物完整性法能够综合考虑底栖动物群落各方面特征,但构建模型时除未受胁迫的天然样点外还需要具有完整胁迫梯度的受损样点,故对采样点的质量和数量要求均较高。

11.2.2.4 常用数据采集与分析技术

周雄冬（2019）系统整理了指示物种底栖动物的常用数据采集和分析技术。其中，对各栖息地采样点进行的系统野外调查包括了底栖动物采样和环境条件测量。对野外采集的底栖动物样本于实验室内进行了镜下观察与鉴定，并统计和计算了相关群落指标。使用包括（非）参数检验、指示物种识别、稀疏化方法、排序分析、回归分析、食物网分析在内的方法分析了底栖动物群落特征及其与环境变量的相关关系。

（1）野外采样与室内鉴定

影响底栖动物群落格局与多样性的环境变量众多，横跨多时空尺度，且变量间存在复杂的相互作用。在进行野外调查时，对各采样点的六大类共计 24 项环境变量进行了系统测量和计算，包括：1）地理位置信息，含经纬度、海拔高度（E）；2）栖息地形貌信息，含河道宽度（w）、断面流量（Q）、水力坡降（J）等；3）栖息地水动力条件，含局部平均流速（v）、局部平均水深（h）；4）栖息地底质条件，含中值粒径（D_{50}）、84 分点特征粒径（D_{84}）、16 分点特征粒径（D_{16}）、筛分系数（So）、底质有机物含量（O_c）、底质总磷含量（TP_s）；5）植被条件，即水生植被湿重（B_{MP}）；6）水质条件，含水体溶解氧量（$DO/DO_\%$）、水温（T）、电导率（EC）、酸碱度（pH）、总氮（TN_w）、氨氮（NH_{4w}）、硝态氮（NO_{3w}）。根据各研究区域的实际情况，在实际测量过程中对以上变量略有取舍。

（2）底栖动物群落指标

底栖动物群落指标按照其描述的群落特性不同一般分为五大类（Barbour et al., 1999; Moore and de Ruiter, 2012）：1）物种丰富度与多样性，包括了物种丰度 S、EPT 生物丰度 S_{EPT}、香农维纳指数 H'、Whittaker 指数等；2）多度与群落形态结构，包括了生物密度 D、生物量 B_{MI}、优势度 Dominance 等；3）群落功能结构；4）群落营养结构（即食物网结构），包括了营养单元数 S_T、食物链数 L、食物链长 FCL 和连接度 C 等；5）耐受力（本文主要考虑耐污能力），包括了生物指数 BI 等。这里主要介绍本文中需要进行二次计算的群落指标。

香浓维纳指数 H' 由 Shannon et al.（1951）提出。作为评价编码多样性（α/γ 多样性）的经典指标，其至今仍被学界广泛使用。H' 表征群落的信息量，H' 越大表示信息的不确定性越大，即群落的编码多样性也越高。香农维纳指数的计算方法为：

$$H' = -\sum_{i=1}^{S} p_i \ln p_i \tag{11-3}$$

式中，S 为物种丰度，P_i 为第 i 中物种的多度占全部物种多度的百分比。

Whittaker 指数由 Whittaker（1960）提出。该指标被广泛应用于评价分异多样性（β 多样性），即区域内不同采样点间生物群落的变化梯度大小。Whittaker 指数表示区域全部物种数超出单个采样点平均物种数的程度，其值越大表示各样点间的生物群落差异越大，即区域的分异多样性也越高。Whittaker 指数的计算方法为：

$$Whittaker = \frac{S_a}{\overline{S_s}} - 1 \tag{11-4}$$

式中，S_a 为研究区域内全部采样点的物种丰度，$\overline{S_s}$ 为单个采样点的平均物种丰度。

优势度 Dominance 由 Simpson（1949）提出。该指标被广泛应用于评价群落中各物种相

对多度的优势程度,其值范围为 0–1,越接近 1 表示某单个底栖动物物种的优势程度越高。优势度的计算方法为:

$$Dominance = \sum_i \left(\frac{n_i}{n} \right)^2 \qquad (11\text{-}5)$$

式中,n_i 为物种 i 的多度,n 为采样点全部底栖动物的多度,1-Dominance 的结果也被称作 Simpson 平坦度。

生物指数 BI 由 Hilsenhoff(1982)提出。该指标被广泛应用于评价栖息地斑块的水质有机污染状况,其值范围为 0–10,越接近 10 表示该斑块水质条件越差。BI 的计算方法为:

$$BI = \sum_i \frac{n_i t_i}{n} \qquad (11\text{-}6)$$

式中,n_i 为物种 i 的多度,n 为采样点全部底栖动物的多度,t_i 为物种 i 的耐污值。研究表明(Hilsenhoff, 1988; Chessman, 1995),科级水平的生物指数(FBI)已经能够快速、准确地指示栖息地的水质污染状况。

连接度 C 由 Gardner and Ashby(1970)提出。该指标表示食物网中实际存在的物种互作关系与理论的物种互作关系的比值,被广泛应用于评价生物群落食物网的复杂程度。其值范围为 0–1,越接近 1 表示该食物网结构越复杂。C 的计算方法为:

$$C = \frac{2I}{S_T(S_T - 1)} \qquad (11\text{-}7)$$

式中,I 为食物网中实际存在的物种互作(捕食与被捕食)关系数,S_T 为食物网中的营养单元数。

(3)生态统计方法

在研究底栖动物群落特征及其与栖息地环境变量之间的关系时,本文采用了如表 11.1 所示的一系列的统计分析方法。这些方法中,既有为解决生态学问题专门探索出的分析方法(如指示物种识别、稀疏化方法等),也有在传统统计学方法的基础上引入生态学定义和概念从而服务于学科研究的分析方法(如假设检验、排序分析和回归分析等)。

表 11.1　主要生态统计方法

	方法名称	评价对象	说明
指标计算	丰度	单个栖息地斑块的底栖动物 α 多样性	二者的评价结果一般一致
	香农维纳指数		
	稀疏化 Whittaker 指数	河段尺度的底栖动物 β 多样性	基于采样点的稀疏化方法
	稀疏化物种丰度	河段尺度的底栖动物 γ 多样性	基于物种多度的稀疏化方法
	生物密度	单个栖息地斑块的营养水平	评价结果可能不一致,与生物个体大小有关
	生物干重		
显著性检验	方差分析或 Kruskal-Wallis 分析	检验单一群落指标或环境变量在组间差异的统计有效性	对于全局差异显著的结果需要进行事后分析
	非参数的置换多元方差分析	检验群落形态结构在组间差异的统计有效性	

	方法名称	评价对象	说明
指示物种	指示物种值法 IndVal	识别各类栖息地中具有显著指示意义的底栖动物物种	
排序	除趋势对应分析 DCA	物种 - 环境响应模式判断	排序预处理,CCA 或 RDA 的选用依据
	典范对应分析 CCA	识别主要环境变量,分析物种对环境的偏好	基于单峰模式的物种 - 环境关系
	冗余分析 RDA		基于线性模式的物种 - 环境关系
	非度量多维标度分析 NMDS	基于形态结构的群落拓扑分布	基于群落间的 Bray-Curtis 距离,无环境变量输入
相关性	Spearman 秩相关性检验	群落指标或环境变量间的共线检验	用于约束排序分析的环境变量预筛;用于多指标评价体系中群落指标和环境变量预筛
食物网	食物网分析	单个栖息地斑块物质与能量传递	
回归拟合	广义线性回归	底栖动物密度 - 单环境变量的广义线性回归	进行横向对比,使用 AIC 作为拟合优度
	Lasso 回归	底栖动物密度 - 多环境变量的线性回归;水生植被湿重 - 多环境变量的线性回归	不进行横向对比,使用调整 R^2 值作为拟合优度
	非线性回归	稀疏化 Whittaker 值 - 采样点数的类 Michaelis-Menten 回归	不进行横向对比,使用调整 R^2 值作为拟合优度
	广义可加模型 GAM	群落指标 - 多环境变量非线性回归	进行横向对比,使用 AIC 作为拟合优度

11.3　其他水生生物相关的生态水力研究

11.3.1　鱼类生态水力计算

　　生态水力学对鱼类的研究主要在于定性或者量化环境质量（包括水质、水温、流速、底质,气候条件等物理化学因素和大坝、鱼道等人为因素）与鱼类的个体行为、种群数量及栖息地之间的关系。研究方法包括实验室控制变量观测,野外实验和数值模拟。数值模拟方法包括 CFD(Calculation Fluid Dynamic),主要研究个体及仿生鱼的阻力等生物水力学特征和特殊水工结构,如鱼道,涡轮机等的流场特征;种群数量模型,主要研究鱼类种群数量变化预测;栖息地模型,主要研究栖息地质量评价和变化预测。

　　（1）CFD 模型

　　CFD 模型常用于辅助设计鱼道等过鱼设施,以及分析水工结构运行对鱼类影响等,如通过对水轮机结构进行建模模拟,可以分析鱼类进入涡轮机的概率,通过改变水轮机安装设计,降低鱼类受到伤害的风险(Coutant, 2000);对鱼道和大坝建模,分析鱼道过鱼效率(Gilmanov, 2019)等。

美国塔夫茨大学在鱼类运动的生物力学和神经控制等领域开展了大量研究工作,如不同的紊动尺度、漩涡和切应力强度对不同种类、不同生长阶段的鱼类的伤害研究。美国橡树岭国家实验室、西北太平洋国家实验室等也运用模型研究鱼类对湍流,流速,水温的响应。

(2)鱼类种群数量模型

种群数量模型又称为种群矩阵模型(population matrix model)(Caswell, 2003),研究主要集中在鱼类种群数量变化模拟中。Verhulst(1938)提出种群数量模型的概念以来,最早被用于森林植被的研究当中,直到上世纪 90 年度开始,鱼类种群模型才逐步得到了进一步的研究,其中包含 Deangelis 和 Gross 建立的 IBM 模型,该模型能够反应鱼类个体与环境的相互作用(Deangelis & Gross, 1992;Grimm, 1999;Hall et al., 2006)。White 和 Burnham(1999)所创立的 MARK 模型,也被用于静态鱼类种群参数确定。Bartholowd 等(2001)建立的 SALMOD 种群模型,可用于预测三文鱼的数量变化。Capra 等(2003)建立的 MODY-POP 模型能够拥有模拟和预测褐鳟在天然河流中的种群变化。Rashleigh 等(2004)建立的 CVI 工具箱可以计算鱼群数量对水文变化所做出的反应。Harvey 等(2009)建立的 In-STREAM 模型能够模拟鳟鱼的鱼群数量变化。Yao 等(2018)将种群数量模型与河道数值模拟结合,预测了河豚种群数量随水文条件变化情况。

但是种群数量模型被用于海洋经济和濒危鱼类居多,对于淡水鱼类的研究偏少,同时以往的研究往往针对单一的变量改变对鱼类种群的影响,在水文、泥沙、水质、水温、含氧量,气候变化,人为活动等多要素方面研究不足。在生态水利中,尤其是对濒危鱼类保护方面,鱼类种群模型预测能起到关键作用(班璇,2011;Yao et al.,2018)。同时越来越多的学者认为,鱼类栖息地模型所得到的参数(鱼类有效利用面积、总体适应度等),能够为鱼类种群模型中的模拟和预测提供基础和数据资料(Janauer,2000;Mitsch,2012;Yao etal.,2018)。

美国伍兹霍尔海洋学研究所(Woods Hole Oceanographic Institution)在鱼类种群动力学和种群数量模型方面开展了系统的研究。迈阿密大学生物系 Donald DeAngelis 教授基于栖息地承载力分析,开发了陆生植物及鱼类的个体模型(Individual-based model)。马里兰大学环境科学中心 Rose Knneth(美国渔业学会院士),使用数学和计算机仿真模型来预测和更好地了解河口,湖泊,水库和海洋中的鱼类种群和食物网动态。

(3)鱼类栖息地模型

栖息地适宜度模拟主要有三个目的:1)基于物理生境条件预测物种出现的可能区域;2)加深对物种和生境之间关系的认识;3)对物种的生境要求进行定量化,为流域生态管理服务。上个世纪 70 年代,美国地质调查局首先提出基于鱼类适应度曲线的栖息地评估的一维模型 PHABSIM(The Physical Habitat Simulation Model)(Bovee, 1982, 1986;Moir et al., 2005)。二十世纪以来,加拿大阿尔伯特大学从水力学的角度出发并且构建了相应的二维栖息地模型 River 2D(Steffler et al., 2002)。英国拉夫堡大学也从河流泥沙的角度做了相应的研究工作(Pattison et al., 2013)。荷兰代尔夫特大学以及荷兰 UNESCO-IHE 研究中心从水力学和生态学的角度进行相应的研究和模型开发 Delft 3D 等(Hydraulics, 2006;Alvarez-Mieles et al., 2013)。

德国斯图加特大学基于模糊逻辑规则建立了生态栖息地模型 CASiMiR（Jorde et al.，2001）。法国水利与环境重点实验室基于他们的 Telemac-Mascaret 平台，也于 2016 年开始和慕尼黑工业大学水利环境与水利生态研究所合作探索水生态评价模型和平台（Yao，2016）。瑞士苏黎世联邦理工 VAW 研究所，利用他们已经建好的一个 BASEMENT 模型，做了水电开发对河流泥沙以及鱼类生态栖息地评价方面的工作（López Reyes，2016）。欧盟水生态指南 Water Framework Directive 里面也明确对河流的栖息地健康状况进行了分级（Bolpagni et al.，2017）。

上述鱼类栖息地模型主要涵盖了两个类别：适宜度曲线栖息地模型和模糊逻辑栖息地模型。这两类鱼类栖息地模型对河流尤其是产卵场鱼类适应度评价上发挥了重要作用，但鱼类栖息地模型仅反映鱼类的适应度状况，并不能用于反映对鱼类种群数量、种群结构造成的影响。同时，以往研究主要针对某个固定时段，或者某些流量范围进行评价，缺乏系统的考虑水利工程长期状况下对鱼类造成的影响。因此鱼类栖息地模型难以满足对河流鱼类的种群数量、结构以及分布进行有效的评价。因此，从模型角度，栖息地模型结合种群数量模型将能更综合的评价鱼类对环境变化的响应。不过如何定量栖息地的变化对鱼类生命史的影响，仍然是学界的一大难题。

加拿大卡尔顿大学（Carleton University）生物系 Steven Cooke（加拿大皇家地理学会院士）基于自然科学和社会科学广泛学术背景，致力于解决鱼类和其他水生生物面临的问题的解决方案。在诸如鱼类迁徙，鱼类与水力相互作用，休闲渔业的可持续性，水生生境恢复，鱼类的运动生态，野生鱼类的压力生态以及冬季生物学等问题上开展了有影响的工作。

法国图卢兹第三大学教授 Sovan Lek 致力于水域生态学和生态信息学研究，开创的"运用人工神经网络建立生态模型"方法奠定了机器学习在生态学研究领域的重要地位。美国华盛顿大学 Julian D. Olden 教授，在研究淡水生态系统的生态学和保护领域也取得了重要成果。我国学者在长江梯级开发的生态环境效益和长江的河湖富营养化问题研究中取得了系统进展。鱼类的生态水力学计算除了以上基于保护（种群数量，栖息地）的几方面外，还有增殖流放，河道整治，水、沙调控和过鱼设施修建等生态修复措施研究。

11.3.2 水生植物的生态水力学研究

水生维管束植物（或大型水生植物）与水体的相互作用规律与机制是生态水力学领域的研究重点，研究的热点与重点集中于大型水生植物如何影响水体中的水动力过程，并进一步对泥沙、营养物、污染物及其他生物群落产生影响。该方向研究涉及到大量的水动力实验测量和数值计算，对于水力学的学科背景要求较高，一般研究人员多为流体力学背景出身。此外，水动力过程对维管束植物的影响研究则主要集中于长时间尺度的水动力过程对滨岸植被群落的演替的影响，该方向涉及河流水沙动力学模拟与植被群落演替计算，需要研究人员同时具备这两方面的专业背景。

滨岸植被演替研究一般可以追溯到 20 世纪下半叶。早期的植被演替研究一般脱离于水动力过程，单纯从统计模型角度研究滨岸植被的一般演替规律（Franz and Bazzaz，1977；

Hill and Keddy，1992；Toner and Keddy，1997；Hill et al.，1998）。此后，在统计模型的基础上逐步发展出基于过程的模型对植被演替进行模拟，典型的如元胞自动机方法（Perry and Enright，2007）。真正将水动力过程与植被演替过程耦合的案例，如 Ye et al.（2010）将基于二维水动力模拟的河道演变模型与基于元胞自动机的滨岸植被演替模型相耦合，通过水沙动力要素变化来模拟、预测滨岸植被的演变趋势。与栖息地适宜度模型的思路类似，该方向本质是将两个独立的模型进行耦合，并未就水力学要素对植被的直接影响进行基础理论分析和定量实验观测。

河渠中大型水生植被的水力学效应是植被 - 水力学关系的研究热门与重点，最早可追溯至 20 世纪中期（Ree，1949；Fenzl，1962）。发展至今，对水生植被的水力学效应的研究不断细化和深入，如区别了不同生活型植被（沉水植物、挺水植物、浮水植物）的水动力效应差异（Wu et al.，1999；Luhar and Nepf，2011），不同可动性的水生植物（坚硬、不可动植物和柔软、可动植物）的水动力效应差异（Ghisalberti and Nepf，2006），研究的水动力过程主要包括了阻流效应、紊动效应和扩散效应等（Nepf，1999），部分研究会进一步深入至大型水生植被水力学效应对泥沙、营养物、污染物及其他生物类群的影响规律研究（Sachse et al.，2014）。大型水生植被水力学效应的一般研究方法包括了室外采样调查（Wilcock et al.，1999）、室内实验观测（Ghisalberti and Nepf，2002）和计算机数值模拟（Berger and Wells，2008），以室内实验测量为主（如 ADVP 系统）。

11.3.3　浮游动植物的生态水力学研究

水生浮游动植物（特别是浮游藻类）与水体的相互作用规律与机制是生态水力学领域的研究热门，研究人员以藻类为指示物种，研究水动力过程对藻类（主要是密度）的影响，进而对水体的营养状况进行快速判断。浮游动植物一般具有如下特点：①营养级低，一般能直接响应水力学要素，及与水力学要素相关的其他理化条件要素（如温度、溶氧等）；②种群（或群落）个体密度大，能较好地符合统计、半统计及概念型种群模型。因此，对于浮游动植物 - 水力学要素关系的研究，一般主要关注水力学要素如何影响浮游动植物的种群（或群落）密度。使用的方法主要为耦合水动力模型法，即水动力模型 - 水环境模型 - 生物种群增长模型，三部分先独立运算，再耦合成整体，该思路与栖息地适宜度模型、滨岸植被演替模型等耦合模型的思路一致。

生物种群增长模型的构建，包括了传统的概念模型，如逻辑斯蒂增长模型和 Lotka-Volterra 种群动态模型（May，1975；Tuljapurkar and Semura，1975）、基于统计方法的经验模型（各类统计回归方法及神经网络）、基于模糊方法的混合模型（Chen et al.，2005）、以及过程模型（如元胞自动机，Chen et al.，2002）等。该领域的研究方法成熟，应用案例较多，如 Gruber et al.（2006）及 Laufkötter et al.（2013）将三维涡分辨循环的海洋动力学模型与生物化学模型耦合对美国西海岸的藻类群落进行了模拟，Zhang et al.（2008）基于二维水动力 - 水质模型（CE-QUAL-W2）对 Lake Erie 的湖泊藻类进行种群模拟等。需要指出的是，由于浮游动植物的随水性强，一般该类研究的主要区域为湖泊、河口及滨海洄水区等水动力过程较弱的水体,而急流水体(如河流)中该类群的研究则相对较少。该方向研究人员一般具有深厚的水力学和环境水力学背景。

此外,瑞士苏黎世理工学院(ETH)Nicolas Gruber 等团队在海洋生化学动力过程、生源物质全球尺度循环、全球气候变化及人类活动造成的碳氮足迹改变等问题上从事过大量研究,研究方法以基础理论分析和环境水力学建模为主。美国滑铁卢大学(University of Waterloo)Ralph Smith 团队以基础理论分析、室外生态调查和计算机建模为主要研究手段,在环境水力学和浮游生物水动力学领域进行过大量研究。

11.3.4　eDNA 的生态水力计算

环境 DNA(environmental DNA,eDNA)是指在环境样品中所发现的不同生物的基因组 DNA 的混合物。通过检测水体中环境 DNA,可以监测物种的分布、多样性、甚至多度和生物量(Miralles et al., 2016；Ochocki & Miller, 2017；Robinson et al., 2018；Xia et al., 2018),可提供高分辨率的种群数据,支撑水生态领域的量化研究(Stein et al., 2014)。但在河流等动水环境中, eDNA 往往受到多种理化过程的影响,导致最终的结果可靠性的降低。但现有的研究多集中于水温、pH、光照等对 eDNA 降解速率的影响(Eichmiller et al., 2014；Takahara et al., 2011),而较少考虑输运、扩散、沉降、复悬等物理过程。这些过程决定了样点 eDNA 的来源(Fremier et al., 2019；Jane et al., 2014),因此,探明上述过程中所发生的变化对于 eDNA 监测在河流生态研究中的应用十分关键。

目前,针对于此的主要研究多通过人为放置 DNA 提取物或目标生物,然后进行后续采样监测进行。由于野外环境干扰因素较多,所以试验环境多为人工水槽。不少研究开始尝试用一维扩散方程对 eDNA 的输运机理进行解析(Sansom et al., 2017；Shogren et al., 2018),但大部分还是停留于通过统计手段分析影响 eDNA 浓度的主要因素(Jerde et al., 2016；Shogren et al., 2019)。同时,受试验条件限制,多数研究所采用的水流流速一般较小,也没有考虑紊动等对 DNA 分子的作用。因此,eDNA 在动水环境中的传播过程相较于生化环境对其降解的影响还处于亟待探索的阶段。

总体来说,美国密歇根州立大学 Arial J. Shogren 团队主要集中于动水环境中的生物大分子的输移以及过程中的影响因子分析方面开展了大量研究,其研究主要以室内人工水槽为主,尝试建立机理模型解释 eDNA 分子的动态变化过程。华盛顿州立大学 Caren S. Goldberg 教授在景观生态学、环境 DNA 等领域做了多项研究,对于 eDNA 在生态调查、稀有及入侵生物调研方面的交叉应用有重要的促进作用。国立岛根大学 Teruhiko Takahara 教授长期致力于水生态领域 eDNA 监测技术的影响因素研究与改进,其利用 eDNA 技术进行了鱼类分布、水生昆虫多度估计等多项研究,在 eDNA 定量监测领域有着开创性的价值。苏黎世联邦理工学院 Kristy Deiner 教授,着重于开发和利用分子技术对种群动态、结构和多样性进行研究,从遗传层面探究物种与环境之间的相互作用及其对生物多样性的影响。

11.4　实例:底栖动物生物污损及生态水力计算

11.4.1　底栖动物的生物污损及工程危害

为减缓我国水资源分布不均以及局部地区水体污染严重的问题,建造长距离且跨流域的输水、供水工程成为目前优化配置水资源的首要选择。此时,本来存在于均衡的生态系统中的物种便可能会随水流侵入到输水通道中,乃至引起“生物污损(biofouling)”问题。生物污损是指污损型生物侵入到输配水工程内部进行繁殖并附着生长,密度高达 10, 000~100, 000 个 /m²,对工程结构表面产生污损,影响输配水构造物和设备的正常运转。生物污损可分为两类:一类是由细菌和真菌等微生物生长形成的生物膜;另外一类是由贻贝、牡蛎和盘管虫等大型污损型生物引发的工程管道的堵塞。两种生物污损相互联系,其中前者是后者的基础。

贻贝是一种在世界范围内典型的污损型双壳类生物,已经引起了广泛关注。比如北美洲区域的斑马纹贻贝(Zebra mussel , *Dreissena polymorpha*)在各类输水构造中高密度附着引发了严重的生物污损,形成了巨大的工程损失。在中国、东南亚、韩国、日本等亚洲区域和巴西、阿根廷等南美区域,最主要的污损型生物是一种叫“沼蛤(Golden mussel , *Limnoperna fortunei*)”的淡水贻贝,俗称淡水壳菜,别名“死不了”或“死不丢”,原产于中国广东,20 世纪 60 年代末,被引入到中国香港供水系统中,20 世纪 80 年代,出现在韩国的水厂、水库和电厂中, 20 世纪 90 年代,进入日本、南美洲地区,至今,已在许多国家发现该物种。该物种属软体动物门,双壳纲,贻贝科,股蛤属,滤食性贝类,以浮游生物、有机颗粒物、动物幼体及卵等为食,主要依靠分泌足丝粘附在材料表面(图 11.3)。图 11.4 给出了稚贝与成贝的形貌:稚贝壳体呈紫罗兰色,分泌的足丝较少;成贝壳体成金黄色或暗褐色,体长正常在 2 cm 上下,具有发达的足丝腺可以分泌强健的足丝束。

图 11.3　贻贝分泌的足丝形态

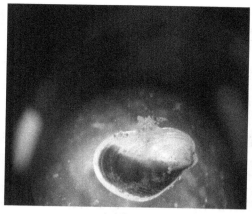 

（a）稚贝 （b）成贝

图11.4 不同发展阶段的贻贝形貌(徐梦珍,2012)

贻贝对环境适应能力极强,可以在低溶解氧、高流速的人工输水通道中滋生(徐梦珍,2012),其典型的入侵习性为:生命周期短、成长快、繁殖力强、广栖性、营群居、滤食性、广适性。贻贝对输水通道的入侵以至于严重影响人类生产生活的报导极其常见。早在上世纪70年代,我国就报导了武钢冷却水管被贻贝层层附着并发生堵塞的事故,近年来在南方修建的供水工程也大多受到了贻贝入侵及生物污损的危害,例如东深输水工程、粤港供水管线、龙茜供水工程、深圳水库、东湖水厂、梅林水厂等的箱涵、管道、隧洞等结构壁面上均被大量的贻贝附着,造成严重的生物污损,如图11.5所示为贻贝对东深供水工程管道的污损。2009年,北京十三陵抽水蓄能电站的导流体系中也发生了由贻贝污损引发的事故(中国水电顾问集团北京勘测设计研究院规划设计部,2009),这意味着贻贝已经逐渐适应了北方寒冷气候,尤其随着南水北调东线和中线工程的投入运行,原产于南方地区的贻贝入侵到北方地区的威胁大大增加。

（a）输水管道两侧壁面上铲下的贻贝 （b）被铲下的贻贝成堆

图11.5 贻贝侵入东深输水管道并形成生物污损

当前,很多国家已被贻贝污损问题困扰着,如日本、泰国、印度、澳大利亚、阿根廷、巴西等,这些国家的输水引水系统、冷却系统、原水处理厂等水利工程中都发现有不同程度的贻贝污损,引起广泛关注(Ministry of Agriculture Forestry and Fisheries of Japan, 2012;徐梦珍, 2012;Boltovskoy,2015)。比如阿根廷 Atucha 核电厂和阿根廷 - 巴拉圭的 Yacyreta 水电厂, 以及巴西 - 巴拉圭的 Itaipú 水电厂均发生了贻贝侵入引发的事故(Boltovskoy et al.,1999;徐 梦珍,2012)。图 11.6 为日本某输水结构取水口的贻贝污损,附着密度高达 10,000-100,000 个 /m²。

（a）全景图　　　　　　　　　　（b）局部图

图 11.6　日本某输水结构取水口的贻贝污损
(Ministry of Agriculture Forestry and Fisheries of Japan,2012)

贻贝侵入输水通道等水利工程引发生物污损后,会给工程带来巨大危害,主要的影响有 如下。

①缩小管道横截面面积,乃至堵塞。如图 11.7 为日本某工厂扬水机设备管道因贻贝附 着完全堵死的情形。

图 11.7　日本某工程的扬水机设备管道被堵塞
(Ministry of Agriculture Forestry and Fisheries of Japan,2012)

②引起输水建筑物管涵壁面的糙率增大,有效管径缩减,输水能力降低。

贻贝通常在管壁、缝隙等处稠密地群聚簇生,使得有效管径缩减,壁面糙率增加,过流能力减少,供水能耗增大。以东深供水工程太园反虹涵为例,2008年以前,贻贝附着厚度可达2~4 cm,依据相关数据测算,其糙率从年初的约0.0123逐步增大至年底的0.0167,增长约35.77%,同等水头差条件下供水能力大幅减少(潘志权 等,2012)。

③引起混凝土表面粉化或碳化,降低混凝土结构的强度和耐久性。

贻贝的足丝侵入混凝土表层内部,其分泌物腐蚀水泥砂浆,加速混凝土内壁碳化和粉化,露出碎石粗骨料,使得混凝土内壁表层结构(钢筋保护层)厚度逐渐变小,从而降低混凝土结构的使用年限,危害性极大(Perez et al.,2003;潘志权 等,2012)。如图11.8所示为深圳东深输水工程管道的混凝土壁面因贻贝污损导致的腐蚀。

④造成水质污染。

贻贝的呼吸作用会消耗水中的溶解氧,其代谢过程会排泄废弃物等有害物质,同时,贻贝死亡后会腐烂变质,进而会产生刺激性味道使水质继续恶化(Darrigran,2002;关芳 等,2005)。

⑤为其他细菌和真菌等微生物的发育提供了基础。

贻贝的污损会为其他细菌和真菌的生长提供良好的环境,尤其是停水检修期间,壁面上附着的大量贻贝死亡后,其上会发育大量霉菌等微生物,进一步恶化供水水质。如图11.9所示为深圳东深供水管道上的贻贝聚团上发育的大量霉菌(徐梦珍,2012)。

⑥对闸门、滤网、冷却器、水泵等其他配套的生产设备构成影响,使其不能正常使用,带来巨大的安全隐患和经济损失(Ricciardi,1998;徐梦珍 等,2009)。如图11.10(a)为输水管道的蝶阀边沿附着大批贻贝导致蝶阀难以紧闭;图11.10(b)为输水工程中的滤网结构因贻贝附着而堵塞,失去过滤功能。

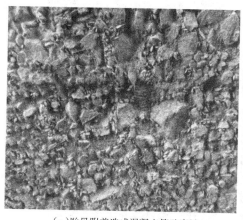

(a)贻贝附着造成混凝土管壁腐蚀　　　　　　(b)贻贝腐蚀下来的砼块(徐梦珍,2012)

图11.8　贻贝对输水通道壁面的侵蚀作用

图 11.9 壁面上发育的各类霉菌（徐梦珍，2012）

（a）贻贝污损导致蝶阀难以关闭　　　　　　（b）贻贝在滤网上的污损造成滤网堵塞

图 11.10 深圳东江水源工程中贻贝污损形成的事故（徐梦珍，2012）

11.4.2 底栖动物沼蛤的生物污损防治技术

面对沼蛤入侵的巨大威胁，国内外已开展大量研究寻找防治方法（Xu et al., 2015；Zhang et al., 2017）：目前广泛采用的工程办法主要是高压水冲、人工或机械刮除管道上附着的沼蛤；也有地区尝试将化学方法用于沼蛤杀灭和防治，通常投放化学药剂杀死其胚胎、幼体和成体，或者溶解沼蛤足丝，使其从附着壁上脱落；滤网拦截、紫外线照射、热处理、施加电流等方法也进行过尝试；徐梦珍通过野外调查和水槽试验，建立了源区清除、幼虫引诱附着、沉降、高频湍流灭杀及鱼类捕食的综合治理方法成功防止沼蛤入侵。在向水中泵气制造的强烈振荡的水体环境中，高频脉动产生的小涡在热效应和机械效应的共同作用下与沼蛤幼虫形成共振，从而引起幼虫破碎受损（徐梦珍，2012）。下文以华东琅琊山抽水蓄能电站技术供水系统中的沼蛤入侵和生物污损问题为工程背景，介绍生态水力学防治技术的设计原理和应用效果。

　　琅琊山抽水蓄能电站地处长江下游,位于安徽省滁州市区南郊,在华东电网发挥调节功能,也是滁州市的水源地。大量沼蛤幼虫进入电站引水隧道和技术供水系统,附着于结构混凝土和技术供水取水口,闸、阀门等部位,对结构表面产生生物污损,同时,沼蛤在琅琊山电站的发电机组冷却水系统管道大量繁殖(图 11.11),严重时会造成技术供水系统故障,导致机组非计划停运,给抽水蓄能电站的安全稳定运行造成严重影响。例如最小直径只有 54 mm 的冷却水管道中,体长可以达到 20 mm 的沼蛤成贝很容易多层叠加附着生长而堵塞冷却水管道,甚至可能造成发电机组骤停。

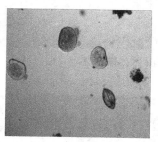

图 11.11　琅琊山抽蓄电站冷却水管内壁附着的沼蛤成虫

　　技术供水系统的沼蛤入侵问题也成为困扰琅琊山抽水蓄能电站安全运行的长期挑战,为解决技术供水系统沼蛤入侵问题并探究沼蛤幼虫灭杀的新方法,笔者团队尝试在管道垂直水流方向安装系列致紊材料制造高频脉动实现对沼蛤幼虫的灭杀。而且可以利用琅琊山抽水蓄能电站的天然水头,减少外接动力,且不会污染水体,具有在技术供水系统应用的潜力。下文介绍该项生态水力学灭杀试验的系统、数据分析方法、实际效果评估等相关的内容。

11.4.2.1　沼蛤的生物污损的生态水力试验系统及数据处理

　　研究中在试验管道内安装孔板或筛网,在其下游设置测量断面和测量网格,利用测流装置测量后进行数据初筛、指标计算和能谱绘制,从而得到管道内部流场和紊动场的水力特征。研究中选择不同类别和孔径的材料采用普通和加密 2 种布设方式安装到管道中,通过测量其下游的流场及紊动场分布,分析不同材料引起的水流紊动强度和频率特点,从水力学角度寻找经济有效的致紊材料和布置方式,为沼蛤管道灭杀试验及工程应用提供基础数据及科学依据。

　　（1）试验系统

　　管道湍流试验在琅琊山抽水蓄能电站下库厂房的试验系统(图 11.12)完成。试验系统通过 2 台潜水泵(一台泵扬程 7 m,流量 60 m³/h;一台泵扬程 15 m,流量 25 m³/h)从电站下库抽水到前池(长 2 m,宽 1.26 m,蓄满水深 0.9 m)。脉动槽壁高 68 cm,宽 80 cm,为砖砌水泥抹面水槽。脉动槽入口在砖砌结构中埋设门槽,通过加入或取出与门槽等宽的实木木块调控脉动槽水位。脉动槽出口处顶部有过水堰,底部设置底孔以排水。

　　试验管道置于脉动槽底部,材质为 UPVC 承压管。外径 16 cm,内径 15.4 cm,试验段长度 12.6 m,为 6 段管子通过卡套式连接。因后续沼蛤幼虫灭杀试验需要,也考虑较大管道长度可以更好平顺水流,管道在脉动槽中延长布置(图 11.12 转 180° 弯)。脉动泵铭牌流量 25 m³/h,扬程 15 m,使用时需满足一定淹没水深要求,因此试验前脉动槽内蓄满水(蓄满状态水深 38.5 cm)。管道出口水流射入槽内蓄水,为平顺水流并保持测量断面管流状态,在管道出口安装 40 cm 的延长管。水槽蓄水体积远大于管道内水流体积,所以蓄水对管道水流的影响可以忽略。

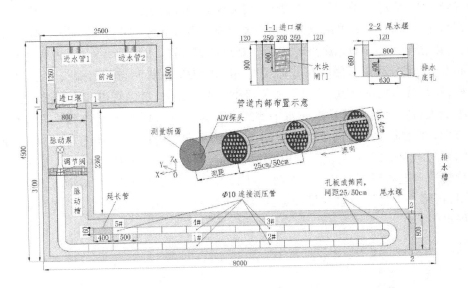

图 11.12　试验布置及管内致紊材料布置图(单位:mm)

根据前期管道沼蛤幼虫灭杀试验经验,选取孔板和筛网(表 11.2)作为致紊材料(当水流通过这些材料时,在下游形成一定的紊动场)。孔板和筛网的孔径及孔间距大小不同,过流能力和致紊效果可能不同。孔板或筛网固定在长度一定的镀锌铁板支架上,组合形式如图 11.12 "管道内部布置" 所示。支架材料厚度为 3 mm,阻水作用很小。支架的外径 15 cm,外围加装止水条后,将整体结构装入管道中。

表 11.2　致紊材料参数

序号	名称	孔形状	孔径 mm	孔间距 mm
1	孔板	圆孔	3	1.96
2	孔板	圆孔	6	2.34
3	孔板	圆孔	10	2.87
4	筛网	方孔	1	0.33
5	筛网	方孔	2	0.42
6	筛网	方孔	3	0.91

(2)测量手段

流速和紊动测量采用挪威 Nortek 公司生产的 Vectrino 声学多普勒点式流速仪(Acoustic Doppler Velocimeter, ADV）。该 ADV 利用相干多普勒原理得到发射和接受的声学脉冲相位差测量三维流速,具有测量精度高,无零点漂移的特点。探头为侧向式（图 11.13（a）），测量点距探头直线距离 5 cm,以减弱探头对测点水流扰动影响。流速测量范围为 -0.01~0.01 m/s 到 -4~4 m/s,采样体积 0.085 cm³,最大采样频率为 200 Hz。

流速测量时将 ADV 固定在自制移动支架上。支架长 1.1 m,铝合金材质,装有带轴承滑块的导轨, ADV 机身可固定到深度尺（精度为 0.1 mm）上,可沿深度尺垂向移动,深度尺固定在滑块上,从而 ADV 可沿支架导轨（装有精度为 1 mm 的水平尺）横向移动。通过组合移动,可以精确确定 ADV 探头的位置。测点布置如图 11.13 所示((b)为普通布置,(c)为加密布置,大部分测量采用 b 布置样式)。由于 ADV 探头测点距离探头 5 cm,自身占用一定体积,还在管道内部,所以测点无法覆盖整个断面,不过考虑管道和致紊材料的对称性,覆盖一半断面可以反映整体情况。水平测线命名为 1 线,垂直测线为 2 线。顺流向方向定义为 X 方向, Y 方向和 Z 方向垂直 X 方向, Z 向为垂向（如图 11.12 插图及图 11.13 所示,速度与坐标轴同向为正,反向为负,原点 O 并未固定,但射线 OX 为管道中心线,下同）。

试验管道自上游至下游钻孔 5 个（图 11.12 中 1#-5#）,孔径 1 cm,将测压管插入测孔后固定密封,再将这 5 根测压管并排固定到直立刻度板上。试验测量过程中读取测压管水位得到沿程水压。

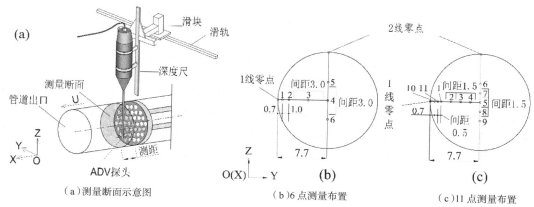

（a）测量断面示意图　　　（b）6 点测量布置　　　（c）11 点测量布置

图 11.13　测量断面与测点布置（ b、c 图水流流向和 X 方向均垂直纸面向外,单位:cm ）

（3）试验过程

在流速及紊动测量时,固定 ADV 测量断面和脉动管而移动管内孔板或筛网,以此测量等效的孔板或筛网下游流场和紊动场。对于相邻两级材料间距为 25 cm 的布置,测量断面和最后一级致紊材料的距离（后文简称"测距"）分别为 2.5、5、10、17 和 25 cm（图 11.14 实线）;对于相邻两级间距为 50 cm 的布置,测距分别为 2.5、5、10、17、25 和 50 cm（图 11.14 虚线）。在后续的沼蛤幼虫灭杀试验中,为确保致紊材料充分作用于沼蛤幼虫,采用了全试验管段布置致紊材料。但在水力学测量中,考虑到试验组次较多,为避免全部更换致紊材料的繁重工作量及频繁拆卸管道对试验设施的磨损,大部分测流试验仅在最后一段管道（长 2.5 m）开展。相邻材料间距 25 cm 布置时,设置 5 级,总长度 1 m;间距 50 cm 布置时,设置 3 级,总长度同样为 1 m,便于比较。试验中,最后一级致紊材料和测量断面位置不变,改变级数依靠向上游增加安装致紊材料。测量断面下游因为硬件限制不安装致紊材料,试验中断面平均流速接近 1 m/s,弗劳德数约为 1.6,水流为急流,下一级的致紊材料对水流的影响无法向上游传播,因此虽然测量断面下游没有致紊材料,但仍能够模拟两致紊材料之间的流场。

为验证仅用最后一段管道进行水力测量的等效性,进行了全管段范围布置致紊材料的试验(对 3、6 mm 孔板及 2、3 mm 筛网 4 种材料)。测流断面和管道位置固定不变,对于间距 50 cm 的布置,共安装 25 级致紊材料,而为便于比较,间距 25 cm 布置时,从脉动管出口开始向上游同样布置 25 级致紊材料。

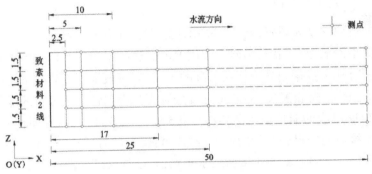

(图中 Y 轴垂直纸面向外为正,单位:cm)

图 11.14　测量网格布置情况

(4)数据处理

ADV 的数据预处理包括"去噪"(Denoising)和"去毛刺"(Despiking)两步。"去噪"处理删除信噪比低于 15 dB 的数据(Parsheh et al.,2010)。信号"毛刺"的出现是由于 ADV 的硬件能识别的相位差范围是 -180° 到 +180°,当信号超过这个范围时,仪器会将信号正负颠倒而失真(Goring & Nikora,2002)。"去毛刺"采用加速度阈值法(Acceleration Thresholding Method)来消除(胡广书,2012),这一处理方法的理论基础是水流最大加速度必须与重力加速度处于一个量级的假设。用下面的方法计算水流加速度:

$$a_i = (u_i - u_{i-1})/\Delta t \tag{11-8}$$

式中: a_i 为水流加速度; u_i 为第 i 次采集的水流速度; Δt 为流速采集的时间间隔,本文中为 1/200 s。满足以下条件之一的流速被认为是毛刺:

$$\begin{cases} a_i > \lambda g \\ u_i > \bar{u} + k\sigma \end{cases} \quad 或 \quad \begin{cases} a_i < -\lambda g \\ u_i < \bar{u} + k\sigma \end{cases} \tag{11-9}$$

式中: $\bar{u}$ 为一个流速系列的平均流速; σ 为标准差; g 为重力加速度; λ 和 k 为经验常数,在本研究中,取 $\lambda=1.5$, $k=1.5$(胡广书,2012)。

瞬时流速分解为平均流速和紊动流速:

$$u = U + u', \quad v = V + v', \quad w = W + w' \tag{11-10}$$

式中: u,v,w 为瞬时流速; U,V,W 为时均流速; u',v',w' 为紊动流速,其中 U 代表 X 向流速, V 代表 Y 向流速, W 代表 Z 向流速。

用脉动流速均方根表征各向紊动强度,三向紊动强度分别表示为 U_{std},V_{std},W_{std},为:

$$U_{std} = \sqrt{\frac{1}{n}\sum_{i=1}^{n}u'^2}, \ V_{std} = \sqrt{\frac{1}{n}\sum_{i=1}^{n}v'^2}, \ W_{std} = \sqrt{\frac{1}{n}\sum_{i=1}^{n}w'^2} \qquad (11\text{-}11)$$

式中：n 为测点瞬时流速总数；U_{std}，V_{std}，W_{std} 具有流速量纲。

根据前期重复试验结果，试验中平均流速的测量误差在 5% 以内，紊动强度测量误差在 10% 以内。

为了研究不同致紊材料和布置形式对下游水流的影响，对紊动流速进行傅里叶变化，得到能量在各频率分布（采用双对数坐标）。本研究中能谱定义为（张兆顺等，2005）：

$$E = \frac{1}{2\pi}\int_{-\infty}^{\infty}R_{uu}(t)e^{-i\omega t}dt \qquad (11\text{-}12)$$

式中：$\omega = 2\pi f$ 为角频率，f 为频率，$R_{uu}(t)$ 为紊动速度的时间相关函数。

为获得较为平滑的分布曲线，本研究使用 Welch 法（李玉柱等，2006）进行能谱计算，其基本思想为将所有样本数据划分为相互重叠的子段，对每段求能谱后取平均得到最后结果。傅里叶变化后纵坐标为能量密度，对能量密度分段积分得到各频率对应的能量值，每段长度取 1 Hz，例如 2 Hz 对应的能量值为能谱图中 1.5 Hz 与 2.5 Hz 之间的面积积分。将各频率对应的能量值连接成曲线得到能量的频率分布，0 Hz 对应时均动能。由于积分区段长度为 1 Hz，相当于对每 1 Hz 的长度的能量密度求平均值，这样处理使曲线更加平顺，从而突出主要特征（如斜率）。

11.4.2.2　管道致紊系统内部流场和紊动场的水力特征

（1）材料级数对水流的影响

为提高试验效率并降低设施损耗，水流测量试验针对管道的出口管段，首先需要对这种简化方式的合理性进行验证。以 3 mm 筛网 25 cm 间距布置为例，比较了不同级数致紊材料下游的水流特性。为综合考察边壁到主流的流场和紊动场特征，选取 1 线的数据分析，能谱选择致紊材料下游 2.5 cm 测距断面中点数据，如图 11.15 和图 11.16 所示。

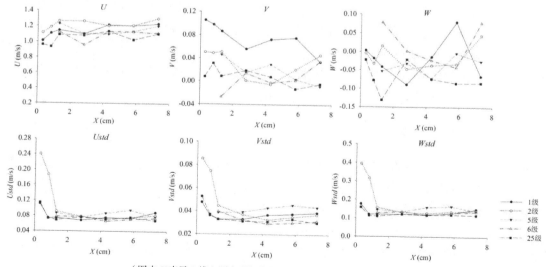

（图中 X 表示 1 线上测点到起点的距离，起点为 1 线与管壁的交点）

图 11.15　孔径 3 mm 筛网间距 25 cm 不同级数的三向流速和紊动沿 1 线的分布

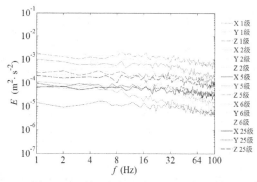

图 11.16　孔径 3 mm 筛网间距 25 cm 不同级数的断面中心能谱图

从流速分布看，U 在一定范围（0.9~1.3 m/s）内波动，且不同级数的分布特征基本相同。而不同级数的 V 和 W 变化波动较大，但 V 和 W 速度大小比 U 小 1~2 个量级，即 U 为 V_{uvw} 的主要成分，且基本不受级数变化影响，说明安装致紊材料没有对管流水流方向产生明显干扰。垂向紊动强度最大，流向和垂向的紊动强度明显大于 Y 方向，为总紊动强度的主要贡献力量。从能谱可以看出不同级数布置能谱斜率基本相同，1 级和 2 级的紊动强度较其他级数大，而 5 级、6 级和 25 级则基本相同，说明当级数增加到一定数值后水流能谱基本稳定，不再受级数变化影响。

对其他工况不同级数试验数据的验证结果表明：虽然增加致紊材料级数可能因为加大管道阻力而减小流速和紊动强度，但是流速分布和紊动场分布规律并无明显不同。所以，本文流场和紊动场测量中仅更换最下游管段致紊材料。另外，考虑到 3 向流速中 U 远大于 V 和 W，紊动强度中 U_{std} 和 W_{std} 大于 V_{std} 且分布特征相近，因此后文主要分析致紊材料下游 U、U_{std} 和 W_{std} 的变化特征。

（2）流场特征

考虑到管道主要流量通过致紊材料中部，而且边壁侧因为致紊材料存在一定厚度而引起流态不稳，所以流场和紊动场分析选用分布居中的 2 线。图 11.17 和图 11.18 的 L 为测点到 2 线零点的距离。6 种致紊材料的以 50 cm 和 25 cm 间隔布置，2 线 U 的沿程分布分别见图 11.17 和图 11.18。

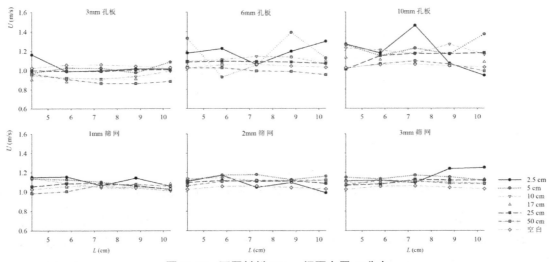

图 11.17　不同材料 50 cm 间隔布置 U 分布

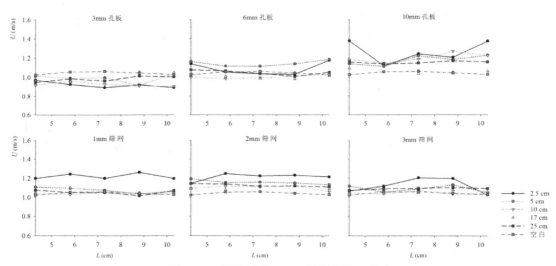

图 11.18　不同材料 25 cm 间隔布置 U 分布

　　总体来看,测距小于 5 cm 时,流速大小和横向(横向指与流向垂直的平面中 2 线位置)分布特征均有一定波动,但仍基本符合管道流速横向分布特征(Durgesh et al., 2014);测距超过 5 cm 后,各种材料下游的流速横向分布基本稳定,接近空白管道,表明致紊材料的加入对下游水流横向结构产生了一定影响,但影响的距离有限,水流运行一定距离后接近不安装致紊材料管道中的恒定均匀流状态。

　　就孔板而言,3 mm 孔板出现了明显阻水效应,导致 50 和 25 cm 布置下均出现平均流速低于空白管段的现象,但流场横向分布均匀。随着孔径增大, 6 和 10 mm 孔板下游 5cm 测距范围内 U 横向波动剧烈,特别是 50 cm 间距布置时,而这种波动在 25 cm 间隔布置时有一定程度减弱。对于筛网,下游流速横向分布较均匀,在 50 cm 间距布置时不同孔径筛网下游流速均非常接近空白管道,说明孔径对筛网过水能力基本没有影响。但加密布置时,水流刚经过筛网时主流流速可以增大到 1.2 m/s 以上,之后迅速下降到空白管水平,且孔径越小这种变化越明显。这是因为筛网孔径越小,主流过流面积越小,根据连续性原理,速度提升越大,同时紊动耗散率提升,流速迅速降低。

2 线各测点间隔均为 1.5 cm,可认为权重相同,因此计算各测点算数平均数 U_{mean} 作为主流区平均流速,并计算各测点 U 的变异系数(Variable Coefficient,CV),得到图 11.19 和图 11.20。

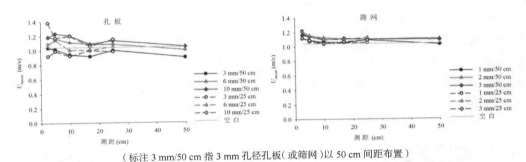

（标注 3 mm/50 cm 指 3 mm 孔径孔板（或筛网）以 50 cm 间距布置）

图 11.19　孔板和筛网下游测点平均速度纵向分布

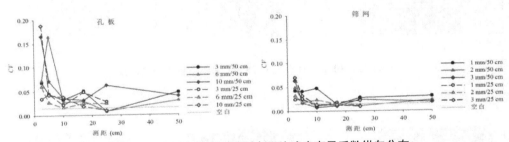

图 11.20　孔板和筛网下游测点平均速度变异系数纵向分布

孔板和筛网下游接近致紊材料处主流区平均流速较大（图 11.19）,这与致紊材料减小过水面积,增大其上游水流压能并转化为下游水流动能有关。之后呈沿程减小的趋势,在进入下一级材料前基本稳定,准备进行下一次加速。致紊材料的周期性出现导致了流速纵向分布的周期性。在流速纵向分布特点上,孔板和筛网相比有明显区别:(1)孔板下游的主流区流速随孔径增大而增大,但不同孔径筛网的过流能力非常接近;(2)小孔径孔板会阻水而导致下游主流区流速低于空白管道,但小孔径筛网下游流速仍略高于空白管道。加密布置使 3 和 6 mm 孔板下游主流区流速轻微降低,对大孔径的 10 mm 孔板和所有筛网下游流速几乎没有影响。

孔板和筛网下游测点流速横向分布的离散程度均较空白管道有所提高,且孔板下游横向波动明显强于筛网,然后逐渐减弱至与空白管道趋同。两种材料也均出现离散程度随孔径增大而加剧的现象。加密布置后,孔板和筛网的变异系数均不同程度减小（图 11.20）,孔板降幅尤其明显,说明加密布置虽然不能改变流速大小,但横向上起到了平顺水流的作用。

综合横向和纵向特征,水流流经致紊材料后横向和纵向流速分布均出现一定波动,孔板下游水流波动强度大于筛网,但波动在有限距离内即被消化。

（3）紊动场特征

通过对不同材料不同测距的横断面紊动测量可以得到其下游各向紊动强度空间分布。X、Y 和 Z 方向的紊动场基本特点相同:紊动强度在致紊材料下游迅速减小后趋于稳定(以孔径 10 mm 孔板 25 cm 间距布置为例,图 11.21)。根据上文的分析,U_{std} 和 W_{std} 为紊动强度的主要贡献,明显大于 V_{std}。实测结果显示:对于各种材料,均有 $(W_{std})_{max}=1.4\sim1.8(U_{std})_{max}$ (除 2 mm 筛网 25 cm 布置时 $(W_{std})_{max}=2.7(U_{std})_{max}$)及 $(W_{std})_{min}=1.16\sim1.65(U_{std})_{min}$。流向和垂向紊动强度分布特征也基本一致,而 Y 向因为紊动强度较小,易受管壁引起的紊动影响而分布特征略有不同。可见,三向紊动强度尺度没有量级差别,而且分布规律基本一致,所以后文以 W_{std} 为例分析紊动场特征,分别绘制了各种材料 25 cm 和 50 cm 间距布置时紊动强度平面分布(图 11.22 和图 11.23)和沿程分布(图 11.24)。

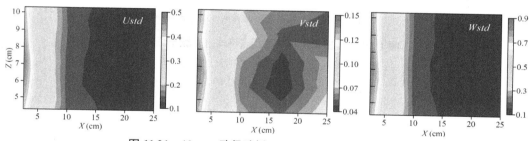

图 11.21　10 mm 孔径孔板 25 cm 间距布置 3 向紊动场

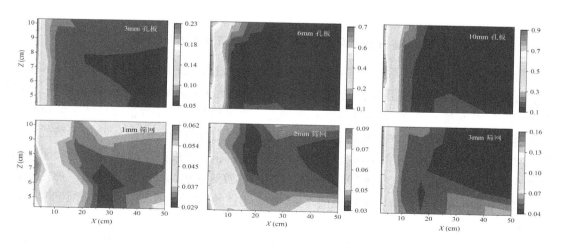

图 11.22　不同材料 50 cm 间距布置下游垂向紊动场(图中紊动强度单位 m/s)

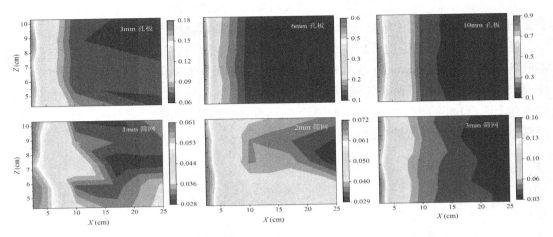

图 11.23　不同材料 25 cm 间距布置下游垂向紊动场（图中紊动强度单位 m/s）

不论是否加密，3 种孔板材料下游 Z 向紊动强度均呈规则带状分布，即紊动强度横向分布均匀；筛网下游的紊动场虽然也沿程逐渐减小，但在超过下游 10 cm 测距后两侧紊动强度稍强于中部，从而带状特征不很明显。究其原因，筛网下游紊动强度绝对值较小，在筛网孔径为 1 和 2 mm 时，除了紧邻致紊材料下游，其他区域紊动强度均小于空白管道（图 11.24），因此管壁及管内支架等结构引起的紊动对水流的影响无法忽略（特别对于 1 和 2 mm 筛网而言），从而横向紊动场分布不均匀。而 3 mm 孔径筛网因为下游紊动强度较大（接近空白管水平）从而保持了较明显的带状分布。孔板的紊动强度绝对值较大（大于空白管紊动强度），相比之下管壁的影响较小，因此呈现规则的带状分布。这也表明孔板和筛网下游紊动强度差别较大，孔板下游的紊动强度明显较强。

计算 2 线测点紊动强度计算平均值的沿程分布，发现致紊材料下游紊动强度（以 W_{std} 为代表）最大的区域是材料下游 3 cm 范围内，之后随着远离致紊材料紊动强度不断降低，当超过下游 10 cm 后，紊动强度下降到稳定值，即致紊材料对水流紊动强度的影响范围比较有限，主要影响范围在 10 cm 范围内。从沿程特征还可以看出致紊材料下游最大紊动强度均随孔径增大而增大。加密布置后绝对紊动强度略有减小，但是幅度相当有限。

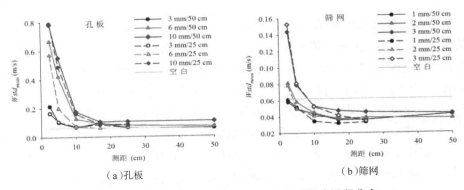

（a）孔板　　　　　　　　　　　（b）筛网

图 11.24　不同材料下游 Z 向平均紊动强度沿程分布

　　管道圆心能谱特征以致紊材料下游测量断面圆心处脉动特征为例,通过脉动能谱(X 向和 Z 向)探究脉动组成,使用空白管道圆心处能谱作为致紊材料比的参照标准。

　　经过致紊材料(不论是否加密)后,水流能谱斜率与空白管道呈现明显不同:空白管道能谱基本符合 Kolmogorov 的 -5/3 次方分布规律,基本处于紊动能量传递的惯性子区(李玉柱 等,2006)中;孔板下游水流能量分布比较均匀,高频部分占比明显提高,没有出现明显的惯性子区,当测距超过 5 cm 后出现惯性子区;相比空白管,筛网材料惯性子区出现在较高频率,同时低频脉动能量明显减小。

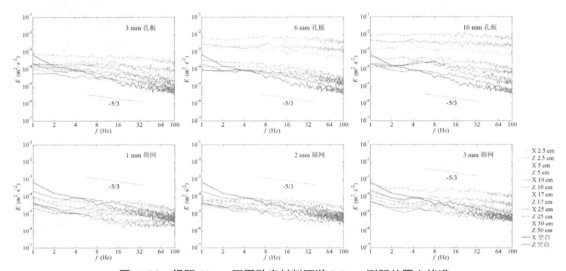

图 11.25　间距 50 cm 不同致紊材料下游 2.5 cm 测距处圆心能谱

　　惯性子区的开始频率可以通过含涡(Energy-containing eddy)尺度和泰勒冻结假定(Taylor,1938;Rehmann et al.,2003)大致估算。从图 11.25 可以看出,6 和 10 mm 孔板下游虽然能谱比较均匀,但在高频部分已经开始下降,按 100 Hz 开始惯性子区计算,而选取管道平均流速作为对流速度(Advection velocity)(Taylor,1938),近似取 1 m/s,根据泰勒冻结假定,有

$$f = \frac{U_A}{L} \tag{11-13}$$

式中:f 为频率,U_A 为对流速度,L 为含涡尺度。

　　可以计算得到 $L \approx 0.01$ m。即 6 和 10 mm 孔板下游 2.5 cm 测距断面的含涡尺度与孔径基本处于一个量级。同样可以估算 3 mm 孔板下游 2.5 cm 测距的含涡尺度约为 0.3 m,比孔板孔径增大一个量级;筛网材料的下游含涡尺度均超过孔径 1 个量级以上。一般格栅紊流中含能尺度与格栅间距同一量级(李玉柱 等,2006),说明水流经过大孔径孔板后紊动结构持续了一段距离(2.5 cm ～ 5 cm)而没有完全掺混。3 mm 孔板和筛网下游的含能尺度有量级的放大,说明掺混比较充分从而水流紊动结构的改变到 2.5 cm 处已经不明显。综合而言,孔板材料下游的紊动结构能够保持更远距离,从而水流在一定距离内具有更强的紊动能量,而筛网下游水流很快掺混完全,因而不具备这种能力。

从紊动强度看,水流流经 6 和 10 mm 孔板后高频能量最大提高了 10^3 量级以上(量程范围内),3 mm 孔板高频能量也提升了 10^2 量级,高频部分能量提升使得孔板下游水流紊动强度较空白管道有明显提升。水流流过筛网后,高频部分能量同样得到小幅提升,不过提升幅度与孔板相比非常有限,最明显的 3 mm 筛网也仅有 10^1 量级,同时低频紊动能量降低到空白管之下,说明水流流经筛网后低频脉动受到抑制,即大尺度涡减少,这与筛网孔径限制有关,最终导致过筛水流紊动强度下降。

如果以管道水流平均流速估算脉动传播速度,则脉动的频率提高意味着脉动特征长度的减小。安装孔板后,脉动特征长度减小,小涡比例大幅增加,说明致紊材料、特别是孔板的存在有效地减小了脉动特征长度。Rehmann et al.(2003)发现斑马纹贻贝的幼虫(与沼蛤幼虫具有很多相似的生物特性)在水流泵气产生的高频脉动作用下死亡率会提高,并认为只有涡尺度接近 Kolmogorov 尺度才可以通过耗散对斑马纹贻贝的幼虫产生伤害。而在管道中安装致紊材料正是通过同样的方式加速沼蛤幼虫死亡。

加密布置对孔板的脉动能谱基本没有影响(图 11.26),而对筛网则进一步降低了低频脉动的能量,因此对筛网下游的紊动强度产生了轻微抑制,表现为图 11.23 中筛网下游加密后流场紊动强度分布仍然不均匀。总之,孔板和筛网均具有改变下游水流紊动结构的能力,也因此具有一定对沼蛤幼虫的灭杀潜力,不过具体灭杀效果需要沼蛤幼虫灭杀试验的进一步研究论证。

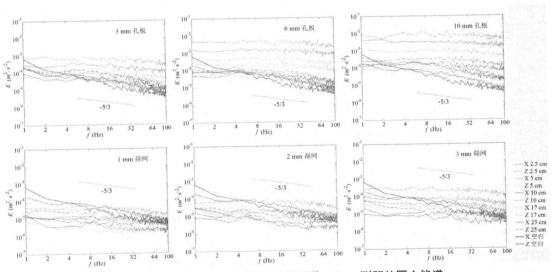

图 11.26　间距 25 cm 不同致紊材料下游 2.5 cm 测距处圆心能谱

(4)水压

在全管段安装致紊材料测量紊动时,同时记录了各测点水头(表 11.3,试验场地面高程为 0)。可以看出 3 和 6 mm 孔板的各级水头明显高于 2 和 3 mm 筛网,说明孔板虽然可以大幅提高水流紊动强度,但是需要消耗更多水流能量转化为压能为代价。此外,通过最后管段试验数据得到 10 mm 孔板单级消耗水头约为 13.0 cm, 1 mm 筛网单级消耗水头约为 8.2 cm。因此,按消耗水头值的大小排序为:3 mm 孔板 >6 mm 孔板 >10 mm 孔板 >1 mm 筛网

≥3 mm 筛网 >2 mm 筛网。加密布置下,各种致紊材料平均各级水头均变化不显著。如果分别计算各测压孔之间的各级致紊材料平均水头损耗,也可以发现加密布置下各管段的平均水头损耗没有明显变化(除去 6 mm 孔板 25 cm 间距布置时 3 点和 4 点间平均水头损耗异常,为随机误差)。所以,致紊材料的水头损耗受加密影响较小,对水头总损耗直接影响的是致紊材料级数。

表 11.3 沿程水头测量结果

材料	孔径 /mm	间距 /cm	h_1/cm	h_2/cm	h_3/cm	h_4/cm	h_5/cm	$\Delta h_{1\text{-}5}$ /cm	$\Delta h_{1\text{-}2}$ /cm	$\Delta h_{2\text{-}3}$ /cm	$\Delta h_{3\text{-}4}$ /cm	$\Delta h_{4\text{-}5}$ /cm
孔板	3	50	——	418.8	216	138.5	64.5	22.14	——	20.28	25.83	24.67
孔板	3	50		429	221	123	68	22.56		20.80	32.67	18.33
孔板	3	25		310	204	58.7		20.94		17.67	24.22	
孔板	3	25		347	233	60		23.92		19.00	28.83	
孔板	6	50	373	323	161	111.4	55.5	16.71	16.67	16.20	16.53	18.63
孔板	6	50	371.9	318	163	112.4	55.2	16.67	17.97	15.50	16.87	19.07
孔板	6	25	460	431	201	186	58.5	15.52		19.17	2.50	21.25
筛网	2	50	129.5	116.6	71.7	58.8	41.2	4.65	4.30	4.49	4.30	5.87
筛网	2	50	142.2	124.8	75.6	45.2	42.4	5.25	5.80	4.92	6.80	4.27
筛网	2	25	158.8	157.9	109	76	43	4.79		4.08	5.50	5.50
筛网	2	25	216	215	120	90	44	7.13		7.92	5.00	7.67
筛网	3	50	171	152.5	94.5	76	47	6.53	6.17	5.80	6.17	9.67
筛网	3	50	168.4	152	93.2	74.1	43.9	6.55	5.47	5.88	6.37	10.07
筛网	3	25	183	182.5	124	92	42.2	5.85		4.88	5.33	8.30
筛网	3	25	196	195	125	91	42.8	6.34		5.83	5.67	8.03

注:表中 h_i 代表第 i 点水头;Δh_{ij} 代表第 i 点和第 j 点之间的平均单级致紊材料水头差;"——"表示水头过大无法测量或测点间没有放置致紊材料导致没有数据。

11.4.2.3 生态水力学技术对生物污损的防治原理及效果

在管道水力特性研究基础上,本文优选了 4 种不同类别和孔径的材料采用普通和加密的布设方式安装到管道中,分别进行了脉动(水体仅经过试验管道一次)灭杀和死循环(一定体积的水体在试验管道中不断循环)灭杀试验,采样分析经过致紊材料后沼蛤幼虫的死亡方式,比较了管道入口和出口的沼蛤幼虫死亡率变化特点,并与幼虫相对体长的空间分布特征进行比对。结合实际灭杀效果,最后推荐了经济有效的管道灭杀沼蛤幼虫的致紊材料和布设方式,为工程实际防治沼蛤管道入侵提供科学依据。

表 11.4　致素材料参数

序号	名称	孔形状	孔径 mm	孔间距 mm
1	孔板	圆孔	3	1.96
2	孔板	圆孔	6	2.34
3	筛网	方孔	2	0.42
4	筛网	方孔	3	0.91

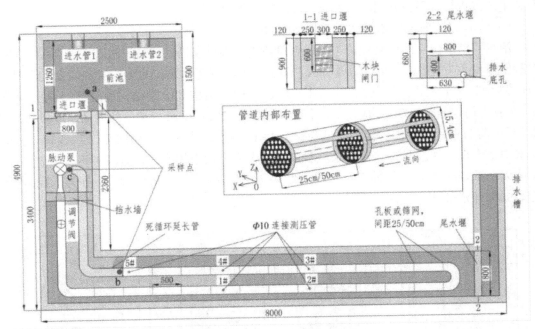

图 11.27　试验系统（单位：mm）

在琅琊山电站下库水中淡水壳菜幼虫抽样检测密度达到 500 个 /m³（密度过低可能导致分类数据失真）后，开始进行灭杀试验。前池采样点如图 11.27 中 a 点所示，脉动试验（前池补给流量 =0.018 m³/s）和死循环（前池补给流量 ≈0，循环水体总体积 =0.53 m³，包括管道中水流及前池进水堰下游挡水墙上游的水体）试验管道出口采样点分别位于图中 b 点和 c 点。脉动试验过程中，脉动泵开启、水流稳定后在 a 点和 b 点同时采样，用以比较脉动灭杀前后水中幼虫死亡情况，每组试验连续两次采样，即 a 点和 b 点同时采样完成后，再在两点同时采样一次，最后用两次平均值分析；死循环试验中，脉动泵开启即开始计时，分别在第 1、5、10、15 和 20 min 时在 c 点进行采样，第 1 min 时在 a 点采样，用以比较幼虫在脉动场中被作用不同时间的灭杀效果。

采样使用 300 目浮游生物网过滤 80~120 L 水体后将滤液装入采样瓶，待沼蛤幼虫水样沉降完全后，用吸管缓慢吸出上层清液直至剩余约 10 mL 底液。然后将底液摇匀，每次从中取出 1 滴（约 0.3 mL）在显微镜下观察沼蛤幼虫发育阶段、死亡形态，统计沼蛤幼虫存活及死亡数量（由专业人员鉴别计数，单个样品计数误差在 5% 之内）。试验过程中，同时通过管道出口流速及沿程水压监测管道水流。

脉动试验和死循环试验中, 4 种致素材料分别以 50 cm 间距和 25 cm 间距布置安装在试验管道中,致素材料从管道出口(不考虑死循环延长管)开始布置向上游共布置 25 级。因而,脉动试验和死循环试验各有 8 种工况。

脉动试验主要关注水流流经一次脉动管对幼虫的灭杀效果。试验期间,原水中幼虫密度及悬浮物浓度每天变化,且悬浮物对不同形式致素材料的堵塞程度不同,虽取样时间基本一致,仍难以保证各组试验中脉动池进出口的幼虫密度不变。为了尽量减小取样随机误差,对各个工况进行了最少两组取样测量,每组连续两次取样。

(1)不同发育阶段的沼蛤幼虫在脉动中的死亡

沼蛤浮游幼虫在水中会经历不同发育阶段直到稚贝期进入较稳定附着生长。一般沼蛤浮游阶段幼虫发育经历 D- 形幼虫(简称 D- 形)、前期壳顶幼虫(简称前期)、后期壳顶幼虫(简称后期)3 个生长阶段,随着幼虫用于浮游的面盘结构和缘膜结构的脱落,斧足逐渐形成,而成为匍匐的蹲行期幼虫(简称蹲行)(徐梦珍,2012)。蹲行期虽然运动速度较面盘幼虫阶段(前期和后期)提高,但相对试验管道 1 m/s 左右的水流速度仍然可以忽略不计,所以在水中也表现为浮游状态。对灭杀试验前后样本中存活个体的发育阶段进行了鉴定(死亡个体无法准确判断处于何种生长阶段),结果表明试验期间,水体中 D- 形、前期、后期和蹲行幼虫均有分布(图 11.28)。

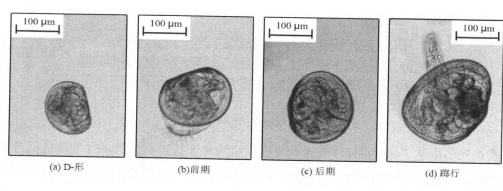

图 11.28　处于不同发育阶段的沼蛤幼虫

对各个工况处于不同发育阶段的沼蛤幼虫占比进行统计,将活体密度小于 500 个 /m³ 的组次(主要针对管道出口采样点,因为经过致素材料后幼虫密度一般会降低)去掉,得到图 11.29 和图 11.30。可以看出不论是否加密,前期幼虫均占比最大,为 64.6%~98.4%;其次为后期幼虫,占比波动较大,为 1.6%~31.3%。蹲行幼虫在 50 cm 间距试验时占比很少,仅 0~4.2%;D- 形虫在 25 cm 间距试验时占比很少,仅发现过 1 个。脉动试验时间为 2015 年 6 月 20 日至 7 月 10 日,其间水体中沼蛤幼虫以前期和后期为主,而 D- 形虫的减少和后期幼虫、蹲行虫的增加则反映了这一时期内幼虫存在一定程度的发育。考虑到前期幼虫比例始终占绝大多数,在现有试验条件下,这一影响可忽略不计。

从 50 cm 间隔试验来看,进入试验管道脉动灭杀后,幼虫各发育阶段占比变化不明显,前期幼虫占比略有下降。而 25 cm 间距布置试验中,经过管道脉动处理后,前期幼虫占比均有一定程度下降。所以,总体来讲,絮材料产生的絮动对前期幼虫影响较明显,因此,后文对絮动相对特征长度尺度分析时主要借鉴前期幼虫的体长特征。

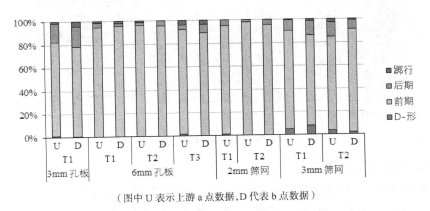

（图中 U 表示上游 a 点数据,D 代表 b 点数据）

图 11.29　50 cm 间隔布置沼蛤幼虫不同发育阶段占比

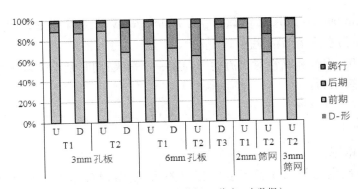

（图中 U 表示上游 a 点数据,D 代表 c 点数据）

图 11.30　25 cm 间隔布置沼蛤幼虫不同发育阶段占比

通过对样本中沼蛤幼虫死亡个体特征分析总结,发现其死亡类型主要有三种:组织流出、组织脱落、壳体破碎,如图 11.31 所示。组织流出是在脉动作用下壳体张开,内部组织被部分震出壳外;组织脱落则是幼虫器官组织基本完全脱离壳体,仅剩下空壳体;壳体破碎是壳体在脉动震荡中受损破坏而失去保护内部组织的能力。脉动试验中沼蛤幼虫的死亡特征与水流泵气脉动灭杀试验中破坏形式一致,说明致絮材料引发的激烈震荡水体环境中,絮动可以产生与沼蛤幼虫尺度相近的涡及相应的剪切力对幼虫形体进行破坏。

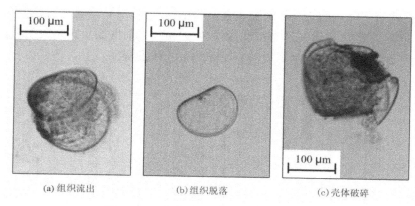

(a) 组织流出　　　　　(b) 组织脱落　　　　　(c) 壳体破碎

图 11.31　脉动试验中沼蛤幼虫死亡类型

（2）脉动对幼虫的灭杀原理

根据 Rehmann et al.（2003）的研究成果，湍流灭杀贻贝科物种幼虫主要是耗散尺度的湍流起作用，也就是 Kolmogorov 尺度的湍流。在这一湍流尺度，具有如下特征：

$$\text{Re}_K = \frac{u_K l_K}{\nu} \approx 1 \tag{11-14}$$

式中：Re_K 为 Kolmogorov 尺度雷诺数，u_K 为 Kolmogorov 尺度特征流速，l_K 为 Kolmogorov 尺度特征长度，ν 为水流运动粘度。

即在这一尺度，惯性和黏性对水流的影响在一个量级，同时紊动能量通过耗散向热能转化。其长度尺度表示为：

$$l_K = \left(\frac{\nu^3}{\varepsilon}\right)^{1/4} \tag{11-15}$$

式中，ε 为湍流耗散率。

为表现紊动尺度与幼虫体长尺度的相对关系，使用相对体长 d^* 作为评价指标，表达式为：

$$d^* = \frac{d}{l_K} \tag{11-16}$$

并认为当 $d^* \geqslant 1$ 时，流速梯度已经小到与幼虫体长同一量级，产生的切应力可以有效破坏幼虫组织器官，从而提高幼虫死亡率。而计算 d^* 就需要计算湍流耗散率 ε。

根据 O'Connor et al（2010）通过多普勒雷达数据能谱计算湍流耗散率的方法，湍流耗散率 ε 可由以下式子解出：

$$\varepsilon = 2\pi \left(\frac{2}{3a}\right)^{3/2} \sigma_{\bar{V}}^3 \left(L^{2/3} - L_1^{2/3}\right)^{-3/2} \tag{11-17}$$

式中：a 为 Kolmogorov 常数，取 0.5（Sreenivasan，1995）；$\sigma_{\bar{V}}$ 为流速序列的标准差，即紊动流速；L 和 L_1 均为长度特征尺度，通过下式计算：

$$L = NUt \tag{11-18}$$

式中：N 为样本数量；U 为水平流速；t 为采样间隔时间。

$$L_1 = Ut + 2z\sin\left(\frac{\theta}{2}\right) \tag{11-19}$$

式中：z 为高度；θ 为雷达发射信号扩散角的一半，rad；考虑 ADV 信号发射距离较短（5 cm），可以忽略，即 $\theta = 0$，从而

$$L_1 = Ut \tag{11-20}$$

根据上文分析，试验期间前期幼虫占绝大多数，所以选择其体长作为体长特征值计算 d^*。试验期间前期幼虫体长多分布在 180~220 μm，因此取 200 μm 进行计算。同时，考虑垂向（z 向）紊动强度最大，故选其紊动流速进行计算。通过式（2）—（4）可以计算各测点的 d^*，见图 11.32 和图 11.33。

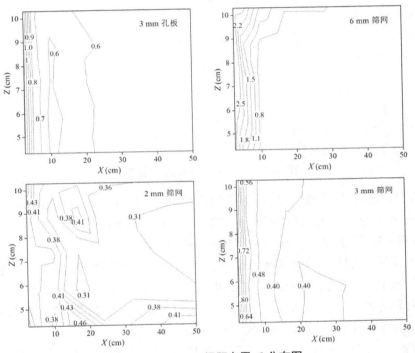

图 11.32　50 cm 间距布置 d^* 分布图

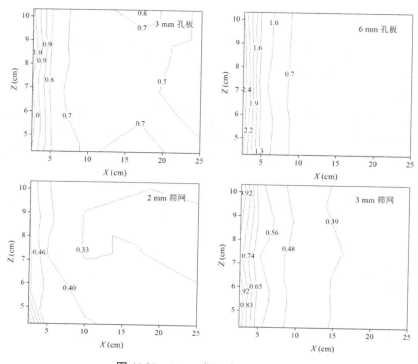

图 11.33   25 cm 间距布置 d^* 分布图

可以看出，孔板材料下游的 d^* 最大值达到甚至超过 1，如 6 mm 孔板在 50 cm 布置时下游 $(d^*)_{max}$=3.16，在 25 cm 布置时 $(d^*)_{max}$=2.72。但筛网材料下游的 d^* 则均小于 1，2 mm 筛网在 50 cm 布置时下游 $(d^*)_{max}$=0.48，在 25 cm 布置时 $(d^*)_{max}$=0.76，均小于 1，3 mm 筛网下游 d^* 最大值接近 1，但是仅在 2.5 cm 测距处出现。所以孔板下游的紊动尺度要小于筛网，从而具有更强的灭杀能力，这一点与 3.3 节中 50 cm 布置时的实际灭杀效果一致，即灭杀率随着 d^* 增大而增大。另外，由于通过垂向紊动流速计算，所以 d^* 的分布规律与垂向紊动强度分布相近，即横向比较均匀，纵向呈现带状分布。

加密布置后，d^* 的分布总体上没有明显变化，不过致紊材料下游小测距的 d^* 产生了一定变化。如筛网材料下游 d^* 略有增加，特别是 2 mm 筛网，$(d^*)_{max}$ 从 0.48 提升到 0.76，这与加密布置水流流经筛网后短暂加速有关。而 3 mm 孔板下游 $(d^*)_{max}$ 则从 1.32 下降到 1.12，是因为水流经过孔板明显减速。而从灭杀率来看，筛网材料加密后确实得到提升。加密后孔板材料的灭杀率有一定下降，特别是 3 mm 孔板，一方面是幼虫初始死亡率提高，另一方面也与过流能力下降有关。同时计算了空白管道 d^* 分布，主流区 d^*=0.44~0.49，与灭杀效果最不明显的 2 mm 筛网 50 cm 间距布置接近，侧面说明空白管道水流本身基本不具备对幼虫的灭杀能力，证明一般管道水流紊动无法显著影响沼蛤幼虫，也就不能防止幼虫入侵。d^* 综合了局部流速和紊动强度两个因素，因此使用 d^* 作为评价致紊材料灭杀效果的参考指标比较可靠。

Rehmann et al.（2003）推荐使用 d^*>0.9 作为评价斑纹贻贝灭杀效果的指标（仅测量了 2 点的 d^* 值取平均，所以直接用 d^* 作为评价指标），而针对本文脉动试验结果，选取具有明显灭杀效果工况中$(d^*)_{max}$的最小值，即 2 mm 筛网下游的$(d^*)_{max}=0.7$为灭杀效果好的临界值，设置$(d^*)_{max}>0.7$作为致紊材料对沼蛤幼虫灭杀效果的参考标准。

11.4.2.3　小结

致紊材料（除特别阻水材料外）的级数达到一定数量后对管道流场中主要流速分量（顺管道方向）影响较小，孔板或筛网下游紊动强度和脉动组成也基本不受级数改变影响，因此研究管道水力特性，可以通过对少量级数致紊材料下游的流场特性的精细测量，实现对多种材料下游水流结构、紊动特性的研究。水流流经致紊材料后流速出现短暂波动：对孔板主要表现为横向分布离散程度提高，大孔径孔板流速提升而小孔径孔板流速下降；不同孔径筛网下游主流流速均有提升。孔板过流能力受孔径影响较大，但筛网则基本不受影响。经过短暂波动后流速会迅速趋于空白管的稳定状态。加密布置可以对孔板下游流速横向波动起到一定抑制作用。

孔板或筛网下游 3 cm 范围内紊动强度最大，之后迅速降低达到稳定。孔板和筛网下游的紊动强度分布整体呈现带状特征，横向分布则孔板比筛网均匀。孔板和筛网下游最大紊动强度都随孔径增大而增大，且孔板下游紊动强度大于筛网。孔板和筛网均可以显著增大下游高频脉动占比。水流经过孔板高频脉动能量得到大幅提高，且极大程度地减小了下游涡尺度，从而具有较大的灭杀沼蛤幼虫的潜力。孔板对水流紊动结构的改变可延续至孔板后方 5 cm 范围，而筛网下游水流则因低频脉动能量降低而部分区域紊动强度低于空白管道，高频部分能量提高也不如孔板明显，且对水流紊动结构改变的延续距离非常有限。致紊材料每级消耗水头排序为 3 mm 孔板 >6 mm 孔板 >10 mm 孔板 >1 mm 筛网≥ 3 mm 筛网 >2 mm 筛网。综合考虑致紊材料对水流结构的改造能力和经济性，6 mm 孔板、10 mm 孔板和 3 mm 筛网在管道湍流灭杀沼蛤幼虫应用中具有较大潜力，不过真实灭杀效果需要进一步管道灭杀试验确定。

通过对沼蛤幼虫脉动灭杀试验及死循环灭杀试验的分析可知：（1）试验期间沼蛤幼虫样本出现 D- 形、前期、后期和踯行 4 种发育阶段，而大部分幼虫处于前期；（2）致紊材料对沼蛤幼虫的破坏方式与气泵掺气类似，幼虫死亡以组织流出、组织脱落和壳体破碎为主；（3）普通布置时孔板的灭杀效果优于筛网，加密布置后，大孔径孔板灭杀效果更加稳定，而小孔径孔板则因为过流能力减弱而明显下降，同时由于水流过网流速短暂提升，筛网灭杀效果得到增强，因此，推荐使用大孔径孔板（6 mm），并在条件允许时尽量使用加密布置；（4）相对体长d^*可以作为评价致紊材料灭杀效果的参考指标，而且主流区$(d^*)_{max}>0.7$灭杀效果才比较明显；（5）死循环相当于延长了脉动管段，而且可以在一定时间内显著提升沼蛤幼虫死亡率，说明如果保证一定作用时间，沼蛤幼虫可以被有效灭杀，此种布置适合于空间有限而时间无特别限制的工程环境中沼蛤幼虫灭杀使用。

第12章 波浪理论

海洋波浪是海洋中的周期性的波动现象,是海洋中最常见的现象之一,是岸滩演变、海港和海岸工程最重要的动力因素和作用力。波浪对于沿岸地区的泥沙运动起着关键作用,波浪不仅能掀动岸边的泥沙,而且还会引起近岸水流,海岸地区大规模的泥沙输移大多是波浪和水流共同作用下完成的。因此,了解波浪运动的特性是研究近岸泥沙运动和岸滩演变的基础。

12.1 概述

波动现象的一个重要特征就是水体的自由表面出现周期性的起伏过程,水质点做有规律的往复振荡运动。造成波浪出现的原因是平衡的水面受到各种外力干扰,出现偏离其平衡状态,而又在以重力、弹性力、表面张力等恢复力的作用下逐渐恢复其原有平衡状态的运动过程。

海洋中的波动按照干扰力和恢复力的不同,主要可以分成以下几类。风吹过平静的水面,可以形成风浪;船舶行驶过平静的水面,可以形成船行波;海水在周期性引潮力的作用下可以形成潮波;地震引起的海浪被称为海啸。同时,若作用于水体上的恢复力为弹性力、重力、表面张力以及科氏力时,又可将这种波分为声波、重力波、毛细波、惯性波及罗比斯波等。

表 12.1 中给出了海洋中出现的各类波动及其特征。

表 12.1 海洋中的各类波动

波动类型	物理机制	典型周期	存在区域
声波	可压缩性	$10^{-2} \sim 10^{-3}$ s	海洋内部
毛细波	表面张力	$<10^{-1}$ s	气水交界面
风浪涌浪	重力	$1 \sim 25$ s	气水交界面
地震津波	重力	10 min~2 h	气水交界面
内波	重力和密度分层	2 min~10 h	密度跃层
风暴潮	重力和地球自转	1~10 h	海岸线水域
潮波	重力和地球自转	12~24 h	整个大洋层
行星波	重力、地球自转、纬度或海洋深度变化	100 天	整个大洋层

这些波动现象对人类以及人类的经济社会活动产生巨大影响。如:1960 年智利发生 8.4 级地震,使智利沿岸产生 20-25 m 的最大波高,造成巨大损失。并在传播到日本后,仍然有 5-6 米的波高。1970 年 11 月孟加拉湾沿岸地区发生一次风暴潮,造成超过 6 米的增水,导致大量人员伤亡和老百姓无家可归。

因此,研究海洋波浪理论及其对港口工程建筑物的影响,是港口工程专业学生的必修科目之一。

波浪理论是流体力学最古老的分支之一,它用流体力学的基本规律来揭示水波运动的内在本质,如波浪场中的水质点速度分布和压力分布等。

目前,对于波浪作用的研究一般从两个领域进行。一个领域是对液体的波动从流体力学的角度加以研究,研究液体内部各质点的运动状态,这种研究一般包括线性波浪理论和非线性波浪理论两大类。另一个领域将海面波动看作是一个随机过程,研究其随机性,从而揭示海浪内部波动能量的分布特性,从统计意义上对液体内部各质点的运动状态进行描述,研究其对工程结构的作用。本文从第一个领域的研究出发对该理论进行阐述。

波动现象的一个共同特征,就是水的自由表面呈周期性的起伏,水质点作有规律的振荡运动,同时形成一定的速度向前传播。水质点作振荡运动时,波形的推进运动可用图 12.1 说明。

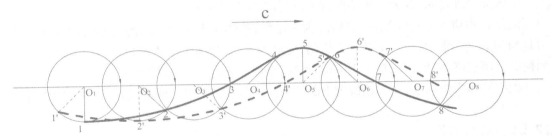

图 12.1　波形的推进运动

在静止水面上取一系列彼此距离相等的水质点 O_1、O_2、O_3、$\cdots$,设水面波动时这些质点各围绕其静止时的位置按圆形轨道作振荡运动。在时刻 t,上述质点位于实线表示的波面上,或者说时刻 t 的波面是由上述相位依次落后(图中依次落后 $\pi/4$)的水质点组成。经过 Δt 时刻后(图中所示为经过 $T/8$ 时间后),每个水质点都同时在自己的轨道上走过了一段相等的弧长,于是水质点从 1、2、3、$\cdots$ 的位置运动到 $1'$、$2'$、$3'$、$\cdots$ 的位置。从而,组成了如图中虚线表示的新波面,此即为我们所见的波形向前传播的现象。

现研究一列沿正 x 方向以波速 c 向前传播的二维运动的自由振荡推进波,如图 12.2 所示,x 轴位于静水面上,z 轴竖直向上为正,波浪在 xz 平面内运动。一般而言,任何一个特定的波列可通过 H,T,h 或 H,L,h 确定,其中 H 为波谷底至波峰顶的垂直距离,称为波高;L 为相邻两波峰顶的距离,称为波长;波浪推进一个波长所需时间为周期 T;h 为水深,指静水面至海底的距离;η 是波面至静水面的垂直距离。

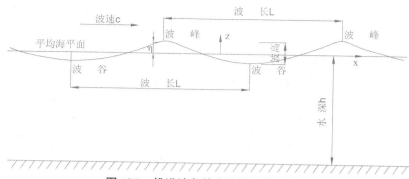

图 12.2   推进波各基本特征参数示意图

12.2   基本方程组、边界条件及初始条件

引入波浪理论时，为建立模型的方便，可作如下假设：

流体是均质和不可压缩的，其密度为一常数；流体是无粘性的理想流体；自由水面的压力是均匀的且为常数；水流运动是无旋的；海底不透水；流体上的质量力仅为重力，表面张力和柯氏力可忽略不计；波浪是平面运动，即在 xz 竖直平面内作二维运动。

根据流体力学原理，在上述假定下的波浪运动为有势运动，而这种波浪也被称为势波。

12.2.1   基本方程

设自由表面区域内有一波动，水平面 xoy 设在静止水面上，z 轴垂直向上。自由水面升高为 $\eta(x, y, t)$，水下的深度为 $-d(x, y)$。根据基本假设，考虑流体是理想流体，并且满足不可压缩流体连续性方程和动量方程，得：

$$\frac{\partial u_x}{\partial x} + \frac{\partial u_y}{\partial y} + \frac{\partial u_z}{\partial z} = 0 \tag{12-1}$$

$$X - \frac{1}{\rho} \frac{\partial p}{\partial x} = \frac{\partial u_x}{\partial t} + u_x \frac{\partial u_x}{\partial x} + u_y \frac{\partial u_x}{\partial y} + u_z \frac{\partial u_x}{\partial z} \tag{12-2}$$

$$Y - \frac{1}{\rho} \frac{\partial p}{\partial y} = \frac{\partial u_y}{\partial t} + u_x \frac{\partial u_y}{\partial x} + u_y \frac{\partial u_y}{\partial y} + u_z \frac{\partial u_y}{\partial z} \tag{12-3}$$

$$Z - \frac{1}{\rho} \frac{\partial p}{\partial z} = \frac{\partial u_z}{\partial t} + u_x \frac{\partial u_z}{\partial x} + u_y \frac{\partial u_z}{\partial y} + u_z \frac{\partial u_z}{\partial z} \tag{12-4}$$

其中，u_x 和 u_z 分别为 x 方向和 z 方向的速度分量；X 和 Z 分别为 x 方向和 z 方向的质量力分量；p 为压强；ρ 为密度。

根据第二章所讲授的内容，当流体流动无旋时，存在流速势函数 φ，使得：

$$u_x = \frac{\partial \varphi}{\partial x}, \ u_y = \frac{\partial \varphi}{\partial y}, \ u_z = \frac{\partial \varphi}{\partial z} \tag{12-5}$$

将方程（12-1）和（12-5）联立后，可以得到：

$$\frac{\partial^2 \varphi}{\partial x^2} + \frac{\partial^2 \varphi}{\partial y^2} + \frac{\partial^2 \varphi}{\partial z^2} = 0 \tag{12-6}$$

式（12-6）即为求解波浪问题的拉普拉斯（Laplace）方程,可以单独进行求解。若考虑到,

$$u^2 = u_x^2 + u_y^2 + u_z^2 \tag{12-7}$$

以及,

$$\frac{\partial}{\partial x}\left(\frac{u^2}{2}\right) = u_x \frac{\partial u_x}{\partial x} + u_y \frac{\partial u_y}{\partial x} + u_z \frac{\partial u_z}{\partial x} \tag{12-8}$$

$$\frac{\partial}{\partial y}\left(\frac{u^2}{2}\right) = u_x \frac{\partial u_x}{\partial y} + u_y \frac{\partial u_y}{\partial y} + u_z \frac{\partial u_z}{\partial y} \tag{12-9}$$

$$\frac{\partial}{\partial z}\left(\frac{u^2}{2}\right) = u_x \frac{\partial u_x}{\partial z} + u_y \frac{\partial u_y}{\partial z} + u_z \frac{\partial u_z}{\partial z} \tag{12-10}$$

则方程（12-2）—（12-4）又可以写成,

$$\frac{\partial u_x}{\partial t} + \frac{\partial}{\partial x}\left(\frac{u^2}{2}\right) + u_y\left(\frac{\partial u_x}{\partial y} - \frac{\partial u_y}{\partial x}\right) + u_z\left(\frac{\partial u_x}{\partial z} - \frac{\partial u_z}{\partial x}\right) = X - \frac{1}{\rho}\frac{\partial p}{\partial x} \tag{12-11}$$

$$\frac{\partial u_y}{\partial t} + \frac{\partial}{\partial y}\left(\frac{u^2}{2}\right) + u_x\left(\frac{\partial u_y}{\partial x} - \frac{\partial u_x}{\partial y}\right) + u_z\left(\frac{\partial u_y}{\partial z} - \frac{\partial u_z}{\partial y}\right) = Y - \frac{1}{\rho}\frac{\partial p}{\partial y} \tag{12-12}$$

$$\frac{\partial u_z}{\partial t} + \frac{\partial}{\partial z}\left(\frac{u^2}{2}\right) + u_x\left(\frac{\partial u_z}{\partial x} - \frac{\partial u_x}{\partial z}\right) + u_y\left(\frac{\partial u_z}{\partial y} - \frac{\partial u_y}{\partial z}\right) = Z - \frac{1}{\rho}\frac{\partial p}{\partial z} \tag{12-13}$$

将（12-11）× dx+（12-12）× dy+（12-13）× dz,得到,

$$\frac{\partial u_x}{\partial t}\mathrm{d}x + \frac{\partial u_y}{\partial t}\mathrm{d}y + \frac{\partial u_z}{\partial t}\mathrm{d}z + grad\left(\frac{u^2}{2}\right)\cdot\mathrm{d}\vec{s} - 2\begin{vmatrix} \mathrm{d}x & \mathrm{d}y & \mathrm{d}z \\ u_x & u_y & u_z \\ \omega_x & \omega_y & \omega_z \end{vmatrix} = \vec{F}\cdot\mathrm{d}\vec{s} - \frac{1}{\rho}grad p\cdot\mathrm{d}\vec{s}$$

$$\tag{12-14}$$

即,

$$\left[\frac{\partial \vec{u}}{\partial t} + grad\left(\frac{u^2}{2}\right) + 2(\nabla\times\vec{\omega}\times\vec{u})\right]\cdot\mathrm{d}\vec{s} = \left[\vec{F} - \frac{1}{\rho}\nabla p\right]\cdot\mathrm{d}\vec{s} \tag{12-15}$$

若质量力有势,则存在一个势函数,使得,

$$\tag{12-16}$$

$$\vec{F} = -grad\mathrm{d}\pi$$

如果沿流线, $\mathrm{d}\vec{s} // \vec{u}$, $rot\vec{u}\times\vec{u}$ 垂直于 $\vec{u}$ 或 $\mathrm{d}\vec{s}$,所以, $rot\vec{u}\times\vec{u}\cdot\mathrm{d}\vec{s} = 0$

则:

$$grad\left[\frac{u^2}{2} + \frac{p}{\rho} + \pi\right]\cdot\mathrm{d}\vec{s} = d\left[\frac{u^2}{2} + \frac{p}{\rho} + \pi\right] \tag{12-17}$$

（1）对于定常情况,式（12-15）变为

$$\frac{u^2}{2} + \int\frac{\mathrm{d}p}{\rho(p)} + gz = C(\varphi) \tag{12-18}$$

$C(\varphi)$ 代表不同的流线。

（2）当流动无旋时，$rot\vec{u} = 0$，则存在流速势函数 φ，使得 $\vec{u} = grad\varphi$，则，

$$\frac{\partial \vec{u}}{\partial t} = \frac{\partial}{\partial t} grad\varphi = grad\left(\frac{\partial \varphi}{\partial t}\right) \qquad (12\text{-}19)$$

则式（12-15）变为，

$$grad\left[\frac{\partial \varphi}{\partial t} + \frac{u^2}{2} + \frac{p}{\rho} + \pi\right] = 0 \qquad (12\text{-}20)$$

所以，$\dfrac{\partial \varphi}{\partial t} + \dfrac{u^2}{2} + \dfrac{p}{\rho} + \pi = F(t)$ $\qquad (12\text{-}21)$

考虑到单一重力作用，

$$\frac{\partial \varphi}{\partial t} + \frac{u^2}{2} + \frac{p}{\rho} + gz = F(t) \qquad (12\text{-}22)$$

式（12-22）即为拉格朗日积分，适合整个无旋流场的任意两点。若做变换

$$\varphi_1 = \varphi - \int_0^t F(t)\mathrm{d}t \qquad (12\text{-}23)$$

可将 $F(x)$ 纳入 φ_1 中，并且 φ_1 仍然满足拉普拉斯方程。因此，方程组可以重新写为，

$$\frac{\partial^2 \varphi_1}{\partial x^2} + \frac{\partial^2 \varphi_1}{\partial y^2} + \frac{\partial^2 \varphi_1}{\partial z^2} = 0 \qquad (12\text{-}24)$$

$$\frac{\partial \varphi_1}{\partial t} + \frac{u^2}{2} + \frac{p}{\rho} + gz = 0 \qquad (12\text{-}25)$$

此即为求解波浪运动过程的基本方程。从（12-24）中求得流速势函数 φ，再根据式（12-5）中流速和势函数之间的微分关系，得到速度 u_x、u_y 和 u_z 的表达形式，再代入方程（12-25），可以得到压强分布。

例 12-1：U 形管是实验流体中用来测量压强差的一种仪器。它是由 U 形玻璃管和里面贮存的液体所组成，如图 12.3 所示。液体平衡时，两液面处于相同的高度，而一旦液体受到扰动，就会出现液柱振荡，这种现象在实验室中经常遇到。若假定流体不可压缩，同时若忽略粘性摩擦力和表面张力。设液体表面是大气压强 p_a，液柱总长度为 L，试求液面受到扰动后，其所遵循的运动规律。

将液柱运动看成一维无旋的，取任意水平面为计算基准面。左边液面设为断面 1，右边液面设为断面 2。在同一时刻将拉格朗日积分应用于液面 1 和液面 2。

$$\frac{u_1^2}{2} + \frac{p_a}{\rho} + gz_1 = \frac{u_2^2}{2} + \frac{p_a}{\rho} + gz_2 + \frac{\partial \varphi}{\partial t} \qquad (12\text{-}26)$$

由连续性方程可知沿液柱任一断面上的速度相等，即有 $u_1 = u_2$，且速度 u 仅为时间 t 的函数。有，

$$\varphi = \varphi_0 + \int u\mathrm{d}s \qquad (12\text{-}27)$$

其中 ds 是沿液柱的微分长度。对式（12-27）做 t 的偏微分，得，

$$\frac{\partial \varphi}{\partial t} = \frac{\partial}{\partial t}\int u\mathrm{d}s = \int \frac{\mathrm{d}u}{\mathrm{d}t}\mathrm{d}s = L\frac{\mathrm{d}u}{\mathrm{d}t}$$

代入式（12-26），得，

$$-L\frac{\mathrm{d}u}{\mathrm{d}t} = g(z_2 - z_1) = 2gz$$

或者写作，

$$\frac{\mathrm{d}u}{\mathrm{d}t} = \frac{d^2 z}{dt^2} = -\frac{2g}{L}z$$

重新整理后，得到，

$$\frac{d^2 z}{dt^2} + \frac{2g}{L}z = 0 \qquad （12-28）$$

方程（12-28）有通解形式为，

$$z = c_1 \cos\sqrt{\frac{2g}{L}}t + c_2 \sin\sqrt{\frac{2g}{L}}t$$

其中，c_1 和 c_2 为方程的待定系数，需要从方程的初始条件中得到。若设 $t=0$ 时，有 $z=Z$ 和 $dz / dt=0$，则有 $c_1=Z$ 和 $c_2=0$，于是方程的解可以最终写为，

$$z = Z\cos\sqrt{\frac{2g}{L}}t \qquad （12-29）$$

式（12-29）表明振荡管中的运动为简谐波形式，其运动周期为 $2\pi(L/2g)^{1/2}$，速度为，

$$\frac{\mathrm{d}z}{\mathrm{d}t} = -\sqrt{\frac{2g}{L}}Z\sin\sqrt{\frac{2g}{L}}t \qquad （12-30）$$

上面的伯努利与拉格朗日积分是在进一步简化兰姆—葛罗米柯方程的基础上得到的。将积分形式的方程直接应用于有限控制体积，特别是将流动近似看作是一维流动时，可以得到较简单的关系式，从而得到简单而有用的结果。这种简化方式往往对工程设计较为重要。

重新回到拉格朗日积分式（12-24）和（12-25），若只考虑 xoz 竖直平面内的流体运动，则上述两式可以简化为，

$$\frac{\partial^2 \varphi_1}{\partial x^2} + \frac{\partial^2 \varphi_1}{\partial z^2} = 0 \qquad （12-31）$$

$$\frac{\partial \varphi_1}{\partial t} + \frac{u^2}{2} + \frac{p}{\rho} + gz = 0 \qquad （12-32）$$

其中，速度 $u^2 = u_x^2 + u_z^2$。

在正式进行波浪理论分析时，式（12-31）即为基本方程，配合一定的边界条件可以得到波浪问题的基本解。

12.2.2　边界条件

求解波浪问题时，一般需要考虑波浪的两大边界，一个是随时间变化的自由表面，另一个是随时间不会发生剧烈变化的海床底部，这样就衍生出了几种边界条件。对于随时间不会发生剧烈变化的海床底部，一般认为是固定不变的，因此用方程求解速度势只需要一个运动学边界条件。而对于自由表面，其边界条件不只有一个运动学边界条件，还需要一个动力

学边界条件作为补充。下面就波浪具体情况,分别介绍。

1. 底部的运动学边界条件

在固定不动无渗流的固体边界上,水质点只可沿其边界有切向运动(水的无粘性假设),无法向运动。设固体边界方程为 $F(x,z)=0$,那么就有 $DF/Dt=0$,具体写作,

$$u_x \frac{\partial F}{\partial x} + u_z \frac{\partial F}{\partial z} = 0 \tag{12-33}$$

对于二维问题,固定边界(底部)方程是由 $z=-d(x)$ 给出的,即固体边界方程应为 $F=z+d(x)$,其中 $d(x)$ 是水深,因此式(12-33)可以简化为,

$$u_z = -u_x \frac{\partial d}{\partial x} \tag{12-34}$$

同时,考虑到流速 u_x、u_z 和流速势函数 φ 的关系,可以将式(12-34)进一步写为,

$$\left. \frac{\partial \varphi}{\partial z} \right|_{z=-d} = u_z |_{z=-d} = -\frac{\partial \varphi}{\partial x} \left. \frac{\partial d}{\partial x} \right|_{z=-d} \tag{12-35}$$

如果考虑的是等深度海床,即 $d(x)=$ 常数,则式(12-35)可以最终写为,

$$\left. \frac{\partial \varphi}{\partial z} \right|_{z=-d} = u_z = 0 \tag{12-36}$$

2. 自由表面的运动学边界条件

利用同样的分析方法,设自由表面方程为 $z=\zeta(x,t)$,则 $F(x,z,t)=z-\zeta(x,t)$,那么由运动学边界条件 $DF/Dt=0$,可以得到,

$$\frac{\partial F}{\partial t} + u_x \frac{\partial F}{\partial x} + u_z \frac{\partial F}{\partial z} = -\frac{\partial \xi}{\partial t} \Big|_{z=\xi} - u_x |_{z=\xi} \frac{\partial \xi}{\partial x} + u_z |_{z=\xi} = 0 \tag{12-37}$$

或者写作,

$$\left. \frac{\partial \varphi}{\partial z} \right|_{z=\xi} = u_z |_{z=\xi} = \frac{\partial \xi}{\partial t} + u_x |_{z=\xi} \frac{\partial \varphi}{\partial x} \tag{12-38}$$

式(12-38)即为自由表面的运动学边界条件

3. 自由表面的动力学边界条件

对于理想流体,式(12-32)是全场满足的,若考虑动力学边界条件,则式(12-32)自然也是满足的。如果不考虑表面张力,则自由表面两侧的压强相等,则有,

$$p|_{z=\xi} = p_a \tag{12-39}$$

代入式(12-32)后,有,

$$\frac{\partial \xi}{\partial t} \Big|_{z=\xi} + \frac{u^2}{2} \Big|_{z=\xi} + \frac{p_a}{\rho} + g\xi = 0 \tag{12-40}$$

这是不考虑表面张力自由表面所满足的动力学边界条件。而考虑表面张力的自由表面在这里不作讨论,可查阅相关资料。

12.2.3　初始条件

波浪通常是由于受到了初始扰动产生的。考虑初始条件的波浪问题一般分两种情况：一种是具有一定的初始位移，另外一种是突然受到一个冲量，使水在很短的时间里产生了速度。下面分别进行讨论。

对于第一种情况，通常初始时间有一位移，即，

$$\xi(x,t)\big|_{t=0} = f_1(x) \tag{12-41}$$

将式（12-41）代入式（12-40），同时考虑到 $u=0$，有，

$$\frac{\partial \varphi}{\partial t}\bigg|_{\substack{z=\xi \\ t=0}} + \frac{p_a}{\rho}\bigg|_{t=0} = -g\,\xi\big|_{t=0} = gf_1(x) \tag{12-42}$$

这就是自由表面有初始位移时的初始条件。

对于第二种情况，考虑到流体初始时刻受到一个突然的外力冲量（通常是压强冲量），流体的粘性还没有起作用，因此，由理想流体的欧拉方程，

$$\frac{\partial \vec{u}}{\partial t} + (\vec{u}\cdot\vec{\nabla})\vec{u} = \vec{F} - \frac{1}{\rho}\vec{\nabla}p \tag{12-43}$$

对式（12-43）进行时间 t 的积分，积分区间是 $[0,\tau]$，

$$\vec{u} = \int_0^\tau \vec{F}\mathrm{d}t - \frac{1}{\rho}\vec{\nabla}\int_0^\tau p\mathrm{d}t - \int_0^\tau (\vec{u}\cdot\vec{\nabla})\vec{u}\mathrm{d}t \tag{12-44}$$

其中，式（12-44）右边第三项是对流项，式（12-44）右边第一项是质量力，本身是有限量，积分后是一小量，可以略去。因此，式（12-44）可以简化为，

$$\vec{u} = -\frac{1}{\rho}\vec{\nabla}\int_0^\tau p\mathrm{d}t = \vec{\nabla}\left(-\frac{\phi}{\rho}\right) \tag{12-45}$$

其中，$\int_0^\tau p\mathrm{d}t = \phi$ 是压强冲量。

式（12-45）表明，自由表面上水质点受到一个冲量之后得到一个初始速度，而这个初始速度是有势的，其初始速度势函数为，

$$\varphi\big|_{\substack{t=0 \\ z=\xi}} = -\frac{\phi(x,\xi)}{\rho} = f_2(x,\xi) \tag{12-46}$$

式（12-42）和式（12-46）即为针对这两种情况的初始条件。

一般涌浪的理论分析不考虑初始条件，只考虑边界条件。虽然波浪方程（12-31）是个线性方程，但波浪问题仍然是个非线性问题，因为边界条件（12-40）是非线性的。因此，对于方程及非线性边界条件的不同处理方式，就形成了不同波浪理论。下面将分成几小节简要介绍一下波浪的几个基本理论。

12.3　微幅波理论——线性波理论

线性波理论是将原来的非线性问题简化成线性问题然后进行求解。为了将波动问题线

性化,做出如下假定:(1)流体是均质的、不可压缩的理想流体;(2)质量力只有重力,运动是无旋的;(3)波动振幅相对于波长及水深是小量,因而水质点的运动是缓慢的;(4)自由表面的压强为常值。它首先由 Airy 于 1845 年提出,所以又称 Airy 波理论。微幅波理论是势波理论中最简单的一种,是研究复杂波浪理论的基础。从微幅波理论得出的结果可以近似用于实际计算,因而微幅波理论在波浪理论中占有很重要的地位。

12.3.1 微幅波方程及其解

根据上节内容,对于一般的波浪问题(平底海床上的波浪传播),其物理问题的数学描述为,

$$
\begin{cases}
\nabla^2\varphi = 0 & [-d(x) \leq z \leq \xi(x,t)] \\
\dfrac{\partial\varphi}{\partial t} + \dfrac{u^2}{2} + \dfrac{p}{\rho} + gz = 0 & [-d(x) \leq z \leq \xi(x,t)] \\
\dfrac{\partial\varphi}{\partial z} = 0 & z = -d \\
\dfrac{\partial\varphi}{\partial t} + \dfrac{u^2}{2} + \dfrac{p_a}{\rho} + g\xi = 0 & z = \xi \\
\dfrac{\partial\varphi}{\partial z} = \dfrac{\partial\xi}{\partial t} + \dfrac{\partial\xi}{\partial x}\dfrac{\partial\varphi}{\partial x} & z = \xi
\end{cases}
\tag{12-47}
$$

根据假定(3),波动振幅相对于波长及水深是小量,则原方程(12-47),可以简化成其线性形式,

$$
\begin{cases}
\nabla^2\varphi = 0 & [-d(x) \leq z \leq \xi(x,t)] \\
\dfrac{\partial\varphi}{\partial t} + \dfrac{p}{\rho} + gz = 0 & [-d(x) \leq z \leq \xi(x,t)] \\
\dfrac{\partial\varphi}{\partial z} = 0 & z = -d \\
\dfrac{\partial\varphi}{\partial t} + \dfrac{p_a}{\rho} + g\xi = 0 & z = 0 \\
\dfrac{\partial\varphi}{\partial z} = \dfrac{\partial\xi}{\partial t} & z = 0
\end{cases}
\tag{12-48}
$$

这就是微幅波理论所满足的方程和边界条件。其中,式(12-48)中的第一和第二式为微幅波的基本方程,第三式为底部边界条件,第四和第五式为自由表面边界条件。

首先,对流速势函数做如下坐标变换,

$$
\varphi' = \varphi + \frac{p_a}{\rho}t
\tag{12-49}
$$

可以得到,

$$\begin{cases} \nabla^2\varphi'=0 & [-d(x)\leqslant z\leqslant\xi(x,t)] \\[2mm] \dfrac{\partial\varphi'}{\partial t}+\dfrac{p-p_a}{\rho}+gz=0 & [-d(x)\leqslant z\leqslant\xi(x,t)] \\[2mm] \dfrac{\partial\varphi'}{\partial z}=0 & z=-d \\[2mm] \dfrac{\partial\varphi'}{\partial t}+g\xi=0 & z=0 \\[2mm] \dfrac{\partial\varphi'}{\partial z}=\dfrac{\partial\xi}{\partial t} & z=0 \end{cases} \tag{12-50}$$

拉普拉斯方程可用分离变量法进行求解,由于波是沿 x 方向传播的,对于 t 也是周期性的特征,因此方程的解可以写作,

$$\varphi'(x,z,t)=Z(z)\cdot X(x-ct) \tag{12-51}$$

将式（12-51）代入式（12-50）的第一式中,得,

$$\frac{\dfrac{d^2X}{dx^2}}{X}=-\frac{\dfrac{d^2Z}{dz^2}}{Z}=-k^2 \tag{12-52}$$

因此,需要同时求解

$$\frac{d^2Z}{dz^2}-k^2Z=0 \tag{12-53a}$$

和　$$\frac{d^2X}{dx^2}+k^2X=0 \tag{12-53b}$$

得到它们的解分别为,

$$Z=A_1e^{kz}+A_2e^{-kz} \tag{12-54a}$$

和　$$X(x-ct)=B_1\cos k(x-ct)+B_2\sin k(x-ct)=B\sin[k(x-ct)+\theta] \tag{12-54b}$$

其中,k 是波数,c 是波速,θ 是相位。

拉普拉斯方程的解可以写为,

$$\varphi'(x,z,t)=(A_1e^{kz}+A_2e^{-kz})\{B\sin[k(x-ct)+\theta]\} \tag{12-55}$$

将式（12-55）代入边界条件式（12-50）第三式,并假设给定波面方程为,

$$\xi=A\cos k(x-ct) \tag{12-56}$$

其中,A 是波浪波动的幅值。

则可得流速势的表达式,

$$\varphi'=\frac{Ag}{ck}\frac{\cosh k(z+d)}{\cos kd}\sin(x-ct)=\frac{Ag}{\sigma}\frac{\cosh k(z+d)}{\cos kd}\sin(kx-\sigma t) \tag{12-57}$$

其中,$\sigma=ck$ 是圆频率。

式（12-57）即为满足拉普拉斯方程式（12-50）第一式以及边界条件（12-50）第三第五式的函数形式。

将（12-50）第四式代入（12-50）第五式,得,

$$\frac{\partial^2\varphi'}{\partial t^2}+g\frac{\partial\varphi'}{\partial z}=0 \quad z=0 \tag{12-58}$$

再将式（12-57）代入式（12-58）后，得到，

$$\sigma^2 = gk \tanh kd \tag{12-59}$$

式（12-59）即是波浪理论的色散方程。它给出了方程中几个重要参数：波浪圆频率 σ、水深 h 以及波数 k 之间的关系，同时也说明了，这些参数并不是相互独立的，而是有一定内在联系的。

同时，若考虑到波长和波数的关系是 $k=2\pi/L$，圆频率和周期的关系是 $\sigma=2\pi/T$，波速与频率和波数的关系是 $c=\sigma/k$，则式（12-59）可以进一步写成，

$$L = \frac{gT^2}{2\pi} \tanh kd \tag{12-60}$$

和 $\quad c = \frac{gT}{2\pi} \tanh kd \tag{12-61}$

当水深一定时，波的周期越长，则波长越长，波速越大，那么在同一区域进行传播时，不同波长的波会在传播中逐渐分离开来。这种不同波长的波以不同的速度进行传播最后导致波出现了分散，这种现象称为波的色散现象，而描述这种关系的方程，则称之为色散方程。色散方程实际是一种特征方程。除此之外，波浪的传播还与水深有关，当水深发生变化时，波长和波速也会相应地发生变化。

色散方程（12-59）、（12-60）或（12-61）是非线性方程，需要迭代求解。为进行简化，可将色散关系在深水情况和浅水情况下进行分析。

1. 深水波的色散方程

当水深 d 或 kd 无限大时，则根据双曲正切函数的性质有，

$$\lim_{kh \to \infty} \tanh kd = \lim_{kh \to \infty} \frac{\sinh kd}{\cosh kd} = 1 \tag{12-62}$$

那么就可以将色散方程（12-59）、（12-60）或（12-61）化简为，

$$\sigma^2 = gk \tag{12-63}$$

$$L_0 = \frac{gT^2}{2\pi} \tag{12-64}$$

或 $\quad c_0 = \frac{gT}{2\pi} \tag{12-65}$

其中，L_0 为深水波波长，c_0 为深水波波速。一般，当水深 $d>L/2$ 时，（12-62）有一定的精度，其误差不超过 0.4%。因此，当水深 d 大于波长 L 的一半时，可认为已处于深水情况，而此时波浪所满足深水波的色散方程（12-63）、（12-64）和（12-65）。

2. 浅水波的色散方程

当浅水波的水深和波长比很小时，即 $kd \to 0$，则根据双曲正切函数的性质有，

$$\tanh kd \approx kd \tag{12-66}$$

此时，色散方程（12-59）、（12-60）或（12-61）就化简为，

$$\sigma^2 = gk^2 d \tag{12-67}$$

$$L_s = T\sqrt{gd} \tag{12-68}$$

或 $\quad c_s = \sqrt{gd} \tag{12-69}$

其中，L_s 是浅水波波长，c_s 为浅水波波速。从式（12-69）中可以看出，浅水波波速只与水深有关，而与波浪周期或波长无关。一般的来说，当 $d < L/20$ 或 $kd < \pi/10$ 时，色散方程（12-67）、（12-68）和（12-69）的误差不超过 3%。因此，可以将 $d < L/20$ 作为浅水波的条件。

12.3.2　微幅波的速度分布和加速度分布

利用流速势和速度之间的关系（12-5），可以求得流场内任意一点水质点的水平速度和垂直速度的大小

$$u_x = \frac{\partial \varphi'}{\partial x} = A\sigma \frac{\cosh k(z+d)}{\sinh kd} \cos(kx - \sigma t) \tag{12-70}$$

$$u_z = \frac{\partial \varphi'}{\partial z} = A\sigma \frac{\sinh k(z+d)}{\sinh kd} \sin(kx - \sigma t) \tag{12-71}$$

根据双曲函数的性质，双曲正弦和双曲余弦都是在水表面处达到最大，到水底的过程中越来越小，因此，可以从（12-70）和（12-71）中看出水平速度和垂直速度的幅值都是在水表面达到最大，而在水底处达到最小。而又可以根据正弦函数和余弦函数的性质，水平速度和垂直速度在达到最大值时，其相位是相差 $\pi/2$ 的。

同时，根据欧拉法求流体质点加速度的公式，

$$\frac{\mathrm{d}u_x}{\mathrm{d}t} = \frac{\partial u_x}{\partial t} + u_x \frac{\partial u_x}{\partial x} + u_z \frac{\partial u_x}{\partial z} \tag{12-72}$$

$$\frac{\mathrm{d}u_z}{\mathrm{d}t} = \frac{\partial u_z}{\partial t} + u_x \frac{\partial u_z}{\partial x} + u_z \frac{\partial u_z}{\partial z} \tag{12-73}$$

可得到微幅波理论（线性理论）中，流场内各点速度变化引起的加速度的大小为，

$$\frac{\mathrm{d}u_x}{\mathrm{d}t} \approx \frac{\partial u_x}{\partial t} = A\sigma^2 \frac{\cosh k(z+d)}{\sinh kd} \sin(kx - \sigma t) \tag{12-74}$$

$$\frac{\mathrm{d}u_z}{\mathrm{d}t} \approx \frac{\partial u_z}{\partial t} = -A\sigma^2 \frac{\sinh k(z+d)}{\sinh kd} \cos(kx - \sigma t) \tag{12-75}$$

式（12-74）及（12-75）即为微幅波的加速度表达式。

12.3.3　微幅波的水质点运动轨迹

在流场内，静止时位于 (x_0, y_0) 处的水质点，在运动的某一瞬间，其位置在 $(x_0 + \xi, y_0 + \zeta)$，其水质点的水平速度和垂向速度分别为 $\mathrm{d}\xi/\mathrm{d}t$ 和 $\mathrm{d}\zeta/\mathrm{d}t$。假定水质点只是在其平衡位置作微幅摆动，因此可以将其平衡位置的速度代替当地位置作积分，得到水质点的运动轨迹。

$$\xi = \int_0^t u_x(x_0 + \xi, z_0 + \xi)\mathrm{d}t \approx \int_0^t u_x(x_0, z_0)\mathrm{d}t \tag{12-76}$$

$$\eta = \int_0^t u_z(x_0 + \xi, z_0 + \xi)\mathrm{d}t \approx \int_0^t u_z(x_0, z_0)\mathrm{d}t \tag{12-77}$$

由式（12-76）和（12-77）可得水质点相对其静止时的位移为，

$$\xi = \int_0^t u_x(x_0, z_0)\mathrm{d}t = -A \frac{\cosh k(z_0+d)}{\sinh kd} \sin(kx_0 - \sigma t) \tag{12-78}$$

$$\eta = \int_0^t u_z(x_0, z_0)\mathrm{d}t = A\frac{\sinh k(z_0 + d)}{\sinh kd}\cos(kx_0 - \sigma t) \qquad (12\text{-}79)$$

由于水质点任意时刻的位置应为 $x=x_0+\xi, z=z_0+\zeta$,若令

$$a = A\frac{\cosh k(z_0 + d)}{\sin kd} \qquad b = A\frac{\sinh k(z_0 + d)}{\sinh kd} \qquad (12\text{-}80)$$

则可得,

$$\frac{(x - x_0)}{a^2} + \frac{(z - z_0)}{b^2} = 1 \qquad (12\text{-}81)$$

可以看出这一轨迹是一个封闭的椭圆,水平方向是长半轴,半轴长度为 a,而垂直方向是短半轴,半轴长度为 b。在水面处,$b=A$,此时水质点振动的垂直幅度等于波浪的振幅。在海床上,$b=0$,此时水质点振动的垂直幅度为 0,水质点只作水平运动,没有垂向运动,这种运动轨迹也是符合海床底部的边界条件(12-50)的第三式的。

当波浪在深水区域传播时,$a=b$。此时,水质点的运动轨迹是一个圆。水平和垂直方向的半轴长度相等,但它的振幅会随着水深的增加而以指数规律极速减小。当水深超过 L/2 时,轨迹的半径只有波浪振幅的 1/23。因此,就如在式(12-63)—(12-65)中所讨论的,当水深超过波浪波长的一半的时候,可以认为其处于深水情况。

水质点在其平衡位置附近作规则的周期性往复运动,推动波形向前传播。图 12.3 给出了波浪水质点运动轨迹与波形传播的关系。

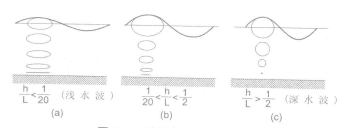

图 12.3　波浪水质点运动轨迹

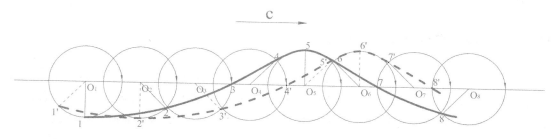

图 12.4　波浪水质点运动轨迹及波形传播

12.3.4　微幅波的压力场

根据已求得的流速势的表达式,压强可以通过将流速和流速势代入式(12-50)的第二

式得到,因此相对压强为,

$$p_z = (p - p_0) = -\rho g z - \rho \frac{\partial \varphi'}{\partial t} \quad (12\text{-}82)$$

将式(12-57)代入(12-82)后得到,

$$p_z = -\rho g z + \rho g A \frac{\cosh k(z+d)}{\cosh kd} \cos(kx - \sigma t) \quad (12\text{-}83)$$

式(12-83)即为求解波浪动水压强的表达式,其中方程右边第一项是方程的静水压强部分,方程右边第二项代表了由于波浪出现后引起的动水压强的改变量,这个改变量是周期性的。在同等深度下,动水压强在一个周期内有极大值和极小值,对应于波峰和波谷时的压强值。

若令 $k_s = \dfrac{\cosh k(z+d)}{\cosh kd}$ \quad (12\text{-}84)

同时,考虑到波面方程(12-56),则式(12-83)可以重新写为,

$$p_z = -\rho g z + \rho g k_s \xi \quad (12\text{-}85)$$

其中,k_s 是压力响应系数,它是坐标 z 的函数,会随着水质点位置的增大而减小。

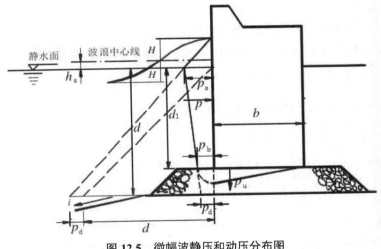

图 12.5　微幅波静压和动压分布图

港口工程中较为关心的是波浪压强对结构物作用的情况,这部分内容将在后面几节中作详细探讨。

12.3.5　微幅波的波能和波能流

波浪是平衡水体受到外力的作用后,产生的一种由重力作为回复力的水质点偏离平衡位置的一种周期性运动。所以,波浪本身具有能量,而且这种能量也会随着波浪的向前传播而传播。研究波能的特性不仅对于研究波浪本身很重要,而且对于解决工程实际问题也很重要,其中的典型例子就是研究近岸波浪带动泥沙的运动,与波能有较紧密的关系。

1. 微幅波的波能

考虑垂直平面内的二维波浪,考虑一个单宽波峰线内一个波长范围内所具有的总波能。而总波能又是由势能和动能两部分组成的,现分别进行讨论。

考虑单宽波峰线内一个波长范围内所具有的势能,我们首先考虑到小微元体的体积为$dxdz$,则小微元体的势能为$\rho gzdxdz$。则沿水深和一个波长范围内积分后就可以得到平均总势能

$$E_P^T = \frac{1}{L}\int_0^L\int_{-d}^{\xi}\rho gzdxdz \tag{12-86}$$

和无波浪时的势能,

$$E_p^0 = \frac{1}{L}\int_0^L\int_{-d}^{0}\rho gzdxdz \tag{12-87}$$

那么,可以得到由于波浪运动引起的波势能增量为,

$$E_p = E_p^T - E_p^0 = \frac{1}{L}\int_0^L\int_0^{\xi}\rho gzdxdz = \frac{1}{L}\int_0^L\frac{\rho g}{2}\xi^2 dx \tag{12-88}$$

同时考虑到波面方程为$\xi = A\cos(kx-\sigma t)$,代入式(12-86)可得,

$$E_p = \frac{1}{4}\rho gA^2 \tag{12-89}$$

式(12-87)即为水体波动出现的势能增量。

同理,小微元体内所包含的动能为$\rho(u_x^2 + u_z^2)/2dxdz$,则波浪运动引起的动能增量为,

$$E_k = \frac{1}{L}\int_0^L\int_{-d}^{\xi}\frac{\rho}{2}(u_x^2 + u_z^2)dxdz \tag{12-90}$$

考虑到是微幅波,则式(12-90)可以简化为,

$$E_k \approx \frac{1}{L}\int_0^L\int_{-d}^{0}\frac{\rho}{2}(u_x^2 + u_z^2)dxdz \tag{12-91}$$

将式(12-70)和(12-71)代入(12-91),则可得,

$$E_k = \frac{1}{4}\rho gA^2 \tag{12-92}$$

从式(12-89)和(12-92)中可以看出,微幅波中单宽波峰线长度一个波长范围内的波浪动能和势能增量相等。那么,单宽波峰线长度一个波长范围内的平均总波能为,

$$E = E_k + E_p = \frac{1}{2}\rho gA^2 \tag{12-93}$$

式(12-93)表明微幅波的平均总波能与波浪幅值的平方成正比。

微幅波理论是各种波浪理论中最为基本的理论,由于它有计算简便等优点,所以在工程中被广泛应用于解决各类实际问题,是解决港口、海岸和海洋工程各种问题最重要的工具之一。除此之外,在某些工程计算中,微幅波理论的计算仍然能够得到足够精确的结果。

2. 微幅波的波能流

微幅波的传播不会传递流体质量,这是因为水质点的运动规律是封闭的,但是这种传播会产生能量的输送。在风场范围内,水体由于受到风的扰动,自由表面产生了波动,离开风场之后,波浪以涌浪的形式将能量输送到近岸区,在传播过程中,水体由于受到底部摩阻、波

浪破碎的影响引起大量能量损失,最终传播到岸边,引起冲刷和侵蚀,在这个过程中波能流起很大作用。因此,考察波浪在传播过程中的能量传递过程,计算通过单宽波峰线长度的平均能量传递率就称之为波能流。

如图 12.6 所示,有一列波从左向右通过一个垂直断面,波能从垂直断面的左侧传递到右侧。断面右侧的能量增加包括动能、势能和压力做功三部分。

垂直断面的单宽垂直长度为 dx,那么 dt 时间内通过的质量为,

$$m = \rho u_x \mathrm{d}z \mathrm{d}t \tag{12-94}$$

因此 dt 时间内通过垂直断面的动能、势能和压能分别为,

$$\frac{1}{2}m(u_x^2 + u_z^2) = \frac{1}{2}\rho u_x(u_x^2 + u_z^2)\mathrm{d}z\mathrm{d}t \tag{12-95}$$

$$mgz = \rho gz u_x \mathrm{d}z \mathrm{d}t \tag{12-96}$$

$$pu_x \mathrm{d}z \mathrm{d}t \tag{12-97}$$

三者之和为 dt 时间内通过垂直于 x 方向的 dz 高度范围内的总波能,即,

$$\left[p + \frac{1}{2}\rho(u_x^2 + u_z^2) + \rho gz \right] u_x \mathrm{d}z \mathrm{d}t \tag{12-98}$$

式(12-96)沿水深积分,并在波浪周期内取平均,

$$P = \frac{1}{T}\int_t^{t+T}\int_{-d}^0 \left[p + \frac{1}{2}\rho(u_x^2 + u_z^2) + \rho gz \right] u_x \mathrm{d}z \mathrm{d}t \tag{12-99}$$

根据伯努利方程,式(12-97)可以写为,

$$P = \frac{1}{T}\int_t^{t+T}\int_{-d}^0 \left(-\rho \frac{\partial \varphi'}{\partial t} \right) u_x \mathrm{d}z \mathrm{d}t \tag{12-100}$$

式(12-98)积分后可得,

$$P = Ecn = Ec_g \tag{12-101}$$

其中, $c_g = cn$ 是波能传播速度; $n = [1 + 2kd/\sinh 2kd]/2$ 是一系数。在深水区 $n = 1/2$;在浅水区 $n = 1$;在有限水深区, n 在 $1/2$ 和 1 的范围内变动。

12.3.6　波群和波群速度

波浪受到外在荷载或自身特性的影响,表现出一系列波的叠加作用,从而显示出波群的运动特征。为了能了解这种特征,现建立一个简单的模型:假定两列波高相等而波周期和波数有些差别的正弦波相遇,那么波浪的一些特征满足线性理论的叠加原理。设这两列波的波面方程分别为,

$$\xi_1 = A\cos[(k + \Delta k)x - (\sigma + \Delta\sigma)t] \tag{12-102}$$

$$\xi_2 = A\cos[(k - \Delta k)x - (\sigma - \Delta\sigma)t] \tag{12-103}$$

叠加后的波面方程为

$$\xi = \xi_1 + \xi_2 = 2A\cos(kx - \sigma t)\cos(\Delta kx - \Delta\sigma t) \tag{12-104}$$

从式(12-104)可以看出,两列谐波叠加以后形成的还是周期性波,它的周期是两列波的

均值,但其振幅会缓慢发生变化,形成振幅的包络线。其振幅振动的规律是 $2A\cos(\Delta kx-\Delta\sigma t)$。这种由于波浪特征有差别,相互叠加而形成的现象称为波群特征。波群有一个传播速度,即是波幅包络线传播的速度 c_g,

$$c_g = \frac{\Delta\sigma}{\Delta k} \tag{12-105}$$

当波数差和频率差都很小时,就有,

$$c_g = \frac{\mathrm{d}\sigma}{\mathrm{d}k} \tag{12-106}$$

如果考虑到微幅波的色散关系 $\sigma^2 = gk\tanh kh$,则可以得到,

$$c_g = cn \tag{12-107}$$

因此,对于微幅波,其波群传播速度与波能传播速度完全相等。

12.3.7 驻波

驻波的形成条件是两列波高周期相同、波向相反的行进波相遇。若假定正逆向波的波面和速度势的方程分别为,

$$\xi_1 = A\cos(kx - \sigma t) \tag{12-108}$$

$$\varphi'_1 = \frac{gA}{\sigma}\frac{\cosh k(z+d)}{kd}\sin(kx - \sigma t) \tag{12-109}$$

$$\xi_2 = A\cos(kx + \sigma t) \tag{12-110}$$

$$\varphi'_2 = \frac{gA}{\sigma}\frac{\cosh k(z+d)}{kd}\sin(kx + \sigma t) \tag{12-111}$$

叠加以后的波面和流速势为,

$$\xi = \xi_1 + \xi_2 = 2A\cos(kx)\cos(\sigma t) \tag{12-112}$$

$$\varphi' = \varphi'_1 + \varphi'_2 = -\frac{2gA}{\sigma}\frac{\cosh k(z+d)}{\cosh kd}\cos(kx)\cos(\sigma t) \tag{12-113}$$

同时,可根据流速势和流速的关系,求得波浪场中任意一点水质点的水平速度和垂向速度,

$$u_x = \frac{\partial\varphi}{\partial x} = 2A\sigma\frac{\cosh k(z+d)}{\sinh kd}\sin(kx)\sin(\sigma t) \tag{12-114}$$

$$u_z = \frac{\partial\varphi}{\partial z} = -2A\sigma\frac{\sinh k(z+d)}{\sinh kd}\cos(kx)\sin(\sigma t) \tag{12-115}$$

由式(12-114)和式(12-115)可以看出,在点 $x=n\pi/k$ ($n=0$, 1, 2, $\cdots$)处,水平速度分量 u_x 恒为零,垂向速度分量 u_z 和波面振幅最大,幅值为一般单向行进波的2倍。这些点称为腹点。而在 $x=(n+\frac{1}{2})\pi/k$ ($n=0$, 1, 2, $\cdots$)处,水平速度分量 u_x 具有最大幅值,垂向速度分量 u_z 和波面振幅恒为零。这些点称为节点。

这种驻波通常是由于一列行进波遇到直立堤等直立的建筑物时,发生完全反射,正向行进波与逆向反射波叠加而形成的。由于直立堤墙面一般不具有渗透性,所以直立墙面在波腹处。

对于不同的时刻,当 $\sin \sigma t = 0$ 时,水平速度分量 u_x 和垂向速度分量 u_z 同时为零,而波面 η 达到最大值,此时,动能最小、势能最大;若反之,当 $\cos \sigma t = 0$ 时,水平速度分量 u_x 和垂向速度分量 u_z 同时达到最大值,而波面 η 为零,此时,动能最大、势能最小。可见,对于驻波,能量是周期性地在势能和动能之间转换。

利用同样的方法,水质点的位移量也可以按照用行进波的方法推导得到。

$$\xi = -2A \frac{\cosh k(z+d)}{\sin kd} \sin(kx) \cos(\sigma t) \tag{12-116}$$

$$\eta = 2A \frac{\sin k(z+d)}{\sinh kd} \cos(kx) \cos(\sigma t) \tag{12-117}$$

由式(12-116)和(12-117)可知,水质点在波腹主要是垂直振荡,在节点处主要是水平振荡。

除了完全反射的情况,还有一种不完全反射的情况。这时,入射波和反射波的波动幅值是不一样的。这时,波面方程还是可以利用叠加原理得到。

$$\begin{aligned} \xi = \xi_1 + \xi_2 &= A_1 \cos(kx - \sigma t) + A_2 \cos(kx - \sigma t) \\ &= (A_1 + A_2) \cos(kx) \cos(\sigma t) + (A_1 - A_2) \sin(kx) \sin(\sigma t) \end{aligned} \tag{12-118}$$

那么可以在波面上找到一些点,这些点具有较大的振幅,和另外一些点具有较小的振幅。由式(12-118)可知,

$$A_{\max} = A_1 + A_2 \tag{12-119}$$

$$A_{\min} = A_1 - A_2 \tag{12-120}$$

那个根据式(12-119)和(12-120)就可以得到,

$$A_1 = \frac{1}{2}(A_{\max} + A_{\min}) \tag{12-121}$$

$$A_2 = \frac{1}{2}(A_{\max} - A_{\min}) \tag{12-122}$$

那么波浪的反射系数就可以求得,

$$K_r = \frac{A_2}{A_1} = \frac{A_{\max} - A_{\min}}{A_{\max} + A_{\min}} \tag{12-123}$$

12.4 有限振幅 Stokes 波理论

在微幅波理论中,为使问题简化,假设振幅相对于波长为相当小量,将非线性的水面边界条件作了线性化处理。在实际情况和精度要求较高的问题中,需要更为精确的理论。Stokes 对有限振幅波进行了广泛研究之后,在 1847 年提出了一个非线性理论——有限振幅波理论。

12.4.1 Stokes 波理论及其解

针对波浪的基本方程以及边界条件(12-47),假设其是波陡较小的弱非线性问题,对方

程及边界条件采用摄动法(Perturbation Procedure)求解。首先,设速度势函数 φ' 和波面曲线 η 都是小参数 ε 的幂级数,即:

$$\varphi' = \sum_{n=1}^{\infty} \varepsilon^n \varphi'_n = \varepsilon\varphi'_1 + \varepsilon^2\varphi'_2 + \cdots + \varepsilon^n\varphi'_n + \cdots \qquad (12\text{-}124)$$

$$\xi = \sum_{n=1}^{\infty} \varepsilon^n \xi_n = \varepsilon\xi_1 + \varepsilon^2\xi_2 + \cdots + \varepsilon^n\xi_n + \cdots \qquad (12\text{-}125)$$

代入方程和边界条件后,将满足 ε、ε^2、ε^3⋯⋯量级的分离开来,我们最主要的任务就是解各阶方程。可以很容易看出,ε 量满足的方程就是微幅波方程,所以得到的解也是微幅波解。二阶解及其以上得到的结果就是典型的非线性的结果了,一般来说阶数越高,得到的结果就越精确,但同时势函数和波面的解的表达式也越复杂,计算也越繁琐,所以很少做到很高解。在本节内容中,也仅只介绍二阶解,重点在于介绍求解思想。

1　Stokes 波二阶解的势函数和波面:

将方程的一阶解代入二阶方程和边界条件当中,就可以得到二阶方程的解,并将两阶解分别代入势函数和波面曲线的摄动展开式(12-121)和(12-122)中,就可以最后得到总体解。

$$\varphi' = \frac{A\sigma}{k}\frac{\cosh[k(z+d)]}{\sinh(kd)}\sin(kx-\sigma t) + \frac{3}{8}A^2\sigma\frac{\cosh[2k(z+d)]}{\sin^4(kd)}\sin 2(kx-\sigma t) \qquad (12\text{-}126)$$

$$\xi = \bar{\xi} + A\cos(kx-\sigma t) + \frac{A^2 k \cosh kd(\cosh 2kd+2)}{\sinh^3 kd}\cos 2(kx-\sigma t) \qquad (12\text{-}127)$$

其中,$\bar{\xi} = -\dfrac{kA^2}{2\sinh 2kd}$ 是时均水面的增高值,它是一个负值,所以它实际上代表了由于波浪的非线性特性导致时均水平面的降低。而波速 c 仍然满足与微幅波理论形式一样的色散关系,

$$c = \frac{gT}{2\pi}\tanh kd \qquad (12\text{-}128)$$

同时,相对于微幅波的势函数和波面,Stokes 二阶波还多了一项由于非线性特征引起的二阶项,引起峰谷不对称性,如图 12.6 所示。

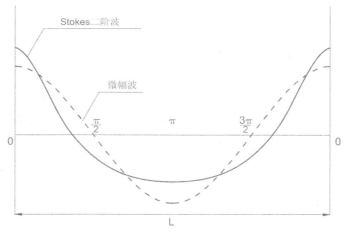

图 12.6　Stokes 波与微幅波波面曲线比较

利用流速势函数和流速的关系,并利用式(12-126),可得到二阶 Stokes 波水体内任一点(x,z)处水质点运动的水平分速 u_x 和垂直分速 u_z:

$$u_x = \frac{\partial \varphi'}{\partial x} = A\sigma \frac{\cosh[k(z+d)]}{\sinh(kd)}\cos(kx-\sigma t) + \frac{3}{4}A^2\sigma k \frac{\cosh[2k(z+d)]}{\sinh^4(kd)}\cos 2(kx-\sigma t)$$

(12-129)

$$u_z = \frac{\partial \varphi'}{\partial z} = A\sigma \frac{\sinh[k(z+d)]}{\sinh(kd)}\sin(kx-\sigma t) + \frac{3}{4}A^2\sigma k \frac{\sinh[2k(z+d)]}{\sinh^4(kd)}\sin 2(kx-\sigma t)$$

(12-130)

速度表达式的右边第二项是非线性影响项,水平速度在一周期内不是对称的。波峰时水平速度增大而历时变短,波谷时水平速度减小而历时增长,这种现象随水深减小变得尤为显著(见图 12.7)。Stokes 波的这种特性,使泥沙有一净向前的运动。所以,如果考虑近岸带泥沙运动情况时考虑波浪的这种非线性特性就显得尤为重要了。

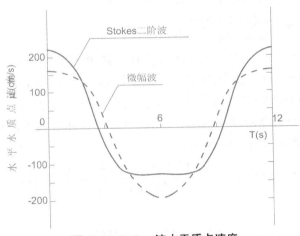

图 12.7　Stokes 波水平质点速度

2　Stokes 波二阶解的水质点运动轨迹:

二阶 Stokes 波与微幅波另一个明显的差别是其水质点的运动轨迹不封闭。任一时刻 t,位于初始位置 (x_0,z_0) 的水质点的水平位移和垂直位移分别为:

$$\xi = -A\frac{\cosh[k(z_0+d)]}{\sin(kd)}\sin(kx_0-\sigma t)$$
$$-\frac{A^2k}{4\sinh^2(kd)}\left[1 - \frac{3}{2}\frac{\cosh[2k(z_0+d)]}{\sinh^2(kd)}\right]\sin 2(kx_0-\sigma t)$$
$$+\frac{A^2k}{2}\frac{\cosh[2k(z_0+h)]}{\sinh^2(kh)}\sigma t$$

(12-131)

$$\eta = A\frac{\sinh[k(z_0+d)]}{\sinh(kd)}\cos(kx_0-\sigma t) + \frac{3A^2k}{8}\frac{\sinh[2k(z_0+d)]}{\sinh^4(kd)}\cos 2(kx_0-\sigma t)$$ (12-132)

在式(12-34)中,第三项是一个非周期项,说明水质点运动一个周期后有一净水平位移,即

$$\Delta\xi = \frac{A^2 k}{2} \frac{\cosh[2k(z_0 + d)]}{\sinh^2(kd)} \sigma T \qquad (12\text{-}133)$$

这种净水平位移造成的水平流动称为漂流或质量输移。其传质速度：

$$\langle U_x \rangle = \frac{\Delta\xi}{T} = \frac{A^2 k^2 c}{2} \frac{\cosh[2k(z_0 + d)]}{\sinh^2(kd)} \qquad (12\text{-}134)$$

质量输移对于近岸的泥沙输移特别重要。对悬浮在水中的泥沙，净输移水流会产生悬沙的净输移；对底沙而言，近岸的净向前输移速度，会把泥沙推向海岸。

3 Stokes 波二阶解的波压力和波能

仍然采用伯努利方程求波动水体内任意一点处的压力：

$$\begin{aligned}
p = {} & -\rho g z + \rho g A \frac{\cosh[k(z + d)]}{\cosh(kd)} = \cos(kx - \sigma t) \\
& + \frac{3}{2} \rho g A^2 k \frac{1}{\sinh(2kd)} \left\{ \frac{\cosh[2k(z + d)]}{\sinh^2(kd)} - \frac{1}{3} \right\} \cos 2(kx - \sigma t) \\
& - \frac{1}{2} \rho g A^2 k \frac{\cosh[2k(z + d)]}{\sinh(2kd)} + 0(H^3) \qquad (12\text{-}135)
\end{aligned}$$

上式中，等号右边的第一、第二项为微幅波的结果，也可以认为是线性的结果；而三和四两项则是非线性影响的修正，其中，第三项是周期性的作用力，而第四项则是非周期性的影响。非线性影响项都与波陡有关，计算结果显示，深水情况下，非线性影响几乎可以忽略不计，但到达浅水区的时候，非线性项的影响逐渐增大到一个不能忽略的程度。

一个波长范围内单宽的平均动能为：

$$E_k = \frac{\rho g A^2}{4} \left\{ 1 + (kA)^2 \left[1 + \frac{52\cosh^4(kd) - 68\cosh^2(kd) + 25}{16\sinh^6(kd)} \right] \right\} \qquad (12\text{-}136)$$

势能为：

$$E_p = \frac{\rho g A^2}{4} \left\{ 1 + \frac{1}{16}(kA)^2 \frac{\cosh^2(kh)[2 + \cosh(2kh)]^2}{\sinh^6(kh)} \right\} \qquad (12\text{-}137)$$

从上面可以看出，非线性影响下，波浪的动能和势能已经不相等了。

从上面的详细探讨可以看出。对于水深较大的情况，更高阶的 Stokes 波有更高的精度，但水深较浅时，高阶系数迅速变大，计算的结果反而不如低阶的。也就是说 Stokes 的这种展开方式在计算浅水情况下时是收敛性比较差的，应该寻找其他的方法来表达波浪的理论解了。

12.5 浅水非线性波理论

水深较浅时的主要理论是椭圆余弦波理论和孤立波理论，下面一节中将详细探讨这两种理论。

椭圆余弦波理论是最主要的浅水非线性波理论之一，该理论首先由科特韦格（Kortweg）和迪弗里斯（De Vries）于 1895 年提出。该理论中波浪的各种特性均以雅可比椭圆函数形式给出,故命名为椭圆余弦波理论(如图 12.8a)。当波长无穷大时,趋近于孤立波(如图 12.8b),当振幅很小或相对水深很大时,趋近于浅水正弦波(如图 12.8c)。

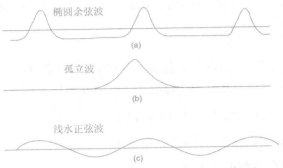

图 12.8　椭圆余弦波及其两种极限情况的波面曲线

在研究椭圆余弦波理论时,仍然采用(12-47)为方程和边界条件。但是考虑到浅水情况下用波陡作为展开参数不能给出收敛很好的结果了,就换另外一种展开方式——幂级数展开的方式进行求解,即设:

$$\varphi'(x,z,t) = \sum_{n=0}^{\infty} \left(\frac{\partial^n \varphi'}{\partial z^n} \right)\bigg|_{z=0} \frac{y^n}{n!} \tag{12-138}$$

将上式代入方程和边界条件中,就可以得到级数展开形式。如果原方程和边界条件中采用了不同尺度的无量纲化关系,在方程中就出现了两个小参数 $\alpha = a/h_0$ 和 $\beta = h_0^2/l^2$。若 α 和 β 都是小量,而且如果方程中只保留了 α 和 β 的一阶项,那么:

$$\eta t + [(1+\alpha\eta)u]_x - \frac{1}{6}\beta u_{xxx} = 0 \tag{12-139}$$

$$u_t + \alpha u u_x + \eta_x - \frac{1}{2}\beta u_{xxt} = 0 \tag{12-140}$$

上面两式并结合式(12-138),可以得到 KdV 方程:

$$\eta_t + c_0\left(1 + \frac{3}{2}\frac{\eta}{h_0}\right)\eta_x + \gamma\eta_{xxx} = 0 \tag{12-141}$$

其中,$\gamma = c_0 h_0^2/6$

求方程(12-138)定行波解,即设

$$\eta = h_0\xi(X),\ \text{其中},\ X = x - Ut \tag{12-142}$$

对方程作两次积分后,得到两个常数项,如果考虑它们都不等于零的情况,方程化为:

$$\frac{1}{3}h_0^2\xi'^2 = -\xi^3 + 2\left(\frac{U}{c_0} - 1\right)\xi^2 + 4G\xi + H = C(\xi) \tag{12-143}$$

考虑一元三次方程 $C(\xi)$ 解的性质,并且根据方程的需要,作变换:

$$\xi = \xi_3\cos^2\chi + \xi_2\sin^2\chi \tag{12-144}$$

最后,求得波长 $\lambda = 2\beta\int_0^{\frac{\pi}{2}} \frac{d\chi}{\sqrt{1 - \kappa^2\sin^2\chi}} = 2\beta F_1(\kappa)$ \tag{12-145}

其中，$F_1(\kappa) = F\left(\dfrac{\pi}{2}, \kappa\right) = \displaystyle\int_0^{\frac{\pi}{2}} \dfrac{d\chi}{\sqrt{1 - \kappa^2 \sin^2 \chi}}$ 为第一类完全椭圆积分。　　　（12-146）

很明显地，不同模数 κ 决定着不同的波面曲线形状，而 κ 与波要素之间有如下关系：

$$\frac{16}{3}[\kappa \cdot F_1(\kappa)] = \left(\frac{L}{h}\right)^2 \cdot \frac{H}{h} \qquad\qquad (12\text{-}147)$$

其中，等式右边为厄塞尔数，它是椭圆余弦波计算中的一个重要参数。

只要相对波长 L/h 与相对波高 H/h 都给定之后，就可以利用迭代法求得波面形状了。

当模数 $\kappa \to 0$ 时，椭圆余弦波的波面方程就变成：$\eta = \dfrac{H}{2}\cos(kx - \sigma t)$。这个结果与微幅波理论的结果完全相同，则椭圆余弦波就转化为浅水正弦波。

当模数 $\kappa = 1$ 时，可以得到波面方程为：

$$\eta = H \sec h^2\left[\sqrt{\frac{3H}{4h}}\left(\frac{x}{h} - \frac{ct}{h}\right)\right] \qquad\qquad (12\text{-}148)$$

孤立波理论是关于推移波的研究中应用最为广泛的理论。Rusell 在 1834 首先观察到了孤立波的存在，而 Boussinesq 在 1872 年首先从理论上对孤立波进行了考察，Rayleigh（1876）和 McCowan（1891）进一步发展了该理论。

孤立波在传播过程中，波形保持不变，水质点只朝波浪传播方向运动而不向后运动，而且它的波面全部位于静水面以上。由于孤立波的波形与近岸浅水区的波浪很相似，又由于它比较简单，所以在近岸的研究工作中，特别是在近岸区波浪破碎前后范围内，在研究波浪破碎水深、近岸泥沙运动等方面，孤立波得到了广泛的应用。

12.5　各行波理论的适用性

上述几节提到四种主要的波浪理论，由于假设与简化不同，各种理论只是在一定条件下，也就是在一定的范围内，与实际较为吻合。各种理论可以互为补充，也各有其适用范围。不同波浪理论的适用范围主要受波高 H、波长 L（或周期 T）和水深 d 控制，或受它们之间的相对比值如波陡 $\delta = H/L$、相对波高 H/d 以及相对水深 d/L，或它们的无量纲比值 H/gT^2 和 h/gT^2 控制。国内外许多学者对不同波浪理论的限制条件和它们的适用范围进行过大量研究，其中应用比较广泛的是勒·梅沃特 1976 年绘制的分析图（图 12.9），虽然它并不是按照严格的定量研究成果绘出的，但是从工程观点来看，有着很大的实用性。

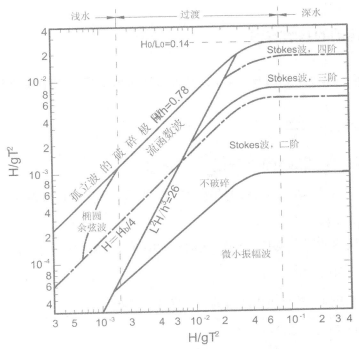

图 12.9　各种波浪理论适用范围分析图

图中最上面的一条线是破波极限线,表示由这条线所确定的波浪行将破碎。

在深水区,该极限线为

$$H / L = 0.142 \qquad (12\text{-}149)$$

在有限水深和浅水区,

$$H / L = 0.142 \tanh(kh) \qquad (12\text{-}150)$$

在孤立波区,该极限线仅由相对波高确定

$$H / h = 0.78 \qquad (12\text{-}151)$$

从图中可以看出,总的来说,浅水区一般可以采用椭圆余弦波或孤立波理论计算;深水区一般可以用线性波理论或 Stokes 波理论进行计算;而在有限水深区是一个复杂的区域,几乎各种波浪理论均可适用,一般选取较简单的理论计算。

12.7　流速和潮位影响下的波浪变形计算

在海湾和河口附近,潮流和河口径流会使波浪产生严重的变形,特别是当流速方向与波浪传播方向相反时,波高会骤然增加,波陡也会随之变大,这样对航行的船只可能产生灾难性的后果。这样,由于流速和潮位对波浪有较大的影响,在近岸带和河口区的演变研究中也必须考虑到它们的作用。

12.7.1　波浪运动的基本方程

对一波列 $\eta = a\exp(i\psi)$，其中 a 为局部振幅，∇ 为梯度算子,则波数 $\vec{k}$ 和圆频率 ω 可表示为:

$$\vec{k} = \nabla \psi, \quad \omega = -\frac{\partial \psi}{\partial t} \tag{12-152}$$

从上式可以得到波密度守恒方程: $\dfrac{\partial}{\partial t}\vec{k} + \nabla \omega = 0$ 　（12-153）

如果波浪介质本身又以 $\vec{U}(x,y,t)$ 的速度运动,则通过固定点的波浪绝对频率为:

$$\omega = \delta(\vec{k}) + \vec{k}\cdot\vec{U} \tag{12-154}$$

其中, $\delta(\vec{k})$ 代表波浪的固有频率。这样,运动介质中波浪密度守恒方程为:

$$\frac{\partial}{\partial t}\vec{k} + \nabla[\delta(\vec{k}) + \vec{k}\cdot\vec{U}] = 0 \tag{12-155}$$

同理,也可以得到运动介质中波浪的动力学守恒方程为:

$$\frac{\partial}{\partial t}\left(\frac{E}{\delta}\right) + \nabla\left[(\vec{U}+\vec{C}_g)\frac{E}{\delta}\right] = 0 \tag{12-156}$$

即波作用量守恒方程,其中 $\vec{C}_g$ 为波浪相对于介质的群速度, E 为随体坐标系下波浪在一个周期内的平均能量。

12.7.2　定常情况下基本方程的简化

一般情况下潮流变化的周期较波浪运动的周期大许多倍,在计算波浪传播时,可以认为潮流近似正常,而在定常情况下,波浪的各守恒方程又可化简为:

运动学守恒方程: $\nabla \omega = 0$ 　（12-157）

动力学守恒方程: $\nabla\left[(\vec{U}+\vec{C}_g)\dfrac{E}{\delta}\right] = 0$ 　（12-158）

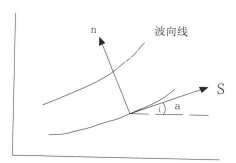

图 12.10　新旧局部坐标

若对原方程进行坐标变换,将旧的局部坐标 (x, y) 变换到新的局部坐标 (s, n) ,其关系为:

$$x = s \cdot \cos\alpha - n \cdot \sin\alpha \qquad y = s \cdot \sin\alpha + n \cdot \cos\alpha \qquad \text{（12-159）}$$

经坐标变换后,运动学守恒方程可化为:

$$\vec{s}(\cos\alpha + \sin\alpha)\frac{\partial}{\partial s}[\delta(\vec{k}) + \vec{k}\cdot\vec{U}] + \vec{n}[\cos\alpha - \sin\alpha]\frac{\partial}{\partial n}[\delta(\vec{k}) + \vec{k}\cdot\vec{U}] = 0 \qquad \text{（12-160）}$$

考虑到 $\nabla \times \vec{k} = 0$,且 $\vec{k} = k(\cos\alpha, \sin\alpha)$,则可以得到由 Snell 定律所导出的波向线方程:

$$\frac{D\alpha}{Ds} = -\frac{1}{C_a} \cdot \frac{D}{Dn}C_a \qquad \text{（12-161）}$$

式中,α 为波向角,C_a 为绝对波速。

同理,对于波作用量守恒方程,有:

$$(\cos\alpha + \sin\alpha)\frac{\partial}{\partial s}\left[(\left|\vec{U}\right|\cos\gamma + C_g)\frac{E}{\delta}\right] + (\cos\alpha - \sin\alpha)\frac{\partial}{\partial n}\left[(\left|\vec{U}\right|\sin\gamma)\frac{E}{\delta}\right] = 0 \qquad \text{（12-162）}$$

其中,γ 为波速与波向线的夹角。

考虑到,上式中第一项占主要,第二项可以忽略不计,则波作用量守恒方程可近似写成:

$$\frac{\partial}{\partial s}\left[(\left|\vec{U}\right|\cos\gamma + C_g)\frac{E}{g}\right] = 0 \qquad \text{（12-163）}$$

其物理意义非常明显:在流速小于波群速、局部地形变化缓慢时,波作用量主要沿波向线方向传播,几乎不穿过波向线;相邻波向线间波作用量通常近似保持为常数。

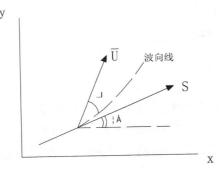

图 12.11　流速与波向线夹角示意图

12.7.3　波浪各要素的求法

根据式（12-155）,有 $\dfrac{\partial}{\partial s}[\delta(\vec{k}) + \vec{k}\cdot\vec{U}] = 0$ 　　　　　　　　　　　（12-164）

则沿波向线:$\delta(\vec{k}) + \vec{k}\cdot\vec{U} = cons\tan t$ 　　　　　　　　　　（12-165）

在无穷远深水处,有:$\delta_0 = \dfrac{g}{C_0}$,$U_0 = 0$

在任意波向线处:$\delta_i = \delta_0 - \left|\vec{k}\cdot\vec{U}\right|$ 　　　　　　　　（12-166）

波浪的波长和流速通过波浪的色散关系求出:

$$\delta^2 = (\omega - \vec{k} \cdot \vec{U})^2 = gk \tan k(kh) \qquad (12\text{-}167)$$

$$C^2 = \left(C_a - \frac{\vec{k} \cdot \vec{C}}{|\vec{k}|} \right)^2 = \frac{g}{k} \tan k(kh) \qquad (12\text{-}168)$$

其中, C 为相对波速, h 为水深。

波向角 α 通过解波向线方程(12-161)求出。

根据波作用量沿波向线近似守恒的原则,沿波向线积分式(12-163),波向线之间距离相继为($b_0, b_1, \cdots, b_n$),则通过波向线之间每一断面上的波作用量近乎相等:

$$b_0 \frac{E_0}{\delta_0}(|\vec{U}_0| \cos \gamma_0 + C_{g0}) = b_i \frac{E_i}{\delta_i}(|\vec{U}_i| \cos \gamma_i + C_{gi}) \qquad (12\text{-}169)$$

对于微幅波,取 $E = \rho g H^2 / 8$,用下标"0"代表无穷远深水情况,则 $|\vec{U}_0| = 0$, $C_g = C_0 / 2$, $\sigma_0 = g / C_0$,代入式(12-169)后,得:

$$H_i = \sqrt{\frac{b_0}{b_i}} \sqrt{\frac{C_0}{2(|\vec{U}_i| \cos \gamma_i + C_{gi}}} \sqrt{\frac{\delta_i}{\delta_0}} H_0 = K_r K_s K_\delta K_0 \qquad (12\text{-}170)$$

式中, K_r 为折射系数, $K_r = \sqrt{b_0 / b_i} = |\beta|^{-1/2}$, β 为波向线散开因子, K_δ 为频率化系数,亦称 Doppler 系数,其表达式为:

$$K_\delta = \sqrt{\frac{\delta_i}{\delta_0}} = \left(1 - \frac{\vec{k} \cdot \vec{U}}{\delta_0} \right)^{1/2} \qquad (12\text{-}171)$$

K_s 为浅水变形系数,其表达式为:

$$K_s = \sqrt{\frac{C_0}{2(|\vec{U}_i| \cos \gamma_i + n C_i}} \qquad (12\text{-}172)$$

式中, $n = 1 + 4\pi h_i / \sinh(44\pi h_i / L_i)$ (其中 L_i 代表波长); C_0 代表无穷远处的波速。

如果波浪计算的起点不是从无穷远处开始,方法与上述类似;若需进一步考虑摩阻对波高的影响,则波高表达式(12-170)中应再乘以因摩阻而产生的能量损失系数 K'_f ,这样:

$$H_i = K_r K_s K_\delta K'_f H_0 \qquad (12\text{-}173)$$

其中, $K'_f = K_{fi} K_{f(i-1)} K_{f(i-2)} \cdots K_{f1} K_{f0}$,而

$$K_{fi} = [1 + 64\pi^3 K_s^2 f_w / (3 g^2 T^4) \Delta s \cdot \overline{H}_i / \sinh^3(\overline{K}_i \overline{h}_i)]^{-1/2}$$

其中, $\overline{H}_i = (H_i + H_{i-1}) / 2$; $\overline{K}_i = (K_i + K_{i-1}) / 2$; $\overline{h}_i = (h_i + h_{i-1}) / 2$; Δs 为点 $i\text{-}1$ 到点 i 沿波向线的距离; f_w 为底部 Jonsson 摩阻系数。

波向线散开因子通过如下方程求得:

$$\frac{D\alpha}{Dn} = \frac{1}{\beta} \frac{D\beta}{Ds}$$

该方程可变形为: $C_a \dfrac{D\alpha}{Dn} = \dfrac{1}{\beta} \dfrac{D\beta}{Dt}$

再借助波向线方程,经一系列变换,可化为:

$$\frac{D^2\beta}{Dt^2} - \frac{D\beta}{Dt}\frac{DC_a}{Ds} + \beta C_a \frac{D^2 C_a}{Dn^2} = 0 \tag{12-174}$$

由式（12-154），可得绝对波速：

$$C_a = C + \frac{\vec{K}\cdot\vec{U}}{|\vec{K}|} = C + u\cos\alpha + v\sin\alpha \tag{12-175}$$

将式（12-175）代入波向线方程（12-161），并化简得：

$$\frac{D\alpha}{Ds} = -\frac{1}{C_a}\frac{DC}{Dn} - \frac{1}{C_a}\left(\frac{Du}{Dn}\cos\alpha + \frac{Dv}{Dn}\sin\alpha\right) - \frac{1}{C_a}(v\cos\alpha - u\sin\alpha)\frac{D\alpha}{Dn} \tag{12-176}$$

与无流情况相比增加最后两项。由于假定流速大小方向都不变，等号右边第二项自动消失；对第三项在假定地形缓变、流速不大、$U/C_a \ll 1$ 的情况下，也将其略去。

利用绝对流速表达式（12-175），则有：

$$\frac{D^2 C_a}{Dn^2} = \left(\sin^2\alpha\frac{\partial^2 C}{\partial x^2} - 2\sin\alpha\cos\alpha\frac{\partial^2 C}{\partial x\partial y} + \cos^2\alpha\frac{\partial^2 C}{\partial y^2}\right) - \frac{1}{\beta C_a}\frac{D\beta}{Dt}\frac{DC}{Ds}$$

$$+ \frac{D^2}{Dn^2}(u\cos\alpha + v\sin\alpha) \tag{12-177}$$

$$\frac{DC_a}{Ds} = \frac{DC}{Ds} + \frac{D}{Ds}[u\cos\alpha + v\sin\alpha] \tag{12-178}$$

将它们代入波向线散开因子方程（12-174）中得：

$$\frac{D^2\beta}{Dt^2} - \frac{DC}{Ds}\frac{D\beta}{Dt} - \frac{D}{Ds}(u\cos\alpha + v\sin\alpha)\frac{D\beta}{Dt} + \beta C_a\left(\sin^2\alpha\frac{\partial^2 C}{\partial x^2}\right.$$

$$\left. - 2\sin\alpha\cos\alpha\frac{\partial^2 C}{\partial x\partial y} + \cos^2\alpha\frac{\partial^2 C}{\partial y^2}\right) - \frac{DC}{Ds}\frac{D\beta}{Dt} + \beta C_a\frac{D^2}{Dn^2}(u\cos\alpha + v\sin\alpha) = 0$$

$$\tag{12-179}$$

进一步化简可得：$\dfrac{D^2\beta}{Dt^2} + p'(t)\dfrac{D\beta}{Dt} + q'(t)\beta = 0 \tag{12-180}$

其中，$p'(t) = -2\dfrac{DC}{Ds} - 2\left(\dfrac{Du}{Ds}\cos\alpha + \dfrac{Dv}{Ds}\sin\alpha\right) +$

$$+ 2\left(\frac{Dv}{Dn}\cos\alpha - \frac{Du}{Dn}\sin a\right) - \frac{Da}{Ds}(v\cos\alpha - u\sin\alpha) \tag{12-181}$$

$$q'(t) = C_a\left[\sin^2\alpha\frac{\partial^2 C}{\partial x^2} - 2\sin\alpha\cos\alpha\frac{\partial^2 C}{\partial x\partial y} + \cos^2\alpha\frac{\partial^2 u}{\partial y^2}\right]$$

$$+ C_a\left[\cos\alpha\left(\sin^2\alpha\frac{\partial^2 u}{\partial x^2} - 2\sin\alpha\cos\alpha\frac{\partial^2 u}{\partial x\partial y} + \cos^2\alpha\frac{\partial^2 u}{\partial y^2}\right)\right.$$

$$\left. + \sin\alpha\left(\sin^2\alpha\frac{\partial^2 v}{\partial x^2} - 2\sin\alpha\cos\alpha\frac{\partial^2 v}{\partial x\partial y} + \cos^2\alpha\frac{\partial^2 v}{\partial y^2}\right)\right]$$

$$+ C_a\left[-\left(u\cos\alpha + v\sin\alpha\left(\frac{D\alpha}{Dn}\right)^2 + (v\cos\alpha - u\sin\alpha)\frac{D^2\alpha}{Dn^2}\right)\right] \tag{12-182}$$

12.7.4 计算结果

结合生产实际,对广西廉洲湾水域进行了计算,现仅给出一个海潮周期内,在流速与潮位同时变化作用影响下波向线的折射图(见图 12.12)。从图中可以看出,波向线亦随海潮周期变化而周期变化,这与实际情况是相符的,从而也进一步说明本文计算模式是正确的。

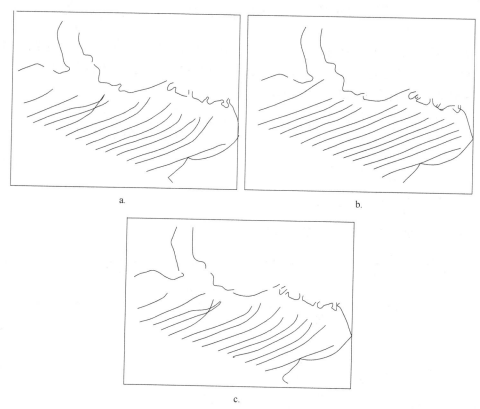

a.1991 年 7 月 27 日 07:00 波向线　　b.18:00 波向线　　c.28 日 08:00 波向线

图 12.12

习　题

12.1　已知波动周期为 8 秒,水深为 15 米,波高位 2 米,求静水位以下 4.5 米深处当时的局部速度分量 u_x、u_z 和加速度分量 a_x、a_y。

12.2　已知:$\varphi' = \dfrac{gA}{\sigma}\dfrac{\cosh k(z+d)}{\cosh kd}\sin(kx-\sigma t)$。其中 $A=1$ m,$k=0.04/m$,$d=15$ m。试求:(1)波面方程;(2)波长、周期和波速;(3)当 $t=0$,$\dfrac{1}{4}T$,$\dfrac{2}{4}T$,$\dfrac{3}{4}T$ 和 T 时,初始位置 $x_0=0$,$z_0=-3$ m,-6 m 和 -9 m 的质点位置并绘图表示;(4)速度表达式,并绘出 $t=0$ 时沿 $x=0$ 垂线上的速

度分布图。

12.3　线性波的势函数为：

$$\varphi' = \frac{gA}{\sigma} \frac{\cosh[k(d+z)]}{\cosh(kd)} \sin(kx - \sigma t)$$

证明上式也可以写为：

$$\varphi' = Ac \frac{\cosh[k(h+z)]}{\sin(kh)} = \sin(kx - \sigma t)$$

12.4　已知波浪的周期为 T，编制计算任意水深 h 处的波长、波速的程序。

12.5　在水深为 10 m 处，波高 $H=2A=1$ m，周期 $T=5$ s，用线性波理论计算深度 $z=-2$ m、-5 m、-10 m 处水质点轨迹直径。

12.6　已知：深水推进波的波高 $h=10$ m，周期 $T=5$ s。试求：（1）波长和波速；（2）波能量；（3）绘出波峰（$x=0$，$t=0$）和波谷（$x=\frac{\lambda}{2}$，$t=0$）时垂线上的净波压强分布图并计算总波压力。

12.7　在某水深处的海底设置压力式波高仪，测得周期 $T=5$ s，最大压力 $p_{max}=76\,000$ N/m²（包括静水压力，但不包括大气压力），最小压力 $p_{min}=64\,000$ N/m²，问当地水深、波高各是多少？

12.8　已知深水波长 $\lambda=150$ m，波高 $H=2A=1.5$ m，波速 $c=15$ m/s，波浪向海岸移动，波峰平行于等深线，浅滩反射效应忽略不计，问当水深为 3 m 时的波高和单宽波浪向海岸传输的能量（功率）。

12.9　在水深为 10 m 处，$H=2A=1$ m，$T=8$ s，试计算 Stokes 波的质量输移速度沿水深的分布并计算单位长度波峰线上的质量输移流量。

第13章 水力相似理论

13.1 量纲理论

13.1.1 物理量、量纲及单位

在自然界的物理过程中，人们可以通过计量而能获得数据者，皆谓之物理量，例如，5 米，5 克、5 米／秒等等。

一个物理量的完备函义，应该同时具备以下两种属性：

第一，具有标志与异类物理量之间差别的"质"，这种质，乃是一个物理量本身内在属性的一种客观规定，根据这种规定，人们就可以把一个物理量和与其不同的异类物理量区别开来。

"量纲"（dimension），就是用来标志物理量"质"的一种实践性工具，有如，5 米这个物理量，它具有长度的量纲，或书【L】；5 克的量纲是质量【M】。5 米／秒具有速度的量纲【V】，且速度的物理函义又可记作【V】=【L·T¹】，内中【T】为时间的量纲。

通过量纲的规定，人们就可以把异类物理量区别开来，例如，5 米，5 克，和 5 米／秒，由于它们所具有的量纲不同（一个是【L】）；一个是【M】；一个是【V】），所以它们是属于三种不同性质的物理量.

量纲，就其基本性质而论，可以分为两类，即基本量纲与导出量纲，在力学上常见的量纲中，一般习惯上把长度【L】，时间【T】和质量【M】作为"基本量纲"，其余量纲则可通过一定的力学定律或物理定义，用基本量纲来表征。例如，在上述的物理量中 5 米／秒的量纲，是通过速度的物理定义【V】=【LT¹】导出的，依此类推，凡属此类量纲，皆谓之为"导出量纲"，兹将在力学中常见的量纲列入表 13.1。

表 13.1　量纲表

量纲	符号	备注
长度	【L】	基本物理量
时间	【T】	～
质量	【M】	～
面积	【L²】	导出物理量纲
体积、容积	【L³】	～
面积的一次矩	【L⁴】	～
面积的二次矩（即惯矩）	【L⁴】	～

量纲	符号	备注
速度	$【V】=【LT^{-1}】$	~
角速度	$【\omega】=【T^{-1}】$	~
加速度	$【\alpha】=【LT^{-2}】$	~
角加速度	$【1/T^2】=【T^{-2}】$	~
流量	$【Q】=【L^3T^{-1}】$	~
单宽流量	$【q】=【L^2T^{-1}】$	
密度	$【\rho】=【ML^{-3}】$	~
力、重量	$【F】=【G】=【MLT^{-2}】$	~
表面张力	$【S】=【MT^{-2}】$	~
压力强度(压应力) 拉应力、切应力	$【P】=【Z】=【F/L^2】=【ML^{-1}T^{-2}】$	~
角动量	$【J】=【ML^2T^{-1}】$	~
力矩	$【FL】=【ML^2T^{-2}】$	~
动量、衡量	$【FLT^{-1}】=【FV】=【MLT^{-2}】$	导出物理量
功、能	$【FL】=【ML^2T^{-2}】$	~
功率	$【FLT^{-1}】=【ML^2T^{-3}】$	~
重率	$【ML^{-2}T^{-2}】$	~
压力度	$【ML^{-2}T^{-2}】$	导出物理量纲
动力粘滞系数	$【\mu】=【ML^{-1}T^{-1}】$	~
运动粘滞系数	$【\gamma】=【L^2T^{-1}】$	~
流函数势函数	$【\varphi】=【L^2T^{-1}】$	~
速度环量	$【\Gamma】=【L^2T^{-1}】$	~

　　基本量纲的选择,在一定原则条件下,是可以任意的,例如,在水力学的计量系统中,为了研究上的方便,有时我们采用长度量纲【L】,速度量纲【V】与流体密度量纲【ρ】作为基本量纲,其他量纲则均为导出量纲。

　　现在我们研究一下,在一个物理过程的计量系统中,选择基本量纲的原则条件是什么?如何根据基本量纲获得导出量纲? 回答上述问题,首先我们需要弄清基本量纲的特性,作为一个物理过程计量系统中的基本量纲,应该满足下述的三个条件:

　　(1)基本量纲之间,彼此是独立的,例如,上进的【L】,【V】与【ρ】(【L】,【T】与【M】也是一样),它们之间是相互独立,彼此不相容的。

　　(2)基本量纲的单项指数群,可以表示出同一计量系统中任意一个导出量纲,而且通过量纲公式可以导出其具体形式。例如,对于力量【F】这一导出量纲而言,可以通过基本量纲函数【L】,【V】与【ρ】来表示。

　　先写$【F】=【L^x】\cdot【V^y】\cdot【\rho^z】$

$$(13\text{-}1)$$

式中，x, y 与 z 为三个未知的待定指数，可根据下述手续求得，写出（13-1）式的量纲公式（参见表 13.1）为

$$【MLT^{-2}】=【L^x】【L^yT^{-y}】【M^zL^{-3z}】$$ （13-2）

根据量纲齐次性的要求，等号两边各相应量纲指数应相等，如此，不难得出

$$x+y-3z=1$$
$$-y=-2$$
$$z=1$$

联解以上方程组可有，$x=2, y=2$ 与 $z=1$。

将上述结果，代入（13-1）式，即可导出通过基本量纲【L】,【V】与【ρ】所表示的【F】量纲形式，即

$$【F】=【L^2V^2\rho】$$

依此类推我们亦可得出其余任一导出量纲的表达式，为了应用上的方便起见，兹将有关量纲之换算结果列入表 13.2。

表 13.2 量纲表 2

量纲	符号	备注
长度	【L】	基本量纲
速度	【V】	～
密度	【ρ】	～
～	～	导出量纲
力量重量	【F】=【L²V²ρ】	～

（3）在一个物理过程的计量系统中，基本量纲的数目，应视研究问题的需要而定，少选了，不能满足计量上的需要；选多了，亦将造成计量上的无益混乱，一般在研究简单动力学问题时，基本量纲可为三个，例如，【L】,【T】与【M】，或【L】,【V】与【ρ】等等，它们分别具有几何学，运动学和动力学上的特性，且彼此之间是互不相容的，任何一个也不能通过其他两个的单项指数群来表达。如果我们研究某一物理过程时，其着眼点仅在于运动学上的规律，则基本量纲可选择【L】,【T】或【L】,【V】等等即可，此时若选择具有动力学上特性的量纲【M】或【ρ】等等，将是多余的。

通过以上分析可知，量纲之不同，物理量互异。但是，在这里必须着重指出，我们还可以找到一些隶属于同一量纲性质的异类物理量，例如，在表（一）和表（二）中的力矩和功能. 它们的物理性质是不同的，但是它们的量纲却属同一。又如，运动粘滞系数，流函数，势函数和速度环量，它们也不属于同一物理性质，而其量纲亦无区别，为什么会出现这样结果呢？回答这个问题，我们不难从质的哲学函义中找到答案，任何事物的质都是多方面的，人们不可能同时把握某一事物所具有的全部的质，在科学研究中，人们总是对同一的对象从不同的侧面进行研究，也就是研究这个现象的不同方面的质。量纲正是人们在研究自然界的物理过程这一侧面，为适应客观实践上的需要而提出的。如上问题的出现，正好说明用量纲来表征

物理量的质,即便是在这一侧面上还是不够完善的。

至此,我们已经较为详尽地讨论了有关物理量所具有的第一属性"质"。而且介绍了采用量纲来特征这种质的方法和限制,下面我们再来进行物理量的第二属性的分析。

一个物理量除了具有与异类物理量之间差异的质之外,同时还必须具有"量"的规定性,这种量的规定性,标志出一个物理量在与其同类物理量中的相对规模和大小,例如,5 米这一物理量与其同类物理量 10 米不同,前者是 1 米的 5 倍,后者是 1 米的 10 倍,前者小后者大,后者较前者大两倍,其他物理量在量上的属性,依此类推。

在比较同类物理量之间的差异时,还涉及到一个重要问题,那就是决定物理量前边数字部分大小的重要依据——单位,有如,5 米这一物理量,它的单位是米,如果我们采用厘米作为计量这物理量的单位时,则可将它写成 100 厘米 ×5 = 500 厘米,同样,当采用毫米作为计量单位,该物理量又可写成 1 000 毫米 ×5 = 5 000 毫米等等,从而可写 5 米 = 500 厘米 = 5 000 毫米。

通过如上分析可知,同一个物理量可以采用不同的计量单位,这些单位的采用,将是物理量前边数字部分大小的决定性因素,但是,不管通过单位上如何变化,它们并不能改变一个物理量质的属性,例如,在上边的例子中,5 米这个物理量,根据不同的计量单位可以分别表成 500 厘米、5 000 毫米等等。从而可知,在物理过程的计量系统中,量纲与单位是相互依存的两个东西,前者是物理量质的标志,而后者则是比较量大小的依据,对于同一物理量而言,量纲只有一个,而单位则可以有很多,在同类物理量中,进行各量的大小比较时,在单位同一的情况下,可以通过前边数字部分的直接比较而得。

借助如上之分析,我们还可以得到一个重要结论,就是任何一个物理量均能写成下列通式

$$N = C_N [N] \qquad\qquad\qquad (13\text{-}4)$$

内中,$[N]$ 是物理 N 的量纲,它是 N 的质的标志;而 N 的量的部分 C_N 又称换算系数,它是一个纯数,其值大小,取决于计量单位的选择,但是,由于一个物理量是客观存在的,它并不因人们所采用的计量单位不同而改变。因此,对于物理量而言,计量单位选定之后其换算系数 C_N 值则是一个唯一确定的数值,当计量单位发生变化,C_N 值亦随之改变,其变化性质应服从于一定的规律。

为了研究上的方便起见,在高斯(绝对的)计量单位系统中,规定了有关单位选择的限制,这一规定的基本内容是:在物理过程中,一个导出物理量(具有导出量纲的物理量)的计量单位,不是任意选择的。它应该取决于基本物理量(具有基本量纲的物理量)的单位选择,例如,在 $[L]$,$[T]$ 与 $[M]$ 的基本量纲的计量系统中,一些导出物理量的单位可以通过以下公式得出。

$$速度单位 = \frac{长度单位}{时间单位}$$

$$加速度单位 = \frac{长度单位}{(时间单位)^2}$$

$$力的单位 = \frac{质量单位 \times 长度单位}{(时间单位)^2}$$

等等。

根据高斯（绝对的）计量单位规定，对于任何一物理过程中的导出物理量而言，C_N 值是固定纯数，对于基本物理量而言，C_N 为一个变数。

13.1.2　物理方程及 π—定理

物理方程是参与自然界物理过程中的各个物理量之间相互作用规律的数学表达式。与物理量一样，物理过程规律也是客观存在的，例如，在通常的情况下，所有物体的运动都服从牛顿第二定律。这一动力学定律，确定了作用于物体上的力 F 和具有质量 m 的该物体的加速度 a 诸量之间存有固定不变的关系，即在任意选用的计量单位系统中，其表达通式可写成：

$$F = A \cdot m \cdot a \tag{13-5}$$

其中，A 是一个无量纲的比例系数，其值的大小取决于计量单位系统的选择，对于式中三个物理量的计量单位的每一次选择，都会使 A 值产生相应的变化。

按照高斯的绝对的计量单位系统中所规定的单位选择原则，可使 A 值恒等于1，即式（13-5）可写成：

$$F = m \cdot a \tag{13-6}$$

此时，式（13-6）中的三个物理量单位的选择就不是任意的了，例如，在第一节的分析条件下，加速度 a 的单位应该是：长度单位与时间单位的平方之比，而力量的单位应该是：质量单位与加速度单位的乘积。另外，我们将式（13-5）利用前节式（13-4）关系改写成如下之形式：

$$C_F \cdot [F] = A.C_m[M].C_a[a]$$
$$\text{或}\quad C_F \cdot [F] = A.C_m.C_a[M.a] \tag{13-7}$$

满足物理方程式（13-7）在数学上的恒等性，则须使下式成立，即

$$C_F = A.C_m.C_a$$
$$\text{或}\quad \frac{C_F}{C_m.C_a} = A \tag{13-8}$$

在遵守高斯绝对的计量单位条件下，$A=1$ 如是，式（13-8）可写成：

$$\frac{C_F}{C_m.C_a} = 1 \tag{13-9}$$

由式（13-9）结果，不难看出：在换算系数 C_F，C_m 与 C_a 中任何两个选定之后，第三个则是被决定的了。例如，当计量 m 及 a 的单位选定之后，计量比数 C_m 及 C_a 亦随之确定，按照式（13-9）的规定，换算系数 C_F 是不容任选的，它应该是 $C_F = C_m C_a$ 亦即 F 的计量单位已经被决定的了，由此不难得出：当计量 m 的单位采用"克"，计量 a 的单位采用"厘米／秒²"，则计量 F 的单位将被确定为"达因"等等。

又如，在层流状态下，牛顿流体内部任一点上的切向应力 τ 的分布都满足牛顿的内摩擦定律，在任一选用计量单位中其形式为：

$$\tau = B.\mu\frac{\mathrm{d}u}{\mathrm{d}n} \tag{13-10}$$

式中：μ——流体的动力粘滞系数，Pa·s；

　　　u——一点上的速度，m/s；

　　　n——垂直速度 u 的方向线；

　　　$\mathrm{d}u/\mathrm{d}n$——一点上沿方向线 n 的速度梯度：

　　　B——一个无量纲的比例系数，其性质与式（13-5）中之 A 相当。

按照高斯绝对的计量单位系统中所规定的单位选择原则，可使 B 值恒等于 1，即式（13-10）可以写成一般常见的形式为：

$$\tau = \mu\frac{\mathrm{d}u}{\mathrm{d}n} \tag{13-11}$$

再根据公式（13-4）的规定，可将公式（13-10）写成

$$C_\tau[\tau] = B.C_\mu\frac{C_u[u]}{C_n[n]}$$

或有 $C_\tau[\tau] = B.C_\mu C_u C_n^{-1}[\mu]\dfrac{[u]}{[n]}$ （13-12）

满足物理方程式（13-l2）在数学上的恒等性，则有

$$C_\tau = B.C_\mu C_u C_n^{-1}$$

$$\frac{C_\tau C_n}{C_\mu C_u} = B \tag{13-13}$$

在遵守高斯绝对计量单位的规定的条件下，上式中之 B 值应为 1，如是，公式（13-13）就

可写成 $\dfrac{C_\tau C_n}{C_\mu C_u} = 1$ （13-14）

从而可以看出：在高斯绝对计量单位系统中，上述物理量的四个换算系数之间应该满足式（13-14）之关系．亦即其中任何三个数选定之后，第四个量就是被确定的了，例如，在 c、g、s 制中，τ 的单位选用"达因/厘米 ^{2}"，n 的单位选用"厘米"及 u 的单位选用"厘米/秒"之后，则第四个量 μ 的单位就可被确定为：

$$\mu\text{的单位} = \frac{\tau\text{的单位}\times n\text{的单位}}{u\text{的单位}}$$

$$= \frac{\text{达因}\times\text{厘米}\times\text{秒}}{\text{厘米}^2\times\text{厘米}}$$

$$= \text{达因}-\text{秒}/\text{厘米}^2 = \text{泊司}$$

通过如上分析，可知公式（13-8）和公式（13-3）都是在任意选用的计量单位的情况下，满足物理方程式（13-5）和（13-10）在量纲上的齐次性和数学上的恒等性的必要和充分条件，当选用高斯绝对计量单位系统时，公式（13-9）和公式（13-14）则是满足同一物理方程（13-6）和（13-11）在量纲上的齐次性和数学上恒等性的必要和充分条件，显然，当一个物理方程的量纲的齐次性和数学上的恒等性得到满足后，选用任何计量单位系统都不能改变其形式，就是所谓的傅里叶（J.Fourier）齐次准则，或谓"以单位系统表示的物理方程，当转变计

量单位时,不改变其形式"。

根据如上准则,我们还可以把物理方程的齐次性作进一步推论,当我们计量一物理量的时候,由于每次所选用的计量单位不同,因而每次所得的换算系数都不一样,例如,有一个具有长度量纲的物理量,我们选用"米"作单位计量的结果是 5 米,这里的 5 就是该物理量在选用计量单位"米"时的换算系数,如果我们选用一个新的计量单位不是"米",而是"厘米",则该物理量的计量结果是 500 厘米。数值 500 就是该物理量在选用计量单位厘米时的换算系数,这两个换算系数之间存在着一个单位换算关东.那就是后一个换算系数 500 较前一个换算系数 5 大 100 倍。亦即正好说明后一个计量单位"厘米"较之前一计量单位"米"小 100 倍,这个数值 100 我们称之为"换算比数",再如,当我们选用"尺"作计量单位时,则得该长度为 15.2 尺,此中换算系数为 15.2,与以"米"为单位的换算系数 5 之间的换算比数为 15.2/5=3.04,而与以"厘米"为单位的换算系数 500 之间的换算比数为 15.2/500=0.030 4,这也正好证明,单位"尺"较之"米"小 3.04 倍,而较厘米大 32.9(= 1/0.030 4)倍,由此可以得出结论,就是当我们选用两个或两个以上的单位对于同一个物理量进行计量时,其间存有一个"换算比数",其值为两次计量时相应"换算系数"之比。即有

$$C_{N_{12}} = \frac{C_{N_1}}{C_{N_2}} \tag{13-15}$$

其中,C_{N1} 为对一个任意物理量 N 在第一次选用单位进行计量时的换算系数;

C_{N2} 为同一个物理量 N 第二次改用另一个单位进行计量时换算系数;

C_{N12} 为第一次计量对第二次计量结果之间所存在的换算比数。

至于在一个物理过程中,诸物理量的换算比数之间的关系,我们不难从它的物理方程中找到。例如,$f=ma$ 这个物理方程;在第一选用单位进行计量时,各物理量之间的换算系数应该满足下式,即

$$\frac{C_{F_1}}{C_{m_1} \cdot C_{a_1}} = 1 \tag{13-16a}$$

第二次选用另外单位进行计量时其各物理量的换算的换算系数之间的关系,应该是

$$\frac{C_{F_2}}{C_{m_2} \cdot C_{a_2}} = 1 \tag{13-16b}$$

将式(13-16a)与式(13-16b)进行联解可得

$$\frac{C_{F_1}}{C_{F_2}} = \frac{C_{m_1} \cdot C_{a_1}}{C_{m_2} \cdot C_{a_2}}$$

即　　$$C_{F_{12}} = C_{m_{12}} \cdot C_{a_{12}}$$

或　　$$\frac{C_{F_{12}}}{C_{m_{12}} \cdot C_{a_{12}}} = 1 \tag{13-17}$$

上式的结果说明了,当选用不同单位对同一物理方程进行两次计量时,其间各量之换算比数之间关系应满足公式(13-17)的条件,根据同样步骤我们也可以得到在选用不同单位对物理方程 $\tau = \mu du/dn$ 进行两次计量时,其间各量换算比数之间的关系应该是

$$\frac{C_{\tau_{12}} \cdot C_{n_{12}}}{C_{\mu_{12}} \cdot C_{u_{12}}} = 1 \qquad (13\text{-}18)$$

上公式（13-17）及（13-18）之成立，实质上是物理方程满足齐次性的另一个说明。

物理方程还具有一个重要的齐次性方程特性，就是：所有物理方程，都可以表示为无量纲指数综合数群间的关系形式，这些综合的数群系由方程中所包含的各量所组成。上述无量纲指数群间具体的关系式可以在 π 定理中得到进一步的阐明。

对于任何具有 n 个物理量参与的物理过程，我们都可以将其方程写成如下通式：

$$f(N_1, N_2, N_3, \cdots\cdots, \mathbf{N}_n) = 0 \qquad (13\text{-}19a)$$

或 $\quad N_1 = \varphi(N_2, N_3, \cdots\cdots, N_{n-1}) \qquad (13\text{-}19b)$

根据物理量的性质，我们可以把参与这个物理过程的所有物理量分为"基本物理量"与"导出物理量"两类。这样，就可以把公式（13-19）视之为参与该物理过程中的基本物理量与导出物理量之间的关系式来研究，为了叙述方便起见，我们此地的讨论仅限于具有三个基本物理量的一般力学过程，兹选择包含在方程式（13-l9）中符合基本物理量条件的三个物理量 N_p，N_q 及 N_s 组成计量单位系统通过量度系统中基本量纲的性质，我们可以将方程中任何其他物理量（均属导出物理量）写成基本物理量的单项指数群。例如 N_i 为任何一个导出物理量。根据物理量的一般表达式（13-4）可有

$$N_i = C_{N_i}[N_i]$$

其中，【N】为物理量 N_i 的量纲，它可以写成基本量纲的单项指数群即

$$[N_i] = [N_p^{xi} N_q^{yi} N_s^{zi}] \qquad (13\text{-}20)$$

按照公式（13-4）及（13-20）的关系，又可将公式（13-20）写成

$$\frac{N_i}{C_{N_i}} = \left(\frac{N_p}{C_p}\right)^{xi} \cdot \left[\frac{N_q}{C_q}\right]^{yi} \cdot \left[\frac{N_s}{C_s}\right]^{zi}$$

或 $\quad N_i = \frac{C_{N_i}}{C_p^{xi} C_q^{yi} C_s^{zi}} (N_p^{xi} \cdot N_q^{yi} \cdot N_s^{zi})$

$$= \pi_i (N_p^{xi} \cdot N_q^{yi} \cdot N_s^{zi}) \qquad (13\text{-}21)$$

式中，π_i 为一个无量纲纯数。它是由诸换算系数组成的，其值为一变量，应视基本物理量及其计量单位选择的变化性质而定。根据公式（13-21）关系，可将 π_i 写成

$$\pi_i = \frac{N_i}{C_p^{xi} C_q^{yi} C_s^{zi}} \qquad (13\text{-}22)$$

另外按照物理方程齐次性的原则，关系式（13-19）对于任何计量单位系统都是正确的，因此，代替式（13-19）的另一个方程式，可以通过基本物理量 N_1，N_2 及 N_3，所组成单位系统的计量关系式来表达，即有

$$f\left(\frac{N_1}{N_p^{x_1} N_q^{y_2} N_s^{z_3}}, \frac{N_2}{N_p^{x_1} N_q^{y_2} N_s^{z_3}}, \cdots\cdots 1,1,1\cdots\cdots \frac{N_n}{N_1^{x_n} N_2^{y_n} N_3^{z_n}} = 0\right)$$

或

$$f\left(\frac{N_1}{N_1^{x_1} N_2^{y_2} N_3^{z_3}}, \frac{N_2}{N_1^{x_2} N_2^{y_2} N_{3s}^{z_2}}, \cdots\cdots 1,1,1\cdots\cdots \frac{N_n}{N_1^{x_n} N_2^{y_n} N_3^{z_n}} = 0\right) \qquad (13\text{-}23)$$

结合公式（13-22）之关系，可将公式（13-23）写成

$$f(\pi_1, \pi_2, \pi_3 \cdots\cdots 1,1,1 \cdots\cdots \pi_n) = 0$$

或如

$$\pi_1 = \varphi(\pi_2, \pi_3 \cdots\cdots 1,1,1 \cdots\cdots \pi_{n-1}) \tag{13-24}$$

至此可以看出：方程式（13-19），可以通过上述计量单位系统的选择，表示为无量纲指数的综合数群"π"间的关系形式，而且在方程式（13-19）中的 n 个物理量，已被方程式（13-24）中的（n-3）个无量纲的变数 π 和三个无量纲常数 1 所代替，这三个 1 就是由被选为基本物理量的原来变量 N_p，N_q 及 N_s 得来，显然，它们在方程式（13-24）中是没有意义的，因此在一般情况下，可写方程式（13-24）如：

$$f(\pi_1, \pi_2, \cdots\cdots \pi_{n-3}) = 0$$

或 $$\pi_1 = \varphi(\pi_2, \pi_3 \cdots\cdots \pi_{n-3}) \tag{13-25}$$

以上所述的内容就是一般所谓的 π 定理，按照这个定理，在一般力学过程中，由 n 个表征着所研究现象的物理量之间所组成的方程式，可以用（n-3）个物理量所组成的无量纲的综合数群"π"来表示。

13.2　相似定义

13.2.1　相似基本定义的一般提法

在自然界中存在着相似的物理过程，作为相似的基本定义应该是：在相似系统的物理过程中，相应点上的同类物理量间呈固定比例。反之，在一系列的物理过程中，具有相应点，且在诸相应点上的同类物理量间均呈固定比例时，则系统相似。

根据如上的相似定义，可知在一个物理过程中，任一点上的全部物理量都可以通过与其相似的另外一个物理过程中的相应点上的同类物理量简单地乘以常数来得到。例如，欲知一个物理过程中一点上的速度 V_1，加速度 a_1 和力 F_1，等等，我们就可以通过将一个已知的另外一个与其相似的物理过程中相应点上的速度 V_2，加速度 a_2 和力 F_2 等同类物理量，乘上一个相应常数 λ_v，λ_a 和 λ_F 来得到，即有

$$\left.\begin{array}{l} V_1 = \lambda_V \cdot V_2 \\ a_1 = \lambda_a \cdot a_2 \\ F_1 = \lambda_F \cdot F_2 \end{array}\right\} \tag{13-26}$$

其中，V_1，a_1 和 F_1 等为一个欲知物理过程（为方便起见称之为原型）中，任一点上的物理量；

V_2，a_2 和 F_2 等为一个已知的相似物理过程（为方便起见，称之为模型）中，相应点上的物理量；

λ_v，λ_a 和 λ_F 等为上述速度，加速度和力等相应物理量之间的比例常数，我们把这类常数称之为"相似比数"。以"λ"表之。

在相似系统(或原型和模型)中,相似比数具有如下特性,就是在原型和模型中,各个相应点上的同类物理量之间的相似比数均为一个固定常数;但是,相对上述各个相应点上的异类物理量间的相似比数(除了个别情况以外,一般来讲是不相同的)。例如,在上述相似过程中,任一相应点上加速度的相似比数都等于一个固定 $\lambda_a\,(=a_1/a_2)$ 和在上述相似过程中,任意相应点上所有力的相似比数,则为另外一个固定常数 $\lambda_F\,(=F_1/F_2)$,其间 λ_F 与 λ_a 并不相等。

为了便于说明起见,我们把相似系统物理过程中的问题,局限在一般力学的相似系统中的问题来讨论,作为一个某种力学过程中的基本物理量而言,它们可以是其中任意的具有长度,时间和质量的量纲(此地称为基本量纲)的三个物理量(或其他任意具备基本量纲条件的三个物理量),根据在上节内的分析结果可知对于这三个基本物理量的计量单位可以完全自由选择,至于过程中的其他物理量(均属导出物理量)的单位,则是完全确定的,由基本物理量与导出物理量之关系,可知在两个力学相似系统中,若相应点上的相应基本物理量间的相似比数为已知时,则其余导出物理量间的相似比数亦由之确定,关于相应点上基本物理量:长度,时间和质量之间相似比数就可按以上相似的基本定义来确定。

13.2.2　几何相似

在满足相似基本定义的两个或两个以上的物理过程中,如果所参与的物理量只具有长度的量纲时,则此类物理过程谓之为几何相似系统,兹以 L_1 和 L_2 表示原型和模型中相应之线性长度,根据几何相似的函义,可得长度的相似比数为:

$$\lambda_L = \frac{L_1}{L_2} \tag{13-27}$$

从而不难求出,相似面积之间的相似比数为:

$$\lambda_\Omega = \frac{\Omega_1}{\Omega_2} = \frac{L_1^2}{L_2^2} = \lambda_L^2 \tag{13-28}$$

和相应体积之间的相似比数为:

$$\lambda_V = \frac{V_1}{V_2} = \frac{L_1^3}{L_2^3} = \lambda_L^3 \tag{13-29}$$

以上二式, Ω_1 和 Ω_2 表示原型和模型间相应的面积; V_1 和 V_2 表示原型和模型间相应的体积。

13.2.3　运动相似

在满足相似基本定义的两个或两个以上的物理过程中,如果所参与的诸物理量除了具有长度量纲之外,还有时间的量纲时,则此类物理过程谓之为运动相似系统。亦即,在原型和模型中,相应质点沿着几何相似的轨迹运动。而且经过相应线段上所需之时间呈固定比例。

兹以 t_1 和 t_2 表示原型和模型中相应之时间,则其时间上的相似比数应为

$$\lambda_t = \frac{t_1}{t_2}$$ （13-30）

根据运动相似的涵义可得：相应点上速度之间相似比数为：

$$\lambda_V = \frac{V_1}{V_2} = \frac{\dfrac{dL_1}{dt_1}}{\dfrac{dL_2}{dt_2}} = \frac{\lambda_L}{\lambda_t}$$ （13-31）

相应点上的加速度之间的相似比数为：

$$\lambda_a = \frac{a_1}{a_2} = \frac{\dfrac{d^2 L_1}{dt_1^2}}{\dfrac{d^2 L_2}{dt_2^2}} = \frac{\lambda_L}{\lambda_t^2}$$ （13-32）

以上式中，V_1 和 V_2 为原型和模型中相应点上的相应速度；a_1 和 a_2 为原型和模型中相应点上的相应加速度。

13.2.4　动力相似

在满足相似基本定义的两个或两个以上的物理过程中，如果所参与物理量的基本量纲包括三个：长度、时间和质量时，则此类物理过程谓之为动力相似系统，在一个动力相似的系统中，原型与模型上相应点的质量之间的相似比数相等，兹令 M_1 为原型中任一点的质量，M_2 为模型中相应一点的质量，按照如上涵义，其间的相似比数应为：

$$\lambda_M = \frac{M_1}{M_2}$$ （13-33）

由物体质量 M 等于密度 ρ 与其体积 V 之乘积，可有

$$\lambda_M = \frac{M_1}{M_2} = \frac{\rho_1 V_1}{\rho_2 V_2} = \lambda_\rho \lambda_L^3$$ （13-34）

所以，我们也可以说：在一个动力相似的力学系统中，原型与模型上相应点之间密度的相似比数 $\lambda_\rho(=\rho_1/\rho_2)$ 相等。

综合以上分析结果可以看出：在一个力学相似的系统中，作用在原型和模型所有相应点上的同名力之间的相似比数相等，且等于作用在该相应点上的惯性力之间的相似比数，例如，作用在原型中一点上有重力 G_1，粘滞力 T_1，⋯⋯和惯性力 F_1，作用在模型中相应点上亦有同名力 G_2，T_2，⋯⋯和惯性力 F_2，按照力学相似的基本定义，如上同名力之间的相似比数应满足：

$$\lambda_G\left(=\frac{G_1}{G_2}\right) = \lambda_T\left(=\frac{T_1}{T_2}\right) = \cdots\cdots = \lambda_F\left(=\frac{F_1}{F_2}\right)$$ （13-35）

13.3　相似不变量

13.3.1　相似不变量的含义

在上两节中,我们采用了一个换算比数"C"和相似比数"λ"的方法来表示相似系统中,物理过程间的相似关系,其实,过程间的相似关系,也可以采用另外一种方法来表示,即不用相似比数或换算比数,而直接采用所谓"相似不变量"的方法。

根据相似不变量根本含义,是将普遍适用于所有某类过程系统中的绝对计量单位系统,转换为仅适合这类系统中某一个物理过程的相对的计量单位的方法,通过这种方法有时能更方便的研究自然界中一些相似过程之间的关系。

例如,在一个相似系统的物理过程中,我们可以在原型中选择任何一点上的各项物理量的数值,作为计量其他各点上的同名物理量大小的标准,如此,不难想象,通过上述处理之后,原型中所有各点上的物理量都转换成相应的无量纲纯数,亦即原型中各点上所有物理量 L_1,w_1,m_1 等,就可表示为:

$$L_1 = \frac{l_1}{l_{01}}, W_1 = \frac{w_1}{w_{01}}, M_1 = \frac{m_1}{m_{01}} \tag{13-36}$$

式中:l_{01}, w_{01}, m_{01} 如在原型中作为计量标准点上的各项物理量。

同样,在模型中选择与原型中作计量标准点上的各项物理量等作为计量,其他任何一点上相应同名物理量的标准则有:

$$L_2 = \frac{l_2}{l_{02}}$$

$$W_2 = \frac{w_2}{w_{02}} \tag{13-37}$$

$$M_2 = \frac{m_2}{m_{02}}$$

根据相似定义,不难得出,原型与模型中的相应上的同名物理量间存有下述关系,即

$$\frac{l_{01}}{l_{02}} = \frac{l_1}{l_2} = \lambda_l;$$

$$\frac{w_{01}}{w_{02}} = \frac{w_1}{w_2} = \lambda_w; \tag{13-38}$$

$$\frac{m_{01}}{m_{02}} = \frac{m_1}{m_2} = \lambda_m$$

合并公式(13-36),(13-37),(13-38),得到

$$\frac{L_1}{L_2} = \delta_1 = idem$$

$$\frac{W_1}{W_2} = \delta_m = idem$$ （13-39）

$$\frac{M_1}{M_2} = \delta_m = idem$$

根据公式（13-39）所示之结果，可以得出如下重要结论：

1. 在相似系统中的物理过程中，原型与模型相应点上的同名物理量的相对比值相同，换言之，这种比值在相似系统中具有不变的特性，我们把它叫做相似不变量或"相似定数"。

2. 当一个物理过程转变为与之相似的另一个物理过程时，由于其中所有的物理量都采用了相对单位（即相似不变量）来表示的结果，所有 L、W、M 等量上表示其属于那一个过程的标记符号就可除去。

13.3.2 相似不变量与换算比数及相似比数之间的关系

从总的方面来说，相似不变量与换算比数和相似比数并不相同，根据前面的分析，换算比数是采用不同的计量单位系统，对同一个物理量进行计量时，所出现的比数；而相似比数，则是在相似系统的物理量过程中，采用同一个计量单位系统对于两个或以上相应物理量进行计量时，所出现的比数。经过进一步的分析可知，在相似系统的物理过程中，换算比数具有与相似比数相同的含义，而且在数值上相等的。这里所提的相似不变量，与上述二者的含义不同，它是：在某个物理过程中选用任意点上的诸项物理零作为计量其他各点上相应同名物理量的计量单位系统，从而将该过程中，所有各点原属于绝对单位系统变成无量纲的相对单位系统来表示，这一点，表面上看来，似乎在推导换算比数时，有其相同含义，其实并不是如此。

第一、在推导换算比数时，所采用的计量单位并不一定要求与一个过程中某一点上具有与之同一单位的物理量相等。

第二、采用不同的绝对计量单位系统时，对于物理过程任何一个物理量而言，仍然是通过绝对单位系统来表示的。如上所述，采用相似不变量的表示方法则不然，它是通过选择计量单位系统之后，就把物理过程中，所有的物理量都变成了无量纲的相对单位。

把上述无量纲相对计量单位的转换概念有条件的使用在相似系统物理过程的计量中，就构成了一个相似不变量的完整含义，那就是在原型和模型中，采用任一相应点上的物理量作为相应过程中其他各点上所有物理量的计量单位系统，这时，我们就可以证明在相似系统物理过程的相应点上，相似不变量同一的特性（参见公式 13-39 的来源）

相似不变量与相似比数的含义也不同，在相似系统物理过程中，所有相应点上，同名物理量间的相似比数都相同。但当一对相似过程为另一对相似过程所代替时，相似比数是不同的，而相似不变量则不然，其间的相似不变量应为一个常数。即当一个物理过程转变到与之相似的任何一个物理过程时，相似不变量则是不改变的，换句话说，它在相似系统的物理过程中,各个相应点上,保持同一个数值。

13.4 相似准数

13.4.1 换算比数和相似比数

换算比数 C 与相似比数 λ 的不同之处,在于前者规定了一个物理量(例如长度)用不同单位计量出来的计量比数 π 间之关系。而后者规定了对于一系列相似系统中之相应物理量(例如长度)用同一单位计量出来的计量比数 π 间之关系。二者有相通的地方,例如在一系列相似物体中,我们选择某一物体中之某一固定长度,然后以各种单位计量此长度;如各单位间之各换算比数 C 与此一系列相似物体间之各相似比数 λ 值相等,则计量出之各计量比数 π 即等于以同一单位计量出来的各个相似物体中之相应长度。长度如此,其他物理量亦然。这样说来,在相似物理过程中,以同一单位计量相应之物理量,与以不同单位计量某一固定的物理量,只要使换算比数与相似比数相等,其效果是一样的。

第一节中所述之 π 定理,是从单一物理过程出发的,所得结论式(13-26)对于任何计量单位都是正确的,我们说 π 定理对于一系列的相似物理过程(以同一单位计量)也是正确的。

13.4.2 相似准数的含义

根据在第二节中对于相似定义的规定得知在一个力学相似的系统中,参与过程的具有长度量纲的物理量间呈比例:就是系统间呈"几何相似"。用模型与原型间相应点上的相应线性相似比数 $\lambda_l = l_1/l_2$ 的不变来标志;系统间呈"运动相似",这一相似的内容规定了在相似系统的物理过程间,相应点上速度(向量)间(或加速度)间相似比数 λ_v(或 λ_a)的不变性。亦即在几何相似系统的前提下,给出了系统间的时间相似比数 $\lambda_t = t_1/t_2$ 的不变性;系统间呈"动力相似",这一相似的内容是,在系统间呈几何相似与运动相似的前提下,规定了系统间相应点上的密度间相似比数 $\lambda_\rho = \rho_1/\rho_2$ 的不变性。

按照相似的基本定义,在一个力学相似系统中,乍看起来惯性力间的相似比数 λ_F 以及上述诸项相似比数 λ_L,λ_t 和 λ_ρ 的选择似乎是可以任意的,但是实际并不如此,因为在一个力学过程中,表示不同现象物理量之间并不是互不相关的,而是在它们之间存在一定的关系,这个关系的规定,就是自然界规律。

在很多的情况下,这种规律可以通过数学方程式来表示,即一般所说的"物理方程",这种规定使一个物理量与其他物理量之间关系的自然规律或物理方程的存在,使得在相似比数的选择上有了一定的限制。

牛顿第二定律 $F=ma$ 就是物理方程,这个方程表达了一个普通规律,既能适用于原型,又能适用于模型。令原型一点的力为 F_1,则

$$F_1 = m_1 a_1 \tag{13-40}$$

在模型上与其相应一点的力为 F_2，则有

$$F_2 = m_2 a_2 \tag{13-41}$$

式中，m_1，m_2 为相应点具有的质量；

a_1，a_2 为相应点上的加速度；

根据相似的定义，则有

$$\lambda_F = F_1/F_2 = m_1 a_1 / m_2 a_2 \tag{13-42}$$

以密度乘体积的形式来表示一点的质量，我们就可以将上式写成下列形式：

$$\lambda_F = \frac{\rho_1 l_1^3 \cdot l_1}{t_1^2}$$

或 $$\lambda_F = \lambda_\rho \cdot \lambda_l^4 \cdot \lambda_t^{-2} \tag{13-43}$$

这表明这个相似系统四个相似比数中，只有三个是任意选取的，当此三个比数选定之后，其余一个相似比数则以式（13-43）的关系来确定。

式（13-43）表达了这个相似系统中各个相似比数之间的关系，这是一个重要的表达式，它规定了这个相似系统的性质，是解决这个相似系统中一切问题的基础；一般为便于应用，我们把式（13-43）之形式，用另外的形式来表达如下：

$$\lambda_F = \lambda_\rho \cdot \lambda_L^2 \cdot \lambda_u^{-2} \tag{13-44}$$

根据相似比数的定义，可以把上式写成相应物理量比例的关系形式为

$$\frac{F_1}{F_2} = \frac{\rho_1 l_1^2 u_1^2}{\rho_2 l_2^2 u_2^2} \tag{13-45}$$

上式结果表明：在牛顿力学相似系统中，相应点上惯性力间的比值，等于该点上相应密度，相应线性长度的平方和相应速度的平方乘积的比值，或可将式（13-45）写成

$$\frac{F_1}{\rho_1 l_1^2 u_1^2} = \frac{F_2}{\rho_2 l_2^2 u_2^2} = \frac{F}{\rho l^2 u^2} = idem \tag{13-46}$$

不难证明，式（13-46）是无量纲的。上式表明，在一系列相似的物理过程中，各个物理量可以有很多的变化，但相应的无量纲综合系数群 $F/\rho l^2 u^2$ 之值，在相似系统中任何一个物理过程均是相同的。这个数群，称为相似准数，具体到式（13-46），称为**牛顿相似准数**。

相似准数，式（13-46），与相似比数关系式（13-45）同样规定了物理过程的相似关系，但二者比较起来，前者式（13-46）显得更方便，更具体。

相似准数是一个指标，标志着相似系统的物理过程。我们看到牛顿准数 $F/\rho l^2 u^2$ 相等，就知道物理过程中只有惯性力，而无其他种力出现。同时相似准数也是一个判据，在已知的物理过程中，我们以之判别两个或两个以上的过程是否相似。在第节章中有较详细的说明。很明显，我们还可以准确地了解形式，并用来表达相似物理过程之规律。

$$f\left(\frac{F}{\rho l^2 u^2}\right) = 0 \tag{13-47}$$

这个函数叫做准数方程，假如式（13-47）具体形式能够确定（具体确定方法，将在第 14 章中说明），我们即能解决这个相似系统中物理过程之一切问题。

　　牛顿第二定律 $F=ma$ 为力学最基本之公式,力学上一切物理方程,均以此为基础。但是此基本方程式仅表达了三个物理量间之关系。实际物理过程中所包括之物理量不限于此,例如在水流过程中,因液体具有许多物理性质(弹性、粘滞性、表面张力等),参加物理量远较上式为多。由牛顿第二定律所推导之相似准数,乃实际水流相似之必要条件,但非为相似之充分条件。欲使实际水流相似,除上述准数同一外,还必须有其他相似准数同一之保证。这些准数有时是以首先导出准数的学者姓名命名的,例如牛顿准数 $Ne(=F/\rho l^2 u^2)$,弗汝德准数 $Fr(=u^2/gl)$ 雷诺准数 $Re(=ul/v)$ 欧拉准数 $E_\mu(=u^2/(2p/\rho)$ 或 $=u^2/(2\Delta p/\rho))$,韦伯准数 $w(=u^2 l/(\sigma/\rho))$,柯西准数 $Ca(=u^2/e)$ 等等;也有的准数式没有命名,如 $v/(Cl^{1/2})$,a/b 等。实际水流过程中,表达相似系数之准数方程,视参与过程的物理量而定,通常可写为

$$f(E_\mu, Fr, Re, We, \cdots\cdots) = 0 \tag{13-48}$$

13.5　相似准数之推导

13.5.1　由代数方程式推导准数

　　有明渠等速流中,水位与流速之关系以谢才公式表示之

$$V = C\sqrt{R \cdot J} \tag{13-49}$$

式中 V 为流速;R 为水力半径;J 为水力比降;C 为谢才系数,(其量纲为 $[L^{1/2}/T]$)。

　　上式为一普通公式,应用于一切明渠均匀流中。对于两个相似的明渠水流,我们可以分别以下列二式来表示:

$$V_1 = C_1\sqrt{R_1 \cdot J_1} \tag{13-50}$$

$$V_2 = C_{12}\sqrt{R_2 \cdot J_2} \tag{13-51}$$

　　以上公式均为元维化公式,式中 V,C 等值,我们应用相似定义时,亦应从断面平均数值出发。在相似系中,根据相似定义

$$\frac{V_1}{V_2} = \frac{\lambda_L}{\lambda_t}, \quad \frac{R_1}{R_2} = \lambda_L, \quad \frac{J_1}{J_2} = 1$$

将式(13-50)除以式(13-51)

则　　$$\frac{V_1}{V_2} = \frac{C_1}{C_2}\sqrt{\frac{R_1}{R_2}}\sqrt{\frac{J_1}{J_2}} \tag{13-52}$$

或　　$$\frac{\lambda_l}{\lambda_t} = \frac{C_1}{C_2}\sqrt{\lambda_l \cdot 1}$$

式(13-52)规定了相似的明渠均匀流中各项比例系数之间的关系

因 $\dfrac{\lambda_l}{\lambda_t} = \dfrac{V_1}{V_2}$ 及 $\lambda_l = \dfrac{l_1}{l_2}$

故式(13-52)又可以写成

$$\frac{V_1}{C_1\sqrt{l_1}} = \frac{V_2}{C_2\sqrt{l_2}} = \frac{V}{C\sqrt{l}} = idem \tag{13-53}$$

$V/(Cl^{1/2})$，为一无量纲之综合数群；式（13-53）亦为明渠均匀流相似系统中之相似准数。

13.5.2　由微分方程式推导准数

由描述物理过程之微分方程式，可以直接推导准数。在说明推导方法之先，我们先谈相似比数在微分量（dx, dy, du 等）的使用问题。

按照定义，函数 $y=f(x)$ 的微分 dy 等于它的导数乘以独立变数 dx 的微分 dx，即

$$dy=f'(x)$$

这里 dx 在物理上必须限制在下式的范围，

$$\delta \ll dx \ll \Delta x$$

也就是说，dx 较分子间距离大得多，这样就便于把物体看作连续介质，而同时 dx 又是如此之小，使我们可以应用微分 dx 的概念。但在研究中，在足够精度的情况下，须把 dx 当作差数（x_2-x_1）来研究。所以在原型与模型中 dx 之比应为：

$$\frac{(dx)_1}{(dx)_2} = \frac{(x_2-x_1)_1}{(x_2-x_1)_2} = \lambda_l \tag{13-54}$$

同理 $dy_1=\lambda_L dy_2$，$du_1=\lambda_u du_2$

一个不可压缩连续均匀粘滞流体的不恒定运动过程是以那维斯托克斯方程式来表示的，其具体形式为

$$\left.\begin{aligned}
\frac{\partial u_x}{\partial t} + u_x\frac{\partial u_x}{\partial x} + u_y\frac{\partial u_x}{\partial y} + u_z\frac{\partial u_x}{\partial z} &= f_x - \frac{1}{\rho}\frac{\partial p}{\partial x} + v\nabla^2 u_x \\
\frac{\partial u_y}{\partial t} + u_x\frac{\partial u_y}{\partial x} + u_y\frac{\partial u_y}{\partial y} + u_z\frac{\partial u_y}{\partial z} &= f_y - \frac{1}{\rho}\frac{\partial p}{\partial y} + v\nabla^2 u_y \\
\frac{\partial u_z}{\partial t} + u_x\frac{\partial u_z}{\partial x} + u_y\frac{\partial u_z}{\partial y} + u_z\frac{\partial u_z}{\partial z} &= f_z - \frac{1}{\rho}\frac{\partial p}{\partial z} + v\nabla^2 u_z
\end{aligned}\right\} \tag{13-55}$$

式中 $\mathbf{u}_x, u_y, u_z$ 为流场中任一点上的速度在座标 x, y, z 方向上的分量

$$\left.\begin{aligned}
\nabla^2 u_x &= \frac{\partial^2 u_x}{\partial x^2} + \frac{\partial^2 u_x}{\partial y^2} + \frac{\partial^2 u_x}{\partial z^2} \\
\nabla^2 u_y &= \frac{\partial^2 u_y}{\partial x^2} + \frac{\partial^2 u_y}{\partial y^2} + \frac{\partial^2 u_y}{\partial z^2} \\
\nabla^2 u_z &= \frac{\partial^2 u_z}{\partial x^2} + \frac{\partial^2 u_z}{\partial y^2} + \frac{\partial^2 u_z}{\partial z^2}
\end{aligned}\right\} \tag{13-56}$$

f_x, f_y, f_z 为作用在同一点上的单位质量力在 x, y, z 方向上的分量。当我们研究的是重力流体的时候，单位质量力 f 即：$f_x=g_x, f_y=g_y, f_z=g_z$；$p$ 为作用在同一点上压力。

为便于实际应用，在一般不恒定流的处理中，通常将上式化为元维式，并忽视水之粘滞性，加入沿程阻力一项，因而上式变为

$$\frac{\partial z}{\partial s} + \frac{u^2}{C^2 R} + \frac{1}{2g}\frac{\partial u^2}{\partial s} + \frac{1}{g}\cdot\frac{\partial u}{\partial t} = 0 \qquad (13\text{-}57)$$

我们现由上式推导相似准数。

式（13-57）表达了一般不恒定流之规律。在相似水流过程中，既能应用于原型，又能应用于模型。

设代表原型水流过程之方程式加下角标 1 来表示，则式（13-57）变为

$$\frac{\mathrm{d} z_1}{\mathrm{d} s_1} + \frac{u_1^2}{C_1^2 R} + \frac{1}{2g_1}\frac{\partial u_1^2}{\partial s_1} + \frac{1}{g_1}\cdot\frac{\partial u_1}{\partial t_1} = 0 \qquad (13\text{-}58)$$

相似基本定义规定，在相似系统中，相应物理量之比值不变，其比值为相似比数 λ。假如我们将式（13-58）中各个物理量乘以相应之相似比数 λ，并按照相似比数在微分量的使用规定，将各个微分量（$\mathrm{d}x,\mathrm{d}y,\mathrm{d}z$）等亦应乘以相似比数 λ，则我们可以得到一个新的微分方程式，此新的微分方程式应代表模型之水流过程，其具体形式为

$$\frac{\partial z_1}{\partial s_2} + \frac{\lambda_u^2}{\lambda_C^2 \lambda_L}\left(\frac{u_1^2}{C_1^2 R_1}\right) + \frac{\lambda_u^2}{\lambda_g \lambda_L}\left(\frac{1}{2g}\cdot\frac{\partial u_1^2}{\partial s_1}\right) + \frac{\lambda_u}{\lambda_g \lambda_t}\left(\frac{1}{g}\frac{\partial u_1}{\partial t_1}\right) = 0 \qquad (13\text{-}59)$$

但是我们说过，式（13-58）表达了一般不恒定流之普遍规律；它不仅适用于相似系统中之各个水流过程，并且还适用于相似系统以外之一切水流过程。模型水流为不恒定水流之一例，式（13-57）当然亦能适用。现在有两个方程式 [式（13-58）及（13-59）] 同时适用于模型水流，则此两式必须是同一的。比较式（13-58）及式（13-59），得到满足下列条件，即

$$\frac{\lambda_u^2}{\lambda_C^2 \lambda_L} = 1 \qquad (13\text{-}60)$$

$$\frac{\lambda_u^2}{\lambda_g \lambda_L} = 1 \qquad (13\text{-}61)$$

$$\frac{\lambda_u}{\lambda_g \lambda_t} = 1 \qquad (13\text{-}62)$$

以上各式，规定了各个相似比数的关系。

我们根据相似比数之含义将原型和模型中的各个相应物理量代入以上各式。

由式（13-60）中可以得到

$$\frac{u_1^2}{C_1^2 l_1} = \frac{u_2^2}{C_2^2 l_2} = \frac{u^2}{C^2 l} = idem \qquad (13\text{-}63)$$

此项相似准数，标志着水流阻力的效应，其形式与（13-53）完全相同，可见此项相似准数无论在恒定流与非恒定流均能应用。

由式（13-61）中，可以得到

$$\frac{u_1^2}{g_1 l_1} = \frac{u_2^2}{g_2 l_2} = \frac{u^2}{g l} = idem \qquad (13\text{-}64)$$

此项相似准数，标志着重力效应，称为弗汝德数，以符号 Fr 表示。

由式（13-62）中可以得到

$$\frac{u_1}{g_1 t_1} = \frac{u_2}{g_2 t_2} = \frac{u}{g t} = idem \qquad (13\text{-}65)$$

此项相似准数,标志着水流不恒定性之效应,称为谐时准数或斯特哈准数,以符号 S_h 表示。

综上所述,在一般不恒定流相似系统中,有三个准数可以遵循,即

$$\left.\begin{aligned} \frac{u^2}{C^2 l} &= idem \\ \frac{u^2}{gl}(Fr) &= idem \\ \frac{u}{gt}(S_h) &= idem \end{aligned}\right\} \tag{13-66}$$

式(13-66)之内容可以由下列

$$f\left(\frac{u^2}{C^2 l}, \frac{u^2}{gl}, \frac{u}{gt}\right) = 0 \tag{13-67a}$$

或

$$f\left(\frac{u^2}{C^2 l}, Fr, S_h\right) = 0 \tag{13-67b}$$

现在附代说明一下,我们可以以类似但麻烦地多的步骤,由方程式(13-55)中推导相似准数,推导结果,如以准数方程表示,则为

$$f\left(\frac{l}{ut}, \frac{u^2}{\dfrac{2p}{\rho}} \frac{u^2}{gl} \frac{ul}{v}\right) = 0 \tag{13-68}$$

式中,u 为水流质点之流速,l/ut 标志着水流不恒定性之效应,亦称谐时准数或斯特哈准数 S_h;

$u^2/(2p/\rho)$ 标志着压力效应,称为欧拉准数 Eu;

u^2/gl 标志着重力效应,称为弗汝德数 Fr;

ul/v 标志着粘滞性效应,称为雷诺准数 Re;

式(13-68)亦可写成

$$f(S_h, Eu, Fr, \text{Re}) = 0 \tag{13-69}$$

13.5.3 从作用力的性质出发推导准数

在不可压缩,连续均匀粘性流体的不恒定运动过程中,已知参加运动过程之各作用力为压力,地心引力,及液体粘滞力,则根据力系平衡的条件,可得

作用在一点上的合力 $\vec{F} =$ 压力 $\vec{P} +$ 地心引力 $\vec{G} +$ 粘滞力 $\vec{T} = m\vec{a}$。

如果确定知参加物理过程之各个作用力时,我们可直接由作用力的性质推导出相似准数,不必借助于物理方程,兹分别叙述如下:

（一）在单一作用下相似准数的推导

1. 在压力作用下相似准数的推导

将作用在原型一点上的压力写成

$$p_1 = \frac{P_1}{A_1}$$

或　　$P_1 = p_2 A_1$　　　　　　　　　（13-70）

作用在模型相应点上的平均单位压力为

$$p_2 = \frac{P_2}{A_2}$$

或　　$P_2 = p_2 A_2$　　　　　　　　　（13-71）

式中 P_1 和 P_2 为作用在原型和模型相应面积 A_1, A_2 上的总压力。

根据相似的定义, 作用在相应面积 A_1, A_2 上的总压力 P_1 和 P_2 的比值应该与牛顿惯性力的比值相等, 即有

$$\lambda_P \left(= \frac{P_1}{P_2} \right) = \lambda_F \qquad （13-72）$$

将公式（13-44）及公式（13-70），（13-71）之关系代入式（13-72）中, 可得

$$\lambda_p \lambda^2 = \lambda_\rho \lambda_l^2 \lambda_u^2$$

或　　$\dfrac{\lambda^2 u}{\lambda_p \big/ \lambda_\rho} = 1$　　　　　　　　（13-73）

满足上式习惯上称为欧拉数（Eu）的同一性, 即

$$\frac{u^2}{2p/\rho} = Eu = idem \qquad （13-74）$$

按照相似比数的含义

$$\frac{u_1^2}{p_1/\rho_1} = \frac{u_2^2}{p_2/\rho_2}$$

上式即为只有压力作用下的动力学相似。它指出在原型和模型中任何一对相应点上的运动速度的平方 u^2 乘上该点上密度 ρ 再除以该点上的压强 p, 的同一性, 或写成

$$\frac{u^2}{p/\rho} = idem \qquad （13-75）$$

有时在研究一个物体的运动当中, 常把作用在原型和模型相应面积 A_1, A_2 上的总压力表成压差的形式：

$$\Delta P_1 = \frac{c}{2} \rho_1 A_1 V_1^2 = \Delta p_1 A_1$$

$$\Delta P_2 = \frac{c}{2} \rho_2 A_2 V_2^2 = \Delta p_2 A_2$$

式中, c 为一常数, 在原型和模型中数值相同

V_1, V_2 表示物体的运动速度

ΔP_1，ΔP_2 为作用在相应面积 Ω_1，Ω_2 上的总压力差

ΔP_1，ΔP_2 为相应之单位平均压力差

根据相似基本定义可为

$$\lambda_{\Delta p}\left(=\frac{\Delta p_1}{\Delta p_2}\right)=\lambda_F \tag{13-77}$$

将公式（13-44）及公式（13-70），（13-71）之关系代入（13-72），可得

$$\lambda_{\Delta p}\cdot\lambda_l^2=\lambda_\rho\cdot\lambda_l^2\cdot\lambda_V^2$$

或

$$\frac{\lambda_V^2}{\lambda_{\Delta p}/\lambda_\rho}=1.0 \tag{13-78}$$

按照相似比数的含义，又可将式（13-78）写成

$$\frac{V_1^2}{2\Delta p_1/\rho_1}=\frac{V_2^2}{2\Delta p_2/\rho_2}$$

或写成

$$\frac{V^2}{2\Delta p/\rho}=idem \tag{13-79}$$

公式（13-79）的形式与公式（13-74）的形式完全相同，区别仅在于采用了物体的平均速度 V 代替了流体平均速度 u，用作用在物体上的单位平均压力差 Δp 来代替单位平均压力 p 而已，所以公式（13-79）的结果，亦可写成欧拉准数的另一形式，即

$$\frac{V^2}{2\Delta p/\rho}=Eu=idem \tag{13-80}$$

通过以上分析可知，欧拉相似准数在原型和模型相应点上的同一，乃是动力学相似的一个标志。

2. 在重力作用下相似准数的推导

一个物体所受的重力 G，可用该物体的质量 m 与重力加速度 g 的乘积来表示，即

$$G=mg \tag{13-81}$$

式中，m 又可写成物体的密度 ρ 与其体积 V 之乘积，故有

$$G=\rho gV \tag{13-82}$$

根据以上分析可知，在原型中质点上所受的重力为

$$G_1=\rho_1 g_1 V_1 \tag{13-83}$$

而模型中与其对应之相应点上所受的重力为

$$G_2=\rho_2 g_2 V_2 \tag{13-84}$$

根据力学相似的基本定理，上述相应点上所的重力比值应等于在该相应点上惯性力的比值，即有

$$\lambda_G\left(=\frac{G_1}{G_2}\right)=\lambda_F \tag{13-85}$$

将公式（13-83），（13-84）及公式（13-85）之关系，得

$$\lambda_\rho\lambda_g\lambda_l^3=\lambda_\rho\lambda_l^2\lambda_u^2 \tag{13-86}$$

或

$$\frac{\lambda_u^2}{\lambda_g \lambda_l} = 1 \qquad\qquad (13\text{-}87)$$

关系式（13-87）表明,在一个受有重力作用下的相似的力学系统中,原型和模型相应点上的 u^2/gl 数值相同,这一标志相似的无量纲综合数群,被称为弗汝德准数（Fraude）准数,以字母 Fr 表示之,从而可将公式（13-87）改写成

$$Fr = \frac{u^2}{gl} = idem \qquad\qquad (13\text{-}88)$$

式中,l 为原型和模型中的线性长度,当我们研究一物体的运动时,可将 u 写成平均速度 V。

3. 在粘滞力作用下相似准数的推导

按照牛顿内摩擦定律,运动流体任一点上的粘滞应力为

$$\tau = -\mu \frac{du}{dn} \qquad\qquad (13\text{-}89)$$

式中,μ 为流体的动力粘滞系数;

du/dn 为任意一点上的速度梯度

从而可得,在原型流体中任一点上的粘滞力应为:

$$T_1 = \tau_1 A_1 = -\mu_1 A_1 \left(\frac{du}{dn}\right)_1 \qquad\qquad (13\text{-}90)$$

同样,要模型流体中与其相应点上粘滞力为:

$$T_2 = \tau_2 A_2 = -\mu_2 A_2 \left(\frac{du}{dn}\right)_2 \qquad\qquad (13\text{-}91)$$

其中,τ_1,τ_2 表示原型和模型流体相应点上的粘滞力;

A_1,A_2 为相应点上呈受粘滞力之对应面积。

根据力学相似的基本定义,可知 T_1 与 T_2 之比值 $\lambda_T(=T_1/T_2)$ 应与该相应点上惯性力的比值 λ_F 相同如此即有

$$\lambda_T = \lambda_F \qquad\qquad (13\text{-}92)$$

由公式（13-90）,（13-91）得

$$\lambda_T = \frac{T_1}{T_2} = \frac{\mu_1 A_1 \left(\dfrac{du}{dn}\right)_1}{\mu_2 A_2 \left(\dfrac{du}{dn}\right)_2} = \lambda_\rho \lambda_v \lambda_l \lambda_u \qquad\qquad (13\text{-}93)$$

式中,$v(=\mu/\rho)$ 为流体的运动粘滞系数。

将公式（13-93）（13-44）代入式（13-92）则得

$$\lambda_\rho \lambda_v \lambda_l \lambda_u = \lambda_\rho \lambda_l^2 \lambda_u^2 \qquad\qquad (13\text{-}94)$$

或

$$\frac{\lambda_u \lambda_l}{\lambda_v} = 1 \qquad\qquad (13\text{-}95)$$

以上所得到的标志相似的无量纲准数（ul/v）被称为雷诺（Reynolds）准数。从而可知,

在粘滞力作用下的力学相似系统中，相应点间应满足雷诺准数的同一性条件，亦即：

$$R = \frac{ul}{v} = idem \ \mathrm{Q}$$

（13-96）

式中，l 为原型和模型中相应点上所对应的线性长度，当我们研究流体平均运动时，其中 u 即以平均速度 V 来代表。

4. 表面张力作用下的相似准数的推导

不相混掺的异种液体间，例如水银和水，交界上存在着一层、弹性膜，弹性膜上受有表面张力的作用，该种表面张力 σ 系以接触长度 l 与流体特性之单位张力 δ 相乘来表示，即有

$$\sigma = \delta l$$

（13-97）

从而可得，在原型和模型中，某一相应点上的表面张力则可写成：

$$\left.\begin{array}{l} \sigma_1 = \delta_1 l_1 \\ \sigma_2 = \delta_2 l_2 \end{array}\right\}$$

（13-98）

根据相似的基本定义，该二力的比值应与惯性力比值相同，亦即

$$\lambda_\sigma \left(= \frac{\sigma_1}{\sigma_2} \right) = \lambda_F$$

（13-99）

将公式（13-98）及（13-44）之关系代入式（13-99）则有

$$\lambda_\delta \lambda_l = \lambda_\rho \lambda_l^2 \lambda_u^2$$

或 $$\frac{\lambda_\rho \lambda_u^2 \lambda_l}{\lambda_\delta} = 1$$

（13-100）

按照相似比数的含义，可写

$$\frac{u_1^2 l_1}{\sigma_1 / \rho_1} = \frac{u_2^2 l_2}{\sigma_2 / \rho_2}$$

令 $\omega = \sigma/\rho$ 代入上式，则有

$$\frac{u_1^2 l_1}{\omega_1} = \frac{u_2^2 l_2}{\omega_2}$$

（13-101）

以上标志相似的无量纲数群 $u^2 l/\omega$ 被称为韦伯（Weber）准数，以 We 表之，即在表面张力作用下的相似系统中，原型模型的相应点上的韦伯准数应相等，从而可得

$$We = \frac{u^2 l}{\omega} = idem$$

（13-102）

当研究平均运动时，式中之 u 可用平均速度 V 代替。

5. 在弹性力作用下相似准数的推导

由于作用在物体表面的弹性力 C，可以写成该物体的体积弹性模数 E 与受压面积 A 之乘积，即

$$C = EA$$

（13-103）

在原型和模型的相应点上可成

$$\left.\begin{array}{l} C_1 = E_1 A_1 \\ C_2 = E_2 A_2 \end{array}\right\}$$

（13-104）

同理,根据相似的基本定义,相应点上弹性力的比值应与惯性力比值相同,即

$$\lambda_C \left(= \frac{C_1}{C_2} \right) = \lambda_F \tag{13-105}$$

将公式(13-104)及(13-44)代入上式可得

$$\lambda_E \cdot \lambda_l^2 = \lambda_\rho \cdot \lambda_l^2 \lambda_u^2$$

或　　　$$\frac{\lambda_\rho \lambda_u^2}{\lambda_E} = 1.0 \tag{13-106}$$

按照相似比数之含义,上式又可写成

$$\frac{u_1^2}{E_1 / \rho_1} = \frac{u_2^2}{E_2 / \rho_2} \tag{13-107}$$

令 $e = \dfrac{E}{\rho}$ 代入公式(13-107),则有

$$\frac{u_1^2}{e_1} = \frac{u_2^2}{e_2} \tag{13-108}$$

以上标志相似的无量纲综合数群 u^2/e 称之为柯西(Cauchy)准数以 Ca 表示,从而得出,在弹性力作用下的力学相似系统中,原型与模型相应点上的柯西准数应该相等,即有

$$Ca = \frac{u^2}{e} = idem \tag{13-109}$$

当研究平均运动时,式中 u 可用平均速度 V 来代替。

(二)在多种作用力下相似准数的推导

以上我们讨论了在单一力作用下相似准数的推导方法,很显然,除了在完全理想情况下的压力可以作为单一作用力出现于力学过程外,实际上由单一控制下的运动过程是很难找到的。在水流中,压力是基本力存在于任何水流运动过程,而实际液体本身为前节所述,具有许多物理性质(如具有重量、弹性、粘滞力、表面张力等)。故实际水流过程之作用力,除了压力之外,至少应有一个或一个以上。

设想在两个相似系统中,有多种作用力(压力 P、重力 G、粘滞力 T、表面张力 σ 及弹性力 C 等)。根据相似基本定义,作用在原型和模型中任何一对相应点上的各个同名力间的比值应相同,且等于该相应点上惯性力之比值。

即　　　$$\lambda_P = \lambda_G = \lambda_T = \lambda_\sigma = \lambda_C = \cdots = \lambda_F \tag{13-110}$$

或 $E_u = idem$;$F_r = idem$;$Re = idem$;$We = idem$;及 $Ca = idem$。

13.5.4　通过量纲分析的方法推导准数

当我们已经掌握参与物理过程中的所有物理量时,而对于该物理量间的相互作用和联系还不清楚的情况下,为了研究上的需要,我们经常通过量纲分析的方法来推导准数。

例如我们要研究一个水流运动的规律,而事先已经知道参与该水流过程中的所有物理量是:(1)表征水流及边界条件的线性物理量:a, b, c, d;(2)表征运动和动力性质的物理量

是流动速度 u 和压力差 ΔP;以及(3)水的物理性质:密度 ρ,容重 γ,动力粘滞系数 μ,表面张力 σ,体积弹性模数 E。从而我们可以把流动过程的物理方程写成如下泛函的形式

$$f(a,b,c,d,\mu,\rho,\Delta p,\gamma,\sigma,E)=0 \tag{13-111}$$

根据在第一章中所介绍的量纲理论为:我们可以通过 π—定理,结合式(13-111)关系式,求得标志上述相似函数形式,水流过程的相似准数,兹将其具体步骤介绍如下:

选取长度 a,速度 u,及密度 ρ 做为基本物理量,其他物理量皆为导出物理量;根据量纲理论,我们都可以将其中任何一个导出物理量,通过基本物理量不同指数的乘积,再乘上相应的无量纲纯数 π 来表达,为此,即有

$$b=\pi_1 a^{X_1}u^{Y_1}\rho^{Z_1}$$
$$a=\pi_2 a^{X_2}u^{Y_2}\rho^{Z_2}$$
$$d=\pi_3 a^{X_3}u^{Y_3}\rho^{Z_3}$$
$$\Delta p=\pi_4 a^{X_4}u^{Y_4}\rho^{Z_4}$$
$$\gamma=\pi_5 a^{X_5}u^{Y_5}\rho^{Z_5}$$
$$\mu=\pi_6 a^{X_6}u^{Y_6}\rho^{Z_6}$$
$$\sigma=\pi_7 a^{X_7}u^{Y_7}\rho^{Z_7}$$
$$E=\pi_8 a^{X_8}u^{Y_8}\rho^{Z_8}$$

或写成

$$\pi_1=a^{X_1}u^{Y_1}\rho^{Z_1}/b$$
$$\pi_2=a^{X_2}u^{Y_2}\rho^{Z_2}/c$$
$$\pi_3=a^{X_3}u^{Y_3}\rho^{Z_3}/d$$
$$\pi_4=a^{X_4}u^{Y_4}\rho^{Z_4}/\Delta p$$
$$……$$
$$\pi_8=a^{X_8}u^{Y_8}\rho^{Z_8}/E$$

下面我们利用量纲公式,来分别确定出上式参与流体运动的诸物理量的指数 x_i,y_i,z_i

由　$\pi_1=[L]^{X_1}\left[\dfrac{L}{T}\right]^{Y_1}\left[\dfrac{M}{L^3}\right]^{Z_1}[L]^{-1}$

L: $\quad x_1 \quad +y_1 \quad -3z_1 \quad -1 \quad =0$

对于 T: $\quad\quad -Y_1 \quad\quad\quad\quad =0$

M: $\quad\quad\quad\quad z_1 \quad\quad =0$

解上式可得:

$$x_1=1 ; y_1=0 ; z_1=0$$

从而 $\pi_1=\dfrac{a}{b}$ $\tag{13-112}$

根据同样方法,可求得

$$\pi_2=\dfrac{a}{c} \tag{13-113}$$

及　$\pi_3 = \dfrac{a}{d}$　　　　　　　　　　　　　　　　　　　（13-114）

又由　$\pi_4 = [L]^{X_4} \left[\dfrac{L}{T}\right]^{Y_4} \left[\dfrac{M}{L^3}\right]^{Z_4} \left[\dfrac{ML}{L^2T^2}\right]^{-1}$

L：　$x_4 + y_4 \quad -3z_4 -1 \quad = 0$

对于 T：　$\quad -y_4 \quad\quad +2 \quad\quad = 0$

M：　$\quad\quad\quad z_4 -1 \quad\quad = 0$

解上式得：

$x_4 = 0$; $y_4 = 2$; $z_4 = 1$

从而 $\pi_4 = \dfrac{u^2}{\Delta p / p}$

根据以上的同样分析方法可得

$$\pi_5 = \frac{u^2 / a}{\gamma / \rho}$$

$$\pi_6 = \frac{ua}{\mu / \rho}$$

$$\pi_7 = \frac{u^2 a}{\sigma / \rho}$$

$$\pi_8 = \frac{u^2}{E / p}$$

通过以上分析,我们可以找到各项 π 值的物理意义:将 π_4 分母乘上 2,即为用压差表示的欧拉准数。即

$$\pi_4 = \frac{u^2}{2\Delta p / p} = Eu \tag{13-115}$$

π_5,如果我们把 a 做如线性长度 l,同时把 $\gamma/s = g$ 代入,则知 π_5 应为弗汝德准数即:

$$\pi_5 = \frac{u^2}{gl} \tag{13-116}$$

同样可以看出:

π_6 为雷诺准数,即

$$\pi_6 = \frac{ul}{\mu / \rho} = Re \tag{13-117}$$

π_7 为韦伯准数,即

$$\pi_7 = \frac{u^2 a}{\sigma / \rho} = \frac{u^2 l}{\omega} = We \tag{13-118}$$

π_8 为柯西准数,即

$$\pi_8 = \frac{u^2}{E / \rho} = \frac{u^2}{e} = Ca \tag{13-119}$$

为此可将公式（13-111）改写为:

$$\phi(\pi_1, \pi_2, \pi_3, \pi_4, \pi_5, \pi_6, \pi_7, \pi_8) = 0$$

或

$$\phi\left(\frac{a}{b},\frac{a}{c},\frac{a}{d},Eu,Fr,\mathrm{Re},We,Ca\right)=0 \qquad (13\text{-}120)$$

这样我们就可以得出在多种力（压力，重力，粘滞力，表面张力及弹性力）共同作用下的水流的物理方程泛函数的另一种形式，对于与其相似的水流运动过程而言，在相应点上应该满足 $Eu=Fr=\mathrm{Re}=We=Ca=\mathrm{idem}$，以及相应点上的边界条件 a/b，a/c，a/d 的函数值，在原型和模型中相应点上的同一性。同时，我们也可以看出，式（13-120）与式（13-69）所代表的结果极为类似。

根据如上分析水流运动过程的准数函数方程通过 π—定理分析将原来 11 个数变成 11-3=8 个变数，这将会给研究工作带来极大的方便。对此，在第十二章有关节中再进行详细介绍。但是采用如上的量纲理论来解决问题也不是没有任何缺欠的，这是由于量纲分析的限制性所带来的，有如：

（1）可能错误地漏选参与过程的物理量或多选不参与该过程的物理量；

（2）在过程中时常遇到无量纲常数，在分析时很难发现；

（3）量纲分析不能识别量纲相同，但在过程中有着不同意义的物理量。

13.6　相似的单值条件

13.6.1　问题的提出

根据相似基本定义的规定，在相似系统的物理过程中，各相应点上的同类物理量之间呈固定比例，从而推论出在相似系统的物理过程中相应点上的相似准数同一等等。

人们对于自然界中任何物理过程的研究，都是在一定条件下，对于某一个别过程进行的研究。在实践上，研究成果不仅仅局限在研究的这一种情况，而是把它推广使用到与其相似的一系列物理过程中去。而如何辨别物理过程是否与人们所研究过的这一物理过程相似，则是相似理论所必须回答的一个重要课题。

乍看起来，确定物理过程是否相似的这一课题，似乎可以简单地从分析过程相应点上相似比数或相似准数的性质中找到答案，那就是证明相似的两物理过程中各个点上的所有物理量间均须已知，且在这两个物理过程中，所有各相应点上的同名物理量之间进行比较，然而，这就意味着需要进行大量的重复测量工作，而且还有可能测量不需要测量的一些物理量。

综观上述，关键的问题就在于如何确定在所研究的物理过程中，最少要测量那些量。换言之，就是要辨别出标志物理过程中相似定义成立的必要和充分条件。

由此可见本节所研究问题的范围，已非仅限于以前所讨论过的，实现物理过程相似的结果，而是分析决定物理过程相似和相似系统成立的那些条件。

此外，我们还可以把如上问题的性质，从另外一个侧面进行分析，由相似的基本定义可知,对于相似系统中一系列物理量而言,描述它们的物理方程应当是相同的,显然物理方程的一致性乃是相似系统中的一个必然结果。但是,上述结果不能逆推,如同研究水流运动过程最一般的物理方程那维埃 - 斯托克斯方程式,其中对任一点上微分基体上所有外力的动力特征并没有做出任何详细规定,象这类型的微分方程式,应该认为有可能彼此间具有十分显著的区别,甚至对于有原则上互异的运动过程都是正确的。例如,对于绕过建筑物的水流以及对于有压管路和明渠水流等,不同性质的水流过程,我们都可使用那维埃 - 斯托克斯方程式。对于任何一个微分方程式,就其本质来说,是整个物理现象和过程现象族的数学表达式。同一个微分方程式能描述在原则上有很大区别的物理过程现象。

至此,问题已十分明显,描述一系列物理过程的物理方程式的相同,并不是物理过程相似成立的先决条件,而是物理过程相似成立的必然结果,那么什么样的条件,才是物理过程相似成立的先决条件呢? 这就是我们需要研究的。

13.6.2 参与物理过程中的单值物理量

参与一个物理过程的许多物理量中对该物理过程起着决定性作用的物理量称为单值物理量。例如,当我们研究水流对于一个潜体运动时,参与这一过程的物理量有:潜体的几何形状;水的物理特性,如水的动力粘滞系数 μ;水的密度 ρ_{ω} 以及作用在潜体表面上个点的压力 P 等等,在此诸多物理量中,压力 P 对于过程而言并非一个起决定性作用的单值物理量,因为在运动中绕流阻力的作用下,起决定作性作用的是潜体表面上不同点间的压差 ΔP,而不是作用在每点上压力 P 的绝对值大小,因而,在 ΔP 不变的情况下,表面各点上的压力 P 可有很多数值,这些数值的不同并不影响绕流阻力的变化。而参与该物理过程的其他物理量,如运动的相对速度 u 和潜体表面的几何形状以及动力粘滞特性等,则为单值物理量,它们的任何改变都会引起绕流阻力的变化。

又如我们研究压力管流运动过程中作用在每点上的压力 P,并不是决定该过程的单值物理量,因为决定运动性质的是两个过流断面间的压力差 Δp,对于同一个 Δp,则可以允许有多种不同的 p 值组合,亦可通过改变重力加速度 g 的数值来满足,换言之, p 或 g 绝对值的大小都不是直接决定液体在有压管路中运动规律的因素。

再如,当我们进行明渠恒定恒流的研究时,作用在各点上的压力 p 仍然不是一个单值物理量,因为我们可以任意改变水面上气压的大小,都不会影响水流的运动状态。

通过如上分析,可知对于参与物理过程的任何一个物理量而言,如果它对该过程不起决定性作用,则此种物理量就叫做**非单值物理量**,反之,对于该过程起决定性作用的那些物理量,称为**单值物理量**。另外,也可以看出,一个物理量是否为单值物理量,当不是其本身固有的过程中,点压力 p 是一个非单值物理量,但是当改变对一个过程的研究目的时,上述论证就不正确了,例如对于压力管或高坝气蚀现象的研究,压力 p 则变成研究该项课题的一个单值物理量了。再如, g 在有压力管流中是一个非单值物理量,而在明渠流中,则为一个单值物理量等等。

最后应该注意,当我们对于任何一个物理过程进行研究时,决定初始运动状态的物理量都应是单值物理量。

以上我们已经从参与一个物理过程的物理量的性质上,初步分析了单值物理量的含义,下面再从一个物理过程的数学方程上分析一下单值物理量的性质。

13.6.3　微分方程式中的单值条件

根据微分方程的一般特点,可知,当我们了解一个过程的微分方程式时,可以给出对于许多问题都是正确的通解。从而可知,采用数学方法来描述某具体的物理过程时,该过程及是同族过程中的个别现象,仅从微分方程式组来描述是不够的。同时还应该看到仅当由于初始条件和边界条件的加入规定了微分方程的特解之后,这个特解才有针对性。决定一个个别过程的单值物理量除了上述决定过程的初始和边界条件的物理量外,还包含确定这个个别物理过程中的其他单值物理量。我们由单值物理量所决定的条件称之为单值条件。

单值条件一般包括下列各项内容:

1. 规定物理过程空间域的几何条件;

2. 确定物理过程初始状态的初始条件;

3. 限制物理过程的边界状态的边界条件。

上述的单值条件与单值物理量都不是随意给出的,而是与个别过程的微分方程组有联系的。

任一个单值条件都不是它本身所具有的性质,而是由所研究的具体问题决定的。

13.6.4　相似的必要和充分条件

根据上节我们对单值物理量的分析可知,在任何一个物理过程中,都有两类物理量,一类是与过程呈多值函数关系,对过程起决定作用的**单值物理量**;另一类则是与过程呈多值函数关系的,对于过程不起决定性作用的**非单值物理量**,因此可以理解,作为物理过程相似的必要和充分条件,那种认为在系统中相应点上的所有同类物理量间呈固定比例的结论似非属必须,这是因为在相似过程的相应点上,所包含的非单值的同类物理量间呈固定比例,似乎是没有意义的。

例如,如上节我们所举的在潜体绕流阻力过程的相似系统中,要求相似系统中潜体表面上的压力 p 间呈固定比值是没有意义的,亦即不需要在模型和原型中相应点上的压力 p 间的比值一定要满足比值固定,即

$$\lambda_P\left(=\frac{P_2}{P_1}\right) \neq \lambda_F \qquad (13\text{-}121)$$

式中,λ_F 为原型与模型相应点上的惯性力相似比数,根据相似的基本定义可知,这是因为对于绕流阻力起决定性作用的是表面上相互对应点上的压差,亦即原型与模型中相对两点上的压差间呈固定比值的条件下即可满足相似,即

$$\lambda_{\Delta P}\left(=\frac{\Delta P_1}{\Delta P_2}\right) \tag{13-122}$$

又如我们在研究相似系统压力管路中水流运动规律时,如在上节的第二个例子中,能保持在系统中相应点上的压差值之间呈固定比例的条件下,即满足公式(13-122)之关系条件,则相似系统中各相应质点上的压力 P 及重力 G 之间可以不必满足下式

$$\lambda_P\left(=\frac{P_1}{P_2}\right)=\lambda_G\left(=\frac{G_1}{G_2}\right)=\lambda_F \tag{13-123}$$

同样,在上节的第三个例子中,相似的明渠水流中,相应质点上的压力 P 之间呈固定比值也是没有必要的。

通过以上分析结果可知,在自然界的相似物理过程中相应点上的同类单值物理量间呈固定比值。换句话说,在一系列物理过程中,具有相应点,且各相应点上同类单值物理量间呈固定比例时,则系统相似。

不难看出,上面所得出的结论修正了在第二节中所给出的相似基本定义的内容。显然,作为系统相似的一个必要和充分条件应该是本节的上述内容。从相似的这一基本含义出发,我们还可以推论,即:

描述过程的微分方程式相同,微分方程式中相应点上的单值条件相似,则过程相似,反之亦然。

13.6.5　决定性准数与非决定性准数

在第四节中,我们已经对相似准数的一般性问题作了初步介绍,本节我们将就决定性准数与非决定准数的性质再作进一步讨论。

我们知道,参与任何一个物理过程的物理量,都可以分为两类,一类是与该过程呈单值函数关系起决定性作用的所谓单值物理量,另一类则是对于该物理过程不起决定性作用的所谓非单值物理量。针对描述一个物理过程的物理方程式而论,除了过程的一般性微分方程之外,还应当包括这个微分方程式特解的边界条件和初始条件在内,即应包括含有单值物理量的边界条件和初始条件。

根据相似准数的含义和它们的推导过程可知,参与一个物理过程的物理量包括单值物理量和非单值物理量,这两类物理量均应包含在这一准数之中。从而,准数亦应分为两类,一类准数的综合数群中,不含有非单值物理量,这类准数无疑与物理过程呈单值关系,称为决定性准数。另外一类,在组成相似准数的无量纲数群中,可能出现一个或一个以上的非单值物理量,按照非单值物理量的含义,不难得出,这类相似标准与过程,亦不存在着一个唯一性的关系,即相应点之间相应量在数值上的同一,亦不是物理过程相似成立的唯一性标志,我们把这类相似准数称为**非决定性准数**。例如,在前面研究潜体绕流阻力,有压管水流运动和明渠恒定流运动等问题中,点压力 p 都是一个非单值物理量从而在上述物理过程相似系统中,包含压力 p 的欧拉准数, $Eu=u^2/(2p/\rho)$,则为一个**非决定性相似准数**。又如,重力加速度 g ,在有压管水流中,也是一个非单值物理量,因此在上述物理过程相似体系中,包含 g 的

弗汝德准数 $Fr=u^2/gl$,自然也就属于**非决定性相似准数**。

在这里,必须着重指出,决定性相似准数与非决定性相似准数并不是相似准数所固有的特性,而是与我们所研究的具体物理过程性质有关的,例如,我们在研究潜体绕流阻力时如果把一点上的压力 p 变换成一点上的压差 dp,则此 dp 为潜体绕流阻力。有压管水流以及明渠恒定流问题中的单值物理量。从而在标志相似过程的相似准数中,以 dp 所表示的欧拉准数 $Eu=u^2/(2dp/\rho)$ 就成为一个决定性相似准数。

综观上述可知,在一系列的物理过程中,相应点上决定性相似准数的同一是系统相似的必要和充分条件。

13.7　相似理论在水力学求解公式中的应用

13.7.1　概述

在科学研究时,自然界中很多物理现象的物理量间相互关系是有一定的规律的,这就是量纲分析中量纲的齐次性以及 π 定理。本节就是利用量纲分析和 π 定理的方法,建立水力学中物理过程的表达式,然后,根据试验建立一些经验公式。

13.7.2　管流阻力公式

现在利用量纲分析的方法,研究管路沿程阻力:

圆管中水流阻力引起的压力降 Δp,与流体密度 ρ,管内平均流速 U,管径 d,管长 L,流体的运动粘度 v 以及管壁粗糙度 Δ 有关,因此可以写出下列函数关系式:

$$\Delta p = f(\rho,U,d,l,v,\Delta) \tag{13-124}$$

取 ρ,U,d 作为基本量,根据 π 定理可以写成无因纲关系式:

$$\pi_1 = \rho^a U^b d^c \Delta p = [ML^{-3}]^a[LT^{-1}]^b[L]^c[ML^{-1}T^{-2}] = M^0L^0T^0$$

即:

$$M:a+1=0$$

$$L:-3a+b+c-1=0$$

$$T:-b-2=0$$

$$a=-1,b=-2,c=0$$

所以:$\pi_1=\Delta p/\rho U^2$,类似方法有 $\pi_2=L/d$,$\pi_3=dU/v=\mathrm{Re}$,$\pi_4=\Delta/d$

因此,$\pi_1 = f(\pi_2,\pi_3,\pi_4)$,即:

$$\frac{\Delta p}{\rho U^2} = f\left(\frac{L}{d},\mathrm{Re},\frac{\Delta}{d}\right) = \frac{L}{d}f\left(\mathrm{Re},\frac{\Delta}{d}\right) \tag{13-125}$$

或

$$h_f = \frac{\Delta p}{\rho g} = \lambda \frac{L}{d} \frac{U^2}{2g} \qquad (13\text{-}126)$$

所以,管道沿程损失沿程阻力系数:

$$\lambda = f\left(\mathrm{Re}, \frac{\Delta}{d}\right) \qquad (13\text{-}127)$$

13.7.3　圆球绕流阻力公式

球体在流体中运动,所受阻力 R 与流体动力粘性系数 μ,密度 ρ,球的半径 r,直径 D 及球的运动速度 U 有关。试用 π 定理给出阻力的表达式。

将该流动问题所涉及的物理量共有 $n=5$,涉及的基本量纲 $[M]$,$[L]$,$[T]$,即基本量个数 $p=3$。

选 ρ, U, d 为基本量(循环量),可组成余下的 $n-p=2$ 个无量纲数 π_1 和 π_2 的组合。

$$\pi_1 = R\rho^a U^b D^c = MLT^{-2}(ML^{-3})^a(LT^{-1})^b(L)^c = M^{1+a}L^{1-3a+b+c}T^{-2-b}$$

$$\pi_2 = \mu\rho^a U^b D^c = ML^{-1}T^{-1}(ML^{-3})^a(LT^{-1})^b(L)^c = M^{1+a}L^{-1-3a+b+c}T^{-1-b}$$

因为 π_1 和 π_2 为无量纲数,所以分别有:

$$
\begin{cases} 1+a = 0 \\ 1-3a+b+c = 0 \\ -2-b = 0 \end{cases}
\qquad
\begin{cases} 1+a = 0 \\ -1-3a+b+c = 0 \\ -1-b = 0 \end{cases}
$$

解上述两个代数方程组分别得:

$$a = -1, \qquad b = -2, \qquad c = -2$$
$$a = -1, \qquad b = -1, \qquad c = -1$$

所以两个无量纲数分别为:

$$\pi_1 = \frac{R}{\rho U^2 D^2}, \quad \pi_2 = \frac{\mu}{\rho U D}$$

球体在流体中运动的五个物理量通常由函数式: $R = f(U, D, \rho, \mu)$ 来描述,但是 R 与 U,D, ρ, μ 的具体函数关系目前还无法通过理论分析的方法确定,只能由试验得到。现在用无量纲数来描述,变成了两个独立的无量纲数的函数关系:

$$\frac{R}{\rho U^2 D^2} = F\left(\frac{\mu}{\rho U D^2}\right) = F(\mathrm{Re}) \qquad (13\text{-}128)$$

或写为阻力系数:

$$C_R = F(\mathrm{Re}) \qquad (13\text{-}129)$$

原来问题得到了简化。

第 14 章　模型试验专题

模型试验就是在模型中重演与原型相似的水流现象,以观测分析研究水流的运动规律。当原型水流由于各种原因不能直接进行量测,同时普遍的理论模式和简单概化的实验又不能反映其复杂的水流情况时,就须制作专门的模型进行试验。

模型试验中,水流被缩小(或放大)了若干倍,而其几何形态、运动现象、主要动力特性,却仍应与原型相似。同一模型中不同物理量(如深度、流速、压强等)的缩小倍数(即比尺)并不相同,但它们之间必须保持一定的比例关系。这关系不能任意设定,而必须服从由基本物理方程或因次分析所导出的相似准则。

例如,为保持重力相似,要弗劳德数 $Fr=U/(gh)^{1/2}$ 相等;黏滞力相似,要雷诺数 $Re=Ul/v$ 相等;浮力相似,要理查孙数相等。式中 U、L、v、ρ 和 g 分别为流速、特征长度、运动黏滞系数、密度和重力加速度。为服从弗劳德相似准则,$Fr_m=Fr_p$,式中 m、p 各表示模型、原型,应使这就是不同物理量的比尺之间应保持的关系。而如果想使模型达到严格相似,往往要求遵循数个相似准则,这是难以做到的,只能根据水流特性、研究目的和试验条件而选定最主要的准则,以保持主要方面的相似,并使次要方面的影响限制在可容许的范围之内。这些都是模型相似理论所探讨的内容。

模型中观察水流现象、量测水力要素、并按相似律推算引伸,就可了解或预见原型水流的运动规律,据以修改河渠、管道、水工建筑物或水力机械的工程设计。试验模型有下列几种分类:①按试验空间范围分为断面模型和整体模型;②按几何形状分为正态模型和变态模型;③按固体边界情况分为定床模型和动床模型;④按水流单相或多相分为清水模型、浑水模型或掺气模型;⑤按研究对象分为管、渠、建筑物、机械等以外,还有研究多孔介质中流动的渗流模型、研究波动的波浪模型、研究空化的真空模型等。

进行模型试验,需有专门的试验设施,如循环系统、试验水槽、水洞、生波器、减压箱等,还要配置各种量测仪表以及记录和数据处理设备。现代的计算手段,可代替一部分简单的水流模型试验,但模型试验仍是不可缺少的研究手段,而且将日益发展进步,二者互相验证补充,互相结合提高,即**复合模型**。

14.1　水工建筑物模型试验专题

14.1.1　相似理论是水力模型试验的基础

相似理论是水力模型试验的基础,但是由于在水力模型的实践中还会受到一些技术条件的限制,欲达到模型严格完全相似,一般是困难的,有时甚至是不可能的。所以可抓住主要因素求得近似的相似,亦即保证实现在现象中起主要控制作用的物理量间的相似。

为了更全面了解试验的具体方法,下面介绍相似理论在指导水力模型试验上的一般应用情况。

由于牛顿相似定律: $\lambda_F = \lambda_\rho \lambda_L^2 \lambda_v^2$,可以看出在模型试验中有三个比尺($\lambda_\rho$、$\lambda_L$、$\lambda_v$)选择的自由。由于在模型中通常采用与原型中相同的液体,故 $\lambda_\rho = 1$ 已被确定,不能自选。又由于任一种力量的作用,就增加限制比尺选择的条件,例如重力作用,则增加一条附加条件为

$$\lambda_G = \lambda_\rho \cdot \lambda_g \lambda_L^3 \tag{14-1}$$

由于在一般情况下,$\lambda_g = 1$。因此自由选择的比尺就只剩下一个了。显然,这是实现模型的最低要求。因此在满足包括有两个或两个以上的力的力系相似,技术上是不可能的。这样在实践中就不得不放弃严格的确切的相似,确定主要作用力,抓住主要矛盾。

1. 重力起主要作用的水流,则按弗劳德相似准则设计模型,即

$$F_r = \frac{v^2}{gL} = idem \ , \ 或 \ \frac{\lambda_v^2}{\lambda_g \lambda_L} = 1 \tag{14-2}$$

由此可得出流速比尺为

$\lambda_v = \sqrt{\lambda_g \lambda_L}$ 通常 $\lambda_g = 1$

所以 $\lambda_v = \lambda_L^{1/2}$ \hfill (14-3)

流量比尺 $\lambda_Q = \lambda_\Omega \cdot \lambda_v = \lambda_L^2 \cdot \lambda_L^{1/2} = \lambda_L^{5/2}$ \hfill (14-4)

时间比尺 $\lambda_t = \dfrac{\lambda_L}{\lambda_v} = \dfrac{\lambda_L}{\lambda_L^{1/2}} = \lambda_L^{1/2}$ \hfill (14-5)

力的比尺 $\lambda_F = \lambda_\rho \lambda_L^2 \lambda_v^2 = \lambda_L^2 (\lambda_L^{1/2})^2 = \lambda_L^3$ \hfill (14-6)

其他量的比尺列于表 14.1 中。

表 14.1　各模型定律比尺关系表($\lambda_\rho = 1$, $\lambda_v = 1$)

名称	比尺			
	弗劳德准则(重力)	雷诺准则(粘滞力)	韦伯准则 (表面张力)	柯西准则(弹性力)
线性比尺 λ_L	λ_L	λ_L	λ_L	λ_L
面积比尺 λ_Ω	λ_L^2	λ_L^2	λ_L^2	λ_L^2
体积比尺 λ_V	λ_L^3	λ_L^3	λ_L^3	λ_L^3
流速比尺 λ_v	$\lambda_L^{1/2}$	λ_L^{-1}	$\lambda_\sigma^{1/2}\lambda_L^{-1/2}$	$\lambda_K^{1/2}$
流量比尺 λ_Q	$\lambda_L^{5/2}$	λ_L	$\lambda_\sigma^{1/2}\lambda_L^{3/2}$	$\lambda_K^{1/2}\lambda_L^2$
时间比尺 λ_t	$\lambda_L^{1/2}$	λ_L^2	$\lambda_\sigma^{-1/2}\lambda_L^{3/2}$	$\lambda_K^{-1/2}\lambda_L$
力的比尺 λ_F	λ_L^3	$\lambda_L^0 = 1$	$\lambda_\sigma\lambda_L$	$\lambda_K\lambda_L^2$
压强比尺 λ_p	λ_L	λ_L^{-2}	$\lambda_\sigma^{-1}\lambda_L^{-1}$	λ_K
功比尺 λ_E	λ_L^4	λ_L	$\lambda_\sigma\lambda_L^2$	$\lambda_K\lambda_L^3$
功率比尺 λ_N	$\lambda_L^{3.5}$	λ_L^{-1}	$\lambda_\sigma^{3/2}\lambda_L^{1/2}$	$\lambda_K^{3/2}\lambda_L^2$

2. 粘滞力其主要作用的水流，则按雷诺准则设计模型，即

$$\mathrm{Re} = \frac{\upsilon d}{\nu} = idem \text{，或} \frac{\lambda_\upsilon \lambda_L}{\lambda_\nu} = 1 \tag{14-7}$$

由此得出流速等量的比尺为

$$\lambda_\upsilon = \lambda_\nu \lambda_L^{-1} \tag{14-8}$$

$$\lambda_Q = \lambda_\nu \lambda_L \tag{14-9}$$

$$\lambda_t = \lambda_L^2 \lambda_\nu^{-1} \tag{14-10}$$

$$\lambda_F = \lambda_\rho \lambda_L^2 \lambda_\upsilon^2 \lambda_L^{-2} = \lambda_\nu^2 \tag{14-11}$$

若 $\lambda_\nu = 1$，即试验时，模型中液体的粘滞系数与原型相同，则

$$\lambda_\upsilon = \lambda_L^{-1} \text{，} \lambda_Q = \lambda_L \text{，} \lambda_t = \lambda_L^2 \text{，} \lambda_F = 1 \text{，} \cdots \cdots$$

其他力其主要作用的模型各比尺见表 14.1。

3. 在两个力（重力与粘滞力）同时作用下，实现水力模型确切相似的特例。

由以上可知，重力作用要求模型与原型的流速比尺 λ_v 为

$$\lambda_\upsilon = \lambda_L^{1/2}$$

粘滞力作用则要求

$$\lambda_\upsilon = \lambda_\nu \lambda_L^{-1}$$

重力与粘滞力同时作用，则必须

$$\lambda_L^{1/2} = \lambda_\nu \lambda_L^{-1}$$

即 $\lambda_\upsilon = \lambda_L^{1.5}$ 或 $v_M = \dfrac{v_H}{\lambda_L^{1.5}}$

就是说，要实现重力与粘滞力同时相似，则要求模型中液体的运动粘滞系数 v_M 与原型的 v_H 之间遵循以上关系，这显然是难于实现或很不经济的。

但在水流处于紊流阻力平方区时，情况则有所不同。我们知道，在阻力平方区中，水流阻力主要为动量交换所产生的紊动切应力，粘滞力可以忽略不计。即此时阻力 T 为

$$T = \rho l^2 \left(\frac{\mathrm{d}u}{\mathrm{d}y} \right)^2 \cdot \Omega \tag{14-12}$$

由此得 $\lambda_T = \lambda_\rho \lambda_L^2 \lambda_v^2$，它与惯性力比尺 $\lambda_F = \lambda_\rho \lambda_L^2 \lambda_v^2$ 是相同的。这就是说，在阻力平方区中忽略粘滞切应力之后，自然遵循的规律，亦即毋需人为控制而自动模型化的过程。因此，我们又常称紊流阻力平方区为自动模型区。

在这样的情况下，除了阻力作用外，尚受着重力的作用，则在维持模型水流亦处于阻力平方区内时，就只须保持重力相似（ Fr 数相等），即可获得相似的水流。

14.1.2 水力模型的设计问题

在进行水力模型试验时，必须首先确定该水利现象中起主要作用的力，从而选定模型定律，作为模型比尺选择的依据。当选择比尺时，除了考虑工作期限、经费、占用场地面积、实

验室所能供给的流量及测量技术精度等方面外,还应注意以下事项

1. 流态相似

当按弗劳德数设计模型时(即在大多数水工建筑物模型试验、波浪模型试验及河工模型试验中),模型比尺的选择则要考虑到模型中水流的流态应与原型中流态相似,否则就不能达到水流相似的目的。如何判别流态? 关于在管流和河渠中的判别标准在第三章中我们已经讲到了。在波浪运动中,雷诺数 Re_w 则可用下式表示

$$Re_w = \frac{\bar{u}L}{v} \tag{14-13}$$

式中: $\bar{u}$ 为水质点平均轨迹速度; L 为波长。

当 $Re_w > 10^6 \sim 10^7$ 时,则为紊流。

2. 保持粗糙方面的相似

在水工建筑物水力模型试验的许多情况中(例如研究溢流坝的流量系数,上下游水流的衔接形式及消能工的作用等),由于结构物纵向长度较短(高溢流坝除外),局部阻力起主要作用,保证模型的几何相似,即可近似达到阻力相似(因紊流中局部阻力仅与几何形状有关)。此外,在港工模型实验中,由于在波浪运动中粘滞力的影响较小,常可不加考虑。故在以上所提到的情况中,重力占有主要的作用。因此,现象相似的决定准数为 Fr ,按 Fr 设计的模型,可以不必考虑粗糙方面的相似,对水力模型试验的结果不致产生太大的影响。

但是在河工模型、高坝溢流及船闸输水廊道等的实验中,则必须考虑沿程阻力的影响,即在模型中应当保证粗糙方面的相似。

欲实现水流的阻力相似,须使模型与原型中的阻力系数相等。在紊流中的阻力系数,根据曼宁公式

$$C = \frac{1}{n} R^{1/6} , \text{即}$$
$$\lambda_C = \lambda_n^{-1} \lambda_R^{1/6} \tag{14-14}$$

对于正态模型(即平面比尺与深度比尺相同), $\lambda_R = \lambda_L$,则上式变为

$$\lambda_C = \lambda_n^{-1} \lambda_L^{1/6} \tag{14-15}$$

欲达成相似,则 $\lambda_C = 1$,故

$$\text{即} \quad \left. \begin{array}{l} \lambda_n = \lambda_L^{1/6} \\ n_M = \dfrac{n_H}{\lambda_L^{1/6}} \end{array} \right\} \tag{14-16}$$

式(14-16)说明,欲使模型与原型粗糙方面保持相似,则模型糙率 n_M 应按(14-16)来制做。这样做要求模型表面甚为光滑,由于材料或技术条件的限制,这在有些情况下是不易做到的(有关模型材料的糙率见表 14.2)。在实践中往往采取其他途径来满足粗糙方面的相似,例如在河工模型试验中则常采用变态模型 [即线性比尺在三个方向(纵、横、竖)不相等的模型] 一满足相似的要求。

表 14.2　　各种模型材料的糙率 n 值表

材料名称	混凝土	塑料或玻璃	木板烫蜡	刨光木板	普通木板	新铁板	贴砂 $\bar{d}$（mm）	
							$\bar{d}=0.5$	$\bar{d}=1.0$
糙率 n	0.014	0.007	0.008 5	0.009~0.01	0.011~0.012	0.011	0.013	0.016

3. 在研究孤立柱波浪力的模型实验中的比尺选择：

绕孤立柱的波浪力系又拖曳力及惯性力两部分组成，可用莫里逊 Morison 公式计算

$$\mathrm{d}F = \rho C_D D \frac{u^2}{2} + \rho C_M \frac{\pi D^2}{4} \frac{\partial u}{\partial t} \tag{14-17}$$

式中：D 为桩柱直径；u 为质点运动速度；

C_D 为曳力系数；C_M 为惯性力系数。

在波浪绕大尺度（$D/L>0.5$，L 为波长）孤立柱的波浪力中，其惯性力占优势拖曳力较小。因此，按 Fr 相似准则设计的模型，可以很好的复制与原型相似的现象，即使采用较小的线性比尺也可以达到。但在小尺度（D/L 较小）孤立柱的波浪力中，曳力则占主要成分，则不能获得较为可靠的相似模型。因此，在此种情况下，比尺应选得大一些较好。

4. 如果在原型中某一部分产生气蚀，那么在模型的相应部位亦应发生相应程度的气蚀。但是这样的条件只有在减压箱内才能实现，亦即只有在大气压力模型化了之后才能实现。

5. 当研究关于泥沙问题时，除了保持水流相似之外，尚需达到模型中的泥沙运动也应与原型相似（所谓泥沙运动相似，系指底沙运动及泥沙沉降和悬浮方面的相似）。

6. 在研究有关波浪模型试验和带波动的流动现象 [如水流绕固定障碍物（桥墩、边墩……等）的流动] 的模型实验中，为了实现与原型主要作用力的相似，如果在原型水流中表面张力不起主要作用，那么在模型中必须力求表面张力的影响亦减小到最小程度。

在波浪理论中可知，水深为 d，在重力作用下波长为 L 的进行波波速计算公式为

$$C = \sqrt{\frac{gL}{2\pi} th \frac{2\pi d}{L}}$$

此公式在波长很小时是不正确的。因为，长度较短的波除重力以外，表面张力也是显著的，它对波速的大小有着重要的影响。考虑到表面张力的影响，则深水进行波的波速近似地由下式计算：

$$C = \sqrt{\frac{gL}{2\pi} + \frac{2\pi\sigma}{\rho L}} \tag{14-18}$$

式中：σ 为表面张力系数；ρ 为密度。根据（14-18）可绘出 C 与 L 的关系曲线，如图 14.1。

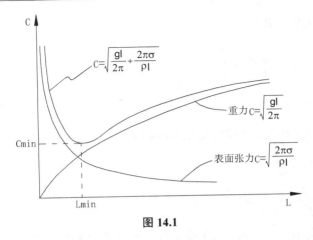

图 14.1

从式（14-18）可看出，根号内第一项（是由重力产生的）同波长直接成正比；而第二项（是由表面张力产生的）则成反比。波长若很长，则第二项可忽略不计，于是式（14-18）就变成为重力波了（$C=(gL/2\pi)^{1/2}$）。对于波长很短的波，那么波速 C 几乎完全取决于式（14-18）的第二项，这就是通常所谓的毛细波，进行波的波速为

$$C = \sqrt{\frac{2\pi\sigma}{\rho L}} \qquad\qquad (14\text{-}19)$$

由图 14.1 可看出：$L<L_{min}$（或 $C<C_{min}$）的波为毛细波（表面张力为主）；$L>L_{min}$（或 $C>C_{min}$）的波为重力波（重力为主）。将式（14-19）对 L 微分，并使 $dC/dL=0$，则得

$$L_{min} = \pi\sqrt{\frac{\sigma}{\rho g}} \text{ 和 } C_{min} = \sqrt[4]{\frac{4\sigma g}{\rho}} \qquad\qquad (14\text{-}20)$$

将水和空气的 σ（20℃）及 ρ 值带入式（14-20）得：

$$C_{min}=23.4 \text{ cm/s}, L_{min}=7.74 \text{ cm}$$

根据以上分析可得出以下结论：在进行有关波浪的模型试验中，若原型水流一重力为主，则在选择模型线性比尺时，应注意不应使模型过小，即应使模型的波速大于 23.4 cm/s 时才可不考虑表面张力的影响。因此，按 Fr 设计的模型，必须使模型之 $C>C_{min}$，方能正确复制与原型相似的现象。

此外，在进行重力波的模型试验时，应尽量使生波机所产生的波浪，其波高不小于 2-3 厘米，方能减小表面张力的影响。

14.1.3　水力模型的设计问题

例 14-1　采用缩尺比为 1/20 的潜艇模型在水洞中进行试验，潜艇长 L，速度 U，海水密度 ρ，运动粘性系数 v，潜艇的阻力 F；试验用水密度 ρ_m，运动粘性系数 v_m，设流动定常，确定：1）水洞试验时的水速，2）潜艇与模型的阻力比。

解：1）采用雷诺数相似，潜艇原型的雷诺数为：$\text{Re} = \dfrac{UL}{v}$，按照缩尺比 $\dfrac{L_m}{L} = \dfrac{1}{20}$，

模型试验的雷诺数为 $\mathrm{Re} = \dfrac{U_m L_m}{v_m}$

两雷诺数应该相等：$\dfrac{U_m L_m}{v_m} = \dfrac{UL}{v}$

得模型试验水速 $U_m = \dfrac{L}{L_m} \dfrac{v_m}{v} U = 20 \dfrac{v_m}{v} U$

2）由阻力系数相等（阻力系数也是相似准则数）：

$$C_D = \frac{F_m}{\rho_m U_m L_m^2} = \frac{F}{\rho U L^2}$$

所以 $\dfrac{F}{F_m} = \dfrac{\rho_m U_m L_m^2}{\rho U L^2} = \dfrac{1}{400} \dfrac{\rho_m}{\rho} 20 \dfrac{v_m}{v} \dfrac{U}{U} = \dfrac{1}{20} \dfrac{\rho_m}{\rho} \dfrac{v_m}{v}$

例 14-2 已知实船长 $L = 100\ \mathrm{m}$，$Fr = 0.4$，船模速度 $U = 1\ \mathrm{m/s}$，考虑兴波阻力实验下的船模长度和实船速度。

解：由佛鲁德数相等

$$\frac{U_m}{\sqrt{L_m g}} = 0.4$$

船模长度为 $L_m = \left(\dfrac{U_m}{0.4}\right)^2 / g = \left(\dfrac{1.0}{0.4}\right)^2 / 9.81 = 0.637 m$

由 $\dfrac{U}{\sqrt{Lg}} = 0.4$　得：$12.53\ \mathrm{m/s}$

例 14-3 船用螺旋桨转数为 800 转 / 分，模型缩尺比为 1/10，考虑粘性相似求模型转速。

解：螺旋桨的线速度为 nD

所以　　$\mathrm{Re} = \dfrac{nD^2}{v} = \dfrac{n_m D^2_m}{v}$　　$\dfrac{D_m}{D} = \dfrac{1}{10}$

$$n_m = \left(\frac{D}{D_m}\right)^2 n = 100 \times 800 = 80000 \text{ 转 / 分}$$

例 14-4 缩尺比为 1:64 的船模，模型试验测得兴波阻力 $10N$，求原船的兴波阻力。

解：由兴波阻力系数相等：$C_w = \dfrac{F_{wm}}{\dfrac{1}{2} \rho U^2_m A_m} = \dfrac{F_w}{\dfrac{1}{2} \rho U^2 A}$

佛鲁德数相等 $F_r = \dfrac{U_m}{\sqrt{L_m g}} = \dfrac{U}{\sqrt{Lg}}$

速度之比：$\dfrac{U_m}{U} = \dfrac{\sqrt{L_m}}{\sqrt{L}} = \dfrac{1}{8}$

面积之比：$\dfrac{A_m}{A} = \left(\dfrac{L_m}{L}\right)^2 = \dfrac{1}{4096}$

原船的兴波阻力 $F_w = 10 \times \dfrac{U^2}{U^2_m} \dfrac{A}{A_m} = 10 \times 64 \times 4069 = 2604160\mathrm{N}$

14.2　河工模型试验专题

研究挟沙河流河床演变问题时,进行动床河工模型试验常是重要的手段之一。动床河工模型也有正态和变态之分。在下述模型的设计讨论中,将垂直比尺 λ_h 和水平比尺 λ_l 加以区别表示,是为了使相似比尺的关系既适用于变态模型,又适用于正态模型,对于后一种情况,只要将 λ_h 换为 λ_l 即可。

14.2.1　水流运动相似

水流运动的相似,包括水流纵向运动的相似、横向运动的相似、纵向流速垂线分布的相似及水流紊动的相似。

要想使变态模型和原型水流运动相似,应满足下列四个相似条件:

（1）从重力相似条件可得流速比尺:

$$\lambda_v = \lambda_h^{\frac{1}{2}} \tag{14-21}$$

（2）从阻力相似条件可得糙率比尺:

$$\lambda_n = \frac{\lambda_h^{2/3}}{\lambda_v} \lambda_J^{\frac{1}{2}} \tag{14-22}$$

（3）比降相似条件:

$$\lambda_J = \frac{\lambda_h}{\lambda_l} \tag{14-23}$$

（4）水流运动时间相似条件:

$$\lambda_t = \frac{\lambda_l}{\lambda_v} = \frac{\lambda_l}{\lambda_h^{1/2}} = e^{\frac{1}{2}} \lambda_l^{\frac{1}{2}} \tag{14-24}$$

根据式（14-21）、（14-23）和（14-2）可写成

$$\lambda_n = \frac{\lambda_h^{2/3}}{\lambda_l^{1/2}} = \frac{\lambda_h^{1/6}}{e^{1/2}} \tag{14-25}$$

对于研究需要保持纵向水流垂线速分布相似、环流运动相似或具有水工建筑物的情况,则要求模型做成正态,即保持几何相似,使 $\lambda_l = \lambda_h$。但实践证明,在变态率不大的模型内,垂线流速分布的偏差是不大的。

实践证明,在河工模型试验中要想满足冲淤相似同时又要满足重力相似准则和阻力相似准则是相当困难的,有时在重力相似条件和阻力相似条件之间必须允许有些偏离。由于平原河道内流速水头的变化远小于阻力,因此可以允许重力准则有所偏离而不致产生很大误差。而对坝区模型则重力准则必须予以满足而允许阻力准则有所偏离。此外,在动床河工模型中模型的床面糙率与床面形态有关,主要取决于所选用的模型沙模拟沙波运动的相似程度,所以阻力相似还应结合模型沙性能进行综合考虑。

14.2.2 泥沙运动的相似

动床泥沙模型试验的最终目的是对河床的泥沙冲淤变化进行预报,这就要求达到模型与原型河床冲淤变形的相似,而河床冲淤变形是泥沙运动的综合体现,因此必须首先要求各种泥沙运动的相似。泥沙运动的相似,包括推移质运动的相似、悬移质运动的相似和河床冲淤变形的相似,有时还要求异重流运动的相似。本书中主要对推移质运动的相似、悬移质运动的相似加以介绍。

(一)推移质运动的相似

推移质运动的相似主要是要求泥沙起动的相似和推移质输沙率的相似。

1.泥沙起动的相似

泥沙的起动一般有两种表达方式,一种是用起动流速,一种是用临界拖曳力。在我国多采用起动流速的表示方法。

推移质泥沙多为散粒体,其颗粒起动流速公式的基本形式可写成

$$U_c = K_1 \left(\frac{h}{d}\right)^y \sqrt{K_2 \left(\frac{\gamma_s - \gamma}{\gamma}\right) gd} = K \left(\frac{h}{d}\right)^y \sqrt{\frac{\gamma_s - \gamma}{\gamma} gd} \tag{14-26a}$$

也有人建议采用

$$U_c = \psi \sqrt{\frac{\gamma_s - \gamma}{\gamma} gd} \tag{14-26b}$$

应指出,对于起动流速公式而言,公式(14-26a)比公式(14-26b)多了一项(h/d),反映了床面的相对粗糙,显示了水深的影响,从而又该是所导出的起动流速比尺和粒径比尺更为合理。

式(14-26a)中指数 y 可等于 1/5—1/7,一般可取 $y=1/6$,从而可得到起动流速比尺

$$\lambda_{U_c} = \lambda_k \left(\frac{\lambda_h}{\lambda_d}\right)^y \lambda_{(\gamma_s - \gamma)/\gamma}^{1/2} \lambda_d^{1/2} \tag{14-27}$$

为了达到泥沙起动现象的相似,即保证模型和河床活动性相似,这要求水流运动和泥沙运动一致,λ_{U_c} 应该等于水流速度比尺 λ_U,即,

$$\lambda_{U_c} = \lambda_U \tag{14-28}$$

于是可得

$$\lambda_{U_c} = \lambda_U = \lambda_k \left(\frac{\lambda_h}{\lambda_d}\right)^y \lambda_{(\gamma_s - \gamma)/\gamma}^{1/2} \lambda_d^{1/2} \tag{14-29}$$

模型沙的类型和粒径的大小,不仅涉及起动流速问题而且还与糙率问题和模型变态问题有关。因此,模型沙的选择工作是非常重要的。

从起动流速公式可以看出,当水深一定时,影响起动流速的主要因素是泥沙的重度 γ_s、粒径 d 和几何比尺。如果采用天然沙做模型沙,则 $\lambda_{(\gamma_s - \gamma)/\gamma}=1$,同时 $\lambda_U = \lambda_h^{1/2}$,所以式(14-29)成为

$$\lambda_U = \lambda_h^{1/2} = \lambda_k \left(\frac{\lambda_h}{\lambda_d} \right)^y \lambda_d^{1/2} \tag{14-30}$$

这就要求 $\lambda_d = \lambda_h$，即模型沙的粒径需要按垂直比尺去缩小，这时，如果原型沙的粒径较小，或垂直比尺较大，或原型沙粒径既小而同时垂直比尺又大，则模型沙的粒径将要求很小，而当粒径小到一定程度时，粘滞力就其主导作用，就不会获得起动的相似。

但从起动流速公式（14-26）可知，不同的重度和粒径的模型沙，就为满足起动相似提供了可能性。根据 $\lambda_U = \lambda_h^{1/2}$，从式（14-29）可得

$$\lambda_h^{1/2} = \lambda_k \left(\frac{\lambda_h}{\lambda_d} \right)^y \lambda_{(\gamma_s-\gamma)/\gamma}^{1/2} \lambda_d^{1/2} \tag{14-31}$$

即

$$\lambda_d = \frac{\lambda_h}{\lambda_k^{2/(1-2y)} \lambda_{(\gamma_s-\gamma)/\gamma}^{1/(1-2y)}} \tag{14-32}$$

公式（14-26a）中的 K 值，应和推移质在床面上的补给何分布有关。原型推移质的 K 值可通过分析实测资料确定，模型的 K 值可以通过水槽试验确定，然后决定 λ_k 值。在缺乏实测资料时，只好采用 $\lambda_k = 1$。

若令 $\lambda_k = 1$，并取 $y = 1/6$，则

$$\lambda_d = \frac{\lambda_h}{\lambda_{(\gamma_s-\gamma)/\gamma}^{3/2}} \tag{14-33}$$

从上式可以看出，$\lambda_{(\gamma_s-\gamma)/\gamma}$ 越大，也就是说，如果选用重度 γ_s 比天然沙为小的模型沙，就能增大模型沙的粒径 d_m，所选模型沙的重度越轻，也越能增大模型沙的粒径的 d_m。这种重度比天然沙重度小的模型沙，通常称为轻质沙。所以，采用轻质沙是解决模型沙粒径过细的办法之一。

从公式（14-33）除了可以看出模型沙的重度 γ_s 对其粒径 d_m 的影响之外，还可以看出模型的几何比尺对模型沙粒径的影响。垂直比尺 λ_h 越小，越能增大模型沙的粒径，所以要使模型沙粒径较大，也可以选用较小的垂直比尺 λ_h。如果在公式（14-23）引入变态率 $e = \lambda_l/\lambda_h$，可得

$$d_m = \frac{d_p}{\lambda_l} e \lambda_{(\gamma_s-\gamma)/\gamma}^{3/2} \tag{14-34}$$

从上式可以看出，当水平比尺 λ_l 选定后，变态率 e 愈大，愈能增大模型沙的粒径，所以采用变态模型也是增大模型沙粒径的办法之一。

综上，选用轻质沙和采用变态模型时增大模型沙粒径的两种方法，目前在动床河工模型设计时，或者采用其中的一种或者两者同时采用。同时是否选定轻质沙和是否采用变态模型，要对具体情况进行具体分析，必须进行综合考虑后确定。

2. 推移质输沙的相似

推移质输沙的相似条件，可以从推移质输沙率公式导得。推移质公式很多，比较常见的有梅叶—彼得（Mayer—peter）公式，爱因斯坦（Einstein）公式，拜格诺（Bagnolds）公式，雅林（yalin）公式等。这里仅讨论梅叶—彼得公式。

梅叶—彼得推移质输沙率公式为

$$q_b = \dfrac{\left[\left(\dfrac{k_s}{k_r}\right)^{3/2} \gamma hJ - 0.047(\gamma_s - \gamma)d\right]^{3/2}}{0.125\left(\dfrac{\gamma}{g}\right)^{1/2}\left(\dfrac{\gamma_s - \gamma}{\gamma_s}\right)}$$ （14-35）

可以利用爱因斯坦推移质输沙强度 $\phi = \dfrac{q_b}{\lambda_s}\left(\dfrac{\gamma}{\gamma_s - \gamma}\right)^{1/2}\left(\dfrac{1}{gd^3}\right)^{1/2} = \dfrac{q_b}{\gamma_s \omega d}$ 和水流强度

$\psi = \dfrac{\rho_s - \rho}{\rho}\dfrac{d}{hJ} = \dfrac{\gamma_s - \gamma}{\gamma}\dfrac{d}{hJ}$，并设沙粒糙率和河道之比 $\dfrac{k_s}{k_r} = 1$，可将梅叶—彼得公式转化为下

列形式：

$$\dfrac{q_b}{\lambda_s \omega d} = 8\left(\dfrac{\gamma}{\lambda_s - \gamma}\dfrac{dJ}{d} - 0.047\right)^{3/2}$$

即　　$\phi = 8\left(\dfrac{1}{\psi} - 0.047\right)^{3/2}$ （14-36）

写成比尺形式则得

$$\lambda_{q_b} = \lambda_{\gamma_s} \lambda_\omega \lambda_d \lambda_{(1/\psi - 0.047)}^{3/2}$$ （14-37）

或　　$\lambda_{q_b} = \lambda_{\gamma_s} \lambda_\omega \lambda_d \lambda_{[\gamma/(\gamma_s - \gamma)\cdot d/hJ - 0.047]}^{3/2}$ （14-38）

由上式可以看出输沙率比尺随水流强度 ψ 而变，而 $\psi = \dfrac{\gamma_s - \gamma}{\gamma}\dfrac{d}{hJ} = \dfrac{\gamma_s - \gamma}{\gamma}\dfrac{dC^2}{V^2} = \dfrac{\gamma_s - \gamma}{\gamma}$

$df(q)$，即输沙率应随单宽流量的变化而变。模型设计时，可将流量过程分级，分别求的各级流量下的推移质输沙率及其比尺。

一般 ψ=1-25，所以 $1/\psi$ 的变化范围在 1—0.04。显然，在小流量时输沙率甚小，$1/\psi$ 值甚小，与 0.047 相差很少。当 $1/\psi$－0.047=0 时，q_b，可以视为临界起动状态，即式（14-39）分子为零时，即 γhJ－0.047$(\gamma_s - \gamma)d$=0，写成比尺形式，可得起动相似条件

$$\lambda_d = \lambda_h \lambda_J \lambda_{(\gamma_s - \gamma)/\lambda}^{-1} = \dfrac{\lambda_h^2}{\lambda_1 \lambda_{(\gamma_s - \gamma)/\gamma}}$$ （14-39）

当水流强度很大，输沙强度很大时，这时 $1/\psi \to 1$，可以考虑在比尺（$1/\psi$－0.047）中忽略 0.047，在这种情况下从式（14-38）可得输沙率比尺

$$\lambda_{q_b} = \lambda_{\gamma_s} \lambda_\omega \lambda_d^{-1/2} \lambda_{(\gamma_s - \gamma)/\gamma}^{-3/2} \lambda_h^{3/2} \lambda_J^{3/2}$$ （14-40）

对于粗沙，从沉速公式 $\omega = K\sqrt{\dfrac{\gamma_s - \gamma}{\gamma}gd}$，可得沉速比尺为

$$\lambda_\omega = \lambda_{(\gamma_s - \gamma)/\gamma}^{1/2} \lambda_d^{1/2}$$ （14-41）

将式（14-41）中的 λ_ω 代入式（14-40），则得

$$\lambda_{q_b} = \dfrac{\lambda_{\gamma_s}}{\lambda_{(\gamma_s - \gamma)/\gamma}} \lambda_h^{3/2} \lambda_J^{3/2}$$ （14-42）

或 $\lambda_{q_b} = \dfrac{\lambda_{\gamma_s}}{\lambda_{(\gamma_s-\gamma)/\gamma}} \left(\dfrac{\gamma_l}{e}\right)^{3/2} \left(\dfrac{\lambda_h}{\lambda_l}\right)^{3/2} = \dfrac{\lambda_{\gamma_s}}{\lambda_{(\gamma_s-\gamma)/\gamma}} \left(\dfrac{\lambda_h}{e}\right)^{3/2}$ （14-43）

由于现阶段推移质输沙率的计算公式还难于符合实际,因而按上述公式或由其他公式导得的输沙率相似比尺,还需要经过验证试验的论证,才能最后确定模型输沙率和模型实际所需要的加沙量。

（二）悬移质运动的相似

悬移质运动的相似主要是求悬移质运动过程中泥沙悬浮和沉降的相似和水流挟沙能力的相似。当然,对于以悬移质运动为主的动床模型试验,在河床冲淤变化过程中泥沙既有悬浮又有可能起动,因此,还是要求起动相似的,这样就能反映了冲刷的机制,一般与推移质的起动相似条件相同。

泥沙的悬浮和沉降的相似

泥沙的悬浮和沉降的相似条件,可根据紊流扩散理论所得到的挟沙水流运动的基本方程导出。三维非恒定悬移质泥沙的运动方程为

$$\frac{\partial C}{\partial t} = \frac{\partial}{\partial x}\left(\varepsilon_x \frac{\partial C}{\partial x}\right) + \frac{\partial}{\partial y}\left(\varepsilon_y \frac{\partial C}{\partial y}\right) + \frac{\partial}{\partial z}\left(\varepsilon_z \frac{\partial C}{\partial z}\right) + \frac{\partial}{\partial y}(\omega C)$$
$$- \frac{\partial(uC)}{\partial x} - \frac{\partial(vC)}{\partial y} - \frac{\partial(wC)}{\partial z}$$ （14-44a）

式中: C 为含沙量; ε_x、ε_y、ε_z 分别为水流方向、垂向和横向三个坐标方向的泥沙紊动扩散系数; ω 为泥沙沉速; u、v、w 为 x、y、z 三个坐标方向的时均流速; t 为时间。方程（14-44a）等号左侧一项为单位时间内单位水体的含沙量变化,等号右侧前三项为单位时间内由自由扩散作用引起的进出单位水体的含沙量变化;等号右侧第四项为单位时间内泥沙沉降引起的进出单位水体的含沙量变化;等号右侧后三项为单位时间内由时均流速引起的进出单位水体的含沙量变化。

对于二维恒定的 x 方向的悬沙运动来说,x 方向紊动交换影响很少,假设 $\varepsilon_x = 0$,则基本方程可简化为

$$\frac{\partial}{\partial y}\left(\varepsilon_y \frac{\partial C}{\partial y}\right) - \frac{\partial(uC)}{\partial x} + \frac{\partial(\omega C)}{\partial y} = 0$$ （14-44b）

进行模型试验时,上式既可用于原型也可用于,所以可写出

$$\frac{\partial}{\partial y_p}\left(\varepsilon_{yp} \frac{\partial C_p}{\partial y_p}\right) - \frac{\partial(u_p C_p)}{\partial x_p} + \frac{\partial(\omega_p C_p)}{\partial y_p} = 0$$ （14-45）

$$\frac{\partial}{\partial y_m}\left(\varepsilon_{ym} \frac{\partial C_m}{\partial y_m}\right) - \frac{\partial(u_m C_m)}{\partial x_m} + \frac{\partial(\omega_m C_m)}{\partial y_m} = 0$$ （14-46）

当模型和原型相似时,应有

$$\varepsilon_{yp} = \lambda_{\varepsilon_y}\varepsilon_{ym} \qquad C_p = \lambda_C C_m \qquad u_p = \lambda_v u_m$$

$$\omega_p = \lambda_\omega \omega_m \qquad x_p = \lambda_l x_m \qquad y_p = \lambda_h y_m$$

代入（14-45）式,可得

$$\frac{\lambda_{\varepsilon_y}\lambda_C}{\lambda_h^2}\frac{\partial}{\partial y_m}\left(\omega_{ym}\frac{\partial C_m}{\partial y_m}\right) - \frac{\lambda_v\lambda_C}{\lambda_l}\frac{\partial(u_m C_m)}{\partial x_m} + \frac{\lambda_\omega\lambda_C}{\lambda_h}\frac{\partial(\omega_m C_m)}{\partial y_m} = 0 \tag{14-47}$$

将上式以 $\dfrac{\lambda_\varepsilon \lambda_C}{\lambda_h}$ 除之,则得

$$\frac{\lambda_{\varepsilon_y}}{\lambda_h\lambda_\omega}\frac{\partial}{\partial y_m}\left(\varepsilon_y\frac{\partial C_m}{\partial y_m}\right) - \frac{\lambda_v\lambda_h}{\lambda_\omega\lambda_l}\frac{\partial(u_m C_m)}{\partial x_m} + \frac{\partial(\omega_m C_m)}{\partial y_m} = 0 \tag{14-48}$$

根据相似原理,式(14-46)和式(14-48)两者应是一致的,因此式(14-46)中的各项比尺系数应等于 1,即

$$\frac{\lambda_{\varepsilon_y}}{\lambda_h\lambda_\omega} = 1 \text{ 或 } \frac{\lambda_\omega\lambda_h}{\lambda_{\varepsilon_y}} = 1 \tag{14-49}$$

和

$$\frac{\lambda_v\lambda_h}{\lambda_\omega\lambda_l} = 1 \tag{14-50}$$

式(14-49)和式(14-50)就是悬移质输移模型试验中原型和模型达到悬浮和沉降相似需要满足的两个相似条件。现在来对这两个相似条件进行讨论。

(1)关于式(14-49)悬浮相似条件 $\dfrac{\lambda_h\lambda_\omega}{\lambda_{\varepsilon_y}} = 1$。

对于紊流中泥沙扩散系数 ε_y 一般多假设等于水流动量扩散系数 ε_m。

因为 $\tau = \varepsilon_m\dfrac{du}{dy}$

所以 $\varepsilon_y = \dfrac{\tau}{\dfrac{du}{dy}} = \dfrac{\gamma hJ}{\dfrac{du}{dy}} = \dfrac{\rho U_*^2}{\dfrac{du}{dy}}$

上式中摩阻流速 $U_* = (gRJ)^{1/2} = (ghJ)^{1/2}$。根据对数流速分布规律

$$\frac{du}{dy} = \frac{U_*}{ky}$$

上式中 κ 为卡门常数。所以 $\varepsilon_y = \dfrac{\rho U_*^2}{\dfrac{U_*}{ky}} = \rho U_* ky \tag{14-51}$

因此,可写出 $\lambda_{\varepsilon_y} = \lambda_\rho\lambda_{U_*}\lambda_k\lambda_h \tag{14-52}$

从而式(14-49),可写为

$$\frac{\lambda_\omega\lambda_h}{\lambda_{\varepsilon_y}} = \frac{\lambda_\omega\lambda_h}{\lambda_\rho\lambda_{U_*}\lambda_k\lambda_h}$$

因为 $\lambda_\rho = 1$,故可写为

$$\frac{\lambda_\omega}{\lambda_{U_*}\lambda_k} = 1,\text{ 即 } \left(\frac{\omega}{kU_*}\right)_p = \left(\frac{\omega}{kU_*}\right)_m \tag{14-53}$$

此即原型与模型的含沙量垂线分布的悬浮指标相等。由于通常认为 $\lambda_k = 1$,所以上式可写为

$$\lambda_\omega = \lambda_{U_*} \tag{14-54}$$

它表示含沙量沿水深分布的相似条件,可视为悬移质悬浮相似的主要条件。

因 $U_* = (ghJ)^{1/2}$,所以上式又可写为

$$\lambda_\omega = \lambda_{U_*} = \lambda_h^{1/2} \lambda_J^{1/2} = \lambda_v \left(\frac{\lambda_h}{\lambda_l} \right)^{1/2} \tag{14-55}$$

亦即 $\lambda_\omega = \dfrac{\lambda_v}{e^{1/2}}$

$$\tag{14-56}$$

(2)关于式(14-50) $\dfrac{\lambda_v \lambda_h}{\lambda_\omega \lambda_l} = 1$

式(14-50)可以改写为

$$\lambda_\omega = \frac{\lambda_v \lambda_h}{\lambda_l} = \frac{\lambda_v}{e} \tag{14-57}$$

式(14-57)反映了悬移质运动过程中沉降的相似条件,即表示了含沙量沿程变化的相似条件。

比较式(14-56)和式(14-57),两者要求并不一致,只有当模型为正态时,两者才一致。或者当变态率很小时,两者偏离也不大。

当然,对于具体问题要进行具体分析。对于变态模型来说,要求保证输沙冲淤都相似时,沿程含沙量变化相似条件就是主要条件。而对于引水分沙等模型试验问题,则主要要求保证满足条件式(14-56)。

此外,悬移质运动的相似还包括悬移质挟沙能力的相似,对于水流挟沙由于公式很多,所以对此就不详细加以介绍,有兴趣的读者可以参考相关书籍。

14.3　港工整体波浪物理模型试验专题

14.3.1　主要研究内容

整体波浪物理模型试验主要解决港区水域及水工建筑物的平面布置问题,研究港内调头地和装卸区(泊位处)的泊稳条件以及港外航道与口门附近的船舶适航条件,码头前沿波高及码头面上水情况,防波堤、护岸处波高及越浪等。具体可分为波浪传播与变形模型试验、港内水域平稳度模型试验、船行波模型试验等。

14.3.2　模型相似定律

水力相似根据力学原理可分为:几何相似、运动相似及动力相似。几何相似是指原型与模型保持几何形状和几何尺寸的相似,即它们所有的相应线段长度保持一定的比例关系;运动相似是指模型与原型的运动状态相似,即模型与原型中任何相应点的速度、加速度等必然

相互平行且具有同一比例或者使两个流动的速度场(加速度场)是几何相似的。动力相似是指模型与原型的作用力相似,即模型与原型作用于任何相应点的力必然相互平行且具有同一比例。

除了以上三点外,两个水流系统要达到力学相似,还应有边界条件相似,对于非恒定过程还要求有起始条件相似。

牛顿相似定律是判别两个流动相似的一般规律。牛顿相似定律中外力 F 是指作用于流体的所有外力之和。对水流运动来说,作用力可以有惯性力、重力、粘滞力、压力、弹性力、表面张力、离心力、振动力等。

在实际工程问题中,流体运动中某些作用力常不发生作用或影响甚微,故可仅仅考虑惯性力及其某一种主要作用力,从而得出原型与模型之间各量的相似定律,即特别模型定律。如重力相似律(佛劳德数 Fr)、粘滞力相似律(雷诺数 Re)、表面张力相似律(韦伯数)、弹性力相似律(柯西数 Ca)及压力相似律(欧拉数 Eu)等。

在海洋、湖泊和江河中所见到的波浪都是重力波,其所受的主要作用为重力和惯性力,故模型应遵循重力相似律,要求模型与原型的佛劳德数 Fr 相等,$\dfrac{V_m^2}{g_m L_m} = \dfrac{V_p^2}{g_p L_p} = $ 常数,即 $\dfrac{\lambda_V^2}{\lambda_g \lambda_L} = 1$。

具体来讲,在进行港口防浪掩护整体波浪物理模型试验时,必须使模型中的波浪传播速度及水质点运动轨迹,波浪的折射、绕射、反射以及波浪破碎等现象与原型相似。

1. 波浪传播速度相似

$V = \dfrac{gT}{2\pi} th \dfrac{2\pi h}{L}$,写成相似比尺为 $\lambda_V = \lambda_T \cdot \lambda_{th\frac{2\pi h}{L}}$

如果要求波速比尺 λ_V 在模型中的各个部位相同,即不随水深而变化,通常取 $\lambda_L = \lambda_h$,这样即得 $\lambda_V = \lambda_T$。由于 $L = V \times T$,所以 $\lambda_V = \lambda_T = \lambda_L^{1/2} = \lambda_h^{1/2}$。

2. 波坦和波浪破碎情况相似

为使模型中波坦与原型相似,则要求满足 $\lambda_H = \lambda_L = \lambda_h$,因此,波坦 δ 的比尺为 $\lambda_\delta = \lambda_L / \lambda_H = 1$。满足上述条件则波浪在模型中的破碎区域与原型中相同。但是,由于表面张力及水底糙率与原型的差异,模型中破碎现象与原型会稍有差别。这就是模型试验中破碎极限 H/d 比原型小的原因之一。原型中 $H/d = 0.78$(孤立波),模型中一般 $H/d = 0.5 \sim 0.6$。

3. 波浪折射相似

波浪折射角与波速的关系为 $\sin \varphi_2 / \sin \varphi_1 = V_2 / V_1$,波浪折射角比尺为 $\lambda_{\sin \varphi_2 / \sin \varphi_1} = \lambda_{V2} / \lambda_{V1} = \lambda_h^{1/2} / \lambda_h^{1/2} = 1$,即取波长比尺等于水深比尺时,可达到波浪折射相似 $\lambda_L = \lambda_h$。

4. 波浪绕射相似

波浪在传播过程中遇到建筑物或岛屿等障碍物要发生绕射。波高在障碍物后逐渐衰减,传播距离越远衰减越大,为此必须要求波长比尺等于水平比尺,即 $\lambda_L = \lambda_x = \lambda_y = \lambda_l$,亦即绕射系数比尺 $\lambda_{KQ} = 1$。

5. 波浪反射相似

要求原型与模型建筑物边坡相同,波浪反射相似或立波的波腹与节点位置相似,是通过使 $kx=2\pi x/L$ 在原型与模型中相等实现的,为此应波长比尺等于平面比尺,即 $\lambda_L=\lambda_l$。

14.3.3　试验技术

1. 试验范围及比尺选择

整体物理模型试验的范围,应包括试验要求研究的区域和对研究区域波浪要素有影响的水域。

一般应采用正态模型(变态模型折射不相似),模型比尺选择应根据试验水池和建筑物结构的尺度、波浪等动力因素和试验仪器测量精度确定,并应充分利用试验条件,采用较小的模型比尺。按照《波浪模型试验规程》要求,整体物理模型试验长度比尺不应大于 150。当有船模置于其中时,长度比尺不应大于 80。船行波试验时,模型长度比尺不宜大于 30。

选择模型比尺时,应考虑以下限制条件:为了消除粘滞力的影响,雷诺数 Re>2 000,满足要求的最小波高为 1.0 cm;为了消除表面张力的影响,波速 C>23 cm/s 时,表面张力对形成重力波的影响不显著,此时相应的波长 L=15 cm。因此,《波浪模型试验规程》规定:模型的原始入射波,规则波波高不应小于 2 cm,波周期不应小于 0.5 s;不规则波有效波高不应小于 2 cm,谱峰值周期不应小于 0.8 s。

2. 边界条件

试验水池中造波机与建筑物模型的间距应大于 6 倍平均波长,在开敞式码头或有直立式防波堤、外航道时,因波浪反射较大,该距离还需加大。模型中设有防波堤堤头时,堤头与水池边界的间距应大于 3 倍平均波长,单突堤堤头与水池边界的距离应大于 5 倍平均波长,并应在水池边界设置消浪装置,减小反射影响。

在造波机有效作用范围内,设导波墙,导波墙之间距离应大于 2 倍以上口门宽度。在港内四周边界及外堤都是斜坡堤时,而波浪不反射情况下,导墙可采用直立式,否则导墙应采用斜坡式。

3. 模型制作

模型的地形应采用不小于 1:5 000 的地形图,按选定的模型比尺划出试验模型的范围,并在图上绘出平面控制导线和网格;在试验水池中进行控制导线和网格、地形等高线和建筑物的轮廓线放样,并设置 1—2 个模型水准点;用等高线控制点法或断面板法控制高程;模型的地形采用砂子充填,压实后,用水泥抹面,制模断面和控制点高程的允许偏差 ±1 mm,抹面后的地形高程允许偏差 ±2 mm。

4. 波浪模拟

试验宜模拟单向不规则波,必要时模拟多向不规则波。谱型宜模拟工程水域的实测波谱,无实测波谱时,可采用我国《海港水文规范》(JTJ213)中规定的波谱或其他合适的波谱。必要时,应模拟波列及波群。

单向不规则波模拟的允许偏差应满足《波浪模型试验规程》要求,实测谱与期望谱的总能量误差应小于 ±10%;峰频谱模拟值的偏差不大于 ±5%;谱密度等于或大于谱峰值的 0.5 倍范围内,不同频率对应的谱密度值的允许偏差为 ±15%。

　5. 测点布置

原始波控制点处水深一定要保证设计要求的波要素相对应的水深,控制点位置应不受或尽量少受反射波的干扰,波浪过程线应保证其平稳性和各态历经性。

波浪传播与变形模型试验应对重点研究和波浪变化明显的水域加密测点,但测点间距不应小于 20 cm;港内水域平稳度模型试验应在港内水域外不受建筑物影响的水域,布置 1—2 个波浪监测点,并应在每个泊位码头前 1/2 船宽处增设不少于 1 各测波点,研究波浪对取排水工程的影响时,尚应在取、排水口的头部布置测点,以考虑长周期波的影响;船行波模型试验中测波点的布置,应能测得近船处和近岸处的最大波高和波向,研究船行波对护岸建筑物作用时,应在护岸建筑物的前沿布置测波点。

　6. 试验设备和量测仪器

造波设备产生的波浪应波形平稳,重复性好,水池边界应有消波装置。置于水中的传感器不应破坏波形测量系统应满足灵敏度和稳定性的要求,在满量程条件下 2 h 内的零漂应小于 ±5%,波高仪线性偏差应小于 ±2%。

天津港湾工程研究所水工室 46 m × 30 m × 1.0 m 的大型水池中装备有从丹麦水工研究所(DHI)引进的可移动式不规则波造波机系统,可按要求模拟规则波和各种谱型的不规则波,该造波设备产生的波浪波形平稳,重复性好。BG-1 型波高传感器及 2000 型数据采集、处理系统灵敏度高、稳定性好。

　7. 试验数据采集与分析

不规则波试验的波浪数据采集时间间隔应小于有效波周期的 1/10,且不宜大于高频截止频率对应周期的 1/4,采样间隔一般为 0.03 s。在波浪平稳条件下,连续采集的波浪个数不应少于 100 个,多向不规则波不应少于 300 个。

波高和周期分析应采用跨零点法,并应设阈值。试验数据处理前,应进行数据可靠性检查,并去除异常值。数据的取值应与仪器测量精度相匹配,并按有效数字运算。每组试验至少进行三次,取其平均值作为该组试验的结果。

波浪时序列采样数据统计分析结果可给出:波高及周期特征值 H_{max}、$H_{1/100}$、$H_{1/10}$、$H_{1/3}$、平均 H 及对应的 T_{max}、$T_{1/100}$、$T_{1/10}$、$T_{1/3}$、平均 T;波高概率密度分布(直方图)及其与理论分布的对比;波高超值概率分布及其与理论分布的对比;波高与周期的联合概率分布;静水位—波峰,静水位—波谷值的统计分析。

14.3.4　试验大纲与成果报告的编写

波浪模型试验前,应根据试验任务的要求编制试验大纲,内容应包括《波浪模型试验规程》要求的内容;试验成果报告的格式和正文内容也应满足《波浪模型试验规程》的要求。

14.4　海岸演变模型试验专题

海岸工程模型试验为海岸工程的主要研究模式,系借用较原型小的模型,根据波浪、流、潮汐、泥沙运动的力学规律,复制成与原型相似的模型,模拟模拟现场波流的运动,进行港口总体布置、泥沙运动和冲淤演变,以及波浪、水流等对建筑物作用的研究,为海岸工程建设提供主要依据。

14.4.1　模型的相似准则

1.1　波浪动床模型相似

1.1.1　波浪运动相似

一般以重力相似准则为基础,可得波浪的各相似比尺如下:

$$N_d = N_H = N_z$$

式中 N_d,N_H,N_z 分别为水深、波高、及垂直比尺。

在浅水波的情况下波长:$L=(gh)^{1/2} \times T$,则有:$N_L = N_z^{1/2} \times N_T = N_L$,式中 N_L 为横向比尺,而在深水波的情况下波长:$L = gT^2/2\pi$,有:$N_L = N_T^2 = N_L^2 \times N_z^{-1}$。

(1)波速相似　有限水深波速:

$$C = \frac{gT}{2\pi} \tanh \frac{2\pi d}{L}$$

由上式可得到波速比尺:

$$N_C = N_T \cdot N_{\tanh \frac{d}{L}}$$

可以看出,只有 $N_L = N_d$ 时,N_c 才不会因水深 d 的变化而变化,此时:

$$N_C = N_T$$

又因:$N_L = N_C \cdot N_T$

故,波速比尺 $NC = NT = N_d^{\frac{1}{2}} = N_L^{\frac{1}{2}}$　　　　　　　　　　　（14-58）

(2)水质点运动速度相似,由底部最大轨迹速度,即

$$u_m = \frac{\pi H}{T \cdot \sinh \frac{2\pi d}{L}}$$

取 $N_L = N_d$ 时,即为正态模型,有:

$$N_{u_m} = \frac{N_H}{N_T}$$　　　　　　　　　　　（14-59）

可知,波高、波长和水深取同一比尺并满足重力相似准则时,波速和水质点运动速度均可达到相似。

(3)波浪折射相似,由于波浪行进岸边水深发生改变,引起波浪产生折射现象。在波周期不变的情况下,波浪折射角与波速的关系为

$$\frac{\sin a_1}{\sin a_2} = \frac{C_1}{C_2}$$

式中, C_1, C_2 是等深线两侧的波速, a_1, a_2 是等深线两侧的波向线与等深线法线间的夹角。当波长比尺等于水深比尺可保证折射相似,即

$$N_L = N_d \qquad\qquad (14\text{-}60)$$

（4）波浪反射相似,当波长比尺 N_L 与几何比尺 N_1 相等时,可满足波浪反射相似,即:

$$N_L = N_d \qquad\qquad (14\text{-}61)$$

（5）波浪绕射相似,波浪在传播过程中遇到建筑物或岛屿等会发生绕射,波高将衰减,但波长、波周期不变。根据绕射理论,波高衰减主要取决于绕射后的传播距离,当波长比尺 N_L 与几何比尺 N_l 及水深比尺 N_d 相等,即

$$N_L = N_l = N_d \qquad\qquad (14\text{-}62)$$

亦即只有在正态模型才能满足绕射现象的相似。

（6）波浪破碎形态相似,一般来说若波形相似,则模型和原形会在相应的地区破碎,即波高比尺、波长比尺和水深比尺相等

$$N_L = N_H = N_d \qquad\qquad (14\text{-}63)$$

但实际上由于表面张力和水底糙率等原因,模型与原形的破碎现象稍有差别。

（7）沿岸流运动相似,由平均沿岸流公式可得:

$$N_{vl} = N_{U_m} \qquad\qquad (14\text{-}64)$$

1.1.2　波浪条件下泥沙运动相似

对于波浪条件下得泥沙运动规律了解较少,主要参照水流条件下得泥沙运动规律来选择比尺。而波浪、水流条件下运动的泥沙,其动力学机制和能量损耗过程有较大的差别,必然导致泥沙运动规律的不同,进而影响比尺关系。以下根据近年的一些研究成果分析波浪条件下的泥沙运动相似要求。

（1）破碎区内岸滩剖面冲淤趋势相似,由服部昌太郎公式

$$\frac{H_b}{L_0} tg\beta \ / \ \frac{\omega}{gT} = const$$

可导得泥沙沉降速度比尺

$$N_\omega = N_u \frac{N_H}{N_l} \qquad\qquad (14\text{-}64)$$

当波高比尺等于水深比尺有:

$$N_\omega = N_u \frac{N_d}{N_l} \qquad\qquad (14\text{-}65)$$

即与水流条件下悬沙沉降相似比尺要求相同,由此可见波浪变率不宜太大,否则会影响到悬沙沉降相似要求。

（2）波浪掀沙相似,破碎区内由破碎波引起的平均含沙量可用下式表达

$$S_\Delta = K \frac{\gamma_s \cdot \gamma}{\gamma_s - \gamma} \cdot \frac{H_b^2}{8A} \cdot \frac{C_{gb}}{\omega} \cos a_b \qquad\qquad (14\text{-}66)$$

式中：A 为破碎区内过水断面积，K 为系数，C_{gb} 为波能量传递速度，在浅水区 $C_{gb}=(gH)^{1/2}$，H_b 为破波波高，a_b 为破波波峰线与岸线的夹角，则得

$$N_{S_\Delta} = \frac{N_{\gamma_s}}{N_{(\gamma_s-\gamma)}} \cdot \frac{N_d^{3/2}}{N_L} \cdot \frac{1}{N_\omega} \tag{14-67}$$

考虑到 $N_\omega = N_u \times N_d/N_l$，可得：

$$N_{S_\Delta} = \frac{N_{\gamma_s}}{N_{(\gamma_s-\gamma)}} \cdot \frac{N_H}{N_d} \tag{14-68}$$

当波高比尺等于水深比尺时，即与水流条件相同。

（3）波浪条件下泥沙起动相似，波浪条件下的泥沙起动现象比水流条件下更为复杂，一般可用一些半经验半理论关系式来初步确定。

a.Komar-Miller 公式

当 d<0.5 mm 时，由

$$\frac{\rho U_m^2}{(\rho - \rho_s)gD} = 0.21 \left(\frac{a_m}{D} \right)^{1/2}$$

应用前面得到的相似关系式，可以导出：

$$N_{(\gamma_s-\gamma)} N_D = N_H^{1.5} N_d^{-1} \tag{14-69}$$

b. 刘家驹起动公式，起动波高：

$$H_* = M \left\{ \frac{L \cdot sh2kd}{\pi g} \left(\frac{\rho_s - \rho}{\rho} gD + \frac{0.486}{D} \right) \right\}^{1/2} \tag{14-70}$$

式中：$0.486/D$ 表示泥沙间的粘着力作用，在沙质海岸条件可以忽略不计，且

$$M = 0.1 \left(\frac{L}{D} \right)^{1/3}$$

据此可得：$N_{(\gamma_s-\gamma)} N_D = N_H^2 N_d^{-5/3} \tag{14-71}$

根据不同的公式可得到类似的比尺关系，应用时应依照具体情况选择。

（4）沿岸流输沙相似，包含悬沙和底沙的破波带的含沙量可表示为

$$S'_\Delta = (K + K_0) \cdot \frac{\gamma_s \cdot \gamma}{\gamma_s - \gamma} \cdot \frac{H_b^2}{8A} \cdot \frac{C_{gb}}{\omega} \cos a_b$$

式中：分别与悬沙和底沙有关的系数；则得到沿岸流输沙量的表达形式

$$Q_S = S'_\Delta \cdot V_l \cdot A$$

V_l 为沿岸流平均流速；A 为破波带面积，得到输沙量的比尺关系

$$N_{Q_s} = \frac{N_{\gamma_s}}{N_{(\gamma_s-\gamma)}} \cdot N_L \cdot N_d^{3/2} \tag{14-72}$$

单宽输沙量比尺 $N_{qs} = \dfrac{N_{\gamma_s}}{N_{(\gamma_s-\gamma)}} \cdot N_d^{3/2} \tag{14-73}$

泥沙冲淤时间比尺可由输沙平衡方程得

$$N'_{t'} = \frac{N_d N_l N_{\gamma_0}}{N_{q_s}}$$

（14-74）

（5）波浪条件下泥沙运动方式相似

根据 Engelund 公式（1965）

$$\frac{Uw_*}{\omega} < 1.0 \qquad 推移质运动为主$$

$$1.0 < \frac{Uw_*}{\omega} < 1.7 \qquad 推移悬移兼有$$

$$\frac{Uw_*}{\omega} > 1.7 \qquad 悬移运动为主$$

$U\omega_*$ 为波浪条件下床面摩阻速度可以得到

$$N_{\gamma_s-\gamma} N_D^2 = N_H^{1/2} N_d^{-3/8}$$

（14-75）

1.1.3 波浪模型设计

模型设计中，目前一般使用重力相似原则，即原型和模型的佛汝德数相同。而对于波浪运动中的表面张力、粘滞力、摩擦力等则通过一定方法加以处理，并在设计中予以考虑。处理方法如：限定模型中的波长不小于 20 厘米，则表面张力可以忽略，否则就要对波高衰减进行改正；限定模型实验中的水温差，则内摩擦阻力影响可以忽略，否则也要对波高衰减进行修正；限定模型范围及水深的比例，则可以忽略比磨擦力影响，否则要做衰减修正；限定模型中周期大于 0.5 秒等，应综合地考虑次要因素，并根据实际实验进行修正。

1.2 潮汐水流运动相似

海岸潮汐模型设计首先要满足潮汐不稳定流的水流相似，同时，水流由于受到海岸建筑物的影响，在平面上会产生收缩、扩散，往往形成回流，因而还需考虑平面流态的相似。此外，沿岸港口及岸滩冲淤演变的泥沙主要来自于附近海域的悬沙，而种运动在一个涨潮或落潮过程中通常表现为起动、扬动、挟运、沉降等过程，对细颗粒泥沙（毫米），还要考虑海水（盐水）中絮凝沉降（悬沙落淤）的影响，这几方面的相似条件都要考虑。

1.2.1 水流运动相似

潮汐水流属浅水二维不稳定时均流，其运动可用以下方程描述：

连续方程：$\dfrac{\partial \xi}{\partial t} + \dfrac{\partial [(\xi + d)u]}{\partial x} + \dfrac{\partial [(\xi + d)v]}{\partial y} = 0$

（14-76）

运动方程：$\dfrac{\partial u}{\partial t} + u\dfrac{\partial u}{\partial x} + v\dfrac{\partial u}{\partial y} + g\dfrac{\partial \xi}{\partial x} + gu\dfrac{V}{(\xi + d)C^2} = 0$

（14-77）

$\dfrac{\partial v}{\partial t} + u\dfrac{\partial v}{\partial x} + v\dfrac{\partial v}{\partial y} + g\dfrac{\partial \xi}{\partial y} + gv\dfrac{V}{(\xi + d)C^2} = 0$

（14-78）

式中，ξ 为潮位，d 为水深，V 为合成速度，C 为谢才系数。

因为模型与原形的潮汐水流必须服从上述方程组，故当水平坐标取同一比尺时，由以上两式得到相似比尺关系式：

$$\frac{N_V}{N_t} = \frac{N_V^2}{N_x} = \frac{N_h}{N_x} = \frac{N_V^2}{N_C^2 N_h}$$

（14-79）

重力相似条件：$N_V = N_h^2$ 　　　　　　　　　　　　　　　（14-80）

阻力相似条件：$N_C = \sqrt{\dfrac{N_x}{N_h}}$ 　　　　　　　　　　（14-81）

水流时间比尺：$N_t = N_x / N_h^{\frac{1}{2}}$ 　　　　　　　　　　　（14-82）

至于流态相似，只要保证模型中的水流在紊流阻力平方区即可，亦即模型中水流的雷诺数 Re>1 000，得到几何垂直比尺的限制条件：

$$N_z \leq \left(\frac{V_p \cdot H_p}{1000\nu} \right)^{2/3}$$ 　　　　　　　　　（14-83）

式中为原型中潮流流速、水深和水的粘滞系数。

1.2.2　泥沙运动相似

首先要保证潮汐水流运动相似，在此基础上再满足泥沙运动的相似。

（1）悬沙含沙量相似，含沙水体的单位重量为

$$\gamma' = \gamma + (\gamma_s - \gamma)S$$

式中：γ_s，γ 分别为沙粒和水的单位重量，S 为含沙量。由此得

$$N_{\gamma'} = N_\gamma = N_{(\gamma_s - \gamma)} \cdot N_S$$

$N_\gamma = 1$，故体积含沙量得比尺为

$$N_S = \frac{1}{N_{(\gamma_s - \gamma)}}$$ 　　　　　　　　　　　　（14-84）

（2）泥沙起动相似，泥沙在水流作用下从底床扬起，其悬扬条件应满足

$$N_{V_0} = N_V = N_h^{1/2}$$ 　　　　　　　　　　　（14-85）

式中：N_{V_0} 为起动流速比尺，N_V 水流流速比尺，V_0 的确定多由原型沙和模型沙的水流扬动实验解决，也可由不同的起动流速公式推求。

（3）悬沙冲淤部位相似，为满足冲淤部位相似的要求，由比例关系

$$\frac{\omega}{V} = \frac{d}{l}$$

式中为泥沙沉速，V 为水流速度，d 为水深，l 为水平尺度。从而得到沉速比尺

$$N_\omega = N_V \cdot N_d / N_l = N_d^{3/2} / N_l$$ 　　　　　　（14-86）

（4）泥沙运动的冲淤时间比尺，由输沙平衡方程

$$\frac{\partial(q \cdot S)}{\partial t} + \frac{\partial(q \cdot S)}{\partial x} = \frac{\gamma_0}{\gamma_S} \cdot \frac{\partial z}{\partial t'}$$

导出泥沙冲淤时间比尺

$$N_{t'} = \frac{N_{\gamma_0}}{N_{\gamma_S}} \cdot \frac{N_l}{N_q} \cdot \frac{N_d}{N_S}$$ 　　　　　　　　（14-87）

式中：N_q 为单宽流量比尺，N_S 为淤积物干容重比尺。

（5）泥沙粒径相似，细颗粒悬沙在静水中的沉降速度可用岗恰洛夫层流区公式描述

$$\omega = \frac{1}{24\nu} \cdot \frac{\gamma_s - \gamma}{\gamma} g D^2$$

式中:D 为粒径,v 为水的运动粘滞系数,由此导出:

$$N_\omega = N_{(\gamma_s - \gamma)} \cdot N_D^2 \qquad (14\text{-}88)$$

$$N_D = \frac{N_\omega^{1/2}}{N_{(\gamma_s - \gamma)}^{1/2}} = \frac{N_H^{3/4}}{N_{(\gamma_s - \gamma)}^{1/2} \cdot N_l^{1/2}} \qquad (14\text{-}89)$$

同时得出满足泥沙冲淤部位相似和泥沙沉降相似的垂直比尺:

$$N_z = [N_{(\gamma_s - \gamma)} \cdot N_l \cdot N_D^2]^{2/3} \qquad (14\text{-}90)$$

潮流泥沙模型的水平比尺一般由场地条件确定,垂直比尺则由泥沙运动相似来确定。泥沙运动相似有两个方面,一是沉降淤积相似,一是冲刷悬扬相似,通常同时满足两个条件的模型沙很难找到,而要根据研究的主要内容进行比尺的确定。

14.4.2 讨论

2.1 几何变态问题

波浪模型实验原则上要按正态模型设计,但遇有波浪周期很长和波长很大时,则模型必然很大。当具有原型水深较小时,则模型水深又必然过小,以致底摩擦影响太大。遇有上述情况,往往需采用变态模型。这是需注意比尺效应对研究问题影响。如原型波陡为1/25—1/35,而模型中为了避免波浪破碎一般应控制在1/7以内,则最大变率应控制在4以下,一般取1.5—2.0。实践证明,当港内斜坡墙消浪良好,无反射波时,变态模型实验成果比较可靠。但当模型对有直墙时,反射波较强,变态模型误差较大,变率越大则误差越大。

在波浪掩护模型中一般要求做成正态,但在动床模型中为保证破碎形态相似一般适当变态,同时,有些模型波浪按正态设计,但在调试过程中为了保证岸滩变形相似,或保证造波机产生正常波形,往往加大波高或周期,实际上波浪已不再是正态的,因而返回原形定有差别。

2.2 模型沙选择问题

为满足悬移相似,要求采用很细的模型沙,细颗粒模型沙很容易产生絮凝现象,在设计粒径时应加以考虑。同时,而很细的模型沙,由于粘结力的作用,难易起动。为了解决这个问题,除采用轻质沙做模型沙外,别无良法。轻质沙由于密度较小,满足悬移相似的粒径可以大一些,颗粒之间有可能不出现粘结力,或粘结力甚小,不致严重影响起动流速,因而能做到起动相似。

破碎区内外水流紊动和能量损耗机制有质的差别,因而泥沙运动规律也截然不同。破碎区内水流紊动使泥沙悬浮,并由沿岸流、波浪上冲流及回落流共同作用,以悬浮状态移动;破碎区外则以推移、层移为主,若在破碎区内选择泥沙则应以悬浮相似,而作为一种近似,一般采用沉降相似选择轻质沙,但若在破碎区内采用较轻质的泥沙,运动会完全失真;破碎区外则应以沉降相似或起动相似,要求选择轻质沙作模型沙;若同时满足破碎区内外的泥沙运动相似,则不可能,因而模型沙的选择,理论上还有很多问题有待解决。

2.3 时间比尺问题

动床模型中存在两个时间比尺,即水流运动时间比尺和泥沙冲淤时间比尺,这两个时间比尺往往不等,采用哪个时间比尺,以及它们对实验结果的影响如何,还需进一步研究。

海岸动床模型中,如何由模型实验结果换算到实际海岸变形情况,必须确定正确的冲淤时间比尺。目前主要有两种方法,一是从输沙连续方程入手,由输沙量确定;二是进行动床预备实验,利用模型历次观测结果与实测结果比较,由最能体现地形变化特性的实验时间确定。前者实用上较简单,但输沙经验公式众多,如何选择,必须经过适当验证,才能得到可靠结果;后者与输沙量估算无关,但从事复杂的预备实验,费时费力,观测结果与实测结果比较的方法也值得探讨。

14.5　河网水动力数学模型专题

根据平原感潮河网的水力特性,利用圣维南方程组、节点连续方程及边界条件建立河网非恒定流水动力数学混合模型。水动力数学模型涉及控制方程的简化,方程组的离散和求解、初始边界条件的确定、模型的率定和验证等问题。限于篇幅,本文仅将河网水动力学模型的建立和求解的基本思路及应用评述如下。

14.5.1　水动力模型的基本方程

1.1　基本方程组
水流在平底、棱柱形明渠中一维非恒定流动的基本方程组—圣维南方程组:

连续方程 $\dfrac{\partial Q}{\partial x} + \dfrac{\partial A}{\partial t} = q_L$　　　　　　　　　　　　　　　　　　（14-91）

动力方程 $\dfrac{\partial Q}{\partial t} + \dfrac{\partial}{\partial x}\left(\alpha\dfrac{Q^2}{A}\right) + gA\dfrac{\partial Z}{\partial x} + gA\dfrac{|Q|Q}{K^2} = q_L v_x$　　　（14-92）

式中,x,t—距离(m)和时间(s),为自变量;

A—过水面积(m^2);Q—断面流量(m^3/s);Z—水位(m);

α—动量修正系数;K—流量模数;

q_L—旁侧入流(m^2/s);入流为正,出流为负;

v_x—入流沿水流方向的速度(m/s)。

1.2　差分格式
采用四点线性隐式差分(图 1)

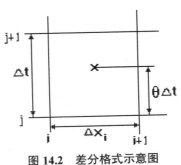

图 14.2　差分格式示意图

$$\frac{\partial \xi}{\partial t} = \frac{\xi_i^{j+1} + \xi_{i+1}^{j+1} - \xi_i^j - \xi_{i+1}^j}{2\Delta t}$$

$$\frac{\partial \xi}{\partial x} = \frac{\theta(\xi_{i+1}^{j+1} - \xi_i^{j+1}) + (1-\theta)(\xi_{i+1}^j - \xi_i^j)}{\Delta x} \tag{14-93}$$

$$\xi = \frac{1}{2}(\xi_i^j + \xi_{i+1}^j) = \xi_{i+\frac{1}{2}}^j$$

式中 ξ 为变量,可以代表流量、水位、流速、河宽等,θ 为权重系数,$0 \leqslant \theta \leqslant 1$。本模型 θ 值采用 1.0。

将式(14-93)分别代入连续方程式(14-91)和动力方程式(14-92),经整理后得:

$$-Q_i + C_i Z_i + Q_{i+1} + C_{i+1} Z_{i+1} = D_i \tag{14-94}$$

$$E_i Q_i - F_i Z_i + G_i Q_{i+1} + F_i Z_{i+1} = \varphi_i \tag{14-95}$$

方程组中表示时段末 $j+1$ 时刻的上脚标省略,下同。

方程组(14-94)、(14-95)中的系数为:

$$C_i = \frac{\Delta x_i}{\Delta t} B_{i+\frac{1}{2}}^j$$

$$D_i = \Delta x_i W * h + C_i (Z_i^j + Z_{i+1}^j) - \frac{S}{2}\frac{\Delta x}{\Delta t}(\Delta Z_{i+\frac{1}{2}}^j)^2$$

$$E_i = \frac{\Delta x_i}{2\Delta t} - 2\alpha u_{i+\frac{1}{2}}^j + \frac{gA}{2}\left(\frac{|Q|}{K^2}\right)_i^j \Delta x_i$$

$$G_i = \frac{\Delta x_i}{2\Delta t} - 2\alpha u_{i+\frac{1}{2}}^j + \frac{gA}{2}\left(\frac{|Q|}{K^2}\right)_{i+1}^j \Delta x_i \tag{14-96}$$

$$F_i = (gA - \alpha Bu^2)_{i+\frac{1}{2}}^j$$

$$\varphi_i = \frac{\Delta x_i}{2\Delta t}(Q_i^j + Q_{i+1}^j)$$

式中凡下脚标为 $i+1/2$ 者均表示取 i 及 $i+1$ 断面处函数值的平均。由于这六个系数均可根据时段初已知值及选定的时步长和距离步长计算得,故方程组(4)和(5)对每一计算时步长而言为线性方程组。

1.3　汉口连接条件

河道交叉处,如图 14.3 所示,简称节点。

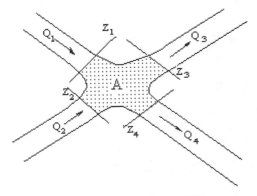

图 14.3　汉口汇合区示意图

假定汇合区(节点)水位处处相等,水量连续。则有:

$$Z_1 = Z_2 = Z_3 = Z_4 = Z_N$$

$$Q_1 + Q_2 - Q_3 - Q_4 = A \frac{\Delta Z}{\Delta t} \tag{14-97}$$

式中　　Z_1、Z_2——为汇合处各河道水位(m)。

Z_N——汇合处水位(m),又称节点水位。

Q_1、Q_2——为各河道进入(取正号)或流出(取负号)汇合区流量(m^3/s)。

A——汇合区面积(m^2)。

$\Delta Z / \Delta t$——汇合区水位变化率(m/s)。

1.4　节点方程

图 2 为一典型的节点。箭头所示方向为定义的流向。从首节点流向末节点为正号,反之则为负号。图中 Q_1、Q_2、Q_3 为河道 1、2、3 流量,Q_g 为堰流量,Q_4 为外加流量,例如降雨、蒸发或引水等,为已知值。

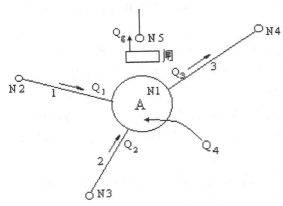

图 14.4　节点 N_1 水量平衡示意图

将流入或流出节点 N_1 的流量表达为该河首末节点的线性函数。

$$Q_1 = b_{11} + b_{12} Z_{N1} + b_{13} Z_{N2}$$

$$Q_2 = b_{21} + b_{22}Z_{N1} + b_{23}Z_{N3}$$
$$Q_3 = a_{31} + a_{32}Z_{N4} + a_{33}Z_{N1} \qquad\qquad (14\text{-}98)$$
$$Q_g = f(Z_{N1}, Z_{N5})$$

节点 N_1 水量平衡方程式为:

$$Q_1 + Q_2 - Q_3 - Q_g + Q_4 = A\frac{Z_{N1} - Z_{N1}^j}{\Delta t} \qquad\qquad (14\text{-}99)$$

1.5 水闸出流方程

在实际运算中,出流常采用宽顶堰公式。

自由出流方程为:

$$Q = mB\sqrt{2g}(Z_u - Z_d)^{3/2} \qquad\qquad (14\text{-}100)$$

淹没出流方程为:

$$Q = \varphi B\sqrt{2g}H_s\sqrt{Z_u - Z_d} \qquad\qquad (14\text{-}101)$$

式中,m—自由出流系数;φ—淹没出流系数;

B—闸孔宽度(m);Z_0—闸顶高程(m);

Z_u—闸上游水位(m);Z_d—闸下游水位(m)。

14.5.2 模型的建立和率定

2.1 河网的概化

根据所选择地区河道和水利工程资料,将水系概化成由河网和水域组成的体系。河网概化在考虑现状工程的同时,又考虑各阶段规划的河道及水利工程布置,使河网汇流计算模型具有兼容性和可扩展性。在概化过程中侧重考虑对水流输送占主导作用的骨干河道,也考虑了少数虽然输水能力不强但能够沟通水系的河道;对于一些输水能力较小的河道或断头浜等未进入概化水系的河道,虽然不考虑其输水能力,但通过当量河宽参数反应其调蓄功能。

根据地形、地势、河流走向、河道间联系情况,将研究区域内的主干河道和条支河共划分为计算河段、计算断面、计算节点和流量上边界及水位下边界。

2.2 模型的率定和验证

考虑到模型计算稳定性要求及计算时间要求 ,选择模型计算时间步长,空间步长。采用 水文站实测水位对所建立的河网水动力模型进行率定。做到模型计算值与实测值比较吻合。

所建模型能为实时水文预报及防洪决策支持系统服务,进而为地区洪水调度以及防洪排涝提供科学的决策依据。

参考文献

[1] ADRIAENSSENS V, DE BAETS B, GOETHALS P, et al. Fuzzy rule-based models for decision support in ecosystem management[J]. Science of the Total Environment, 2004, 319(1):1-12.

[2] AHMADI - NEDUSHAN B, ST - HILAIRE A, BÉRUBÉ M, et al. A review of statistical methods for the evaluation of aquatic habitat suitability for instream flow assessment[J]. River Research and Applications, 2006, 22(5):503-523.

[3] ALLONIER A S, KHALANSKI M, CAMEL V É, et al. Characterization of chlorination by-products in cooling effluents of coastal nuclear power stations[J]. Marine Pollution Bulletin, 1999, 38(12): 1232-1241.

[4] ALVAREZ-MIELES G, IRVINE K, GRIENSVEN A V, et al. 2013. Relationships between aquatic biotic communities and water quality in a tropical river–wetland system (Ecuador) [J]. Environmental science & policy. 34: 115-127.

[5] ANDERSON R, VINIKOUR W, BROWER J. The distribution of Cd, Cu, Pb and Zn in the biota of two freshwater sites with different trace metal inputs[J]. Ecography, 1978, 1 (4):377-384.

[6] ANDERSON, K. E., HARRISON, L. R., NISBET, R. M., & KOLPAS, A. (2013). Modeling the influence of flow on invertebrate drift across spatial scales using a 2D hydraulic model and a 1D population model[J]. Ecological modelling, 265, 207-220.

[7] ARTHUR J, ZISCHKE J, ERICKSEN G. Effect of elevated water temperature on macroinvertebrate communities in outdoor experimental channels[J]. Water Research, 1982, 16 (10):1465-1477.

[8] BARTHOLOW J. A population model for salmonids users' manual[Z]. Fort colins: Geological Survey Midcontinent Ecological Science Center, 2001.

[9] BASSET A, SANGIORGIO F, PINNA M. Monitoring with benthic macroinvertebrates: advantages and disadvantages of body size descriptors[J]. Aquatic Conservation: Marine and Freshwater Ecosystems, 2004, 14(1): 43-58.

[10] BAUMGÄRTNER D, MÖRTL M, ROTHHAUPT K. Effects of water-depth and water-level fluctuations on the macroinvertebrate community structure in the littoral zone of Lake Constance[J]. Hydrobiologia. 2008, 613:97-107.

[11] BAXTER R. Environmental effects of dams and impoundments[J]. Annual Review of Ecology and Systematics, 1977, 8(1):255-283.

[12] BAYLY I, WILLIAMS W. Inland waters and their ecology[J]. Longman Publishing Group, 1973.

[13] BEAUGER A, LAIR N, REYES-MARCHANT P, et al. The distribution of macroinverte-brate assemblages in a reach of the River Allier(France), in relation to riverbed character-istics[J]. Hydrobiologia, 2006, 571(1):63-76.

[14] BECHE L, MCELRAVY E, RESH V. Long - term seasonal variation in the biological traits of benthic-macroinvertebrates in two Mediterranean-climate streams in California, USA[J]. Freshwater Biology, 2006, 51(1):56-75.

[15] BEISEL J, USSEGLIO-POLATERA P, MORETEAU J. The spatial heterogeneity of a riv-er bottom: a key factor determining macroinvertebrate communities[J]. Hydrobiologia, 2000, 422/423:163-171.

[16] BEISEL J, USSEGLIO-POLATERA P, THOMAS S, et al. Stream community structure in relation to spatial variation: the influence of mesohabitat characteristics[J]. Hydrobiologia, 1998, 389(1-3):73-88.

[17] BEREZINA N. Influence of ambient pH on freshwater invertebrates under experimental conditions[J]. Russian Journal of Ecology, 2001, 32(5):343-351.

[18] BERGER, C. J., & WELLS, S. A.(2008). Modeling the effects of macrophytes on hydro-dynamics[J]. Journal of Environmental Engineering, 134(9), 778-788.

[19] BLANCKAERT, K., GARCIA, X. F., RICARDO, A. M., CHEN, Q., & PUSCH, M. T. (2013). The role of turbulence in the hydraulic environment of benthic invertebrates[J]. Ecohydrology, 6(4), 700-712.

[20] BLINN W, SHANNON J, STEVENS L, et al. Consequences of fluctuating discharge for lotic communities[J]. Journal of the North American Benthological Society, 1995, 14(2): 233-248.

[21] BOLTOVSKOY D, CATALDO D. Population dynamics of Limnoperna fortunei, an inva-sive fouling mollusc, in the lower Paran´a River (Argentina)[J]. Biofouling. 1999, 14 (3): 255–263.

[22] BOLTOVSKOY D, XU M, NAKANO D. Impacts of Limnoperna fortunei on man-made structures and control strategies: general overview //Limnoperna fortunei[M]. Springer In-ternational Publishing, 2015: 375-393.

[23] BORSÁNYI P, ALFREDSEN K, HARBY A, et al. A meso-scale habitat classification method for production modelling of Atlantic salmon in Norway[J]. Hydroécologie Appli-quée, 2004, 14(1):119-138.

[24] BOVEE K D. Guide to stream habitat analysis using the instream flow incremental method-ology[J]. Available from the National Technical Information Service, Springfield VA 22161 as PB 83-131052. Report. 1982.

[25] BOVEE K D. Development and evaluation of habitat suitability criteria for use in the in-stream flow incremental methodology[R]. USDI Fish and Wildlife Service, 1986.

[26] BOYERO L. The quantification of local substrate heterogeneity in streams and its signifi-

cance for macroinvertebrate assemblages[J]. Hydrobiologia, 2003, 499(1-3):161-168.

[27] BRÖNMARK C, HERRMANN J, MALMQVIST B, et al. Animal community structure as a function of stream size[J]. Hydrobiologia, 1984, 112(1):73-79.

[28] BROOKS A, HAEUSLER T, REINFELDS I, et al. Hydraulic microhabitats and the distribution of macroinvertebrate assemblages in riffles[J]. Freshwater Biology, 2005, 50(2): 331-344.

[29] BROWN B. Spatial heterogeneity reduces temporal variability in stream insect communities[J]. Ecology Letters, 2003, 6(4):316-325.

[30] BRUGNOLI E, CLEMENTE J, BOCCARDI L, et al. Golden mussel Limnoperna fortunei (Bivalvia: Mytilidae) distribution in the main hydrographical basins of Uruguay: update and predictions[J]. Anais da Academia Brasileira de Ciências, 2005, 77(2): 235-244.

[31] BURGMER T, HILLEBRAND H, PFENNINGER M. Effects of climate-driven temperature changes on the diversity of freshwater macroinvertebrates[J]. Oecologia, 2007, 151 (1):93-103.

[32] BUSS D, BAPTISTA D, NESSIMIAN J, et al. Substrate specificity, environmental degradation and disturbance structuring macroinvertebrate assemblages in neotropical streams[J]. Hydrobiologia, 2004, 518(1-3):179-188.

[33] CAIN D, LUOMA S, CARTER J, et al. Aquatic insects as bioindicators of trace element contamination in cobble-bottom rivers and streams[J]. Canadian Journal of Fisheries and Aquatic Sciences, 1992, 49(10):2141-2154.

[34] CAO Y, HAWKINS C. The comparability of bioassessments: a review of conceptual and methodological issues[J]. Journal of the North American Benthological Society, 2011, 30 (3):680-701.

[35] CATTANEO A, GALANTI G, GENTINETTA S, et al. Epiphytic algae and macroinvertebrates on submerged and floating - leaved macrophytes in an Italian lake[J]. Freshwater biology, 1998, 39(4):725-740.

[36] CHASE J, LEIBOLD M. Ecological niches: linking classical and contemporary approaches[M]. Chicago: University of Chicago Press, 2003.

[37] CHEN K, HUGHES R, WANG B. Effects of fixed-count size on macroinvertebrate richness, site separation, and bioassessment of Chinese monsoonal streams[J]. Ecological Indicators, 2015, 53:162-170.

[38] CHEN Q, MYNETT A, MINNS A. Application of cellular automata to modelling competitive growths of two underwater species Charaaspera and Potamogeton pectinatus in Lake Veluwe[J]. Ecological Modelling, 2002, 147: 253-265

[39] CHEN Q, OUYANG Z. Integrated ecohydraulics model and the application[J]. Journal of Hydraulics Engineering, 2005, 36(11): 1273-1279.

[40] CHESSMAN B. Dissolved-oxygen, current and temperature preferences of stream inverte-

brates estimated from field distributions: application to assemblage responses to drought[J]. Hydrobiologia, 2018, 809(1):141-153.

[41] CHESSMAN B. Rapid assessment of rivers using macroinvertebrates: a procedure based on habitat - specific sampling, family level identification and a biotic index[J]. Australian Journal of Ecology, 1995, 20(1):122-129.

[42] CHEUNG S, SHIN P. Size effects of suspended particles on gill damage in green-lipped mussel Perna viridis[J]. Marine Pollution Bulletin, 2005, 51(8-12):801-810.

[43] CHUTTER F. Research on the rapid biological assessment of water quality impacts in streams and rivers: final report to the water research commission. WRC Report No. 422/1/98, 1998.

[44] CLARKE R, WRIGHT J, FURSE M. RIVPACS models for predicting the expected macroinvertebrate fauna and assessing the ecological quality of rivers[J]. Ecological Modelling, 2003, 160(3):219-233.

[45] CLEMENTS W, CARLISLE D, LAZORCHAK J, et al. Heavy metals structure benthic communities in Colorado mountain streams[J]. Ecological Applications, 2000, 10(2): 626-638.

[46] COBB D, FLANNAGAN J. Trichoptera and substrate stability in the Ochre River, Manitoba[J]. Hydrobiologia, 1990, 206(1):29-38.

[47] COBB D, GALLOWAY T, FLANNAGAN J. Effects of discharge and substrate stability on density and species composition of stream insects[J]. Canadian Journal of Fisheries and Aquatic Sciences, 1992, 49(9):1788-1795.

[48] CONNOLLY N, CROSSLAND M, PEARSON R. Effect of low dissolved oxygen on survival, emergence, and drift of tropical stream macroinvertebrates[J]. Journal of the North American Benthological Society, 2004, 23(2):251-270.

[49] COURTNEY L, CLEMENTS W. Effects of acidic pH on benthic macroinvertebrate communities in stream microcosms[J]. Hydrobiologia, 1998, 379(1-3):135-145.

[50] COUTANT C. C., Whitney, R. R. 2000. Fish behavior in relation to passage through hydropower turbines: a review[J]. Transactions of the American Fisheries Society. 129(2): 351 — 380.

[51] CRANSTON P, COOPER P, HARDWICK R, et al. Tropical acid streams—the chironomid (Diptera) response in northern Australia[J]. Freshwater Biology, 1997, 37(2): 473-483.

[52] CULP J, WALDE S, DAVIES R. Relative importance of substrate particle size and detritus to stream benthic macroinvertebrate microdistribution[J]. Canadian Journal of Fisheries and Aquatic Sciences, 1983, 40(10):1568-1574.

[53] CUMMINS K, KLUG M. Feeding ecology of stream invertebrates[J]. Annual review of ecology and systematics, 1979, 10(1):147-172.

[54] CUMMINS K, LAUFF G. The influence of substrate particle size on the microdistribution of stream macrobenthos[J]. Hydrobiologia, 1969, 34(2):145-181.

[55] DANSEREAU P. Biogeography, an ecological perspective[M]. New York: Ronald Press, 1957.

[56] DARRIGRAN G A. Potential impact of filter-feeding invaders on temperate inland fresh water environments[J]. Biological Invasions, 2002, 4: 145-156.

[57] DAVIS J. Species composition and diversity of benthic macroinvertebrate populations of the Pecos River, Texas[J]. The Southwestern Naturalist, 1980, 25:241-256.

[58] DE OLIVEIRA M D, TAKEDA A M, BARROS L F, et al. Invasion by Limnoperna fortunei (Dunker, 1857)(Bivalvia, Mytilidae) of the Pantanal wetland, Brazil[J]. Biological Invasions, 2006, 8(1): 97-104.

[59] DEANGELIS, D. L., AND GROSS, L. J. 1992. Which individual-Based approach is most appropriate for a given problem? [J]. Individual-Based Models and Approaches in Ecology. 67-87.

[60] DESMET N, VAN BELLEGHEM S, SEUNTJENS P, et al. Quantification of the impact of macrophytes on oxygen dynamics and nitrogen retention in a vegetated lowland river[J]. Physics and Chemistry of the Earth, Parts A/B/C, 2011, 36(12):479-489.

[61] DEWSON Z, JAMES A, DEATH R. A review of the consequences of decreased flow for instream habitat and macroinvertebrates[J]. Journal of the North American Benthological Society, 2007, 26(3):401-415.

[62] DIEHL S, KORNIJÓW R. Influence of submerged macrophytes on trophic interactions among fish and macroinvertebrates. // Jeppesen E, Sondergaard M, Sondergaard M, et al. The structuring roles of submerged macrophytes in lakes[M]. New York: Springer, Berlin Heidelberg , 1998:24-46.

[63] DRIVER L. Zebra mussel infestation on the walls of Arthur V. Ormond Lock on the Arkansas River near Morrilton, Arkansas, USA. [2016-03-25]. http: //en.wikipedia.org/wiki/Zebra_mussel.

[64] DUAN X, WANG Z, XU M, et al. Effect of streambed sediment on benthic ecology[J]. International Journal of Sediment Research, 2009, 24(3):0-338.

[65] DUDGEON D. The influence of riparian vegetation on the functional organization of four Hong Kong stream communities[J]. Hydrobiologia, 1989, 179(3):183-194.

[66] DUNBAR M, PEDERSEN M, CADMAN D, et al. River discharge and local - scale physical habitat influence macroinvertebrate LIFE scores[J]. Freshwater Biology, 2010, 55(1): 226-242.

[67] DURGESH, V., THOMSON, J., RICHMOND, M.C., POLAGYE, B.L. Noise correction of turbulent spectra obtained from acoustic doppler velocimeters[J]. Flow Measurement and Instrumentation. 2014, DOI: 10.1016/j.flowmeasinst.2014.03.001

[68] EICHMILLER J J, BAJER P G, SORENSEN P W. The Relationship between the Distribution of Common Carp and Their Environmental DNA in a Small Lake[J]. Plos One, 2014, 9.

[69] EISNER A, YOUNG C, SCHNEIDER M, et al. MesoCASiMiR: New mapping method and comparison with other current approaches. // Proceedings of final COST 626 meeting in Silkeborg. National Environmental Research Institute: Silkeborg. Citeseer, 2005:65-95.

[70] ERMAN D, ERMAN N. The response of stream macroinvertebrates to substrate size and heterogeneity[J]. Hydrobiologia, 1984, 108(1):75-82.

[71] EWAN J. O'Connor, Anthony J. Illingworth, Ian M. Brooks, et al. A Method for Estimating the Turbulent Kinetic Energy Dissipation Rate from a Vertically Pointing Doppler Lidar, and Independent Evaluation from Balloon-Borne in Situ Measurements[J]. J. Atmos Oceanic Technol., 2010, 27, 1652–1664.

[72] FENZL, R. N. Hydraulic resistance of broad shallow vegetated channels[D]. Davis: University of California at davis, 1962.

[73] FIELD R, HAWKINS B, CORNELL H, et al. Spatial species - richness gradients across scales: a meta-analysis[J]. Journal of Biogeography, 2009, 36(1):132-147.

[74] FISHER D J, BURTON D T, YONKOS L T, et al. The relative acute toxicity of continuous and intermittent exposures of chlorine and bromine to aquatic organisms in the presence and absence of ammonia[J]. Water Research, 1999, 33(3): 760-768.

[75] FLORY E, MILNER A. Influence of riparian vegetation on invertebrate assemblages in a recently formed stream in Glacier Bay National Park, Alaska[J]. Journal of the North American Benthological Society, 1999, 18(2):261-273.

[76] FRANZ, E. H., BAZZAZ, F. A. Simulation of vegetation response to modified hydrologic regimes: a probabilistic model based on niche differentiation in a floodplain forest[J]. Ecology, 1977, 58(1), 176-183.

[77] FREMIER A K , STRICKLER K M , PARZYCH J , et al. Stream Transport and Retention of Environmental DNA Pulse Releases in Relation to Hydrogeomorphic Scaling Factors[J]. Environmental ence & Technology, 2019, 53(12):6640-6649.

[78] FRITZ K, DODDS W. Resistance and resilience of macroinvertebrate assemblages to drying and flood in a tallgrass prairie stream system[J]. Hydrobiologia, 2004, 527(1):99-112.

[79] GAEVSKAYA N. The role of higher aquatic plants in the nutrition of the animals of freshwater basins[M]. Moscow: Nauka, 1966.

[80] GALLARDO B, GARCÍA M, CABEZAS Á, et al. Macroinvertebrate patterns along environmental gradients and hydrological connectivity within a regulated river-floodplain[J]. Aquatic Sciences, 2008, 70(3):248-258.

[81] GARDNER M, ASHBY W R. Connectance of large dynamic (cybernetic) systems: critical values for stability[J]. Nature, 1970, 228(5273):784.

[82] GHISALBERTI, M., NEPF, H. The structure of the shear layer in flows over rigid and flexible canopies[J]. Environmental Fluid Mechanics, 2006, 6(3), 277-301.

[83] GHISALBERTI, M., NEPF, H. M. Mixing layers and coherent structures in vegetated aquatic flows[J]. Journal of Geophysical Research: Oceans, 2002, 107(C2), 3-1.

[84] GIBBINS, C., BATALLA, R. J., VERICAT, D. Invertebrate drift and benthic exhaustion during disturbance: Response of mayflies (Ephemeroptera) to increasing shear stress and river-bed instability[J]. River research and applications, 2010, 26(4), 499-511.

[85] GIBBINS, C., VERICAT, D., BATALLA, R. J. When is stream invertebrate drift catastrophic? The role of hydraulics and sediment transport in initiating drift during flood events[J]. Freshwater Biology, 2007, 52(12), 2369-2384.

[86] GIBBONS J. Thermal alteration and the enhancement of species populations. // Esch G, McFarlane R, et al. Thermal Ecology II. Energy Research and Development Administration Symposium Series (CONF-750425). National Technical Information Service, Springfield, Virginia, 1976.

[87] GILLOOLY J, BROWN J, WEST G, et al. Effects of size and temperature on metabolic rate[J]. Science, 2001, 293(5538):2248-2251.

[88] GILMANOV, A., et al. The Effect of Modifying a CFD-AB Approach on Fish Passage through a Model Hydraulic Dam[J]. Water. 2019, 11(9).

[89] GOODYEAR K, MCNEILL S. Bioaccumulation of heavy metals by aquatic macro-invertebrates of different feeding guilds: a review[J]. Science of the Total Environment, 1999, 229(1-2):1-19.

[90] GORING, D. AND NIKORA, V. Despiking Acoustic Doppler Velocimeter Data [J].Journal of Hydraulic Engineering, 2002, 128:1, 117-126

[91] GRIMM, V. 1999. Ten years of individual-based modelling in ecology: what have we learned and what could we learn in the future? [J]. Ecological modelling. 115(2), 129-148.

[92] GRUBAUGH J, WALLACE J, HOUSTON E. Longitudinal changes of macroinvertebrate communities along an Appalachian stream continuum[J]. Canadian Journal of Fisheries and Aquatic Sciences, 1996, 53(4):896-909.

[93] HABDIJA I, HABDIJA B, MATONICKIN R, et al. Current velocity and food supply as factors affecting the composition of macroinvertebrates in bryophyte habitats in karst running water[J]. Biologia, 2004, 59(5):577-594.

[94] HALL, A. J., MCCONNELL, B. J., ROWLES, T. K., et al. Individual-based model framework to assess population consequences of polychlorinated biphenyl exposure in bottlenose dolphins [J]. Environmental Health Perspectives. 2006,114, 60.

[95] HAN, X., FANG, H. W., JOHNSON, M. F., et al. The impact of biological bedforms on near-bed and subsurface flow: A laboratory-evaluated numerical study of flow in the vicin-

ity of pits and mounds[J]. Journal of Geophysical Research: Earth Surface, 2019, 124(7),
1939-1957.

[96] HARRIS S, MARTIN T, CUMMINS K. A model for aquatic invertebrate response to Kissimmee River restoration[J]. Restoration Ecology, 1995, 3(3):181-194.

[97] HART B, BAILEY P, EDWARDS R, et al. A review of the salt sensitivity of the Australian freshwater biota[J]. Hydrobiologia, 1991, 210(1-2):105-144.

[98] HART, D. D., FINELLI, C. M. Physical-biological coupling in streams: the pervasive effects of flow on benthic organisms[J]. Annual Review of Ecology and Systematics, 1999, 30(1), 363-395.

[99] HART, D. D., CLARK, B. D., JASENTULIYANA, A. Fine - scale field measurement of benthic flow environments inhabited by stream invertebrates[J]. Limnology and Oceanography, 1996, 41(2), 297-308.

[100] HARVEY, B. C., JACKSON, S. K., LAMBERSON, R. H. InSTREAM: the individual-based stream trout research and environmental assessment model[R]. US Department of Agriculture, Forest Service, Pacific Southwest Research Station. Vol. 218, 2009.

[101] HASTIE T, TIBSHIRANI R. Exploring the nature of covariate effects in the proportional hazards model[J]. Biometrics, 1990:1005-1016.

[102] HAWKINS C, CAO Y, ROPER B. Method of predicting reference condition biota affects the performance and interpretation of ecological indices[J]. Freshwater Biology, 2010, 55（ 5):1066-1085.

[103] HAYES, S. A., ZHANG, W., BRANTHWAITE, M., et al. Self-healing of damage in fibre-reinforced polymer-matrix composites[J]. Journal of the Royal Society Interface, 2007, 4(13), 381-387.

[104] HENLEY W, PATTERSON M, NEVES R, et al. Effects of sedimentation and turbidity on lotic food webs: a concise review for natural resource managers[J]. Reviews in Fisheries Science, 2000, 8(2):125-139.

[105] HICKEY C, CLEMENTS W. Effects of heavy metals on benthic macroinvertebrate communities in New Zealand streams[J]. Environmental toxicology and chemistry, 1998, 17（ 11):2338-2346.

[106] HILL, N. M. A Hydrological Model for Predicting the Effects of Dams on the Shoreline Vegetation[J]. Environmental management, 1998, 22(5), 723-736.

[107] HILL, N. M., KEDDY, P. A. Prediction of rarities from habitat variables: coastal plain plants on Nova Scotian lakeshores[J]. Ecology, 1992, 73(5), 1852-1859.

[108] HILSENHOFF W. Using a biotic index to evaluate water quality in streams. Madison, WI: Department of Natural Resources, 1982.

[109] HOGG I, WILLIAMS D. Response of stream invertebrates to a global - warming thermal regime: An ecosystem-level manipulation[J]. Ecology, 1996, 77(2):395-407.

[110] HOLOMUZKI J, BIGGS B. Taxon-specific responses to high-flow disturbance in streams: implications for population persistence[J]. Journal of the North American Benthological Society, 2000, 19(4):670-679.

[111] HOWINGTON J. Determining Stream and Wetland Health in an Urban Restored Riparian Ecosystem in Durham NC through Benthic-macroinvertebrate Surveys [D]. Durham: Duke University, 2014.

[112] HRODEY P, KALB B, SUTTON T. Macroinvertebrate community response to large-woody debris additions in small warmwater streams[J]. Hydrobiologia, 2008, 605(1): 193-207.

[113] HUSTON M, HUSTON M. Biological diversity: the coexistence of species[M]. Cambridge: Cambridge University Press, 1994.

[114] JACOBSEN D, SCHULTZ R, ENCALADA A. Structure and diversity of stream invertebrate assemblages: the influence of temperature with altitude and latitude[J]. Freshwater Biology, 1997, 38(2):247-261.

[115] JACOBSEN D. Low oxygen pressure as a driving factor for the altitudinal decline in taxon richness of stream macroinvertebrates[J]. Oecologia, 2008, 154(4):795-807.

[116] JANAUER, G. A. Ecohydrology: fusing concepts and scales[J]. Ecological Engineering. 2000, 16(1): 9-16.

[117] JANE S F, WILCOX T M, MCKELVEY K S, et al. Distance, flow and PCR inhibition: EDNA dynamics in two headwater streams[J]. Molecular Ecology Resources, 2014, 15 (1).

[118] JERDE C L, OLDS B P, SHOGREN A J, et al. Influence of Stream Bottom Substrate on Retention and Transport of Vertebrate Environmental DNA[J]. Environmental Science & Technology, 2016, 50(16):8770-8779.

[119] JOHNSON R, FURSE M, HERING D, et al. Ecological relationships between stream communities and spatial scale: implications for designing catchment - level monitoring programmes[J]. Freshwater Biology, 2007, 52(5):939-958.

[120] JOHNSON R, GOEDKOOP W. Littoral macroinvertebrate communities: spatial scale and ecological relationships[J]. Freshwater Biology, 2002, 47(10):1840-1854.

[121] JOHNSON R, WIEDERHOLM T. Classification and ordination of profundal macroinvertebrate communities in nutrient poor, oligo-mesohumic lakes in relation to environmental data[J]. Freshwater Biology, 1989, 21(3):375-386.

[122] JORDE, K., SCHNEIDER, M., PETER, A., et al. Fuzzy based models for the evaluation of fish habitat quality and instream flow assessment[C]. In Proceedings of the 2001 International Symposium on Environmental Hydraulics. 2001, 3: 27-28.

[123] JOWETT, I. G. (2003). Hydraulic constraints on habitat suitability for benthic invertebrates in gravel-bed rivers[J]. River Research and Applications, 19(5-6), 495-507.

[124] JOY M, DEATH R. Predictive modelling and spatial mapping of freshwater fish and decapod assemblages using GIS and neural networks[J]. Freshwater Biology, 2004, 49(8): 1036-1052.

[125] JYVÄSJÄRVI J, AROVIITA J, HÄMÄLÄINEN H. Performance of profundal macroinvertebrate assessment in boreal lakes depends on lake depth[J]. Fundamental and Applied Limnology, 2012, 180(2):91-100.

[126] JYVÄSJÄRVI J, BOROS G, JONES R, et al. The importance of sedimenting organic matter, relative to oxygen and temperature, in structuring lake profundal macroinvertebrate assemblages[J]. Hydrobiologia, 2013, 709(1):55-72.

[127] KAENEL B, BUEHRER H, UEHLINGER U. Effects of aquatic plant management on stream metabolism and oxygen balance in streams[J]. Freshwater Biology, 2000, 45(1): 85-95.

[128] KARR J. Assessment of biotic integrity using fish communities[J]. Fisheries, 1981, 6(6): 21-27.

[129] KATAYAMA M, SHIMIZU R, MATSUMOTO H. The first record of Limnoperna fortunei (Bivalvia, Mytilidae)in Gunma[J]. Field Biol, 2005, 14: 35-40.

[130] KERANS B, KARR J. A benthic index of biotic integrity (B - IBI) for rivers of the Tennessee Valley[J]. Ecological Applications, 1994, 4(4):768-785.

[131] KIMURA T. The earliest record of Limnoperna fortunei (Dunker) from Japan[J]. Chiribotan, 1994, 25: 34-35.

[132] KNIGHT A, BOTTORFF R. The importance of riparian vegetation to stream ecosystems. // Warner R, Hendrix, eds. California riparian systems: ecology, conservation, and productive management[M]. Berkeley: University of California Press, 1984: 160-167.

[133] KOJIMA S. The trouble by fresh water shell (Limnoperna fortunei)and its control[J]. Japanese Journal of Water Treatment Biology, 1982, 18: 29-33.

[134] KOLASA J, MANNE L, PANDIT S. Species-area relationships arise from interaction of habitat heterogeneity and species pool[J]. Hydrobiologia, 2012, 685(1):135-144.

[135] LA ZERTE B, DILLON P. Relative importance of anthropogenic versus natural sources of acidity in lakes and streams of central Ontario[J]. Canadian Journal of Fisheries and Aquatic Sciences, 1984, 41(11):1664-1677.

[136] LADSON A, WHITE L, DOOLAN J, et al. Development and testing of an Index of Stream Condition for waterway management in Australia[J]. Freshwater Biology, 1999, 41 (2):453-468.

[137] LAMOUROUX N, DOLÉDEC S, GAYRAUD S. Biological traits of stream macroinvertebrate communities: effects of microhabitat, reach, and basin filters[J]. Journal of the North American Benthological Society, 2004, 23(3):449-466.

[138] LANCASTER J, HILDREW A. Flow refugia and the microdistribution of lotic macroin-

vertebrates[J]. Journal of the North American Benthological Society, 1993, 12（4）: 385-393.

[139] LANCASTER, J., BUFFIN - BÉLANGER, T., REID, I. Flow and substratum mediated movement by a stream insect. Freshwater Biology, 2006, 51(6), 1053-1069.

[140] LAUFKÖTTER C., M. VOGT, N, GRUBER. Long-term trends in ocean plankton production and particle exportbetween 1960–2006[J]. Biogeosciences, 2013, 10: 7373-7393.

[141] LENAT D R, SMOCK L A, PENROSE D L. Use of benthic macroinvertebrates as indicators of environmental quality // Worf D L. Biological Monitoring for Environmental Effects. D.C. Heath: Lexington, M A. 1980. 97-112.

[142] LEUNG A, DUDGEON D. Scales of spatiotemporal variability in macroinvertebrate abundance and diversity in monsoonal streams: detecting environmental change[J]. Freshwater Biology, 2011, 56(6):1193-1208.

[143] LEUNG A, LI A, DUDGEON D. Scales of spatiotemporal variation in macroinvertebrate assemblage structure in monsoonal streams: the importance of season[J]. Freshwater Biology, 2012, 57(1):218-231.

[144] LI J, HERLIHY A, GERTH W, et al. Variability in stream macroinvertebrates at multiple spatial scales[J]. Freshwater Biology, 2001, 46(1):87-97.

[145] LIBORIUSSEN L, JEPPESEN E, BRAMM M, et al. Periphyton-macroinvertebrate interactions in light and fish manipulated enclosures in a clear and a turbid shallow lake[J]. Aquatic Ecology, 2005, 39(1):23-39.

[146] LINKE S, BAILEY R, SCHWINDT J. Temporal variability of stream bioassessments using benthic macroinvertebrates[J]. Freshwater Biology, 1999, 42(3):575-584.

[147] LOMOLINO M, RIDDLE B, BROWN J, et al. Biogeography[M]. Sunderland, MA: Sinauer Associates, 2006.

[148] LÓPEZ REYES, D. C. Die Dammakrone als integrale Indikator für den Zustand des Absperbauwerkes [D]. Universidad de Innsbruck, 2016.

[149] LUHAR, M., NEPF, H. M. Flow induced reconfiguration of buoyant and flexible aquatic vegetation[J]. Limnology and Oceanography, 2011, 56(6), 2003-2017.

[150] MADDOCK I, BICKERTON M, SPENCE R, et al. Reallocation of compensation releases to restore river flows and improve instream habitat availability in the Upper Derwent catchment, Derbyshire, UK[J]. Regulated Rivers Research & Management, 2001, 17 (4-5):417-441.

[151] MAGUIRE, Z., TUMOLO, B. B., ALBERTSON, L. K. Retreat but no surrender: net-spinning caddisfly (Hydropsychidae) silk has enduring effects on stream channel hydraulics[J]. Hydrobiologia, 2020, 1-13.

[152] MARSHALL N, BAILEY P. Impact of secondary salinisation on freshwater ecosystems: effects of contrasting, experimental, short-term releases of saline wastewater on macroin-

vertebrates in a lowland stream[J]. Marine and Freshwater Research, 2004, 55(5): 509-523.

[153] MATTHAEI C, TOWNSEND C. Long-term effects of local disturbance history on mobile stream invertebrates[J]. Oecologia, 2000, 125(1):119-126.

[154] MAY R M, LEONARD W. Nonlinear aspects of competition between three species[J]. SIAM J Appl Math, 1975, 29:243-252.

[155] MAŽEIKA S, SULLIVAN P, WATZIN M, et al. Understanding stream geomorphic state in relation to ecological integrity: evidence using habitat assessments and macroinvertebrates[J]. Environmental Management, 2004, 34(5):669-683.

[156] MBAKA J, MWANIKI M. A global review of the downstream effects of small impoundments on stream habitat conditions and macroinvertebrates[J]. Environmental Reviews, 2015, 23(3):257-262.

[157] MCCULLY P. Silenced rivers: The ecology and politics of large dams[M]. London: Zed Books, 2001.

[158] MCELRAVY E, LAMBERTI G, RESH V. Year-to-year variation in the aquatic macroinvertebrate fauna of a northern California stream[J]. Journal of the North American Benthological Society, 1989, 8(1):51-63.

[159] MCKINDSEY, C. W., ARCHAMBAULT, P., CALLIER, M. D., et al. Influence of suspended and off bottom mussel culture on the sea bottom and benthic habitats: a review[J]. Canadian Journal of Zoology, 2011, 89(7), 622-646.

[160] MENDES T, CALAPEZ A, ELIAS C, et al. Comparing alternatives for combining invertebrate and diatom assessment in stream quality classification[J]. Marine and Freshwater Research, 2014, 65(7):612-623.

[161] MILHOUS, R. T., WADDLE, T. J. Physical Habitat Simulation (PHABSIM) software for windows(v. 1.5. 1). Fort Collins, CO: USGS Fort Collins Science Center, 2012.

[162] MILNER A, BRITTAIN J, CASTELLA E, et al. Trends of macroinvertebrate community structure in glacier - fed rivers in relation to environmental conditions: a synthesis[J]. Freshwater Biology, 2001, 46(12):1833-1847.

[163] MINISTRY OF AGRICULTURE FORESTRY AND FISHERIES OF JAPAN. Practical manual for Limnoperna fortunei, 2012. http://www.maff.go.jp/j/nousin/kankyo/kankyo_hozen/k_hozen/pdf/kawahibarimanual.pdf. Accessed: 9 May 2014.

[164] MIRALLES, L., DOPICO, E., DEVLO-DELVA, F., et al. Controlling populations of invasive pygmy mussel (Xenostrobus securis) through citizen science and environmental DNA[J]. Marine Pollution Bulletin, 2016, 110(1):127-132.

[165] MITSCH, W. J. What is ecological engineering? [J] Ecological Engineering. 2012, 45, 5-12.

[166] MONK W, WOOD P, HANNAH D, et al. Flow variability and macroinvertebrate com-

munity response within riverine systems[J]. River Research and Applications, 2006, 22 (5):595-615.

[167] MOORE J, DE RUITER P. Energetic food webs: an analysis of real and model ecosystems[M]. Oxford: Oxford University Press, 2012.

[168] MOSS D. An initial classification of 10-km squares in Great Britain from a land characteristic data bank[J]. Applied Geography, 1985, 5(2):131-150.

[169] MOUTON, A. M., SCHNEIDER, M., DEPESTELE, J., et al. Fish habitat modelling as a tool for river management[J]. Ecological engineering, 2007, 29(3), 305-315.

[170] NAKAI K, NIIMURA Y, YAMADA J. Distribution of the freshwater mytilid mussel, Limnoperna fortunei, in the rivers, Nagara-gawa and Ibi-gawa, central Japan. Venus (Jpn J Malacol), 1994, 53: 139-140.

[171] NAKANO D, NAKAMURA F. The significance of meandering channel morphology on the diversity and abundance of macroinvertebrates in a lowland river in Japan[J]. Aquatic Conservation: Marine and Freshwater Ecosystems, 2008, 18(5):780-798.

[172] NALEPA T. Estimates of macroinvertebrate biomass in Lake Michigan[J]. Journal of Great Lakes Research, 1989, 15(3):437-443.

[173] NEPF, H. M. Drag turbulence and diffusion in flow through emergent vegetation[J]. Water resources research, 1999, 35(2), 479-489.

[174] NORCROSS B, MUTER F, HOLLADAY B. Habitat models for juvenile pleuronectids around Kodiak Island, Alaska[J]. Oceanographic Literature Review, 1997, 12(44):1548.

[175] OBERDORFF T, PONT D, HUGUENY B, et al. Development and validation of a fish - based index for the assessment of 'river health' in France[J]. Freshwater Biology, 2002, 47(9):1720-1734.

[176] OBOLEWSKI K. Macrozoobenthos patterns along environmental gradients and hydrological connectivity of oxbow lakes[J]. Ecological Engineering, 2011a, 37(5):796-805.

[177] OCHOCKI, B. M., MILLER, T. E.X. Rapid evolution of dispersal ability makes biological invasions faster and more variable[J]. Nat. Commun. 2017, 8: 14315.

[178] OLSON E J, ENGSTROM E S, DOERINGSFELD M R, et al. Abundance and distribution of macroinvertebrates in relation to macrophyte communities in a prairie marsh, Swan Lake, Minnesota[J]. Journal of Freshwater Ecology, 1995, 10(4): 325-335.

[179] OWENS P N, BATALLA R J, COLLINS A J, et al. Fine grained sediment in river systems: environmental significance and management issues[J]. River Research and Applications, 2005, 21(7):693-717.

[180] PAN B, WANG H, PUSCH M, et al. Macroinvertebrate responses to regime shifts caused by eutrophication in subtropical shallow lakes[J]. Freshwater Science, 2015, 34(3): 942-952.

[181] PARASIEWICZ P. MesoHABSIM: A concept for application of instream flow models in

river restoration planning[J]. Fisheries, 2001, 26(9):6-13.

[182] PARASIEWICZ, P. MesoHABSIM: A concept for application of instream flow models in river restoration planning[J]. Fisheries,2001, 26(9), 6-13.

[183] PARSHEH, M., SOTIROPOULOS, F., PORTÉ-AGEL, F. Estimation of Power Spectra of Acoustic-Doppler Velocimetry Data Contaminated with Intermittent Spikes [J]. Journal of Hydraulic Engineering. 2010, 136(6),368-378.

[184] PAYNE T. RHABSIM: User-friendly computer model to calculate river hydraulics and aquatic habitat. // Proceedings of the 1st International Symposium on Habitat Hydraulics. 1994:254-260.

[185] PEARSON R, BENSON L, SMITH R. Diversity and abundance of the fauna in Yuccabine Creek, a tropical rainforest stream. // De Dekker P, Williams W, eds. Limnology in Australia[M]. Dordrecht: Springer, 1986:329-342.

[186] PERRY, G. L., ENRIGHT, N. J. Contrasting outcomes of spatially implicit and spatially explicit models of vegetation dynamics in a forest-shrubland mosaic[J]. Ecological Modelling, 2007, 207(2-4), 327-338.

[187] PETRIN Z, LAUDON H, MALMQVIST B. Does freshwater macroinvertebrate diversity along a pH - gradient reflect adaptation to low pH? [J]. Freshwater Biology, 2007, 52 (11):2172-2183.

[188] PLAFKIN J, BARBOUR M, PORTER K, et al. Rapid bioassessment protocols for use in streams and rivers. EPA/444/4-89-001. Environmental Protection Agency, Washington, D.C., USA, 1989.

[189] PLEW, D. R., SPIGEL, R. H., STEVENS, C. L., et al. Stratified flow interactions with a suspended canopy[J]. Environmental Fluid Mechanics, 6(6), 519-539.

[200] POFF N, WARD J. Physical habitat template of lotic systems: recovery in the context of historical pattern of spatiotemporal heterogeneity[J]. Environmental Management, 1990, 14(5):629-645.

[201] PRINGLE C. What is hydrologic connectivity and why is it ecologically important? [J]. Hydrological Processes, 2003, 17(13):2685-2689.

[202] RASHLEIGH, B., BARBER, M. C., CYTERSKI, M. J., et al. Population models for stream fish response to habitat and hydrologic alteration: the CVI Watershed Tool. Research Triangle Park (NC)[R]: USEPA. EPA/600/R-04/190.

[203] REE, W. O., PALMER, V. J. Flow of water in channels protected by vegetative linings (No. 967). US Dept. of Agriculture,1949.

[204] REHMANN C R, STOECKEL J A, SCHNEIDER D W. Effect of turbulence on the mortality of zebra mussel veligers [J].Canadian Journal of Zoology, 2003, 81: 1063-1069.

[205] REYNOLDSON T, BAILEY R, DAY K, et al. Biological guidelines for freshwater sediment based on BEnthic Assessment of SedimenT (the BEAST) using a multivariate ap-

proach for predicting biological state[J]. Australian Journal of Ecology, 1995, 20(1): 198-219.

[206] RICCIARDI A. Global range expansion of the asian mussel Limnoperna fortunei (Mytilidae): Another Fouling Threat to Freshwater Systems[J]. Biofouling, 1998, 13(2): 97-106.

[207] RICHARDS C, HARO R J, JOHNSON L B, et al. Catchment and reach-scale properties as indicators of macroinvertebrate species traits[J]. Freshwater Biology, 1997, 37(1): 219-230.

[208] RICHARDSON J. Food, microhabitat, or both? Macroinvertebrate use of leaf accumulations in a montane stream[J]. Freshwater Biology, 1992, 27(2):169-176.

[209] RIOS S, BAILEY R. Relationship between riparian vegetation and stream benthic communities at three spatial scales[J]. Hydrobiologia, 2006, 553(1):153-160.

[210] ROBINSON, C. V., T. M. U. WEBSTER, J. CABLE, et al. Simultaneous detection of invasive signal crayfish, endangered white-clawed crayfish and the crayfish plague pathogen using environmental DNA[J]. Biol Conserv, 2018, 222:241-252.

[211] ROSENBERG D M, RESH V H. Freshwater Biomonitoring and Benthic Macroinvertebrates. New York: Chapman and Hall, 1994.

[212] RUTT G, WETHERLEY N, OSMEROD S. The Macrozoobenthic Communities of Acid Streams[J]. Freshwater Biology, 1990, 24(3):463-480.

[213] SACHSE, R., PETZOLDT, T., BLUMSTOCK, M., et al. Extending one-dimensional models for deep lakes to simulate the impact of submerged macrophytes on water quality[J]. Environmental Modelling & Software, 2014, 61, 410-423.

[214] SAIKI M, CASTLEBERRY D, MAY T, et al. Copper, cadmium, and zinc concentrations in aquatic food chains from the upper Sacramento River (California)and selected tributaries[J]. Archives of Environmental Contamination and Toxicology, 1995, 29(4):484-491.

[215] SAND-JENSEN K, BORUM J. Interactions among phytoplankton, periphyton, and macrophytes in temperate freshwaters and estuaries[J]. Aquatic Botany, 1991, 41(1-3): 137-175.

[216] SANSOM B J , SASSOUBRE L M . Environmental DNA (eDNA)Shedding and Decay Rates to Model Freshwater Mussel eDNA Transport in a River[J]. Environmental Science & Technology, 2017, 51(24):14244-14253.

[217] SCHNAUDER, I., RUDNICK, S., GARCIA, X. F., et al. Incipient motion and drift of benthic invertebrates in boundary shear layers[J]. River Flow 2010, 1453-1462.

[218] SCHWENDEL A, JOY M, DEATH R, et al. A macroinvertebrate index to assess streambed stability[J]. Marine and Freshwater Research, 2011, 62(1):30-37.

[219] SHANNON C, WEAVER W, BURKS A. The mathematical theory of communication[M]. Urbana: The University of Illinois Press, 1951.

[220] SHOGREN A J , TANK J L , EGAN S P , et al. Riverine distribution of mussel environmental DNA reflects a balance among density, transport, and removal processes[J]. Freshwater Biology, 2019(2).

[221] SIMPSON E. Measurement of diversity[J]. Nature, 1949, 163(4148): 688.

[222] SLÁDEČEK V. Diatom as indicators of organic pollution[J]. Acta Hydrochimica et Hydrobiologica, 1986, 14: 555 - 566.

[223] SMITH M, KAY W, EDWARD D, et al. AusRivAS: using macroinvertebrates to assess ecological condition of rivers in Western Australia[J]. Freshwater Biology, 1999, 41(2): 269-282.

[224] SMOLDERS A, LOCK R, VAN DER VELDE G, et al. Effects of mining activities on heavy metal concentrations in water, sediment, and macroinvertebrates in different reaches of the Pilcomayo River, South America[J]. Archives of Environmental Contamination and Toxicology, 2003, 44(3):0314-0323.

[225] SMOLDERS A, VERGEER L, VAN DER VELDE G, et al. Phenolic contents of submerged, emergent and floating leaves of aquatic and semi - aquatic macrophyte species: why do they differ? [J]. Oikos, 2000, 91(2):307-310.

[226] SNYDER C, JOHNSON Z. Macroinvertebrate assemblage recovery following a catastrophic flood and debris flows in an Appalachian mountain stream[J]. Journal of the North American Benthological Society, 2006, 25(4):825-840.

[227] SØNDERGAARD M, MOSS B. Impact of submerged macrophytes on phytoplankton in shallow freshwater lakes. // Jeppesen E, Søndergaard M, Søndergaard M, et al. The structuring role of submerged macrophytes in lakes[M]. New York: Springer,1998:115-132.

[228] SPEAKER R, MOORE K, GREGORY S. Analysis of the process of retention of organic matter in stream ecosystems[J]. Verh. Internat. Verein. Limnol., 1984, 22(3):1835-1841.

[229] SPONSELLER R, BENFIELD E, VALETT H. Relationships between land use, spatial scale and stream macroinvertebrate communities[J]. Freshwater Biology, 2001, 46(10): 1409-1424.

[230] ŠPORKA F, VLEK H, BULANKOVA E, et al. Influence of seasonal variation on bioassessment of streams using macroinvertebrates. // Furse M, Hering D, Brabec K, et al. The ecological status of European rivers: Evaluation and intercalibration of assessment methods[M]. Dordrecht: Springer, 2006:543-555.

[231] SREENIVASAN, K. R. On the universality of the Kolmogorov constant[J].Phys. Fluids, 1995, 7, 2778–2784.

[232] STANFORD J, WARD J. Revisiting the serial discontinuity concept[J]. Regulated Rivers: Research & Management, 2001, 17(4-5):303-310.

[233] STATZNER, B. How views about flow adaptations of benthic stream invertebrates changed over the last century[J]. International Review of Hydrobiology,2008, 93(4-5), 593-605.

[234] STATZNER, B., HIGLER, B. Stream hydraulics as a major determinant of benthic invertebrate zonation patterns[J]. Freshwater biology, 1986, 16(1), 127-139.

[235] STATZNER, B., HOLM, T. F. Morphological adaptations of benthic invertebrates to stream flow—an old question studied by means of a new technique (Laser Doppler Anemometry)[J]. Oecologia, 1982, 53(3), 290-292.

[236] STATZNER, B., HOLM, T. F. Morphological adaptation of shape to flow: microcurrents around lotic macroinvertebrates with known Reynolds numbers at quasi-natural flow conditions[J]. Oecologia, 1989, 78(2), 145-157.

[237] STATZNER, B., GORE, J. A., RESH, V. H. Hydraulic stream ecology: observed patterns and potential applications. Journal of the North American benthological society, 1988, 7 (4), 307-360.

[238] STEFFLER P, BLACKBURN J. Two-dimensional depth averaged model of river hydrodynamics and fish habitat. River2D user's manual. Alberta: University of Alberta.

[239] STEIN, E.D. et al. Does DNA barcoding improve performance of traditional stream bioassessment metrics? [J]. Freshw. Sci. 2014, 33(1):302-311

[240] STENSETH N, MYSTERUD A, OTTERSEN G, et al. Ecological effects of climate fluctuations[J]. Science, 2002, 297(5585): 1292-1296.

[241] STOUT J, VANDERMEER J. Comparison of species richness for stream-inhabiting insects in tropical and mid-latitude streams[J]. The American Naturalist, 1975, 109(967): 263-280.

[242] STRAND R, MERRITT R. Effects of episodic sedimentation on the net-spinning caddisflies Hydropsyche betteni and Ceratopsyche sparna (Trichoptera: Hydropsychidae)[J]. Environmental Pollution, 1997, 98(1):129-134.

[243] SWARTZMAN G, STUETZLE W, KULMAN K, et al. Modeling the distribution of fish schools in the Bering Sea: Morphological school identification[J]. Natural Resource Modeling, 1994, 8(2):177-194.

[244] SWEENEY B. Effects of streamside vegetation on macroinvertebrate communities of White Clay Creek in eastern North America[J]. Proceedings of the Academy of Natural Sciences of Philadelphia, 1993, 144:291-340.

[245] TAKAHARA T, YAMANAKA H, SUZUKI A A, et al. Stress response to daily temperature fluctuations in common carp, Cyprinus carpio L[J]. Hydrobiologia, 2011, 675(1): 65-73.

[246] TAMME R, HIIESALU I, LAANISTO L, et al. Environmental heterogeneity, species diversity and co - existence at different spatial scales[J]. Journal of Vegetation Science, 2010, 21(4):796-801.

[247] TAYLOR, G. I. The spectrum of turbulence[J]. Proceedings of the Royal Society, 1938, A164, 476-490.

[248] TOCKNER K, SCHIEMER F, BAUMGARTNER C, et al. The Danube restoration project: species diversity patterns across connectivity gradients in the floodplain system[J]. River Research and Applications, 1999, 15(1-3):245-258.

[249] TOLONEN K, HÄMÄLÄINEN H, HOLOPAINEN I, et al. Influences of habitat type and environmental variables on littoral macroinvertebrate communities in a large lake system[J]. Archiv für Hydrobiologie, 2001, 152:39-67.

[250] TOMANOVA S, TEDESCO P, CAMPERO M, et al. Longitudinal and altitudinal changes of macroinvertebrate functional feeding groups in neotropical streams: a test of the River Continuum Concept[J]. Fundamental and Applied Limnology, 2007, 170(3):233-241.

[251] TONER, M., KEDDY, P. River hydrology and riparian wetlands: a predictive model for ecological assembly[J]. Ecological applications, 1997, 7(1), 236-246.

[252] TOWNSEND C, DOLÉDEC S, NORRIS R, et al. The influence of scale and geography on relationships between stream community composition and landscape variables: description and prediction[J]. Freshwater Biology, 2003, 48(5):768-785.

[253] TULJAPURKAR S, SEMURA J. Stability of Lotka–Volterra systems[J]. Nature, 1975, 257: 388-389.

[254] UWADIAE R. Response of benthic macroinvertebrate community to salinity gradient in a sandwiched coastal lagoon[J]. Report and Opinion, 2009, 1(4):45-55.

[255] VAN BROEKHOVEN E, ADRIAENSSENS V, DE BAETS B, et al. Fuzzy rule-based macroinvertebrate habitat suitability models for running waters[J]. Ecological Modelling, 2006, 198(1-2):71-84.

[256] VAN DE MEUTTER F, STOKS R, DE MEESTER L. The effect of turbidity state and microhabitat on macroinvertebrate assemblages: a pilot study of six shallow lakes[J]. Hydrobiologia, 2005, 542(1):379-390.

[257] VAN DER LAAN J, HAWKINS C. Enhancing the performance and interpretation of freshwater biological indices: an application in arid zone streams[J]. Ecological Indicators, 2014, 36:470-482.

[258] VAN DUREN, L. A., HERMAN, P. M., SANDEE, A. J., et al. Effects of mussel filtering activity on boundary layer structure[J]. Journal of Sea Research, 2006, 55(1): 3-14.

[259] VANNOTE R, MINSHALL G, CUMMINS K, et al. The river continuum concept[J]. Canadian Journal of Fishery & Aquatic Science, 1980, 37(2):130-137.

[260] WAITE I, KENNEN J, MAY J, et al. Comparison of Stream Invertebrate Response Models for Bioassessment Metrics 1[J]. Journal of the American Water Resources Association, 2012, 48(3):570-583.

[261] WANG Z, LEE J, MELCHING C. River dynamics and integrated river management[M]. New York: Springer Science & Business Media, 2014.

[262] WARD J V. The ecology of regulated streams[M]. New York: Springer Science & Business

Media, 2013.

[263] WATERS T. Sediment in streams: sources, biological effects, and control. Bethesda, Maryland: American Fisheries Society, 1995.

[264] WHARTON G, MOHAJERI S, RIGHETTI M. The pernicious problem of streambed colmation: a multi-disciplinary reflection on the mechanisms, causes, impacts, and management challenges[J]. Wiley Interdisciplinary Reviews: Water, 2017, 4(5):e1231.

[265] WHITE, G. C., BURNHAM, K. P. Program MARK: survival estimation from population of marked animals[J]. Bird study, 1999,46(S1), 120-139.

[266] WHITTAKER R. Vegetation of the Siskiyou mountains, Oregon and California[J]. Ecological Monographs, 1960, 30:279-338.

[267] WILCOCK, R. J., CHAMPION, P. D., NAGELS, J. W., et al. The influence of aquatic macrophytes on the hydraulic and physico-chemical properties of a New Zealand lowland stream[J]. Hydrobiologia, 416, 203-214.

[268] WISE D, MOLLES M. Colonization of artificial substrates by stream insects: influence of substrate size and diversity[J]. Hydrobiologia, 1979, 65(1):69-74.

[269] WOTTON R. Particulate and dissolved organic matter as food. // Wotton R. The biology of particles in aquatic systems[M]. Boca Raton: Lewis Publishers, 1994: 235-288.

[270] WOTTON R. Temperature and lake-outlet communities[J]. Journal of Thermal Biology, 1995, 1(20):121-125.

[271] WRIGHT J, MOSS D, ARMITAGE P, et al. A preliminary classification of running water sites in Great Britain based on macro - invertebrate species and the prediction of community type using environmental data[J]. Freshwater Biology, 1984, 14(3):221-256.

[272] WU, F. C., SHEN, H. W., CHOU, Y. J. Variation of roughness coefficients for unsubmerged and submerged vegetation[J]. Journal of hydraulic Engineering, 1999, 125(9), 934-942.

[273] XIA, Z. Q., A. B. ZHAN, Y. C. GAO, et al. 2018. Early detection of a highly invasive bivalve based on environmental DNA(eDNA)[J]. Biol Invasions, 2018, 20(2):437-447.

[274] XU M, WANG Z, DUAN X, et al. Effects of pollution on macroinvertebrates and water quality bio-assessment[J]. Hydrobiologia, 2014, 729(1):247-259.

[275] XU M, WANG Z, PAN B, et al. The assemblage characteristics of benthic macroinvertebrates in the Yalutsangpo Basin, the highest-altitude major river in the world[J]. Frontiers of Earth Science, 2014, 8(3): 351-361.

[276] YAO, W. Application of the Ecohydraulic Model on Hydraulic and Water Resources Engineering[D]. Munich: Technical University of Munich, 2016.

[277] YAO, W., Y. Chen. Assessing three fish species ecological status in Colorado River, Grand Canyon based on physical habitat and population models[J]. Math Biosci. 2008, 298: 91-104.

[278] YE, F., CHEN, Q., LI, R. Modelling the riparian vegetation evolution due to flow regulation of Lijiang River by unstructured cellular automata[J]. Ecological informatics, 2010, 5 （2）, 108-114.

[279] YI, Y., SUN, J., YANG, Y., et al. Habitat suitability evaluation of a benthic macroinvertebrate community in a shallow lake[J]. Ecological Indicators, 2018, 90, 451-459.

[280] ZHANG H, CULVER D, BOEGMAN L. A two-dimensional ecological model of Lake Erie: Application to estimate dreissenid impacts on large lake plankton populations[J]. Ecological Modelling, 2008, 214（2-4）: 219-241.

[281] ZHAO N, WANG Z, PAN B, et al. Macroinvertebrate assemblages in mountain streams with different streambed stability[J]. River Research and Applications, 2015, 31（7）: 825-833.

[282] ZHOU S, ZHANG D. A nearly neutral model of biodiversity[J]. Ecology, 2008, 89（1）: 248-258.

[283] ZHOU X, XU M, WANG Z, et al. Responses of macroinvertebrate assemblages to environmental variations in the river-oxbow lake system of the Zoige wetland（Bai River, Qinghai-Tibet Plateau）[J]. Science of The Total Environment, 2018, 659: 150-160.

[284] ZINCHENKO T, GOLOVATYUK L. Salinity tolerance of macroinvertebrates in stream waters[J]. Arid Ecosystems, 2013, 3（3）: 113-121.

[285] 班璇. 物理栖息地模型在中华鲟自然繁殖生态流量决策中的应用 [J]. 水生态学杂志, 2011, 32（3）: 59-65.

[286] 曹艳霞, 张杰, 蔡德所, 等. 应用底栖无脊椎动物完整性指数评价漓江水系健康状况 [J]. 水资源保护, 2010, 26（2）: 13-17.

[287] 陈凯, 刘祥, 陈求稳, 等. 应用 O/E 模型评价淮河流域典型水体底栖动物完整性健康的研究 [J]. 环境科学学报, 2016, 36（7）: 2677-2686.

[288] 陈求稳. 生态水力学及其在水利工程生态环境效应模拟调控中的应用 [J]. 水利学报, 2016, 47（3）: 413-423.

[289] 东俊瑞. 水力学实验 [M]. 北京: 清华大学出版社, 1991.

[290] 董军, 庄美琪. 长距离大流量输水管涵贝类防除研究 [J]. 中国农村水利水电, 2005 （3）: 73-77.

[291] 段学花, 王兆印, 徐梦珍. 底栖动物与河流生态评价 [M]. 北京: 清华大学出版社, 2010.

[292] 段学花. 河流水沙对底栖动物的生态影响研究 [D]. 北京: 清华大学, 2009.

[293] 关芳, 张锡辉. 原水输送涵管中贝类代谢特性研究 [J]. 给水排水, 2005, 31（11）: 23-26.

[294] 胡广书. 数字信号处理理论、算法与实现 [M]. 3 版. 北京: 清华大学出版社, 2012.

[295] 孔祥言. 高等渗流力学 [M]. 合肥: 中国科学技术大学出版社, 1999.

[296] 李凤清, 蔡庆华, 傅小城, 等. 溪流大型底栖动物栖息地适合度模型的构建与河道内环

境流量研究——以三峡库区香溪河为例 [J]. 自然科学进展, 2008, 18(12):1417-1424.

[297] 李英杰. 浅水湖泊生态类型及其生态恢复研究 [D]. 北京: 中国矿业大学, 2008.

[298] 李玉柱, 贺五洲. 工程流体力学(上册)[M]. 北京:清华大学出版社,2006.

[299] 李志威, 王兆印, 潘保柱. 牛轭湖形成机理与长期演变规律 [J]. 泥沙研究, 2012, 33(5):16-25.

[300] 刘建康. 高级水生生物学 [M]. 北京: 科学出版社, 2002: 241-259.

[301] 刘增荣. 土力学 [M]. 上海:同济大学出版社,2005.

[302] 罗凤明. 深圳市供水系统中淡水壳菜的生物学及其防治技术 [D]. 南昌:南昌大学, 2006.

[303] 潘志权, 肖云, 林伟哲. 输水建筑物内壁螺仔防治及砼面保护研究报告 [R].2012.

[304] 钱宁, 张仁, 周志德. 河床演变学 [M]. 北京: 科学出版社, 1987.

[305] 清华大学水力学教研组. 水力学 [M]. 北京:高等教育出版社,1981.

[306] 尚玉昌. 普通生态学 [M]. 北京: 北京大学出版社, 2010.

[307] 孙伟, 章诗芳, 郑锋, 等. 采用人工基质法监测源水中的摇蚊幼虫 [J]. 中国给水排水, 2003, 19(5):98-99.

[308] 田胜艳. 胶州湾大型底栖动物的生态学研究 [D]. 青岛: 中国海洋大学, 2003.

[309] 王晓冬, 渗流力学基础 [M]. 北京:石油工业出版社,2006.

[310] 吴林高,缪俊发,张瑞,等. 渗流力学 [M]. 上海:上海科学技术文献出版社,1996.

[311] 徐梦珍, 王兆印, 段学花. 输水管线中淡水壳菜(Limnoperna fortunei)的防治研究 [J]. 给水排水. 2009, 35(5): 205-208.

[312] 徐梦珍, 王兆印, 王旭昭, 等. 输水通道中沼蛤入侵及水力学防治 [J]. 水利学报, 2013, 44(7): 856-872.

[313] 徐梦珍. 底栖动物沼蛤对输水通道的入侵及防治试验研究 [D]. 北京: 清华大学, 2012.

[314] 徐正凡. 水力学 [M]. 北京:高等教育出版社,1987.

[315] 闫云君, 李晓宇, 梁彦龄. 草型湖泊和藻型湖泊中大型底栖动物群落结构的比较 [J]. 湖泊科学. 2005, 17(2):176-182.

[316] 颜京松, 游贤文, 苑省三. 以底栖动物评价甘肃境内黄河干支流枯水期的水质 [J]. 环境科学, 1980, 4(1):14-20.

[317] 杨莲芳, 李佑文, 戚道光, 等. 九华河水生昆虫群落结构和水质生物评价 [J]. 生态学报, 1990, 12(1):8-15.

[318] 杨永全,汝树勋,张道成,等. 工程水力学 [M]. 北京:中国环境科学出版社,2003.

[319] 叶宝民, 曹小武, 徐梦珍, 等. 沼蛤对长距离输水工程入侵调查研究 [J]. 给水排水, 2011, 37(7): 99-102.

[320] 于布. 水力学 [M]. 广州:华南理工大学出版社,2001.

[321] 张杰, 蔡德所, 曹艳霞, 等. 评价漓江健康的 RIVPACS 预测模型研究 [J]. 湖泊科学, 2011, 23(1):73-79.

[322] 张兆顺,崔桂香,徐春晓,等. 湍流理论与模拟 [M]. 北京:清华大学出版社,2005.

[323] 赵娜. 河床演变对底栖动物群落的影响研究 [D]. 北京: 清华大学, 2015.

[324] 中国科学院水生生物研究所管道小组. 淡水壳菜的生物学研究 [J]. 动物利用与防治, 1979, 2: 33-36.

[325] 周雄冬. 青藏高原底栖动物对河流地貌的响应研究 [D]. 北京: 清华大学, 2019.